M. Stoffregen-Büller | F.-J. Neuhaus | Dr. O. Marré | Dr. H. Heupel

Westfälisches Pferdestammbuch e.V. 1904–2004

Westfalen *Die Jahrhundertpferde*

Umschlagfotos

Titelbild
Westfälische Dressurpferde bei den Olympischen Spielen in Seoul 1988: *Ahlerich*, *Amon* und *Rembrandt* (Foto: W. Ernst)

Rückseite
Von oben nach unten:

Dirk Gerkens mit seinen westfälischen Ponys bei den Europameisterschaften der Vierspänner 2002 (Foto: J. Schwarzl)

Warendorfer Hengstparade 2003: Kaltblutkoppel (Foto: N. Schamper)

Astrid Riemers Zweispänner mit den Haflinger-Stuten *Alme* und *Noris* (Foto: NN)

Camargue-Herde im Gestüt der Familie Horstmann in Bad Essen (Foto: Privat)

Drei Westfalen in der deutschen Gold-Equipe von Seoul 1988: *Ganimedes* mit Monica Theodorescu, *Rembrandt* mit Nicole Uphoff und *Ahlerich* mit Dr. Reiner Klimke (Foto: W. Ernst)

Landwirtschaftsverlag GmbH, 48084 Münster

Redaktion:	Dr. Friedrich Marahrens und Peter Krautwig, Westfälisches Pferdestammbuch e.V., Münster
Lektorat:	Dorothea Raspe, Münster
Gestaltung:	designbüro arndt + seelig, Bielefeld
Gesamtherstellung:	LV Druck im Landwirtschaftsverlag GmbH

Gedruckt auf chlorfrei gebleichtem Papier

Printed in Germany

ISBN 3-7843-3285-4

Inhalt

Vorwort

Mit dem Westfälischen Pferdestammbuch e.V. feiert der Zuchtverband eines klassischen Pferdelandes sein 100-jähriges Bestehen. Nirgendwo in Europa waren die Wege vom Züchter zum Nutzer je kürzer als in Westfalen. Das galt gleichermaßen für die Kavallerie, für die Industrie, für die Landwirtschaft und auch heute ist es für Sport und Freizeit unverändert aktuell.

Es hat lange gedauert – wie vieles in Westfalen –, aber Anfang des 19. Jahrhunderts war es dann so weit: Negative Rahmenbedingungen, wie ein fehlendes züchterisches Konzept, und eine kritisch-pessimistische Grundstimmung bei Züchtern und Zuchtverantwortlichen führten zu einer positiven Weiterentwicklung. Am 3. März 1904 wurde das Westfälische Pferdestammbuch e.V. gegründet. Verantwortlich für das erfolgreiche Westfalen-Jahrhundert war vor allem die in schwierigen Epochen mit Krieg, Inflation und Umstrukturierung ungebrochen loyale und aktive Einstellung der Züchter gegenüber dem Verband. Das Westfälische Pferdestammbuch e.V. ist bis heute die Heimat der Züchter dieses Landes.

Entscheidenden Einfluss auf die Entwicklung und den heutigen Status der züchterischen Aktivitäten in Westfalen hat die gewachsene Sport-Zucht-Beziehung in den ländlichen Reitervereinen. Sie waren Basis für den größten regionalen Reitsportverband Deutschlands, mit dem das Westfälische Pferdestammbuch e.V. die sportlich-züchterischen Herausforderungen des nächsten Jahrhunderts gemeinsam angehen wird.

Auch wenn die gesamtwirtschaftliche Situation im Jubiläumsjahr nicht zu Hochstimmung verleitet, kann die zukunftsorientierte Zusammenarbeit von Züchtern und Verband auf solider Basis weitergeführt werden. Der Markenartikel »Westfale« kann nicht ohne das Engagement seiner so typischen Züchter gelingen. Mit diesem Grundsatz kann man, ohne dem Zeitgeist hinterherzulaufen, auch über den züchterischen Zaun blicken. Die liberale Zuchtpolitik in einem nicht nur geografisch offenen Land kann fortgeführt werden, ohne bewährte Qualitätsansprüche aufzugeben.

Aufrichtiger Dank gilt den Autoren dieses Buches. Ihnen ist es gelungen, die Geschichte des Westfälischen Pferdestammbuches in bisher einmaliger Weise aufzuarbeiten. Vor allem wurden die im Zweiten Weltkrieg durch die Vernichtung des gesamten Verbandsarchivs entstandenen Lücken dank akribischer Recherche für einen breiten Leserkreis geschlossen. Die Auswahl der Autoren zeigt auch die verbandspolitische Verpflichtung, dem gesamten züchterischen Geschehen zwischen Shetland-Pony und Kaltblüter gerecht zu werden.

Mit diesem Buch danken wir allen, die von 1904 bis 2004 dafür gesorgt haben, dass ein starker Zuchtverband sein 100-jähriges Bestehen feiern kann. Ein besonderer Dank gilt der »Vereinigten Tierversicherung a.G. Wiesbaden«, die dieses Buchprojekt finanziell unterstützt hat.

Münster, im März 2004

Gustav Meyer zu Hartum
Vorsitzender des
Westfälischen Pferdestammbuches e.V.

1

100 Jahre Westfälisches Pferdestammbuch

Michael Stoffregen-Büller

1904–1920: Gründung – Zucht nach Leistung – erste Erfolge – Krieg

In der preußischen Provinzialhauptstadt Münster versammeln sich am 3. März 1904, pünktlich um 11.00 Uhr, ein Dutzend gesetzter Herren im zentral gelegenen Hotel Moormann, einem »Haus ersten Ranges«, das damit wirbt, in seinen eleganten Salons und Ausstellungszimmern über elektrisches Licht und Centralheizung zu verfügen. Zweck der Zusammenkunft: eine Ausschusssitzung des »Pferdezuchtverbandes für Westfalen und Lippe«. Auf der Tagesordnung stehen Finanzfragen, die Neuaufnahme des Kreisverbandes Dortmund und die Einrichtung einer Hengst-Körkommission, allerdings auf ausdrücklichen Wunsch der Landwirtschaftskammer »nur eine Kommission für Belgier- und Oldenburgerschlag, damit die Arbeit und der Apparat vereinfacht wird und die Kosten verringert werden«.

Den Vorsitz des Kreises von Gutsbesitzern aus Soest, Nordkirchen, Beckum, Minden und der Umgebung von Münster führt der 74-jährige

Ignatz Freiherr von Landsberg-Steinfurt, Vorsitzender 1904–1913

Ignatz Freiherr von Landsberg-Steinfurt, ein Mann, der in der preußischen Provinz Westfalen derart hohes Ansehen genießt, dass ihm die zwei Jahre zuvor auf kaiserliches Dekret zur Universität erhobene münstersche Akademie den Ehrendoktor verliehen hat und aus Berlin die Botschaft vorliegt, Majestät geruhe, ihn zum Wirklichen Geheimen Rat mit dem Titel »Exzellenz« zu ernennen. Der frühere Landrat von Lüdinghausen und Münster, über achtzehn Jahre Mitglied des deutschen Reichstages und Präsident des »Landwirtschaftlichen Provinzialvereins«, ist seit Gründung der »Landwirtschaftskammer für die Provinz Westfalen« im Jahre 1899 ihr erster Vorsitzender. Dem Baron aus Drensteinfurt liegt vor allem die Entwicklung der bäuerlichen Pferdezucht am Herzen, aber auch die standesgemäße Durchführung der »Großen Westfälischen Steeple-Chase« in Münster, bei der nicht nur englische Vollblüter mit adligen Kavallerieoffizieren im Sattel starten, sondern auch westfälische Bauern auf selbst gezogenen Pferden.

Im Hotel Moormann wird an jenem 3. März die Besonderheit der Zusammenkunft durch Anwesenheit des Landeshauptmanns Dr. Holle unterstrichen, den der Oberpräsident eigens entsandt hat, damit ein Vertreter der Provinz höchstamtlich dem Tagesordnungspunkt »Umwandlung des Pferdezuchtverbandes in eine Züchtervereinigung des westfälischen Pferdestammbuchs« beiwohnt. Dem Antrag wird ohne Diskussion zugestimmt, der Mitgliedsbeitrag auf jährlich eine Mark festgesetzt, während für die Eintragung einer Stute drei, für die eines Hengstes zehn Mark erhoben werden sollen.

Nach der Mittagspause findet gleich die erste Mitgliederversammlung statt, bei der die Beschlüsse des Ausschusses gebilligt werden, sowie die Benennung und Wahl des zehnköpfigen Vorstands erfolgt. Es gibt fünf geborene und fünf hinzugewählte Mitglieder. An der Spitze soll der jeweilige Vorsitzende der Landwirtschaftskammer stehen, Vizepräsident der Vorsitzende des Kammer-Ausschusses für Pferdezucht, zur Zeit Graf Korff-Schmising, werden. Weitere geborene Vorstandsmitglieder sind der Direktor des Königlich-Westfälischen-Landgestüts in Warendorf, Freiherr von Schorlemer, und Landeshauptmann Dr. Holle. Die Aufgabe der Geschäftsführung hat Kammer-Zuchtinspektor Wilhelm Manitius zu übernehmen. Zur zweiten, der gewählten Gruppe gehören die Gauvorsteher der landwirtschaftlichen Hauptvereine Minden, Münster und Paderborn sowie die »Landeskulturgesellschaft Arnsberg« und der Delegierte für das Fürstentum Lippe-Detmold.

In der ohne Gegenstimme gebilligten Satzung heißt es über die Ziele des neuen Vereins, der gleichzeitig den Anschluss an die Landwirtschaftskammer zu Münster erklärt:

»Die Züchtervereinigung hat den Zweck, durch sorgfältige Auswahl von Stuten und Hengsten die Zucht eines westfälischen Pferdes in zweifacher Zuchtrichtung zu betreiben und zu vervollkommnen. Zuchtrichtung ist ein warmblütiger und ein kaltblütiger Pferdeschlag. Zuchtziel ist im Warmblut ein kräftiges, gutgebautes, gängiges Reit-, Wagen- und Arbeitspferd, im Kaltblut ein kräftiges, breites, gutgebautes und gängiges Arbeitspferd. Zulässig sind für Warmblut: englisches Vollblut, Hannoveraner, Oldenburger und diesen nahe verwandte, gleichartige Rassen; für Kaltblut: Ardenner, Belgier und diesen nahe verwandte, gleichartige Rassen.«

Damit werden durch Satzungsfestlegung die Voraussetzungen für eine planmäßige, kontrollierte Zucht geschaffen. Eine fünfköpfige »Stammbuch-Kommission« mit dem Landstallmeister als Vorsitzendem soll bei der Musterung von Stuten und Hengsten durch Stimmenmehrheit über die Aufnahme einzelner Tiere in das Stammbuch entscheiden.

Die zentrale Zuchtbuchführung hat alle Eintragungen in das Stuten- und Hengstverzeichnis vorzunehmen, während in den »Bedingungen für Leistungsprüfungen« die Anforderungen und Form ihrer Durchführung genau geregelt werden.

Mit Annahme der Satzung vollzieht die Züchterversammlung im Hotel Moormann einen historisch zu nennenden, längst überfälligen Schritt. Es ist die Geburtsstunde eines Verbandes, der die Interessen der pferdezüchtenden Landwirte wahrnehmen und dabei verbindliche Maßstäbe setzen soll, um endlich auf dem überregionalen Pferdemarkt gegen die herausragende Stellung der Hannoveraner und Oldenburger bestehen zu können.

Zwölf Jahre nach Gründung des »Rheinischen Pferdestammbuchs« im Landgestüt Wickrath haben es nun auch die Westfalen geschafft, das Ziel ist erreicht, unter dem Dach der Landwirtschaftskammer gibt es einen »Stammbuchverein«. Zu verdanken ist das vor allem dem beharrlichen Einsatz von zwei Königlichen Landstallmeistern, die für eine Neuordnung der Pferdezucht in der Provinz gekämpft haben.

Seit Einrichtung des Landgestüts durch Friedrich Wilhelm III. im Jahre 1826 trugen Warendorfer Gestütdirektoren die Verantwortung für den Einsatz staatlicher Hengste und sie besaßen den Ehrgeiz, die Qualität der Zucht in ihrem Zuständigkeitsbereich nachhaltig zu fördern. Doch über Jahrzehnte blieb diesen Bemühungen der wirkliche Erfolg versagt und glich eher einer Leidensgeschichte. Die Landstallmeister waren machtlos gegen den Unverstand und die Dickköpfigkeit der eigenwilligen westfälischen Bauern, die bei Anpaarung und Aufzucht unbeirrt eigene Wege gingen und sich wenig um Ratschläge und Ermahnungen der preußisch-protestantischen Staatsdiener in Warendorf scherten.

Landstallmeister-Appelle verhallten ohne Echo. Die Mehrheit ließ Stuten von nicht gekörten Hengsten aus der Nachbarschaft oder von herumziehenden Hengstreitern decken, ruinierte junge Pferde durch zu frühe oder zu harte Arbeit und durch Aufstallung in finsteren, feuchten, viel zu engen Ställen.

Das eigentliche Ziel der preußischen Regierung, ab 1830 auch im Westen des Reiches Pferde für den Militäreinsatz zu gewinnen, wurde verfehlt. Vor den kritischen Augen der Herren Offiziere der »Königlichen Remonte-Ankaufs-Commissionen« fanden Westfalens Pferde keine Gnade. »Der Typus des hiesigen Landpferdes entbehrt im Allgemeinen alle Eigenschaften die man berechtigt ist, an einem guten Gebrauchspferd zu machen«, heißt es in einem Protokoll aus dem Jahre 1847, »Hauptmängel sind (besonders bei Stuten) fehlerhafter Gang, langer, weicher Rücken, Säbelbeine, matte und ausgebogene Sprunggelenke.«

Dabei eignen sich etliche Gebiete der landschaftlich so vielgestaltigen Provinz durchaus zur Zucht. Vor allem in der Münsterländer Bucht und im nördlichen Ravensberg gibt es gute Voraussetzungen für das Gedeihen von Pferden: Grünland auf mineralstoffreichen Böden, dazu das milde, von der Nordsee beeinflusste Klima mit ausreichenden Regenmengen.

Lebende Beweise waren seit Jahrhunderten die in den Wildbahnen in der Davert, im Arnsberger Wald, Merfelder- und Emscher-Bruch herumstreifenden, halbwild gehaltenen Herden mit robusten, kräftigen Tieren, die nach alljährlichem Fang auf den Pferdemärkten zum Verkauf standen und Westfalen den Ruf eingetragen hatten, ein traditionsreiches Pferdeland zu sein. Doch die Chance, mit bodenständigen Schlägen wie dem Emscherbrücher oder Münsterländer Kleipferd einen guten Arbeitsschlag aufzubauen, wurde vertan. Bereits zu Anfang des 19. Jahrhunderts hatte die Auflösung der Wildbahnen durch Kriegswirren, napoleonische Dekrete und Markenteilung begonnen, und im November 1834 besiegelte die Versteigerung der letzten Emscherbrücher das Ende der Wildbahnen.

Das Interesse der Bauern konzentrierte sich nicht auf die Reste heimischer Pferde, sondern auf ausländische Hengste. Sie erhofften von massigen, schweren Beschälern das Heil und setzten auf französische Percherons, schottische Clydedales und belgische Ardenner. Doch die Resultate derartiger Zuchtbemühungen, bei denen sogar Warm- und Kaltblut gekreuzt wurde, blieben ernüchternd. Es entstand ein unschönes Durcheinander, niemand wusste, was er züchten sollte und welche Richtung wirtschaftlichen Erfolg versprach. Dieser Wirrwarr führte zur Produktion von minderwertigen, vor allem für das Militär unbrauchbaren Tieren, sodass 1863 die fünf staatlichen Remontedepots in Westfalen aufgelöst wurden.

Erst 1888, im Jahr der Einweihung des Landgestüt-Neubaus am rechten Emsufer, kam Bewegung in die Zuchtszene. Die Schaffung des »Pferdezuchtvereins für das nördliche Münsterland« in Steinfurt durch den Gründer des »Westfälischen Bauernvereins«, Burghard Freiherr von Schorlemer-Alst, ließ eine Vielzahl neuer Zuchtvereine in der Provinz entstehen, deren Mitglieder durch Ankauf von schwerem Warmblut aus Oldenburg und Ostfriesland Pferde erhalten wollten, die bei ruhigem Temperament genügend Gewicht ins Geschirr brachten, um ausdauernd vor dem Pflug gehen zu können.

Doch die Probleme waren damit nicht gelöst. Jeder Verein verfolgte selbst festgelegte Ziele, einzelne Kreise veranstalteten Hengst- und Stutenkörungen in eigener Regie und führten gesonderte Zuchtbücher. Und da sich mit Unterstützung des Landgestüts inzwischen auch die Kaltblutzucht entwickelt hatte, kam es zu Rivalitäten und unschönen Spannungen zwischen Warm- und Kaltblutzüchtern. Um Ordnung in das unübersichtliche Geschehen zu bringen, fasste die »Kommission der Pferdezucht im landwirtschaftlichen Provinzialhauptverein für Westfalen« am 16. November 1894 den Beschluss, die Züchtung von Warm- und Kaltblut territorial zu trennen. In 22 Kreisen des südlichen Westfalen sollte Kaltblut, in den 16 nördlichen Kreisen das Oldenburger Pferd gezogen werden.

Doch das Diktat von oben löste Widerstand aus. Getreu der Devise: »Wenn der Westfale Zwang spürt, wird er knorrig wie seine Eichen«, kümmerte sich kaum jemand um diese Weisung. Hinzu kam, dass die eingeführten Oldenburger Hengste nicht die erhofften Ergebnisse brachten, weil sich Klima und Bodenbeschaffenheit ungünstig auswirkten. Die Mängel waren nicht zu übersehen: knieweite Gänge, zu flache, weiche Hufe und fehlende Härte.

In dieser unerfreulichen Situation übernahm 1899 im Warendorfer Landgestüt der erst 26-jährige Kurt Graf Sponeck das Amt des Landstallmeisters. Unbelastet von allen Querelen ging der Kavallerie-Reserveoffizier nach kurzer Lagebeurteilung mit temperamentvoller Frische in die Offensive und nutzte im Mai 1901 in Dortmund auf der zweiten Hauptversammlung der »Landwirtschaftskammer für die Provinz Westfalen« die Chance, der Versammlung den elenden

Zustand der Pferdezucht vor Augen zu führen. Mit bissigem Spott geißelte Sponeck den »entsetzlichen Mischmasch« der Kreuzungsprodukte, die Fehlentwicklung der gesamten Zucht, die Unfähigkeit der Landwirte auf ihren Höfen, mit edleren, temperamentvolleren Pferden umzugehen, die falsche Haltung der Nachzucht in dunklen Mistlöchern mit fehlendem Weidegang der Fohlen. Aber der junge Gestütdirektor zeigte auch Verständnis für die Probleme der Züchter, er kritisierte nicht nur, sondern machte konkrete Reformvorschläge. Graf Sponeck empfahl die Einführung neuer Zuchtrichtlinien, um das schädliche Kreuzen von Warm- und Kaltblutpferden zu beenden, regte an, bei Stutenkörungen auf Kreisebene Warmblutstuten auf dem rechten Hinterschenkel mit einem »W« und Kaltblutstuten auf dem linken mit einem »K« zu brennen. Sponeck versprach dann für die Deckstellen des Landgestüts: »Es wird den Wärtern auf das allerstrengste verboten, eine mit einem K gebrannte Stute von einem Warmbluthengst decken zu lassen, oder umgekehrt. Durch diese Maßregel soll dem Kreuzen von Warm- mit Kaltblut ein Riegel vorgeschoben werden.« Und er machte einen weiteren längst überfälligen Vorschlag: die Anlegung eines zentralen »Provinzial-Stutbuches.«

Der Auftritt des fremden, kämpferischen Staatsbeamten machte Eindruck. Noch im selben Jahr wurde die Trennung in zwei Zuchtgebiete durch Kammerbeschluss aufgehoben sowie mit der Führung eines westfälischen Stutbuchs begonnen.

Graf Sponeck konnte die Auswirkungen seiner Empfehlungen nicht miterleben, da er noch im selben Jahr an das Landgestüt Braunsberg versetzt wurde. Aber sein Nachfolger, der vom Schloss Herringhausen bei Lippstadt stammende Carl Freiherr von Schorlemer, sollte zum besonderen Glücksfall für die Pferdezucht der Provinz werden. Die 1903 zum ersten Mal veranstalteten jährlichen Stuten- und Fohlenschauen waren vor allem dem Drängen des neuen Landstallmeisters zu verdanken, der bereits Pläne für die Abhaltung von Leistungsprüfungen hatte. Das Ergebnis dieser Schauen, bei denen die Kommission das Pferdematerial der gesamten Provinz kennen lernte, war so günstig, dass bei der Landwirtschaftskammer der Antrag gestellt wurde, den »Pferdezuchtverband für Westfalen und Lippe« aufzulösen und in eine Stutbuchgesellschaft umzuwandeln.

Das historische Datum, der 3. März 1904, markiert den Beginn einer inzwischen 100-jährigen Erfolgsgeschichte.

Am Spätnachmittag jenes Tages verlassen die aus allen Teilen Westfalens angereisten Herren das Hotel Moormann in der Ludgeristraße mit dem guten Gefühl, etwas auf den Weg gebracht zu haben. Es besteht durchaus Grund zur Zufriedenheit: Die Satzung mit allen Rechten und Pflichten der Mitglieder ist verabschiedet, alljährliche Schauen dreijähriger und älterer Stuten und Hengste mit Eintragung in das Stammbuch sind verbindlich vorgeschrieben, Leistungsprüfungen angeregt, dazu das einheitliche westfälische Kronen-Brandzeichen festgelegt.

Organisatorisch ist die neue Züchtervereinigung im Schoß der Kammer bestens aufgehoben. Das »Westfälische Pferdestammbuch e.V.« wird als Ausschuss in die Abteilung Tierzucht eingegliedert und rangiert dort an erster Stelle, vor der Rindvieh-, Schweine-, Schaf- und Kleintierzucht. Die Geschäftsstelle des Vereins befindet sich, »um die Ausgaben niedrig zu halten«, am Kammersitz in der Frie-Vendt-Straße. Ideale Bedingungen für einen Neubeginn, den drei Namen prägen sollen: Landstallmeister Freiherr von Schorlemer, Anton Holtmann-Hamerle, ein Züchter, der im Kreis Beckum die Kaltblüter mit großem Erfolg eingeführt hat, und der aus Braunsberg stammende 43-jährige Preußische Viehzuchtinspektor und Ober-Beamte Wilhelm Manitius, der mit seiner Familie in der Zumbrockstraße 4 lebt.

1904: das erste Brandzeichen – für Hengste und Stuten, die im Hauptstammbuch eingetragen sind.

Dieses Triumvirat macht sich mit Energie und Umsicht an die Arbeit, überzeugt abseits stehende Züchter, gewinnt eine immer breitere Unterstützung im Land und sorgt für Anberaumung und satzungsgemäßen Ablauf der Stutenschauen, bei denen gilt: »Die Eintragungen in das

Tierzuchtdirektor Wilhelm Manitius (1861–1936), der erste Geschäftsführer des »Westfälischen Pferdestammbuchs« 1904–1927

Pferdestammbuch erfolgen nicht engherzig. Vielmehr wird auf einer breiten Grundlage aufgebaut, denn die weniger guten Tiere merzen sich allein aus, während die besseren Stuten mit ihrer Nachzucht immer wieder erscheinen.«

»Abteilung I Westfälische Edelzucht« und »Abteilung II Westfälischer Arbeitsschlag« lauten die beiden Zuchtrichtungen.

Die Landwirtschaftskammer fördert die Bemühungen um Qualitätsverbesserung durch Ankauf und Einfuhr von eineinhalb- bis zweieinhalbjährigen Stuten aus Belgien und Oldenburg, die im Oktober in Hamm meistbietend an westfälische Züchter zu günstigen Preisen mit der Auflage veräußert werden, dass sich der Erwerber verpflichtet, die Stute fünf Jahre zur Zucht zu nutzen und gefallene Stutfohlen nur innerhalb Westfalens zu verkaufen.

Im Jahre 1905 haben sich elf Pferdezuchtvereine, mehrheitlich aus dem Münsterland, aber auch aus Unna, Erwicke und Horn dem Stammbuch angeschlossen. Für 1.220 Mitglieder sind 790 Kaltblüter und 951 Warmblüter bei etwa 130.000 in der Provinz lebenden Pferden eingetragen.

Schorlemer und Manitius können als Schöpfer der Leistungsprüfungen für Hengste und Stuten gelten. Gemeinsam entwickeln sie ein System, das zu einem viel beachteten Vorbild im gesamten Reichsgebiet wird. Auf dem Programm stehen Prüfungen im schweren Zug vor Kultivatoren, Dauerfahren, Schnelltrabfahren, Trab- und Galoppreiten, Jagdspringen und Dressurreiten.

Zuerst in Burgsteinfurt, ab 1906 am Sitz des Landgestüts, entwickeln sich daraus die alljährlichen »Warendorfer Tage«, die zum Wegbereiter für Leistungsprüfungen in den Landespferdezuchten werden. Dem »Westfälischen Stammbuch« gebührt das Verdienst, die erste Züchtervereinigung in Deutschland zu sein, die ihre Produkte derartigen Musterungen unterzieht.

Die Kombination von strenger Leistungsauslese, gezielter Zuchtförderung mit Vergabe von Prämien und Freideckscheinen sowie das Angebot belehrender Vortragsveranstaltungen für die pferdezüchtenden Landwirte durch Geschäftsführer Manitius soll erstaunlich schnell zu sichtbaren Erfolgen führen.

Bereits 1907, dem Jahr, in dem sich der »Verband westfälischer Hengstzüchter e.V.« formiert, erscheinen die Westfalen mit einer Stuten-Kollektion des Arbeitsschlages auf der DLG-Schau in Düsseldorf und ernten erstaunten Beifall: »Eine Landeszucht, von der man glaubte, daß sie über den allerengsten Heimatkreis hinaus Anspruch auf Beachtung nicht machen könnte, trat mit zwei Sammlungen selbstgezogener Pferde hervor und errang sich gelegentlich des vornehmsten und umstrittensten Jahreswettbewerbs der deutschen Tierzucht Anerkennung und Preise.«

Drei Jahre später kann in dem seit 1908 erscheinenden vierseitigen Mitteilungsblatt »Das westfälische Pferd«, das monatlich der »Landwirtschaftlichen Zeitung für Westfalen und Lippe« beigelegt wird, mit Genugtuung vermeldet werden, dass bei der DLG-Ausstellung in Hamburg das Urteil der Preisrichter über die präsentierten Stuten lautet: »Die Sammlung der westfälischen Edelzucht ist sehr ausgeglichen und einheitlich.« Und besonders erfreulich die Tatsache, die man allseits in Hamburg anerkannte: »Zuchtleitung und Züchter arbeiten in Westfalen einig und zielbewußt.«

Bereits wenige Jahre nach Gründung des Stammbuchs hat die Zucht überraschende, von vielen nicht für möglich gehaltene Fortschritte gemacht. Das System der Stuten- und Fohlenschauen auf Kreis- und Gauebene funktioniert. In dem jährlich für 3 Mark zu erwerbenden gedruckten Stutbuch können die Züchter alle eingetragenen Muttertiere finden, ebenso die aufgestellten Landbeschäler und angekörten Privathengste.

Im Jahre 1911 sind von 18.000 zur Zucht eingesetzten Stuten 4.592 registriert: 2.654 Edelzucht – 1.938 Arbeitsschlag. Im Warendorfer Landgestüt und auf den in der Provinz verteilten Deckstellen stehen 182 königliche Landbeschäler und 44 angekörte Privathengste.

Besonders günstig wirkt sich die Ankaufspolitik der Landwirtschaftskammer aus, die in zehn Jahren 301 Stuten der Edelzucht und 205 des Arbeitsschlages eingeführt hat und durch Angeldprämien verhindert, dass die besten Stutfohlen verkauft und damit der Zucht verloren gehen.

Die alljährlich an wechselnden Orten durchgeführte große »Provinzial Pferdeschau« verschafft den Züchtern die Möglichkeit zum Vergleich, spornt zum Wettbewerb an und mit den vom Stammbuch verteilten Freideckscheinen können wertvolle Stuten zum passenden Hengst geführt werden.

Als Höhepunkte des Jahres glänzen jedoch die herbstliche Hengstparade im Landgestüt und die »Warendorfer Woche«, auf der die westfälische Devise »Zucht nach Leistung« eingelöst wird. Veranstaltet vom Stammbuch und dem Verband der Hengstzüchter, haben sich die September-Prüfungen zu einem höchst attraktiven Ereignis entwickelt, zu dem die Honoratioren der Provinz und Tausende von Zuschauern strömen, um die Halbblutrennen, die zweispännigen Distanzfahrten, das Trabreiten für Hengste und Stuten oder den »Schweren Zug im Sande« über 1.500 Meter zu erleben.

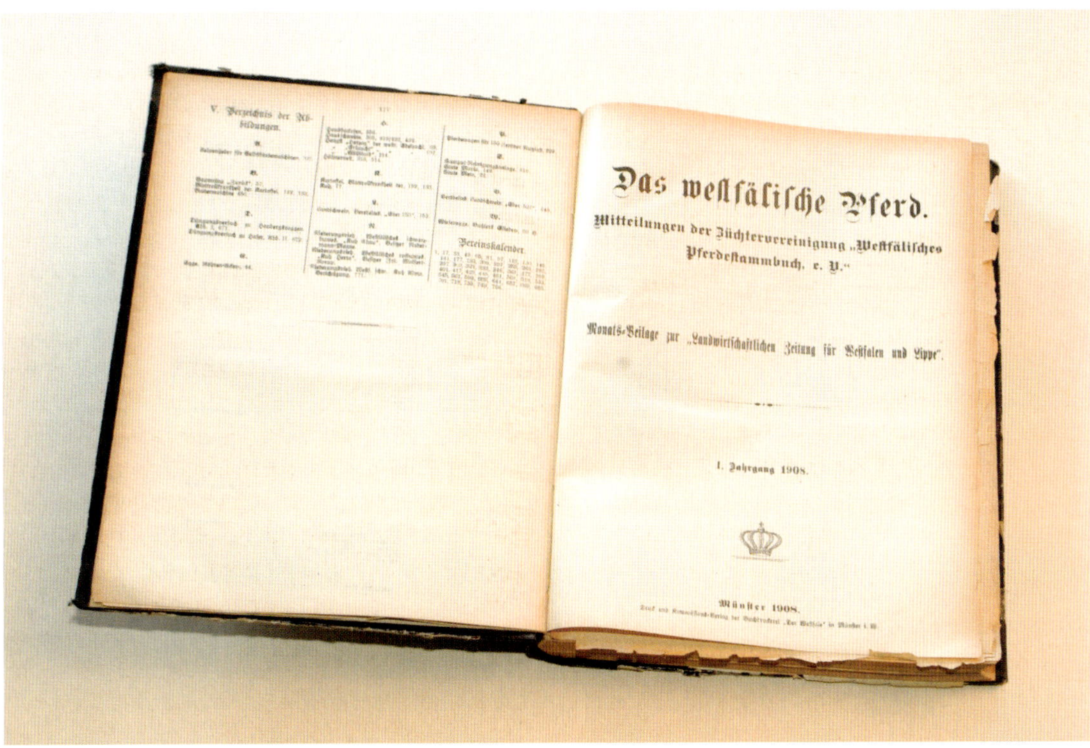

Im Kreis der Züchter herrscht Befriedigung über die Arbeit der Geschäftsstelle in Münster, bei der alle organisatorischen Fäden zusammenlaufen, sodass es auf den jährlichen Mitgliederversammlungen allenfalls zu Diskussionen über den Deckeinsatz von Traberhengsten oder die Einfuhr weiterer Normannen gibt, die Nerv, Trockenheit und ein besseres Gangvermögen in die Zucht bringen sollen.

Und 1912 heißt es in einem dickleibigen Werk über die »Geschichte des westfälischen Bauernstandes«: »Während vor fünfzig Jahren und später die Landwirte im ständigen Kampfe mit dem Landgestüt in Warendorf lagen, herrscht jetzt ein durchaus gutes Verhältnis zwischen der Gestütsverwaltung, welche die Interessen und Wünsche der Züchter gern berücksichtigt, und den Züchtern, die den überragenden Leistungen des Landgestüts volle Anerkennung zollen.«

1913 nimmt der inzwischen 83-jährige Baron Landsberg-Steinfurt Abschied vom Amt als Kammerpräsident und erster Vorsitzender des Stammbuchs. Seine Nachfolge tritt Wilhelm Freiherr von Ledebur-Crollage an, der bereits seit 1903 stellvertretender Vorsitzender der Kammer ist und wie in den Satzungen vorgesehen, beide Aufgaben in Personalunion übernimmt, sodass die Arbeit in bewährten Bahnen weitergehen kann.

Wilhelm Freiherr von Ledebur-Crollage, Vorsitzender 1913–1922

Doch durch Ausbruch des Ersten Weltkriegs im August 1914 werden die so viel versprechenden Entwicklungen der westfälischen Pferdezucht jäh unterbrochen. Das Militär holt Pferde mit Beschlagnahmungsverfügungen von den Höfen, Zwangswirtschaft und Futterknappheit führen zu Stillstand und Abstieg.

Fünf Jahre später, nach der Niederlage und dem Zusammenbruch des Kaiserreiches, endet die so überaus fruchtbare Zusammenarbeit zwischen dem zum Zuchtdirektor und Ökonomierat beförderten Wilhelm Manitius und dem aus dem Krieg zurückgekehrten Carl von Schorlemer, der in seiner Doppelfunktion als Landstallmeister und Vorsitzender der Stutbuchkommission die Basis für eine westfälische Landeszucht geschaffen hat. Selbstbewusst zieht er Bilanz der eigenen Verdienste: Gründung des Stammbuchs und Hengstaufzüchterverbandes; Einführung von Stutenschauen sowie Leistungsprüfungen im Geschirr wie unter dem Sattel; Durchsetzung des »Central Hengstemarktes« mit Körung und Prämierung aller Privat- und Gestüthengste in Warendorf.

In der Oktoberausgabe 1919 der Züchterzeitung »Das westfälische Pferd« veröffentlicht der leidenschaftliche Reinzucht-Verfechter Schorlemer einen Artikel mit der Überschrift »Mein Abschiedswort an die westfälischen Züchter«, in dem er feststellt: »Ich bin nicht so eingebildet zu glauben, dass ich keine Fehler gemacht hätte. Wenn man aber bedenkt, in welchem Tiefstand ich vor 18 Jahren die Pferdezucht in Westfalen vorfand, d.h. kein einheitliches Ziel, das praktisch durchführbar erschien, so sind Fehler beim Aufbau eines so großen Werkes verständlich. Keine Tierzucht, am wenigsten die Pferdezucht, lässt sich vom grünen Tisch beschließen, sondern sie ist abhängig von der Scholle, von den Aufzuchtverhältnissen und der züchterischen Intelligenz.«

Und zum Schluss macht der nach Dillenburg versetzte Freiherr den Züchtern Mut: »Das Fundament der westfälischen Pferdezucht steht fest. Ein bodenständiger Hengst- und Stutenstamm ist da. Die Wunden, die der Krieg geschlagen hat und noch schlagen wird, sind schwer, aber Westfalens Züchter können und werden sie tragen, wenn auf dem bewährten Fundament weitergearbeitet wird. Dann kann Westfalens Pferdezucht als eine echte Gebrauchspferdezucht noch der Quell werden, aus dem ganz Deutschland bei dem Wiederaufbau seiner schwer geschädigten Landespferdezucht schöpfen könnte.«

1920–1945: Kursbestimmung – schwere Jahre – Ziel erreicht – Zweiter Weltkrieg

Zwei Jahre nach Kriegsende ist die Lage in Deutschland politisch verworren und wirtschaftlich besorgniserregend. Auch auf dem Pferdemarkt herrscht Unordnung. Während des Krieges hat es zum Ausgleich der Frontverluste eine starke Pferdevermehrung gegeben. Nach der Demobilisierung werden nun Zehntausende von Armee- und Beutepferden ins Reichsgebiet zurücktransportiert und verursachen ein alarmierendes Überangebot. Gleichzeitig fordern die Siegermächte mit dem Versailler Vertrag Reparationsleistungen, zu denen auch Viehabgaben gehören. Westfalen hat bis 1920 bereits 4.080 Kaltblutstuten und 81 Hengste nach Belgien und Frankreich abgeliefert.

In dieser Zeit von Bedrückung und Ratlosigkeit treffen sich die Mitglieder des »Westfälischen Pferdestammbuchs« im Dortmunder Hotel »Lindenhof« zu ihrer Jahresversammlung. Jener Freitag, der 19. November 1920, soll ein denkwürdiger Tag in der Verbandsgeschichte werden, denn unter Punkt 4 der Tagesordnung, »Satzungsänderung«, fassen die Züchter einen Beschluss, der einen Wendepunkt markiert und zur eigentlichen Geburtsstunde der westfälischen Warmblutzucht wird. Die Mitglieder einigen sich auf das neue Warmblut-Zuchtziel: »Ein tiefes, kurzbeiniges, starkknochiges, gängiges Pferd auf Hannoverscher Grundlage.« Damit ist eine Weiche gestellt, die eine bereits vor dem Krieg begonnene Entwicklung folgerichtig festschreibt.

Zum bunten Landbeschäler- und Privathengst-Reigen aus Vollblütern, Westfalen, Oldenburgern, Ostfriesen, Mecklenburgern, Graditzern, Beberbeckern, Ostpreußen und Normannen haben seit der Jahrhundertwende in großer Zahl Hannoveraner gehört. Landgestüthengste wie der aus dem Emsland stammende »Herrscher«, zum Zeitpunkt der Mitgliederversammlung seit 17 Jahren im Deckeinsatz, prägen bereits als allseits gerühmte Stempelhengste die Zucht.

Befördert wird die Chance zum Aufbruch durch die im Vorjahr erfolgte Berufung Anton Holtmann-Hamerles zum Warendorfer Landstallmeister. Obwohl die Entscheidung der Preußischen Staatsgestütverwaltung in einigen Kreisen nicht ganz unumstritten bleibt, so hat die Mehrheit der Züchter doch das gute Gefühl, in der Nachfolge Schorlemers endlich einen der Ihren auf dem Stuhl des Gestütdirektors zu wissen.

Weil rund 70 Prozent des Bestandes von fast 170.000 Tieren zur Abteilung Kaltblut, das heißt Schrittpferde auf rheinisch-belgischer Grundlage, gehören, fühlt sich vor allem diese Züchtergruppe gut vertreten. Doch Holtmann-Hamerle nimmt sich vor, sein Augenmerk nicht allzu intensiv auf die Kaltblüter zu richten, sondern in Zusammenarbeit mit Manitius dem Stammbuch-Beschluss durch verstärkte Aufstellung hannoverscher Hengste Taten folgen zu lassen.

Drei Tage vor dem Treffen der Stammbuch-Mitglieder hatte im Hotel Lindenhof die Generalversammlung des Hengstzüchterverbandes stattgefunden, bei der es zu einer heftigen Debatte über den Standort des alljährlichen Hengstmarktes gekommen war. Kernpunkt der Kritik: Warendorf sei wegen der schlechten Erreichbarkeit ein Hemmschuh aller positiven Entwicklungen, man forderte einen Ort mit Hauptbahnanschluss, schlug Dortmund als idealen, zentral gelegenen Platz vor und appellierte: »Kleben wir doch nicht aus kleinlichen und örtlichen Rücksichten an dem, was nun einmal nach unserem Aufschwung in der Zucht nicht mehr paßt.«

Ein starkes Argument der Dortmund-Befürworter war der Hinweis, dass Käufer aus dem Rheinland, aus Sachsen, Pommern, Ostpreußen und Württemberg die unglückliche Lage der Ems-Stadt bedauert hätten. Zuchtdirektor Manitius gelang es, eine Verlegung des Marktes mit der Erklärung zu verhindern, »daß die Stadt Münster evtl. beabsichtige, eine große Halle mit Bahnanschluss zu bauen, wo sämtliche Hengste übersichtlich untergebracht würden, ebenso bei schlechtem Wetter die Körung unter Dach vor sich gehen könne«.

Trotz der zu Gunsten Warendorfs erfolgten Abstimmung geht die Debatte so heftig weiter, dass sich der Gauvorsteher für den Regierungsbezirk Münster, Fr. Pellengahr, in der Dezember-Ausgabe der »Landwirtschaftlichen Zeitung« genötigt sieht, in einem ausführlichen Artikel die Ortsfrage der Zentralkörung und des Hengstemarktes zu behandeln, in dem es zum Schluss beschwörend heißt: »Warendorf ist die Wiege der westfälischen Pferdezucht, und wo das Kind geboren ist, da weilt es gern und fühlt sich heimisch. Beherzigen wir diese Worte und halten wir zähe am Althergebrachten und Bewährten fest, so wird auch unsere westfälische Pferdezucht, die ja vieles geleistet hat, auch in Zukunft ihre Aufgaben erfüllen.«

Nachdem die Einigkeit wiederhergestellt ist, gehen die westfälischen Landwirte zur Einlösung des Stammbuch-Beschlusses im Bereich Warmblut entschlossen zur Sache. Züchter und Zuchtvereine kaufen bei den niedersächsischen Nachbarn kräftig ein: Hengst- und Stutfohlen, bewährte Muttertiere. Von den Beschaffungsreisen kommt nur das Beste aus den besten Zuchtgebieten, wie dem Kehdinger Land am westlichen Ufer der Unterelbe, in die heimatlichen Ställe.

1924 soll ein Jahr der Reformen und Richtungsentscheidungen werden. An der Spitze des »Westfälischen Pferdestammbuchs« gibt es erneut einen Wechsel, nachdem Freiherr von Ledebur aus Arbeitsüberlastung zwei Jahre zuvor die Aufgabe des Vorsitzenden an August Große Leege abgegeben hat, der jetzt sein Amt niederlegt, nachdem es gelungen ist, die Wogen der Interessengegensätze und Meinungsverschiedenheiten zwischen Kalt- und Warmblutzüchtern etwas zu glätten.

Nachfolger wird der auf Haus Laer lebende Clemens Graf von Westphalen, der als Kammermitglied für den Kreis Meschede wirkt und gleichzeitig Vorsitzender des Ausschusses für Pferdezucht und der Kommission zur Prüfung von Halbblutpferden ist.

Graf von Westphalen übernimmt sein neues Amt auf der am 10. April in Hamm anberaumten Mitgliederversammlung, bei der tragweite Entschlüsse gefasst werden. Auf der Tagesordnung: die Neuordnung der westfälischen Zucht. Einstimmig wird festgelegt, das Stammbuch in zwei Zuchtabteilungen, in Kalt- und Warmblut, zu gliedern. Da zahlreiche Landwirte beide Schläge züchten, soll der »Große Ausschuss für Pferdezucht« in übergeordneten Fragen entscheiden. Außerdem wird die Stutbuchführung neu gestaltet. Jetzt gibt es das »Hauptstutbuch«, das »Stutbuch« und das »Vorregister« sowie das »Hengststammbuch« für gekörte Hengste. Alle im Hauptstammbuch eingetragenen Hengste und Stuten erhalten ein verändertes Brandzeichen: die westfälische Krone, darüber die Reichskrone mit flatternden Bändern für Kaltblut auf den linken und für Warmblut auf den rechten Schenkel.

Durch Trennung in zwei Zuchtabteilungen unter dem Dach des Verbandes gelingt es, die Streitigkeiten zwischen Kalt- und Warmblut zu beenden, eine wichtige Voraussetzung für die Weiterentwicklung der Zucht.

Eintracht und Zielstrebigkeit sind Mitte der zwanziger Jahre vor allem vor dem Hintergrund einer einsetzenden Diskussion um die Zukunft des Pferdes gefragt. Auch wenn in der Landwirtschaft noch über achtzig Prozent der Zugkraft mit Pferden erbracht wird, die Zeichen der Zeit kann eigentlich niemand übersehen. Die Zahl der Lastkraftwagen nimmt zu, auf den Feldern der Börde-Bauern von Soest, Warburg und Lippstadt tauchen die ersten »stählernen Zugpferde«, die 8-PS-Lanz-Rohölschlepper mit Namen »Bulldog« auf, doch die offiziellen Vertreter der Zucht sind von der Unentbehrlichkeit des Pferdes zumindest in der Landwirtschaft zutiefst überzeugt.

In diesem Augenblick wird Westfalen zum Schauplatz einer Veranstaltung, die einmal als Geburtsstunde der ländlichen Reiterei in die Geschichte eingehen soll, »als Paukenschlag, der in ganz Deutschland vernommen wird«.

Zuvor hat Gustav Rau, der Schriftleiter des »St. Georg«, unermüdlich sein Credo propagiert: »Der Züchter muß selbst reiten, sein Pferd selbst zu Leistungsprüfungen vorbereiten, an diesen mit dem Pferd erscheinen und dann erst, falls es keine brauchbare Mutterstute ist, für den Sport großziehen und abgeben. Der deutsche Bauer auf selbstgezüchtetem Pferd muß letzten Endes der Sinn unseres Turniersports sein. Wir dürfen nicht ruhen, bis jeder Bauer, der Warmblut züchtet, auch reitet, fährt und seinen Sport treibt.«

Diese Appelle bleiben nicht ungehört. Es kommt zu einer Welle von Reitervereinsgründungen, sodass Rau es in Zusammenarbeit mit der »Landwirtschaftskammer für die Provinz Westfalen«, die einen Goldpokal stiftet, wagen kann, am 3. August 1924 zwanzig Vereine aus Westfalen zu einem ersten Provinzial-Turnier nach Hamm einzuladen, zu einem Reiterfest, das ein großartiger Erfolg wird und sieben Monate später eine besondere Frucht trägt, die offizielle Gründung des »Provinzial-Verbandes westfälischer Zucht-, Reit- und Fahrvereine« am 26. März 1925 in Münster. Dabei kommt es zu einer für die Zukunft des Pferdelandes zwischen Weser und Rhein bedeutsamen Wahl: Erster Vorsitzender wird der Stammbuch-Vorsitzende Graf von Westphalen, der damit beide Verbände zu einer engen, vertrauensvollen Zusammenarbeit führen kann, die bis zum heutigen Tag andauert.

Zeitgleich gelingt ein weiterer Schachzug. Aloys Lohmann aus Vinnum, seit Gründung des Stammbuchs ein führender, mit Provinzial- und DLG-Preisen hochdekorierter Kaltblutzüchter, Mitglied der Hengstkörkommission und Stutbuchkommission, ist seit zwei Jahren Vorsitzender des »Verbandes westfälischer Hengstzüchter und Eigenhengsthalter«. Ihn schlagen Graf Westphalen und Manitius zum Vorsitzenden der Kaltblutabteilung des Stammbuchs vor und erreichen damit eine Verbindung beider Organisationen.

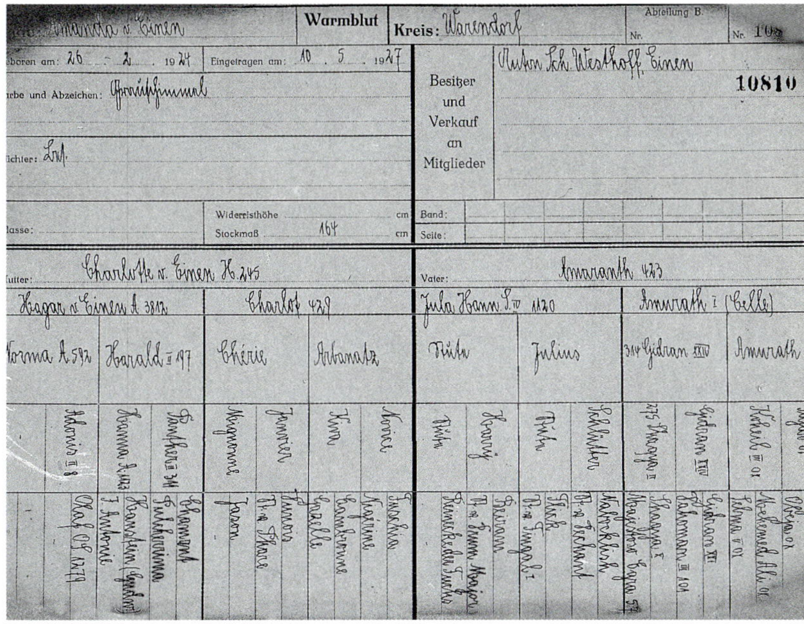
Warmblut
Kreis: Warendorf
Abteilung B
Nr. 103
Amanda v. Einen
geboren am: 26. 2. 1924
Eingetragen am: 10. 5. 1927
Farbe und Abzeichen:
Züchter:
Besitzer und Verkauf an Mitglieder
10810
Klasse:
Widerristhöhe cm
Stockmaß 164 cm
Band:
Seite:
Mutter: Charlotte v. Einen H. 245
Vater: Amaranth 423

Eintragung der 1924 geborenen Warmblutstute *Amanda von Einen*

Das Zuchtgeschehen ist auf einem guten Weg. Leistungsprüfungen und etwa 100 Stutenschauen laufen programmgemäß ab, die Anteile an hannoverschem Blut steigen wie geplant und mit fast 12.500 eingetragenen Stuten ist der Höchststand der Vorkriegszeit erreicht.

Sogar der Wunsch nach einem zentraleren Vermarktungsplatz mit besserem Bahnanschluss geht in Erfüllung. Im April 1926 kommt es in Münster zur Einweihung der neu gebauten »Halle Münsterland« mit großen Aufmarsch der ländlichen Reitervereine, Reiterspielen und historischer Quadrille.

Und sechs Monate später wird in Warendorf gefeiert. Zum 100. Geburtstag des Landgestüts erscheinen zur festlichen Hengstparade mit anschließendem Galadiner der Landwirtschaftsminister mit dem Oberlandstallmeister aus Berlin. Beide scheiden nach dem Erlebnis einer perfekten Hengst-Präsentation in Anwesenheit der Spitzen der westfälischen Zucht und Reiterei mit dem Gefühl, in dieser preußischen Provinz sei zumindest auf hippologischem Gebiet alles auf das Beste geordnet.

Eröffnungsplakat »Halle Münsterland« April 1926

Auf der Stammbuch-Mitgliederversammlung am 24. März 1927, die Aloys Lohmann in Verhinderung des Grafen Westphalen und seines Stellvertreters Ewald Bischoff-Frohnhof leitet, erklärt Hauptgeschäftsführer Wilhelm Manitius, dass er wegen Überschreitung der Altersgrenze zum Monatsende aus dem Dienst der Landwirtschaftskammer ausscheiden und die Geschäftsführung des Pferdestammbuchs niederlegen müsse.

Im »Münsterischen Anzeiger« ist zwei Tage später zu lesen: »Der Vorsitzende stattete ihm unter wiederholtem Beifall den herzlichsten Dank des Pferdestammbuchs ab für seine großen Verdienste um die westfälische Pferdezucht. Ökonomierat Manitius dankte und versicherte, der westfälischen Pferdezucht stets ein warmer Förderer bleiben zu wollen. (Bravo!) In die trüben Verhältnisse dieses Zuchtzweiges habe die Gründung des Westfälischen Pferdestammbuchs gründlich Ordnung getragen. Es sei das Werk der Einigkeit, und seine Mahnworte zur Einigkeit faßte er in dem Mahnruf zusammen: Seid einig und bleibt einig! Dann werden wir in der westfälischen Pferdezucht auch etwas zum Segen des Landes erreichen. (Lebh. Beifall und Händeklatschen.)«

Wilhelm Manitius macht der Versammlung noch ein Abschiedsgeschenk, das ab 1928 alljährlich Früchte tragen soll: »Auch in Westfalen Auktionen von erstklassigem, ausgesuchten Zuchtmaterial ins Leben zu rufen.«

Als Nachfolger wird einstimmig Dr. Josef Pulte gewählt, der bereits vier Jahre als Manitius-Stellvertreter fungiert und seit 1926 Geschäftsführer des Provinzial-Verbandes ist. Pulte hat wesentlichen Anteil am Aufblühen der ländlichen Reitervereine in Westfalen und dem Erfolg des ersten Provinzialturniers in Hamm. Doch seine Arbeit für das Stammbuch bleibt ein Zwischenspiel, nach nur einem Jahr folgt August Althoff, der sich ebenfalls ein Jahr später verabschiedet.

Erst zum 1. Juli 1929 gelingt es der Landwirtschaftskammer, eine Personallösung von Dauer zu finden. Der Neue heißt Fritz Böllhoff, stammt aus Hagen, ist 29 Jahre, ein aktiver Turnierreiter

Fritz Böllhoff, Stammbuch-Geschäftsführer 1929–1965

mit Landwirtschaftsstudium in Gießen und Bonn sowie Tierzuchtleiterausbildung mit zweitem Staatsexamen in Berlin. Aber fast ebenso wichtig: Böllhoff hat Pferdezuchterfahrungen im Landgestüt Beberbeck unter Anleitung des dortigen Landstallmeisters Paul Freiherr von Nagel sammeln können, der ihm eine »glühende Passion für jede Art der Hippologie« und großes praktisches Verständnis bescheinigt.

Fritz Böllhoff kommt nach Münster, als das »Westfälische Pferdestammbuch« 5.025 Mitglieder zählt, die bei einem Gesamtbestand von 178.000 Pferden 5.000 Kaltblut- und 2.800 Warmblutstuten eingetragen haben.

Es ist eine schwere Zeit. Den Menschen sitzt der Schock der Inflation noch in den Knochen, die wirtschaftliche Lage ist trotz Einführung der Rentenmark nicht rosig und auch die Pferdezucht steckt seit einigen Jahren in der Krise, weil durch Masseneinfuhr von Tieren aus Belgien, Dänemark, Holland, Polen und Ungarn die Preise auf einen Tiefstand gesunken sind. Erschwerend kommt die völlig zum Erliegen gekommene Nachfrage der Armee hinzu, sodass es sich für viele Züchter einfach nicht mehr lohnt, sie geben auf.

Trotzdem gelingt es, das Ziel »Qualitätssteigerung« durch Einheitlichkeit des Blutaufbaus und striktes Festhalten an dem 1920 gefassten Beschluss zu erreichen. Schon 1930 können die Westfalen auf der DLG-Schau in Köln mit einer Kollektion von Warmblutpferden erscheinen, über die der unermüdliche Kommentator Gustav Rau schreibt: »Ausgezeichnet hat das westfälische Warmblut abgeschnitten, das bei den jüngeren Zuchtgebieten beim mittleren Schlag einen Strom von Preisen auf sich lenkte und in den Sammlungen durch große Ausgeglichenheit glänzte. Die Zusammenstellung war hervorragend. Derbe, robuste, kurzbeinige Stuten mit viel Rippe von einem großen Gleichmaß der Form und sich gegenseitig so deckend, daß eigentlich ein Pferd wie das andere erschien.«

Der junge Tierzuchtinspektor Böllhoff hat bei seinem Start gleich auf mehrfache Weise Glück: Das Lob des einflussreichen Rau gleicht einem Ritterschlag, die Zuchtregion Westfalen hat den Anschluss geschafft, die Lage auf dem Pferdemarkt beginnt sich spürbar zu verbessern und seit Spätherbst 1929 residiert im Warendorfer Landstallmeisterhaus der aus Beberbecker Zeit vertraute Freiherr von Nagel, sodass die Zusammenarbeit nicht besser sein könnte. Eine Steigerung erfährt das Miteinander, als der in Züchterkreisen hohes Ansehen genießende Paul von Nagel am 15. April 1931 von der Mitgliederversammlung einstimmig als Nachfolger des Grafen von Westphalen zum Stammbuchvorsitzenden gewählt wird und damit zum ersten Mal Landgestüt und Verband in einer Hand sind.

Im Januar 1933 übernehmen die Nationalsozialisten die Macht. Vier Monate später vollzieht die »Landwirtschaftskammer für die Provinz Westfalen« durch Beschluss die Selbstauflösung und Überführung in den Reichsnährstand, dem damit auch das Stammbuch angeschlossen wird.

»Während sich bei vielen Zuchtverbänden nach der Machtübernahme 1933 durch die sogenannte Gleichschaltung große Veränderungen in den führenden Stellen ergaben«, schreibt Fritz Böllhoff in einem Rückblick aus Anlass des 50-Jahr-Jubiläums, »blieb das Westfälische Pferdestammbuch, bis auf wenige kleine Umbesetzungen, davon verschont. Es konnte deshalb in der alten Weise weiter gearbeitet werden, so daß das Verhältnis der Züchter zu ihrer Führung nicht die geringste Trübung erfuhr.«

Während in Deutschland die Diktatur ihre Herrschaft in alle Lebensbereiche ausdehnt, Unfreiheit und Verfolgung Andersdenkender zunehmen, erlebt die Pferdezucht einen bisher nicht gekannten Aufschwung. Der Bedarf an Zucht- und Arbeitspferden ist kaum zu befriedigen. Diese positive Entwicklung spiegelt sich in den Bedeckungszahlen des Landgestüts wider: 1932 11.281 Stuten, 1934 15.097 und ein Jahr später bereits 16.662.

1935 stehen zum ersten Mal in der Geschichte des Gestüts 250 Landbeschäler auf den Stationen.

Die freudige züchterische Aufbruchstimmung wird getrübt, als im September 1935 Paul von Nagel nach längerer Krankheit stirbt und ein Nachfolger für den Stammbuchvorsitz gefunden werden muss. Die Wahl fällt auf den Landwirt Fritz Lange aus Billmerich, selbst ein anerkannter Züchter, der seine Aufgabe vornehmlich darin sieht, das Pferdestammbuch würdig zu vertreten. Ein Verhalten, das den Beifall des Zuchtreferenten Böllhoff findet, der mit Genugtuung notiert: »Er war klug genug zu sehen, dass die Vorsitzenden der einzelnen Zuchtrichtungen Männer waren, die etwas von der Sache verstanden und keine neuen Direktiven brauchten.«

Durch das Gesetz zum Aufbau der deutschen Wehrmacht vom März 1935 kommt zusätzlicher Auftrieb in das Zuchtgeschäft. Das Militär braucht wieder Reit- und Zugpferde – die heimlichen Vorbereitungen zum Krieg haben begonnen.

Aus Berlin weist das Oberkommando des Heeres das Oberpräsidium der Provinz Westfalen in Münster an, Märkte zum Ankauf von Remonten abzuhalten, dafür geeignete Musterungsplätze zur Verfügung zu stellen und dabei »auch für einen Raum zur Besichtigung der Augen der Pferde zu sorgen, jedoch ohne daß hierfür eine Entschädigung von der Heeresverwaltung beansprucht wird«.

Die Benachrichtigung der Züchter übernimmt das Pferdestammbuch und veröffentlicht im

Paul Freiherr von Nagel, Oberstallmeister des »Westfälischen Landgestüts« und von 1931 bis 1935 Vorsitzender des »Westfälischen Pferdestammbuchs«

»Wochenblatt der Landesbauernschaft Westfalen« die Bedingungen für die jeweils im Mai in Hamm in der »Städtischen Zuchtviehhalle« und in Münster im »Westfälischen Zuchtviehmarkt« der »Halle Münsterland«, durchgeführten Ankaufsmusterungen. Den Herren Offizieren werden jedoch nur Tiere vorgestellt, die zuvor in der Geschäftsstelle in der Engelstraße unter Beifügung des Fohlenscheins angemeldet und von einer Stammbuch-Kommission vorbesichtigt sind.

Um die für die Wehrmacht wichtige Warmblutzucht zu fördern, vergibt das »Reichsministerium für Ernährung und Landwirtschaft« Beihilfen zum Ankauf von Stutfohlen in Höhe von 30 Prozent des Marktpreises, die vor allem an kleine und mittlere bäuerliche Betriebe vergeben werden. Beihilfen dürfen nur Züchter erstklassiger Fohlen erhalten, die zu zwei Dritteln aus Hannover und einem Drittel aus Westfalen stammen. Um die Qualität zu garantieren, ist eine Kommission unter Vorsitz des Landstallmeisters tätig, deren Auftrag lautet: »Die Mitglieder haben sich nach den Bedürfnissen der Landespferdezucht zu richten und unbeirrt das Ziel zu verfolgen, eine bodenständige Warmblutzucht auf bäuerlicher Grundlage zu schaffen und zu stärken.«

Staatsbeihilfen in Form von Geld- und Züchterpreisen werden in beachtlicher Höhe auch für die in Westfalen durchgeführten Leistungsprüfungen ausgeschüttet.

Es sind jährlich fast 500 Einzelveranstaltungen in allen Teilen der Provinz: Dressur-, Material- und Vielseitigkeitsprüfungen für Reit- und Wagenpferde, Eignungsprüfungen für Jagdpferde und Ackergespanne, Jagdspringen, Geländeritte, Rekordhoch- und Patrouillenspringen, aber auch Halb- und Vollblutrennen, die von den Kreisvereinen und ländlichen Reitervereinen durchgeführt werden.

In den ersten Julitagen des Jahres 1939 finden in Hamm die Provinzial-Leistungsprüfungen auf dem »12. Provinzialturnier« als größte züchterisch-sportliche Veranstaltung Westfalens statt, für die eine »Große westfälische Eignungsprüfung für Wagenpferde« in Form einer 150-km-Sternfahrt zum Turnierort ausgeschrieben ist. In Hamm konkurrieren 806 Pferde in 35 verschiedenen Prüfungen und demonstrieren damit den hohen Entwicklungsstand der westfälischen Zucht und Reiterei.

Fritz Böllhoff, der Geschäftsführer des Pferdestammbuchs, kann denn auch zufrieden konstatieren: »Wenn die westfälische Warmblutzucht große Fortschritte machen konnte, so trug neben dem Festhalten an dem einmal beschlossenen Zuchtziel auch das züchterische Verständnis der westfälischen Bauern und Landwirte viel zum Erfolg bei. Westfalen ist eine der wenigen Provinzen in Deutschland, in der die Kaltblutzucht friedlich neben der Warmblutzucht besteht, vielfach sogar in ein und derselben Wirtschaft und in der die Reinzucht trotzdem der Grundsatz aller Zuchtbestrebungen ist.«

Wie erfolgreich die Westfalen inzwischen auch über ihre Provinzgrenzen hinaus mit Warmblutpferden auf nationalen und sogar internationalen Turnierplätzen auftreten, beweisen Pferdenamen wie *Alexander, Herrin, Teut* oder die Stute *Nortrud*, die 1939 bestes Sportpferd des Reiches ist und das deutsche Springderby gewinnt.

Für das weitere Aufblühen der Zucht scheint alles wohlgeordnet. Seit Mai hat in Warendorf mit Konrad Bresges ein befähigter Pferdemann die Landstallmeisterposition übernommen und amtiert bereits als Vorsitzender der neuen Kommission für die Prüfung von Warmblutpferden (KLW), während Böllhoff in der KLK, der jetzt getrennten Kaltblutkommission, den Vorsitz führt.

In der Provinz ist ein bisher nie erreichter Höchststand von Pferden erreicht. Bei der Viehzählung von 1937 wurden 192.964 registriert. Noch nie standen so viele Landgestüt- wie Privat- und Genossenschaftshengste auf den Stationen, gab es mit 120 Plätzen so zahlreiche örtliche Möglichkeiten für Stutenschauen mit Fohlenprämierungen.

Im Augenblick des sichtbaren, scheinbar unaufhaltsamen Aufstiegs beginnt am 1. September 1939 der Zweite Weltkrieg.

Während die deutsche Wehrmacht in Polen einfällt und Frankreich erobert, geht die Arbeit des »Westfälischen Pferdestammbuchs« als kriegswichtiger Institution ungestört weiter. Obwohl allein in den ersten Kriegswochen 23.000 Pferde, fast ein Fünftel aller über vierjährigen Tiere, bei Aushebungen durch die Wehrmacht von den Höfen geholt werden, kann einiges durch die guten Verbindungen zum Militär und zur Landesbauernschaft geregelt werden. Fritz Böllhoff erinnert sich: »Besonders dem kleinen Züchter, für den die Abgabe eines Zuchtpferdes eine besondere Härte bedeutete, wurde schnell geholfen, so daß er meistens sogar in den Besitz eines noch besseren Zuchtpferdes wieder gelangte. Dabei sei lobend erwähnt, daß die Wehrmacht während des Krieges gegenüber den Züchtern ein großes Wohlwollen zeigte, so daß größere Schäden für die Zucht kaum entstanden.«

Am 15. März 1941 findet in der Stammbuch-Geschäftsstelle in der Engelstraße zum Abschluss einer Beiratssitzung eine kleine Feier statt. Der hochverdiente, inzwischen 75-jährige Aloys Lohmann legt aus Altersgründen seine Ämter als Vorsitzender der Kaltblutabteilung und Stutbuchkommission nieder und wird zum Dank für herausragende Leistungen mit einem Ölporträt und lebenslänglicher Ehrenmitgliedschaft beschenkt. In einer Würdigung heißt es: »Wer Lohmann jahraus, jahrein auf allen Schauen in Tätigkeit sah, ganz gleichgültig, ob bei sommerlicher Hitze oder bei strömendem Regen, der mußte den Eindruck gewinnen, daß sich hier ein Mann betätigte, der neben glühendster Passion eine Pferdekenntnis besaß, wie sie wenigen beschieden ist.«

Nur vier Monate später, bei den Nachtangriffen auf Münster vom 6. bis 10. Juli 1941, geht der Ort der Abschiedsfeier im Bombenhagel unter. Das münstersche Gebäude des »Westfälischen Pferdestammbuchs« fällt in Trümmer. Stutbuchkartei, Akten, Protokolle, Archiv- und Bildmaterial, fast alles ist vernichtet und unwiederbringlich verloren.

Der Krieg hat auch die westfälischen Pferdezüchter erreicht – ihr Verband ist heimatlos.

1945–1962: Wiederaufbau – Pferdeschwemme – Westfalen-Auktionen – Abschied vom Hafermotor

Vier Jahre nach dem Verlust der Züchterzentrale liegt die gesamte Provinzialhauptstadt Münster in Schutt und Asche, Deutschland hat bedingungslos kapituliert, Westfalen ist britische Besatzungszone. Das »Pferdestammbuch«, vier Monate vor Kriegsende am Stadtrand in Mecklenbeck, in Baracken der Landesbauernschaft, notdürftig untergekommen, versucht mit einigen geretteten und ausgelagerten Unterlagen die Zuchtbuchführung zu ordnen, um die Arbeit wieder aufzunehmen.

Aloys Lohmann aus Vinnum bei Olfen (Gemälde von Terhorst, 1941)

Im Herbst 1945 herrscht tiefe Not. Die Ernte war schlecht, die Menschen hungern, Flüchtlingstrecks ziehen über zerstörte Straßen, Zehntausende versuchen, auf dem Land Nahrungsmittel einzutauschen, der Schwarzmarkt blüht.

Auch die fast 170.000 westfälischen Bauernhöfe zeigen Spuren des Krieges: ausgelaugte Felder, fehlendes Saatgut, durch die Zwangsabgaben der nationalsozialistischen »Erzeugungsschlacht« geschrumpfte Tierbestände.

Hugo Schulte Wien,
Vorsitzender 1946–1963

Pferde sind durch zurückkehrende Heeres- und Beutepferde von der Räude bedroht und leiden unter Futtermangel.

Die Britische Militärregierung teilt der Landesbauernschaft am 12. Oktober 1945 mit: »Infolge der außerordentlichen Verknappung von Fleisch und Korn, das für die Ernährung in Westfalen während des kommenden Jahres zur Verfügung steht, werden Sie für den menschlichen Verbrauch den höchst möglichen Betrag an Futtergetreide anweisen und alle Pferde abschlachten lassen müssen, die nicht für wichtige Arbeit (Ackerbau oder als Zugtier) oder für die Einbehaltung als notwendigen Zuchtbestand gefordert werden. Nur die besten Zuchttiere brauchen nicht abgeliefert zu werden.«

Mit dieser Verfügung, schnellstmöglich »ein Höchstquantum an bestem Fleisch zu beschaffen«, ist die Aufforderung zu einer Pferdezählung verbunden. Diese Aufgabe fällt dem »Westfälischen Pferdestammbuch« zu, das am 2. Februar 1946 in einem Bericht an das »Generalreferat Landwirtschaft« in Unna-Königsborn meldet: »Die Gesamtzahl der Pferde in Westfalen beträgt nach dem vorläufigen Ergebnis der Dezemberzählung v. J. 206.569. Von diesen Pferden sind etwa 3/4 Kalt- und 1/4 Warmblutpferde. Zur Zucht werden etwa 50.000 Stuten benutzt. Davon sind reichlich 20.000 im Stutbuch eingetragen.«

Zur selben Zeit finden nach einer zweijährigen kriegsbedingten Zwangspause die ersten Eintragungstermine statt und am 22. März 1946 kommen die Züchter in Münster zu einer ersten Sitzung zusammen, um über die dringendsten Arbeitsschritte zu beraten.

Auf der ordentlichen Mitgliederversammlung am 6. Juni in Hamm wird der in Münster kommissarisch gewählte Landwirt Hugo Schulte Wien einstimmig als Vorsitzender bestätigt. Der Neue ist eine markante Erscheinung, ein umfassend gebildeter Mann, der seine Zeit als Reserveoffizier nicht verleugnen kann und mit herrschaftlichem Gestus auf seinem großen Hof in der Nähe von Nottuln residiert. Karl Geßmann aus Appelhülsen übernimmt die Leitung der Abteilung Warmblut, Rudolf Pellengahr aus Brenkhausen die Kaltblutabteilung.

Hauptgeschäftsführer ist nach wie vor Fritz Böllhoff, der jetzt mit seinen Mitarbeitern auf engstem Büroraum die beschlossenen Maßnahmen umsetzen muss: ordnungsgemäße Durchführung von Stutenschauen und Körungen, Eintragungen und Ausstellung von Fohlenscheinen.

Auch die Zusammenarbeit mit dem Warendorfer Landgestüt gehört dazu, das jetzt auf 84 Deckstellen 95 Warmblut- und 228 Kaltblutbeschäler aufstellt. Glücklicherweise sind die unerfreulichen Auseinandersetzungen um Existenz und Zuständigkeiten des Gestüts beendet, bei denen die Kaltblutzüchter eine ungute Rolle spielten, weil sie sich von einer Auflösung mehr Freiheiten versprachen. Doch nach Gründung des Bundeslandes Nordrhein-Westfalen im August 1946 ist der Streit beendet. Landstallmeister Bresges steht nun dem »Westfälischen Landgestüt« vor, das dem Düsseldorfer Landwirtschaftsministeriums unterstellt ist.

Zwei Jahre nach Kriegsende sind beim »Westfälischen Pferdestammbuch« die organisatorischen Wiederaufbauarbeiten beendet, der Blick kann nach vorn gerichtet werden. Im Sommer 1947 bittet das Stammbuch die Pony- und Kleinpferdezüchter zu einem Treffen nach Hamm und gibt damit den Anstoß zur Gründung des »Westfälischen Kleinpferdestammbuchs«, dessen Zuchtziel lautet: »Die Zucht eines korrekten, leistungsfähigen, in Haltung und Fütterung anspruchslosen Kleinpferdes in der Größe 1,38 m Stockmaß bei Stuten und 1,40 m bei Hengsten.«

Erster Vorsitzender wird Carl Rudolph Herzog von Croij, der als Besitzer der Wildpferdeherde im Merfelder Bruch ein Naturdenkmal bewahrt.

Zur selben Zeit kommt es zu einer Wiederbelebung des Reitsports. Im Herbst lädt Clemens Freiherr von Nagel nach Ostenfelde zu einem Turnier ein, das in ganz Deutschland Aufsehen erregt und als »die Wiedergeburt des Turniersports inmitten einer Zeit bedrückender materieller und seelischer Not« gefeiert wird. Der älteste Sohn des 1935 verstorbenen Warendorfer Landstallmeisters hat auf Schloss Vornholz die bereits vor dem Krieg begonnene Zucht mit dem Ziel wieder aufgenommen, Pferde für den großen Sport zur Verfügung zu stellen.

Auch in der ländlichen Reiterei beginnt sich einiges zu rühren. Aus Krieg und Gefangenschaft zurückgekehrte Bauernsöhne steigen wieder in den Sattel, die alten Vereine formieren sich zu neuer Arbeit. Im April 1948 wird auf einer Versammlung aller Kreisreitervereine die Wiedergründung des »Provinzial-Verbandes westfälischer Reit- und Fahrvereine« beschlossen. Zwei Monate zuvor hat sich in Münster die vom Landwirtschaftsminister geforderte »Kommission für Pferdeleistungsprüfungen in Westfalen« formiert, deren Geschäftsstelle in den neu bezogenen Räumen des Stammbuchs in der münsterschen Langenstraße arbeitet. Vorsitzender ist der 61-jährige Fritz Sümmermann, zugleich erster Vorsitzende des Provinzial-Verbandes.

Die enge Verbindung von Zucht und Sport, der Schulterschluss aller handelnden Personen, wie Schulte Wien, Böllhoff, Geßmann und Sümmermann, ist die Voraussetzung für die nun beginnende Kette von Erfolgsmeldungen.

Im Mai 1948 gelingt es, die achtzehn Jahre zuvor als Mitteilungsblatt der Kommission für

Wiederaufbau der »Halle Münsterland« (Aufnahme: 25.9.1948)

Leistungsprüfungen und des Provinzial-Verbandes gegründete und 1933 von den Nazis verbotene Zeitschrift »Westfalens Roß und Reiter« neu erscheinen zu lassen. Damit haben Züchter und Reiter endlich wieder ein Organ, das sie über alle Verordnungen und Entwicklungen informiert.

WESTFALENS ROSS UND REITER

Bewährte Pferde stellen sich vor

Nach der im Juni erfolgten Währungsreform, die als Aufbruchssignal für das so schwer getroffene Land wirkt, kommt es auf Drängen der Züchterverbände zur Wiedereröffnung der im Krieg zerstörten »Halle Münsterland«, die als zentraler Absatzmarkt unverzichtbar ist. Um die Halle aufzubauen, haben das Westfälische Rinderstammbuch, der Schweinezüchterverband und die Stadt Münster unter dem organisatorischen Dach des Pferdestammbuchs eine GmbH gegründet, die ihr Ziel nur erreicht, weil die benötigten großen Holzmengen für die Deckenkonstruktion aus Bayern im Tausch gegen Kaltblutpferde beschafft werden können.

DLG-Ausstellung Frankfurt 1948: Gruppenaufnahme vor dem Gemeinschaftszelt von Pferde- und Rinderzüchtern (Aufnahme: 3.9.1948)

Im Oktober 1948 kann die Zeitschrift »Westfalens Ross und Reiter« auf Seite eins über die erste Nachkriegsausstellung der DLG in Frankfurt höchst Erfreuliches berichten. Kein Geringerer als Gustav Rau schreibt nach einem kräftigen Lob für die Kaltblüter: »Im Warmblut zeigte das

1950: NRW-Landwirtschaftsminister Heinrich Lübke gratuliert Franz Schnitker-Pöhling auf *Fidelia* zum Gewinn des »Blauen Bandes von Westfalen«.

Westfälische Pferdestammbuch sechs Stuten, die durch ihre Väter *Schwank* und *Schwager* in die Linie des Hannov. Hengstes *Schwabenkönig I* gehören. Sämtliche Stuten waren bei genügendem Kaliber trocken und edel. Sie hatten einen langen, ausbalancierten, vorwärtsstrebenden Schritt und schwungvollen, elastischen Gang. Wir hoffen, daß die Warmblutzucht Westfalens sich immer mehr dem durch die Frankfurter Ausstellungs-Stuten verkörpertem Modell nähert.«

Nur drei Jahre nach Ende des Zweiten Weltkrieges ist es geschafft. Die Wiederaufnahme der Schauen, Leistungsprüfungen, Körungen sowie der monatlichen Absatzveranstaltungen in der »Halle Münsterland« garantieren einen geordneten Ablauf des Zuchtgeschehens.

Befördert wird die beginnende Normalität durch die Neugründung der »Landwirtschaftskammer Westfalen-Lippe« am 18. November 1949, im Jahr ihres 50. Geburtstages. Durch die Wiedergewinnung der bäuerlichen Selbstverwaltung werden auch Baupläne der Tierzüchter beschleunigt, die im Frühjahr 1950 in der Engelstraße ihr neu errichtetes »Haus der Tierzuchtverbände« einweihen können. Jetzt sind alle unter einem Dach versammelt, die Rotbunt-, Schweine- und Pferdezüchter, aber auch der Provinzial-Verband der Reitervereine hat dort seine Geschäftsstelle eröffnet.

Für die im Stammbuch organisierten westfälischen Pferdezüchter gibt es in dieser Zeit allen Grund zur Genugtuung. Der Verband hat ein neues, ihm gehörendes Hauptquartier, die Zahl der Zuchtstuten ist mit 40.000 beruhigend groß, der Absatz von Fohlen, Zucht- und Gebrauchspferden bei den Veranstaltungen in der »Halle Münsterland« läuft gut, fast alle aufgetriebenen Pferde werden verkauft, die Preise steigen.

Und während des 14. Provinzialturniers in Hamm im Frühsommer 1950 kommt es zu einer Ehrung, die Gustav Raus Forderung vom »Züchter im Sattel« mustergültig einlöst. Der nordrhein-westfälische Landwirtschaftsminister Heinrich Lübke überreicht das »Blaue Band von Westfalen« dem 52-jährigen Züchter, Besitzer und Reiter Franz Schnitker-Pöhling aus Overnhagen, der im Sattel des Championats-

20.4.1949: Grundsteinlegung für das neue Geschäftsgebäude in der Engelstraße 52

unten rechts:
Das »Haus der Tierzüchter« in Münster, Engelstraße 52 (Aufnahme: 26.3.1950)

Westfälische Spitzenstuten und Hengste auf der DLG-Ausstellung in Hannover, September 1956

pferdes, seiner dreijährigen Staatsprämienstute *Fidelia* v. *Friedländer* sitzt. Noch im selben Jahr gelingt dem Züchter auf der DLG-Ausstellung in Frankfurt ein kleines Wunder, Schnitker-Pöhling gewinnt alle zu vergebenden Ia-Preise, seine Stuten stehen mit ihrer Nachzucht im Rampenlicht und werden zur viel bestaunten Krönung der Schau.

Im April 1953 betreten die Westfalen mit einem mutigen Schritt Neuland. Das Pferdestammbuch lädt zur ersten »Westfalen-Auktion« für Reitpferde in die »Halle Münsterland« ein, über deren Zielsetzung Fritz Böllhoff sagt: »Das Westfälische Pferdestammbuch hat mit der Errichtung dieser Auktionen nicht im Auge gehabt, irgendwie Geld zu verdienen, sondern sie werden nur deshalb durchgeführt, damit den Züchtern beim Absatz geholfen wird und eine geregelte Preisbildung erfolgt.«

Der Frühjahrsauftakt ist so viel versprechend, dass gleich die nächste Auktion auf dem Programm steht und daraus, dem Vorbild der hannoverschen Versteigerungen in Verden folgend, ein fester Jahrestermin wird.

Ausgerechnet im Jahr 1954, zum Zeitpunkt des 50. Verbandsgeburtstages, der mit einer Feier in der »Halle Münsterland« und Veröffentlichung einer von Böllhoff verfassten Broschüre begangen wird, ziehen dunkle Wolken am Horizont auf.

Es ist nicht länger zu übersehen: Die Motorisierung der Landwirtschaft geht weiter, Schlepper finden immer massenhafter Verbreitung. Zunehmend wird die Zugkraft der Pferde überflüssig, auch wenn es jene schweren Warmblutstuten noch gibt, die ihren Hafer vor Pflug, Egge und Erntewagen verdienen, dazu Fohlen bringen und an Wochenenden auf ländlichen Turnieren zum Einsatz kommen.

Die Kaltblutzucht trifft die Konkurrenz der Traktoren am härtesten. In den früheren Hochburgen, den Kreisen Lüdinghausen, Recklinghausen, Coesfeld oder Beckum, schrumpft die Zahl der Stuten alarmierend schnell, immer mehr treten den Weg in die Schlachthäuser an. Von 1949 bis 1960 sinkt der Pferdebestand in Westfalen von fast 200.000 Tieren um mehr als die Hälfte. Im Landgestüt werden Deckhengste abgeschafft. Gab es dort 1952 noch 154 Kaltblut-Hengste, so sind es zehn Jahre später noch 53, bei den Warmblütern verringert sich die Zahl von 77 auf 58.

Den Zuchtverantwortlichen im Stammbuch, Hugo Schulte Wien, Fritz Böllhoff, den Vorsitzenden der beiden Zuchtabteilungen Ludwig Isenbeck aus Osterbönen und Max Tüshaus aus Sölten sowie Landstallmeister Bresges ist bewusst, dass die Kaltblutzucht zum Erliegen kommen wird. Und sie wissen auch, dass die Warmblutzucht nur eine Überlebenschance hat, wenn es gelingt, neue Absatzgebiete zu erschließen. Das Wirtschaftspferd hat keine Zukunft.

Erfolge auf der Frankfurter DLG-Ausstellung im Sommer 1950

Deshalb muss der Kurs »Reitpferd« heißen, und das gelingt nur durch Veredelung, durch den Einsatz von Vollbluthengsten. Eine solche Umstellung geht nicht so schnell, sie muss mit Vorsicht, aber Entschlossenheit vorgenommen werden. Es gilt, aus den zwar leistungsstarken, häufig jedoch zu klobigen und langsamen Tieren, Pferde zu machen, die den Anforderungen des modernen Springsports gewachsen sind.

Zu Beginn der 60er Jahre gibt es in Westfalen fast 60.000 Ackerschlepper, in nur einem Jahrzehnt hat sich ihre Zahl verzehnfacht. In der Industrie und im Bergbau sind die Pferde endgültig ausgemustert.

Eigentlich eher düstere Aussichten für die Pferdezucht, doch die Arbeit der klein- und mittelbäuerlichen Züchter geht unbeirrt weiter. 1961 finden an 110 Orten Stutenschauen statt, bei denen 1.139 Fohlen vorgestellt werden, 677 Warmblut, 435 Kaltblut und 27 Kleinpferde. Das »Westfälische Pferdestammbuch« ist in Deutschland der einzige Verband, der Eintragungen, Prämierungen von Fohlen, Jährlingen, Zwei- und Dreijährigen sowie das Brennen der Fohlen auf den Schauen durchführt. Dafür kommt eine speziell konstruierte, im PKW mitgeführte Feldschmiede zum Einsatz, deren Motor durch die Wagenbatterie angetrieben wird. Trotz des starken Rückgangs der Bedeckungen steigt die Zahl der Eintragungen, weil die Züchter erkannt haben, dass sie ihre Pferde besser verkaufen können, wenn diese in Material- und Eignungsprüfungen gestartet sind, und das geht nur mit gültigen Abstammungspapieren.

Um den Absatz zu fördern, beschließt der Beirat des Verbandes am 31. Mai 1961, auf der Anlage der »Westfälischen Reit- und Fahrschule« in der ehemaligen münsterschen Kürassierkaserne einen Verkaufsstall zu eröffnen, in dem geeignete 4- bis 8-jährige Pferde nach Vorbesichtigung durch eine Kommission angeboten werden sollen. Vorbild sind die Zuchtgebiete Hannover und Holstein, die derartige Einrichtungen seit Jahren mit Erfolg betreiben, und die Erkenntnis, dass Kaufinteressenten zunehmend fachliche Beratung verlangen und den hohen Zeit- und Kostenaufwand für die Ab-Hof-Verkäufe scheuen.

In einem Bericht heißt es: »Der Verkaufsstall, der vom Westf. Pferdestammbuch und der Westf. Reit- und Fahrschule gemeinsam unterhalten werden soll, strebt keinen besonderen Gewinn an, sondern soll den Züchtern die Möglichkeit bieten, ihre Pferde in einem guten Pflege und Ausbildungsstand direkt an den Endverbraucher zu verkaufen. Neuerdings hat sich immer deutlicher gezeigt, daß die Käufer – zum größten

Paul Stecken, Major a. D. und Leiter der »Westfälischen Reit- und Fahrschule« 1950–1985

Teil städtische Reiter – einem gut angerittenen Pferd den Vorzug geben und daß rohe oder weniger gerittene Pferde nur bei erheblichen Preisabschlägen abgesetzt werden können.«
Die Neuerung beweist, dass der Verband die Zeichen der Zeit erkannt hat. Doch aus dem geplanten Verkaufsstall wird dann nur ein temporäres Trainingszentrum, in dem alljährlich vor der Frühjahrsauktion die Pferde über vier Wochen vorbereitet werden. Unter Leitung von Paul Stecken, dem Chef der Schule, reiten neben den Lehrlingen auch Lehrgangsteilnehmer und Freiwillige wie Harry Boldt, Franz Kukuk, Fritz Tempelmann oder der Jurastudent Reiner Klimke.

1963–1980: Weckruf aus Westfalen – Wachwechsel im Vorstand – Warendorfer Modell – Westfälisches Pferdezentrum

Unaufhaltsam rollt sie weiter, die Motorisierungswelle zu Beginn der 60er Jahre. Der ersehnte wirtschaftliche Aufschwung bedeutet das »Aus« für die Pferde. Besorgte Zeitungskommentare fragen, ob man diese Tiere künftig nur noch im Zoo betrachten könne.

In der Stunde höchster Bedrohung setzen die Westfalen ein bundesweit registriertes Signal. Der »Provinzial-Verband westfälischer Reit- und Fahrvereine« organisiert zusammen mit der FN, der »Deutschen Reiterlichen Vereinigung«, in der Dortmunder Westfalenhalle eine eindrucksvolle Demonstration. Unter dem beschwörenden Ruf: »Das Pferd muß bleiben« erleben am 15. März 1963 12.000 begeisterte Zuschauer ein Fest des Pferdes, das beweist, wie unverzichtbar diese Lebewesen sind. In einem Telegramm übermittelt Bundespräsident Heinrich Lübke den Teilnehmern die Botschaft: »Einzig und allein der Mensch entscheidet, ob das Pferd bleiben wird oder nicht. Sollte eines Tages das Pferd verschwinden, so nur durch die Schuld des Menschen.«

Zwei Monate später, am 31. Mai, versammeln sich in der Hammer »Zentralhalle der westfälischen Herdbuchgesellschaft« die Träger der westfälischen Zucht, jene Männer, die mit dem Erhalt alter Stutenstämme und sorgfältiger Hengstauswahl für eine Zukunft des Pferdes kämpfen.

Nach 18 Amtsjahren hat Hugo Schulte Wien darum gebeten, aus den Vorsitzendenpflichten entlassen zu werden und einen neuen Mann an die Spitze des Verbandes zu stellen. Die Wahl

Theodor Dorenberg, Vorsitzender 1963–1978

fällt auf den Landwirt Theodor Dorenberg aus Ahlen, einen erfolgreichen Züchter und aktiven Reitervereinsvorsitzenden, der auf die Menschen zugeht und als guter Redner überzeugt.

Nach Verleihung der Ehrenvorsitzendenwürde an Schulte Wien als Dank für »die unermüdliche Tätigkeit für das westfälische Pferd« appelliert Dorenberg an alle Züchter, »sich in den Dienst der Sache zu stellen und daran mitzuarbeiten, dem Pferd seine ihm zustehende Bedeutung zu erhalten«.

Zuchtleiter Fritz Böllhoff macht in seinem Geschäftsbericht deutlich, dass wegen des Arbeitskräftemangels in der Landwirtschaft der Zwang zur Mechanisierung noch wachsen und der Gesamtpferdebestand weiter abnehmen wird, auch wenn Westfalen im Vergleich mit anderen Bundesländern nicht so hart betroffen ist. Er schärft den versammelten Züchtern noch einmal ein: »Nur durch die Erhaltung der vorhandenen Stutengrundlage lässt sich die Zucht fördern. Die Beispiele der Länder England und Irland, die der Stutengrundlage keine Beachtung schenkten, zeigen, dass der Erhaltung der vererbungssicheren Stutenstämme die größte Bedeutung beizumessen ist. Im Vordergrund der Qualitätsverbesserung muss die Selektion und nicht die Kreuzung mit unerprobtem Zuchtmaterial – zum Beispiel unerprobte Vollbluthengste stehen.«

Zum Abschluss der Mitgliederversammlung wird ein überfälliger Beschluss gefasst, eine Satzungsänderung, in der das Zuchtziel für Kleinpferde und Ponys neu festgelegt wird, weil nach vier Jahrzehnten die Stockmaße nicht mehr stimmen und erhöht werden müssen.

Der Wechsel an der Spitze ist vollzogen, die Alltagsarbeit läuft weiter. Doch bereits 1965 kommt es zu einer Zäsur, als der amtierende Pferdezuchtreferent der Landwirtschaftskammer, Oberlandwirtschaftsrat Fritz Böllhoff, nach 36 Dienstjahren seinen Abschied nimmt. Ein spürbarer Verlust für den Verband, denn dieser Zuchtleiter war ein hochqualifizierter Pferdemann, beliebt bei den Züchtern, zu denen er stets ein herzliches Verhältnis hatte. Unvergessen seine großen Verdienste um die Pferdezucht des Landes und nicht zuletzt der erfolgreiche Ankauf des braunen Vollblüters *Pluchino* in Irland zu einem stolzen Preis Mitte der fünfziger Jahre im Auf-

Auf Stutenschau: (v.r.n.l.) Dr. Gerd Lehmann, Dr. Ferdinand Dohmen, Alfons Meier-Pavenstedt, Landstallmeister a. D. Konrad Bresges

trag des Unternehmers Otto Werthmann in Lühringsen bei Soest, der *Pluchino* für sein Privatgestüt erwarb und der westfälischen Zucht damit einen seiner wichtigsten Vererber schenkte. Ohne diesen Galopper kein *Perseus*, kein *Pilatus*, weder *Pilot* noch *Polydor*.

Als Stammbuchgeschäftsführer konnte Fritz Böllhoff 1949 den Gipfelpunkt der Mitgliederzahl von damals 20.706 registrieren, bei seinem Ausscheiden sind es nur noch 5.224.

Böllhoffs Pensionierung reißt eine Lücke, die Züchter vermissen ihn und erinnern sich mit Wehmut an die Zeit jener winterlichen Rundreisen von Hof zu Hof, bei denen immer dieselbe Truppe im PKW des Vorsitzenden auftauchte, um Pferde für die Frühjahrsauktion auszusuchen: Schulte Wien, Böllhoff, Geßmann, Schulze Gronover aus Greven und Stecken als Leiter der Westfälischen Reitschule. Rundreisen, die Böllhoff den »Kampf ums Pferd bei Eis und Schnee« nannte. Und er fehlt vielen auch als schwungvoller Versammlungsredner, der seine Auftritte stets mit dem Satz beendete: »Dann wollen wir mal vertrauensvoll in die Zukunft blicken.«

Die vakante Position des Zuchtleiters wird 1965 sofort besetzt. Die Kammer entscheidet sich für Ferdinand Dohmen, einen 41-jährigen Rheinländer mit bewegtem Lebenslauf: Krieg, Gefangenschaft, Landwirtschaftslehre, Verwaltertätigkeit, Studium in Bonn, Promotion und 2. Staatsexamen, Referent an der Landvolkshochschule Hardehausen, Tierzuchtlehrer und Wirtschaftsberater bei der Landwirtschaftsschule in Paderborn.

Dr. Dohmen scheint der Richtige, ihm geht der Ruf voraus, zupackend, ideenreich und fleißig zu sein. Es gibt nur eine Schwachstelle: Er versteht kaum etwas von Pferden. Doch dieses Manko könnte durch einen zur selben Zeit stattfindenden Personalwechsel an der Spitze des Landgestüts Warendorf wettgemacht werden. Dort scheidet Bresges nach Erreichen der Altersgrenze aus und Theodor Dorenberg hat sich zusammen mit seinem rheinischen Amtskollegen Hermann Wibeling in umsichtiger Vorausschau für die Unterstützung eines Landstallmeisterkandidaten entschlossen, der bereit ist, vom Trakehnerverband in Hamburg ins Westfälische zu wechseln. Dieser Dr. Gerd Lehmann, ein in Ostpreußen geborener, mit Pferden aufgewachsener Landwirtssohn, scheint durch Studienschwerpunkt und Referententätigkeit bei der Landwirtschaftskammer Weser-Ems und Hannover, die Erfahrungen mit dem Landgestüt Celle einschließt, die unverzichtbare Fachkompetenz zu garantieren.

Zum Glück für die westfälische Zucht geht die Rechnung auf. Die beiden Männer verstehen sich auf Anhieb. Beide haben dasselbe ehrgeizige Ziel: Westfalen an das Leistungsniveau des großen Zuchtgebietes Hannover heranzuführen. Gemeinsam gehen sie an die Bestandsaufnahme

1966: die 15. »Westfalen-Auktion«

In Aktion: Alfred Bruns

und stellen bei ihren ersten Stutenschaureisen fest: Die bodenständigen, soliden Westfalen haben es geschafft, dass ihre in der Landwirtschaft bewährten Pferde im Körperbau korrekt und dabei von guter Wesensart geblieben sind. Damit scheint das Fundament vorhanden, jetzt gilt es, mit guten Hengsten und neuen Ideen Schwung in die Zucht zu bringen.

Es ist ein ungleiches Duo, das da an die Arbeit geht. Dr. Dohmen, der elf Jahre ältere, impulsiv, aufbrausend, von rastlosem Tatendrang beseelt und als Junggeselle Tag und Nacht für den Verband im Einsatz. Sein Partner Dr. Lehmann tritt dagegen eher zurückhaltend auf, ein auf Distanz bedachter junger Herr, der die Rolle des preußischen Landstallmeisters ebenso mühelos wie perfekt ausfüllt.

Damit beginnt eine Zusammenarbeit, die nach dem Prinzip »Dohmen rudert, Lehmann steuert« fabelhaft funktioniert und dem Zuchtgebiet Westfalen einen kaum für möglich gehaltenen Aufstieg bescheren soll.

1966 ist ihr erstes Jahr. Dohmen reist nach England, kauft dort Hengste und Stuten für die Reitponyzucht, ohne zu ahnen, dass er damit den Grundstein dafür legt, dass Westfalen zwei Jahrzehnte später zum führenden Ponyzuchtgebiet der Republik wird. Lehmann wagt sich an das »Heiligtum« des Verbandes, das alte, seit 1910 benutzte Brandzeichen, und schlägt eine modernere Version vor, die zu seiner Überraschung sofort akzeptiert wird. Zum 1. Juni 1966 tritt eine neue Brennordnung in Kraft, die vorsieht, dass alle Pferde nur noch links, auf der Halsseite und dem Hinterschenkel, gebrannt werden.

Das neue westfälische Brandzeichen

Zur selben Zeit gelingt ein Überraschungserfolg, der alle mit Stolz erfüllt. Auf der DLG-Schau in Frankfurt werden zum ersten Mal in der Stammbuch-Geschichte die traditionellen Konkurrenten Hannover, Holstein und Oldenburg geschlagen. In der Abteilung »Edles Warmblut« ist die Staatsprämienstute *Finale* von *Dolberg* die Siegerstute, zusätzlich werden drei weitere erste Preise errungen.

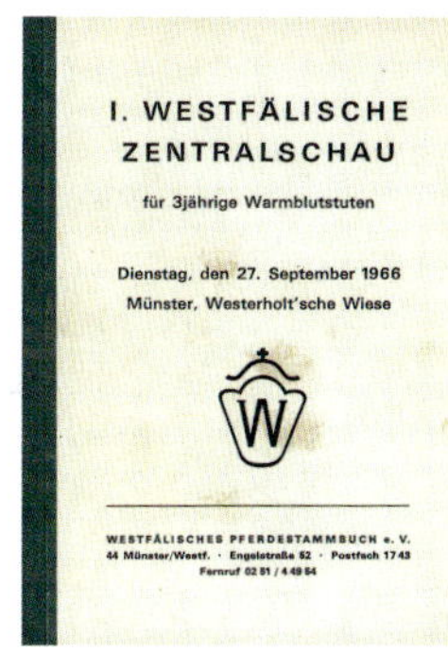
I. WESTFÄLISCHE ZENTRALSCHAU

für 3jährige Warmblutstuten

Dienstag, den 27. September 1966
Münster, Westerholt'sche Wiese

WESTFÄLISCHES PFERDESTAMMBUCH e. V.
44 Münster/Westf. · Engelstraße 52 · Postfach 1743
Fernruf 02 51 / 4 49 54

Am 27. September 1966 folgt ein weiterer Paukenschlag. Auf der Westerholtschen Wiese in Münster veranstaltet der Verband die »I. Westfälische Eliteschau«. Zweiundvierzig der besten 3-jährigen Warmblutstuten präsentieren sich vor schöner Kulisse einem sachkundigen Publikum. Zufrieden stellt Dohmen fest: »Der starke Besuch von Züchtern und Interessenten des In- und Auslandes zeigte, wie groß das Bedürfnis

Blick in die »Halle Münsterland«

rechts:
Hinter den Kulissen: Begutachtung der Auktionspferde

1966: Die erste westfälische Zentralschau auf der »Westerholtschen Wiese« in Münster

und wie richtig solche zentralen Schauen als belehrendes und belebendes Element für jedes Zuchtgebiet sind. Ganz klar kam bei dieser Schau zum Ausdruck, daß das bodenständige reinblütige Warmblutpferd in unseren alten durchgezüchteten Stutenstämmen unser züchterisch wertvollstes Kapital ist und bleibt, was wir auf keinen Fall angetastet wissen wollen.«

Zuchtleiter Dohmen und Landstallmeister Lehmann – beide haben das Glück, ihre Ämter zu einem günstigen Zeitpunkt zu übernehmen. Allen Züchtern ist bewusst, dass der Abbau von Kaltblut weitergehen muss und nur die Warmblutzucht mit dem Ziel »Sport« eine Zukunft hat, dass die Losung der Stunde lautet: »Veredelung durch Einsatz von Vollbluthengsten.«

Der Zuchtauftrag ist eindeutig formuliert: »Gezüchtet wird ein edles, korrektes, leistungsstarkes Warmblutpferd mit schwungvollen Bewegungen, das aufgrund seines Temperaments, seines Charakters und seiner Rittigkeit für Reitzwecke jeder Art geeignet ist.«

Um den Züchtern der 4.000 eingetragenen Warmblutstuten Mut zu machen und das Erreichte vor Augen zu führen, gibt Dohmen bereits in seinem dritten Dienstjahr eine reich bebilderte, 230 Seiten starke Schrift unter dem Titel »Westfalens edles Warmblut« heraus. Diese »Studie über züchterischen Erfolge bis 1966« soll auch beim bäuerlichen Nachwuchs Überzeugungsarbeit leisten, dass es sich lohnt, Pferde zu züchten. Denn unglücklicherweise verbreiten die Berater und Landwirtschaftslehrer der Kammer in den Schulen die Ansicht, Pferdezucht führe zum Bankrott und habe keine Zukunft.

Mit Beginn der 70er Jahre präsentiert sich das »Westfälische Pferdestammbuch« als leistungsstarker, moderner Verband, der seinen Mitgliedern die benötigte Bühne für ihre Produkte bietet. Die »Elite-Reitpferdeauktion« im Frühjahr sowie im Herbst die »Elite-Stutenschau« und »Zentrale Hengstkörung« in der »Halle Münsterland«, bei der am ersten Tag etwa 70 junge Kleinpferde-, Pony- und Haflingerhengste gekört werden und am zweiten Tag die 100 Warmbluthengste. Außerdem bietet die mit großem Publikumsandrang laufende Körveranstaltung auch die Möglichkeit zum Verkauf junger Nachwuchsreitpferde.

Weniger pressewirksam sind die alljährlich Ende Mai beginnenden zeitaufwändigen Reisen der Stutbuchkommission zu den über 120 Schauplätzen. Dem Gremium gehört ein Vorstandsmitglied des Verbandes an, der zusammen mit dem Landstallmeister, einem Privathengsthalter und dem jeweils zuständigen Kreisvertreter Muttertiere wie Nachkommen bewertet und dabei Tausende von Kilometern zurücklegen muss.

Die eigentliche Arbeit wird jedoch in der Zentrale der münsterschen Engelstraße 52, im »Haus der Westfälischen Züchterverbände«, geleistet. Hier führt der Oberamtsrat Alfons Terdenge Regie, ein Gronauer Bauernsohn und Diplomverwaltungswirt, dem 1957 bei seiner ersten Vorstellung in der Landwirtschaftskammer vom damals zuständigen Abteilungsleiter Dr. Schulte-Sienbeck zur Begrüßung vorgehalten wurde: »Wollen Sie demnächst im Zoo die Pferde putzen oder was wollen Sie beim Pferdestammbuch?« Doch Terdenge ließ sich nicht abschrecken, sondern übernahm den

Posten eines Büroleiters, der gleichzeitig als Schatzmeister des Verbandes amtiert und bei dem alle organisatorischen Aufgaben zusammenlaufen.

Alfons Terdenge steuert die Verkaufsveranstaltungen, macht die Fotos, überwacht den Druck der Kataloge und die Durchführung der seit den 60er Jahren laufenden Auslandsverkäufe nach Venezuela, Kanada und in die Türkei. Der Büroleiter ist auch für die gesamte Öffentlichkeitsarbeit zuständig, zu der die Herausgabe von »Ross und Reiter in Westfalen« gehört und trägt zusätzlich für die Verwaltung und das Finanzwesen des unter demselben Dach residierenden »Provinzial-Verbandes westfälischer Reit- und Fahrvereine« die Verantwortung, so wie Dohmen ab 1973 Geschäftsführer beider Verbände wird und damit die ideale Verbindung zwischen Zucht und Sport herstellt. Die räumliche Nähe und personelle Verzahnung, gefördert durch die beiden Verbandsvorsitzenden, Theodor Dorenberg und den Doppel-Silbermedaillengewinner von Stockholm, August Lütke Westhues, ist einmalig in Deutschland und einer der Gründe für den beginnenden Siegeszug der Zuchtregion Westfalen.

Im Büro des Stammbuchs gibt es neben den etwa sechs bis sieben Mitarbeitern noch eine zweite wichtige Position, den Leiter der Stutbuchabteilung oder Stutbuchführer. Seit 1960 ist das Herbert Domhöver, der bereits 1944 beim Stammbuch als Lehrling anfing und den Personalabbau von 18 Beschäftigten Ende der 50er Jahre miterlebt hat, als der Schrumpfungsprozess auf Hochtouren lief.

Domhöver, ein Mann mit brillantem Gedächtnis und dem Talent zum Ausgleich, ist der ruhende Pol in der durch kurze cholerische Attacken Dohmens gelegentlich etwas turbulenten Geschäftsstelle. Er überwacht die Eintragung der vorgestellten 3-jährigen und älteren Stuten, die Registrierung der Fohlen, Ausstellung von Abstammungsnachweisen und Um- und Abmeldungen bei Besitzwechsel. Domhöver führt die Hengstbücher für alle Rassen, ist für den Katalogverkauf ebenso zuständig wie für die Mitgliederverwaltung. Außerdem ist er während der Stutenschauen im Einsatz und steht an Wochenenden bei Turnieren als Leiter von Meldestellen ehrenamtlich zur Verfügung.

Mitte der 70er Jahre ist der Aufschwung geschafft. Das Konzept »Zucht für den Sport« scheint aufzugehen. Auch wenn sich der Gesamtpferdebestand in Westfalen im Vergleich zu 1960 mit damals 85.762 Pferden etwa halbiert hat, die Kurve der Bedeckungen und gefallenen Fohlen zeigt nach oben, die Stimmung ist gut, es herrscht Zuversicht. Und dazu besteht Anlass, da zur Überraschung vieler Experten die Nachfrage nach Reitpferden im Bereich Sport und Freizeit durch Gründung neuer Reitervereine und Ausweitung der Turnieraktivitäten deutlich ansteigt.

Es zeigt sich, dass die staatlichen Unterstützungsmaßnahmen der Zucht mit der Vergabe von Staatsprämien und Gewährung von Fohlenaufzuchtprämien positiv wirken, dass sich die Stuten- und Fohlenschauen bewähren. Auch die Haflingerzucht erlebt jetzt eine erstaunliche Blüte, gefördert durch Schauveranstaltungen und einen 1970 vom Pferdestammbuch gestifteten, jährlich vergebenen Preis für besondere züchterische Leistungen bei Ponys und Kleinpferden.

Von herausragender Bedeutung ist jedoch die 1971 von Landstallmeister Dr. Lehmann eingeführte dreiteilige Hengstleistungsprüfung, die von dreieinhalbjährigen Hengsten nach ihrer ersten Deckperiode abzulegen ist. Sie besteht

Peter Krautwig,
Dr. Tonius Bornemann
und Alfons Terdenge (v. l.)

aus einer Dressurprüfung der Klasse A mit anschließendem Freispringen im Alter von vier Jahren vor der zweiten Deckperiode und zum Schluss einer Reitpferdeprüfung der Klasse L, viereinhalbjährig, mit anschließender tierärztlichen Untersuchung. Dieses neue Prüfungsverfahren, zu dem auch noch die Beurteilungen der Ausbildungsleiter gehören, die Noten für

Das DLG-Quartett in München: *Pasternak*, *Romadour II*, *Regress*, *Windesi* XX (v. l.)

Temperament, Charakter, Konstitution, Rittigkeit, Springanlage und Leistungsfähigkeit vergeben, findet unter dem Namen »Warendorfer Modell« nicht nur in Deutschland, sondern auch international Anerkennung.

In der ersten Hälfte der 70er Jahre beginnt sich der mit Decksaison 1969 eingeführte »Stutengesundheitsdienst« zu bewähren, der auf gemeinsame Initiative Lehmanns und Dohmens eingerichtet und von Dr. Wilhelm Konermann, dem Direktor des Tierzuchtgesundheitsamtes in der Landwirtschaftskammer, engagiert durchgeführt wird. Jeweils von März bis Mitte Juli finden an verschiedenen Orten Westfalens, auf Deckstellen und in Vereinsreithallen, systematische zuchthygienische Untersuchungen der Mutterstuten statt. Dabei wird festgestellt, dass wesentliche Ursachen verminderter Fruchtbarkeit unzulängliche Haltung, falsche Fütterung und Belastung durch Turniereinsätze sind. Die Aufklärung der Züchter zeitigt Erfolge: Es kommt zu einer deutlichen Steigerung der Befruchtungs- und Abfohlungsergebnisse.

Die Debatten auf den Jahresmitgliederversammlungen des Verbandes sind von Zufriedenheit über das Erreichte geprägt, man ist sich einig, dass im schwierigen Umstrukturierungsprozess der Landwirtschaft nur die »moderne Pferdezucht als bäuerlicher Betriebszweig von einem der wenigen Sonnenstrahlen getroffen« wird.

Bei den Zucht- und Reitpferde-Auktionen steigen die Preise, die Anzahl der Kleinpferde nimmt erstaunlich schnell zu.

Im Mai 1976 treten Pferdestammbuch und Landgestüt bei der Gebrauchsprüfung für Reitpferde auf der DLG-Ausstellung in München gemeinsam auf und schicken zwei Landbeschäler, acht Warmblutstuten, einen Reitponyhengst und fünf Reitponystuten.

Am Schluss des sechstägigen Wettbewerbs auf der Theresienwiese ist die Sensation perfekt, die Westfalen triumphieren auf der ganzen Linie. Das Landgestüt erhält im Jahr seines 150. Geburtstages ein besonderes Geschenk, *Romadour II* wird zum DLG-Siegerhengst gekürt, der Vollblüter *Windesi* erhält den Ia-Preis. Und dem »Westfälischen Pferdestammbuch« wird für die »modernste, ausgeglichenste, konditionsstärkste und am vorbildlichsten gepflegte« Stutenkollektion der nur alle 14 Jahre an die Tierart »Pferd« vergebene, hochangesehene »Max-Eyth-Preis« verliehen, den Theodor Dorenberg persönlich entgegennimmt.

Diese Ehrung ist der sichtbare Beweis für die Richtigkeit des eingeschlagenen Weges, ein züchterischer Höhepunkt, der den endgültigen Durchbruch markiert: Westfalen hat sich in die Liga der Spitzenzuchtgebiete eingereiht.

Das wird bei den Auktionen in der »Halle Münsterland« spürbar. Auf den Tribünen sitzt plötzlich die bundesdeutsche Reiterelite und zeigt Interesse an Pferden mit dem »W«-Brandzeichen. Im Springparcours, Dressurviereck und auf den Geländestrecken siegen in Westfalen gezogene Pferde. Es ist der Auftakt zu einer beispiellosen Serie von Erfolgen im Spitzensport, die mit Horst Karsten auf *Sioux*, dem als »Westfalen des Jahrhunderts« bejubelten Vielseitigkeitspferd, und Hendrik Snoeks *Gaylord* beginnt und mit Gewinn des Weltmeistertitels durch

Gert Wiltfang auf dem in Oelde gezogenen *Roman* 1978 einen ersten Höhepunkt erreicht.

Zwei Jahre zuvor haben die westfälischen Züchter auf ihrer Jahresmitgliederversammlung in Warendorf einen zukunftsträchtigen Beschluss gefasst. Sie geben dem Vorstand »grünes Licht« für den Bau eines »Vermarktungszentrums« und erklären sich bereit, dem Verband ein zinsloses Darlehen von 150 Mark pro Mitglied als Finanzierungshilfe zur Verfügung zu stellen.

Die Idee ist bereits einige Jahre alt und stammt von Dohmen und Terdenge. Den rund 8.000 Züchtern in Westfalen-Lippe mit ihren fast 13.000 eingetragenen Zuchtpferden, davon 4.500 Ponys, fehlt eine zentrale Ausbildungs- und Verkaufsstätte. »Qualität bringt Geld« ist die Devise, doch nur ein »veredeltes«, also gut ausgebildetes Pferd lässt sich gewinnbringend an den Mann bringen. Vielen Züchtern fehlt die Zeit oder Fähigkeit, ihre selbst gezogenen Tiere zu trainieren, etliche sind zu alt oder haben nicht das Geld für einen erfahrenen Bereiter.

Das 6,5 ha große Baugelände an der Sudmühlenstraße in Münster-Handorf ist bereits seit Jahren im Besitz des Verbandes. Alfons Terdenge hatte es entdeckt und geschickt die Fäden gezogen, bis es endlich gelang, die Stadt Münster in komplizierten Verhandlungen zum Verkauf zu bewegen und die Baugenehmigung auf einer Fläche zu erhalten, die teilweise im Landschaftsschutzgebiet liegt. Auch das der Mitgliederversammlung vorgetragene Finanzierungskonzept trägt die Handschrift des Büroleiters, der es durch gute Kontakte zur EG in Brüssel, zum zuständigen Ministerium in Düsseldorf und zur Landwirtschaftlichen Rentenbank schafft, den Bauetat von 2,4 Millionen DM zusammenzubringen, eine Kombination von Fördergeldern, Bankkredit, Auflösung der Verbandsrücklagen und Mitgliederdarlehen.

Entstehen soll ein Komplex aus drei Stalltrakten mit je 20 Boxen, Futterscheune, Longierhalle, Wagenremise, eine 20 mal 60 Meter große Reithalle, dazu Funktionsräume wie Waschboxen, Schmiede, Veterinärraum und Unterkünfte für den Stallmeister und zwei bis drei Bereiter.

Für das 35 Morgen große Freigelände sind in Planung: drei Dressurplätze, ein Springplatz, die 600-Meter-Galoppierbahn und eine Vielseitigkeitsstrecke mit 30 Hindernissen.

Im Herbst 1976 wird der Grundstein gelegt. Der münstersche Architekt Eduard Roggenland geht an die Arbeit, begleitet und beraten von einem Trio, zu dem Dr. Dohmen, Alfons Terdenge und der seit zwei Jahren im Vorstand tätige Günther Dieckmann-Großhundorf gehört, der als stellvertretender Vorsitzender die Geschäfte führt, seitdem sich Theodor Dorenberg nach dem Verlust seiner Frau etwas zurückgezogen hat und eigentlich aufgeben möchte. Doch Dieckmann-Großhundorf widerspricht: »Theo, du baust aber erst noch den ersten Abschnitt Pferdezentrum.«

Nach einer Rekordbauzeit von zehn Monaten ist es soweit, am 24. August 1977 wird zur Eröffnung des »Westfälischen Pferdezentrums« eingeladen. In Anwesenheit von Landwirtschaftsminister Dr. Dieter Deneke und Bauernpräsident Constantin Freiherr Heereman von Zuydtwyck als Vorstandsmitglied des Provinzial-Verbandes und Mitglied der Deutschen Reiterlichen Vereinigung rollt eine festliche Galaschau ab, bei der Spitzenvererber des Landgestüts und prämierte Stuten mit Fohlen bei Fuß paradieren, aber auch Pferde-Stars auftreten, wie *Sioux, Don Benito*

August 1977: Einweihung des »Westfälischen Pferdezentrums« in Münster-Handorf: (v.r.n.l.) Der Vorsitzende Theodor Dorenberg, sein Stellvertreter Ewald Schulze-Isfort, Franz Schnitker-Pöhling, einer der erfolgreichsten Züchter Westfalens, und der *Frühling*-Züchter Josef Bayer-Eynck

und *Duero* mit Altmeister Josef Neckermann im Sattel. Dr. Reiner Klimke zeigt ein hochtalentiertes Nachwuchspferd in einer S-Dressur, den sechsjährigen *Ahlerich*, der drei Jahre zuvor auf der »Westfalen-Auktion« mit kräftiger Unterstützung von Dohmen und Heereman erworben und für den heimischen Sport gesichert werden konnte.

Aus Anlass der Eröffnung wird zu einer Pressekonferenz eingeladen, auf der Dieckmann-Großhundorf den neuen Leiter des Pferdezentrums vorstellt, den 33-jährigen, aus einer pferdezüchtenden Landwirt-Familie in Münster-Hiltrup stammenden Dipl.-agr.-Ing. Dr. Tonius Bornemann, der während seines Studiums in Berlin, München und Kiel erfolgreich auf Studententurnieren im Springparcours antrat und zuletzt dreieinhalb Jahre als Assistent am »Kieler Institut für Tierzucht und Haltung« tätig war.

Beide erklären den Journalisten die Arbeitsweise der neuen Anlage, die nach Aussage des stellvertretenden Vorsitzenden nicht nur ein Trainings- und Vermarktungszentrum, sondern auch Förderinstitution und Gradmesser für die Leistungsstärke der westfälischen Pferdezucht sein soll. Dieckmann-Großhundorf ist überzeugt, dass ein im Zentrum ausgebildetes Pferd eine deutliche Wertsteigerung erfährt und so den Züchtern die Möglichkeit geboten wird, die Pferdezucht kostendeckend zu betreiben.

Zu einem monatlichen Preis von 400 DM, der nach Meinung von Dr. Bornemann »für die gebotenen Leistungen extrem niedrig liegt«, sollen Pferde, die nicht jünger als drei und nicht älter als zehn Jahre sind und über gültige Abstammungsnachweise des »Westfälischen Pferdestammbuchs« verfügen, eine fachgerechte Aus- und Weiterbildung erhalten.

Dafür steht ein Team aus Stallmeister, zwei Bereitern und drei Auszubildenden zur Verfügung. Für Kaufinteressenten sind die Tore des Vermarktungszentrums von Dienstag bis Samstag jeweils am Nachmittag und am Sonntagvormittag geöffnet, damit sie sich die zum Verkauf stehenden Tiere in der Halle oder im Freigelände auf den Außenplätzen unter dem Reiter ansehen können. Im Angebot: erstklassige Dressur-, Spring- und Vielseitigkeitspferde, aber auch »normale« Reitpferde und Ponys für den Freizeiteinsatz.

Erwartungsgemäß ist das Presseecho sehr positiv. Die großzügigen Baulichkeiten werden gelobt, ebenso die verkehrsgünstige Lage im Norden Münsters mit der Nähe zu Autobahn und Flughafen.

Endlich verfügen die westfälischen Züchter über einen attraktiven Mittelpunkt, ein »Mekka für Europas Hippologen«, wie die Zeitungen schreiben, über eine beispielhafte, in Deutschland einmalige Einrichtung.

Durch die Eröffnung des »Pferdezentrums« wird der Aufwärtstrend verstärkt. Bereits bei der »27. Westfalen-Auktion« am 22. April 1978 kann von einer »Sternstunde für westfälische Pferde« gesprochen werden, nachdem es dem »Grandseigneur unter den Auktionatoren«, Alfred Bruns, gelungen ist, *Raimondo* v. *Renaldo/Remus I* a.d. *Gräfin* v. *Grünspecht* des Züchters Egon Schulze Bomke aus Ascheberg für den Spitzenpreis von 52.000 DM zuzuschlagen. Die Gesamtbilanz dieses Tages von 828.000 DM können viele kaum glauben und mit einem Durchschnittspreis von 15.143 DM ist ein neuer Rekord erreicht. Möglich wird dieser Erfolg jedoch nur durch die sorgfältige Vorbereitung der Kollektion unter Leitung des Ausbilders Heinz Rohmann aus Marl und die vorbildliche Vorstellung der Pferde in der »Halle Münsterland« durch wirklich gute Reiterinnen und Reiter. Nach dem Urteil von Käufern aus allen Teilen der Bundesrepublik, der Schweiz, den Niederlanden und Luxemburg verdient das Pferdestammbuch großes Lob für die »ohne Pomp und Werbegeschrei« durchgeführten Auktionsveranstaltungen, die mit Liebe zum Detail vorbereitet sind und mit unverwechselbar westfälischem Stil beeindrucken.

Im selben Monat steht die Jahres-Generalversammlung auf dem Programm, bei der es den Tagesordnungspunkt »Wahlen« gibt. Theodor Dorenberg legt nach 15 Jahren den Vorsitz des zweitgrößten deutschen Zuchtverbandes nieder. Seine Amtszeit begann an einem pferdezüchterischen Tiefpunkt und endet nach Einweihung des Handorfer Zentrums mit einem Höhepunkt. In einer Laudatio rühmt der Stellvertreter die großen Verdienste Dorenbergs, seine Arbeit als Vorsitzender der Stutbuch- und Körkommission aller Rassen, seine menschlichen Qualitäten und Bereitschaft zu Neuerungen und Reformen. Einstimmig wird der Scheidende zum Ehrenvorsitzenden gewählt und erhält aus der Hand des Kammerpräsidenten Karl Bewerunge zum Abschied die »Goldene Ehrennadel« der Landwirtschaftskammer Westfalen-Lippe.

Einstimmig wählt die Versammlung auf Vorschlag Dorenbergs den 50-jährigen Landwirt Günther Dieckmann-Großhundorf aus Lippetal-Niederbauer zum Nachfolger.

Die Mitglieder kennen diesen Mann, haben seinen Einsatz beim Bau des Zentrums miterlebt, schätzen seine Fähigkeiten als Pferdezüchter und sind überzeugt, dass er den Verband zu weiteren Erfolgen führt.

In der Antrittsrede wird der frisch Gewählte sofort konkret und kommentiert das seit 1. Januar 1977 geltende, geänderte Tierzuchtgesetz, das den Zuchtverbänden eigentlich Freiräume für ihre Tätigkeit verschaffen soll, doch durch neue Körvorschriften, den Wegfall des Kastrationszwanges wie der Deckerlaubnis und durch die staatliche Weisung, Eigenleistungsprüfungen für Warmblut- und Araberhengste durchzuführen – den so genannten »100-Tage-Test« –, auch Probleme verursacht. Um vor allem Schaden von den Privathengsthaltern abzuwenden, fordert Dieckmann-Großhundorf, möglichst schnell die Voraussetzungen für die geforderten Prüfungen im NRW-Landgestüt zu schaffen.

Der neue Vorsitzende dankt den passionierten Privathengsthaltern für ihre Arbeit, ohne die der Aufstieg der letzten 15 Jahre nicht hätte gelingen können, aber er macht auch deutlich, dass die staatliche Hengsthaltung unverzichtbar ist, dass das Landgestüt in Warendorf einen besonderen Rang einnimmt und die Fähigkeiten des Landstallmeisters Dr. Lehmann entscheidend zum Erfolg beigetragen haben.

April 1978: Wachwechsel an der Spitze. Theodor Dorenberg (rechts) übergibt sein Amt an Günther Dieckmann-Großhundorf.

Günther Dieckmann-Großhundorf richtet den Blick nach vorn: »Gerade in der jüngeren Vergangenheit hat es sich infolge der immer stärker zunehmenden Erfolge westfälisch gezogener Pferde im großen Sport gezeigt, daß viele Länder der Welt ihr Augenmerk auf unsere Pferde richten. Deshalb heißt es für uns, nun auch im Ausland auf den Markt zu kommen. Dazu bedarf es entsprechender moderner Werbemethoden, die natürlich auch Geld kosten.«

Dass dieser Vorsitzende eigene Akzente setzen will, ist der Versammlung klar. Er bittet die Züchter um vertrauensvolle Mitarbeit, lobt ihren opferbereiten Einsatz, ohne den das hohe züchterische Niveau nie erreicht worden wäre, und sagt zum Schluss: »Schon stets lautete mein Grundsatz: Bewährtes bewahren, aber umgekehrt auch der Verbesserung und dem Fortschritt immer positiv gegenüberstehen!«

Im Verbandsalltag setzt das eingespielte Team Dr. Dohmen, Terdenge und Domhöver nach dem Wechsel an der Verbandsspitze die Arbeit in den Geschäftsstellenräumen im »Haus der Tierzüchterverbände« fort. Günther Dieckmann-Großhundorf hat inzwischen den Vorsitz aller Kommissionen übernommen, bemüht sich um die Entwicklung von Zuchtleistungsprüfungen für Stuten und verfolgt sein Ziel, die Öffentlichkeitsarbeit des Verbandes zu verstärken.

Das klappt mit zwei Aktionen. Die nur vierteljährlich der Zeitschrift »Westfalens Ross und Reiter« beigelegten Zuchtmitteilungen sind Dieckmann-Großhundorf zu wenig. Es gelingt, gemeinsam mit dem Provinzial-Verband, ein »amtliches Organ« zu schaffen, das unter dem Titel »Reiter und Pferde in Westfalen« im Landwirtschaftsverlag in Hiltrup erscheint und das die Mitglieder monatlich im Pflichtbezug erhalten.

Maßnahme Nummer zwei: Bereits im Jahr zuvor hat Dieckmann-Großhundorf einen tüchtigen PR-Mann, der Werbung, Marketing und Pressearbeit in Gang bringen soll, gesucht und gefunden. Es ist der 35-jährige Peter Krautwig, ein in Köln geborener Bankkaufmann und Diplom-Betriebswirt, der als Obertertianer in Münster in der »Westfälischen Reit- und Fahrschule« unter dem strengen Regiment von Paul Stecken reiten lernte und als freier Mitarbeiter für die Reiterliche Vereinigung, die DLG und Equitana in Essen gearbeitet hat.

Krautwig ist zum Zeitpunkt des Wechsels zum Stammbuch ein begehrter Mann. Der Trakehnerverband zeigt Interesse, die Hannoveraner wollen ihn nach Verden holen, doch Krautwig entschließt sich für Münster und steigt sofort tatkräftig ein. Er übernimmt die Vermarktung der nicht gekörten Hengste, präsentiert den neu eingeführten, ersten Schauabend vor der Frühjahrsauktion mit professionellem Schwung und kümmert sich um die Werbung für das »Westfälische Pferdezentrum«, das sich zu einem »Schaufenster der blühenden westfälischen Zucht« entwickelt. Dort schaffen neu eingeführte Veranstaltungen zusätzliche Aufmerksamkeit: Kleinpferde-Eliteschau, Haflinger-Fohlenmarkt, Kleinpferde- und Ponymarkt.

Im Oktober 1979 kann Peter Krautwig seine Qualitäten als Organisator und Veranstaltungs-Moderator erneut unter Beweis stellen. Am Vorabend der »30. Westfalen-Auktion« feiert sich das »Westfälische Pferdestammbuch« selbst. In der voll besetzten »Halle Münsterland« rollt aus Anlass des 75-Jahr-Jubiläums ein glanzvoller

75 Jahre »Westfälisches Pferdestammbuch« Jubiläumsparade in der »Halle Münsterland«

oben:
Die Polizeireiterstaffel Köln demonstriert ihr Können.

mitte:
Auch sie gehören zum Pferdestammbuch: die Isländer.

unten:
Krönender Abschluss: Die Große Dressur-Quadrille des »Nordrhein-Westfälischen Landgestüts« Warendorf.

Paradeabend mit 25 Nummern ab. Zum Auftakt eine Springprüfung der Klasse S, der ein Reigen westfälischer Zuchtprodukte folgt, vom Islandpony über die Haflinger bis zu bedeutenden Staatsprämienstuten und Privathengsten. Nach Schaueinlagen der Polizeireiterstaffel Köln und Traber-Trios im Sulky zeigt das NRW-Landgestüt eine perfekt gerittene »Große Dressur-Quadrille« mit zwölf Landbeschälern. Zum Abschluss erscheint kurz vor Mitternacht Dr. Reiner Klimke auf *Ahlerich* und setzt den würdigen Schlusspunkt unter eine Jubiläumsparade, die zugleich als selbstbewusste Demonstration der Spitzenstellung westfälischer Reit- und Zuchtpferde weit über die Landesgrenzen ausstrahlt.

1980–1990: Auslandskontakte – Hengstleistungsprüfungen – Erweiterungsbauten – weltbestes Zuchtgebiet

»Es gibt derzeit kein Zuchtgebiet in Deutschland, das so viele junge Pferde, die sich für den großen Sport anbieten, herausbringt wie Westfalen.« Kein Geringerer als der Niedersachse Alwin Schockemöhle macht den Nachbarn während des CHIO in Aachen dieses größte denkbare Kompliment für eine Zuchtregion.

Messbare Erfolge auf internationalen Turnieren und eindrucksvolle Ergebnisse der heimischen Eliteschauen, Westfalen-Auktionen, aber auch die gelungenen Fohlen-Versteigerungen bestätigen das Lob. Der Auftakt des neuen Jahrzehnts könnte nicht besser sein. Bei den Warmblutstuten steigt die Zahl der Bedeckungen, der Durchschnittspreis auf den Versteigerungen von fast 15.000 DM ist hervorragend, der Markt verlangt vor allem nach großen Pferden über 1,67 m Stockmaß, sie erzielen die besten Preise, während bei den Farben die Füchse, gefolgt von Rappen, Braunen und wenigen Schimmeln, das Rennen machen.

Auf der alljährlichen zentralen Körung in der »Halle Münsterland« präsentieren sich den Kommissionen fast 200 Hengste mit einer bemerkenswert breiten Qualitätsspitze.

Aber nicht nur die Sport- und Reitpferdezucht sonnt sich im Scheinwerferstrahl westfälischer Siegesserien, auch die Pony- und Kleinpferdezucht hat sich erstaunlich entwickelt.

1980, 25 Jahre nach Beginn der Ponyzucht in der Bundesrepublik, ist Westfalen das führende Zuchtgebiet. Isländer, Fjordpferde, Shetlandponys und Haflinger gedeihen unter dem Dach des Stammbuchs. Bei den Haflingern liegt die Region nach Bayern an zweiter Stelle, während sich die Züchter des Deutschen Reitponys, nicht zuletzt durch den engagierten Einsatz des Landwirtschaftskammer-Referenten für Kleintierzucht, Dr. Heinz Heupel, bundesweit einen Namen gemacht haben. Westfalen liegt mit 3.000 Stuten an der Spitze und damit sind zumindest auf diesem Feld die Hannoveraner weit abgeschlagen, die nur über ein Drittel dieses Bestandes verfügen.

Sorgen haben eigentlich nur die Privathengsthalter, denen nach wie vor eine Hengstleistungsprüfungsstation fehlt, da sich die im Landgestüt geplante Anlage nicht verwirklichen lässt.

In der Geschäftsstelle des »Westfälischen Pferdestammbuchs« im »Haus der Tierzüchter« gibt es trotzdem allen Grund zur Zufriedenheit. Es bestehen Pläne zur Durchführung von Hengstleistungsprüfungen im Handorfer Pferdezentrum und damit verbunden ist die Entscheidung gefallen, in der Remise durch Umbau weitere 28 Boxen zu schaffen.

Um die erhöhten Anforderungen der inzwischen 9.357 Mitglieder, die 1980 16.074 Pferde eingetragen haben, erfüllen zu können, erhält Domhöver den Auftrag, mit der elektronischen Erfassung der Zuchtbuchdaten zu beginnen. Doch es soll noch bis 1986 dauern, bevor endgültig Abschied von den klassischen Karteikarten genommen wird und alle Fakten, wie Geburtsdatum, Rasse, Farbe, Aussehen, Abstammung, Züchter und Aufzüchter, Prämierungen und Körergebnisse, der einzelnen Tiere per EDV erfasst werden.

Die Arbeitsatmosphäre in den etwas beengten Büroräumen wird immer wieder durch Erfolgsbotschaften positiv belebt, wie jenem »Traumergebnis« auf der 1980er DLG-Ausstellung in Hannover, bei der die Westfalen die bundesweit beste Zuchtstuten-Kollektion stellen und Hannover, Oldenburg, das Rheinland und Rheinland-Pfalz-Saar auf die Plätze verweisen.

Wirklich geprägt wird sie in diesen Jahren aber durch die Persönlichkeit des Vorsitzenden Günther Dieckmann-Großhundorf, einen aus Rüthen, am Fuße des Möhnetals stammenden nachgeborenen Bauernsohn, der noch in den letzten Kriegsmonaten als 17-Jähriger eingezogen wurde und zu einer Kavallereieinheit kam, weil er im Reiterverein Soest den Reiterschein gemacht hatte. Nach Rückkehr aus Gefangenschaft und Abschluss der Landwirtschaftsprüfung erhielt er trotz seiner Jugend die Chance, die Verwaltung eines stattlichen 113-Hektar-Hofes mit besten Böden in Lippetal zu übernehmen, wurde sieben Jahre später, in Ermangelung eines Erben, von der Witwe des Bauern adoptiert und sah so den Traum verwirklicht, doch noch Herr eines eigenen Hofes zu werden.

Tüchtigkeit und gradliniges Handeln, das sind Eigenschaften, die er Jahrzehnte später auch als ehrenamtlicher Stammbuch-Vorsitzender einbringt, dazu kommt seine Pferdepassion als Züchter und früherer Turnier- und Jagdreiter. Günther Dieckmann-Großhundorf ist für den Verband eine Idealbesetzung, 1980 mit 53 Jahren im besten Alter, kompetent, immer ansprechbar, ein Mann, dem es nie schwer fällt, auf Menschen zuzugehen, und der durch unzählige Gespräche mit Züchtern die Hintergründe der Verbandsarbeit erläutert, um das Vertrauen zu den »Funktionären«, die Verbindung zwischen Verbandsführung und Mitgliedschaft zu stärken. Das Ziel: Er möchte das Pferdezentrum zu einer Heimat für alle westfälischen Züchter machen. Hinzu kommt, dieser Vorsitzende wird nie laut oder hektisch, bleibt immer liebenswürdig und ist, wie Peter Krautwig feststellt, »eine ganz große Integrationsfigur«.

Doch Dieckmann-Großhundorf will nicht präsidieren, er will alles sehr genau wissen, dabei sein, vorantreiben, entscheiden. Im Herbst 1981 lässt er Dohmen und Bornemann nach Brasilien fahren, die »mit einer sensationellen Nachricht« zurückkehren: »Brasilien will seine Pferdezucht über westfälisch gezogene Pferde auf eine völlig neue Grundlage stellen.« Es ist der Beginn einer jahrelangen, fruchtbaren Beziehung, die zum Export zahlreicher Pferde mit dem Westfalenbrand in das dort neu entstehende Pferdezentrum bei Recife führt.

Zu Hause kann Dieckmann-Großhundorf zum Jahresende der Öffentlichkeit die in Rekordzeit durchgeführten Erweiterungsbauten in Handorf präsentieren: 28 Hengstboxen, Longierhalle und eine neue Futterscheune. Und es gibt schon Pläne für das nächste, noch größere Projekt. Während einer Rundfahrt zu Stutenschauen im nördlichen Münsterland war dem Vorsitzenden und seinem Zuchtleiter Dohmen klar geworden, dass endlich für die Durchführung der gesetzlich vorgeschriebenen Hengstleistungsprüfungen Platz geschaffen werden müsse und dass dafür ein zweiter Bauabschnitt, die Errichtung einer zweiten, großen Halle unverzichtbar sein würde. Auslöser war die sich verstärkende Kritik der Privathengsthalter, die dem Verband Vorwürfe machten, ihre Fohlen seien nichts wert, weil sie von ungeprüften Hengsten stammten. Auf Drängen Dohmens, »da muss etwas geschehen«, fiel der Beschluss, noch einmal vor die Züchterschaft zu treten und um Unterstützung, für eine zweite Umlage zu bitten.

Glücklicherweise ist der Zeitpunkt günstig, die Notwendigkeit wird allgemein anerkannt, vor allem nachdem das Landgestüt seine eigenen Hengste bereits prüft und der Verband im Vergleich mit anderen bundesdeutschen Zuchtgebieten zurückzufallen droht. Außerdem ist 1981 ein ausgesprochen gutes Jahr für Westfalens Pferdezüchter. Auf der Rangliste der gewinnreichsten Turnierpferde verbuchen sie einen noch nie da gewesenen Erfolg: *Goldika*, *Argonaut* und *Roman* belegen die ersten drei Plätze und auf der Liste der 100 besten Warmbluthengste stehen 29 aus Westfalen. Auch beim Bundeschampionat des deutschen Reitpferdes ist die Zuchtregion mit den beiden ersten Plätze siegreich und sie stellt auf der deutschen Bundesponyschau in Bad Segeberg drei Bundessieger.

Im März 1982 wird im Handorfer Pferdezentrum der erste 100-Tage-Test für 16 Privathengste abgeschlossen, der unter der gestrengen Aufsicht des Chefs der »Westfälischen Reit- und Fahrschule«, Major a.D. Paul Stecken, stand. Damit ist die Gründung der Hengstleistungsprüfungsanstalt des Verbandes vollzogen, in der nun alljährlich junge Warmbluthengste auf ihre Veranlagung, auf Bewegungsabläufe in den Grundgangarten, auf Rittigkeit, Springvermögen, Charakter und Leistungsbereitschaft geprüft und von einem dreiköpfigen Richtergremium benotet werden.

Einen Monat später, Anfang April, erfährt die allgemeine Hochstimmung auf der Jahresmitgliederversammlung eine spürbare Eintrübung, als nach dem Vortrag der Erfolgsbilanzen durch Dr. Dohmen der Vorsitzende die erfolgte Gründung eines »Deutschen Pferdezuchtverbandes« ausdrücklich bedauert und negative Auswirkungen auf die zentrale Ausrichtung der westfälischen Zucht befürchtet.

Was war geschehen? Eine unzufriedene Minderheit, geschart um einen Züchter und Hengsthalter aus Münster-Hiltrup, fühlte sich seit einiger Zeit durch den regionalen Zuchtverband gegängelt. Sie kritisieren die monopolartige Stellung des Verbandes und sprechen sogar vom »Rückfall in die Zeit der Kleinstaaterei«. Hauptstreitpunkt ist die Anerkennung von Hengsten aus anderen Zuchtgebieten. Der neue Verein mit Sitz in Donzdorf verspricht, den nötigen Freiraum zu schaffen.

Für Günther Dieckmann-Großhundorf, den stets um Ausgleich und Kompromisse Bemühten, sind diese Querelen eine persönliche Enttäuschung. In einer Entschließung, die auf seine Empfehlung angenommen wird, spricht die Mitgliederversammlung den Organen des »Westfälischen Pferdestammbuchs« ihr volles Vertrauen aus, Dieckmann-Großhundorf wird wiedergewählt und auch der Haushaltsplan mit einem Volumen von fast 6,5 Millionen DM findet Zustimmung.

Doch Streitigkeiten sind eher Fußnoten in der Verbandsgeschichte, die Verantwortlichen in den Gremien des Stammbuchs bleiben auf Erfolgskurs. Am 10. August 1982 wird der Grundstein für die zweite Reithalle gelegt, die durch einen

Grund zur Freude: August Lütke Westhues, Constantin Freiherr Heereman von Zuydtwyck, Günther Dieckmann-Großhundorf (v.l.n.r.)

Landeszuschuss in Höhe von 700.000 DM und die Mitgliederumlage finanziert werden kann.

Nur acht Monate später, im Anschluss an die Mitgliederversammlung, öffnen sich die Tore des pünktlich fertig gestellten Gebäudes zur feierlichen Einweihung. Vor zahlreichen Ehrengästen kann der Vorsitzende die Züchter zu ihrer neuen Veranstaltungshalle beglückwünschen, die mit Olympiamaßen von 65 mal 25 Metern ein »Musterbeispiel für Deutschland« ist. Auf den gerade angeschafften mobilen Tribünen, die auch im Freigelände Verwendung finden, verfolgen die Zuschauer nach Festreden und kirchlichem Segen die Vorstellung von Auktionspferden der Frühjahrskollektion, die diesmal durch herausragende Dressurtalente besticht.

An diesem Abend kommt es zu ungewöhnlichen Ehrungen. Nicht nur Sportler, wie die Westfalenmeister des Vorjahres, werden gefeiert, sondern vor allem herausragende Züchter. Es bleibt ein denkwürdiger Augenblick, an dem Günther Dieckmann-Großhundorf gleich drei alte Herren zu Ehrenmitgliedern des Verbandes macht, ein Dreigestirn, das für die vielen ungenannten und unbekannten Züchter steht, drei herausragende Persönlichkeiten, die auf eine unübersehbare Fülle von Prämien und Preisen zurückblicken und denen der Siegeszug westfälischer Pferde maßgeblich zu verdanken ist.

Der 76-jährige Ewald Schulze-Isfort, Vorstandsmitglied seit 1962 und stellvertretender

Podiumsdiskussion aus Anlass des Doppeljubiläums »80 Jahre Westfälisches Pferdestammbuch e.V.« und »60 Jahre Provinzial-Verband westfälischer Reit- und Fahrvereine«, November 1984

Auf zum Bietergefecht: das Versteigerungsteam Peter Krautwig, Paul Kersting und Dr. Tonius Bornemann (v. l.)

Vorsitzender, Josef Bayer-Eynck, nur ein Jahr jünger, dem die Existenz des Stempelhengstes *Frühling* zu verdanken ist, und der 85-jährige Franz Schnitker-Pöhling, dessen Siegerstuten und Schaffung der berühmten R-Linie Gipfelpunkte züchterischen Bemühens markieren.

Das nächste Großereignis findet am 9. November 1984 in Form eines Doppeljubiläums statt. Das »Westfälische Pferdestammbuch« und der »Provinzial-Verband westfälischer Reit- und Fahrvereine« laden in die »Halle Münsterland« ein. Grund: Es gilt, den 80. und den 60. Gründungs-Geburtstag zu feiern und dabei Gemeinsamkeit zu demonstrieren. Auf der morgens beginnenden Vortrags- und Podiumsdiskussionsveranstaltung ist der Titel des ersten, von Constantin Freiherr Heereman gehaltenen Referates die Kernaussage des Tages und Erklärung für die Erfolge der zurückliegenden Jahre: »Pferdezucht und Pferdesport gehören zusammen.«

Und Dr. Christian Freiherr von Stenglin attestiert den Westfalen, dass sie auf dem richtigen Weg sind. Er lobt den gezielten Einsatz von Vollblut, ohne den eine moderne Zucht nicht bestehen könne, ebenso wie die Verdienste des Landgestüts mit dem seinerzeit mutigen Einsatz von *Radetzky*. Der frühere Celler Landstallmeister zählt die Ursachen des Gelingens auf: die Tatsache, dass die Warmblutzucht in bäuerlichen Händen mit besten Aufzuchtbedingungen liegt, die Existenz des Landgestüts, das auch in kritischen Zeiten für qualifizierte Vatertiere sorgt, dazu die enge Zusammenarbeit der Zuchtverantwortlichen mit einem starken Landesreiterverband und die intensive Arbeit des Stammbuchs auf dem Gebiet des Schau- und Prämienwesens, die durch Gründung des Absatzzentrums in Münster-Handorf wirkungsvoll ergänzt wird.

Auf dem abendlichen Jubiläumsball können sich die beiden Verbände noch über ein hochwillkommenes Geburtstagsgeschenk freuen:
Auf den Olympischen Spielen in Los Angeles hat *Ahlerich* gerade unter seinem Reiter Dr. Reiner Klimke die ersten Goldmedaillen für ein in Westfalen gezogenes Pferd gewonnen.

Der Jahresrhythmus des Stammbuch-Terminkalenders bleibt stets gleich: Stutenschauen, Zuchtfohlen-Versteigerungen, Privathengstschauen, Elite-Auktionen mit Sport- und Schauprogrammen, Körungen, 100-Tage-Tests in der Handorfer Hengstprüfungsanstalt. Mitte der

80er Jahre gelingt es, das Auswahlkomitee für die Auktionen durch prominente Namen attraktiver zu machen. Fritz Ligges, der dreifache Olympiamedaillengewinner, Hengstzüchter in Ascheberg-Herbern und seit 1984 stellvertretender Stammbuchvorsitzender, mustert mit Johann Hinnemann auf einer fünftägigen Rundreise an Sammelplätzen die in Frage kommenden Tiere.

Und bei der 41. Westfalen-Auktion im April 1985 präsentieren Hans Günter Winkler und Dr. Reiner Klimke publikumswirksam den Nachwuchs der Spring- und Dressurpferde. Das alles sind Maßnahmen, um der etwas unbefriedigenden Entwicklung der Auktionsergebnisse rechtzeitig gegenzusteuern. Doch bereits auf der Herbst-Versteigerung desselben Jahres ist Jubel fällig: Der Wallach *Präsident* geht für den bisherigen Spitzenpreis von 92.000 DM nach Mexiko, die *Pilot*-Tochter *Paloma Blanca* wechselt für 72.000 DM den Besitzer und auf den Tribünen sitzen beruhigenderweise Käufer aus den USA, Kanada, Brasilien, Europa und fast allen Bundesländern, die sich für die großrahmigen, typvollen Warmblüter aus Westfalen begeistern.

»Westfalen-Auktion« in der »Halle Münsterland«.

Ein Jahr später müssen in der Führungsetage des Pferdestammbuchs die Weichen neu gestellt werden. Dr. Ferdinand Dohmen hat angekündigt, in den Ruhestand zu treten, sodass die Zuchtleiter-Position zu besetzen ist.

Die mit der Landwirtschaftskammer einvernehmlich verabredete Wahl fällt auf Dr. Friedrich Marahrens, einen 35-jährigen in Melle bei Osnabrück geborenen Landwirtssohn, der in Bonn und Göttingen Agrarwissenschaften studiert hat und für die Dohmen-Nachfolge äußerst geeignet erscheint. Seine beruflichen Stationen sind überzeugend: Verband der Züchter des Oldenburger Pferdes, Pferdestammbuch Weser-Ems, Verband hannoverscher Warmblutzüchter, Landwirtschaftsministerium Referat Tierproduktion und seit zwei Jahren Gestütassistent im Niedersächsischen Landgestüt Celle. Außerdem, und das wird besonders positiv vermerkt, ist er mit eigenem Reitpferd, einem Westfalen (!), auf zahlreichen Turnieren im Osnabrücker Raum und Emsland gestartet.

Der potenzielle Nachfolger tritt am 1. Oktober 1986 erst einmal seinen Dienst als Referent für Pferdezucht bei der Landwirtschaftskammer Westfalen-Lippe an und wird im Januar 1987 von Dieckmann-Großhundorf zur Versammlung der 700 Mitglieder zählenden Abteilung »Hengstzüchter und Eigenhengsthalter« in die »Halle Münsterland« eingeladen. Dort erlebt Marahrens eine turbulente Veranstaltung. Hauptstreitpunkte sind die von einer kleinen Gruppe verlangte Einführung eigenständiger Herbst-Versteigerungen gekörter Junghengste, weil der übliche »Freie Markt« zu wenig Erlöse bringe, und sie fordern die Trennung von Hengstzüchtern und Eigenhengsthaltern. Anträge werden gestellt und abgelehnt, heftige, wortreiche Attacken gegen Stammbuchführung und Landgestüt sorgen für gereizte Stimmung. Schließlich wird auch noch bei der anstehenden Wiederwahl des Vorsitzenden Dieckmann-Großhundorf, der diese Abteilung in Personalunion führt, ungewöhnlicherweise geheime Abstimmung verlangt.
Die Versammlung läuft nur nicht völlig aus dem Ruder, weil der Ende September in den Ruhestand gehende Alfons Terdenge die Satzung im Kopf hat und der Vorsitzende Ruhe bewahrt.
Das Wahlergebnis ist für Dieckmann-Großhundorf dann zwar ein überwältigender Vertrauensbeweis, aber Friedrich Marahrens kommen zweifelnde Gedanken, ob er nicht doch lieber in Hannover geblieben wäre.

Verabschiedung von Dr. Ferdinand Dohmen im Pferdezentrum: (v.l.n.r.) Kammerdirektor Dr. Wilhelm Dieckmann, Stammbuch-Ehrenvorsitzender Theodor Dorenberg, Landstallmeister Dr. Gerd Lehmann, Dr. Reiner Klimke auf *Ahlerich*, Dr. Ferdinand Dohmen, Stammbuch-Vorsitzender Günther Dieckmann-Großhundorf und Provinzial-Verbands-Vorsitzender August Lütke Westhues

Das Jahr 1987 soll für den Verband ereignisreich verlaufen. Zum Zehn-Jahres-Jubiläum des »Westfälischen Pferdezentrums« wird der Beschluss umgesetzt, die Geschäftsstelle in der Stadt aufzugeben und für 1,2 Millionen Mark, gemeinsam mit dem Provinzial-Verband, in Handorf ein zweistöckiges Bürogebäude mit 400 Quadratmetern Nutzfläche zu errichten. Durch den Verkauf des Hauses in der Engelstraße an die Westfleisch und den Einsatz der von Terdenge vorausschauend gebildeten Rücklagen kann der Baubeginn im März erfolgen.

Im selben Monat, am 6. März, kommt es in der großen Halle des Pferdezentrums zur Verabschiedung Dr. Ferdinand Dohmens, der nach 22 Jahren in den Ruhestand geht. Vor Hunderten geladener Gäste läuft ein fröhliches Schauprogramm ab, rühmen Redner die großen Verdienste Dohmens, in dessen Amtszeit sich die Umzüchtung der westfälischen Warmblüter vom Arbeits- zum leistungsfähigen, charakterlich einwandfreien Sportpferd vollzog und der große Durchbruch in den internationalen Spitzensport glückte, aber auch die Pony- und Kleinpferdezucht aufblühte. Der Abschied des Mannes, der gemeinsam mit Landstallmeister Dr. Lehmann eine Ära prägte und der nach eigener Aussage in fast einem Vierteljahrhundert auf den jährlich rund 100 Stutenschauen 100.000 Fohlen bewertete und über 5.500 Hengsten sein Urteil abgab, erfolgt zu einem für ihn glücklichen Zeitpunkt. Alles scheint wohlgeordnet – nicht nur im Bereich der Zuchtarbeit. Am Tag des Abschieds kann sogar der dritte Bauabschnitt im Pferdezentrum in Betrieb genommen werden: der eingeschossige Vorbau an der Hallen-Westseite mit Foyer, Richtertribüne, drei Schulungsräumen und der Möglichkeit zur Gästebewirtung.

Am 1. April übernimmt Dr. Friedrich Marahrens, inzwischen durch eine mehrmonatige Einarbeitungszeit mit allen Feinheiten westfälischer Verbandsarbeit vertraut, das neue Amt. Wenige Wochen zuvor ist der nun bald 60-jährige Günther Dieckmann-Großhundorf wieder gewählt worden, sodass der junge Zuchtleiter die neue Aufgabe unter dem Autoritätsschirm eines allseits anerkannten Stammbuchvorsitzenden beginnen kann. Er wird dabei vor allem von dem rührigen PR-Chef Peter Krautwig unterstützt, der gerade zusätzlich die Leitung des internationalen Dortmunder Spring- und Dressurturniers übernommen hat.

Marahrens ist nun Geschäftsführer des zweitgrößten deutschen Zuchtverbandes. In Westfalen sind 8.932 Warmblutstuten eingetragen, die Hannoveraner können fast die doppelte Anzahl melden. Während die Fachpresse den »Neuen« als jungen, dynamischen Zuchtmanager rühmt, von dem man erwarten dürfe, dass er frischen Wind in die etwas angestaubten Strukturen

rechts:
April 1987: Amtseinführung. Dr. Friedrich Marahrens erhält aus der Hand des Vorsitzenden Günther Dieckmann-Großhundorf ein Satzungsexemplar.

bringt, geht der mit dem Ehrgeiz an die Arbeit, die in Niedersachsen gemachten Erfahrungen einzubringen.

Es bewegt sich ohnehin einiges. Im Februar hat im Pferdezentrum zum ersten Mal eine Privathengstschau der Haflinger, Reitpony- und Kleinpferde stattgefunden, die 1.500 Zuschauer aus ganz Westfalen-Lippe anlockte.

Nach intensiver Beratung in den Stammbuch-Gremien ist der Beschluss gefasst, künftig jeweils im Mai Stations- und Feldprüfungen für 3-jährige Stuten, deren Mütter im Hauptstutbuch eingetragen sind, durchzuführen. Diese von Landstallmeister Dr. Lehmann vorgeschlagene Prüfung, bei der Zuchtstuten auf Reiteignung begutachtet werden, soll verhindern, dass Tiere mit mangelhaften Bewegungsablauf den züchterischen Fortschritt bremsen. Unter dem Namen »Westfalentest« wird sie probeweise eingeführt.

Gleich im ersten Amtsjahr setzt Marahrens Marken, die nicht unumstritten bleiben. Nach Absolvierung der Stutenschau-Rundreise ist ihm klar, dass das Durchrangieren der Fohlenringe abgeschafft werden muss, weil es nicht möglich ist, ungleichaltrige Fohlen, die unterschiedlich aufgezogen wurden, miteinander zu vergleichen. Auch die Vorauswahl für die Hengstkörungen, die bisher wesentlich in den Händen des Landstallmeisters lag, der zu den Züchtern fuhr und Empfehlungen aussprach, hält Marahrens für eine ausschließliche Aufgabe des Verbandes.

Ein besonderer Dorn im Auge ist ihm jedoch die generelle Abschottung gegenüber anderen Verbänden. Marahrens hält das für falsch und der Druck der Privathengsthalter, die sich zunehmend über die geltenden Regeln hinwegsetzen, gibt ihm Recht.

Landstallmeister Dr. Lehmann, dessen Credo unbedingte Korrektheit des Fundaments heißt, ist wenig begeistert von einigen Ansichten und Aktivitäten des fast zwanzig Jahre Jüngeren, der in bisher nicht gekannter Direktheit seine Meinung sagt.

Marahrens stellt sich aber auch der Kritik. Er reist zu Informationsveranstaltungen über Land, hört sich bei Kreiszüchter- und Rassevertreterversammlungen Klagen über das Auswahlverfahren der Hengstkörung und Unzulänglichkeiten der Vermarktung im Pferdezentrum an. Der Zuchtleiter gibt Fehler unumwunden zu, erläutert Reformvorstellungen und appelliert an die Landwirte, nur wirkliche Spitzenpferde zur Auktion anzumelden, da die Versteigerungen für das gesamte Zuchtgebiet preisbildend sind.

Im März 1988 kann Marahrens auf der Mitgliederversammlung seinen ersten Jahresbericht vortragen. 450 Teilnehmer hören die Bilanz der Bedeckungen und Eintragungen, die Höhe der ausgeschütteten Verbandsprämien für Fohlen und Hengstjährlinge sowie die Vergabe der staatlichen Fördermittel. Es wird über die züchterischen und sportlichen Erfolge referiert, über Stutenschauen, Prüfungen im Rahmen des neuen Westfalentests, Körungen und Auktionsergebnisse.

Ein besonderer Punkt ist das Pferdezentrum, das immer wieder Anlass zu Diskussionen bietet. Seit dem zum Jahresbeginn erfolgten Umzug der Geschäftsstelle von der Engelstraße in das neue Handorfer Bürogebäude ist endlich ein wirk-

Das »Westfälische Pferdezentrum« für Ausbildung und Verkauf in Münster-Handorf

liches Zucht-Hauptquartier entstanden. Zwölf Stammbuch- und acht Provinzial-Verbands-Mitarbeiter, bereits seit 1973 in einer Verwaltungsgemeinschaft verbunden, sind jetzt am Ausbildungs- und Vermarktungsort direkt ansprechbar. Und der Einbau einer zweiten Tribüne in der großen Reithalle hat die Sitzplatzkapazität auf 2.000 erhöht. Der Stammbuchgeschäftsführer kündigt weitere Veränderungen an, wie die Zusammenlegung von Stutenschauplätzen, ein Überdenken der Hengstleistungsprüfungen und Hengstkörungen. Letzteres sei ohnehin nach Ankündigung des Ministeriums, die staatliche Körung zu beenden und die Zuständigkeit den Verbänden zu übertragen, unumgänglich. Zum Schluss setzt sich Marahrens in einer persönlichen Erklärung mit dem Verhalten einiger Mitglieder auseinander, die durch ihr Vorgehen die Arbeit der Geschäftsstelle durch Anträge, einstweilige Verfügungen und Klagen erheblich behindern, und fordert: »Bei allem Wohlwollen auch gegenüber stärkerer Kritik, der Verpflichtung einer tatkräftigen Mitarbeit kann sich kein Mitglied entziehen.«

Günther Dieckmann-Großhundorf, der, wie auch sein Stellvertreter Fritz Ligges, als Vorsitzender für weitere drei Jahre einstimmig wieder gewählt wird, sagt im Rückblick: »Marahrens war ein Mann, der sah und wusste, was gemacht werden musste. Er hatte den Mut zu sagen, dass etwas zu geschehen hat. Ihm verdanken wir einige Meilensteine.«

Die jährliche Mitgliederversammlung. Immer voll besetzt: der »Weiße Saal« in der »Halle Münsterland«.

Einer der Meilensteine ist die Öffnung des Zuchtbuchs für Oldenburger und Holsteiner, ein anderer der Vorschlag, für die Jahres-Mitgliederversammlung nach hannoverschem Vorbild das Delegiertensystem einzuführen, um zu verhindern, dass sich Minderheiten durch Mobilisierung von Anhängern bei Abstimmungen durchsetzen.

Ein weiterer Meilenstein wird der Abschied von der »Halle Münsterland«. Die 47. Westfalen-Auktion am 10. April 1988 ist die letzte Schau am traditionsreichen Versteigerungsplatz am Albersloher Weg. Ab Herbst finden zum ersten Mal alle Zucht- und Verkaufsveranstaltungen in Handorf statt und machen das Zentrum im Jahr der Aufsehen erregenden Olympiasiege westfälisch gezogener Pferde in Seoul endgültig zum Mittelpunkt der Zuchtregion. Eine holländische Fachzeitschrift schreibt: »Westfalen hat eine ideale Konzentration geschaffen. Alle Aktivitäten können nun auf eigenem Terrain abgewickelt werden. Ein äußerst repräsentatives Unternehmen, das auch im Ausland ohne Zweifel große Wirkung erzielt.«

Im März 1990 findet die Mitgliederversammlung zum letzten Mal in altvertrauter Form statt. Nach der im Vorjahr beschlossenen Satzungsänderung werden künftig nur die in den Kreisversammlungen gewählten 85 Delegierten nach Münster fahren, um als Vertreter der inzwischen 8.500 Mitglieder über die Geschicke des Verbandes zu beraten. Die Organe des Stammbuchs heißen jetzt: Delegiertenversammlung, Vorstand, Zuchtausschüsse, Bewertungskommissionen und die Abteilung Privathengsthalter.

Weitere Neuerungen sind die Änderung der Zuchtbuchordnung und die Ankündigung einer verstärkten kooperativen Zusammenarbeit mit dem Rheinischen Zuchtverband, die seit 1987 im Gespräch ist und nun am 16. September mit einer ersten gemeinsamen Warmblutfohlen-Versteigerung in Handorf beginnen soll. Für diesen Schritt wirbt der Vorsitzende Dieckmann-Großhundorf um Zustimmung der Delegierten und kündigt dabei die Entwicklung neuer Strategien zur notwendigen Senkung der Kosten an.

Im Herbst kommt es im Handorfer-Team zu einer weiteren personellen Veränderung, nachdem im Vorjahr Stutbuchführer Herbert Domhöver nach 44 Dienstjahren seine Aufgabe an Hermann Eckroth abgegeben hat. Das Pferdezentrum erhält einen neuen Ausbildungsleiter, der zugleich Stellvertreter Dr. Bornemanns ist. Vom Provinzial-Verband wechselt der aus Warendorf stammende Clemens Brüggemann zum Stammbuch. Der erfahrene Berufsreitlehrer und Diplom-Trainer soll die Fachausbildung der zehn Lehrlinge übernehmen, Kunden betreuen und die Auktionspferde vorbereiten.

Zum Jahresende entzündet sich an der Aufhebung des 1988 vom Hauptausschuss gefassten Beschlusses »Deckverbot für ungekörte Junghengste ohne Leistungsprüfung« eine heftige Debatte, bei der die unterschiedlichen Interessen aufeinander prallen: Hengsthalter, die aus wirtschaftlichen Gründen auch ungeprüfte junge Hengste einsetzen wollen, und Stutenbesitzer, die um den Absatz ihrer Nachzucht von Vatertieren ohne Leistungsprüfung und damit ohne Zuchtwertermittlung fürchten.

Für alle Streitenden ist die Lektüre des »St. Georg« Balsam. Unter der Überschrift »Donnerwetter die Westfalen« wird über einen Triumph berichtet. Auf den Weltreiterspielen in Stockholm wurde die Region zwischen Weser und Rhein vor Frankreich und den Niederlanden für das Jahr 1990 zur Nummer eins auf der international geführten Zuchtrangliste erklärt. Damit ist Westfalen das führende Reitpferdezuchtgebiet der Welt.

1991–2004: NRW-Eliteauktionen – Ende einer Ära – Weltspitze – 100-Jahr-Jubiläum

Der Beginn der neunziger Jahre ist von Umbrüchen und Herausforderungen geprägt. Nicht nur die Wiedervereinigung Deutschlands, der EG-Binnenmarkt und neue Gesetze verändern die Zuchtlandschaft, auch die Frage nach der Zukunft der Regionalverbände steht im Raum, ist doch längst das »Deutsche Reitpferd« ein anerkanntes Ziel. In Westfalen steigt die Zahl der Bedeckungen und Fohlengeburten derart an, dass die Zuchtleitung Absatzprobleme fürchtet, vor einem »Pferdeberg« warnt. Immer häufiger erzielen vor allem Züchter mit nur einer Stute bei ihren Verkäufen nicht einmal die Erzeugungskosten.

Pferdezucht ist eine Kunst, bei der Wissen, langjährige Erfahrung sowie eine Portion Glück eine Rolle spielen. Auf Versammlungen fordert Friedrich Marahrens denn auch immer wieder mit Nachdruck die Mitglieder auf, Zuchtwerte nicht am Schreibtisch auswendig zu lernen, sondern auf Stutenschauen und Veranstaltungen das Auge zu schulen, um die Fähigkeit zum eigenständigen Urteil zu entwickeln.

oben und links:
Herbst 1994: Hengstkörung im Pferdezentrum

Die künstliche Besamung, seit über zehn Jahren praktiziert, gewinnt an Boden, auch wenn Westfalen mit 23 Prozent im Vergleich zu Hannover mit 82 Prozent und Holland mit 75 Prozent noch weit zurückliegt.

Mit der Gesamtentwicklung kann die Stammbuch-Führung durchaus zufrieden sein. Die Zusammenarbeit mit dem Rheinland bewährt sich. Alle seit Frühjahr 1991 veranstalteten NRW-Eliteauktionen mit vorabendlichen Schauveranstaltungen, aber auch die herbstlichen NRW-Hauptkörungen haben Erfolg, so wie die Handorfer Haflinger Tage und der Freie Markt für Sporthengste. Westfalen belegt auf den Hengstranglisten der FN die vordersten Plätze, die Kette der sportlichen Siege reißt nicht ab. Außerdem nimmt die Zahl der Feld- und Stationsprüfungen für Stuten erfreulich zu und die unter Aufsicht der Landwirtschaftskammer durchgeführten Hengstleistungsprüfungen finden über die Landesgrenzen hinaus Anerkennung.

Diskussionen gibt es in dieser Zeit nur über die achtköpfige NRW-Körkommission. Es ist zum einen die Größe – Züchter spotten: »Macht ihr da eine Volksbefragung?« –, zum anderen die Tatsache, dass dort Vertreter der staatlichen und privaten Hengsthaltung mitbestimmen und damit Interessenkonflikte bestehen könnten.

Nach einer etwas enttäuschend verlaufenen NRW-Eliteauktion im Frühjahr 1994, bei der Reitpferde nur einen Durchschnittspreis von knapp über 21.000 DM erzielen, gibt es dermaßen heftige Kritik am Vermarktungssystem im Pferdezentrum, dass die Zuchtleitung reagieren muss. Sie bittet die Delegiertenvertreter Anfang Mai nach Handorf, führt ein Klärungsgespräch hinter verschlossenen Türen und handelt entschlossen.

Bereits zum 1. August ist die neu geschaffene Position eines Verkaufsleiters besetzt, der die Auktionen vorbereiten und durchführen soll, dabei im engen Kontakt mit den Züchtern um Unterstützung der Versteigerungen zu werben hat, Pferde auswählt, aber auch die vermittelt, die nicht im Zentrum stehen.

Für diese Aufgabe ist der in Hopsten auf einem Bauernhof geborene 37-jährige Bernd Richter gewonnen, der nach zweijähriger Tätigkeit als Gestüthilfswärter im NRW-Landgestüt in die Krankenpflege an der münsterschen Universitätsklinik wechselte, dabei aber seine Pferdeleidenschaft nie vergaß. Bernd Richter ist aktiver Reiter mit Befähigung zum Turnierrichter, moderiert Pferdesport- und Verkaufsveranstaltungen und hat noch vor Amtsantritt klare Vorstellungen von dem, was zu tun ist. In der Juli-Ausgabe von »Reiter und Pferde in Westfalen« erläutert er seine Vorstellungen. Er möchte das Auktionslot auf 40 Pferde, die höchsten Ansprüchen gerecht werden, verkleinern, will sich um bessere Reiter zur Präsentation der Pferde kümmern, gleichzeitig die Kundenbetreuung durch einen kleinen VIP-Bereich verbessern und er hat vor herumzureisen, um auf Turnieren die Starterfelder nach geeigneten Pferden zu durchforsten. »Man muß die Besitzer ansprechen und dann am Ball bleiben. Und wenn man zehnmal wegen eines Pferdes anrufen muß ...«

Bereits die NRW-Eliteauktion im Herbst, acht Wochen nach Dienstbeginn, wird ein erster persönlicher Erfolg. Die Anzahl der aufgebotenen Pferde ist um fast die Hälfte reduziert, die Qualität hervorragend. Auf den Rängen der übervollen Halle Käufer aus allen Teilen der Welt und ein Spitzenergebnis mit einem Durchschnittspreis von 48.000 DM, versteigert durch – Bernd Richter. »Trauen Sie sich das zu?«, hatte Dr. Marahrens schon beim Einstellungsgespräch gefragt und damit die bewährte Zusammenarbeit mit Auktionator Paul Kersting beendet, weil »alles in einer Hand« die beste Lösung zu sein schien.

Bernd Richter als Auktionator, unterstützend flankiert von Peter Krautwig und Dr. Tonius Bornemann

Westfalen – zusammen mit dem erheblich kleineren rheinischen Zuchtgebiet – führt 1995 erneut die Weltrangliste der Dressurpferde an. Mit »Handorf-Extra« ist im Januar eine zusätzliche Absatzveranstaltung eingeführt, zwei Monate später wird auf der 9. NRW-Eliteauktion ein neuer Rekordpreis erzielt: Der vierjährige Fuchswallach *Gaylord* geht für 220.000 DM an einen Bauunternehmer aus dem Münsterland.

Doch derartige Verkaufserfolge, die für ein begeistertes überregionales Presseecho sorgen, verdecken einige der über dem Zuchtgeschehen liegenden Schatten.

Die Vermarktung von durchschnittlichen Pferden wird, verstärkt durch ein Überangebot von Einfuhren aus dem Osten, immer schwieriger. Züchter müssen auf die Signale des Marktes reagieren. Nur der Einsatz ausgesuchter, geprüfter Stuten, eine noch sorgfältigere Hengstauswahl und die Beseitigung bestehender Aufzuchtmängel mit falscher Fütterung und fehlender Bewegung der Fohlen kann die Zahl schwer verkäuflicher Pferde verringern.

Ein zentrales Thema bleibt der Hengsteinsatz. »Wir müssen uns damit abfinden, dass wir den Zuchtwert unserer Hengste erst sehr spät erkennen können«, mahnt Friedrich Marahrens, »deshalb brauchen wir bei unseren züchterischen Bemühungen einen langen Atem. Das Hochjubeln beziehungsweise frühe Verdammen von Hengsten, so wie es zur Zeit in der Pferdezucht üblich ist, hilft uns hier nicht weiter.«

Nach Öffnung des Zuchtbuches für alle anerkannten Reitpferdezuchten decken jetzt in Westfalen immer mehr von Privathengsthaltern angepriesene Fremdvererber, vor allem Holsteiner, die bessere Springpferde erzeugen sollen. Eine Entwicklung, die Landstallmeister Dr. Lehmann für nicht ungefährlich hält, weshalb er seine Bedenken äußert: »Man wird unbedingt darum bemüht sein müssen, für richtig erkannte Grundsätze zu befolgen und sich nicht von marktschreierischen Modetrends aus dem Tritt bringen zu lassen. Das ist augenblicklich die größte Gefahr, die der organisierten Pferdezucht droht.«

Die Vorsitzenden des Rheinischen und des Westfälischen Pferdestammbuchs, Horst Ense und Günther Dieckmann-Großhundorf (rechts)

Wenig später eröffnet der Landstallmeister den völlig überraschten Vorsitzenden des Westfälischen und Rheinischen Stammbuchs, dass er im Düsseldorfer Ministerium zum 31. August 1995 um seinen vorzeitigen Abschied gebeten habe. Der unerwartete Rückzug des Mannes, der mit Dohmen den Aufstieg der Zucht zur Weltgeltung geschafft hat, führt zu einer Monate dauernden Auseinandersetzung um die Nachfolge. In einer Presseerklärung des »Westfälischen Pferdestammbuchs« wird der Imageverlust für die nordrhein-westfälische Pferdezucht beklagt und der Vorwurf erhoben, Parteipolitik über fachliche Grundsätze zu stellen. Erst nach einem im April 1996 geführten Gespräch der beiden Stammbuchvorsitzenden Günther Dieckmann-Großhundorf und Horst Ense mit der amtierenden Landwirtschaftsministerin Bärbel Höhn kommt es schließlich zu der überfälligen Personalentscheidung. Die Ministerin besetzt die Position mit einer Frau und beauftragt die Diplom-Agraringenieurin Susanne Rimkus, die zuletzt bei der »Deutschen Reiterlichen Vereinigung« Verantwortung für den Bereich Pony- und Kleinpferdezuchten trug, mit der Leitung des Warendorfer Staatsgestüts. Was möglicherweise als Affront der grünen Ministerin gegen die bodenständigen westfälischen Bauern gedacht war, entpuppt sich nach anfänglicher Skepsis als eine gute Lösung. Der neuen Leiterin gelingt es, durch Sachverstand und Kontaktfreude die Züchter zu gewinnen.

Gustav Meyer zu Hartum, seit 18. März 1997 Vorsitzender des »Westfälischen Pferdestammbuchs«

Für das »Westfälische Pferdestammbuch« ist der 18. März 1997 ein besonderes Datum. Nach 19 Jahren kommt es während der Jahres-Delegiertenversammlung zum Wechsel an der Spitze. Der Vorsitzende kandidiert nicht mehr, er macht seine Ankündigung, »Mit 70 höre ich auf«, wahr. Damit endet die Ära eines ungewöhnlich erfolgreichen Triumvirats, das über zwei Jahrzehnte die westfälische Pferdezucht prägte: Günther Dieckmann-Großhundorf, Ferdinand Dohmen und Gerd Lehmann.

Im Rückblick auf seine Amtszeit, auf die Frage, was sich in der westfälischen Pferdezucht in dieser Zeit verändert hat, antwortet Dieckmann-Großhundorf: »Es war eine Freude zu beobachten, wie die Pferde von Jahr zu Jahr ansehnlicher wurden, sie bekamen durch die Veredelung mehr Schmelz, sie wurden schöner. Die Stutenstämme waren die gleichen, aber die gezielt eingekauften Väter machten sie beweglicher, sie bekamen geschmeidige, taktreine Gänge, wurden elastischer, hatten ein gutes Temperament und vor allen Dingen legten wir viel Wert auf die Rittigkeit der Pferde.«

Mit stehenden Ovationen danken die 115 Delegierten in der »Halle Münsterland« dem Abschiednehmenden, der sich bis an die Grenze des Zumutbaren für die Stammbucharbeit eingesetzt hat und ernennen ihn zum Ehrenvorsitzenden.

Auf Vorschlag des stellvertretenden Vorsitzenden, Heinz Dieckhoff-Holsen, wählt die Versammlung als Nachfolger den 56-jährigen Landwirt Gustav Meyer zu Hartum aus Herford, der im Jahr des höchsten Mitgliederstandes, es sind genau 10.610, die Führung des Verbandes übernimmt.

Meyer zu Hartum kann sich ganz auf die übernommene Aufgabe konzentrieren. Er hat seinen stattlichen ostwestfälischen 120-Hektar-Hof, dessen erste Erwähnung aus dem Jahr 1260 stammt, schon den beiden Söhnen übergeben, die den Betrieb hauptsächlich als Zucht- und Reitanlage mit 60 Pferden führen.

Für den Stammbuch-Vorsitz bringt Gustav Meyer zu Hartum einige Erfahrung mit. In jungen Jahren Vorsitzender des Reitervereins Lützow, aktiver Springreiter, lebenslang passionierter Züchter mit Liebe zum Vollblut, dazu Kommunalpolitiker, Aufsichtsratsvorsitzender und seit einigen Jahren Mitglied im Stammbuch-Vorstand.

Der neue Repräsentant der westfälischen Pferdezucht hat feste Standpunkte, genau umrissene Ansichten und Pläne. Für ihn ist der Verband keine Behörde, sondern ein moderner Dienstleister in Sachen Pferd. Züchter dürfen nicht gegängelt werden, sie sollen das Bewusstsein haben, dass ihnen das Pferdestammbuch gehört. Das Wichtigste sei jedoch, Besitzer alter Stutenstämme zu unterstützen und die Arbeit an der Basis durch Förderung der Jungzüchter und den Meinungsaustausch an Züchterstammtischen zu beleben.

»Es soll Spaß machen, in Westfalen Pferde zu züchten und in einem Verband mitzumachen«, sagt Meyer zu Hartum. »Der Mensch ist immer gern auf der richtigen Seite bei den Siegern. Ich denke, wir müssen so viele Sieger haben, damit die Leute bei uns immer auf der richtigen Seite sind.«

Trotz der guten Zusammenarbeit mit dem Rheinland ist eine Fusion der beiden Verbände für ihn weder Ziel noch Thema. Auch über eine neue Arbeitsverteilung hat sich Meyer zu Hartum, gewarnt durch den kräftezehrenden Totaleinsatz seines Vorgängers, Gedanken gemacht. Er will den Verband repräsentieren und vor allem die Überwachung der Finanzen wie Wirtschaftlichkeit im Auge haben, während sich sein Stellvertreter, Ludger Schulze-Tomberge aus Senden, auf den Bereich Zucht konzentriert und den Vorsitz der Ausschüsse wie auch der Körkommission übernimmt, die nach jahrelangem Hickhack inzwischen auf fünf Personen, ohne Landstallmeister und Privathengsthalter, verkleinert wurde.

Gustav Meyer zu Hartum kann sich auf ein professionelles Dreier-Team verlassen, auf Zuchtleiter Dr. Friedrich Marahrens, »er hat das Ohr am Puls der Zeit«, auf Verkaufsleiter Bernd Richter, »ein Glücksgriff«, und auf Peter Krautwig, »ein idealer PR-Mann, kein Verband gibt so gute Informationen an die Presse wie Westfalen«.

Und der Vorsitzende hat Glück. Während der ersten Amtsjahre häufen sich die Erfolgsmeldungen, macht der Verband bundesweit Schlagzeilen. Fünf Monate nach seiner Wahl wird bei der Fohlenauktion im Jahr des zwanzigjährigen Bestehens des Pferdezentrums das Fohlen *Rossini* für den Rekordverkaufspreis von 100.000 DM versteigert.

Zum Jahresbeginn 1999 führt die Nachricht, dass der Landgestüthengst *Polydor* als Nummer eins die Weltrangliste des Weltzuchtverbandes WBSFH anführt, für freudige Aufregung und mehrt den Ruhm westfälisch gezogener Pferde.

Frühjahrsauktion 1998 in der Großen Halle des Zentrums in Münster-Handorf

Ein *Polydor*-Sohn sorgt denn auch mit dafür, dass die 19. NRW-Eliteauktion im März 2000 das bisher beste Gesamtergebnis erzielt, *Prefectus* findet für 200.000 DM einen Käufer. Im Herbst desselben Jahres kommt es dann zu einer Sensation. Der dreijährige *Dollmann*, für Bernd Richter »ein Ausnahmepferd, das Beeindruckendste an Aussehen und Intelligenz, was ich in meinem Pferdeleben gesehen habe«, wird für bisher unvorstellbare 600.000 DM zugeschlagen. Schauplatz ist das inzwischen durch Um- und Einbauten erheblich attraktivere Pferdezentrum, das jetzt über ein geheiztes Casino mit VIP-Lounge verfügt.

2001 hält die Erfolgssträhne an. Bei einer Rekord-Frühjahrsauktion werden fast 3 Millionen Mark umgesetzt, und der Fuchshengst *Saint George* erzielt den eindrucksvollen Preis von 420.000 DM.

Zwei Jahre später soll es im Herbst zu einer für kaum möglich gehaltenen Steigerung kommen, die dreijährige *Florestan I*-Tochter *Fleur Rubin* wird für 320.000 Euro nach Österreich verkauft.

Durch das am 1. Januar 2001 in Kraft getretene Verbraucherschutzgesetz sind Pferde eine Ware. Zum Bedauern von Bernd Richter leidet darunter die Stimmung und Farbigkeit der Versteigerungen. Als Auktionator darf er die im Ring erscheinenden Pferde nicht mehr wortreich als garantiert große Kracher oder künftige Olympiasieger anpreisen.

Senior und Symbol der westfälischen Zucht: Franz Schnitker-Pöhling

links:
Der Nachwuchs: Westfalen-Mannschaft für den »Bundeswettbewerb der Jungzüchter« mit Trainer Franz-Josef Ottmann, August 1999

NRW-Körung in Münster-Handorf. Die Kommission: (v.l.n.r) »Rheinisches Pferdestammbuch« – Martin Spoo, Horst Ense; »Westfälisches Pferdestammbuch« – Ludger Schulze-Tomberge, Fritz Ostmeyer, Dr. Friedrich Marahrens

rechts:
Die beiden nordrhein-westfälischen Zuchtleiter im Dialog: (v.l.) Dr. Friedrich Marahrens (Münster) und Martin Spoo (Bonn)

Auch in den Folgejahren setzt sich der positive Trend fort, Westfalen behauptet seinen zweiten Platz hinter dem Zuchtgebiet Hannover, die Inlandsnachfrage ist mit Schwankungen zufriedenstellend, wirklich gute Pferde bringen gute Preise. Die Diskussionen über die Brauchbarkeit von Zuchtwertschätzungen und optimale Form der Hengstleistungsprüfungen, die als 30-, 50- und 70-Tage-Tests durchgeführt werden, gehen weiter. Ebenso die Kritik an Kör- und Prämierungsergebnissen oder an bestehenden Strukturen der deutschen Zuchtverbände. In einem Punkt herrscht jedoch Einigkeit: Das Regionalsystem hat sich bewährt und sollte unbedingt erhalten bleiben. Für das Stammbuch in Münster-Handorf wird die Erfüllung der Aufgabe, das vom Tierschutzgesetz geforderte Zuchtprogramm ordnungsgemäß durchzuführen, wegen der unvermeidbaren Registrierung nicht gewollter Hengste aus fremden Zuchtgebieten, zunehmend schwieriger.

Pferdezüchter sind selbstbewusster und mobiler geworden, verführerische Hochglanzprospekte von Hengststationen außerhalb der Landesgrenzen und die Möglichkeiten der künstlichen Besamung fördern diese von manchen mit Skepsis gesehenen Entwicklungen.

Das »Westfälische Pferdestammbuch« hat 2004, im Jahr seines 100. Geburtstages, unverändert denselben Auftrag, den die Gründer am 3. März 1904 zu Münster festlegten: die Qualität der Pferdezucht fördern.

Als Dreh- und Angelpunkt wirkt dabei das »Westfälische Pferdezentrum«, das mehr als ein Vierteljahrhundert zuvor von einem weitblickenden Vorstand mit Unterstützung der Mitglieder geschaffen wurde. Das Zentrum ist der Publikumsmagnet, das Aushängeschild der westfälischen Zucht, Preisbarometer und Schauplatz bedeutender Verkaufs- und Präsentationsveranstaltungen. Alljährlich wird die große Halle aber auch an mehreren Wochenenden zur Bühne für die kleinen Pferde, zur züchterischen und sportlichen Plattform der angeschlossenen Verbände der Haflinger-, Reitpony- und Isländerzüchter. Und seit Juli 2003 soll die neu eingeführte »Westfalen-Woche« durch die Verbindung von sportlichem und züchterischem Wettkampf ungewöhnliche Akzente setzen.

Im Pferdezentrum, das auch als Ausbildungsbetrieb für Pferdewirte Ansehen genießt, arbeiten ständig etwa 30 Mitarbeiter, in einem Wirtschaftsunternehmen, das von Mitgliedsbeiträgen, Gebühren sowie Erträgen aus Pferdeverkäufen und Auktionserlösen lebt. Nur so kann der enorme Aufwand finanziert werden, um das Schaufenster für Spitzenpferde erstrahlen zu lassen und die Anforderungen des Breitensports wie der Freizeitreiterei zu erfüllen.

Das »Westfälische Pferdestammbuch« war die erste Zuchtorganisation in Deutschland, die das Gebot »Zucht und Sport gehören zusammen« zur Leitlinie des Handelns machte. Außerdem haben die gewählten Verantwortungsträger das beneidete Kunststück vollbracht, ein geschlossener Verband zu bleiben und in ihrer Region die Zersplitterung zu verhindern. Unter dem Dach der Handorfer Zentrale versammelt sich die gesamte bunte Pferdewelt Westfalens, einzelne Zuchtverbände ebenso wie die Vielfalt der 39 in Münster-Handorf eingetragenen Rassen, vom Araber bis zum Zwerghackney.
Was 100 Jahre galt und den Erfolg ermöglichte, sollte auch Losung der Zukunft sein – jener Abschieds-Appell des ersten Stammbuch-Zuchtleiters Wilhelm Manitius: »Seid einig und bleibt einig!«

Das »Westfälische Pferdezentrum« nach Bauerweiterung des Verwaltungstraktes im Sommer 2003

Doch das »Westfälische Pferdestammbuch« ist mehr als das Vermarktungszentrum an der Sudmühlenstraße, es ist der freiwillige Zusammenschluss von über 9.000 beitragzahlenden Mitgliedern, die selbst den Kurs bestimmen und Regeln aufstellen, die über Erfolg oder Misserfolg entscheiden.

Im Pferdeland Westfalen kann man auf einiges stolz sein: Wiege der Leistungsprüfungen und ländlichen Reiterei, Landschaft der trotz Strukturwandels immer noch vorwiegend bäuerlichen Züchter, Lebensraum von Olympiasiegern und Weltmeistern im Sattel. Auch das Stammbuch kann stolz sein: auf 100 Jahre geglückter Arbeit zum Wohle der Pferdezucht, auf die hervorragende Zusammenarbeit mit der Landwirtschaftskammer Münster, dem NRW-Landgestüt und dem Provinzial-Verband der Reitervereine.
Dass dieses Kräfteviereck der Institutionen seit Jahrzehnten reibungslos funktioniert, ist das Geheimnis des Gelingens.

Weltrekord im Jubiläumsjahr: Heinrich-Hermann Engemann und die in Handorf versteigerte *Candela NRW von Carte d'Or* feierten im Januar 2004 ihren 100. gemeinsamen S-Sieg. Erster Gratulant in Leipzig war Pferdestammbuch-Vorsitzender Gustav Meyer zu Hartum.

Quellen

»Beiträge zur Geschichte des westfälischen Bauernstandes«, 1912

Fritz Böllhoff: »50 Jahre Westfälisches Pferdestammbuch 1904–1954«

Ferdinand Dohmen: »Westfalens edles Warmblut«, 1966

H.P. Lampe: »Westfalens Pferde – Geschichte, Zucht, Sport«, 1978

Heinrich Schulte-Sienbeck: »50 Jahre Provinzialverband westfälischer Reit- und Fahrvereine 1924–1974«

Michael Stoffregen-Büller: »Westfalen – Land der Pferde«, 1995

Michael Stoffregen-Büller: »Die Heimat der Hengste – 175 Jahre Warendorfer Landgestüt«, 2001

Gisbert Strotdrees: »Höfe, Bauern, Hungerjahre – aus der Geschichte der westfälischen Landwirtschaft 1890–1950«, 1991

Karin Symanczyk: »Das Westfälische Pferd«, 1987

Zeitungen/Zeitschriften:
»Münsterscher Anzeiger« 1904, 1927;

»Landwirtschaftliche Zeitung für Westfalen und Lippe« 1904, 1920, 1927;

»Das westfälische Pferd« 1910–1913;

»Westfalens Ross und Reiter« 1961, 1963, 1970–1974, 1976, 1977;

»Reiter und Pferde in Westfalen« 1978–2003;

»Westfälische Nachrichten« 1976–2003;

»Münstersche Zeitung« 1977–2003.

NRW-Staatsarchiv, Münster, Bibliothek der Landwirtschaftskammer Münster, Archiv des Westfälischen Pferdestammbuchs, Münster (Kataloge/Jahresberichte).

Interviews: Günther Dieckmann-Großhundorf, Herbert Domhöver, Dr. Friedrich Marahrens, Peter Krautwig, Gustav Meyer zu Hartum, Alfons Terdenge

Von der Edelzucht zum Reitpferd: Die Geschichte der westfälischen Warmblutzucht

2

Franz-Josef Neuhaus

Am Anfang war … : Die Wurzeln westfälischer Pferde

Die Existenz von Pferden, besser dem heutigen Pferde ähnelnden Vorfahren, ist in Westfalen seit etwa 12.000 Jahren v. Chr. durch Funde belegt. Sie wurden anfangs als Jagdbeute genutzt, etwa zwei Jahrtausende v. Chr. beginnt ihre Domestikation. Aufgrund der Raum- und Nutzungsstruktur in Westfalen konnten sich jedoch isolierte Bestände an Wildpferden in den Sumpf-, Moor- und Niederungsgebieten der Flüsse (Emscher »Dickköppe«, Merfelder) sowie in den Heide- und Waldgebieten (Senner, Davertnickel) halten. Es waren zumeist gedrungene, struppige Wildlinge, die mit großer Zähigkeit und Ausdauer den ihnen angestammten Lebensraum ganzjährig ohne menschliche Unterstützung bewohnten.

Kleipferde – die ersten Westfalen?

Besondere Erwähnung verdienen die Kleipferde oder Münsterländer, sie werden oft mit den Davertnickeln in Zusammenhang gebracht, haben aber wohl nur in Teilen ihr Verbreitungsgebiet gemeinsam. Beim Kleipferd handelte es sich um eine alte Gebrauchsrasse, die wohl zu Recht auch als Landschlag des Münsterlandes bezeichnet werden kann. Ihr Vorkommen beschränkte sich auf das mittlere und südöstliche Münsterland, sein Name ist von den hier häufig vorkommenden zähen Tonböden, dem Klei, abgeleitet. Es ist anzunehmen, dass das Kleipferd aus den Wildpferden, naheliegend sind hier die Pferde der Davert, entwickelt wurde. Doch ist die »Zucht« der Kleipferde nicht ausschließlich eine Fortführung der Wildpferde, vielmehr sind in diese zunächst in Reinrasse gezüchteten Pferde in der ersten Hälfte des 18. Jahrhunderts Oldenburger, Hannoveraner, Holsteiner und Dänen eingekreuzt worden. Einen Beleg hierfür bietet der Stammbaum des Hengstes *Busch*, welcher 1862 als Landbeschäler in Warendorf eingestellt wurde (s. Abb. rechts).

Das Kleipferd

Bei der weiteren Züchtung unterschied man damals zwei Formen des Kleipferdes, einen leichteren und einen schwereren Schlag. Letzterer war am meisten geschätzt. Er war nicht allzu groß, aber breit und stämmig, mit kräftiger Hinterhand und breiter Brust (im schweren Zug geeignet), sein Trab war kurz. Charakteristisch war seine gerade Stirn, ein kurzer Hals, auf dem ein schwerer Kopf saß. Der Rücken war kräftig, die Rippen tonnig gewölbt mit starken Lenden und kurzen, vollen Flanken. Die Kruppe war ziemlich gerade, die Hosen waren tief angesetzt und breit, die Sprunggelenke und Beine kräftig. Das Kleipferd war kurz gefesselt und der Huf breit.

Der leichtere Schlag ist durch die Einkreuzung von vornehmlich holsteinischen und dänischen Hengsten entstanden. Sie wurden als Pferde mit langen Hälsen, Neigung zu Ramsköpfen, schwachen Sprunggelenken und flachen Hufen beschrieben. Bemängelt wurden ferner der unkorrekte Gang und der schwache Rücken.

Kleipferde im ursprünglichen Sinn verschwanden in der ersten Hälfte des 19. Jahrhunderts, vermutlich durch die oben beschriebene, teils massive Einkreuzung mit nicht bodenständigem Blut, anstatt, wie bereits damals gefordert, eine Veredelung der Rasse durch sich selbst durchzuführen.

Die frühen Pferdebestände in Westfalen, dies zeigt die obige Beschreibung, boten als Produkt der Scholle bei entsprechender Berücksichtigung und Lenkung eine brauchbare Ausgangsbasis für eine geregelte Landespferdezucht. Doch bis es dazu kam, sollten noch einige Jahre vergehen – Jahre, in denen viel vom ursprünglichen Fundament verloren ging.

Als wesentlichen Meilenstein auf dem mitunter steinigen Weg hin zu einer geordneten Pferdezucht in Westfalen war zweifelsohne die Gründung des Landgestüts Warendorf im Jahre 1826 und der Erlass einer ersten Körordnung für die Provinz Westfalen im Jahre 1827, doch die ersten hier aufgestellten Landbeschäler wurden durch die Züchterschaft als »zu leicht kritisiert«. Auch die 1835 begonnene Remontierung westfälischer Pferde durch die preußische Militärverwaltung war nur von kurzer Dauer, die hiesigen Züchter züchteten lieber Pferde, die vor allem als Arbeitstiere in der hiesigen Landwirtschaft geeignet waren. Helfen sollten dabei Jütländer, Percherons, Clydesdales und Ardenner, später Dänen und Oldenburger: Von ihnen versprach man sich Masse und Kraft, selbst vor Kreuzungen zwischen leichten und schweren Schlägen, zwischen Kalt- und Warmblut schreckte man nicht zurück, die Ergebnisse dieses züchterischen Wirrwarrs waren katastrophal. Daran änderten auch die ersten Hannoveraner nichts: Gute Hengste wie der Norfolk-Enkel *Barbarossa*, die Nord-Söhne *King Bell*, *Eberhardt* und *Eldorado*, der *Flick*-Sohn *Blücher* und die Süd-Nachkommen *Hellespont* und *Matador* trafen auf eine Basis, die nur als Mischmasch ohne jegliche Vererbungssicherheit zu beschreiben war.

Die Einsicht, an dieser Situation etwas zu ändern, kam aus der Region selbst: Pferdezuchtvereine gründeten sich. Zuchtziel in Steinfurt, Unna, Bielefeld, Coesfeld und anderen Orte war es vornehmlich das Wagenpferd im Karossier-Typ, in Beckum, Oelde, Horn und anderswo verfolgte man das kaltblütige Pferd. Hinzu traten Vereine, die neben der Zucht von Pferde als Satzungsziel auch die Durchführung von Leistungsprüfungen wie Wettfahren, Trab-, Flach- und Hürdenrennen vorantrieben, so beispielsweise in Appelhülsen, Lüdinghausen, Amelsbüren und Hamm (für den Regierungsbezirk Arnsberg).

Ein erster Versuch von staatlicher Seite, diese vielschichtigen Interessen zusammenzuführen, war die 1894 erlassene Trennung Westfalens in einen Zuchtbereich für das Warmblut – sprich Oldenburger (vornehmlich im Norden der Provinz Westfalen) – und einen für das Kaltblut –

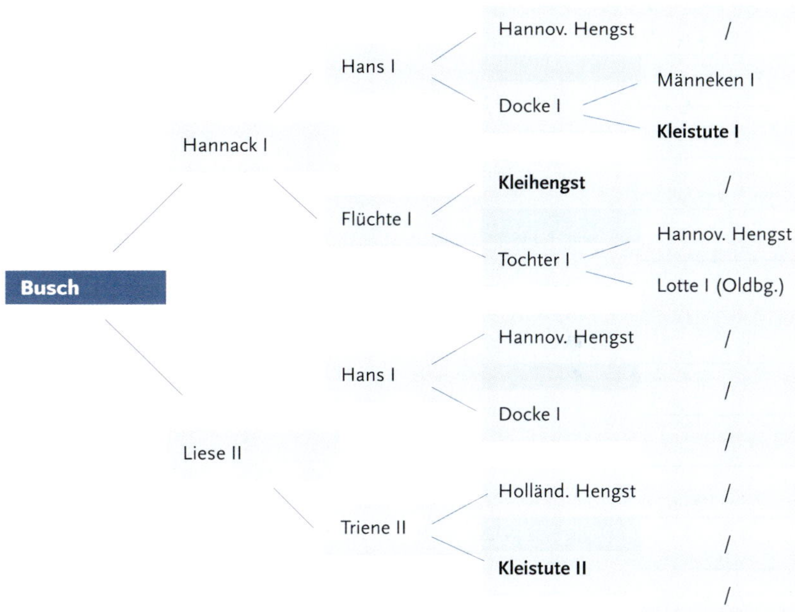

Das 1826 gegründete Königliche Landgestüt war zunächst im frei gewordenen Stallgelände einer preußischen Dragoner-Schwadron in Warendorf untergebracht.

sprich Belgier (vornehmlich im Süden der Provinz Westfalen). Diese Entscheidung am »grünen Tisch« wurde 1901 durch den Beschluss der Landwirtschaftskammer wieder aufgehoben, bereits im Oktober legte der sich erst kurz zuvor gegründete Pferdezuchtverband für Westfalen und Lippe sowie der Vorstand der Landwirtschaftskammer diesen Beschluss ad acta. Gezüchtet wurde ab sofort im gesamten Provinzgebiet auf der Grundlage der Oldenburger und Belgier.

Der erste Band des Westfälischen Pferdestammbuches erschien 1908.

Westfälisches

Pferdestammbuch.

Herausgegeben von der

Züchtervereinigung „Westfälisches Pferdestammbuch e. V."

(mit Unterstützung der Landwirtschaftskammer für die Provinz Westfalen und unter Mitwirkung der Direktion des Königl. Landgestüts Warendorf).

Erster Band.

Abteilung I (Westfälische Edelzucht) No. 1—1242
„ II (Westfälischer Arbeitsschlag) No. 1—935

nach den Eintragungen bis zum 1. Januar 1907.

Preis gebunden 7 Mark.

Münster i. W. 1908. Selbstverlag.
Druck der Aktien-Gesellschaft für Verlag und Druckerei „Der Westfale".

Es ist geschafft: Die Gründung des Westfälischen Pferdestammbuches

Die beschriebene Aufhebung der Teilung förderte ein neues »Wir-Gefühl« unter den Beteiligten, die dadurch frei gewordenen Energien bewirkten eine Reihe von Anstößen: Einrichtung von Stutbüchern, Stutenschauen zwecks Sichtung und Eintragung von geeignetem Pferdematerial der »Westfälischen Edelzucht« und des »Westfälischen Arbeitsschlages« ... am Ende stand die Bestrebung, den einige Jahre zuvor gegründeten »Pferdezuchtverband für Westfalen und Lippe« in eine Stammbuch-Gesellschaft umzuwandeln. Dies war die Geburtsstunde des »Westfälischen Pferdestammbuchs« – einschließlich Satzung und Zuchtziel.

Apropos Zuchtziel: »Zuchtrichtung ist ein warmblütiger und ein kaltblütiger Pferdeschlag. Zuchtziel ist im Warmblut ein kräftiges, gut gebautes, gängiges Reit-, Wagen- und Arbeitspferd ... Zulässig sind für das Warmblut: englisches Vollblut, Hannoveraner, Oldenburger und diesen nahe verwandte, gleichartige Rassen ...«

Damit war es geschafft, was alle gehofft hatten: für Warm- und Kaltblut je ein Zuchtziel! Zugegeben, noch etwas weit gefasst, aber bezogen auf die damalige Situation folgerichtig: Um einen gemeinsamen Dachverband für alle bestehenden Zuchtvereine und Züchter zu schaffen, musste der Rahmen groß genug sein, damit für alle Strömungen in der Provinz ausreichend Platz war. Und: Die zugelassenen Rassen galten allesamt als konsolidiert und wenig risikoreich für einen Neuanfang. Nur ob es mit allen angesprochenen Rassen gleichzeitig gelingen konnte, war bei der damaligen Ausgangslage aus heutiger Sicht eher unwahrscheinlich.

Der Oldenburger Hengst *Excellenz* deckte von 1902 bis 1911 als Warendorfer Landbeschäler.

Hengstverteilung im Jahre 1904

Um einen Eindruck von der tatsächlichen Situation der Zucht in Westfalen zu bekommen, die auch einen gewissen Rückschluss auf die damalige Gesamt-Population zulässt, ist die Auswertung einer Auflistung des Hengstbestandes im Jahre der Gründung des Pferdestammbuches, also 1904, aufschlussreich.

Von den 76 aufgeführten Hengsten sind 66 in Diensten des Königlich Preußischen Landgestütes in Warendorf, entsprechend zehn Beschäler als Privathengste eingesetzt.

Als Herkunftszuchtgebiete bzw. Rasse sind Oldenburg, Ostfriesland, Hannover, Westfalen, Vollblut und Graditz/Ostpreußen vertreten.

Die stärkste Gruppe der Hengste kommt aus dem Nachbarzuchtgebiet Oldenburg; dabei sind die zur damaligen Zeit starken Hengstlinien wie beispielsweise die *Agamemnon*-Linie oder die *Emigrant*-Linie auch hier die zahlenmäßig größte Gruppe. Dazu muss man sich den damaligen Stand dieses Zuchtgebietes vor Augen halten: Die Oldenburger-Züchter, die ihre Zucht aus der Paarung edler Vollblut- und Halbbluthengste mit den Stuten ihrer Landrasse entwickelt hatten, waren bereits in der zweiten Hälfte des 19. Jahrhunderts das Experimentieren leid und arbeiteten zielstrebig an einem Leistungspferd auf der Basis ihrer schollegebundenen und damals bereits alten, konsolidierten Stutenstämme. Ihr Zuchtziel, welches bereits damals galt, wurde über 100 Jahre alt und lautete kurz und knapp: »Ein starkes, elegantes Kutschpferd mit hohen räumenden Gängen!« Dieser groß gewachsene Karossier, wie man ihn damals nannte, ein Pferd mit viel Aufsatz und schwungvollen Gangwerk, hat die Züchter in Westfalen wohl mächtig beeindruckt.

Auch die Gruppe der Hengste mit ostfriesischer Herkunft muss man sich als schwere Warmblüter im Karossiertyp vorstellen, aufgrund ihrer weitgehend genetischen Identität mit den Oldenburgern liegt der Schluss nahe, sie fast als eine Rasse zusammenzufassen. In beiden Zuchten gab es übrigens neben dem schweren Typ leichtere Exemplare, die auch als gewichtstragende Reitpferde geeignet waren. Das Gros der Hengste war auf den anglo-normannischen Halbblüter Normann zurückzuführen.

Bemerkenswert ist die Tatsache, dass bereits 1904 in der Liste der aufgestellten Vatertiere Hengste in Westfalen aktiv sind, die aus dem hannoverschen Nachbarzuchtgebiet kommen und für die spätere Aufbauphase in Westfalen ihre Abstammung väterlicherseits ist auf die Zuchtgebiete Oldenburg, Ostfriesland und Hannover zurückzuführen. Diese Hengste haben für den Zuchtaufbau in Westfalen keine besondere Bedeutung erlangt und doch sind sie der Anfang einer bedeutenden Zuchtepoche.

Nicht unerwähnt bleiben sollten die drei Vollblüter des Landgestütes, die aus Frankreich, England und dem thüringischen Vollblutgestüt Bockstadt stammten.

Ein weiterer hoch im Blut stehender Beschäler war *Alabaster*, der von dem Graditzer *Cannibale* abstammte; *Cannibales* Vater war der in Ostpreußen bedeutende *Fanfarro*, ein ausdrucksvoller Hengst mit tadellosem, harmonischen Körper und vorzüglichem Temperament.

Im Geburtsjahr des Pferdestammbuches 1904 wurde die Stute *Martha* v. *Herrscher* geboren; Züchter war Anton Schulze Schenking aus Laer.

von elementarer Bedeutung sind. Nicht zu Unrecht werden sie als die »Säulen der westfälischen Warmblutzucht« bezeichnet. Gemeint sind: *Herrscher* v. *Hercules III*, *Burggraf II* v. *Schlutham* und mit *Colonel* das Blut des Beberbeckers *Colorado*, der durch seinen Enkel *Collino* ab 1905 in Westfalens Zucht Maßstäbe setzte. Das anglo-normannische Blutelement, vertreten durch Hengste wie dem harten *Verrier* oder *Franklin*, *Fatal* und *Famos*, besteigen erst in den darauf folgenden Jahren Westfalens Zuchtbühne.

Es gab bereits 1904 Hengste, die durch den gerade erst gegründeten Zuchtverband selbstbewusst als »Westfalen« angesprochen werden,

Aufstellung der im Jahr 1904 in Westfalen aufgestellten Hengste des starken und leichten Wagenschlages

(Privat- und Landbeschäler)

Oldenburgische Hengste

Graf Wedel-Linie
- Ldb. Albert
- Ldb. Aspirant
- Ldb. Ganges
- Ldb. Elegant II
- Pb. Zeus

Normann-Rubico-Linie
- Ldb. Atlas
- Ldb. Herold II
- Ldb. Delphin II
- Ldb. Ehrenrat
- Ldb. Elfenbein
- Ldb. Eremit
- Ldb. Excellenz
- Ldb. Rudi

Agamemnon-Linie
- Pb. Admiral
- Ldb. Apollo II
- Ldb. Cicero II
- Ldb. Daun
- Ldb. Diamant II
- Ldb. Diedrich
- Ldb. Dorn II
- Ldb. Egoist II
- Ldb. Erlkönig II
- Pb. Othello
- Ldb. Quartett

Emigrant-Linie
- Ldb. Admiral II
- Ldb. Alhambra II
- Ldb. Brentano I
- Ldb. Centaur II
- Pb. Colonel
- Ldb. Colorado I
- Ldb. Durchlaucht II
- Ldb. Elimar
- Ldb. Isenhard
- Pb. Patriot
- Ldb. Tyrann

Duke of Cleveland-Linie
- Ldb. Fortschritt
- Pb. Matfried
- Ldb. Emigrant II

Nebenlinie des Tender
- Pb. Colon I

Genealogisch nicht einzuordnende Hengste
- Ldb. Consul II
- Ldb. Jubilar
- Ldb. Leonidas II
- Ldb. Robert

Excellenz

Ostfriesische Hengste

Normann-Stamm
- Ldb. Bernhardiner
- Ldb. Domino II
- Ldb. Libanon
- Ldb. Liborius
- Ldb. Livius
- Ldb. Meteor II
- Ldb. Ottokar

Genealogisch nicht einzuordnende Hengste
- Ldb. Emilius
- Ldb. Einsiedler
- Ldb. Reformator

Hannoversche Hengste

Schlütter-Linie
- Ldb. Burggraf II
- Ldb. Schlicker
- Ldb. Schlückenau
- Ldb. Isbert

Flick-Linie
- Pb. Xaver

Norfolk-Linie
- Ldb. Regent
- Ldb. Nordheim
- Ldb. Landlord

King-Blut
- Ldb. Kingaro

Odoardo-Linie
- Ldb. Colonel

Protector xx-Linie
- Ldb. Herrscher

Sheridan xx-Linie
- Ldb. Michel
- Ldb. Alpenhirt

Großvater: Alpenkönig xx, der auf den Darley Arabian-Enkel Eclipse zurückgeht

Westfälische Hengste

Norfolk-Linie
- Ldb. Edelstein II
- Pb. Ardo

von Saladin (Oldb.)
- Ldb. Salamander

von Wolf (Oldb.)
- Ldb. Wolfgang

von Tyrann (Oldb.)
- Ldb. Cavalier II

von Clodwig (Oldb.)
- Pb. Lord

Vollblut

von Pumpernickel xx (von Charmant xx), Gestüt Bockstadt
- Ldb. Rheinwein xx

von Xaintrailles xx, Frankreich
- Ldb. Cadix xx

von Robert xx, England
- Ldb. Mephisto xx

Herrscher

Ostpreussen

von Cannibale (Graditz) von Fanfarro (Ostpr.)
- Ldb. Alabaster

Das Blutbild wandelt sich

Mit welcher Dynamik sich die züchterische Arbeit in Westfalen entwickelte, zeigen die Bestandszahlen und Herkunftsdaten der Edelzucht-Hengste des Landgestüts in Warendorf aus dem Jahres 1908, also nur vier Jahre nach der oben beschriebenen ersten Bestandsaufnahme (Zahlen von 1904 in Klammern):

Gesamtzahl der Beschäler: davon	95	(66)
Oldenburger	26	(36)
Ostfriesen	14	(10)
Hannoveraner	22	(12)
Westfalen	26	(4)
Anglo-Normannen	6	(0)
Ostpreußen	0	(1)
Vollblüter	1	(3)

Ein früher Vorläufer des heutigen Körkataloges war das »Verzeichnis der durch den Verband der westfälischen Hengstzüchter zum Ankauf durch die Königliche Gestütverwaltung angemeldeten Hengste« aus dem Jahre 1908.

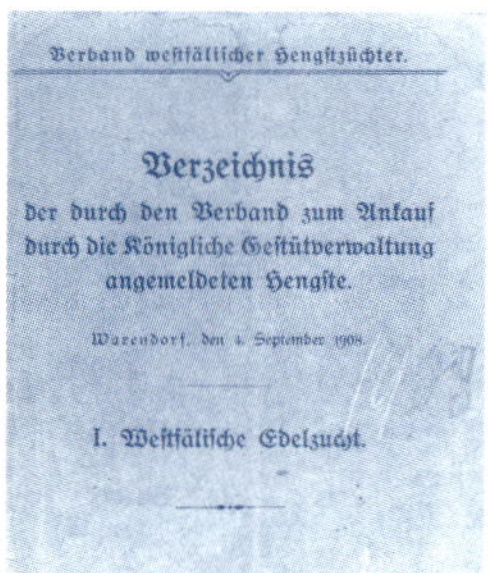
Verband westfälischer Hengstzüchter.

Verzeichnis
der durch den Verband zum Ankauf
durch die Königliche Gestütverwaltung
angemeldeten Hengste.

Warendorf, den 4. September 1908.

I. Westfälische Edelzucht.

In den obigen Zahlen zeichnet sich für die Vatertiere aus dem oldenburgischen Nachbarland bereits eine Tendenz ab, die sich in den Folgejahren zu einer für sie dramatischen Entwicklung ausweitet. Freiherr von Schorlemer hat 1904 über die Gestaltung der westfälischen Pferdezucht in Heft Nr. 30 der Landwirtsch. Zeitung für Westfalen und Lippe geschrieben: »Was nützt die schönste Rasse, wenn sie innerhalb weniger Jahre entartet, was bedeutet ein Pferd, das ich als wertvolles Zuchttier für schweres Geld irgendwo aufgekauft habe, wo es in ganz anderer Weise gehalten, gepflegt und gefüttert wurde, wie in meiner Wirtschaft, die ihm eine solch reiche Nahrung und so üppige Weide nicht bieten kann!« Diese Aussage traf nach einigen Jahren des Einsatzes in Westfalen voll auf die Oldenburger Pferde zu, denn das Oldenburger Pferd ist wie kaum eine Rasse der damaligen Zeit durch die vorherrschenden Boden-, Nahrungs- und Klimaverhältnisse des Ursprungszuchtgebietes geprägt. Das zumeist in unterschiedlicher Güte vorherrschende Grünland der westfälischen Provinz reichte als Lebensgrundlage bei weitem nicht an das reiche Marschland der alten Heimat heran. Die westfälischen Züchter erlebten teilweise bittere Enttäuschungen:

Die Oldenburger, die in Westfalen gezüchtet wurden, waren nicht selten kleiner und weniger schwer wie im Originaltypus, hinzu kamen andere physiologische Mängel wie schwammige Gelenke, zu flache und bröcklige Hufe, weiche Rücken. Der Oldenburger, Ende des 19. Jahrhunderts wegen seiner imposanten Erscheinung und seiner bestechenden Gangmechanik gefeiert, trat in den darauf folgenden Jahren mehr und mehr in den züchterischen Hintergrund bis er in den 20er Jahren des vorigen Jahrhunderts ganz verschwand.

Wie eine Antwort auf den fehlgeschlagenen Versuch mit Oldenburgern muss man den Einsatz anglo-normannischer Hengste verstehen. Von ihnen erhoffte man sich den Rückgewinn von Adel, Typ, Härte und vor allem Gangvermögen. Die sicher besten Erfahrungen machte man mit einem Hengst, der den Umweg über Oldenburg nach Westfalen machte. *Verrier* (oder »*Glasmacher*«, wie er in Oldenburg hieß) kam schon 1906 in das westfälische Zuchtgebiet. Er führte über seinen Vater wie über die Mutter viel edles Blut, doch war er dabei ein starker und tiefer Hengst mit bestechendem Gangvermögen. Er konnte zwar eine eigene Hengstlinie in Westfalen begründen (er hinterließ allein in Westfalen 20 gekörte Söhne), die jedoch in der dritten Nachkommensgeneration erlosch.

Ein paar Jahre später kam es zu Einfuhren von Anglo-Normannen direkt aus Frankreich. Namen wie *Franklin*, *Fatal* und *Famos* sind mit dieser Zeit

Der westfälische Hengst *Venerato*, ein Enkel des Anglo-Normannen *Verrier*, vertrat die westfälischen Farben auf der DLG-Ausstellung 1910 in Hamburg.

verbunden. Der letzte Normannen-Hengst war *Floral*, der früher lange in Marbach stand, dann einige Jahre in Trakehnen Hauptbeschäler war und 1923 nach Warendorf überwiesen wurde. Seine Nachkommen passten nicht nur typmäßig in die Landespferdezucht, sondern waren gut geeignet für die sich nach dem Verlust des Ersten Weltkrieges und nach der Reduzierung der Armee stark entwickelnde ländliche Reiterei in Westfalen. Bilanziert man den Wert der eingeführten Anglo-Normannen, fällt die Bewertung unterschiedlich aus: Auf der einen Seite haben sie der hiesigen Zucht eine Verbesserung der Konstitution und des Gangvermögens gebracht, zum anderen wurde die Nachzucht oft als zu leicht beschrieben. Die westfälischen Züchter bevorzugten jedoch ein kräftiges Halbblutpferd, was am Ende den Ausschlag für den Wegfall dieser ohne Zweifel markanten Rasse gab.

Herrscher – der erste Westfale

Blickt man auf die Leistung dieses Hengstes für das sich etablierende westfälische Zuchtgebiet zurück, so könnte man mutmaßen, dass der Name *Herrscher* kein Zufall war. Als im Jahre 1903 der Fuchshengst Ldb. *Herrscher 209* (Z.: T. Dickebohm, Herbrun (Emsl.), gek. v. Bußen, Buschplatz) nach Westfalen kam, konnte von einer einheitlichen Stutenbasis im westfälischen Zuchtgebiet nach wie vor nicht die Rede sein, auch wenn die Konturen des organisatorischen Rahmens, das Pferdestammbuch, langsam erkennbar wurden.

Herrschers Vater war der Hannoveraner *Hercules III*, der kurzzeitig auf der westfälischen Station Steinheim gedeckt hatte, aber bereits nach drei Jahren an Celle zurückgegeben worden war. Über ihn führte er das begehrte *Protector* xx-Blut. *Herrschers* Mutter war eine *Jongleur*-Tochter, die über ihren Vater wertvolle hannoversche Blutströme in sich vereinte.

Herrscher selbst war ein großrahmiger, schwerer und tiefer Hengst mit starkem Fundament, kurzem Rücken und schön gewölbter Rippe. Er fand trotz seiner Mängel wie seiner steilen Fesselung, den unklaren Gelenken, der hohen Nierenpartie und dem wenig schwungvollen sowie kurzen Gang sehr guten Anklang bei den westfälischen Züchtern. In 26 Jahren als Landbeschäler auf den Stationen Nordwalde, Warendorf, Sünninghausen, Wittlerbaum, Sudhoff und Tönnishäuschen wurden ihm annähernd 1.700 Stuten zugeführt. Von seinen Töchtern wurden 53 ins Hauptstutbuch eingetragen, von seinen Söhnen wurden 40 gekört.

Bei ihm konnte man ohne Einschränkung von außerordentlicher Individualpotenz sprechen: Eine große Zahl seiner Nachkommen ließ unschwer die charakteristischen Züge ihres Vaters erkennen – leider auch mit all den nachteiligen Mängeln. Gepaart mit im Bluttyp stehenden Stuten, besonders mit den edlen *Collino*-Töchtern (*Collino*, die zweite »westfälische Säule«, kam etwa zur gleichen Zeit nach Westfalen), machte *Herrscher* oft marktgängige Produkte, da *Collino* (ein Nachkomme des Beberbecker *Odoardo*) oft die nötige Härte, Trockenheit und vor allem Gang einbrachte.

Herrschers Verdienst ist es, dass er die westfälische Zucht in seiner Zeit typmäßig verbessert hat. Seine Söhne selbst waren häufig nur Mittelmaß.

Zu den besseren Söhnen zählten sicherlich *Herzog* und *Hermes*. Bei den Enkeln waren es *Hero II* und *Hermann*. Die Hengstlinie des *Herrscher* erlosch bereits in den 30er Jahren, nach gerade einmal vier Nachkommensgenerationen. Gründe sind sicher neben der mäßigen Qualität der gekörten Nachkommen die besseren Hengste anderer Linien, die sich zwischenzeitlich entwickelt hatten, egal

Der Landbeschäler *Herrscher*: eine der drei Säulen der westfälischen »Edelzucht«

ob sie aus dem hannoverschen Nachbarzuchtgebiet kamen oder sich in Westfalen etabliert hatten.

Der Verdienst *Herrscher*s und einiger seiner Söhne ist es, dem westfälischen Zuchtgebiet Stuten geliefert zu haben, der manchem später eingesetzten Hengst bei entsprechendem Blutanschluss die Vererbung erleichtert hat.

Collino – Westfalens zweite Säule

Nur zwei Jahre, nachdem *Herrscher* in Westfalen aufgestellt wurde, kam 1905 ein Hengst nach Westfalen, der ohne Übertreibung als eine der Säulen der westfälischen Warmblutzucht bezeichnet werden kann: der Landbeschäler *Collino* (Z.: G. Arps, Pardingbüttel; gek. v. Speckmann, Everswinkel)

*Collino*s Vater *Colorist* hat den Beberbecker *Colorado* zum Vater (einen drahtigen, nervigen und dabei edlen Hengst), der edles *Chamant*-Blut führte; *Colorist* besaß durch seine Mutter, eine Tochter des wuchtigen *Weißenburg* (v. *Norfolk*), eine Beimischung guten hannoverschen Blutes. *Colorado* war ein Enkel des *Odoardo*, der wiederum in Beberbeck als Hauptbeschäler galt. Ein weiterer Hauptzweig der *Odoardo*-Linie, neben *Colorist*, bildet der Trakehner Hauptbeschäler *Fahnenträger*, der Großvater des exzellenten westfälischen Stutenmachers *Fabriano*, dem die Zuchtstätte Schnitker-Pöhling große Erfolge (u.a. DLG-Siegerstute *Finale*) verdankt. *Collino*s Mutter ist eine Tochter des *Nordhäuser* aus der hannoverschen *Norfolk*-Linie. Somit war *Collino* in der 5./4. Ahnenreihe auf *Norfolk*, einem der Stammväter der hannoverschen Zucht, ingezogen.

Collino war ein trockener und leistungsfähiger Hengst, besaß jedoch nicht die große Tiefe eines *Herrscher*: Er gewann nicht nur die Zugleistungsprüfung sondern auch die Galopp-Prüfung (1200 m in 1.32 Min.) im Rahmen der »Warendorfer Tage« 1906.

Der 1,65 m große Braune deckte bis 1927 auf verschiedenen Deckstellen über 1.200 Stuten; aus den Anpaarungen fielen 636 Fohlen. *Collino* hinterließ zwölf gekörte Söhne (herausragend war Ldb. *Constantin* aus einer Mutter des Holsteiners *Cicero* v. *Celler Julius* – *Ethelbert*) und 28 eingetragene Hauptstammbuchstuten.

Da *Collino*- und *Herrscher*-Blut hervorragend miteinander harmonierte, stammten aus dieser Verbindung viele Pferde, die das Kaliber des *Herrscher* und das Leistungsvermögen des *Collino* besaßen.

Das Verdienst *Collino*s ist es, dass durch ihn eine Menge an Trockenheit, Nerv, Härte und Zähigkeit in die westfälische Zucht eingebracht wurde. Gutes Gangvermögen war eine wertvolle Beigabe des *Collino*. Trotz einer gewissen Energie verfügten »die *Collino*s« über einen angenehmen Charakter. Bei einem ausreichend langen und gut angesetzten Hals und viel Widerrist fanden sie als Reitpferde reißenden Absatz, dabei waren sie als Pflug- und Wagenpferde ebenfalls gut brauchbar.

Mit dem Landbeschäler *Collino* kam Härte in die junge westfälische Zucht.

Burggraf II – der Dritte im Bunde

Aus der *Schlütter*-Linie, genauer gesagt aus dem *Schlutham*-Zweig, begann im Jahre 1900 ein gerade mal 1,60 m messender brauner Hengst seine Beschälerlaufbahn im Landgestüt Warendorf: Ldb. *Burggraf II* (gek. v. Hillmann, Kl. Klankow, Mecklenburg).

Der 1894 geborene Beschäler war ein kleiner, edler und dabei tiefer Hengst, mit ansprechendem Exterieur: Gut waren Schulter-, Rücken- und Kruppenpartie, ebenso Sprunggelenke und Rippenwölbung. Er besaß viel Härte und Ausdauer, zwar wenig Trab-, dafür viel Sprungvermögen. Mit *Schlutham* (von *Schlütter*) als Vater und *Schwarzwald – Iwan – Holderneß* auf der Mutterseite verfügte er über ein abgerundetes Pedigree.

Seine Vererbung, dies stellte man in Westfalen nicht erst nach seinem Ausscheiden im Jahre 1915 fest, war vorzüglich. Seine Kinder waren oft kräftige und abgedrehte Wirtschaftspferde mit harter Konstitution und angenehmen Temperament. Aus den über 700 zugeführten Stuten, fielen 459 Fohlen; insgesamt wurden elf Söhne gekört, herausragend waren *Burghard* mit sechs gekörten Söhnen und *Burgadler*, von dem vier Söhne die Zuchtzulassung erhielten.

Bereits in der dritten Nachkommensgeneration erlosch der westfälische *Burggraf II*-Zweig.

Nicht erst mit dem Auftreten der drei »westfälischen Säulen« betreten Hengste mit hannoverschem Ursprung die westfälische Zuchtbühne.

Das sich in Hannover immer weiter ausbreitende Blut des Mecklenburgers *Norfolk* (er gilt mit *Zernebog* und *Jellachich* als Begründer des eigentlichen hannoverschen Pferdes) und beispielsweise *Flick*-Nachkommen finden auch in Westfalen besonderes Augenmerk. Sie belegten zunehmend die Erbsicherheit und positive Wirkung der hannoverschen Gene auf die westfälische Population und ebneten mit ihrer Nachzucht den Weg für eine Entscheidung, die erst 1920 gefällt werden sollte.

Weitere Hengstlinien (vornehmlich mit hannoverschem Ursprung) waren in den ersten beiden Jahrzehnten in Westfalen »aktiv«: Von dem sich bereits damals durch gute Vererbung auszeichnenden Vollblüter *Devil's own* xx erhielt auch das Warendorfer Landgestüt einen Sohn, den 1904 geborenen Ldb. *Derby II* (gek. v. Treviranus, Möllenbeck). Er war der rechte Bruder des *Defilant* und besaß einen Vollblutanteil von 75 Prozent. Der mit viel Adel und gutem Gangwerk ausgestattete Fuchs hinterließ in sieben Einsatzjahren mit *Dernberg* und *Derfflinger* zwei gekörte Söhne. Er findet sich heute noch in dem Stutenstamm Grosche und damit in den Hengsten *Debütant* und *Disco-Fürst* wieder.

Erst nach längerer Pause traten 1940 in Westfalen wieder Hengste der D-Linie auf.

Ein kurzes Gastspiel in dieser Zuchtphase gab die auf den Vollblüter *Adeptus* xx aus dem hannoverschen Hofgestüt Herrenhausen zurückgehende Hengstlinie: Ldb. *Allah* (gek. v. Berghoff-Ising, Alfredshöhe im Kreis Warburg) wirkte nur kurze Zeit, ohne merkliche Spuren zu hinterlassen; dies gilt auch für den ein paar Jahre später vom Landgestüt Celle überwiesenen Ldb. *Angler* (Z.: Albrecht Sielken, Cappel).

Ebenfalls wirkungslos blieben aus dem Schlucker-Zweig der *Schlütter*-Linie die Landbeschäler *Schluckenau* und *Schlicker* (beide kamen vom Landgestüt Celle).

In dieser Anfangszeit, in der wesentliche Grundlagen bezüglich des Blutbildes und der Zusammensetzung der westfälische Rasse gelegt wurden, wurde der Gedanke, nicht nur nach Merkmalen, sondern auch nach Leistungsgesichtspunkten zu züchten, mittels eigens hierfür eingerichteten Prüfungstagen, den so genannten »Warendorfer Tagen«, umgesetzt. Erstmalig im Frühherbst 1905 veranstaltet das eben erst gegründete Pferdestammbuch gemeinsam mit dem Landgestüt und dem Verband der Hengstzüchter diese Leistungsprüfungen. Beispielsweise mussten 3-jährige Hengste eine Sandbahnstrecke in der Zeit von 9 Minuten überwinden; gleichzeitig wurden Hengstfohlen, 2- und 3-jährige Stuten ausgestellt und prämiert, auf dem abschließenden Hengstmarkt kaufte die preußische Gestütsverwaltung Hengste. Diese zweitägigen Veranstaltungen, die einen

Einer der besten Söhne des *Burggraf II* war der Ldb. *Burgadler* aus der Zucht des August Westhoff (Benninghausen). Seine Mutter war eine Enkelin des *Amurath* ox.

hervorragenden Überblick über Stand und Entwicklung der Zucht boten, fanden vor einer Kulisse von bis zu 10.000 Besuchern statt.

Hannover als Grundlage: Ein historischer Beschluss und die ersten zwei Jahrzehnte danach

Was sich seit 1908 abzeichnete, war im »Verzeichnis der zum Ankauf, zur Körung und zur Prämierung angemeldeten Hengste 1920« schwarz auf weiß zu lesen: Ostfriesische und oldenburgische Abstammungen finden sich kaum noch, westfälische Hengste **mit hannoverschen Ahnen** oder Hengste **direkt aus dem hannoverschen Zuchtgebiet** gaben den Ton an, daneben anglo-normannisches Blut.

Bei den westfälischen Hengsten, die Anfang November 1920 auf dem Schauplatz auf der Tönneburg in Warendorf gezeigt wurden, handelte es sich fast ausschließlich um Hengste, die den Linien des *Herrscher*, *Burggraf* und *Collino* zuzuordnen waren. Diese drei Säulen der westfälischen Zucht und ihre züchterischen Leistungen hatten maßgeblichen Anteil an dem Beschluss der Generalversammlung des Westfälischen Pferdestammbuches am 19. November des gleichen Jahres: Ab sofort wird auf hannoverscher Basis weitergezüchtet, im Klartext: Verdrängungskreuzung mit Hannoveranern. Das heißt, es war zwar unmöglich, umgehend alle Pferde mit Blutanteilen anderer Zuchtgebiete auszuschalten, bei erforderlichen Blutauffrischungen durften jedoch nur hannoversche Hengste eingesetzt werden. Denn: Das hannoversche Pferd hatte sich in den letzten Jahren immer mehr als das Pferd herausgestellt, welches sich am besten von allen eingeführten Rassen binnen kurzer Zeit in Westfalen akklimatisierte. Vererbungskraft und Typtreue des Hannoveraners hatten in Westfalen zunehmend eine positive Wirkung gezeigt. Mit ihm konnte man erstmalig eine gewisse Einheitlichkeit in der westfälischen Zucht erkennen, die auch von den Züchtern anerkannt wurde. Grund hierfür waren die im hannoverschen Zuchtgebiet vorherrschenden Standortbedingungen, die am ehesten denen in Westfalen glichen. Die westfälischen Züchter und Hengstaufzüchter, unterstützt durch die Zuchtleitung, reagierten prompt auf die Parole »Mit Hannover auf dem richtigen Weg«: Alles reiste in das hannoversche Zuchtgebiet, vornehmlich in den Raum Verden und Lüneburg, nach Kehdingen und Lauenburg, Stuten und Hengste, vor allem als Fohlen, aber auch älter, immer das Beste im Auge.

Schnell zeigte dieser Beschluss von 1920 und die Bemühungen aller Beteiligten Wirkung. Wie selbstbewusst Westfalens Züchter waren, belegt der Körkatalog von 1928: Erstmals wurde bei der Klasseneinteilung der Warmbluthengste unterschieden zwischen Hengsten, die **in Westfalen gezogen wurden**, und **nicht in Westfalen gezogenen** Vatertieren. Bei den 2 ½-Jährigen kamen elf nicht aus Westfalen, demgegenüber standen 50 westfälische Junghengste! Eine Durchsicht der aufgeführten Hengste wie ihre

Westfälisches Pferdestammbuch e. V.

XI. Leistungsprüfungen

für Pferde der Edelzucht und des Arbeitsschlages,

Rennen für Halbblutpferde, Reit- und Fahrwettstreit.

1921

Sonntag nachmittag Totalisator.

Preis 5 Mark

Das Westfälische Pferdestammbuch überprüfte von Anfang an die in der Zucht eingesetzten Hengste und Stuten nach Leistungsmerkmalen (Deckblatt des Programmheftes der XI. Leistungsprüfungen 1921).

spätere Bedeutung im Einzelnen belegt, dass der züchterische Fortschritt der heimischen Zucht und seine Bedeutung für den weiteren Aufbau in Westfalen unverkennbar zum Ausdruck kommt.

In diesem Zeitraum nach dem Ersten Weltkrieg, in dem die für Westfalens Zucht so bedeutungsvolle Ausrichtung auf Hannover zementiert wurde, erfuhren sämtliche deutschen Zuchtgebiete neben der Tatsache, dass fast 200.000 Pferde an die Kriegsgewinner abgeliefert werden mussten, vor allem starke Veränderungen in puncto Zuchtziel und angestrebtem Erscheinungsbild ihrer einzelnen Schläge. Besonders die Zucht des leichten, hauptsächlich als Kavallerieremonte verwendeten Warmblutpferdes hatte nach dem verlorenen Krieg und einem seitens der Siegermächte zugestandenen »Hunderttausend-Mann-Heer« kaum noch eine Chance. Diesem Pferdetyp, der vor allem in Ostpreußen und in den anderen Remonte-Provinzen wie Hannover gezogen wurde, wurde der lange angestammte Markt entzogen.

Gleichzeitig setzte eine Intensivierung der Landwirtschaft (u.a. Ausweitung des Hackfruchtbaues, stärkere Düngung, bessere Bodenbearbeitung) ein, so dass die Nachfrage nach schweren Pferden stieg. Das Warmblutpferd musste letztlich nicht nur gegen die zunehmende Motorisierung, sondern auch gegen die Kaltblutzucht antreten. In der Vorstellung, nur noch bullige und unbewegliche Kolosse zu züchten, sahen Männer wie der große Hippologe Gustav Rau eine riesige Bedrohung. Auf diese neu formulierte Zucht hatten sich alle Warmblutzuchten einzustellen, auch das junge westfälische Zuchtgebiet. Selbst die »schweren« Zuchtgebiete blieben nicht verschont und wurden teils noch schwerer! Ein Zeitzeuge schreibt: »In Ostfriesland erreichten die Pferde Ausmaße, die gewichtsmäßig den Kaltblütern nicht nachstanden. Eine Vergröberung in den Linien und Verminderung der so wertvollen Warmbluteigenschaften wie Gehfreudigkeit, Ausdauer und Leichtfuttrigkeit waren unvermeidbar!«

Ldb. *Hermesianer* war ein Hengst, der gut in die Zeit der Verstärkung passte.

Trotz dieser reichsweiten Entwicklung, um die es viele Diskussionen gegeben hat, war die Umstellung in Westfalen im Gegensatz zu den traditionellen Remontezuchten nicht so erheblich; ohnehin konnte man von einer Uniformität in Bezug auf Kaliber und Maße beim westfälischen Pferd der damaligen Zeit nicht sprechen. Gründe hierfür findet man in der Vielgestaltigkeit des westfälischen Zuchtraumes, der geprägt durch Boden und Klima eine gewisse Typvariation hervorgebracht und erhalten hatte. Auch die Vorliebe der Züchter in bestimmten Regionen, mal etwas mehr in Richtung leichtem, edlerem Pferd, an anderer Stelle mehr auf Kaliber bedacht, erzielte eine gewisse Bandbreite an Pferden. Daneben ist die Zucht eines für Landwirtschaft und Gewerbe benötigten Warmblutpferdes leichteren Schlages, welches auch über eine gewisse Reiteignung verfügte, auch der damals aufstrebenden ländlichen Reiterei in Westfalen zu verdanken.

In dieser Zeit erklang Raus Aufruf »Deutscher Bauer auf deutschem Pferd« – ein kluger Weg: einen neuen Absatzmarkt für Reitpferde zu schaffen, Pferde für die Reiterei, die nicht allein auf Offiziere und adlige Herrenreiter angewiesen war, sondern von einer breiten gesellschaftlichen Gruppe getragen war.

Die »Verstärkungsperiode« hielt bis etwa Mitte der 30er Jahre an. Mit dem Wiederaufbau der deutschen Wehrmacht und einer Reiter-Olympiade, die der deutschen Equipe sechs Goldmedaillen einbrachte, setzte eine gewisse Beruhigung und Regulierung dieser Zuchtbestrebungen ein. Der Absatz guter Reit- und Zugpferde an die Wehrmacht florierte, davon profitierte auch Westfalen.

Stempelhengste und neue Hengstlinien

Zu den tragenden Hengstlinien in den ersten beiden Jahrzehnten nach der Festlegung auf Hannover gehörte die *Schlütter*-Linie.

Der *Schlutham*-Zweig mit Ldb. *Burggraf II* und seinen Nachkommen lief in den 30er Jahren ohne Perspektive aus.

Dafür sorgten aus der dem *Schlucker*-Zweig Hengste wie Ldb. *Schwabe* (Z.: G. Siebs, Misselwarden) und Ldb. *Schwank* (Z.: R. Wohlers, Spieka-Neufeld) für neue Impulse. Der Dunkelfuchs Ldb. *Schwarm* (Z.: H. Icken, Cappel) hinterließ nach neun Einsatzjahren vier gekörte Söhne und fast 40 Hauptstammbuchstuten, denen man zwar oft mehr Nerv und Adel gewünscht hätte, die aber bei dankbarer Leichtfuttrigkeit angenehme und umgängliche Wirtschaftspferde abgaben. Der gehäuft *Schwabenstreich* führende Ldb. *Schwank* von *Schwabenkönig I* aus einer *Halt*-Mutter hinterließ der Zucht seit 1935 eine Phalanx von gekörten Söhnen, der bekannteste war sicher der 1937 geborene *Schwan I* (siehe Porträt Seite 82). Landbeschäler *Schwank*, der über ein ansprechendes Äußeres verfügte, faszinierte die Züchter durch seinen leichtschwebenden, dabei raumgreifenden Trab. Die Nachfrage der Züchter war so groß, dass ihm nur Hauptstammbuchstuten zugeführt werden durften.

Der *Schlif-Scherif-Sheridan*-Zweig glänzte durch den 1923 in Hannover geborenen Fuchshengst Ldb. *Schütze* (Z.: H. Nagel, Settlerhemm), der 1926 als Landbeschäler nach Warendorf kam. Er entstammte Blutlinien, die sich in Hannover bestens bewährt hatten. *Schütze* war ein muskulöser, mittelrahmiger Hengst mit trockenen, starken Beinen; er hatte schwungvolle Gänge. Mit den rund 1.200 Stuten (in 18 Deckjahren) brachte er 88 H-Stuten (17 davon erhielten die Staatsprämie, neun wurden Hengstmütter) und 15 gekörte Söhne; der mit dem durchschlagendsten Erfolg war Ldb. *Sonnenschein* (Z.: Theodor Schulze-Stumpenhorst, Neubeckum) aus einer Mutter von *Amandus*. Der Wert *Schützes* war seine einheitliche Vererbung mit Stuten verschiedenster Blutströme, die Nachkommen waren durchgängig für alle Verwendungszwecke geeignet.

Die *Flick*-Linie erhielt etwa ab der zweiten Hälfte der 20er Jahre erhebliche Chancen in Westfalen. *Flick*, das Ergebnis der Anpaarung des blutgeprägten *Zernebog* v. *Jupiter* xx (1849–1871) mit der *Cita* v. *Jellachich* (v. *Defensive* xx), geboren 1860 im Hofgestüt Herrenhausen bei Hannover, gab neben der Stärke und dem Kaliber vor allem Adel und Gangvermögen an seine Nachkommen weiter. Der *Flick*-Enkel *Flingarth* verschaffte dieser Blutlinie vor allem über seine Söhne *Fling* und *Flirt* erheblichen Einfluss nicht nur in Westfalen.

Besonders erwähnenswert für Westfalen sind Hengste wie der *Fling*-Enkel Ldb. *Flamingo* v. *Flavius* (Z.: A. Jungclaus, Dornbusch), der auf *Adeptus* xx ingezogen war und über seinen Vater gehäuftes *King*-Blut aufwies. *Flamingo* war ein mittelschwerer brauner Beschäler, dessen Adel, Trockenheit, Schönheit und Härte geschätzt wurden. Seine Bewegungen waren flott und raumgreifend. Bei seiner Vererbung stachen besonders seine Töchter hervor, vor allem aus Anpaarungen mit Stuten der alten »*Herrscher*-Station« Amelsbüren. *Flamingo* hinterließ 141 H-Stuten (darunter 25 St.Pr.St. und sechs Hengstmütter) sowie neun gekörte Söhne (u.a. *Feuerborn*, *Flammenschein*). Der *Fling*-Sohn *Flugfeuer II*

Der in Westfalen eingesetzte Ldb. *Flamingo*, ein Hengst aus dem Nachbarzuchtgebiet Hannover brachte für Westfalen die bedeutsamen Ldb. *Flugpass* (Z.: O. Hencke, Buchhorst), Ldb. *Fluggast* (Z.: H. Henke, Eschen) und Ldb. *Funkenflug* (Z.: G. Riege, Krüzen), die sich weit überdurchschnittlich vererbten. Dies gilt auch für den *Flintenstein III*-Sohn und *Fling*-Enkel Ldb. *Flitter I*, Züchter ist H. Classen, Neddenaverbergen (u.a. Vater des Nachkriegsspringpferdes *Max*).

Die in Hannover wirkenden Brüder *Flimmer I* und *II* setzten im hiesigen Zuchtgebiet deutliche Akzente: *Flimmer I*-Sohn Ldb. *Friedländer* (Z.: H. Seedorf, Offenwarden) war ein Hengst von adeliger Erscheinung, der Fehlergucker zur Verzweiflung brachte. Besonders mit *Fesch*-Töchtern vererbte er sich auffallend gut. Aus dieser Kombination stammt auch die überragende Schaustute *Fidelia* v. *Overhagen* aus der Zucht von Franz Schnitker-Pöhling, die es auch sportlich zu Championatserfolgen brachte. *Friedländer,* der 1949 an den Folgen eines Beinbruchs einging, hinterließ 99 Töchter, 23 davon erhielten die Staatsprämie, und sechs gekörte Söhne. Von dem *Flingarth*-Enkel *Flimmer II* standen insgesamt elf Söhne in Westfalen; herausragend waren: Ldb. *Fiskus* (O. Ohmstedt, Wesermünde-Vierhöfen), ein erstklassiger Beschäler, dem im Laufe seiner Decktätigkeit weit mehr als 1.000 Stuten zugeführt wurden.

Die Bedeutung der *Flick*-Linie am Ende des Zweiten Weltkrieges machen nachfolgende Zahlen deutlich: 69 Beschäler, das waren 37 Prozent des Gesamthengstbestandes, führen ihre Abstammung in direkter Folge auf den *Flick*-Enkel *Flingarth* zurück.

Die dritte große Hengstlinie, die sich anschickte in den Jahren zwischen 1920 und 1940 Maßstäbe in Westfalen zu setzen, war die *Adeptus* xx-Linie. Vor allem der *Alderman I*-Enkel Ldb. *Adrill* (Z.: E. Wohlers, Geestemünde) setzte deutliche Akzente. Dies gilt auch für die *Almjäger*-Söhne, die nach Westfalen eingeführt wurden. Auch wenn zum damaligen Zeitpunkt die Anzahl männlicher Nachkommen der A-Linie hinter der des *Flick* oder *Schlütter* zurückblieb, so ist doch das A-Blut in einer großen Zahl mütterlicher Abstammungen von zuchtaktiven Hengsten dieser Jahre vertreten: bei fast 13 Prozent! In Westfalen kamen die häufig mit viel Rumpf, Tiefe und vor allem guten Gang ausgestatteten A-Hengste gerade zur rechten Zeit.

Erste arabische Spuren sind bereits in den ersten Jahren nach der Gründung des Pferdestammbuches auszumachen, jedoch ist das Gros der Nachkommen von *Amurath I* bzw. *II* erst in den Jahren nach 1920 in Westfalen wirksam geworden. Ldb. *Amaranth* (Z.: F. Rusch, Grauensieck), Ldb. *Amandus* (Z.: A. Eylmann, Nendorf) und Ldb. *Amoroso* (Z.: J. Kömme, Kajedeich) hießen die edlen Schimmel, die bei den Züch-

links:
Ldb. *Amoroso* glänzte nicht nur als Aktionstraber auf Schauen, er machte sich auch als Vater guter Stuten einen Namen.

rechts:
Vom *Fling*-Enkel *Feierabend* stammt die 1a-Preisträgerin der Reichsnährstandsausstellung Frankfurt 1936, St.Pr.St. *Fernanda von Hövelhof* (Z.: G. Pöpsel, Hövelhof).

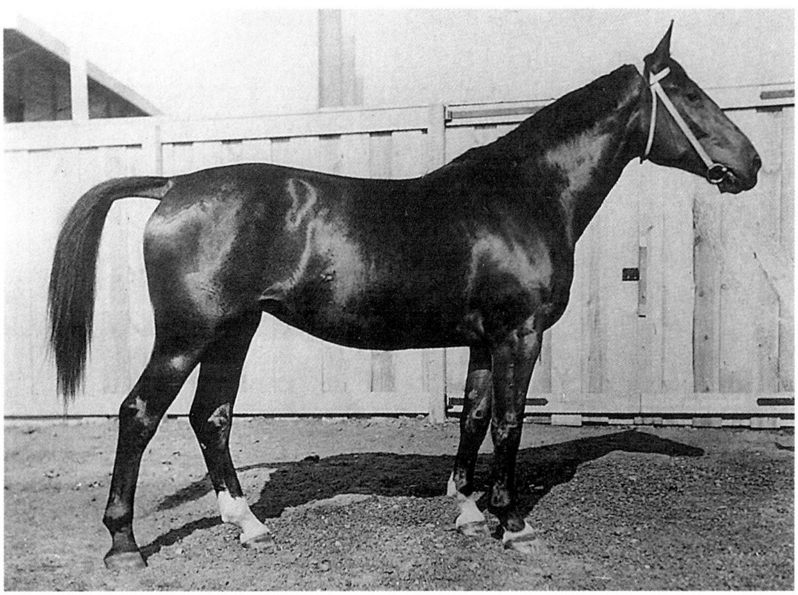

tern wegen ihres durchaus bedeutenden Tropfen arabischen Bluts über den Umweg Hannover sehr beliebt waren. Vor allem Letztgenannter gelangte im Hochzuchtgebiet um Varl zu erheblichem Einfluss: Die Mutter der Spreen-Segelhorst'schen Stammstute St.Pr.St. *Addi*, *Ambrosia*, ist eine Tochter des *Amoroso*, Wilh. Döpkes Stammstute St.Pr.St. *Flutwelle* (u.a. Mutter von *Aar*) hat *Amoroso* als Großvater auf der Mutterseite, der 17 Jahre in Varl aufgestellte *Sioux* (v. *Sinus* xx) führt in der 4. Generation mütterlicherseits *Amoroso*-Blut.

Die *Andermatt*-Linie (*Andermatt* kam aus Graditz) war ab etwa Mitte der 20er Jahre in Westfalen mit Hengsten vertreten. Die westfälischen »Ableger« waren Hengste wie Ldb. *Anführer* (Z.: F. Meyer, Barme), Ldb. *Ansturm* (1926 vom Verein der Warmblutzüchter des Kreises Borken gekauft) und Ldb. *Abgott* (Z.: H. Schnakenberg, Tenever), der Vater der *Addi*, die über ihre Tochter *Abendkind* Großmutter so bedeutender Pferde wie *Frühlingstraum II* und des Sportpferdes *Minister* (Norbert Koof) wurde. *Abgott* ist auch Vater der St.Pr.St. *Aline*, die wiederum Mutter der Johannsmann'schen Stammstute St.Pr.St. *Hella* v. *Hallo II* ist.

Zwar gelangte mit Ldb. *Nektar* v. *Nennheim* (gek. v. Berghof-Ising, Alfredshöhe) bereits 1908 der erste *Nelusko*-Nachkomme in das westfälische Zuchtgebiet, aber zu durchschlagender Bedeutung gelangte diese hannoversche Linie erst nach dem Ersten Weltkrieg. Hengste wie der Warendorfer Ldb. *Nelusko* (Z.: A. Schulze Schenking, Laer), besonders Pb. *Nickel* mit seinen Söhnen Ldb. *Nimrod* (Z.: A. Schulze Lohoff, Laer), Ldb. *Nico I* und *Nico II* (bei beiden ist Z.: Schulze Lohoff, Laer), besaßen im Allgemeinen für die damalige Zeit viel Adel und Leichtfüßigkeit und waren vielseitig brauchbare Wirtschafts- wie auch Remontepferde.

Vor allem über den hervorragenden Celler *Helgoland I* war in Westfalen die *Hogarth*-Linie vertreten. *Helgoland I*, der mütterlicherseits *Adeptus* xx- und *Colorist*-Blut führte, machte sich vor allem wegen seines Sohnes *Halt II* (Z.: J. Brockmann, Loxstedt) – Vater von 13 gekörten Söhne und 27 staatsprämierten Töchter – einen guten Namen. Im Mannesstamm erlosch diese Linie in den 50er Jahren. Zu den bemerkenswertesten *Halt II*-Söhnen gehört zweifelsohne Ldb. *Hallo II*, dessen Tochter *Hella* bei Heinrich Johannsmann (Ebbesloh) mit verschiedenen Partnern vier gekörte Söhne (*Schalter*, *Kanstein*, *Flirt*, *Forscher*) brachte.

Die Hengstlinie des *Morgenstern* nahm ihren Ausgang in Ostpreußen. Über Celle, wo *Morgenstern* vor allem über seinen Sohn *Mormone* Einfluss nahm, gelangten Nachkommen nach Westfalen. Vor allem der *Mormone*-Sohn Ldb. *Mortello* (Z.: W. Blohm, Gudendorf) und dessen Sohn Ldb. *Meerkönig* (Z.: Provinzial-Gutsverwaltung, Eickelborn) waren ausgezeichnete Stutenmacher. Von den elf gekörten Söhnen des *Mortello* stammten allein sechs aus Anpaarungen mit Stuten der *Nelusko*-Linie.

Ähnlich wie die *Morgenstern*-Linie hat die *Sport*-Linie ostpreußische Wurzeln, die Bedeutung dieses über Celle kommenden Halbblüters für Westfalen ist nur kurzzeitig.
Die Zuchtstätte Schulte Varendorff und ihre Familie der *Emma* brachte den Privatbeschäler *Sportsmann* hervor.

Die *Jason*-Linie war in diesem Zeitabschnitt der Zucht nur schwach vertreten, erst in den 40er und 50er Jahren stieg mit Hengsten wie *Journal*, *Jungritter*, *Jungbursch* und v.a. *Julianus* die Bedeutung dieser Linie, bevor sie wenige Jahre später zum Erliegen kam.

Ein weiterer arabischer Blutschub kam über den im ungarischen Gestüt Babolna geborenen *Shagya XVII* ox nach Westfalen. Die Brüder *Schatzherr I* und *II* (beide führten gehäuft *King*-Leistungsblut) sowie *Schatzmeister* und ihre Nachkommen waren zwar hart und umgänglich, jedoch für die Ansprüche der damaligen Zeit zu leicht.

Mit der Auflösung des Hauptgestüts Beberbeck im Jahre 1929 kam der Hauptbeschäler *Meleager* nach Warendorf. Ohne viel im Mannesstamm bewirkt zu haben, starb seine Linie nach kurzer Zeit aus, trotzdem war sein Wirken in der westfälischen Zucht überaus segensreich, seine Produkte waren edel und hart; vor allem über seine Töchter nahm er starken Einfluss.

Seine bekannteste Tochter ist St.Pr.St. *Meerfahrt*; sie brachte mit *Oxyd* die überragende *Malta*, deren Nachkommen *Mariano*, *Malteser* und *Malve* zu höchsten Dressurmeriten kamen und deren Sohn *Radetzky* zum Stempelhengst der westfälischen Zucht wurde.

Auch *Meleagers* Söhne *Menelik* und *Meldeschein* waren anerkannte »Damenschneider«: So ist beispielsweise die Mutter der Stammstute der de Baey'schen Erfolgszucht (*Ahlerich*, *Rubinstein* und Co.) *Mieze* eine *Meldeschein*-Tochter!

Von *Marocco*, dem aus Ostpreußen nach Celle eingeführten Halbblüter, stammt *Markulf* mit seinen Söhnen. Der aus einer Mutter von *Schwabenstreich* stammende Hengst hat sich vor allem über seine Töchter in Westfalen exponiert, eine von ihnen ist St.Pr.St. *Maritta* aus der Zucht von Schnitker-Pöhling, sie wurde u.a. Mutter der Hengste *Fex I* und *II*.

Zu Beginn des Zweiten Weltkriegs kam ein Enkel des nur kurz in Celler Diensten stehenden Graditzer Vollblüters *Großinquisitor* xx nach Westfalen, *Gründer*. 1939 in der Hammer Zuchtviehhalle von einem der Impulsgeber der westfälischen Zucht, Bernhard Schulze Gronover (Greven), vorgestellt und mit dem ersten Angeld ausgezeichnet und zum besten Hengst seines Jahrgangs erklärt, ging er als Landbeschäler auf Station. Der große, elegante Fuchs war bei den Züchtern unterschiedlich nachgefragt. Seine Ausbeute nach zwölfjähriger Tätigkeit als Beschäler: nur ein gekörter Sohn (der 1944 geborene *Grünspecht*, der die *Großinquisitor* xx-Linie auf eine breitere Basis stellte) und viele gute Töchter.

Nach dem o.g. *Derby II* fand erst 1927 ein weiterer Spross aus der Hengstlinie des *Devil's own* xx den Weg nach Westfalen: Ldb. *Dessauer*; 1940 folgte der Pb. *Deichherr*, der im Kreis Recklinghausen deckte.

1940 kam der in Trakehnen geborene *Poseidon*-Sohn *Armeemarsch* (*Perfectionist* xx-Linie) über Zweibrücken ins westfälische Landgestüt. Von dem leichten, edlen Fuchs (anfangs heiß begehrt, später ließ das Interesse merklich nach) wurden 43 Töchter ins Hauptstammbuch (sechs davon mit Staatsprämie ausgezeichnet) eingetragen. *Armeemarsch* deckte in Varl, Höven und Uentrop, bevor er 1953 verkauft wurde.

Bemerkenswerte Halbblüter in dieser Zuchtperiode waren *Chronist* v. *Corax* xx und *Frohsinn* v. *Friedensfürst* xx; Letzterer riss einige Jahre als Aktionstraber bei den Hengstparaden in Warendorf wegen seiner abnormen, bodenverachtenden Bewegungen die Zuschauer zu wahren Begeisterungsstürmen hin.

Sonnenschein –
ein Schütze-Sohn wird Volltreffer

Sonnenschein (v. *Schütze*) war sicher eines der Glanzlichter der jungen westfälischen Zucht, die Abstammung war auffällig: Seine Mutter führte das Blut des *Amurath I*, *Herrscher*, *Verrier* und *Collino*. Mit dem Erbgut dieser bewährten Vererber ausgestattet, vermochte sich *Sonnenschein* in überzeugender Weise durchzusetzen.

Sein Lebensweg in Kürze: Gezüchtet von Theobald Schulze Stumpenhorst in Neubeckum, kam er 1930 zur Körung in die Halle Münsterland – reichlich bunt: eine große durchgängige »Laterne«, selbst die Unterlippe weiß, alle vier Beine hochweiß, weiße Bauchflecken. Doch: Ein guter Hengst kennt keine Farbe! Die Nr. 143

Aus Trakehnen stammte der Ldb. *Armeemarsch*, hier unter OSM Arndt.

Reichlich bunt und dabei sehr beliebt war der Ldb. *Sonnenschein*.

im Katalog hatte – bezogen auf sein Exterieur – andere Vor- und ein paar Nachteile: Er war mittelgroß, vielleicht etwas kurz, der Oberkörper ansonsten muskulös und gut geschlossen, der Hals gut aufgesetzt, der Widerrist hätte etwas ausgeprägter sein können; den geraden Gang wünschte man sich raumgreifender; er besaß viel Adel.

So begann *Sonnenschein* als Landbeschäler auf der Station Höven im Kreis Coesfeld seine Beschälerlaufbahn. Nach kurzer Zeit wurde er als guter Vererber erkannt und infolgedessen sehr stark benutzt. Eine Zahl, die sicher auch damals die Züchter hat aufhorchen lassen: Von 109 im Jahre 1934 zugeführten Stuten befruchtete er 87, eine Befruchtungsrate von über 80 Prozent! Durch seine große Individualpotenz standen seine Nachkommen im Typ des Vaters bei großer Ausgeglichenheit, oft besaßen sie mehr Kaliber als *Sonnenschein* selbst. Ihre Frühreife war sprichwörtlich: Sohn *Sonnenfleck* wurde auf der Zentralhengstkörung 1935 in Münster als 2 ½-jähriger Gesamtsieger der Schau, die auch die älteren Hengste einschloss. Seine Bilanz am Ende seiner 20-jährigen Beschäler-Laufbahn: 1.344 Stuten gedeckt, daraus 159 H-Töchter (von denen 36 mit der Staatsprämie ausgezeichnet wurden, zwölf wurden Hengstmutter) und zehn gekörte Söhne.

Der *Adrill*-Sohn Ldb. *Abd-el-Krim* hinterließ beste Mutterstuten, u.a. *Anita von Münster* (Z.: A. Frieling, Münster).

Adrill – ein »Ankommer«

Adrill, ein Sohn des *Allerhof IV* (v. *Alderman*) aus einer Stute von *Noval* (*Nelusko*-Linie), war der erste *Adeptus* xx-Nachkomme in Westfalen, der allgemeine Anerkennung errang.

Adrill, der oft als verkleinerte Ausgabe seines Vaters bezeichnet wurde, war ein leichter, nerviger Fuchs, der mit Stuten verschiedenen Blutursprungs eine viel beachtete und ansprechende Nachzucht brachte. Seine Kinder aus der Anpaarung mit annähernd 1.000 Stuten während seiner Wirkungszeit standen in der Regel in einem größeren Rahmen als er selbst und waren meistens mit größerem Kaliber ausgestattet. Die ererbten Gänge ließen, so hört man von Zeitgenossen, den gewünschten Schwung vermissen. Obwohl er nachweislich eine große Anzahl nicht eingetragener Stuten deckte, lieferte *Adrill* 82 H-Stuten, 23 von ihnen erhielten die Staatsprämie, neun wurden Hengstmütter. Zwölf seiner Söhne wurden gekört, von denen drei seinem ersten Jahrgang angehörten und dadurch für ihren Vater früh Reklame liefen. Zu den bedeutendsten Söhnen des von 1929 bis 1944 eingesetzten Landbeschälers ist *Abd-el-Krim I*, der seinen Vater nicht nur in der Anzahl der Stuten (1.129) übertraf, sondern auch bei der Anzahl der eingetragenen Töchter (103), was ihm den Ruf eines vorzüglichen Stutenmachers einbrachte.

Westfalen wird sportlich

Zwar gab es in Deutschland noch keinen bedeutenden Markt für Turnierpferde, weil es noch keine speziell für den Sport gezüchteten Pferde gab. Vielmehr waren es Nebenprodukte der Landespferdezucht, die im aufkeimenden Turniersport Furore machten; nicht selten waren es Vollblüter oder zumindest hoch im Blut stehende Warmblüter, die Schleifen sammelten.

Unter ihnen waren auch die ersten westfälischen Pferde, die in der Zeit zwischen den beiden Weltkriegen auf dem Viereck, im Parcours oder bei Geländeprüfungen für Aufmerksamkeit sorgten. Pferde aus der *Herrscher*-Linie wie die von Theodor Gillhaus gezüchtete *Herrin* v. *Heerführer* (v. *Herrscher*) und *Teut* v. *Herwarth* (v. *Herrscher*) waren in allen Disziplinen erfolgreich. *Herrin* erzielte unter ihrer dänischen Reiterin Hasselbach große Springerfolge in Berlin, London, Brüssel, San Remo, Rom, Neapel und Genf. *Teut* war mehr als ein Jahrzehnt in Vielseitigkeitsprüfungen und Springprüfungen der Klasse S sowie Dressurprüfungen der Klasse M siegreich.

Alexander v. Privathengst *Alfur* (v. *Aldermann I* – *Nelus I*, Celle) a.d. *Acazia* v. *Hahlen* v. *Angeli* ging 13 Jahre erfolgreich im Turniersport und gewann in seiner 14. Saison noch S-Springen. *Alexander* entstammte einer sportlich geprägten Familie: Seine Vollschwester *Alraune* war ebenfalls hocherfolgreich in schweren Springprüfungen und Halbbruder *Consul* v. *Conservativ* (Urenkel des *Collino*) hielt bis in die 30er Jahre den deutschen Hochsprungrekord der ländlichen Reiterei.

Herausragend war sicher die Stute *Nordrud* v. *Amat*, die 1939 das gewinnreichste Turnierpferd des gesamten damaligen Reichsgebietes war; sie gewann u.a. unter ihrem Reiter W. Fegelein mit einem 0-Fehler-Ritt das Springderby; in dieser Prüfung waren bis zu diesem Zeitpunkt 944 Pferde gestartet, *Nordruds* 0-Fehler-Runde war der 11. »0«-er in der Derby-Geschichte überhaupt.

Großen Anteil an diesen westfälischen Erfolgen hatte sicherlich der 1924 gegründete Provinzialverband westfälischer Reit- und Fahrvereine, der insgesamt für eine Erstarkung der ländlichen Reiterei in Westfalen gesorgt hatte.

Die westfälische Stute *Nordrud* gewann 1939 das Deutsche Springderby in Hamburg.

1945: Kriegsende und dramatischer Rückgang der Warmblutzucht

Der hohe Zugkraftbedarf während des Zweiten Weltkrieges war auch in den ersten Jahren nach Kriegsende spürbar. Hinzu trat ein weiterer Umstand, der die Pferdezucht mengenmäßig rasant ansteigen ließ: Infolge des Währungsverfalls setzte eine Flucht in die Sachwerte ein, der von dem Mangel an Maschinen, Fahrzeugen und Antriebsmitteln wie Benzin usw. begleitet wurde, hinzu traten die Überlegungen der alliierten westlichen Siegermächte, aus Rest-Deutschland einen Agrarstaat zu machen. Dies alles führte zu einem rasanten Anstieg bei den Bedeckungen. Darauf versuchte sich die staatliche Hengsthaltung einzustellen: 1945 wirkten als »Staatsbeamte« 95 Warmblut- und 228 Kaltbluthengste; die Privaten standen dem in nichts nach: 59 Warmblut- und 418 Kaltbluthengste, 76 davon waren im Besitz von Genossenschaften. Die Beschälerzahlen stiegen in den nachfolgenden Jahren rasant an, denn sonst hätten allein im Jahre 1948 in Westfalen nicht 14.261 Warmblutstuten gedeckt werden können; dies bedeutete, dass jeder zugelassene Hengst im Durchschnitt 62 Stuten deckte.

Als die Währungsreform vorbei war, drängte die Nachzucht dieser Stuten auf den Markt, denn die Züchter wollten sie in harte Mark umsetzen. Nicht mehr der Sachwert sondern der Reinertrag war wichtig. Die Motorisierung, in der Industrie auf stetig zunehmenden Entwicklungsstand, griff nun auch mit aller Macht auf die Landwirtschaft über und damit brachen große Teile des Pferdemarktes hinsichtlich des Absatzes von Arbeitspferden vor allem für Zugzwecke binnen weniger Jahre weg. War früher das stattliche Zuggespann der ganze Stolz des westfälischen Bauern, entschied in dieser Zeit der Traktor über Ansehen und Fortschrittlichkeit.

In dieser Zeit rutschten die Bedeckungsziffern auf ein historisches Rekordtief: 1953 wurden noch ganze 2.510 Warmblutstuten von den in Westfalen eingetragenen 127 Hengsten gedeckt! Für jeden Hengst waren das durchschnittlich 20 Stuten.

Die Frage der Vollmotorisierung der Landwirtschaft war am Ende nur eine Frage von ein paar Jahren, da halfen auch die krampfhaften Versuche einiger Pferdelobbyisten nichts, die behaupteten, für das Pferd würde noch eine ausreichend große Bestandsnische verbleiben: Landwirtschaft ohne Pferde sei eine Wunschvorstellung ausschließlich der Traktor-Industrie. Selbst staatliche Stellen wie das westfälische Landgestüt ließen anlässlich der zweiten Hengstparade nach dem Weltkrieg im Programmheft des Jahres 1950 verlautbaren: »Auch eine stärkere Motorisierung wird den Gebrauch von Pferden in der Landwirtschaft nur um ein weniges herabdrücken. Vor allem auf kleinem und mittlerem Besitz bleibt das Pferd ungefähr in der jetzt benötigten Anzahl unentbehrlich.« Und doch kam alles schneller als angenommen: Die Zeit, da Pferde vor Pflug und Egge gespannt wurden oder als Kriegspferde Geschütze zogen bzw. Kavalleristen auf Feldzügen trugen, ging zu Ende und riesige Pferdeberge entstanden, die jedoch im Laufe von 15 Jahren einen dramatischen Rückgang erlebten: Gab es in Westfalen 1955 noch 124.181 Pferde, waren es 1960 noch 85.762, der Tiefstand war 1965 mit 53.743 Pferden erreicht.

Wieder war es die ländliche Reiterei Westfalens, die der Zucht berechtigt Hoffnung machte, und es war der Bauer und Züchter, der seinem Sohn die zuverlässige Stute, die über die Woche die Feldarbeit verrichtete, am Sonntag fürs Turnier zur Verfügung stellte.

Diese Doppeltätigkeit war eine ständige Zuverlässigkeitsprüfung und Grundlage für neue züchterische Überlegungen. Hier und da stellte man fest, dass Reitpferde gefragt waren; die nächste Umzüchtung stand an: weg vom Wirtschaftspferd, durch Veredelung zum modernen Vielseitigkeitspferd mit guten Reiteigenschaften. Doch bis dahin vergingen noch ein paar Jahre.

Der Stand der Zucht anno 1952

Um die Entwicklung und den Fortschritt der westfälischen Warmblutzucht annähernd 50 Jahre nach der Gründung des Pferdestammbuches und etwa 30 Jahre nach der entscheidenden Ausrichtung auf die hannoversche Zucht einschätzen zu können, ist ein Blick auf den vorhandenen Hengstbestand aufschlussreich.

Im westfälischen Zuchtgebiet deckten im Jahre 1952 138 Hengste in der Warmblutzucht (ohne die Vollblüter, die auch in der Aufstellung nicht enthalten sind). In der nachfolgenden Auflistung (Seite 74 ff.)sind die damals zuchtaktiven Hengste (fett gedruckt) nach Blutlinien sortiert und aufgeführt. Unterschieden wurde in Pr.H. = Privathengst und Ldb. = Landbeschäler; die Ziffer nach dem Schrägstrich bezeichnet das Geburtsjahr des Hengstes, z.B. 42 = geb. 1942.

Annähernd ein Drittel der Beschäler (44 = 31,1 %) gehören der *Adeptus* xx-Linie an, dicht gefolgt von der *Flick*-Linie (39 = 28,3 %); deutlich dahinter, aber immer noch zum Spitzentrio gehörend die *Schlütter*-Linie mit 18 Vatertieren (= 13 %). Die *Devil's own*-Nachfahren bilden eine Gruppe von neun Beschälern (6,5 %), die *Hogarth*-Linie ist mit fünf (3,6 %) und die *Sheridan* xx-Linie mit vier Hengsten (2,9 %) vertreten. Des Weiteren sind elf Hengstlinien zum Teil nur mit einem männlichen Nachkommen vertreten.

Linien, die einige Jahre zuvor noch eine ganz erhebliche Rolle spielten und 1952 durch zuchtaktive männliche Nachfahren ganz verschwunden oder in die Bedeutungslosigkeit abgesunken sind: die Linien des *Herrscher*, *Nelusko* und *Norfolk* oder die *Kingdom* xx- und *Odoardo*-Linie. Ihr wertvolles Blut hatte sich jedoch in den sich langfristig etablierenden Stutenstämmen festgesetzt.

Das A-Blut erlebte eine große Blüte: Hauptstützen dieser Linie in Westfalen waren die *Alderman I*-Enkel und *Celler* Landbeschäler *Abendsport* und *Almjäger*; Letzterer, dies war damals bereits erkennbar, war der bedeutendere. Auch wenn er für Westfalen nur zehn Söhne als aktive Beschäler aufwies, so konnte er doch bereits zu diesem Zeitpunkt elf Enkel und drei Urenkel aufbieten. Der *Astral*-Zweig (heute vertreten durch *Ehrentusch*) wirkte 1952 bescheiden.

Die *Flick*-Linie boomte: Sie stand der *Adeptus*-Linie kaum nach, zusammen haben beide Linien mit über 60 Prozent den größten Einfluss auf die westfälische Warmblutzucht genommen. Die Formel A x F-Blut war eine Erfolgsformel mit Garantie. Auf den F-Vertreter, den Hannoveraner *Feiner Kerl*, gehen allein 18 der aufgeführten Beschäler zurück, für Westfalen waren besonders die Privatbeschäler *Forsch* und *Fortschritt* zu nennen.

Die *Schlütter*-Linie war fast schon eine »westfälische Linie«: Als damals bedeutendster Hengst galt der 1952 bereits 20-jährige *Schwabenkönig*-Sohn und Warendorfer Landbeschäler *Schwank*. Von ihm deckten 1952 allein neun Söhne und ein Enkel, die alle in Westfalen geboren wurden; im Gegensatz dazu hatten Vertreter anderer Linien vornehmlich das hannoversche Zuchtgebiet als Geburtsland. Die ehemals starken Zweige des *Schütze/Sonnenschein* kümmerten vor sich hin.

Nach 1940 hatte in Westfalen das Interesse an Hengsten aus der D-Linie langsam und beständig zugenommen, die züchterische Wirkung war noch gering, obwohl sich die meisten Nachkommen dieses Blutes durch Eleganz, schöne Linien, den gewünschten Adel und ansprechende Bewegungen auszeichneten – Begriffe, die dem Züchter heute nicht fremd sind, die man jedoch »durch die Brille« der damaligen Zeit sehen muss. Zu nennen sind *Dominant, Drall, Domfalke, Doll, Donnerwetter* und *Donar* (der Vater der de Baey'schen Stammstute *Dodona*).

Die *Hogarth*-Linie, die damals in dem Ruf stand, hervorragendes Stutenmaterial zu liefern, war in dieser Phase dank der Söhne des *Halt II* noch bescheiden durch männliche Vertreter am Zuchtgeschehen beteiligt, bevor sie kurz darauf verschwand.

Die ersten *Großinquisitor* xx-Nachkommen waren für damalige Verhältnisse elegant und schön: Mit *Gründer* und *Grünspecht* entwickelt sich auf schmalem Grad ein neue Hengstlinie, die lange in Westfalen wirkte.

Die ostpreußische Zucht ist mit den beiden Füchsen *Abschaum* und *Armeemarsch* und den beiden Söhnen von *Fafner II* (vom Ostpreußen *Fahnenträger*), *Falkner* und *Fabriano*, vertreten. Man erhoffte sich von der Einmischung dieses wertvollen Edelblutes Reitpferde mit Nerv und Adel, was auch eintrat, auch wenn einige Modelle eher knapprahmig waren.

Die anderen aufgeführten Linien sind von der Anzahl ihrer Vertreter mengenmäßig von geringerer Bedeutung, die Blutführung wurde jedoch als von der damaligen Züchterschaft wie der Zuchtleitung als wertvoll bezeichnet.

Der älteste aktive Hengst war der 21-jährige *Shagya* ox-Enkel *Schatzfinder*.

Bei der Farbverteilung dominierte »braun« mit über 50 Prozent, gefolgt von der »Fuchs«-Farbe mit fast 40 Prozent, Rappe ca. 6,5 Prozent und Schimmel 2,1 Prozent.

Im Ergebnis bleibt festzuhalten, dass es der westfälischen Zucht durch konsequente Einhaltung der gemachten Vorgaben gelungen war, aus dem Durcheinander der ersten Jahre eine homogene, bodenständige und konsolidierte Warmblutzucht auf der Grundlage des Hannoveraners aufzubauen, die bereits in der Lage war, eigene westfälische Akzente zu setzen. Der beschrittene Weg hatte sich als richtig erwiesen.

Aufstellung der im Jahr 1952 in Westfalen aufgestellten Warmblut-Hengste

Teil 1

Die in 1952 zuchtaktiven Hengste sind fettgedruckt!

- **Adeptus XX**
  - Alnok
    - Alderman I
      - Alkoven
        - Abendsport (Celle)
      - Alpenflug II
        - Almjäger (Celle)
      - Allerhof IV (Celle)
        - Adrill Ldb.
      - Alter Kerl I
        - Althoff

Almschütze

- **Flick**
  - Flenheim
    - Flingarth
      - Flirt (Celle)
        - Flinzer Pr.H.
        - Flimmer I (Celle)
        - Flimmer II (Celle)
      - Fling
        - Flavius (Celle)
        - Feiner Kerl (Celle)
        - Flintenstein III (Celle)
        - Flugfeuer II (Celle)
        - Flieger (Celle)

Abessinier

- **Abenteurer** Ldb./40
  - **Abessinier** Ldb.1135/40
- **Abendfalter** Pr.H./41
- **Alljeder** Ldb./44
- **Abendlicht** Ldb./44
- **Abendsegen** Ldb./45
- **Abendglanz** Pr.H./45
- **Abendtrunk** Ldb./46
- **Abendrot** Pr.H./46
- **Albert** Pr.H./46
- **Ankläger** Pr.H./46
- **Abendruf** Pr.H./46
- **Abendjäger** Pr.H./48
- **Abendritt** Pr.H./49
- **Abendfreund** Pr.H./49
- **Akademiker** Pr.H./49
- Altmeister I Pr.H.
  - **Altmann I** Pr.H./39
    - **Ackermann** Pr.H./43
- Almhirt I Ldb.
  - **Anlaut** Pr.H./43
  - Alfred Ldb./44
- **Almhirt II** Pr.H./38
- Almhüter Ldb.
  - **Alvito** Ldb./46
  - **Almuth** Ldb./47
  - **Almsegen** Ldb./47
- **Almfürst** Pr.H./41
  - **Alliierter** Pr.H./45
  - **Allegro** Ldb./46
  - **Almführer** Ldb./49
- **Alwin I** Pr.H./42
- **Alwin II** Pr.H./44
- **Almschütze** Pr.H./44
  - **Almsport** Ldb./49
  - **Almgrund** Ldb./49
- **Ahnherr** Pr.H./45
- **Altena I** Pr.H./45
- **Altena II** Pr.H./46
- **Almsohn** Pr.H./46
- **Almschuß** Pr.H./49
- Almhüter I
  - Angola II (Celle)
    - **Allgäuer** Ldb./48
- Ahnherr (Celle)
  - Anflug Ldb.
    - **Anas** Ldb./46
- **Ankel** Pr.H./42
- Alter Dessauer
  - Ast
    - Astral (Celle)
      - **Astrachan** Ldb./47
      - Astflug (Osnabr.)
        - **Assessor** Ldb./49

- **Fliegersport I** Pr.H./39
  - **Flötist** Pr.H./47
- **Friedländer** Ldb.
  - **Friedgar** Ldb./38
  - **Friedjung** Pr.H./43
  - **Fricko** Pr.H./46
- Fliegerheld Pr.H.
  - Fliegerhorst Pr.H./43
  - Flieghin Ldb./43
- **Flavus** Ldb./33
- Flamingo Ldb.
  - **Feuerborn** Ldb./33
  - **Flammenschein** Ldb./42
- Floral (Celle)
  - **Floreat** Ldb./47
- Freiburg (Celle)
  - Freier Ldb.
    - **Frei** Ldb./43
- Flotter Kerl (Celle)
  - **Florett** Ldb./43
- **Forsch** Pr.H./40
  - **Forschergeist** Ldb./44
    - **Formalist** Pr.H./49
  - **Fahrsport** Pr.H./47
- Fechtmeister
  - Fechtarm (Celle)

Fechtdegen Pr.H./45

Fechser Pr.H./45

- Flottweg Ldb.
  - **Friedensbote** Ldb./40
- **Fortschritt** Pr.H./40
  - **Forstaufseher** Ldb./44
  - **Forstmann** Pr.H./44
  - **Fontane** Ldb./47
  - **Fjord** Pr.H./49
- Fermor III (Celle)
  - **Fernseher** Pr.H./43
  - **Fernflug II** Ldb./43
  - **Fernando** Pr.H./44
    - **Fervor** Pr.H./46
  - **Fertig** Pr.H./44
  - **Fernjäger** Pr.H./47
- Feinschnitt
  - Ferrara (Celle)
    - **Feder** Pr.H./45
- Flitter I
- Flak

Futurist I (Celle)
  - **Futtermeister** Pr.H./44
  - **Funker** Pr.H./44

- **Funkenflug** Ldb./37
- Feierabend Ldb.
  - **Feurio** Ldb./41
  - **Feiko** Pr.H./45

Forschergeist

Aufstellung der im Jahr 1952 in Westfalen aufgestellten Warmblut-Hengste

Teil 2

				Schwabenpreis	Schwabenprinz (Celle)
Schlütter	Schlucker	Schwabe	Schwabenstreich	Schwabenkönig I (Celle)	**Schwank** Ldb./32
				Schwarzenberg	Schwarzer Star (Celle)
	Schlief	Sherif	Sheridan II	Schumann	Schütting
					Diktator Ldb./33
					Denksport (Osnabr.)
Devils's own XX	Defilant	Defregger	Desmond	Detektiv (Celle)	Dwinger (Celle)
					Dolman (Celle)
Hogarth	Hofing	Honorius	Honorat	Halt	Helgoland (Celle)
Sheridan XX	Jason	Jasal	Jasmund	Jasperding	Journalist (Celle)
Goldschaum XX	Paris	Golfschläger I	Goldammer II	Golfsport II	Goslar
Kingdom XX	King	Kirkland	Kirklandsohn	Konrad	Konstantin (Osnabr.)
			Kingkraft I	König Arthus	Körner
Perfectionist XX (Trak)	Tempelhüter	Pirat	Poseidon (Trak)	**Armeemarsch** Ldb./42	
				Absinth (Ostpr.) Ldb./46	**Abschaum** Ldb./42
					Falkner Ldb./44
Odoardo	Obelisk	Charm (Trak)	Fahnenträger (Celle)	Fafner II (Celle)	**Fabriano** Ldb./46
Meleager Ldb.	Meteor Ldb.	**Menelik** Pr.H./34	**Meldeschein** Pr.H./58		
Marocco (Celle)	Markulf Ldb.	**Magnus** Ldb./36			
Morgengruß	Morgenstern	Mormone (Celle)	Mortello Ldb.	**Midas** Pr.H./43	
Shagya OX	Schatzherr Ldb.	**Schatzfinder** Ldb./31			
Großinquisitor XX	Grunelius	**Gründer** Ldb./37	**Grünspecht** Ldb./44		
St. Simon XX	St. Florian XX	Ard Patrick XX	Friedensfürst XX (Celle)	**Frohsinn** Ldb./33	
Marosz (Polen)	Wacpan (Celle)	**Winzer** Pr.H./46			

Schill Ldb./37	**Syrus** Pr.H./45		
Schwan I Ldb./37			
Schweißer I Pr.H./45			
Schwerin Ldb./46			
Schwips I Ldb./46			
Schwarzwälder Pr.H./47			
Schweiger Pr.H./47			
Schweißer II Pr.H./49			
Schah Pr.H./49			
Schwinger Ldb./49			
Schwalbenkönig Ldb.	**Schwarzseher** Ldb./45		
Schwarzwald Ldb.	**Schwede** Ldb./43		
Schütze Ldb.	**Schutzherr** Ldb./42		
	Sonnenschein Ldb.	**Sonderling** Ldb./35	**Söldner** Ldb./46
Schmieder (Osnabr.)	**Schmied** Ldb./36		
Deichherr Pr.H./37			
Dorn Ldb./47			
		Dominant Pr.H./48	
Dollart	Dömitz I (Celle)	**Drall** Ldb./49	
		Domfalke Pr.H./48	
Dolling (Celle)	**Doll** Ldb./45		
	Donnerwetter Ldb./46		
Donar			
Halt I Ldb.	**Halbmond** Pr.H./32		
Halt II Ldb.	Hallo I	**Hornist** Ldb./39	**Hermes** Pr.H./43
	Hallo II Ldb./38		
	Hallo III Pr.H./39		
	Harmlos Ldb.	**Harfner** Pr.H./46	
Journal Ldb./34			
Jungritter Ldb./37	**Julianus** Ldb./48		
Juragold (Celle)	**Jurist** Ldb./47		
Glimmer (Celle)	**Glanz** Ldb./45		
Konradin Ldb./42	**Kakadu** Ldb./46		
Klinger (Celle)	**Klaus** Ldb./43		

Schwan I

Hornist

Schwank

Die in 1952 zuchtaktiven Hengste sind fettgedruckt!

Ramzes –
Westfalens Fundament für die neue Zeit

1948 bezog in Westfalen, genauer gesagt bei Baron Nagel auf Vornholz, ein anglo-arabischer Schimmel seine Beschälerbox. Von ihm wurde später gesagt, er habe Westfalens Zucht in eine neue Zeit geführt; mit ihm und seinen Nachkommen deutete sich eine neue Richtung, ein neues Ziel an.

Wer war dieser Ausnahmevererber, woher kam er, wo hat er Spuren hinterlassen und wo findet man diese heute noch?

Ramzes stammt von dem Vollblutschimmel *Rittersporn* xx, der auch heute noch zu den Besten zählen würde; denn er war nicht nur ein sieggewohntes Rennpferd (3- bis 5-jährig gewann er als Steepler über 100.000 Reichsmark), sondern auch ein überragender Beschäler, der väterlicherseits über St. *Saulge* xx auf den französischen Springpferdemacher *Le Sancy* xx zurückging. *Le Sancy* xx, selbst ein Schimmel, geboren 1884, war unter anderem Vater des französischen Derbysiegers sowie des mehrmals als Vater erfolgreicher Hindernispferde bekannt gewordenen *Ex Voto* xx. In der Nachkommenschaft des *Le Sancy* xx tauchen gehäuft Pferde mit großen Erfolgen im Reitsport auf wie beispielsweise *Debaucher*, Sechster im Einzelwettbewerb der großen Dressurprüfung der olympischen Reiterspiele in Berlin 1936, oder *Nicholas*, der im gleichen Wettbewerb Neunter wurde. Eine Halbschwester des *Ramzes* darf hier jedoch nicht vergessen werden: *Warszawianka*, jenes Ausnahmetalent im internationalen Springsport vor dem Zweiten Weltkrieg (sie gewann unter anderem den Großen Preis von Aachen im Jahre 1936) und Tochter des *Rittersporn* xx, den für die Zucht des Gestütes Vornholz bedeutsamen Beschäler *Krol Walca* (v. *Irbit* xx).

Zurück zu *Ramzes* und seiner Mutterseite: *Ramzes* hatte *Jordi*, eine äußerlich unscheinbare, kleine Stute zur Mutter; *Jordi* führte das Blut der besten in Europa wirkenden Araberhengste. Ihr Vater war *Shagya X-3*, der aus dem österreichischen Raddautz kam und in Polen aufgestellt wurde. Diese Hengstlinie, die häufig Knochen und Kaliber vererbte, galt innerhalb der Araberzucht als Verstärker. *Jordi* war zudem auf den berühmten Amurath 1881 Weil ingezogen, von Insidern der arabischen Zucht häufig als Jahrhunderthengst bezeichnet. Von ihm stammten u.a. auch die für die holsteinische bzw. hannoversche Zucht bedeutenden *Amurath I* und *II*.

Ramzes wurde am 22. März 1937 in Polen in der Nähe von Lublin auf dem Gestüt der Gräfin Plater-Zyberk geboren. *Ramzes* war äußerlich in vielem von der arabischen Seite geprägt: mittelgroß (166 cm), breit, dabei tief, geschlossen, muskulös, mit trockenem, arabisch geprägtem Kopf und einem ausdrucksstarken Gesicht; sein Gemüt war sanft und gutmütig, er war im Umgang leicht zu handeln. Sein Erscheinungsbild war nicht ganz der Prototyp eines Beschälers, wenn man ihn mit anderen Hengsten jener Zeit vergleicht. Einzig sein etwas geschliffenes, leichtes Vorderbein, das er häufig vererbte, war zu bemängeln.

Ramzes gelangte als Remontehengst nach Janow Podlaski, ein Landgestüt, welches nach dem Überfall Hitlers von der deutschen Heeresgestütverwaltung übernommen wurde. Hier ging *Ramzes* häufig im Vierspänner oder als Reitpferd, da ihm nachgesagt wurde, dass er bequem zu reiten sei. Auch am Sprung hatte er Qualitäten, einzig hatte er eine Abneigung gegen Wassergräben, die er immer behielt und auch häufig vererbte.

Mit dem Näherrücken der russisch-deutschen Front, wurden die Gestütspferde (also auch *Ramzes*) nach Holstein evakuiert. Nach Kriegsende wurden die Pferde an den polnischen Staat zurückgegeben, mit Ausnahme einiger talentierter Springer, die mit polnischen Offizieren auf den Turnieren der Alliierten zu beachtenswerten Erfolgen kamen.

Unter ihnen fiel besonders *Ramzes* auf, der unter Oberstleutnant Bielecki manch schönen Erfolg errang. Nach Auflösung der polnischen Verbände und der Auswanderung Bieleckis nach Kanada, kaufte Baron Nagel, der gerade dabei war, sich im westfälischen Vornholz eine kleine Zucht von Leistungspferden aufzubauen, *Ramzes*.

Ramzes bestritt zunächst unter Hans-Heinrich Brinkmann eine Reihe von Springprüfungen im mittleren Leistungsbereich mit gutem Erfolg, bis er sich das Fesselbein brach. Mit fast menschlicher Geduld und Vernunft ertrug er seine Verletzung und trug somit selbst zu seiner Genesung bei, womit er verhinderte, dass er getötet werden musste. Dadurch blieb er der Zucht erhalten. Bereits in seinem Deckeinsatz in Polen hatte er sehr gute Jagd- und Springpferde gemacht, mehr im Huntertyp seines Vaters *Rittersporn* xx als im arabischen Typ seiner Mutter *Jordi*. Genau dies kam dem Vornholzer Zuchtziel mit seinen Beberbecker, Holsteiner, Trakehner, westfälischen und hannoverschen Stuten sehr entgegen. Bei den Westfalen wurde *Ramzes* zunächst in die Zuchtwertklasse IV eingestuft, die Holsteiner zeigten weniger Zurückhaltung und sicherten sich den Hengst für zwei Decksaisons (1951 und 1952, später noch einmal 1959/1960). Der beispiellose Siegeszug des Anglo-Arabers nahm seinen Anfang: Während er, der ausnahmslos seine Schimmelfarbe vererbte, im Norden Spitzenspringpferde am laufenden Band lieferte, brachte er mit Vornholzer Stuten und in Westfalen überhaupt Talente fürs Viereck: beispielsweise *Mariano* (Silber- und Goldmedaille 1968 in Mexiko unter Josef Neckermann), *Tiga* (Heinz Lammers), *Remus* aus einer Stute v. *Abd-El-Krim* – *Hersdorf* (Silber- und Goldmedaille Tokio 1964 unter Harry Boldt), um nur einige zu nennen.

In der westfälischen Zucht war es *Radetzky* (siehe »Das Pferd muß bleiben – aber ein anderes Pferd«), der als Kronerbe des *Ramzes*-Blutes galt. Dieser Schimmel, gezogen in Vornholz, aus der *Malta* v. *Oxyd*, jenem legendären Beberbecker Rapphengst v. *Irrlehrer*, wurde Warendorfer Landbeschäler und war selbst bestes Beispiel für die hervorragenden Reitpferdeeigenschaften, die *Ramzes* vererbte.

Als *Ramzes* mit fast dreißig Jahren nach 18-jähriger Decktätigkeit 1966 eingeschläfert wurde, war seine Geschichte nicht zu Ende; sie hatte gerade erst begonnen ... und sie ist bis heute nicht zu Ende.

Die Adeptus xx-Linie in den 40er und 50er Jahren

Nachdem es in den ersten zwei Jahrzehnten nach Gründung des Pferdestammbuches vereinzelt A-Hengste in Westfalen ohne viel Resonanz gewirkt hatten, kam es bis in die 40er/50er Jahre hinein zu einem massiven Anstieg und einer wahren Blüte dieser, auf den Herrenhauser Vollblüter *Adeptus* xx zurückgehenden Hengstlinie. Für Westfalen waren es im Wesentlichen vier Zweige, die Bedeutung hatten:

Der o.g. *Adrill*-Zweig mit dem Hauptexponenten dieser Nebenlinie Ldb. *Abd-El-Krim* (Deckeinsatz 1932–1950), bekannt für seine vorzüglichen Töchter.

Der *Abendsport*-Zweig: *Abendsport*, durch ostpreußisches und Beberbecker Blut veredelter *Alkoven I*-Sohn und Celler Landbeschäler, hinterließ allein für Westfalen 18 gekörte Söhne; herausragende Söhne waren Ldb. *Abendtrunk* (Z.: Wwe. Benöhr, Land Hadeln), ein bewährter Stutenmacher; Ldb. *Abenteurer* (Z.: W. Döscher, Groden) machte gute Springpferde (u.a. S-Pferde wie *Amateur* und *Alda II*), war im Deckeinsatz 1943–58. Unbedingt erwähnenswert ist der *Abenteurer*-Enkel Ldb. *Abendwind* (W. Bruns, Preußisch-Ströhen), jener atemberaubende Warendorfer Aktionstraber, der auf staatlichen Deckstellen von 1957 bis 1974 im Einsatz war; sein bekanntester Nachkomme im Sport war *Almhirt* unter Georg Ahlmann.

Der *Almjäger*-Zweig: Der Namensgeber dieser Nebenlinie war ein Celler Hengst im »alten Typ« und brachte für Westfalen annähernd 30 gekörte Söhne, vornehmlich aus *Feiner Kerl*-Müttern. Die bedeutendsten waren sicher der Ldb. *Almhüter* (Z.: H. Geßmann, Appelhülsen), der mit acht gekörten Söhnen eine kleine Nebenlinie gründete; der Pb. *Almschütze* (Z.: W. Boye, Altenbruch), der zu seiner Zeit als einer der besten westfälischen Hengste galt, ging jedoch mit neun Jahren zu früh ein, und der Pb. *Almfürst* (Z.: H. Hahn, Altenbruch) hinterließ 20 gekörte Söhne, darunter Körungssieger, annähernd 80 eingetragene Töchter, davon 19 mit Staatsprämie, sowie mit St.Pr.St. *Alice* von Haus Giesking eine DLG-erfolgreiche Stute. *Alm-*

schütze und *Almfürst* waren Privatbeschäler auf der renommierten Privatstation des langjährigen Vorstandsmitgliedes des Westf. Pferdestammbuches, Karl Geßmann (Appelhülsen). Übrigens: Von dem *Almjäger*-Sohn, dem westfälischen Pb. *Allerletzter*, stammte das Goldmedaillenpferd der Olympischen Spiele 1956 von Stockholm, *Ala*/Alfons Lütke Westhues.

Der *Astral*-Zweig: Über *Astrachan* und *Astflug* entwickelten sich zwei junge Nebenlinien; Ldb. *Astrachan* (Z.: R. Hottendorf, Hadeln), im Deckeinsatz von 1950 bis 1966, fand bei den Züchtern großen Anklang hinterließ in 16 Jahren 13 gekörte Söhne und über 150 Töchter (davon 22 St.Pr.St.), existierte jedoch nur zwei weitere Generationen lang; der diesem Zweig ebenfalls angehörende Osnabrücker Astflug ist bis heute für Westfalen (*Ehrentusch*!) bedeutend.

Westfalens Gold-Pferd bei den Olympischen Spielen in Stockholm: *Ala* v. *Allerletzter* unter Alfons Lütke Westhues

Warum kam es zum Einbruch dieser in den 40er und 50er Jahren des vorigen Jahrhunderts im westfälischen Zuchtgebiet vorherrschenden Hengstlinie des *Adeptus* xx?

Ende der 50er bis Ende der 60er Jahre nahm der Anteil des A-Blutes überraschend wie dramatisch ab. Trotz einiger Stützungsmaßnahmen verlor die *Adeptus* xx-Linie im Mannesstamm immer mehr an Boden.

In dieser Phase der Umorientierung der Zucht auf ein Pferd, welches im Prinzip nur noch als Reitpferd zu nutzen sein sollte, konnte das A-Blut nur noch wenig hilfreich sein. Für Hengste dieser Linie war es nur schwer möglich, sich aus dem Typus des Wirtschaftspferdes herauszuentwickeln.

Gründe hierfür sind, wie bereits ausgeführt, mehrere zu vermuten: beispielsweise die übertriebene Inzucht auf das A-Blut, wodurch Hengste wie *Almjäger*, *Almhügel* und *Almfreund*, die im Mannesstamm durch immer wiederkehrenden Blutanschluss derart fixiert waren, dass es nicht gelang, den Umzüchtungsprozess vom Wirtschaftspferd zum modernen Reitpferd ausreichend schnell zu vollziehen. Des Weiteren waren es Exterieur- und Interieurmängel, die gehäuft auftraten und gerade im Hinblick auf Reiteignung und sportlichen Einsatz deutliche Grenzen aufzogen.

Hinzu kam eine für diese Hengstlinie ungewohnte Konkurrenz-Situation: Moderne Linien, vor allem wenn sie aktuell aus Vollblütern, Anglo-Arabern oder beispielsweise aus Trakehnern entstanden waren, stellten sich im Typ, in der Eignung und Vererbung viel besser dar als die größtenteils veralteten Hengste der *Adeptus* xx-Linie.

Im Jahre 1967 war es unübersehbar: Die A-Hengste waren »out«, sie waren nicht »modern«, sie passten nicht mehr in die Zeit – zu viel Wirtschaftspferd, zu wenig Sportpferd! Und doch bleibt unvergessen: Neben so großartigen Sportlern wie beispielsweise der *Schwan I*-Tochter Verb.Pr.St. *Schwalbe* waren auch zwei Pferde aus der A-Linie, die in den ersten beiden Jahrzehnten nach dem Krieg für die westfälische Pferdezucht Reklame liefen: *Ala* vom Pb. *Allerletzter* (Z.: Max Sieverding, Darfeld) und *Amsella* v. Pb. *Abdul* (Z.: Franz Söller, Osterwick); *Alas* größter Triumph waren die Goldmedaille bei den Olympischen Spielen in Stockholm 1956 unter Alfons Lütke Westhues mit der Mannschaft, *Amsella* wurde 9-jährig mit Peter Schmitz u.a. Deutscher Meister 1965.

Erst durch die spätere Einfuhr von Söhnen des hannoverschen Ehrenschild erhielt Westfalen einen neuen Impuls in Sachen A-Blut.

Die F-Linie weiter auf Wachstumskurs

Das so genannte F-Blut hat in der Zeit nach dem Zweiten Weltkrieg seine Stellung in Westfalen gefestigt und teilweise noch ausgebaut. Hierzu haben vor allem *Feiner Kerl* mit seinen Söhnen *Flottweg, Forsch, Fermor III* und *Fesch* beigetragen, sie bildeten über ihre Söhne teilweise kleine eigenständige »Dynastien«: Zunächst ist

Ldb. *Flottweg* (Z.: O. Pecksen, Altenbruch), geb. 1929, im Deckeinsatz bis 1949, a.e. *Alkoven I*-Mutter zu nennen. Zunächst Privathengst, später in Krieg- und Nachkriegszeit »Staatsbeamter«, war eine bedeutende Erscheinung mit gewaltigem Antritt, der in seiner Nachzucht vor allem durch Sportlichkeit und Leistungsveranlagung glänzte; zu seinen sportlichen Kindern zählte beispielsweise das international startende Springpferd St.Pr.St. *Flora von Everswinkel* und vor allem die Hamburger Derbysiegerin *Raffaela*, die 1960 unter dem jungen Kurt Jarasinski in Flottbeck den Siegerkranz umgehängt bekam.

Pb. *Forsch* (Z.: W. Döscher, Groden), a.e. *Almenrausch*-Mutter, wurde als Fohlen aus Hannover eingeführt. Aufgestellt 1943 bis 1952 bei Max Tüshaus (Dorsten-Sölten) und K. Geßmann (Appelhülsen), lieferte dieser mit Adel und Ausdruck versehene Dunkelbraune in neun Deckperioden sieben gekörte Söhne, 41 ins Hauptstammbuch eingetragene Töchter und zusätzlich 24 staatsprämierte, die auf Regionalschauen manchen Preis auf sich zogen.

Die elf in Westfalen aufgestellten Söhne des DLG-Siegerhengstes und Celler Ldb. *Fermor III* bildeten eine starke Phalanx, aus denen v.a. Pb./Ldb. *Fernflug II* (Z.: Wwe. Ulle, Lüdingworth) hervorstach; allein sein Karriereweg ist bemerkenswert: 1945 in Zuchtwertklasse I gekört, 1948 auf weitere drei Jahre und 1951 erkannte man ihm bereits die Deckberechtigung auf Lebenszeit zu. Grund dafür war die außergewöhnlich hohe Einschätzung seiner Nachkommen, die aber am Ende, trotz der großen Zahl (elf gekörte Söhne, 45 Staatsprämienstuten) züchterisch wenig Wirkung zeigten. Ihre Erfolge auf Pferdeleistungsschauen waren teilweise beachtlich; *Fernflug II*, zunächst Privatbeschäler auf der Privatstation Geßmann in Appelhülsen, deckte ab 1951 als »Warendorfer«, bevor er 1953 nach Wickrath abgegeben wurde.

Ldb. *Fesch* (Z.: J. Oltmann, Westerwisch), geb. 1936, bis 1951 im Deckeinsatz, a.d. *Sabadota* v. *Schwabenstreich – Königscornett* kann mit Überzeugung als einer der besten *Feiner Kerl*-Söhne, die jemals nach Westfalen gekommen sind, bezeichnet werden. Nicht nur als Lieferant bester Mutterstuten oder gekörter Söhne, sondern auch als Vererber guter Turnierpferde (der Wallach *Feger* holte sich unter Josef Vehring, Langenberg, 1953 mit 2,02 den deutschen Hochsprungrekord für ländliche Pferde) hat er sich einen Namen gemacht. Ob auf der DLG in Frankfurt 1950, Hamburg 1951 und auf Westfalenschauen machten Stuten wie de Staatsprämienstuten *Feta, Fee, Fechta* und *Feste* ihrem Vater durch zahllose I. Preise alle Ehre; auch seine Söhne erhielten in Hengstnachzuchtsammlungen Siegerpreise. Sohn Ldb. *Firn* (Z.: K. Schulze-Schürhoff, Coesfeld), geb. 1951, bereits deutlich im Reitpferdetyp stehender Landbeschäler aus einer *Friedland* (Sohn der *Helferin von Lanhausen*) – *Sonnenschein*-Mutter, eiferte seinem Vater in Vererbung und Bedeutung am meisten nach. 168 Töchter kamen in Westfalen zur Eintragung, 22 erhielten die staatliche Prämie. Unter seinen sportlichen Kindern gab es keine herausragenden Spitzen, aber eine große Anzahl von Pferden für die ländliche Reiterei der damaligen Zeit. Unter den acht gekörten *Firn*-Söhnen sind zwei besonders zu erwähnen:

Ldb. *Firn* (geb. 1951), ein Enkel des *Feiner Kerl*, ließ bereits den gewünschten Reitpferdetyp erahnen.

Pb. *Filter* (Z.: A. Möllenbeck, Wolbeck), mehrfacher Sieger von Hauptkörungen, a.d. St.Pr.St. *Feuermädel* von *Feurio – Hallo III*, lieferte (er war von 1958 bis 1972 bei H. Klapphecke in Kirchhellen und bei Hesker-Lengermann in Hiltrup eingesetzt, bevor er nach Ungarn verkauft wurde) der Zucht fünf gekörte Söhne und über 100 eingetragene Töchter (u.a. St.Pr.St. *Fair Lady*, Mutter des Siegerhengstes Ricardo); seine Nachzucht war sportlich sehr ambitioniert, u.a. *Flicka*/Bernd Averkamp und Pb. *Fiffikus* (Z.: J.Feddermann, Greven/Stat.: H. Bureick in Oelde) a.d. *Falka* v. *Flitter I – Nervus*, der nachträglich trotz der geringen Nachkommenschaft als bedeutender Stutenvererber angesehen werden muss; nicht nur die westfälischen Landbeschäler *Pascal* und *Parcours*, der bayerische Landbeschäler *Rasso*, sondern auch der Weltmeister der Springpferde, *Roman*, und Hendrik Snoeks *Rochus* stammen aus *Fiffikus*-Müttern.

Zu den sich gut vererbenden F-Hengsten der 40er und 50er Jahre gehört ohne Zweifel der *Flintenstein III*-Sohn und *Fling*-Enkel Ldb. *Flitter I* (Z.: H.Classen, Neddenaverbergen), geb. 1935, a.d. *Flirtlore* von *Flirt*. Er ist u.a. Vater des Nachkriegs-Springpferdes *Max*, aber vor allem des Ldb. *Flietner* (Z.: A. Gerling-Sundermann, Saerbeck), geb. 1953, a.d. St.Pr.St. *Frieda* v. *Feierabend – Halt II*, der in Westfalen innerhalb der großen F-Dynastie einen kleinen eigenständigen westfälischen Zweig etablierte, der bis in die 70er Jahre hinein wirkte. *Flietner* hinterließ elf gekörte Söhne und annähernd 150 Töchter für die Zucht; 31 von ihnen erhielten die Staatsprämie. Aufsehen erregend waren die Schau- und Zuchterfolge der Töchter St.Pr.St. *Flocke*, St.Pr.St. *Fidelia*, St.Pr.St. *Fehmarn* und St.Pr.St. *Fulda* aus der renommierten Zucht der Familie Johannsmann in Ebbesloh. Eben genannte *Fehmarn* brachte die Springpferde *Gatsby* v. *Grünberg* und *Lufy* v. *Lucius* xx, ebenso den Pb. *Saldo* v. *Sacramento* xx.

Ebenfalls zum *Flintenstein III*-Zweig gehört der *Frustra II*-Sohn Pb. *Freimut* (Z.: K.H. Braacks, Ramels/Stat.: Anton Koggenhorst, Gescher), geb. 1966, a.d. *Friesenmuse* v. *Friesenkönig – Amateur I*. *Freimut*, der später in Bayern und Baden-Württemberg wirkte, war trotz weniger Chancen ein guter »Sportpferdemacher«: erfolgreiche Springpferde wie *Finess* und *Freddy* sorgten für 100.000 Euro Lebensgewinnsumme der *Freimut*-Kinder.

Der *Ferrara*-Sohn *Fertig* wurde Großvater des in Westfalen zu Ehren gekommenen Ldb. *Fernzauber* (Z.: E. Eggers, Gauensieck), geb. 1955, gezogen a.d. *Domecke* v. *Dominant – Flavius*; aufgestellt in Beckum, Ascheberg und Saerbeck, brachte *Fernzauber* am Ende auf vier gekörte Söhne und annähernd 100 eingetragene Töchter; eine von ihnen ist die St.Pr.St. *Fandona*, die entscheidend am Erfolgsweg der Schulte-Varendorff'schen Zucht in Ibbenbüren mitgewirkt hat.

Die Schwabenstreich-Linie

Mit dem 1932 geborenen Ldb. *Schwank* erlebte die *Schwabenstreich*-Linie eine eigene »westfälische Blüte«. Er hinterließ der Zucht eine Phalanx von gekörten Söhnen: Hengste wie *Schwips*, *Schwinger*, *Schwalben*könig und *Schwan I* haben bis heute in Westfalen einen guten Klang.

Schwan I –
ein Leistungsvererber der Sonderklasse

In den Statistiken der erfolgreichsten Sportpferde der 50er-Jahre des vorigen Jahrhunderts taucht immer wieder der Name eines Hengstes auf, der zu seiner Zeit in Westfalen mit Abstand der erfolgreichste Vererber von Leistungspferden

Ldb. *Schwan I* wurde Vater einer Vielzahl überdurchschnittlicher Sportpferde.

war: Ldb. *Schwan I*. Allein im Jahre 1951 rangieren auf den ersten vier Plätzen der Liste der erfolgreichsten westfälischen Turnierpferde vier *Schwan I*-Nachkommen. Wer war dieser Ausnahmevererber, wer war der Vater von *Aliso, Schwantraut, Schwangard* und *Schwalbe*?

Schwan I stammte aus der nächsten Umgebung von Warendorf; er wurde 1937 im Stall des Landwirts August Korte in der Bauernschaft Dackmar geboren. Sein Vater war der mittelgroße und dabei breite, muskulöse Ldb. *Schwank*, ein Sohn des Celler Landbeschälers *Schwabenkönig I*, der im hannoverschen Zuchtgebiet in gutem Ruf stand. *Schwank*, Spitzenhengst auf dem Hengstmarkt in Güstrow, war im Jahre 1934 durch den damaligen Geschäftsführer des Westfälischen Pferdestammbuches, Fritz Böllhoff, gekauft worden. Der Kauf war nur durch die im Vorfeld geäußerte deutliche Kritik Böllhoffs in der Zeitschrift St. Georg zustande gekommen. Hier hatte Böllhoff geschrieben: »Ein Zuchtgebiet, das nicht in der Lage ist, auch einmal einen Spitzenhengst an ein anderes Zuchtgebiet abzugeben, kann sich nicht Hauptzuchtgebiet nennen!« Gemeint war Hannover. Prompt räumte ihm der damalige oberste deutsche Gestütsverwalter Oberlandstallmeister Dr. Seyffert die freie Auswahl in Güstrow ein, und der hannoversche Landstallmeister Korndorf, der dieses Privileg bis dahin genoss, hatte das Nachsehen; *Schwank* kam nach Westfalen und wurde u.a. Partner von *Alma* v. *Dackmar*, der Mutter von *Schwan I*. *Alma* war eine Tochter von *Adrett*, der seinerseits von dem Landbeschäler *Adrill* abstammte. Interessant ist die Blutzusammensetzung dieser *Alma*: In ihrem Pedigree finden sich neben hannoverschem und Beberbecker auch anglo-normannisches Blut über *Floral*. Daher ist es naheliegend, dass auch die Mutterseite des *Schwan I* entscheidenden Anteil an seiner Vererbungsleistung, nämlich Adel und Reitqualität an seine Nachkommen weiterzureichen, hat.

Schwan I stand 1940 und 1941 zunächst in Roxel und dann mit einer Unterbrechung (sechs Jahre Marienfeld) acht Jahre in Westbevern auf Station, in seinem letzten Jahr (1956) wirkte er in Mitwick bei Dülmen. Neben den bekannten Westbeverner Turniercracks – allen voran »*Schwalbe von Westbevern*« – hat *Schwan I* neben einer Vielzahl wertvoller Zucht- (140 Töchter wurden eingetragen) und Gebrauchspferde acht Hengste geliefert, u.a. *Schalter, Schwarzkittel, Schwefel* und *Schwark*. Übrigens: Der Letztgenannte gehörte zu den ersten »Westfalen-Exporten« der Nachkriegszeit: Er ging nach Übersee und erhielt dort den Namen *Nobel*, erzielte große Erfolge und wurde Reservepferd der USA-Reiterequipe für die olympischen Spiele 1952 in Helsinki. Auch der Pb. *Schwefel* – besser bekannt unter dem Turniernamen *Aar* – wurde erfolgreich im Sport eingesetzt.

Die staatsprämierte Stute *Schwalbe von Westbevern* war in den 50er Jahren erfolgreichstes ländliches Turnierpferd der Bundesrepublik Deutschland.

Apropos Edelblut: Armeemarsch, Abschaum und Humbold – Ostpreußen lässt grüßen

Wie bereits oben erwähnt, waren neben Vollblütern auch zwei Hengste ostpreußischer Abstammung in diesen ersten Jahren nach dem Krieg in Westfalen aktiv, nämlich der bereits oben erwähnte Ldb. *Armeemarsch*, der bereits 1940 nach Westfalen kam und Ldb. *Abschaum* (Z.: W. Czieskus, Kr. Goldap), ein Original-Ostpreuße von dem bedeutenden *Absinth* (Vater *Poseidon*). Er war ein schön linierter Hengst ohne große Mängel, dem es alleine am Kaliber fehlte.
Der 1946 nach Warendorf überstellte Beschäler wurde als Spezialhengst angesehen, der erwartungsgemäß modellige, nervige Pferde machte,

denen man meistens einen größeren Rahmen gewünscht hätte. Aufgestellt zwischen 1946 und 1961 in Grille, Anholt, Saerbeck, Olfen, Bocholt, Westbevern und Varl, wurde er mittelmäßig genutzt und stand im Ruf als Produzent von typvollen Reitpferden. *Abschaum* gründete in Westfalen über seinen Sohn *Aar* eine kleine Hengstlinie (siehe »Trakehner-Einfluss in Westfalen«, Seite 183).

Ein kurzes Gastspiel in Westfalen gab ein weiterer Edelblüter: Von 1945 bis 1949 hatte der Georgenburger Landbeschäler, der Ostpreuße *Humboldt* (Z.: G. Heyser, Kr. Stallupönen), von *Hutten* a.d. *Beatrix* v. *Paradox* xx, Siegerhengst des Königsberger Hengstmarktes 1944, bei Baron Nagel in Vornholz als Leihhengst gewirkt, bevor er in Warendorf Landbeschäler wurde und 1950 für ein Jahr in Saerbeck auf Station ging. Es bestand kein besonderes Interesse an diesem Hengst, er ging in die Trakehner Zucht und erhielt 1951 auf der DLG in Hamburg den I. Preis! Seine züchterische Wirkung bei den Trakehnern der Nachkriegsjahre war bekanntermaßen enorm.

Julmond – das verkannte Genie
Ein Hengst, der zu jener Zeit so gut wie ausrangiert war, hatte ebenfalls eine ostpreußische Herkunft: *Julmond* (Z.: G. Mickoleit, Kr. Tilsit), 1938 geboren, von *Julianus* a.d. *Pady* v. *Padischah*, zunächst Landbeschäler in Georgenburg in Ostpreußen. Der Fuchs kam über Celle nach Warendorf, wo er von 1946 bis 1948 als Deckhengst eingesetzt war. Im ersten Jahr seiner Aufstellung auf der Deckstation Dortmund-Asseln deckte er 55 Stuten, hieraus fielen 19 lebende Fohlen. Im zweiten Jahr deckte er 66 Stuten, diesmal im Bezirk der Deckstation Höven, 23 Fohlen wurden registriert. Anschließend blieb er in Warendorf, wo er als Reit- und Wagenpferd eingesetzt wurde; seine Bedeckungszahlen nahmen rapide ab. In den folgenden Jahren wurden ihm nur noch 15 Stuten zugeführt. Gründe für diese geringe Beachtung liegen sicherlich in der Tatsache begründet, dass die Reiterei in dieser Zeit in Westfalen noch kaum Bedeutung hatte, ruhige Warmblutpferde vor allem für die Feldarbeit gesucht waren und der hiesige Züchter im Umgang mit hoch im Blut stehenden Pferden nicht geübt war. In der Gesamtbilanz deckte er 136 Stuten in Westfalen, 49 Fohlen sind nachweisbar – und 16 Stuten wurden in den Folgejahren ins Hauptstammbuch bzw. Stammbuch eingetragen, eine Zahl, die aufhorchen lässt. Nach kurzer Benutzung als Privathengst in Hohenheide bei Milte kam er nach Baden-Württemberg, wo er zur dortigen Stutenpopulation hervorragend passte. Der Württembergische Landoberstallmeister Dr. Wenzler schrieb: »Er ist zum Regenerator der Württembergischen Warmblutzucht ... geworden. ... er hat sich höchstes züchterisches Lob erworben, weil er Charakter und Leistung in einer einmaligen Weise in sich vereinigt hat.« *Julmond* war ein Hengst, der in Westfalen zu früh die züchterische Bühne betrat!

Nur kurzzeitig wirkte der aus Ostpreußen stammende *Julmond* als Landbeschäler in Westfalen. Er erhielt hier weniger Chancen als später in Baden-Württemberg, wo er als Stempelhengst Karriere machte.

Die Umzüchtung

»Das Pferd muß bleiben« – aber ein anderes Pferd

In den 50er Jahren, bis hinein in die 60er Jahre hielt der Niedergang der Warmblutzucht an, die Pferdezucht war dabei, aus der Geschichte zu verschwinden oder nur noch als museale Überlieferung zu existieren.

Wie ein trotziges Widersetzen, sich nicht in dieses Schicksal zu fügen, muss die Veranstaltung landesweit gewirkt haben, die am 15. März 1963 in der Dortmunder Westfalenhalle abgehalten wurde: Vor rund 12.000 Züchtern, Reitern,

Fahrern und Pferdefreunden findet eine Großdemonstration für das Pferd statt. Kurzerhand wird aus dem Motto »Das Pferd muß bleiben« die Parole »Das Pferd wird bleiben«! Ergreifende Bilder – ob vom Aufmarsch der mehr als 150 Reiterstandarten, einer Parade der deutschen Pferderassen oder eines betagten *Ramzes* – ziehen die Menschen in ihren Bann. Ein Wendepunkt in der Geschichte des Pferdes!

Der schnelle Rückgang der Zucht in dieser Zeit, so bedauerlich er an sich war, hatte rein züchterisch gesehen sein Gutes: Er schuf die Möglichkeit einer Auslese, wie sie sich zuvor noch nicht geboten hatte. Denn es blieben in Westfalen wie in Hannover oder Holstein nur die Stuten im Stall, die in den Augen ihrer Besitzer die besten Vererberinnen waren, selektiert durch Arbeit und Zucht-Stuten aus Stämmen, die über Generationen auf den Höfen waren, von denen sich der Altbauer auch in dieser Phase nicht trennen wollte, nicht selten vom mittlerweile Trecker fahrenden Sohn mitleidig belächelt. Sie bildeten das Fundament, auf dem ein zu züchtendes Pferd für den Reit- und Leistungsgebrauch entstehen sollte. Im Falle der Reduzierung der Hengste bot sich die einmalige Gelegenheit, sich von den Hengsten alten Typs zu trennen. Nach langen und intensiven Diskussion in einem über einige Jahre dauernden Prozess hieß der »westfälische Weg«: Veredelung – zweigleisig und gleichzeitig. Das heißt, es wurden zum einen **Hengste so genannter Veredelungsrassen** eingesetzt, konkret: vornehmlich Englisches Vollblut, keine Rein-Trakehner, vielmehr »gefiltertes« Trakehnerblut aus dem hannoverschen Zuchtgebiet. Dies geschah in der festen Überzeugung, dass diese Vollbluter seit mehreren Jahrhunderten ausschließlich auf Galopp-Leistung unter dem Reiter gezüchtete Rasse, am besten geeignet erschien, Trockenheit, Härte, Nerv, Adel, Geschmeidigkeit, Rittigkeit, Springvermögen und Temperament zu verleihen und die Verstärkungsspuren der Zwischenkriegszeit zu eliminieren. Die Rolle von geeigneten Halbblütern ist in diesem Zusammenhang von wesentlicher Bedeutung gewesen. Zum anderen entschloss man sich, im westfälischen Zuchtgebiet konsequent **Selektion innerhalb des bodenständigen Zuchtmaterials**, sprich eine Auslese aus sich selbst zu betreiben.

Dieser Weg, bei dem phänotypische Änderungen weniger deutlich in Erscheinung treten, vorhandene gute Interieur-Eigenschaften sicherer weitergegeben werden, mit dem aber auch ein geringeres Veränderungstempo innerhalb der Population einhergeht, erschien den Zuchtverantwortlichen und den meisten Züchtern als bester Weg. Kennt man das Naturell, die Eigenarten und die Geschichte der westfälischen Zucht, ist man nicht verwundert, dass Westfalen diesen »westfälischen Weg« in der Umzüchtungsphase gegangen ist.

Mit den über Jahrzehnten in Generationen gewachsenen und fest verankerten Stärken der westfälischen Stuten wie Fruchtbarkeit, Futterdankbarkeit, Langlebigkeit, freundlichem Wesen, dynamischem Gang (jedoch ohne die erforderliche Elastizität) und einem unerschütterlichen Temperament ging man daran, ein Reitpferd für Jedermann auf den Weg zu bringen.

In dieser Zeit, in der die Umzüchtung in Angriff genommen wird, tritt fast zeitgleich ein Führungsduo »ans Ruder«, welches für Westfalen ein Glücksfall war: Dr. Dohmen, der Macher und Motor, wird Zuchtleiter und Dr. Lehmann, der Stratege, wird Landstallmeister.

Neben dem Reitsport, der immer mehr an Bedeutung gewann, waren es züchterische Veranstaltungen wie Stutenschauen und beispielsweise die »Westfalen-Auktionen«, die einer großen Öffentlichkeit – bestehend aus Reitern und Züchtern – das »neue westfälische Pferd« zunächst zaghaft und nur in Umrissen, aber im Laufe der 50er Jahre immer deutlicher vor Augen führten, einen Pferdetyp, der in der damaligen Zeit richtungsweisend war. Beispiele für diese neue Ausrichtung auf eine neue Zeit, auf eine langsam in Gang kommende Umzüchtung zum Reitpferd sind u.a. die Nr. 2 der 5. Westfalen-Auktion 1956 »*Winzerin*«, Tochter des *Derby*-Siegers *Wehr Dich* xx a.d. *Alexa* v. *Alarm* – *Futurist I* (Z.: Gestütsverwaltung Moormann, Werne); die Nr. 10 der 6. Westfalen-Auktion 1957 »*Stura*«, Tochter des *Oleander* xx-Sohnes *Student* xx aus der *Schwalbe* v. *Schwan I – Finder* (Z.: Theodor Richter, Bösensell); und die Nr. 9 der 7. Westfalen-Auktion 1958 »*Waldfee*«, Tochter des *Waldspecht* xx (v. *Abendfrieden* xx) a.d. St.Pr.St. *Alenga* v. *Ast – Alpenflug II* (Z.: Gestütsverwaltung Moormann, Werne).

Beim Anblick dieser Bilder im Abgleich mit den heutigen Stutenmodellen drängt sich die Frage nach dem tatsächlichen Zuchtfortschritt auf ... und doch waren die gezeigten Auktionspferde damals (noch) die Ausnahme.

R-Blut wird gesellschaftsfähig

Von *Ramzes* wurden für Westfalen neben herausragenden Sportpferden wie beispielsweise dem Olympiasieger von 1972, *Robin*/Fritz Ligges, folgende Söhne bedeutsam:

Auf der Station Hesker-Lengermann stand viele Jahre der Schimmel *Raubritter* (geb. 1964) a.d. *Dixi* v. *Dompfaff – Heliost*, der das gute Springpferd *Raid* sowie einige gut bezahlte Auktionspferde brachte. *Raubritters* Vollschwester wurde Mutter des gekörten *Gottschalk*-Sohnes *Guttenberg*.

Mit dem *Ramzes*-Sohn Pb. *Roderich* verbinden sich die frühen Erfolge der Privatstation Willi Korte in Lengerich. Züchter des aus der herben, kalibrigen Holsteiner Stute *Nachtrose* v. *Fangball – Loretto* gezogene unverwüstliche *Roderich* ist Baron Nagel. Der zuerst in Holstein gekörte Schimmel wirkte zunächst auf Vornholz; im ersten Jahr seiner Beschälertätigkeit landete er

Beispiele für die einsetzende Umzüchtung zum Reitpferd findet man in den Auktionskatalogen ab Ende der 50er Jahre; hier *Waldfee* v. *Waldspecht* xx.

mit *Rochus* (Hendrik Snoek) einen Volltreffer; der Braunschimmel schaffte in seiner Sportlaufbahn eine Vielzahl von Sa- und Sb-Siegen. Er stammte aus der *Feodora* v. *Fiffikus*, die u.a. Mutter des bayerischen Vererberstars *Rasso* v. *Ramiro* wurde. Weitere Erfolgspferde waren *Puschkin* (Albrecht Stuft), *Renzov* (Peter Weinberg) und *Romadour* (Bernhard Lewing). *Roderichs* gekörte Söhne waren u.a. Pb. *Rowdy* (Z.: A. Niehoff, Ostbevern) und Pb. *Royalist* (Z.: T. Epping, Greven). Ein weiterer Sohn des *Ramzes* ist *Radetzky*.

Radetzky – der Reformator

Als die Stute *Finnländerin* 1936 den Marschhof der Familie Müller in Intschede am linken Weserufer in Richtung Gestüt Vornholz des Baron Nagel verließ, ahnte sicher niemand, dass diese braune Stute von *Flirt* a.d. *Kebandina* v. *Kirkland – Julius Caesar*, die bei Müllers schon drei Stutfohlen gebracht hatte, über ihre Enkeltochter *Malta* mit dazu beitragen würde, der westfälischen Zucht ein neues Gesicht zu geben.

Finnländerin brachte 1937 ein Stutfohlen vom edlen *Meleager*, der nach der Auflösung des Beberbecker Hauptgestüts Warendorfer Landbeschäler geworden war. Die Stute erhielt den Namen *Meerfahrt* und brachte in Vornholz nur ein Fohlen: die Stute *Malta* vom Vornholzer Hauptbeschäler *Oxyd*. *Malta* war entschieden fruchtbarer, zwischen 1946 und 1962 wurde *Malta* 16-mal Mutter, u.a. von so bekannten Dressurpferden wie *Mariano* und *Malteser* oder dem Deckhengst *Raban* v. *Ramzes*, der nach Südafrika verkauft wurde. Im Jahre 1951, am letzten Tag des Monats Januar, brachte die braune *Malta* (selbst nur 1,62 m Stock/Röhrenumfang 19 cm) als sechstes Fohlen einen Hengst von *Ramzes*, der zunächst auf den Namen *Malteserkreuz* ins Vornholzer Stutbuch eingetragen und später in *Radetzky* umbenannt wurde. *Radetzky* wurde Ende Oktober 1953 zur Körung vorgestellt und erhielt die Zuchtzulassung. Wie muss dieser im Arabertyp stehende Hengst im Gegensatz zu den anderen Hengsten der Körung wie beispielsweise *Firn* von *Fesch* oder *Dollinger* a.d. *Dolman*-Linie (dem Siegerhengst, der nach Wickrath ging) gewirkt haben, als er die Halle Münsterland betrat? Der ehemalige westfälische Zuchtleiter Fritz Böllhoff schrieb im Nachhinein über den Hengst: »Als *Radetzky* vor die Kommission trat, war er für damalige Begriffe sehr edel, hatte nicht genug Beine, war sehr zart. Ich konnte mich aber damals durchsetzen und so blieb uns dieses Pferd als Hengst erhalten!« Gott sei Dank! Der Hengst, der zeitlebens in Warendorf gestanden hat und der erste war, der in größerer Zahl auswärtige Züchter zu langen Anfahrten animierte, brachte das, was die allmählich aufblühende Reiterei suchte: Reitpferde. Die »*Radetzky*s« waren allesamt leicht zu erkennen an ihren edlen, ausdrucksvollen Köpfen und oft an der Schimmelfarbe (obwohl er auch viele Braune machte). Die züchterischen Erfolge blieben nicht aus: Die ersten Söhne werden gekört, Töchter werden auf Schauen geehrt. 20 Söhne erhielten ein positives Körurteil und 266 Stuten wurden eingetragen. Bei den DLG-Schauen kamen *Radetzky*s Kinder zu hohen Ehren wie *Radetta* in Frankfurt 1966, St.Pr.St. *Raimonda* Siegerstute in München 1968 oder *Realist* in Köln 1970. Seine Kinder waren auch sportlich zu Höchstleistungen in der Lage: beispielsweise das international erfolgreiche Springpferd *Rasputin* (ein westfälisches Auktionspferd) unter Hendrik Snoek oder der Enkel *Sioux* v. *Sinus* xx, das bis Olympia erfolgreiche Militarypferd. Nebenbei erbrachte *Radetzky* eine Eigenleistung, die ihn – würde er heute in Warendorf Dienst tun – zu einem hocherfolgreichen Sporthengst machten: Von Hauptsattelmeister Franz Kukuk wurde er bis zur Grand-Prix-Reife gefördert und galt nicht zuletzt deshalb als der bestgerittene Landbeschäler der Bundesrepublik.

Ldb. *Radetzky*: der Reformator der westfälischen Zucht und bis heute über seine Nachkommen wirksam.

Abschließend eine Notiz vom Pferdesport-Journalisten Erich Glahn, der bereits 1954 nach der Warendorfer Hengstparade schrieb: »Am höchsten stellten wir von der Tribüne aus den in Vornholz gezogenen Schimmel *Radetzky*. Für den Namen schwärmte halb Europa vor 100 Jahren. Wir sind überzeugt, von diesem *Radetzky* träumen noch heute alle Kenner und Freunde der klassischen Reitkunst, die auf der Tribüne saßen. Ein Schimmel in edelstem Rahmen, mit spielendem, flüssigen Gangwerk und einem natürlichen, ungezwungenem Schub aus der Hinterhand, völlig in Selbsthaltung und einem vorzüglichen Reiter (Gestütswärter Kenning) bereits mit durchaus geregeltem Gang. Ein Bild der Harmonie, des Zusammenklanges zwischen Pferd und Reiter!« Die Geschichte dieses *Radetzky* hält für Westfalen bis heute an.

Die Linie des Radetzky

Vier Söhne des *Radetzky* erwarb das hessische Landgestüt Dillenburg: *Ratsherr* (a.d. Stutenstamm des *Schwan I*), *Rivale*, *Raphael* und *Rinaldo*. Der Erstgenannte hat dort am meisten Einfluss genommen.

Ldb. *Rendant* (Z.: H. Schulze Zumloh, Vohren), geb. 1963, a.d. *Adelheid* v. *Dackmar* v. *Abenteurer* – *Allerhof IV*-Mutter, stammt aus dem gleichen Stutenstamm wie das internationale Vielseitigkeitspferd *Sioux*.

Ldb. *Regent* (Z.: H. Lükens, Drensteinfurt), geb. 1975, a.d. *Maifee* v. *Milan* – *Frühmarsch*, war 14 Jahre in der Zucht und stammt aus dem wertvollen *Parflia*-Stamm des Gestüts Herrenstein.

Ldb. *Rasputin* (Z.: F. Wietmann, Hemmerde), geb. 1964, a.d. St.Pr.St. *Sirikit* v. *Sinus* xx – *Abendtrunk*, brachte springgewaltige Nachzucht (*Rangpur*, *Romatica* und *Goldika* haben eine *Rasputin*-Mutter).

Der Ldb. *Realist* (Z.: H. Freisfeld, Werries), geb. 1965, a.d. *Gundi von Heeßen* v. *Grünspecht* – *Federfuchser*, zeichnete sich vor allem durch gute Pferde für die Zucht aus, in 13 Jahren hinterließ er über 150 eingetragene Töchter und sechs gekörte Söhne, die alle als Privathengste aufgestellt wurden; zu den gekörten Söhnen gehörte *Rio* a.d. St.Pr.St. *Diva* v. *Dilettant – Axtfeld*, die spätere *Rosenkavalier*-Mutter. *Realist* selbst setzte sich die Krone durch seinen Sieg bei der DLG-Schau in Köln 1970 auf.

Der bedeutendste *Radetzky*-Sohn war ohne Zweifel: Ldb. *Remus I* (geb. 1958), der bedeutendste Sohn des *Radetzky* a.d. St.Pr.St. *Fidelia von Overhagen* v. *Friedländer – Fesch*, entstammt der Stutenfamilie der *Helferin von Lanhausen* des Franz Schnitker-Pöhling in Lippstadt (siehe »Stutenfamilien« S. 207): *Fidelia*s Mutter St.Pr.St. *Feta* entstammte der Anpaarung der *Helferin* mit dem großen *Fesch*. Auf diese Familie entfielen eine Reihe von höchsten züchterischen Ehrungen auf DLG- und Provinzial-Schauen. Der Wert des *Remus I* liegt vor allem in seiner Vererbung von Zuchtpferden. Zu seinen Söhnen gehören:

Ldb. *Remember* (Z.: H.J. Gockel, Büren), geb. 1972, a.d. *Fairy* v. *Freitag – Schwarzseher*, die auch den im Springsport bewährten *Ahorn* v. *Agent* lieferte;

Ldb. *Regress* (Z.: J. Schopohl, Belecke), geb. 1972, a.d. *Freia* v. *Flügel – Forschergeist*, war Siegerhengst der Körung 1974 und Ic-Preisträger bei der DLG-Ausstellung 1976;

Ldb. *Reinicke* (Z.: A. Compall, Haltern), geb. 1976, a.d. *Wolgaamsel* v. *Wulf – Juragold*, war Siegerhengst der Körung 1978, deckte sechs Jahre, ohne viel zu bewegen;

Ldb. *Referent* (Z.: H. Budde-Pentrop, Lüdinghausen), geb. 1977, a.d. St.Pr.St. *Delia* v. *Dilettant – Sioux*;

Pb. *Rembrandt* (Z.: H. Kleymann, Lüdinghausen), geb. 1977, a.d. St.Pr.St. *Danina* v. *Dorado II – Abschaum* (die außerdem den Beschäler *Weinstock* v. *Weingold* brachte).

Von seinen Söhnen war es vor allem *Romulus I*, der für die Entwicklung des R-Blutes in dieser Zuchtphase sorgte.

Ldb. *Romulus I* (Z.: F. Schnitker-Pöhling, Lippstadt) war Ergebnis eines Probesprungs des damals erst 2-jährigen *Remus I*; er war Siegerhengst der Körung 1963, seine Mutter ist St.Pr.St. *Fabriana* von dem ostpreußisches Blut führenden *Fabriano*, der auch Vater der DLG-Siegerstute von 1966, *Finale*, ist. Großmutter ist *Maritta* vom Gudwallener Blut führenden Hannoveraner *Markulf* und a.d. *Helferin von Lanhausen*. Pb. *Romulus II* (geb. 1962), war Reservesieger und wirkte im Gestüt Cosack in Lippstadt-Mentzelsfelde. Die Gebrüder *Romulus I* und *II* weisen in der 3./4. Ahnenreihe eine Inzucht auf die Stammstute der Schnitker-Pöhling'schen Zucht, *Helferin von Lanhausen* (v. *Helgoland I*), auf.

Romulus I hat zwischen 1964 und 1975 eine Vielzahl guter Sportpferde (u.a. *Scarletto Romeo* und *Romanze*), bester Zuchtstuten und bedeutender Söhne hinterlassen:

Ldb. *Radiant* (Z.: K.H. Schulze Ardey, Bettinhausen), geb. 1965, a.d. *Fibel* v. *Forschergeist – Fernando*, machte springbegabte Sportler bis zur

links:
Der *Radetzky*-Sohn Ldb. *Remus I* setzte die aufstrebende R-Linie mit bedeutenden Söhnen und wertvollen Töchtern fort.

rechts:
Ldb. *Romulus I* war Siegerhengst der Körung 1963.

Klasse S. Wen wundert's: Seine Urgroßmutter *Fanny* v. *Feinsprit* war das bekannte Vornholzer Springpferd *Angostura*;

Pb. *Römer* (Z.: D. Klewitz, Willingheppen), geb. 1969, a.d. *Farina* v. *Flugsand – Alexander*;

Pb. *Romeo* (Z.: Theo Sengenhorst, Rosendahl-Osterwick), geb. 1966, a.d. St.Pr.St. *Friedenskunst* v. *Friedmann*, die auch die Westfalenschau-Siegerin von 1969 und DLG-Preisträgerin St.Pr.St. *Dongola* v. *Durchlaucht* brachte;

Pb. *Roman* (Z.: Dietrich Klewitz, Soest), geb. 1970, aus einer Vollschwester der *Romadour*-Mutter St.Pr.St. *Gunda* v. *Grünfink*.

Doch die bedeutendsten Söhne waren die Gebrüder *Romadour* (siehe Seite 110).

Ldb. *Remus II* (Z.: Franz Schnitker-Pöhling, Lippstadt), geb. 1963, a.d. St.Pr.St. *Fidelia von Overhagen* v. *Friedländer – Fesch*, brachte einige Spring- (*Remus, Rübezahl, Rasant*) und Dressurpferde (*Renommé*) sowie mehrere gekörte Söhne.

Die Großinquisitor xx-, besser Grünspecht-Linie

In die Phase der Umzüchtung, in der auch das Interesse am pferdesportlichen Aktivitäten stieg, passte zwar ein Hengst wie *Grünspecht* exterieurmäßig nur bedingt. Was ihn oder besser seine Nachkommen auszeichnete, war ihre gute Brauchbarkeit in puncto Reitsport.

Ldb. *Grünspecht* (Z.: E. Schulze Wemhove, Alverskirchen), geb. 1944, aus der St.Pr.St. *Alpenrose* v. *Abendsport – Alltag*, bestach mit Nachkommen, die sich trotz markanter Köpfe durch Eleganz und schöne Halsung auszeichneten. Neben Pferden fürs Viereck konnten »*Grünspechte*« auch springen, z.B. war *Grandeur*/Heinz Drössler bzw. K.H. Giebmanns erfolgreich in Großen Preisen. Von seinen vielen Töchtern erhielten 25 die Staatsprämie, zahlreiche Töchter wurden Hengstmütter; aufgrund ihres Kalibers wurden sie in dieser Phase gute Partnerinnen der edlen Hengste. *Grünspecht*-Töchter passten gut zu *Radetzky*, St.Pr.St. *Gundi* brachte den DLG-Sieger *Realist*, St.Pr.St. *Granie* den *Ravel* und St.Pr.St. *Gerda* den *Riesling*. Andersherum ging es auch: *Radetzky*-Tochter St.Pr.St. *Ramona* brachte mit *Grünschnabel* den *Grünling*. *Grünspecht*-Töchter passten auch zu anderen: St.Pr.St. *Gundi* brachte den *Angelo* xx-Sohn *Apart*, *Grille* den *Sioux*-Sohn *Silvester*, *Gräfin* den *Dorado I*-Sohn *Douglas*.

Im Gegensatz zu seinem Vater tat *Grünspecht* sich mit Stammhaltern nicht schwer: Sieben gekörte Söhne (von denen jedoch nur *Grünschnabel* für den Fortbestand der G-Dynastie Bedeutung erlangte), was ihm den Ruf einbrachte, der eigentliche Begründer der G-Linie in Westfalen zu sein.

Ldb. *Grünschnabel* (Z.: H. Schulze Edinghausen, Lennigsen), geb. 1954, a.d. St.Pr.St. *Ahnfrau* v. *Almhüter – Flugpaß*, war in seinen Bewegungen außerordentlich spektakulär, was ihn zum Aktionstraber bei den Gestütsparaden prädestinierte. *Grünschnabel*, der die *Grünspecht*-Gesichter häufig weitergab, galt als Reitpferdemacher, bei seinen Sportkindern ragte Harry Boldts *Golo* (Deutscher Meister 1973) und das Springpferd *Galant* hervor. Von seinen weit über 100 eingetragenen Töchtern erhielten neun die Staatsprämie. Über seine Söhne, die Gebrüder *Grünhorn I* bis *III*, die bis in die 80er Jahre hinein im Deckeinsatz waren, sorgte er für den Erhalt der Linie

Ldb. *Grünfink* (Z.: L. Schulze Stentrup, Stentrup), geb. 1956, a.d. *Almuth* v. *Almhüter – Schalk*, war bis 1976 im Einsatz. Er wurde beispielsweise der mütterliche Großvater der *Romadour*-Brüder und von *Angriff*. Er hinterließ eine Reihe erfolgreicher sportlicher Kinder, z.B. *Gentleman*/Peter Weinberg. Von seinem

Ldb. *Grünschnabel*, ein Vertreter des westfälischen *Grünspecht*-Zweiges, war Vater von *Golo* (unter Harry Boldt Deutscher Meister 1973).

Sohn Ldb. *Gigant* (Z.: H. Herbort, Mastholte), geb. 1966, a.d. *Asta* v. *Abendgold – Finnländer*, hatte man mehr erwartet (er war sechs Jahre in der Zucht).

Von den *Grünhorn*-Brüdern ist die Nr. *III* (Z.: T. Rickermann, Greven) sicher der Erfolgreichste: Geboren 1965, a.d. St.Pr.St. *Desirée* v. *Ducker – Fortschritt*, deckte bis 1982 als Landbeschäler auf der Station in Mitwick bei Dülmen. *Grünhorn* stammt aus einem sehr fruchtbaren Mutterstamm: *Desirée* brachte 14 Fohlen, Großmutter St.Pr.St. *Fidele* brachte es auf 17 gesunde Fohlen. *Grünhorn III*, ein Dunkelbrauner mit einer Riesenübersetzung, die er auch vererbte, war als Aktionstraber gefeiert, als Hengst zunächst nicht. Dies änderte sich (wie schon bei vielen vorher), als sich seine Vererbungsqualitäten offenbarten: Seine Kinder waren gangbetont, leistungsstark und mit guter Reitqualität ausgestattet. Die gewinnreichsten in der Dressur waren *Golan*, *Granit*, *Grandioso* und vor allem das Gold-Pferd der Olympischen Reiterspiele, *Ganimedes*/Monica Theodorescu, sowie im Springen *Gajus* und *Galant*. Von seinen Söhnen wurden drei gekört, zwei davon waren Reservesieger ihres Jahrgangs; über 120 eingetragene Töchter haben *Grünhorn III* zum Vater, 13 erhielten die staatliche Prämie.

Von den *Grünhorn III*-Söhnen ist Ldb. *Glücksklee* (Z.: H. Buntenkötter, Everswinkel) derjenige, der am ehesten in der Lage gewesen wäre, die in Westfalen nie zahlenmäßig starke, aber durchaus einflussreiche G-Linie fortzuführen. *Glücksklee* (geb. 1976) a.d. *Dorette* v. *Damhirsch – Ducker* stand vornehmlich im Rheinland. Er landete mit *Grand Gilbert*, der mit Nicole Uphoff Mannschafts-Europameister 1993 in Lipica wurde, einen Volltreffer.

Devil's own xx-Linie: die Detektive im Kommen

Der Einfluss der *Devil's own*-Linie (Gustav Rau schrieb 1914 darüber: »Die Nachkommen sind als gute Remontehengste geeignet und überall am Platze, wo man etwas Glanz, Politur hinbringen will.«) ist in den vorangegangenen Kapiteln wegen seiner nur punktuellen Wirkung immer nur kurz angesprochen worden. Ab der zweiten Hälfte der 50er Jahre hat sich parallel zu den langsam einsetzenden Umzüchtungsbemühungen diese Linie in Westfalen vor allem durch die Enkel des *Detektiv*, *Dollart* und *Duellant*, weit verbreitet und ihre »große Zeit« begann. Die D-Hengste in dieser Phase der westfälischen Zucht standen noch größtenteils im Typ des Wirtschaftspferdes. Das änderte sich erst mit *Duft I*-Sohn *Damhirsch*.

Entgegen beispielsweise der F-Linie mit *Frühling* hat sich die D-Linie in Westfalen, damals wie heute, nie mit größeren, eigenen Zweigen hervorgetan, das so genannte D-Blut hat immer wieder Impulse aus dem Nachbarzuchtgebiet angenommen, um sich in Westfalen zu entwickeln. Auch war die D-Linie nie eine Linie, die sich durch außergewöhnlich Härte auszeichnete, eher war es gemäß dem damaligen Zeitgeschmack die Schönheit und der Adel, der sie auszeichnete, darüber hinaus die erstklassigen Bewegungen. Einen Vorgeschmack davon, was die D-Linie zu leisten imstande war, vermittelte der *Dwinger*-Sohn Ldb. *Dorn* (Z.: C. Bremer, Schiffdorf), geb. 1947, der große Bedeutung erlangte. Er hinterließ hochklassige Stuten (seine noblen Töchter, die Staatsprämienstuten *Dorette*, *Diana* und *Doris* wurden auf der DLG-Ausstellung in Köln 1960 hoch prämiert; die Großmutter des *Romadour II* ist eine *Dorn*-Tochter) sowie sehr gute Springpferde, u.a. den Springhengst Pb. *Dergel* (Z.: Hubert Schulze Isfort, Riesenbeck/Stat.: Heinz König, Sundern) unter Heinrich Wilhelm Johannsmann.

Bedeutenden Schub gab es damals vor allem über den *Dollart*-Sohn *Dömitz I*, der für das Landgestüt Warendorf *Dompfaff*, *Dorado I* und *Dorado II* lieferte, und vor allem durch die Ldb. *Ducker* und *Doktor*, die das Blut des hannoverschen Hauptbeschälers *Duellant*, dem seinerzeit wohl bekanntesten Celler Hengst und Lieferant von außergewöhnlichen Sport- und Zuchtpferden, verbreiteten. Die *Dollart*-Nachfahren standen in dem Ruf, sich mehr durch Springveranlagung und vielseitiges Können auszuzeichnen, bei den *Duellant*-Nachkommen war der Schwerpunkt unbestritten die Bewegungskunst.

Wichtige Söhne des *Dömitz I* sind:

Ldb. *Dompfaff* (Z.: W. Kamps, Lüdingworth), geb. 1952, a.d. St.Pr.St. *Faschingsgirl* v. *Fafner II* (v. Ostpr. *Charm*) – *Abendsport*, war wohl wegen seiner ostpreußischen Vorfahren eine sehr schöner Hengst, der eine Reihe von Sportpferden brachte, u.a. *Don Benito*/I. Schulze-Wilbrenning und *Dodo*/B. Overesch; *Dompfaffs* Ruf als Stutenmacher ist statistisch belegt: 141 H-Stuten, 31 Staatsprämienstuten!

Pb. *Domherr* (Z.: Eduard Schumacher, Lüdingworth) war wenig beschäftigt, als er gelegt war, gewann er Springen der S-Klasse; aus den wenigen Verbindungen stammen Springcracks der Sonderklasse wie *Doll* (wurde 1966 mit Maerta Rosenius finnischer Meister), *Doublette* und *Dorina* sprangen mit dem jungen Hendrik Snoek an die Spitze;

Ldb. *Dorado I* (Z.: A. Döscher, Lüdingworth), geb. 1953, a.d. *Abendherrin* v. *Abendsport/Feiner Kerl*, war ein beliebter Beschäler und stand 15 Jahre im Dienst des Landgestüts. Er hinterließ neben einer Reihe von guten Sportpferden, u.a. (*Domjunge*/Gerd Wiltfang) drei gekörte Söhne (*Douglas*, *Domitian*, *Dreiklang*), annähernd 130 eingetragene Töchter. Über Douglas wurde *Dorado I* Großvater des Ldb. *Donnersberg* (Z.: M. Teschner, Petershagen), geb. 1983, a.d. *Fabula* v. *Frühling* – *Wohlauf*; dieser brachte den Pb. *Denberg* (Z.: H. Große Lümern, Rheda-Wiedenbrück), geb. 1983, der mit 170,03 Punkten die höchste jemals erreichte Punktzahl in einer HLP erreichte. *Denberg* war Teilnehmer am Bundeschampionat 1987 in Vechta; weitere Söhne des Donnersberg sind der Ldb. *Donnergott* (Z.: H. Laumann, Greven), der auf die gute Stutenfamilie der St.Pr.St. *Fidele* v. *Aldrup* zurückgeht, und Pb. *Doncaster* (Z.: H. Laumann, Greven), geb. 1980, der St.Pr.St. *Merci* v. *Milan* – *Hirschberg* zur Mutter hat; *Merci* ist Eliteschausiegerin 1978 und Vollschwester zum internationalen Springpferd *Magister*, *Doncaster* wurde nach Brasilien verkauft;

mit dem Ldb. *Don Juan* (Z.: C. Ahlff, Oberhüll) kam ein Urenkel des *Dömitz I* und Sohn des Celler Springpferdemachers Ldb. *Don Carlos* nach Warendorf (Vater ist der Springpferdemacher *Don Carlos*), der u.a. den bemerkenswerten Ldb. *Degen* (Z.: W. Tyrell, Wadersloh), lieferte; dieser hatte *Florette* v. *Frühlingstraum II* zur Mutter und brachte mit *Durgo*/Martin Schaudt ein Ausnahmepferd fürs Viereck; beide wurden mit der deutschen Mannschaft Europameister in Luxemburg 1992.

Bedeutende Nachkommen des *Duellant* sind vor allem:

der Ldb. *Doktor* (Z.: H. Hadeler, Stellenfleth), geb. 1956, a.d. *Formbild* v. *Fokker* – *Allerhand*. Er brachte zwar nur einen gekörten Sohn, den Ldb. *Dolorit*, dessen Leistungen zu spät erkannt wurden, aber eine ganze Phalanx bester Töchter mit teilweise Ausstellungserfolgen und vor allem guter Turnierpferde, u.a. *Dodo*/Rainer Fischer, *Dulcinea*/Udo Lange. Der mit reichlich Temperament gesegnete Fuchs, deckte 16 Jahre und war an Gang und Reitqualität ein kaum zu überbietender Beschäler, der selbst bis Grand Prix ausgebildet war. In jugendlichem Übermut demontierte er seine 100-jährige Box auf der Deckstelle, was ihm die Züchter »nie verziehen« haben.

Noch bedeutender als der Vorgenannte war Ldb. *Ducker* (Z.: F. u. G. Meyer, Hollerdeich), geb. 1953, a.d. St.Pr.St. *Försterration* v. *Förster* –

Mit dem *Degen*-Sohn *Durgo* wurde Martin Schaudt u.a. Mannschafts-Olympiasieger in Atlanta 1996.

Allerhand (*Doktor* und *Ducker* haben beide auf der Mutterseite die F x A-Kombination!). Seine sportlichen Kinder prägten zeitweilig die Reiterei in Westfalen, aber auch darüber hinaus: *Duero* startete mit Josef Neckermann siegreich in der schweren Tour, *Dolus* unter Paul Schockemöhle ging später nach Belgien, startete in der dortigen Nationenpreis-Mannschaft und gewann Große Preise (u.a. in Rom), *Dolorit* v. *Ducker* war Sieger im Westfalen-Wappen 1964. Noch bedeutender war *Ducker* in züchterischer Hinsicht: annähernd 200 eingetragene, zumeist typvolle, gut vererbende Töchter (45 mit Staatsprämie) und acht gekörte Söhne, die trotz gewisser Erfolge wenig Bestand hatten, so z.B. Ldb. *Duckstein* (Z.: H. Thiemann, Nordwalde) – sein hoffnungsvoller Sohn Ldb. *Droste* (Z.: H. Thiemann, Nordwalde), der auf der Mutterseite *Oxyd*-Blut führte, ging in jungen Jahren ein) –, Ldb. *Duckwitz I* und Pb. *Duckwitz II* (Z.: Wwe. H. Thiemann, Nordwalde) – die Mutter St.Pr.St. *Galante* brachte das gute Springpferd *Roberta* und den Pb. *Benedikt* v. *Ben Shirin* xx –, Ldb. *Dacapo* (Z.: M. Westdickenberg, Beckum) – Vollbruder des Springpferdes *Dolan*/H.W. Johannsmann. Von den *Ducker*-Töchtern sind einige Hengstmütter geworden, beispielsweise von *Grünhorn I, II* und *III, Grünberg* und *Goldschatz*.

Bemerkenswert ist auch der Spitzenhengst der Verdener Körung 1963, Ldb. *Durchlaucht* (Z.: C. Schmoldt, Hollerdeich), der einer der wenigen *Duellant*-Söhne mit ansprechendem Kopf war. Ldb. *Durchlaucht* (Mutter von *F[olgsam]* x *A[llerhand]*), selbst ein vorzügliches Dressurpferd und ein Vererber in Sachen Bewegungskunst lieferte gute Vererberinnen (u.a. die Siegerstute der Westfalenschau 1969, St.Pr.St. *Dongola*, die auch die westfälischen Farben bei der DLG in München erfolgreich vertrat, sie war dort die Siegerstute) und den Ldb. *Dante*. Leider setzte ein Beinbruch in der Box seiner Beschälerlaufbahn ein zu frühes Ende.

Aus Irland stammt der braune *Pluchino* xx, der Gründervater der westfälischen *Pilot*- und *Polydor*-Dynastie.

Pluchino xx – ein Hengst bringt Westfalen in Richtung Parcours

Tierzuchtdirektor Fritz Böllhoff, Geschäftsführer des Westfälischen Pferdestammbuches von 1929 bis 1965, fuhr im Jahre 1958 mit dem damaligen stellvertretenden Vorsitzenden des Pferdestammbuches Schulze Gronover zur Horse-Show ins irische Dublin. Wie viele der deutschen Zuchtverbände erhoffte man sich u.a. auf der grünen Insel Anregungen und Unterstützung im anstehenden Umzüchtungsprozess der hiesigen Zucht. Gleichzeitig nutzte man die Gelegenheit, sich einige Zuchtbetriebe vor Ort anzuschauen. Auf einer ziemlich heruntergekommenen Farm wurde den Herren ein magerer aber sehr korrekter Hengst vorgeführt, der ungepflegt und mit langem Haarkleid einen solchen schlechten Eindruck machte, dass der kaufwillige Landstallmeister von Traventhal dankend ablehnte. Die Westfalen kauften den *Niccollo dell'Arca* xx-Sohn kurzerhand. Nun musste nur noch ein westfälischer Hengsthalter gefunden werden, der ihn aufstellte. Der von James de Rothschild gezüchtete Braune, der zum Zeitpunkt des Wechsels nach Westfalen neun Jahre alt war, ging an die Hengststation Otto Werthmann in Lühringsen bei Soest. Der Kauf wurde über das irische Landwirtschaftsministerium abgewickelt und im Spätherbst kam der »Blüter von der Insel« nach Lühringsen. Nachdem man ihn aufgepäppelt hatte, wurde er im Februar 1958 gekört und sofort in Zuchtwertklasse I eingestuft. Der Kaufpreis von 5.000 DM war für Westfalen hervorragend angelegt, wie sich später herausstellte.

Pluchino xx, der u.a. die bekannten Ascot Stakes (4022 m) mit 6 Längen gewann, lief in einigen großen, vor allem langen Rennen und war ein eiserner Steher.

In der Warmblutzucht hat er sich einen besonderen Namen gemacht, obwohl er nur 164 Warmblutstuten deckte. Für den Springsport stellte er eine größere Anzahl von Spitzenpferden, von denen *Penny* unter Lutz Gössing im In- und Ausland gute Erfolge erzielte (u.a. 1968 ein Sb-Springen mit der Höhe von 2,15 m), *Penny 3* gewann unter Gustav Bauer 1972 den »Großen Preis von Berlin«; der *Pluchino* xx-Sohn *Pikör*, ein ehemaliges Auktionspferd, wurde 1961 türkischer Meister im Springen!

Doch den besonderen Wert hatte *Pluchino* xx für Westfalens Warmblutzucht: Sechs Söhne von ihm wurden gekört, nachhaltig gewirkt haben und deshalb zu nennen sind *Perseus* und *Plutos*.

Da er gleichzeitig die Deckerlaubnis für Vollblutstuten besaß, verwundert es nicht, dass er auch in diesem Metier seine Spuren hinterließ: u.a. die Sieger *Goldstern* (acht Siege, 18 Platzierungen, beispielsweise Vierter im »Preis von Europa«), *Vogelhändler* (Dritter im St. Leger), *Aprilsturm*, *Sausewind* und *Malteserin*, um nur einige zu nennen.

Sein gekörter Sohn *Sternjäger* xx wirkte mit gutem Erfolg in der ostfriesischen Warmblutzucht.

Neben dem nachfolgend näher beschriebenen *Perseus* brachte *Pluchino* xx

Pb. *Plutos* (Z.: C. Philips, Bruinings), geb. 1966, a.d. *Ariadne* v. *Abenteurer – Schalk*, der drei gekörte Söhne hinterließ, *Platin* sowie *Platon I* und *II*; besonders *Platon I*, geb. 1974 a.d. St.Pr.St. *Dolce Vita* v. *Dirigent – Sioux*, machte als Körungssieger 1976 und als Sportpferd unter Peter Nagel-Tornau, Kurt Gravemeier und Nelson Pessoa auf sich aufmerksam. Er gewann Weltcupspringen und startete für Brasilien bei den Olympischen Reiterspielen in Seoul. Nach nur fünf Jahren in der Zucht hinterließ *Platon* mehrere gekörte Söhne: u.a. *Plato*, *Platons As* und *Plattenstar*.

Pb. *Perseus* wurde Vater des Pb. *Pilatus*, dessen Söhne *Pilot* und *Polydor* Westfalens Springpferdezucht an die Weltspitze katapultierten.

Perseus – ein Heros für Westfalen

Als dem in den ersten August-Tagen des Jahres 1959 geboren Schimmel der Name *Perseus* (Z.: O. Werthmann, Lühringsen) gegeben wurde, nahm sicherlich niemand an, dass aus diesem Hengst einmal – ähnlich wie aus dem in der griechischen Sagenwelt vorkommenden Namensvetter – ein strahlender Heros werden würde. *Perseus* wurde es für die Westfälische Pferdezucht – als Vater von für die damalige Zeit modernen Stuten (viele wurden Hengstmutter) und guten Sportpferden.

Ein wenig zurückgeblättert: *Perseus* entsprang der Verbindung der beiden großen Vornholzer Hengste *Ramzes*, dem Angloaraber aus Polen, und *Oxyd*, dem harten Beberbecker, mit der Stutenfamilie der Hannoveranerin Altdeutsche. Eine Vollschwester des *Perseus* namens *Palette von Lühringsen* brachte für das Landgestüt Warendorf den edlen Schimmel *Fröhlich* v. *Frühlicht I*.

Perseus kam direkt nach seiner Körung auf die Privatstation Rohmann in Marl. Sein Äußeres war deutlich von der Mutterseite mit ihren arabischen Points geprägt, die guten Bewegungen ließen auf den Vater schließen, der ein für einen Vollblüter phänomenales Gangwerk besaß. Sein Charakter war beispielhaft, dies und vor allem Rittigkeit waren Merkmale, die er dominant vererbte. *Perseus*-Kinder hatten schnell den Ruf, Allroundpferde zu sein. Die ganz großen Sportler hat er nicht gebracht, dafür war die Stutengrundlage seines Einzugsbereiches meist nicht gut genug; verständlich, wenn man bedenkt, dass die Warmblutveredelung gerade erst in Angriff genommen worden war. Am Ende seiner Laufbahn in Westfalen (er ging 1979 nach Hessen, wo er nur noch wenige Stuten erhielt) ist seine Bilanz positiv: annähernd 170 eingetragene Töchter (zwölf erhielten die Staatsprämie), viele gute Reitpferde, und drei gekörte Söhne, wovon *Pilatus* später die für Westfalen bedeutenden *Pilatus* und *Polydor* lieferte. Alles in allem war *Perseus* wertvolles Bindeglied bei der Schaffung einer der bedeutendsten neueren Hengstlinien in Westfalen, der P-Linie.

Papayer xx – für Westfalen ein Geschenk

Einer der ersten Privathengsthalter in Westfalen, der erkannte, dass geeignete Vollblüter bei der Umzüchtung vom Wirtschafts- zum Reitpferd dringend vonnöten waren, hieß Heinrich Sandhowe. 1960 kaufte er deshalb *Papayer* xx v. *Persian Gulf* xx a.d. *Seaway* xx v. *Fairway – Hurry on* xx. 1954 in England geboren und aufgezogen, vom Gestüt Erlenhof aufgrund seiner weltweit geachteten Abstammung nach Deutschland importiert, wurde der Fuchshengst 1960 gekört und ab 1961 als Privatbeschäler in Ascheberg mit Stuten jener Zeit, v.a. gröberen und schwereren Modellen, angepaart. Auf der Rennbahn keine Kanone, aber als ansprechender Veredler mit leicht arabischem Hauch geschätzt, zeugte der im mittleren Rahmen stehende und mit viel Ausstrahlung ausgestattete Blüter gleich in seinem ersten Jahrgang die international eingesetzte Spitzenstute *Panama* (Peter Schmitz), im zweiten Jahrgang mit dem braunen Privatier (u.a. Dr. Reiner und Ruth Klimke) eines der erfolgreichsten Dressurpferde seiner Zeit und zum dritten Jahrgang gehörte schließlich der für Westfalen so bedeutende *Paradox I*. *Panama* wurde ihrerseits Mutter der Erfolgsspringpferde *Gaylord*/Hendrik Snoek und *Golden Gate*/Lutz Merkel. *Golden Gate* wurde Mutter des gekörten Hengstes Prinz *Gaylord*, der in nur wenigen Deckeinsatzjahren Springpferde der Extraklasse wie *Prinz Haylord, Prinz Charming* und *Prim Zaro* lieferte. In späteren Jahren entstanden Spitzenpferde wie *Paco, Puschkyn, Eros* und *Paquito*. Von seinen 66 eingetragenen Töchtern erhielten drei die Staatsprämie, gekörte Söhne hatte er ebenfalls drei an der Zahl: *Paradox I* und *II* sowie *Pikör*.

Trotz seiner zahlenmäßig begrenzten Chancen lieferte *Papayer* xx überdurchschnittlich viele Klassepferde für Zucht und Sport, dies vor allem in einer Zeit des züchterischen Umbruchs und der Neuausrichtung, das ist die Leistung des *Papayer* xx – ein Geschenk für Westfalen!

Der Pb. *Papayer* xx (Foto) brachte nicht nur die Gebrüder *Paradox*, sondern Sportpferde von Format, wie beispielsweise *Panama*.

Paradox I – ein Denkmal

Als in den späten Mai-Tagen des Jahres 1964 auf dem Hof des Bauern Wilhelm Lackenberg in Rinkerode die St.Pr.St. *Arnika* (v. *Almfreund – Schwips – Feurio*) ein Hengstfohlen vom Vollblüter *Papayer* xx zur Welt brachte, ahnte sicher keiner, dass diesem Fohlen im westfälischen Zuchtgebiet einmal ein Denkmal gesetzt würde. Gekört im Oktober 1966, wechselte dieser Halbblüter als einer der ersten Ankäufe des gerade als Gestütsleiter installierten Landstallmeisters Dr. Lehmann nach Warendorf. Sein Vater war der oben beschriebene *Papayer* xx. Die Mutterseite lässt sich bis an die Anfänge der organisierten Pferdezucht in Westfalen zurückverfolgen und hat ihren Ursprung auf dem Hof von Theodor Brockhausen in Münster-Wolbeck. Großmutter *Schwälbin* v. *Schwips* wurde nicht nur in der Landwirtschaft eingesetzt, sondern ging mit ihrem Besitzer W. Lackenberg sonntags erfolgreich zum Turnier; bewährt hat sie sich auch als Zuchtstute: In 13 Jahren brachte sie neun Fohlen. Dies konnte man auch von ihrer Tochter *Arnika* sagen: in elf Zuchtjahren zehn Fohlen! Drei, die herausragten, waren: *Paradox I* und *II* und der DLG-prämierte Ldb. *Schwangau* v. *Schwarzkittel*. Mutter *Schwälbin* und Tochter *Arnika* waren auch auf den Januarturnieren in der Halle Münsterland viel beachtete Leistungsgaranten. Nach dem Anreiten und obligatorischer Zugleistungsprüfung ging *Paradox I* 1967 – nicht sonderlich geliebt – nach Ostenfelde. Kritiker bemängelten seine fehlende Knochenstärke und die damals vermeintlich notwendige Substanz. Seine ersten Fohlen waren aufgeweckt, mit lockeren Bewegungen ausgestattet und mit guten Halsformationen versehen – aber auch recht bunt! 1970, versetzt nach Neuenkirchen, brach das Eis. Dank des unermüdlichen Einsatzes des Deckstellenleiters Heinz Metker wuchs das Vertrauen in diesen Hengst und sein Aufstieg war vorprogrammiert, dies lag nicht zuletzt an der dortigen Stutengrundlage, u.a. *Dolorit*-Töchter. *Paradox I* wurde als Veredler genutzt und hat sich immer wieder als solcher bewährt. Die Töchter mussten möglichst wieder mit Edelblut verbunden werden, um den Effekt nicht zu schnell verpuffen zu lassen und um den Typ zu erhalten.

Am Ende seiner züchterischen Laufbahn (er deckte bis zu 90 Stuten pro Saison) standen 16 gekörte Söhne, weit über 300 eingetragene Töchter (davon 48 mit Staatsprämie ausgezeichnet), eine davon, St.Pr.St. *Pik Dame* (Elitechampionsiegerin 1983), wurde 1984 Ic-Preisträgerin ihres Jahrgangs auf der DLG-Ausstellung, eine andere, St.Pr.St. *Pandura*, Bundessiegerin der DLG-Schau 1989.

Paradox I brachte eine Vielzahl hoch erfolgreicher Sportpferde, die ihn als ersten Westfalen-Hengst zum Gewinnsummen-Millionär machte. Stellvertretend werden genannt: *Palma Nova* und *Pardon* (Hendrik Snoek), *Prince Browny* bzw. *Primeur* (H.W. Johannsmann), *Padrona* (Hans-Heinrich Quellen), *Piquet* (Jean-Claude Vangeenberghe), *Payot* (Wolfgang Brinkmann), *Prinzess* (Gunnar Schlosser), *Palm Springs* (Thomas Frühmann); die *Paradox*-Söhne *Pascal*, *Paramuschir* und *Picobello* waren Sieger bzw. Reservesieger auf Bundeschampionaten.

Die größte Ehrung für *Paradox I* (und das zu Lebzeiten!) war die Aufstellung einer lebensgroßen Bronzeplastik des Dresdener Bildhauers Walter Hilpert im Innenhof des Warendorfer Landgestüts im Jahre 1993. Initiiert und gefördert wurde dieses beeindruckende Kunstwerk durch den Landstallmeister Dr. Lehmann, den Pferdefotografen Bernd Eylers und den engagierten Westfalen-Züchter Rolf Schettler.

Ldb. *Paradox I* wurde Vater von 16 gekörten Söhnen; mehr als 300 Töchter wurden ins Zuchtbuch eingetragen.

Palma Nova unter Hendrik Snoek siegte 1983 im Dortmunder Weltcup-Springen.

Die Hengstlinie des Paradox I

In der überlebenswichtigen Umzüchtungsphase der deutschen Pferdezuchten nach dem letzten Weltkrieg haben immer wieder Halbblüter neben Vollblütern eine bedeutende Rolle gespielt, in Westfalen war dies vor allem *Paradox I*. Die ganz im Wirtschaftstyp stehenden Stuten waren auf diese Beschäler angewiesen, um die Reitpoints der aus ihnen fallenden Nachkommen zu etablieren bzw. verbessern. Dass dieser Hengst bis in die 90er Jahre im Zuchtgeschehen mitmischte und moderne Akzente setzte, belegt seine Bedeutung. Seine bedeutendsten Söhne sind:

Der älteste gekörte Sohn ist der 1969 geborene, dunkelbraune Ldb. *Parvenü* (Z.: J. Brinkmann-Wesselmann, Hamm), der mütterlicherseits das noble Blut des schwarzen *Frühsport*, des *Almjäger I* sowie einen Tropfen *Shagya* ox-Blut führt. Einer seiner Söhne ist der Ldb. *Pazifik* (geb. 1980). Er verkörperte in den 80er Jahren das Modell des Reitpferdebeschälers in Vollendung; *Pazifik* wurde 2. Sieger der HLP und DLG-Siegerhengst 1984, stellte mehrere hochdekorierte Töchter auf Elite- und Bundesschauen. Seine Mutter St.Pr.St. *Peggy* (auch Mutter der Landbeschäler *Freudentanz* und *Paretti*) v. *Perlkönig* hat einen festen Platz in der Stutenfamilie der *Dorette* (u.a. *Romadour I* und *II*).

Pb. *Pardon* (Z.: Wwe. Danne-Betgen, Ennigerloh), geb. 1973, a.d. *Juliane* v. *Julianus – Schwank*-Tochter, war selbst im Springsport geprüft;

Ldb. *Pascal* (Z.: W. Tegelmann, Dreierwalde), geb. 1974, a.d. *Fidelia* v. *Fiffikus – Fernando*, brillierte als Aktionstraber der Warendorfer Hengstparaden;

Ldb. *Palisander* (Z.: B. Figgener, Oelde), geb. 1975, a.d. *Filia* v. *Fittich – Felddienst*, Körungssieger 1977 und Dritter der HLP in Warendorf, brachte über Jahre gute Nachzucht (hochdekorierte Schaustuten *Palisandra*, *Parodie*, *Paola* und *Palisade* – alle Staatsprämienstute – sowie mehrere gekörte Söhne). Zu den herausragenden Söhnen dieses Leistungsvererbers gehören ohne Zweifel Hengste wie Ldb. *Popper* (Z.: A. Essmann, Greven), *Papillon* (Z.: H. Niewöhner, Lippetal) – S-Springpferd und Privathengst – und Pb. *Prinz Segelhorst* (Z.: W. Spreen-Segelhorst, Rahden);

Der 1975 geborene *Paradox I*-Sohn und 77er Siegerhengst Ldb. *Palisander* hat vor allem im Deckstellenbezirk Varl viele gute Pferde hinterlassen.

Ldb. *Palast* (Z.: K.A. Schulte-Varendorff, Laggenbeck), geb. 1980, a.d. St.Pr.St. *Frühlingsmaid* v. *Frühlingsrausch – Fernzauber*;

Ldb. *Pakt* (Z.: W. Stute, Borgholzhausen), geb. 1978, a.d. *Fischerheldin* v. *Fronvogt – Axtfeld* (aus der Stutenfamilie des Wilfried Stute, Borgholzhausen), sein renommiertester Sohn ist der zweifache Olympiateilnehmer Pb. *Aquamarin*, der auf höchstem internationalen Dressur-Parkett über 75 Siege und Platzierungen errang;

Ldb. *Parademarsch I* (Z.: G.-C. Stahmer, Georgsmarienhütte), geb. 1984, a.d. StPrSt. *Dahlie* v. *Damhirsch – Cyrus* (Vollschwester zu Ldb. *Damenstolz*, Großmutter *Eroica* ist eine rechte Schwester des in Schweden eingesetzten Stempelhengstes *Utrillo*), verfügt über mehr als 160 eingetragene Stuten (35 mit Staatsprämie) sowie sieben gekörte Söhne;

Ldb. *Portofino* (Z.: B. Büttner, Halver), geb. 1983, a.d. DLG-Stute St.Pr.St. *Minouche* v. *Milan – Astrachan*, wurde zweifacher Hengstvater und gefeierter Aktionstraber;

Pb. *Poseidon* (Z.: Carl Reinke, Neuenkirchen), geb. 1973 a.d. *Falka* v. *Frühbote – Abendschein*, selbst hochqualifizierter Sporthengst – anfangs in Dressurprüfungen unter Hans-Jürgen Meyer bis Kl. L, dann bis S-Springen unter Hans-Georg Johannsmann –, war über Jahre in den FN-Gewinnsummen-Statistiken mit bayerischen Nachkommen hoch vertreten;

die Gebrüder *Pacco I*, *II* und *III* a.d. St.Pr.St. *Diddeldei* v. *Dialekt – Frühling*; der renommierteste von ihnen, *Pacco II* (geb. 1991), wurde 1994 zweiter seiner HLP (*Pacco I* war Reservesieger der HLP 1990), stand viele Jahre im Rheinland und ist heute als Landbeschäler auf der Station seines Züchters, Georg Gronebaum in Borgholzhausen, eingesetzt.

Im Schatten seines Vollbruders stand zu Lebzeiten *Paradox II*; geboren 1970, der nach der Körung als Privatbeschäler auf die Station seines Vaters *Papayer* xx, zu den Sandhowes nach Ascheberg ging. *Paradox II*, der Siegerhengst der Zentralen Hengstanerkennung 1981 wurde, hat mehrere gekörte Söhne:

Ldb. *Postillion* (Z.: N. Lünemann, Bork) aus einer *Julianus – Flietner*-Mutter;

Pb. *Parforce* (Z.: L. Knappmöller, Ascheberg) aus einer *Goldlack – Dorado I*-Mutter, wurde 2. Reservesieger der Körung 1982 und stellte gleich im ersten Fohlenjahrgang zwei gekörte Söhne;

Pb. *Pianist* (Z.: T. Heimann, Capelle) aus einer *Frühlicht I – Almrausch*-Mutter; und

Pb. *Pandero* (Z.: K. Gessmann, Nottuln) aus einer Tochter von *Bariton – Lux – Almfürst*.

Das F-Blut verbreitet »Frühlingsstimmung«

Der Flieger-Zweig der *Flick*-Linie beginnt erst in den 50er Jahren mit dem *Flieger*-Urenkel *Firnis* über dessen Söhne u.a. Ldb. *Fips* (Z.: O. Bulle, Altenbruch), Ldb. *First* (Z.: Wwe. Maass, Lüdingworth) und Ldb. *Fiaker* (Z.: H. Behr, Altenbruch) in Westfalens Zucht einzuwirken, am Ende ohne züchterische Langzeitwirkung.

Anders ergeht es dem *Firnis*-Halbbruder *Frühsport*, der Anfang der 60er Jahre in Westfalen einen hoffnungsvollen Zweig initiierte, neben den Landbeschälern *Frühlicht I* und *II* (Z.: H. Hahn, Altenbruch), *Feisthirsch* (Z.: H. Camps, Cuxhaven) und *Frühbote* (Z.: H. Höpke, Cuxhaven) ist es vor allem Ldb. *Frühschein* (Z.: H. Kamps, Cuxhaven), der im hiesigen Zuchtgebiet für »Frühlingsstimmung« sorgte.

Frühling bedeutet Zuchtfortschritt

Am 22. März 1960, im Jahr der Olympischen Spiele in Rom, die für die deutsche Springequipe bestehend aus Alwin Schockemöhle auf *Ferdl*, Fritz Thiedemann auf *Meteor* und Hans Günter Winkler auf *Halla* mit dem Gewinn der Goldmedaille endet, wird auf dem Hof des Bauern Josef Bayer-Eynck in der Osterwicker Bauernschaft Horst ein kecker und vitaler Hengst geboren, sein schönes Gesicht, sein Halsaufsatz, seine Körperkorrektheit und Knochenstärke beeindrucken. Als er erstmalig bei herrlichem Frühlingswetter mit seiner Mutter die Hofweide betritt, strampelt er so richtig los und zieht jeden Betrachter in seinen Bann. Hier stellte sich ein zukünftiger Beschäler vor, darin waren sich alle, die ihn sahen, einig.

Wer waren die Eltern dieses mit so viel Vorschusslorbeeren und gehäuftem F-Blut ausgestatteten Ausnahmefohlens?

Vater *Frühschein*, ein Fuchshengst, in allem solide, korrekt und mit gutem Gang ausgestattet, aber sicher kein Überflieger, hatte *Feinau* v. *Feiner Kerl – Feudal III* zur Mutter, die als qualitätvolle Stute mit Adel beschrieben wird. *Feinau* brachte auch die hochbewährte *Almfeuer* v. *Almjäger I*, die Mutter der Hengste *Feisthirsch* v. *Frühsport* und *Hirschfänger* v. *Hansakapitän*; beide Hengste standen in Warendorfer Diensten. *Frühschein* war 1958 auf dem Hengstmarkt angekauft worden, er deckte auf der Station Höven bei Coesfeld von 1959 bis 1960, und musste nach nur eineinhalb Decksaisons getötet werden. *Frühlings*

Der Landbeschäler *Frühling*, selbst bis zur Grand-Prix-Reife gefördert, stand viele Jahre für Zuchtfortschritt und »Westfalens eigenen Weg«.

St.Pr.St. *Fechta* v. *Horst*, die Mutter des westfälischen Stempelhengstes Ldb. *Frühling*, war deutlich von ihren Vätern *Fesch*, *Flamingo* und dem Ostpreußen *Fahnenträger* geprägt.

Mutter, die Staatsprämienstute *Fechta* v. *Horst,* wurde 1950 geboren. Die Dunkelbraune war ein außergewöhnliches Stutenmodell: sehr schönes Gesicht, auffällige lange, gerade Halsung, in den Partien bedeutend und mit guten Gängen ausgestattet. Sie war deutlich von ihren Vätern *Fesch, Flamingo* und dem erstklassigen Ostpreußen *Fahnenträger* (bekanntester Nachkomme ist der vielfach besprochene *Fabriano*), der in Celle gewirkt hat, geprägt. Neben *Frühling* brachte die staatsprämierte *Fechta* noch den 1954 geborenen *Astrachan*-Sohn *Almprinz,* der 13 Jahre als Landbeschäler gewirkt hat, und das seinerzeit erfolgreiche Springpferd *Flick*a (v. *Frühbote*). Darüber hinaus war sie ein gutes ländliches Turnierpferd und konnte Siege in Dressur- und Springkonkurrenzen bis zur Klasse L/M sowie in Fahrwettbewerben nachweisen.

Am 30. Oktober 1962, Körung in Münster, kam es, wie es viele vorhergesehen hatten: *Frühling* wurde unbestrittener Siegerhengst und Hengste wie beispielsweise *Servus, Aarstein* und *Hanseat* verblassten. Für den »Sieger« ging es 1963 sofort auf eine Renommierdeckstelle, nämlich nach Varl im Kreis Lübbecke, wo er neben *Sioux* fünf Jahre Aufstellung fand. Als er ging, stand fest: *Frühling* und *Sioux* waren eine vorzügliche Blutkombination.

Die im dortigen Bezirk ansässige Zucht des Wilhelm Spreen-Segelhorst war mit *Frühling* besonders erfolgreich: Bereits aus dem ersten Fohlenjahrgang fielen der Körhengst *Frühlingstraum I,* im Jahr darauf wurde das unter Norbert Koof international erfolgreiche Sportpferd *Minister* geboren und 1968 folgte *Frühlingstraum II,* der wohl durchschlagendste Sohn des *Frühling.* Auch die Hengste *Frühlingsduft I* und *II* sind Produkte aus der Varler Zeit.

Ab 1968 blieb *Frühling* im heimischen Marstall in Warendorf, wo ihm bis zu 75 Stuten zugeführt wurden, und wirkte von hier aus; gute Söhne und Spitzenstuten lieferte er auch hier am laufenden Band. Seine Individualpotenz war augenscheinlich. Er passte einfach zu jeder Stute, wobei mit Veredlerblut ausgestattete Partnerinnen besonders ansprechende Pferde brachten, und wurde zum westfälischen Paradebeispiel für den aus eigener Zucht ohne Spezialblut selektierten Beschäler.

Rittigkeit und Sportlichkeit waren sicher Hauptmerkmale der *Frühling*-Nachkommen: Sportpferde wie der o.g. *Minister,* Hubert Vornholts *Fleetwood, Fernando*/Johan Heins und Klaus Brinkmanns *Frohsinn* sowie die Dressurpferde *Feuerball*/Dr. Reiner Klimke und *Fragonard*/ George Theodorescu haben dies eindrucksvoll belegt. Seine Nachkommen standen in dem Ruf, keine Drückeberger zu sein, und verfügten über den gewünschten Vorwärtsdrang und den Willen, dabei zu sein und mitzumachen. Sie waren meist großrahmig und mit ausreichend Adel versehen, darüber hinaus zumeist mit einer vorzüglichen Bewegungsqualität ausgestattet.

Wie sehr *Frühling* auch den Betrachter außerhalb Westfalens beeindruckte, zeigt die Tatsache, dass er Ib-Preisträger der DLG-Schauen 1964 und 1968 wurde.

Die vielbeschriebene Eigenleistung hat *Frühling* bewiesen: Unter Obersattelmeister Werner Wagner wurde er reiterlich bis zur Grand-Prix-Reife gefördert.

Als *Frühling* 1987 abtrat, hinterließ er der Zucht 14 gekörte Söhne und insgesamt 202 Hauptstammbuch-Stuten, 31 erhielten die Staatsprämie, eine ganze Reihe von ihnen wurden Hengstmütter, z.B. von *Direx* und *Donnersberg.* Gerade die *Frühling*-Töchter und iEnkelinnen verdienen eine besondere Erwähnung: Die Eliteschauen 1976, 1977, 1979, 1980 und 1981 sahen *Frühling*-Enkelinnen auf Platz 1, 1984 war eine *Frühling*-Enkelin 2. Reservesiegerstute, 1986, ein Jahr bevor *Frühling* abtrat, wurde St.Pr.St. *Fotura* v. *Fortissimo* Siegerstute und mit der *Fabelhaft*-Tochter St.Pr.St. *Farah Diba* ging auch die 2. Reserve an die F-Dynastie.

*Frühling*s Leistung für die westfälische Zucht war, dass er ihr – ohne das Risiko des Vollbluts eingehen zu müssen – ein großes Stück auf dem Weg der Umzüchtung zum Reitpferd entscheidend weiterhalf und der ehemals ruhmreichen F-/W-Linie, die in Hannover zeitweilig in erhebliche Turbulenzen geriet, in Westfalen ein eigenes Profil gab.

Die Söhne des Frühling

Die *Frühling*-Söhne werden im Nachfolgenden kurz angesprochen – wegen der besonderen Bedeutung von *Frühlingstraum II* und *Frühlingsball* erfolgt dies im Kapitel »Die Frühling-Linie stärkt das Selbstbewusstsein« ausführlich:

Ldb. *Frühlingsduft* (Z.: W. Spreen, Preußisch Ströhen), geb. 1964 a.d. St.Pr.St. *Dülla* v. *Dorado II – Flieghin*, stand neun Saisons auf Station und brachte fünf gekörte Söhne, u.a. *Frühspecht* und *Frühlingsklang*, und über 100 eingetragene Töchter;

Ldb. *Frühlingstraum I*, geb. 1964, a.d. *Abendkind* v. *Altist – Abgott* (Familie der *Addi* v. *Abgott*, W. Spreen-Segelhorst), brachte in fast 20-jährigem Einsatz drei zuchttaugliche Söhne, annähernd 150 eingetragene Töchter sowie gute Sportpferde (beispielsweise *Feuerdorn*, *Frisbee* und *Flair*);

Ldb. *Frühlingstrunk* (Z.: Friedr. Schlüter, Häver), geb. 1966, a.d. St.Pr.St. *Sybille* v. *Schwerin – Duellant*, ist Vater eines gekörten Sohnes (*Frühnebel*) und 98 eingetragenen Töchtern. Großmutter *Doris* ist Vollschwester zu *Ducker*;

Ldb. *Frühlingstraum II* (geb. 1968) a.d. *Abendkind* v. *Altist – Abgott* (siehe Seite 106);

Pb. *Fantast* (Z.: J.Fischer, Sassenberg), geb. 1970 a.d. *Alma* v. *Abendwind – Fechtmeister*, war bei der ersten Hengstanerkennung Ia-prämiert und stand 5 Jahre in Westfalen, bevor er nach Bayern ging und in der dortigen Warmblutzucht mit seiner Nachzucht viele Schauerfolge erzielte. *Fantast* war erfolgreich in Dressur bis Kl. M, im Springen und in der Vielseitigkeit bis Kl. L;

Ldb. *Frühlingsrausch* (Z.: Marianne Ostermann, Gütersloh) geb. 1971, a.d. *Sonett* v. *Sinus* xx – *Dorn*, stand zeitlebens in Riesenbeck und hinterließ dort bedeutende Stuten (24 St.Pr.St.), seine Töchter – die hochprämierten Staatsprämienstuten *Futura*, *Fatima*, *Fenestra*, Verb.Pr.St. *Frühlingspracht* und St.Pr.St. *Frühlingsmaid* – waren viel beachtete Schaustuten, die auch züchterisch viel bewirkten; besonders die letztgenannte *Frühlingsmaid*: Reservesiegerin der Eliteschau 1979, Ib-Preisträgerin der Bundesschau 1979 und Id-Preisträgerin der DLG 1980. *Frühlingsrausch* ist Vater des Siegerhengstes der 1980er Körung *Fortissimo*; ein weiterer »Gekörter« war Ldb. *Ferguson*, sowie Vater einer Reihe guter Sportpferde wie beispielsweise des Springpferdes *Fandango*/Fritz Ligges bzw. Klaus Reinacher und des guten Dressurpferdes *Flamenco*, später *Fantast*/Jochen Hippenstiel;

Ldb. *Frühlings*ball (Z.: Bernh. Rehr, Everswinkel), geb. 1970, a.d. St.Pr.St. *Rivalin* v. *Radetzky – Drall* (siehe Seite 108);

Pb. *Frühlingssturm* (Z.: Luise Silberg, Finnetrop), geb. 1973, a.d. *Silvia* v. *Sinus* xx – *Altist*, ist aus dem Stutenstamm des Wilhelm Spreen-Segelhorst und ging als Reitpferd nach Bayern, wo er Dressurprüfungen bis zur schweren Klasse erfolgreich ging;

Ldb. *Foxtrott* (Z.: Heinr. Dustmann, Dortmund), geb. 1974, a.d. *Sunshine* v. *Sinus* xx – *Schwarzseher*, war viele Jahre im Rheinland aufgestellt und wurde dort u.a. Vater der Körsieger 1983 und 1984: *Fittipaldi* und *Fangio*;

Ldb. *Fürstenberg* (Z.: Alfons Deitert, Schöppingen), geb. 1976, a.d. Verb.Pr.St. *Fontäne* v. *Fontanus* xx – *Aar*, war nur fünf Jahre im Deckeinsatz und ging danach in die Deutsche Reitschule;

Pb. *Frühlingswind* (Z.: Aug. Schulze Althoff, Warendorf), geb. 1973, a.d. *Donja* v. *Damhirsch – Almgruß*, hat nur wenig Chancen erhalten.

Reitpferdezucht und Reitsport kommen in Schwung

Vom Nachzuchtgebiet zum Hochzuchtkonkurrenten

In den 70er Jahren wurden die Konturen eines neuen Pferdetyps immer deutlicher: Aus dem kurz gefesselten kantigen, tiefen Wirtschaftspferd, oft beladen mit einem kurzen schweren Hals, steiler Schulterpartie, stockgeradem Rücken, kurzer Kruppe, versehen mit einem derben Kopf wurde allmählich ein Reitpferd, trocken textiert, mit edlem Kopf, leichtem Genick, langer schräg verlaufender Schulter, einem ausgeprägten, tief in den Rücken hineingesteckten Widerrist, das Röhrbein wie das

Hinterbein lang, Letzteres ausgestattet mit der Motorik, um unterzutreten und um den Schwung und die Dynamik bis in äußerste Hufspitze durchzureichen. Die Gänge wurden zwar geschmeidiger, aber auch flacher, wohl wegen des Komforts beim Aussitzen, wie man meinte. Gleichzeitig waren Knieaktionen nicht erwünscht, diese erinnerte wohl zu sehr an die vorherige Generation, die Wagenpferde. Alles geschah zum Wohle der neuen Zielgruppe, dem Wohlstandsbürger, der sich anschickte, als Ausgleich zum Büroarbeitsplatz den Reitsport zu betreiben.

Die Entwicklung, die sich damals vollzog, war mehr als rasant. Hier ein paar Zahlen: 1970 gab es in Westfalen 264 Reitervereine mit 38.054 Mitgliedern, zehn Jahre später betrug die Anzahl der Vereine 415 und die der angeschlossenen Mitglieder 85.923. Betrachtet man die Vereins- und Mitgliederentwicklung des Provinzialverbandes im Zeitraum von 1960 bis 2000, so wuchs der Verband im Zeitraum zwischen 1970 und 1980 am allermeisten. Anschaulich ist auch die Zahl aller reitsportlichen Veranstaltungen (Kat. A bis C): Betrug die Zahl der Veranstaltungen 1970 gerade einmal 147, so überschritt sie 1980 erstmals die 400er-Grenze. Die noch vor der Umzüchtungsphase bei den westfälischen Züchtern vorherrschende Sorge, den Weg vom Wirtschaftspferd zum Reitpferd erfolgreich zu bestehen, und die Zurückhaltung vieler Züchter bei der Bedeckung ihrer Stuten stellte sich im Nachhinein als unbegründet heraus.

Dieser enorme Markt »Reitsport«, der sich gebildet hatte, verlangte entsprechende Pferde, »Reitpferde«. Die Zucht hatte wieder einen Sinn, sie war erfolgreich.

Die erzielten Erfolge führten auch dazu, dass sich Westfalen, stets belächelt als hannoversches Nachzuchtgebiet, zum Konkurrenten des Hochzuchtgebietes Hannover entwickelte. Zwar bediente man sich nach wie vor beim nördlichen Nachbarn, jedoch entwickelte man immer öfter aus den »Leihgaben« und Vollblütern etwas eigenständig Westfälisches, und dies mit großem Erfolg. Beispiele hierfür sind die Hengstlinie des *Frühling* und die beiden P-Linien, die das Selbstbewusstsein der westfälischen Züchterschaft förderten.

Das Ende der S-Linie

Als in Hannover Ende der 60er Jahre die letzten Vertreter der S-Linie von der züchterischen Bühne abtraten, sah die Situation in Westfalen in Bezug auf diese Hengstlinie noch erfreulicher aus:

Der *Schwalben*könig-Zweig war mit Hengsten wie den Pb. *Schwarzdorn* (Z.: W. Plaas-Böse, Brambauer/Stat.: u.a. F. Wilmes, Eslohe), geb. 1964, a.d. *Abendstille* v. *Abendtrunk* – *Alfred*, Pb. *Schwarzkünstler I* (Z.: W. Plaas-Böse, Brambauer/Stat.: wie Züchter), geb. 1964, a.d. St.Pr.St. *Abendsonne* v. *Abendtrunk* – *Jungherr*, und Pb. *Schwarzkünstler II* (Z.: W. Plaas-Böse, Brambauer/Stat.: W. Eibach, Halver) noch recht gut vertreten, aber vor allem mit dem *Schwan I*-Enkel Ldb. *Schwangau* (Z.: W. Lackenberg, Rinkerode), geb. 1967 von Pb. *Schwarzkittel* a.d. Mutter des *Paradox I*, der St.Pr.St. *Arnika* v. *Almfreund* – *Schwips*. Der in der 6./7./6. Ahnenreihe eine Linienzucht auf *Schwabenstreich* aufweisende Dunkelbraune vereinte in sich massiert bewährtes westfälisches Leistungsblut. Als Muttervater tritt der DLG-prämierte *Almschütze*-Sohn *Almfreund* (siehe dazu auch die Ausführungen bei *Paradox I*) auf, Großmutter *Schwälbin* v. *Schwips* war im Viereck wie im Parcours bis L erfolgreich; sie war eine der Zugpferde im westfälischen Viererzug, die auf der DLG-Ausstellung 1960 auftraten. *Schwangau* (auf der Körung hieß er noch *Schwarzspecht*) wurde vor *Grünberg* Siegerhengst.

Schwangau, der von 1970 bis 1980 in Westfalen stand (von 1981 bis 1984 war er Deckstellengefährte von *Romadour II* in Heidhausen, 1985 wurde er nach Bayern verkauft), hinterließ eine Vielzahl guter Nachkommen. Der mit dem Ib-Preis auf der DLG 1972 ausgezeichnete Hengst lieferte drei gekörte Söhne, weit über hundert eingetragene Töchter, ein Vielzahl vor allem im Springsport erfolgreicher Turnierpferde (LGS seiner Nachkommen 200.000 Euro) und mit dem im Rheinland gekörten Schwerin (er wurde später gelegt) ein international erfolgreiches Springpferd.

Aus *Schwangaus* Zeit auf der Deckstelle Holthausen bei Gescher stammt der Ldb. *Schwanstein* (Z.: F. Schlüter, Kirchlengern), geb. 1972, a.d. *Dolly* v. *Doktor – Friedensbote*. Die 2. Mutter *Festa* hatte bereits zwei Hengste fürs Landgestüt gebracht: *Frühwein* v. *Frühbote* und *Abt* v. *Aar*. *Schwanstein*, der 1982 Ib-Preisträger auf der DLG wurde und bis 1985 im Deckeinsatz in Westfalen war, brachte u.a. den Ldb. *Schöning* (Z.: A. Bunse, Büren), a.d. *Rikarda* v. *Remus I – Hornist*, der als letzter Vertreter der S-Linie im Landgestüt bis 1986 deckte. *Rikardas* Vollschwester *Ria* brachte den *Pilot*-Sohn Ldb. *Pirol*.

Der letzte in Westfalen bis heute aufgestellte Beschäler der traditionsreichen S-Linie ist der *Schwangau*-Sohn Pb. *Saboteur* (Z.: P. Hellmann, Berg.-Gladbach/Stat.: W. Cordt-Humpert, Iserlohn), geb. 1981, a.d. *Arabella* v. *Agami* xx – *Senator*.

Mit den »Milanen« ganz nach oben

In Hannover wird er im gleichen Atemzug mit Hengsten wie *Der Löwe* xx oder *Ferdinand* genannt, immer gehört er mit zu den großen »Zehn« dieses Zuchtgebietes. Die Rede ist von *Marcio* xx, 1947 geboren. Seine Mutter war das gute Rennpferd *Mainkur* xx (sie ist auch Mutter des *Maigraf* xx und Tochter *Mainburg* xx brachte den für Oldenburg so bedeutenden *Makuba* xx) und entstammte der angesehenen Waldfrieder M-Linie, die sich zurückführen lässt auf die 1906 aus England importierte *St. Simon* xx-Tochter *Lovely Morn* xx. Die in Westfalen verwendeten *Mohn* xx, *Massud* xx und *Mato Grosso* xx entstammen ebenfalls der M-Familie.

Der Vater, *Aventin* xx, war ein Sohn des in der Zucht hochbewährten *Teddy* xx (auf der Rennbahn ungeprüft) aus einer Tochter des lange Zeit als Deutschlands bester Vererber geltenden *Dark Ronald* xx. *Aventin* xx hat viele Nachkommen gezeugt, die auf der Rennbahn besser waren als *Marcio* xx, jedoch war sein Wert für die Warmblutzucht trotz seiner knappen Größe von 1,61 m bedeutend. Seine Kinder waren ruhige, unkomplizierte Reitpferde mit einem Schwerpunkt fürs Viereck. In der Vererbung konnte es vorkommen, dass man selbst bei den F1-ern keinen Blüter mehr erkannte.

Aus *Marcios* xx Zeit im hannoverschen Balljersdorf stammt sein Sohn, der Ldb. *Martell* (Z.: H. von der Decken, Rutenstein), geb. 1963, a.d. *Comtesse* v. *Cormoran – Folgsam*, der von 1966 bis 1975 als Landbeschäler wirkte und annähernd hundert Töchter für die Zucht hinterließ. Sein Sohn Ldb. *Martini* (Z.: A. Büscher, Coesfeld), geb. 1969, a.d. *Schwalbe* v. *Schwerin*, ging nach sieben Jahren Deckeinsatz zur Deutschen Reitschule. Aus seiner Zeit auf der Deckstelle in Holthausen lieferte er den zunächst als Privatbeschäler, ab 1991 im Haupt- und Landgestüt Marbach eingesetzten Ldb. *Marduk* (Z.: K. Brunnert, Stadtlohn), geb. 1973, a.d. *Wanderin* v. *Wohlan – Steinhäger*. Der mit Abstand erfolgreichste Zweig der *Marcio* xx-Linie entwickelte sich über seinen Sohn *Marconi* (einem Enkel des

links:
Ldb. *Schwanstein*, einer der letzten Vertreter der für Westfalen so bedeutenden S-Linie, war selbst Ib-Preisträger auf der DLG 1982.

rechts:
Ldb. *Milan* war ein vorzüglicher Stutenmacher und Vater vieler leistungsbereiter Sportpferde.

Duellant und einem Verwandten des *Fokker*, dem mütterlichen Großvater des ganggewaltigen *Doktor*), der den Ldb. *Milan* für Westfalen lieferte. *Milan* (Z.: E. Schmidt, Mulsum), geb. 1966, a.d. *Goldwand* v. *Goldmann* – *Dolko*, war am Anfang nicht unumstritten, fiel doch seine Zeit als Junghengst mitten in die Umzüchtungsphase. Viele, vor allem die bäuerlichen Züchtern schielten immer noch ein wenig in Richtung Gespannpferd und weniger Reitpferd. Die ihm angekreidete geringe Größe machte er durch seinen Zuchteinsatz in Uentrop mit seinen teilweise sehr guten Partnerinnen schnell vergessen. Die Westfälische Zentralschau 1973 war der Durchbruch: Sechs *Milan*-Töchter waren dabei, Siegerin wurde die *Milan*-Tochter St.Pr.St. *Minouche*. Die ebenfalls auf dieser Schau erfolgreiche *Matilla* (die später Mutter der *Mohn* xx-Söhne *Montreal I* und *II* wurde) erhielt auf der DLG in Frankfurt ein Jahr später den Ia-Preis. 1975 war mit St.Pr.St. *Molina* wieder eine *Milan*-Tochter auf der Zentralschau die Siegerin. Drei Jahre später hieß die Siegerstute St.Pr.St. *Merci* (eine Vollschwester zu dem u.g. *Magister*), wiederum war *Milan* der Vater.

Milan-Töchter waren nicht nur schau- sondern auch zuchterfolgreich, so brachte beispielsweise *Merana* mit *Ramiro* den *Rex Fritz* und *Minouche* mit *Paradox* den Rappen *Portofino*.

Ähnlich wie der Großvater *Marcio* xx (die *Marcio* xx-Tochter *Meerfürstin* ist Mutter des DLG- und HLP-Siegers Ldb. *Damokles*) war *Milan* ein Stutenmacher der Extraklasse, sein Vater der Halbblüter *Marconi* trat mehr als Hengstvater hervor.

Milan hat eine große Zahl ehrlicher und leistungsbereiter Reitpferde gemacht, unter denen neben *Malte*/Jo Hinnemann, *Marduk*, *Marokko*, *Merkur* und *Milano*, das internationale Springpferd *Magister*/Ulrich Meyer zu Bexten zwingend zu nennen ist. *Magister*, ein Sportler mit Manieren und einem harmonischen für Leistungen konstruierten Gebäude, war in den 80er Jahren ein erfolgverwöhntes Nationenpreis- und Championatspferd. Das Talent, Hindernisse zu überwinden, haben die »*Milane*« wohl von *Milans* Mutterseite: Die oben bereits erwähnte rappfarbene *Goldwand* v. *Goldmann* (Halbbruder zu *Gotthard* und *Goldfalk*) war ein Enkel vom viel Springblut vererbenden *Goldfisch II* und ein trockenes, über viel Rahmen und Substanz verfügendes Stutenmodell mit eigenen Sporterfolgen. Aber auch *Milans* Söhne konnten sich sehen lassen:

Ldb. *Monte Carlo I* (Z.: D. Falk, Telgte), geb. 1983, a.d. St.Pr.St. *Salome* v. *Saloniki* – *Domspatz*, ein Hengst mit einer enormen männlichen Ausstrahlung und einem seltenen Leistungspedigree. Seine HLP schloss er im 15er-Feld mit Platz 4 ab. *Monte Carlos* Nachkommen sind Pferde, die oft über überdurchschnittliche Bewegungen verfügen, z.B. *My Fair Lady NRW*, die mit Hubertus Schmidt in Weltcup-Sphären »tanzt« ; mehr als 80 Töchter kamen zur Eintragung, seine Kinder verdienten bis heute mehr

links:
Die *Milan*-Tochter *Merci* war 1978 Siegerin der Eliteschau.

rechts:
»*Milane*« wie *Merano* – hier unter Ulrich Meyer zu Bexten beim Hamburger Derby 1983 – waren Pferde für den großen Sport.

als 200.000 Euro. *Monte Carlo II*, geb. 1985, deckte mehrere Jahre als Privathengst und war im Dressursport bis Klasse S unter dem Tierärzteehepaar Ulrich und Dr. Christiane Heye erfolgreich.

Eine Verbindung des *Marcio* xx-Blut mit den Euro-Hengst-Dynastien des *Ramiro* und *Furioso II* ist der Pb. *Maraschino* (Z.: H. Weitkamp-Neuhaus, Billerbeck/Stat.: Schulze-Elfringhoff, Ochtrup), geb. 1984, aus der Stute Rarität von *Ramiro*. Großmutter *Freude* brachte u.a. das hochklassige Dressurpferd *Myron* (v. *Milan*). *Maraschino* deutete in seiner HLP 1987 im Springen (126,87) seine besondere Veranlagung an, als Turnierpferd ging sein Karriereweg bis zur S-Klasse steil nach oben. Die Sportlichkeit seiner Kinder v.a. in der Disziplin Springen (u.a. *Massimo A.L.*) überrascht nicht. Die in der ländlichen Tour eingesetzten Pferde erzielten bis 2002 136.417 Euro als Nachkommen-Lebensgewinnsumme. Die Anzahl seiner eingetragenen Töchter ist mit fast 100 hoch, nur ein Sohn wurde gekört: Pb. *Mambrino* (geb. 1988) a.d. *Pompadour* v. *Palisander – Sioux*, der im Springsport Erfolge erzielte; er stand kurzzeitig auf der gleichen Station wie sein Vater.

Ldb. *Märker* (Z.: H. Klespe, Beckum) geb. 1970, a.d. St.Pr.St. *Winnie* v. *Wiegand – Fliegersport*, war nur kurz im Zuchteinsatz, wohl wegen seiner mütterlichen Abstammung war seine Nachzucht zu schwer und zu unmodern.

Die Hoffnung, in Westfalen einen wenn auch kleinen, aber stabilen Zweig der *Marcio* xx-Linie installieren zu können, hat sich am Ende nicht verwirklicht.

Grünspechts Nachlass

In den *Grünspecht*-Sohn Ldb. *Günstling* (Z.: H. Thiemann, Nordwalde), geb. 1963, a.d. *Wally* v. *Wöhler*, hatte man große Hoffnungen gesetzt, vor allem der Sieg anlässlich der Körung 1965 und die Ahnentafel gaben dazu Anlass. Der Flügeladjutant-Sohn *Wöhler* und der *Schwabenkönig*-Sohn *Schutzmann II* auf der Mutterseite hatten ihm in Verbindung mit *Grünspecht* Korrektheit und ein ausgezeichnetes Gangwerk mitgegeben. Seine züchterische Ausbeute nach 14 Jahren Deckeinsatz: einige gute Stuten (u.a. *Guilette* brachte den Ldb. *Bengale*), ein gekörter Sohn und das international erfolgreiche Dressurpferd *Genius*/Joh. Hinnemann.

Der *Grünspecht*-Sohn Ldb. *Grünberg* (Z.: H. Raumann, Greven), geb. 1967, a.d. *Distel* v. *Ducker – Abendrot*, ging bereits 9-jährig ein. *Grünberg* ist Vater eines gekörten Sohnes, guten Töchtern (*Gazelle* brachte den Beschäler *Disco-Star*, *Grazia* den *Canaris*) und des Springpferdes *Gatsby*. Großmutter *Almroses* Tochter *Farina* v. *Firn* lieferte den weniger bedeutenden *Grünspecht*-Sohn Ldb. *Galant* (Z.: M. Mersmann, Sinnigen), geb. 1964.

Die Goldschaum xx-Linie:
Gotthard, Grande und Goldfalk lassen grüßen

Vertreter dieser Linie hat es in Westfalen zwischen den 30er bis 60er Jahren nur ganz vereinzelt gegeben, beispielsweise Ldb. *Glanz* vom Celler *Glimmer*, der zwar als kalibriger, rappfarbener Beschäler seinem Namen alle Ehre machte, jedoch ohne Spuren zu hinterlassen verschwand. *Goldschaum* xx ist erst durch seinen Urenkel *Goldammer II* zum Linienbegründer geworden und hatte zunächst auch in Hannover keine herausragende Bedeutung: »Sie spielt seit den 30er Jahren in Hannover mit, ohne sich jedoch bis heute zu einer besonders prägenden Rolle durchgesetzt zu haben!« Diese Einschätzung aus dem Jahre 1975 war jedoch ab etwa Mitte der 80er Jahre überholt, was einzig und alleine auf die hervorragende Leistungs-, weniger auf die Exterieurvererbung des *Goldammer II*-Enkels *Gotthard* und des *Goldammer II*-Urenkels *Goldschaum* zurückzuführen ist. Von dieser Entwicklung profitierte auch Westfalen. Im hiesigen Zuchtgebiet kam ein weiterer *Goldfisch II*-Sohn (*Goldfisch* war mehrmals DLG-Siegerhengst) hinzu, der im Gegensatz zu *Grande* und *Gotthard* geschmackvoll war: *Goldlack*.

Der 1949 aus einer *Amateur I*-Mutter gezogene *Gotthard*, ein in den ersten Jahren sehr unfertig wirkendes Pferd, wurde in seinen ersten Einsatzjahren wenig beachtet, er stand mehr im Typ des Wagenpferdes, als das er in Celle auch zeitweilig eingesetzt wurde. Das änderte sich erst

Anfang der 60er Jahre als offenkundig wurde, dass seine Nachkommen sich zu hervorragenden Springpferden entwickelten. Als erster bedeutender der *Gotthard*-Sohn kam

Pb. *Goldberg* (Z.: H. Schmidt, Hänigsen/Stat.: Sandhowe, Ascheberg), geb. 1963, a.d. St.Pr.St. *Elfendolde* v. *Elsaß* – *Feinkorn*, nach Westfalen, wie der Vater ein Schimmel in ähnlichem Gepräge. In nur vier Decksaisons schaffte *Goldberg*, der bereits bei seiner Körung als Junghengst in die Zuchtwertklasse I eingestuft wurde, das, was viele Hengste nie schaffen: Topspringer wie *Gaylord*, *Golden Gate*, *Goldjunge* belegten die außerordentliche Springvererbung des Vaters. *Golden Gate* gab diese als Mutter weiter, eine weitere Tochter des *Goldberg*, *Goldammer*, brachte die Ldb. *Goldrausch I* und *II* (v. *Gottschalk*).
Ldb. *Gottschalk* (Z.: H. Habermann, Obershagen), geb. 1969 a.d. *Landprinzeß* von dem sich überragend vererbenden *Lugano I* – *Altmärker* (geht zurück auf den *Almjäger I*-Vater *Alpenflug II*), war der erste Sohn des *Gotthard*, der ins Landgestüt ging. *Gottschalk*, ein ansprechender Rappe, wirkte zehn Jahre als Beschäler im Warendorfer Stationsbezirk und hinterließ u.a. neben

Ldb. *Golf* (Z.: H. Lükens, Drensteinfurt), geb. 1974, a.d. St.Pr.St. *Astria* v. *Angelo* xx (Stamm der Mecklenburger Stute *Parflia* v. *Parsenn*, weitere Söhne a.d. Stamm Ldb. *Anmarsch* und *Regent*),

die Gebrüder Ldb. *Goldrausch I* (Z.: J. Sch. Hesseler, Beckum), geb. 1976, und Ldb. *Goldrausch II*, geb. 1977; besonders Letzterer zeichnete sich als Sportpferdemacher aus. Beide stammen aus der St.Pr.St. *Goldammer* v. *Goldberg*, einer der Paradestuten der damaligen Zeit, die am laufenden Band sportliche und züchterische Highlights »produzierte«.

Der erste bedeutende *Gotthard*-Sohn in Westfalen war der Pb. *Goldberg*. Er hinterließ in nur vier Decksaisons eine Reihe von Top-Springpferden.

Ein Springpferd der Extraklasse war *Gaylord* unter Hendrik Snoek. Er stammte aus der Verbindung *Goldberg* mit *Panama*, der hocherfolgreichen Springstute von *Papayer* xx.

Weitere »*Gotthards*« sind:

Pb. *Gold Dollar* (Z.: F. Hemme, Zeven/Stat.: K. Münch, Datteln), geb. 1970, a.d. *Eugenia* v. *Efendi* – *Markant*. Tochter *Gibraltar* brachte den Pb. *Grande Gold* (Sieger in Springprüfungen der S-Klasse, später als Landbeschäler nach Marbach), Tochter *Grandola* brachte den Pb. *Pont du Gard*.

Ldb. *Gottlob* (Z.: R. Matysik, Ahlem), geb. 1971, a.d. *Mayana* v. *Marcio* xx – *Flintglas*, war neun Jahre in der Zucht.

Pb. *Gottwalt* (Z.: H. Ebeling, Ingeln/Stat.: H.Rohmann, Marl), geb. 1973, a.d. *Grafenliebe* v. *Guntram* – *Ableger I*, war 1. Reservesieger der Körung und war bis zur S-Klasse im Springen erfolgreich. Sein Nachlass: mehrere gekörte Söhne; sein Sohn *Golo* war Siegerhengst der hessischen Körung und wurde Landbeschäler in Dillenburg.

Die D-Linie liefert Reitpferde

Herausragende Bedeutung hat sich der typschöne *Duft I*-Sohn Ldb. *Damhirsch* (Z.: R. Habben, Altenbruch) erworben. Der Fuchshengst, der 1962 im hannoverschen Hochzuchtgebiet um Altenbruch geboren wurde, deckte 18 Jahre lang. Im Pedigree führt er interessantes und gleichzeitig bewährtes Blut: Vater *Duft I* hat mit *Duellant, Gote* (3/4-Bruder des *Goldfisch II*) und *Flügelmann* bestes hannoversches Leistungsblut inne, Mutter *Majorin* stammt vom Schlenderhaner Vollblüter *Marabou* xx, einem Sohn des für die deutsche Vollblutzucht wichtigen *Oleander* xx, die Großmutter entstammt einer konsolidierten A x F-Verbindung (*Abendsport – Frohnhof*). Er war ein Ausnahme-Reitpferd mit hoher Dressur- und Springveranlagung. *Damhirsch* hat sich als Vater von zuchttauglichen Söhnen weniger hervorgetan, zumindest nicht in puncto Menge: Sohn *Deichgraf* wurde Privatbeschäler in Bayern, *Damenstolz* wurde Landbeschäler. Dagegen war die Anzahl der Töchter des bis S ausgebildeten *Damhirsch* enorm: Über 200 Stuten wurden eingetragen, annähernd 50 erhielten die Staatsprämie. Töchter wie die Staatsprämienstuten *Daphne, Dolmana, Dorette* und *Dunja* waren erfolgreiche DLG-Ausstellungsstuten, einige wurden zu Hengstmüttern wie *Dorette*, die mit *Grünhorn III* den *Glücksklee*

Ldb. *Damhirsch*, hier mit Franz Kukuk, selbst ein Ausnahmereitpferd mit hoher Dressurveranlagung, hinterließ mehr als 200 eingetragene Töchter.

brachte. *Damhirsch* tat sich als Sportpferdemacher hervor, dabei lieferte er Sportler für beide Disziplinen, die bekanntesten sind das Springpferd *Dukat*/Hartmut Röder bzw. Peter Nagel-Tornau und der Dressur-Wallach *Dacapo*/Stall Lammers. Lebensgewinnsumme aller Nachkommen: über 600.000 DM. Daneben waren *Damhirsch*-Kinder gute Geldanlagen: Eine Vielzahl von ihnen wurden auf beträchtlichem Niveau über westfälische Auktionen hochpreisig verkauft, z.B. *Durbridge* (1976 für 46.000 DM) und *Duell* (1977 für 40.000 DM).

Ein weiterer *Duft I*-Sohn war der Ldb. *Dragoner* (Z.: F. Spinck, Nordleda), geb. 1962, a.d. St.Pr.St. *Almenspange* v. *Almjäger I – Flügelmann I*; er wurde in Westfalen aufgezogen, elf Jahre lang auf vier verschiedenen Stationen aufgestellt und bei Hengstparaden als Aktionstraber präsentiert. Drei gekörte Söhne und knapp 90 eingetragene Töchter sind sein Erbe.

Der Enkel des Celler *Duft I* und *Diplomat*-Sohn, Ldb. *Dilettant* (Z.: A. Langemeier, Mettingen), geb. 1968, a.d. St.Pr.St. *Cymbella* v. *Cymbal – Axtfeld*, war die dritte wesentliche Stütze seines Hengstzweiges in Westfalen. Der durch Trakehner-Blut geadelte aparte Fuchs musste zwar zehnjährig notgeschlachtet werden, hatte bis dahin jedoch schon eine Menge geleistet: immerhin vier gekörte Söhne und über 90 Stuten (zwölf davon mit der Auszeichnung »Staatsprämie«), alles dies reichte jedoch für den Fortbestand im Mannesstamm nicht aus.

Auch der *Dirk*-Sohn und *Duft II*-Enkel, Ldb. *Diskret* (Z.: H. Mucha, Sonnenborstel), geb. 1974, a.d. *Tina* v. *Trautmann – Eindruck II*, schied trotz der Verwandtschaft zu besten hannoversche Blutkombinationen nach nur sechsjährigem Deckeinsatz ohne viele Spuren zu hinterlassen aus.

Der langlinige, wuchtige *Duellant*-Enkel, Ldb. *Dirigent* (Z.: A. Gevers, Mover), geb. 1965, a.d. *Waldhirtin* v. *Warburg – Abglanz*, führt über seinen Vater *Duden I* (MV.: *Der Löwe* xx) bewährtes Dressurblut, mit Abglanz sorgt Trakehner-Blut für Typ und Adel. Der bereits 1980 eingegangene Fuchs lieferte der Zucht drei gekörte Söhne, wovon vor allem *Direx* und *Discont*

Bleibendes hinterließen. *Dirigent*, der von 1968 bis 1972 im Varler Hauptbezirk postiert war, hat auch mit seiner weiblichen Nachzucht beeindruckend gewirkt, weit über 100 Stuten belegen dies eindrucksvoll.

Der imposante Ldb. *Discont*, geb. 1970, a.d. St.Pr.St. *Sarina* v. *Sioux – Allerhand* (aus der Erfolgszucht Schmale-Steinkamp, Varl), musste nach vier Decksaisons wegen charakterlicher Mängel aus der Beschälerriege ausscheiden, er hinterließ vier zur Zucht zugelassene Söhne; zwei von ihnen schrieben in Westfalen Zuchtgeschichte: *Dialekt* und *Disco-Star*.

Dirigent-Sohn Ldb. *Direx* (Z.: H. Langewellpott, Frotheim), geb. 1971, a.d. St.Pr.St. *Flora* v. *Frühling – Dorado II*, hat sich vor allem als Stutenmacher bewiesen, seine Töchter (*Direx* stand fünf Jahre in Sande!) haben im Besonderen in Anpaarung mit *Pilot* und *Weinberg* beste Produkte für Zucht und Sport geliefert, beispielsweise PS *Priamos*/Ludger Beerbaum, *Goldstern*/Klaus Balkenhol und *Pierrot*/Thomas Schepers.

Ein Hengst, der zu jener Zeit direkt von der Verdener Körung nach Warendorf kam und bis heute mit seinen Nachkommen in der hiesigen Zucht positiv wirkt, ist der *Davos* (v. *Duellant*)-Sohn und HLP-Sieger Ldb. *Damokles* (Z.: C. Schmoldt, Wechtern), geb. 1971, a.d. St.Pr.St. *Meerfürstin* v. *Marcio* xx – *Athos*. *Damokles* verfügt über ein mit den angesehenen Vollblütern angereichertes Pedigree, welches zudem eine Inzucht auf *Duellant* in der 2./4. Ahnenreihe aufweist. *Davos* kam 1968 in die Zucht und hat eine Tochter des Harzburger *Blasius* xx-Sohnes *Steinpilz* xx zur Mutter. Leistungsvererber *Steinpilz* xx hat der Warmblutzucht einige Hengste geliefert, u.a. in Westfalen den *St. Georg* oder in Hannover *Steppenwolf* und *Steinbock*. Die *Damokles*-Mutter, die als die beste Tochter des *Marcio* xx galt und mit ihm einen Beschäler zum Vater hat, der auch in Westfalen mit seinem Sohn *Martell* und noch mehr mit seinem Enkelsohn *Milan* einiges bewegt hat. *Damokles*, der 1988 notgetötet werden musste, ist Vater der bewährten Hengste wie *Debütant* und *Dinard L*. *Damokles* ist ein hervorragender Leistungsvererber, aus seinen Sportkindern ragen Pferde wie *Desiree*/Klaus Reinacher, *Disco Star* und *Dana la Bonita*/Gert Wiltfang, das Schweizer Nationenpreispferd *Damokles*, *Dorado*/Ludger Beerbaum sowie *D'accord*/Julius Schulze Hesselmann heraus. *Damokles* deckte während seiner gesamten Beschälerlaufbahn in Hamm-Kump.

Der *Duellant*-Sohn Ldb. *Duft III* (Z.: Gebr. Meyer, Hollerdeich), geb. 1965, a.d. *Gotensage* v. *Gote – Flügelmann I*, war in drei Jahren auf drei verschiedenen Deckstellen eingesetzt, bevor er als Reitpferd verkauft wurde.

Die Frühling-Linie stärkt das Selbstbewusstsein

Die bekanntesten Söhne und männlichen Nachkommen mit der größten züchterischen Wirkung waren *Frühlingstraum II*, der aus der Varler Zeit des *Frühling* stammt, und *Frühlingsball*, der in Warendorf entstand. Für beide gilt, dass sie im Gegensatz zu den anderen *Frühling*-Söhnen bis heute über ihre Nachkommen in Westfalen Einfluss nehmen.

Frühlingstraum II – F-Blut in Vollendung

Es gibt eine Reihe von Beispielen in der Pferdezucht, dass Hengste, die in einem Zuchtgebiet wenig bewegen, selbst oder durch einen Sohn im Nachbarzuchtgebiet sensationell einschlagen.

Ldb. *Frühlingstraum II*, oft als F-Blut in Vollendung bezeichnet, stammt aus der Zuchtstätte des Wilhelm Spreen-Segelhorst.

Eines dieser Beispiele ist der Hengst *Frühsport,* der sich in Hannover nur mittelmäßig vererbte, durch seinen Sohn *Frühschein,* der in Richtung Westfalen wanderte, dort mit der sicherlich brillanten St.Pr.St. *Fechta* (v. *Fesch – Flamingo*) den *Frühling* brachte und damit einen eigenen Zweig, eine selbstständige westfälische Linie initiierte, die von fulminanter Bedeutung für die Zucht des sich vom Nachzuchtgebiet zum Hochzuchtkonkurrenten entwickelnden Westfalen mauserte. Wie außerordentlich bedeutend diese Linie zu ihrer Zeit war, belegt die Tatsache, dass sie sich gleich in der zweiten Generation mit Ausnahmebeschälern wie *Frühlingsball,* aber vor allem *Frühlingstraum II* (sein vier Jahre älterer Bruder war bereits gekört und auf den Namen mit dem Zusatz *I* getauft worden) hervortat und auf eine breitere Basis stellte.

Von welcher Güte und wie außergewöhnlich dieser *Frühlingstraum II* bereits als Fohlen gewesen sein muss, zeigt die Beurteilungsnotiz, die Landstallmeister Dr. Lehmann am 4. Juli 1968 auf der Fohlenschau in Varl gefertigt hatte: »Großrahmig, stark, viel Ausdruck; ansprechendes Gesicht; üppige gut angesetzte Halsung; befriedigend in Schulter- und Widerristpartie; gute Rückenformation; lange gut bemuskelte Kruppe; trockenes starkes Fundament; sehr guter gerader Gang.« Bei der anschließenden Rangierung kam der selbstbewusste Fuchs prompt auf den ersten Platz und ging bei seinem Züchter Wilhelm Spreen-Segelhorst in die Aufzucht.

Ein Wort zu seiner Mutter: *Abendkind* war eine der herausragenden Zuchtstuten des Hochzuchtgebietes um Varl. Die bei der Geburt des *Frühlingstraum II* neun Jahre alte Fuchstute führte über *Altist* v. *Altmärker Adeptus* xx-Blut, bei Großmutter *Addi* ist das Blut des *Andermatt* und *Amurath* ox zusammengeführt. Des Weiteren befindet sich in der weiteren Abstammung der Anglo-Normanne *Glasmacher,* der in Westfalen *Verrier* hieß. *Abendkinds* Nachkommenschaft war beeindruckend: neben *Frühlingstraum I* und *II,* das Sportpferd *Minister* v. *Frühling,* die Eliteschausiegerin 1974 St.Pr.St. *Sonnenlicht* v. *Sioux* und die beiden guten Stuten *Frühlingssonne* v. *Frühling* und *Seerose* v. *Sioux.*

Zwei Jahre vergingen, zwei Jahre, in denen sich *Frühlingstraum II* zu einem strahlenden Junghengst entwickelte. Seine Generalprobe war die Kreistierschau in Preußisch-Ströhen im Spätsommer 1970. Hierzu schrieb Landstallmeister Dr. Lehmann: »Der strahlende Hengstkandidat bewegte sich auf dem federnden Rasen wie ein König. Er war der Star der auf hohem Niveau stehenden Veranstaltung.« Die Premiere war ein paar Wochen später, am 29. Oktober 1970 tritt nachmittags ein Lot von 2 1/2-jährigen Hengsten vor die Kommission (Dr. Walter Hartwig, der Geschäftsführer des Verbandes hannoverscher Warmblutzüchter war Berichterstatter), die beeindruckte: *Goldlack,* im Katalog als *Goldjunge* bezeichnet, *Renaldo, Dreiklang, Dilletant* (= *Duplikat*) und *Frühlingstraum II,* 1,64 m, Röhrbeinmaß von 22,0 cm. Für den *Frühling*-Sohn wurde es zum Premieren-Erfolg, *Goldlack,* sein schärfster Konkurrent, hatte das Nachsehen. Der Gast aus Hannover kritisierte dieses Ergebnis in seiner Berichterstattung deutlich (*Goldlack* war schließlich ein hannoverscher Import), anschließend rückte aber der damalige westfälische Geschäftsführer, Dr. Dohmen, in einer spontanen, öffentlichen Entgegnung »die Dinge wieder gerade«. 1971 ging er auf die Traditions-Deckstelle Wadersloh, auf den Hof der Familie Bornefeld-Kleikemper. Dort, wo vor *Frühlingstraum II* Hengste wie *Fesch, Friedländer, Cyrano* und *Fabriano* segensreich gewirkt hatten, sorgte er zeit seines Lebens für neuen Auftrieb (und blieb dort mit Ausnahme des letzten Lebensjahres). Der erste Fohlenjahrgang im Jahre 1972 stellte alle Beteiligten zufrieden, die »*Frühlingsträume*« waren groß, bedeutend, mit guten Fundamenten mit ausgeprägten Sprunggelenken, verbunden mit einem korrekten, in Raumgriff und Takt vorbildlichem Gangvermögen, vielleicht fehlte ein wenig Adel. Kaum waren die ersten Kinder im Sport, stand *Frühlingstraum II* auf den Spitzenplätzen der Gewinnsummenstatistiken. 1973 war mit Abstand der beste Jahrgang in seiner Beschälertätigkeit, die zeitlebens von seiner Individual-Potenz geprägt war; mit dabei war der spätere Körsieger *Feuerschein I* und das Weltmeisterpferd *Fire*/Norbert Koof. Weitere Ausnahmesportler waren *Feuerball*/Jürgen Kenn bzw. Willi Melliger, *Feger*/Bernhard Kamps, *Fregola*/T. Nagel, *Flamme*/Bernhard Kamps, *Glenn*/Henk Nooren, *Flotho*/Sönke Sönksen und *Finale*/Fritz Ligges.

Unter den vielen eingetragenen Töchtern ist vor allem St.Pr.St. *Fürstin*, Siegerstute der Eliteschau 1977, die gleichzeitig Reservesiegerstute der DLG 1978 und unter Hans-Jürgen Meyer Teilnehmerin an den Bundeschampionaten 1978 und 1979, zu nennen.

Die Gewinnsummen aus dem Turniersport, die von seinen Nachkommen errungen wurden, belaufen sich bis heute auf stolze 786.997 Euro.

Frühlingstraum II, der in besten Zeiten bis zu 100 Stuten pro Jahr deckte, war DLG-Hengst und belegte 1972 in Hannover Platz 2 hinter *Argentan*. Seine HLP schloss er als Sieger ab, er war bis Klasse S dressurmäßig ausgebildet.

Frühlingsball – Leistung pur

Als *Frühlings*ball (B. Rehr, Everswinkel) 1991, nachdem er noch die volle Decksaison in Gevelsberg absolviert hatte, abtrat, hinterließ er der Züchterschaft eine leistungsstarke Nachkommenschaft. Diese Züchterschaft hatte über 19 Jahre mit großer Überzeugung hinter dem *Frühling*-Sohn gestanden, obwohl 1,68 m große Fuchs – denkt man seine Boxennachbarn *Rex Fritz*, *Pazifik* oder *Pit* – zeitweilig gegen große Konkurrenz auf dieser Renommierstation des Warendorfer Landgestüts antreten musste. Doch hat er es den Züchtern auch von Anfang an leicht gemacht. Ein kurzer Rückblick: als April-Fohlen a.d. St.Pr.St. *Rivalin* v. *Radetzky* 1970 geboren, 1972 zur Körung in der Halle Münsterland vorgestellt, mit I-k prämiert die Bahn verlassen, als Staatshengst nach Warendorf, 1973 in Gevelsberg aufgestellt (und immer dort geblieben!). 1974 urteilt Dr. Dohmen: »Alle 15 zur Prämierung zugelassenen Fohlen des Hengstes *Frühlingsball* (1. Jahrgang) wurden auch prämiert; ihre Größe, ihr Rahmen, die Linien und Harmonie, die Eleganz sowie die Korrektheit und die Ergiebigkeit der Bewegungen waren beispielhaft!« 1977 erschien aus diesem Jahrgang die erste Stute auf der Zentralschau und erhielt das Prädikat »Staatsprämienstute«, 1978 wurde der erste Sohn gekört, 1980 wird Tochter St.Pr.St. *Feuertaufe*, Züchter H.J. Wehberg in Gevelsberg (sie ist Vollschwester des Ldb. *Fioravanti* und des Dressurpferdes *Franklin*) Siegerstute der Eliteschau, 1982 wird Sohn *Federball* (Z.: H.J. Wehberg, Gevelsberg) Siegerhengst der Körung, 1983 wird Sohn *Fernblick* ebenfalls Körsieger, und es folgen noch viele gute Söhne und Töchter für die Zucht und den Sport. *Frühlingsball*-Kinder mit den meisten Sporterfolgen waren im Springen Alfonso Segovias *Feiner Kerl*, *Feuergeist*/Jürgen Kenn, *Fleur*/Franke Sloothaak, *Bugatti Fidelia* und *Bugatti Fleetwood*/Wolfgang Brinkmann, in der Dressur Markus Tecklenborgs *Franklin*. Alle sportlichen Kinder des *Frühlingsball*, der selbst in der Dressur bis zur schweren Klasse ausgebildet ist, verdienten bis heute 1.9 Mio. Euro. Die Anzahl der gekörten Söhne geht gegen 20, die Zahl der Töchter mit Staatsprämie betrug bereits im Jahr seines Ausscheidens 53. Inwieweit der Mutterstamm des *Frühlingsball* entscheidend für die Vererbungswirkung des »Gevelsbergers« war, lässt sich nur erahnen: Seine Mutter St.Pr.St. *Rivalin* v. *Radetzky* ist auch kein »unbeschriebenes Blatt«, mit *Gottschalk* brachte sie den Hengst *Orthos* (Verbleib Niederlande); außerdem gingen aus diesem Stamm die Vererber *Bilbao* (Pb.

Mit *Fire*, dem wohl bekanntesten *Frühlingstraum II*-Sohn, wurde Norbert Koof 1982 Weltmeister.

Bayern) und *Paradise Island* (Pb. Westfalen) hervor. Insgesamt muss diese Verbindung der Stempelhengste *Frühling* x *Radetzky* = *Frühlingsball* als außerordentlich wirkungsvoll und sich auf ideale Weise ergänzend bezeichnet werden.

Von Wunderlich bis Weinhang

Neben der sich verselbständigten *Frühling*-Dynastie (aus dem Zweig des *Fling*-Sohnes *Flieger*) traten ab Mitte bis Ende der 70er Jahre männliche Nachkommen des *Fling*-Sohnes *Feiner Kerl* und zwar aus dem *Ferrara*-Zweig in Westfalen auf.

Der *Ferrara*-Sohn *Ferdinand*, dessen züchterischer Wert vor allem in der Erzeugung hochwertiger Leistungspferde lag, wurde vor allem über seine Söhne *Wedekind* und *Wendekreis* (in Hannover tragen Vertreter dieser Linie seit den 50er Jahren den Anfangsbuchstaben W) in Westfalen wirksam. Nennenswerte *Wedekind*-Söhne waren:

Ldb. *Wunderlich* (Z.: P. Ahlff, Oberhüll), geb. 1974, a.d. *Waltana* v. *Waidmannsdank* xx – *Almhügel III*, hinterließ zwei gekörte Söhne;

Pb. *Weingold* (Z.: A. Schmidt, Ankum/Stat.: H. Rohmann, Marl), geb. 1976, a.d. St.Pr.St. *Callas* v. *Cardinal* xx – *Lavendel*, lieferte gleich aus dem ersten Jahrgang einen gekörten Sohn, *Weinstock*;

Ldb. *Werbefunk* (Z.: G. Drewes, Osten), geb. 1978, a.d. *Forstheim* v. *Frustra II* – *Domspatz*, wurden nicht zuletzt aufgrund seines Mutterstammes (Großmutter *Daniela* war Hartwig Steenkens Erfolgspferd, Vollschwester der Mutter brachte die Gebrüder *Pik Bube I* und *II*) erhebliche Vorschusslorbeeren entgegengebracht.

Von den *Wendekreis*-Söhnen (sein Sohn *Werther* wurde Muttervater des *Fidermark*) wie Pb. *Wellington* (Z.: G. Pape, Hemmoor/Stat.: Gestüt Römersee), geb. 1975, a.d. *Eldena* v. *Efendi* – *Almhügel III*, Pb. *Weltcup* (Z.: G. Groß, Wechtern/Stat.: Sandhowe, Ascheberg), geb. 1976, a.d. *Mirakel* v. *Miracolo* xx – *Ariovist*, oder Pb. *Weißgold* (Z.: H. Wolf, Großburgwedel/Stat.: J. Schulze Elfringhoff, danach Brasilien), geb. 1977, a.d. *Lagetta* v. *Landsknecht* – *Ramzes*, der ein Vollbruder zum Springpferd *Wembley*/Kurt Gravemeier war, blieb züchterisch nicht viel. Der *Ferrara*-Sohn und Celler-Landbeschäler *Feuerland* lieferte mit seinem Urenkel Ldb. *Weinhang* für Westfalen einen Beschäler, der in den 80er Jahren für die hiesige Zucht über seinen multitalentierten Sohn *Weinberg* immense Bedeutung erlangte (siehe Seite 122).

Pilatus – der Stempelhengst aus Datteln

Als 1964 der Dattelner Pferdezüchter Kunibert Münch für seine St.Pr.St. *Duela* v. *Duellant* – *Folgsam*, die er im hannoverschen Zuchtgebiet als Absetzer zweieinhalb Jahre zuvor gekauft hatte, einen Hengst auswählte, fiel die Entscheidung auf den in Marl debütierenden Privathengst *Perseus*, damals in puncto Vererbung noch ein unbeschriebenes Blatt. Münch sollte es nicht bereuen: Gleich das erste Fohlen dieser mit der Staatsprämie dekorierten Stute war ein Knaller: *Pilatus*! *Duela*, brachte danach noch elf weitere Fohlen und ging zudem erfolgreich im ländlichen Turniersport. Auch die anderen konnten sich sehen lassen: Die *Gold Dollar*-Tochter *Gibraltar* wurde beispielsweise die Mutter des *Grande Gold* v. *Grande*. Zurück zum Erstling: Er ging 1967 bei starker Konkurrenz als Ib-Hengst hinter dem Körungssieger *Realist*. Aufgestellt bei seinem Züchter in Datteln, ging dieser sich hervorragend bewegende, korrekte und großrahmige Hengst auf »Stutenfang«; gleich aus dem ersten Jahrgang fiel ein gekörter Sohn, Reservesieger *Picasso*, und weitere folgten. Hinzu kam, dass viele dieser herausragenden Söhne bei Körungen vorne mitgingen: *Picasso* wurde 1. Reservesieger 1971, *Perlkönig* wurde Siegerhengst und *Planet* schaffte dies ein Jahr später ebenso – von den insgesamt 14 zuchttauglichen Söhnen, schrieben zwei internationale Zuchtgeschichte: *Pilot* und *Polydor*, aber das erst später.

Dies ließ die Züchter aufhorchen und kurbelte das Deckgeschäft in Datteln kräftig an. Auch wenn *Pilatus* keine hochkrätigen Sportpferde lieferte, waren es neben den gekörten Söhnen leistungsstarke, elegante Töchter – über 150, die *Pilatus* zum Vater haben, sind registriert. 1979 ging er 14-jährig in die benachbarten

Niederlande, lieferte seinen Beitrag für die dortige Warmblutzucht, die er vor allem mit seinem Sohn *Roemer* (aus einer ebenfalls westfälischen Mutter von *Cyrano*) bereicherte; dieser war zeitweilig »Tabellenführer« der niederländischen Dressurhengste, obwohl er früh in die USA exportiert wurde. 1983 kehrte *Pilatus* noch einmal auf seine heimische Station nach Datteln zurück, wo er seine letzten Jahre verbrachte.

Pilatus' Hauptverdienst ist es, dass er die *Pilatus*-Linie, nachdem diese schmale Hengstlinie, die ihren Ursprung mit dem harten Iren *Pluchino* xx nahm, über *Perseus* durch die Verbindung von Vollblut, Beberbecker und anglo-arabischen Genen bis hin zu hannoverschen Erbanteilen eine leistungsbezogene Verstärkung erhielt, in zwei eminent starke, vor allem springorientierte Hauptzweige mit Weltgeltung aufspaltete.

Die Söhne des Pilatus

Insgesamt wurden elf Söhne des Privathengstes aus Datteln gekört, die wichtigsten sind:

Ldb. *Picasso* (Z.:Lore Fischer-Brinkmann, Hamm-Bossendorf), geb. 1969, a.d. *Paola* xx v. *Obermaat* xx – *Mousson* xx, Reservesieger der Körung 1971, 1972–1982 im Deckeinsatz, zwei gekörte Söhne;

Ldb. *Planet* (Z.: Werner Münch, Recklinghausen), geb. 1971, a.d. *Gracia Patricia* v. *Günstling* – *Aar*, Siegerhengst 1973, 1974–1981 Deckhengst, ein gekörter Sohn;

Der Privatbeschäler *Pilatus* wurde Vater der Jahrhunderthengste *Pilot* und *Polydor*.

Ldb. *Perlkönig I* (Z.: Günter Stegemann, Datteln), geb. 1970, a.d. *Libelle* v. *Lavendel* – *Achselschwang*, Körsieger und Sieger der HLP, Vater überragender Stutenmodelle, seine drei Söhne:

Pb. Prinz *Gaylord* (Z.: Monika Feldhoff, Hiltrup) wurde HLP-Sieger in Adelheidsdorf 1977 und Klassebeschäler in Oldenburg, seine Mutter, die springgewaltige St.Pr.St. *Golden Gate*, ist die Tochter der Sandhowe'schen *Panama* v. *Papayer* xx, sie brachte auch das internationale Springpferd *Gaylord*/Hendrik Snoek;

Ldb. *Pelikan* (Z.: Günter Diekmann-Großhundorf, Lippetal), war Aufsehen erregender Aktionstraber im Landgestüt; und

Prinz Goldberg (Z.: E. Schulze Lohne, Bad Sassendorf) war zunächst Privatbeschäler, später Springpferd im Stall Snoek.

Ldb. *Schwaig. Polarstern* (geb. 1971), a.d. *Fata Morgana* v. *Frühlicht*, älterer Vollbruder des *Polydor*, ging in die bayerische Zucht, genauer gesagt ins staatliche Versuchsgut *Achselschwang*.

Auf die herausragenden *Pilot* und *Polydor* wird wegen der langjährigen Wirkungszeit, die bis weit in die 90er Jahre geht, im nächsten Hauptkapitel »Weltmeister und Olympiasieger« ausführlich eingegangen.

Romadour II –
ein Glücksfall nicht nur für Westfalen

Es gab nur wenige Hengste in Deutschland, die einem Fehlergucker das Leben schwer machten; dies ist bis heute so geblieben. Einer von ihnen zog jeden Betrachter in seinen Bann. Dieser Hengst, der auf jede Stute zu passen schien und sie in jedem Merkmal zu verbessern in der Lage war, galt zu seiner Zeit als der Idealtypus eines Hengstes der deutschen Warmblutzucht. Seine Gangmechanik war vom Allerfeinsten, die Konstruktionsachse vom Genick, Hals, Schulter, Widerrist, Sattellage und Kruppe waren exzellent modelliert. Als dieser Hengst, die Rede ist von *Romadour II*, Anfang Juli 1983 erst 14 Jahre alt abtrat, ging dies wie ein Lauffeuer durch Westfalen, aber vor allem durch das Rheinland, wo er viele Jahre gewirkt hatte. Geboren wurde er im westfälischen Hochzuchtgebiet um Soest auf dem Hof von Otto Adam, seine Mutter war St.Pr.St. *Gunda* vom Landbeschäler *Grünfink* (v. *Grünspecht – Almhüter*), also bewährtes hannoversch-westfälisches Blut. Die Großmutter auf der Mutterseite stammte von *Dorn – Abendsegen*, insgesamt eine Blutführung, bei der eine gewisse Derbheit in der Vererbung nicht überrascht hätte. Aber das Gegenteil war der Fall: Seine Kinder waren in der Regel Pferde mit dem Charme und Adel ihres Vaters *Romulus I*, die ankamen; dies und vor allem die Tatsache, dass sich sein Bruder *Romadour I*, der Vater des Weltmeister-Pferdes *Roman*, so ganz anders im Exterieur und in der Vererbung darstellte, war immer wieder Grund zu der Vermutung, dass Mutter *Gunda*, die nachweislich im Jahr der Zeugung von *Romadour II* auch vom Boxennachbar *Duft III* gedeckt worden ist, vom bunten *Duellant*-Sohn tragend wurde. *Duft III* schied später wegen Unfruchtbarkeit aus.

Die Körung des 2 1/2-jährigen noch fohlenhaften, vorne etwas bügelnden *Romadour II* verlief lautlos, jedoch schon bei der Hengstleistungsprüfung demonstrierte er seine Stärken. Seine ersten Fohlen ließen die Züchter jubilieren, die ersten Materialpferde überzeugten den letzten Zweifler, sie machten manche Prüfung zum kleinen *Romadour*-Festival. Die DLG-Ausstellung 1976 in München machte ihn bundesweit bekannt, er selbst wurde mit dem Ia- und dem Siegerpreis ausgestattet, seine Töchter *Rivera* und *Ranja* standen in ihrer Klasse dem Vater nichts nach und wurden mit Ia und Ib ausgezeichnet. Im gleichen Jahr kürte man *Ranja* im Rheinland zur Stutenkönigin und Sohn *Rheingold* zum Sieger der rheinischen Körung. In seiner Vererbung machte *Romadour II*, der nur in Heidhausen gestanden hat und die meiste Zeit über 100 Stuten deckte, nicht nur Top-Pferde fürs Viereck (wie den Multi-Olympioniken *Rembrandt*/Nicole Uphoff) sondern auch für den Parcours (*Robin Hood*/Hubert Vornholt, *Rolling Stone*/Peter Weinberg bzw. Manfred Schmidtke, S-Springen wie S-Dressur). Er selbst war bis zur Klasse S ausgebildet.

Hier sind die *Romadour II*-Söhne im kurzen Überblick:

der Schimmel *Rokoko* (Z.: Paul Lohmann, Olfen), geb. 1975, a.d. *Radetta* v. *Rasputin – Keith* (einer Halbschwester zu dem Warendorfer *Goldlack I* und Zweibrücker *Goldlack II*); *Rokoko* ist Halbbruder der *Feuerschein I*-Tochter und Elitestute St.Pr.St. *Feudale*, zwei seiner Söhne wurden gekört: *Rothschild* und *Rossini*;
Pb. *Rarität* (Z.: Wilh. Holkenbrink, Albachten), geb. 1977, a.d. *Schalmei* v. *Schwarzseher – Ducker*;

links:
Mit dem DLG-Siegerhengst *Romadour II* begann 1976 eine neue Epoche in der westfälischen Reitpferde-Zucht.

rechts:
Rembrandt v. *Romadour II* unter Nicole Uphoff; die beiden gewannen zweimal olympisches Doppelgold.

Pb. *Romiro* (Z.: Dieter Bruch, Hamminkeln), geb. 1979, a.d. *Ranke* v. *Renaldo – Abendwind*;

Pb. *Rousseau* (Z.: Heinz Jansen, Selfkant), geb. 1979, a.d. *Luna* v. *Lugano II – Gotthard*;

Ldb. *Rheinprinz* (Z.: Alois Mott, Goch), geb. 1980, a.d. *Maigret* v. *Abendregen – Absalon*, ein ursprünglich reiner Trakehner-Mutterstamm, aus dem das bekannte Springpferd *Flitzer* v. *Famulus* stammte. *Rheinprinz* hat einen gekörten Sohn, *Reimondo*.

Seine Söhne *Renoir I*, *Rheingold* und vor allem *Rosenkavalier* haben besondere Bedeutung erlangt und haben vor allem in den letzten zwei Jahrzehnten der westfälischen Pferdezucht ihren Stempel aufgedrückt. Aus diesem Grund sind sie auf den Seiten 129 ff. und 155 ff. ausführlich beschrieben.

Romadour I

Ldb. *Romadour I* (geb. 1967), a.d. St.Pr.St. *Gunda* v. *Grünfink – Dorn*, stand lange im Schatten des jüngeren Bruders auf weniger bedeutenden Deckstellen; er schaffte jedoch den Durchbruch nach dem spektakulären Weltmeisterschaftssieg seines Sohnes *Roman*. Bereits 14-jährig schied er aus der Landbeschälerriege aus, einen männlichen Erben hat er nicht hinterlassen.

Wie bereits erwähnt, entwickelte sich die *Ramzes*-Dynastie in zwei Zweige, in den westfälischen und den holsteinisch geprägten Zweig. War es in Westfalen der *Ramzes*-Sohn *Radetzky*, der das R-Blut vorantrieb, war es der Holsteiner *Ramzes*-Enkel *Ramiro*, der weltweit für eine Verbreitung dieses vor allem springbetonten Zweiges sorgte.

Der *Romadour I*-Sohn *Roman* gewann mit Gerd Wiltfang die WM 1978 in Aachen.

Ein viel beachteter Sohn des *Remus I* war Ldb. *Renaldo* (Z.: B. Gausepohl, Nottuln), geb. 1968, a.d. St.Pr.St. *Lottchen* v. *Lohengrin – Schwärmer*, der vor allem im Deckstellenbezirk Ascheberg und Herbern segensreich wirkte. Neben sieben gekörten Söhnen hinterließ er Stutenmodelle der Extraklasse wie beispielsweise St.Pr.St. *Residenz* (Siegerstute der Eliteschau 1987), gute Mütter (wie beispielsweise *Roma*, die Mutter des Bundeschampions von 1995, Pb. *Dinaro*), hochpreisige Auktionsspitzen wie *Raimondo* und sportliche Erfolgspferde wie *Robin Fly* (Dressurstall Bemelmanns). Gekörte Söhne wie die Beschäler *Respekt*, *Rinaldini*, *Ricardo*, *Remington* und *Rigoletto* führten das väterliche Erbe fort:

Ldb. *Rinaldini* (Z.: A. Spinne, Selm), geb. 1972, a.d. *Grünella* v. *Grünschnabel – Ducker*, deckte zeitlebens in Rheder, wo er viele gute Sportpferde brachte (N-LGS: über 300.000 Euro);

Ldb. *Ricardo* (Z.: T. Kranefoer, Waltrop), geb. 1974, a.d. St.Pr.St. *Fair Lady* v. *Filter – Schutzwart*, war Siegerhengst 1976 und wurde 1985 nach Bayern verkauft; er brachte einige herausragende Töchter (u.a. die Bundeschampionats-Finalistin *Rendezvous* und die bekannte St.Pr.St. *Ria*), seine Sportnachkommen schraubten seine N-LGS auf weit über 200.000 Euro;

Pb. *Rigoletto* (Z.: H. Schulze Messing, Senden), geb. 1974, a.d. St.Pr.St. *Rikscha* v. *Romulus I – Grünfink*, stand einige Jahre bei J. Schulze Elfringhoff in Ochtrup auf Station, bevor er als Dressurpferd nach England verkauft wurde; er hinterließ sportambitionierte Kinder;

Ldb. *Respekt* (Z.: H. Schulze Messing, Senden), geb. 1976, a.d. Verb.Pr.St. *Porta Nigra* v. *Pascha*, führt über den Muttervater interessantes Edelblut: Der geschätzte *Pik As* xx ist der Großvater; St.Pr.St. *Wanderin*, die Mutter, ist Enkelin des arabisch geprägten *Wacpan* v. *Fetysz* ox. *Wanderin* brachte das kanadische Olympiapferd *Monaco* und die Privatbeschäler *Pascha* sowie

Aristides, dessen Sohn *Arianer* Landbeschäler in Warendorf wurde;

Pb. *Remington* (Z.: N. Heubrock, Ascheberg/ Stat.: M. Müller, Gerlingen), geb. 1980, a.d. *Gräfin* v. *Grünspecht* – *Flitter I*; *Gräfin* ist auch Mutter des *Douglas* v. *Dorado I*, Großmutter *Fligette* war erfolgreich im Turniersport und brachte den Sporthengst *Dergel* v. *Dorn*.

Ramiro – Westfalens erster Euro-Hengst

Lange bevor es den Euro als europaweites Zahlungsmittel gab, gab es in Europa einen Hengst, der wegen seiner grenzübergreifenden Wirkung in verschiedenen Zuchten des Kontinents zu Recht als »Eurohengst« hineinwirkte, wie es nach ihm in seiner ganzen Bedeutung nur ganz wenige Beschäler schafften: Die Rede ist von *Ramiro*.

Durch Kauf gelang es 1964 dem Freiherrn von Nagel, dem Gestütsherrn von Vornholz, die *Cottage Son* xx – *Logenschließer*-Stute *Valine* tragend vom *Ramzes*-Sohn *Raimond* nach Westfalen zu holen. *Valine* ist eine Tochter des bedeutenden englischen Leistungsvererbers *Cottage Son* xx, dessen Bedeutung für die Holsteiner Zucht trotz der nur kurzen Einsatzzeit enorm war. Die Mutter von *Valine* ist eine Tochter des Springvererbers *Logenschließer* (*Loretto* – *Heinitz*), *Valines* Großmutter stammte von dem für Holstein bedeutenden *Favorit*, der ebenfalls Springblut pur weitergab.

Das 1965 geborene Hengstfohlen war das einzige Fohlen seiner Mutter, die später unter dem Namen *Coralle* im Sport Karriere machte.
Die Holsteiner machten den bedeutenden Typ, mit ausgezeichnetem Fundament ausgestatteten Braunen zum Reservesieger, Westfalen tat sich schwer: Kritisiert wurde der mangelnde Hengstausdruck, die mäßigen Breiten- und Tiefenmaße und das gewinkelte, herausgestellte Hinterbein. 1969 kam er in die Zuchtwertklasse IV und deckte nur Stuten des Hengsthalters in Vornholz. Daran änderte auch *Ramiros* Sieg über die Jahrgangsgefährten anlässlich der HLP nichts. Auch Hannover tat sich schwer: Nach Erwerb des ersten *Ramiro*-Sohnes *Report* für das Landgestüt drohte die dortige Zuchtleitung mit dem Entzug der generellen Anerkennung Warendorfer Landbeschäler bei der weiteren Verwendung dieses Blutes.

Aus diesem ersten Deckjahr stammten gleich mehrere Leistungspferde: die Stute *Fatinitza* und der gekörte Hengst *Romanow*, beide aus Holsteiner Stuten. *Fatinitza*, später umgetauft auf *Donau*, war unter Fritz Ligges bzw. Thomas Frühmann eine der erfolgreichsten internationalen Springpferde ihrer Zeit. Da die sportliche Laufbahn von Tochter (*Fatinitza*) und Vater (*Ramiro*) zeitweilig gleich verlief, kam es nicht selten vor, dass beide in derselben Prüfung platziert waren.

Nach seinem züchterischen Einsatz in Vornholz war *Ramiro* nach einem kurzen Aufenthalt in Holstein, bei Fritz Ligges in Ascheberg-Herbern und später im belgischen Gestüt Zangersheide sowie in den Niederlanden (Pferdeversuchsgut Brunssum) tätig. In dieser Zeit zeugte er eine große Anzahl hocherfolgreicher Kinder: *Ralf*, *Romina*, *Rauhreif*, *Rio Negro*, *Riva*, *Roter Prinz*, *Rolex*, *Zamira*, *Rinnetou Z*, *Ratina Z*, um nur einige zu nennen.

Zwischenzeitlich hatten die Erfolge des *Ramzes*-Enkels bei der heimischen Zuchtleitung dafür gesorgt, dass westfälische Züchter *Ramiro* nutzen konnten, wenn auch mit Sondergenehmigung. Das Interesse an *Ramiro* stieg sprunghaft an, »*Ramiro* war wohl doch kein Schlechter«. Hervorzuheben sind:

Ramzes, mit ihm gewann Fritz Ligges die Mannschafts-Bronzemedaille bei den Olympischen Reiterspielen in Los Angeles;

Pb. *Ramiro*, unter Fritz Ligges ein internationaler Sportler, wurde für die europäische Warmblutzucht bedeutend.

Die *Ramiro*-Tochter *Rosella G* gewann mit ihrem Züchter Lutz Gössing beide Bundeschampionate – eine bisher einmalige Leistung.

Verb.Pr.St. *Rosella G* aus einer *Sacramento* xx-Mutter, die zweimal das Springpferde-Bundeschampionat gewann, später Seriensiegerin in schweren internationalen Konkurrenzen unter Markus und Ludger Beerbaum war und ein Beleg dafür ist, dass *Ramiro* und blutgeprägte Stuten gut zusammenpassten;

Pb. *Rodney* (Z.: Fritz Ligges, Herbern), geb. 1975; der über seine internationalen Sporterfolge 1985 in Ascheberg gekörte *Ramiro*-Sohn (a.d. *Usch* v. *Usurpator* xx), der leider viel zu früh an den Folgen eines Beinbruchs einging. *Usch* ging erfolgreich im Spring-, Dressur- und Vielseitigkeitssport bis zur Klasse M. Ihre Tochter *Rauna* war bis S erfolgreich, ihr Sohn *Roger* war Bundeschampionats-Teilnehmer. Ihre Tochter *Ranaschun* aus der Verbindung mit *Ramiro* brachte den Privathengst *Gameton*. *Rodney* ist Vater von zwei gekörten Söhnen, *Rodney's Boy* und *Robin L*, 63 seiner Töchter sind eingetragen. *Rodney* brachte etliche Springpferde der S-Klasse, bestes Beispiel ist *Rodrigo*, Jumper der Hassmann-Familie aus Lienen, der u.a. den Rolinck-Cup in der Halle Münsterland im Jahre 2000 gewann. *Rodney* entstand aus *Ramiros* einzigem Sprung im Jahre 1974.

Ramiros Sportkarriere begann erst 6-jährig mit Fritz Ligges, der zu jener Zeit Pferde für Baron Nagel ritt. Gleich in der ersten Turniersaison im Jahre 1971 startete Fritz Ligges ihn sehr erfolgreich in Springprüfungen der Klasse L und M. Wie talentiert, aber auch wie lernfähig *Ramiro* war, stellte er Ende 1971 unter Beweis: Er startete erstmals in der S-Klasse und nahm 1973 an den Europameisterschaften in Hickstead teil, wo er auf dem 8. Platz landete.

Der westfälische *Ramiro*-Sohn *Rodney* wurde über seine sportlichen Erfolge unter Fritz Ligges gekört.

Weltmeister und Olympiasieger: Westfalen im Aufwind

Eine bislang nicht erlebte Erfolgsserie westfälischer Pferde katapultiert von Ende der 70er Jahre bis Ende der 80er Jahre die hiesige Zuchtleitung und die Züchterschaft auf eine bislang nie gekannte Erfolgsbahn. Westfälische Pferde – oft im Team mit westfälischen Reitern – abonnieren Medaillen und Titel, ob bei Weltmeisterschaften oder Olympischen Spielen. »Westfalen« mischt mit! Auktionsslogan war: »Donnerwetter, diese Westfalen!« Beispiele für die Erfolge sind:

Olympische Spiele
1984 Los Angeles: in der Dressur Gold für *Ahlerich*/Reiner Klimke (Einzelwertung und Mannschaft), im Springen *Ramzes*/Fritz Ligges (Mannschaft)
1988 Seoul: in der Dressur Gold für *Rembrandt*/Nicole Uphoff (Einzelwertung),
mit der Mannschaft Gold *Ganimedes*/Monica Theodorescu, *Ahlerich*/Reiner Klimke und *Rembrandt*/Nicole Uphoff
im Springen mit der Mannschaft Gold für *Bugatti Pedro*/Wolfgang Brinkmann
Weltmeisterschaften
1978 Aachen Weltmeister Springen *Roman*/Gerd Wiltfang
1982 Dublin Weltmeister Springen *Fire*/Norbert Koof
1982 Lausanne Weltmeister Dressur *Ahlerich*/Reiner Klimke
Europameisterschaften
1981 München Europameister Springen *Fire*/Norbert Koof
1985 Kopenhagen Europameister Dressur *Ahlerich*/Reiner Klimke
Deutsche Meisterschaften
1981 Berlin Deutscher Meister Springen *Argonaut*/Franke Sloothaak
1990 Mannheim Deutscher Meister Springen *Pamina*/Otto Becker
zwischen 1981 und 1988 6-mal Deutscher Meister Dressur *Ahlerich*/Reiner Klimke

Dressurpferde in Seoul: (v.l.n.r.) *Ahlerich*, *Amon* und *Rembrandt*

Franke Sloothaak gewann mit *Argonaut* v. *Aarstein* 1981 den Titel eines Deutschen Meisters.

unten:
Drei Westfalen in der von Equipechef Anton Fischer angeführten deutschen Gold-Equipe von Seoul 1988: *Ganimedes* v. *Grünhorn III* mit Monica Theodorescu (2. v. l.), *Rembrandt* v. *Romadour II* mit Nicole Uphoff (3. v. l.) und *Ahlerich* v. *Angelo* xx mit Dr. Reiner Klimke (4. v. l.), links: Ann-Kathrin Linsenhoff mit *Courage*

Die Spitzensportler wurden zu Aushängeschildern für die Zucht und den Absatz, dies motivierte die Züchter und zog Käufer aus Deutschland, Europa und Übersee an.

Auch die Erfolge auf Zuchtschauen machten Reklame: DLG 1980 – Siegerhengst *Debütant*, 1984 – Siegerhengst *Feuerfunke* xx und *Pazifik*, 1986 – Siegerhengst *Akitos* xx, 1989 – Reservesiegerhengst *Diamantino*.

Züchterisch ging es in dieser Epoche darum, die Reitqualität der »Produkte«, der westfälischen Pferde zu verfeinern. Bei diesen Bemühungen ging es um die Optimierung der hierbei relevanten Merkmale in der äußerlichen Konstruktion und der »inneren Werte« (charakterliche Eignung, Handhabbarkeit, Temperament).

Begriffe wie »Leistungszucht« und »Leistungspferde« wurden scheinbar neu erfunden, dabei wurde wohl bei allem Eifer übersehen, dass Pferde schon immer auf Leistung gezogen wurden. In diese Diskussionen passte das etwa zur gleichen Zeit eingeführte »Jahrbuch Zucht«, dessen Mängel zwar manches Kopfschütteln und Unverständnis hervorrief, das jedoch ein Buch wurde, welches zum Verkaufsschlager avancierte. Diese Einschätzung hat bis heute seine Gültigkeit.

Ldb. *Bariton* hinterließ eine Vielzahl sportlicher Kinder, z.B. *Bandit* unter Thomas Frühmann.

Dabei wurden – so sagen kritische Zeitgenossen – Leistungen erfasst, auf Datenbanken geschoben und neue Zahlenkolonnen produziert, Abstammungen wurden hochstilisiert, biologische Tatsachen oft negiert. Heraus kam manches Missverständnis und trotzdem bestätigte sich im Nachhinein manche Einschätzung.

Die traditionelle Exterieurbeurteilung (infolge der reitsportlichen Belastungen mehr denn je sinnvoll) wurde in Frage gestellt; wie stark exterieure Gesichtspunkte zwanzig Jahre später eine Rolle spielen, zeigt die gegen Ende der 90er Jahre einsetzende Inflation von röntgenologischen Untersuchungen.

Pferde mit Übergröße waren in dieser Periode gefragt, jeder Zentimeter mehr brachte mehr Geld, und die Pferde wurden nicht selten hölzern, unelastisch, ohne Reitqualität. »Blutleere« und bullige Beschäler schoben das Stockmaß der Pferdegeneration jener Zeit auf deutlich über 1,70 m. Zum Glück nur ein Trend!

Ebenso war die Körperfarbe ein Thema: Schimmel war gefragt – auch nur kurze Zeit – oder Vollblüter: von euphorisch bis verachtend.

In Bezug auf den Hengstbestand zeichnete sich die außerordentliche Bedeutung des *Pilatus*-Blutes über seine Söhne *Pilot* und *Polydor* ab; altes westfälisches Blut wie F- oder R-Blut zeichnete sich durch mehr oder weniger vorhandene Stabilität aus, Westfalen erhielt Unterstützung aus Frankreich: Nach langer Abstinenz wurde AA-Blut »eingekauft«.

Mitten in dieser Erfolgsepoche, im Jahre 1986, übernahm in Westfalen Dr. Marahrens die »züchterische Führung«. Von Anfang an agierte der »Hannoveraner« in Westfalen mit Aufgeschlossenheit und Offenheit. Dabei wurde schnell deutlich, dass die westfälischen Züchter durch ihr züchterisches Handeln mehr Verantwortung übernehmen mussten – für die Erhaltung von Altem und Bewährtem wie auch für Neues und Fremdes.

Und was das Organisatorische betrifft: Das Landgestüt reduzierte sein Deckstellennetz und stieg in die Frischsamenübertragung ein. Die Palette der privaten Deckstationen veränderte sich.

Bariton gibt den Ton an

Es war nicht gerade berauschend, was der 1955 geborene *Waldfrieder Blauspecht* xx (Z.: Gräfin Spreti) als 2- bzw. 3-Jähriger auf der Rennbahn geleistet hatte. Er kam auf einen Generalausgleich von 85 kg über Hindernisse, gerade so viel, wie der Gesetzgeber vorschreibt, um als Vollblüter in der Warmblutzucht zugelassen zu werden. 1960 kam *Blauspecht* xx als Landbeschäler 1545 nach Warendorf. Blauspechts Vater *Madjar*xx, der ebenfalls zeitweilig im Landgestüt Dienst tat, brachte mit *Arato* xx einen weiteren Sportpferdevererber, der in den 70er Jahren in Baden-Württemberg und Rheinland-Pfalz erfolgreich wirkte. Aus der Waldfrieder M-Familie kamen auch die Beschäler *Steinpilz* xx und *Bumerang* xx. *Blauspechts* Großmutter *Blaue Adria* xx brachte den Derby- und St. Leger-Sieger *Baalim* xx.

Blauspecht xx, der 1973 an Kolik einging, stand zeitlebens auf der Station Kump. Der Leistungsvererber mit Schwerpunkt Springen hinterließ mit *Bariton*, *Blaufalke* und *Borax* drei gekörte Söhne. Die beiden Letztgenannten waren bedeutungslos.

Ldb. *Bariton* (Z.: H.W. Poth, Altenbögge-Bönen) hingegen gab schnell den Ton an.
Der Mutterstamm *Baritons* geht auf die westfälische Stute *Fee* (v. *Formol – Heinz – Herr – Jaguar – Varus – Pflegesohn*) zurück. Der mittelgroße, ausdrucksvolle Beschäler wurde anlässlich der Hengstleistungsprüfung 1971 Siegerhengst; er war der erste Sieger des eigenen Warendorfer Prüfungsmodus, dem so genannten »Warendorfer Modell«. Die Springveranlagung fiel schnell ins Auge, auch bei seinen Kindern: Von einem mittelmäßigen Platz jenseits von 50 in der Gewinnsummenstatistik kletterte er binnen zwölf Monaten im Jahre 1980 kometenhaft auf Platz 6. Dazu trugen sicher die Spitzenpferde *Boyfriend*/Gerd Wiltfang, *Bandit*/Thomas Frühmann, *Baroness*/H.W. Johannsmann sowie *Borodin*/Dirk Hafemeister, *Bartholomäus*/Rainer Supan und *Bianco*/Alfons Klöpper bei, aber auch die vielen Sportkinder, die in der »ländlichen Tour« an den Start gingen und ein paar Jahre später der Sieger beim Weltcup-Finale in Göteborg 1986 *Bonheur*, besser bekannt unter dem Namen *Mc Lain* (*Bariton – Dragoner*) mit seiner Reiterin Leslie Burr-Lenahan. Noch heute sind *Bariton*-Söhne Großverdiener, wie beispielsweise *Bogatti*, der 2002 über 4.000 Euro »zusammensprang«. *Bariton* gehört mit 863.863 Euro zu den Top Ten der gewinnreichsten Hengste in Westfalen.

Da sich *Bariton* zuweilen reichlich unmodern vererbte (was wohl mit seiner Mutterseite erklärbar ist), benötigte er als Partnerinnen wiederum Blutstuten, um befriedigende Produkte zu bringen. Dies ist sicher auch der Grund dafür, dass er gute Zuchtmodelle – ob in Form von gekörten Söhnen oder Schaustuten – erst spät vorstellte. *Bariton*, der vornehmlich im Rheinland eingesetzt war, lieferte der Zucht sieben Söhne, die bekanntesten sind:

Ldb. *Bartok* (Z.: W. Kübeler, Erftstadt), geb. 1979, a.d. *Dorina* v. *Liguster* (Trak.) – *Dreikampf* xx, war ein sehr nobler Dunkelfuchs mit wenig Abzeichen. Seine Noblesse verdankte *Bartok* unbestritten dem Edelblut auf der Mutterseite, die hinteren Ahnenreihen münden in einen soliden hannoverschen Mutterstamm.
Von seinen Töchtern wurden über hundert in Stutbücher eingetragen, von seinen drei Söhnen ist besonders der Pb. *Bonus* aus dem Stutenstamm der Zuchtstätte Wierling in Senden zu nennen. *Bartok*-Kinder sind sportlich ambitioniert und bis heute auf Turnierplätzen Schleifensammler;

Ldb. *Barbados* (Z.: Geschw. Jockram, Lohmar), geb. 1980, a.d. St.Pr.St. *Marita* v. *Marquis – Abschaum*, hat mit dem Körsieger von 1980, Ldb. *Weltruf*, den Mutterstamm gemeinsam und war selber 1982 Sieger anlässlich der Aachener Körung. Aus seiner aktiven Beschälerzeit stammen einige gute Sportler, die Lebensgewinnsumme seiner Nachkommen beträgt über 120.000 Euro.

Ldb. *Barring* (Z.: H.W. Raifferscheid, Noervenich), geb. 1984, a.d. *Enzi* v. *Ehrensold – Axtfeld*, ist noch heute in Westfalen im Zuchteinsatz. Als Körsieger 1986 in Aachen ruhten von Anfang große Hoffnung auf dem Braunen, der bis heute keinen »Thronfolger« geliefert hat.

Sein Bruder *Bolero* war 1986 auf der Elite-Auktion in Aachen Preisspitze, seine Großmutter *Schalmei* war unter Michael Gockel erfolgreiches Springpferd;

Ldb. *Barlöwe* (Z.: E.W. Contzen, Lechenich), geb. 1986, a.d. St.Pr.St. *Saba* v. *Salut – Der Löwe* xx, stand ab 1989 zunächst in Rhede-Krommert (dort hinterließ er einen viel beachteten 1. Jahrgang) und ging später nach Büren auf Station. Er hinterließ 38 eingetragene Töchter und mit Bonfire einen gekörten Sohn.

Grande, der Große – auch für Westfalen

Ein paar Jahre später bekam nach *Gotthard* ein weiterer *Goldfisch II*-Sohn, Graf, für Westfalens Zucht Bedeutung, über seinen Sohn *Grande* erhielt Westfalens Springpferdezucht Anstöße. *Grande*, 1,59 m groß, knapplinig, kurze, starke Halsung, knappe Schulter, wenig ausgeprägter Widerrist, aber mit kräftigen Fundamenten und festen Hufen; vor allem ein raumgreifender Schritt und Trab, dabei viel Ausdruck und in der Muskulatur kernig, ein kleiner »Großer« (= *Grande*), der – als man seine Vererbungsleistung erkannte – zu den wirklichen Größen in der Welt der Vererber wurde. *Grande*s Mutter *Duellfest* (DLG-Teilnehmerin 1960) ist nobel gezogen, ihre Mutter ist *Försterfarm* v. *Förster*, Vater ist *Duellant*. Seine Nachkommen sind im Einzelnen:

Ldb. *Graziano* (Z.: Gebr. Richters, Wischhafen), geb. 1976, a.d. St.Pr.St. *Amarilla* v. *Argus – Duellant*, war der erste Sohn des *Grande* im Landgestüt. *Graziano* stellte mit dem typvollen Ldb. *Gracioso* (Z.: H. Pellengahr, Höxter; einer der erfolgreichsten Kaltblutzüchter Westfalens), geb. 1986, einen westfälischen Siegerhengst; seine Mutter St.Pr.St. *Pimenta* v. *Pilot – Remus II* macht das Pedigree besonders wertvoll. In vierter Generation erscheint der Trakehner *Tartar*. *Graciosos* Vollbruder, der Zucht- und Sporthengst *Loro Piana Giorgio*, war unter Lars Nieberg international erfolgreich in schweren Springen und als Nationenpreispferd; Vollschwester *Graffiti* war ebenfalls S-erfolgreich. *Gracioso* ist Vater eines gekörten Sohnes und über 50 eingetragener Töchtern;

vom *Grande*-Sohn, dem Celler *Graphit* (aus einer Stute von *Frustra II – Athener*), stammen mehrere Söhne: *Granit* alias *Grannus* (Z.: L. Decker, Bierbergen), wurde 1972 geboren (Mutter ist die St.Pr.St. *Odessa* v. *Ozean*) und stand kurzzeitig in Westfalen; hier hinterließ er Sportpferde wie *Goby*/John Anderson und *Imperial*, früher *Gigolo*/Rodrigo Pessoa.

Der *Granit*-Sohn *Gunter* (Z.: A. Schulze-Closter, Hamm) war Landbeschäler. Pb. *Grachus* (Z.: A. Feldmann, Hänigsen), geb. 1976, a.d. *Goldrose* v. *Gotthard* (gleiche Blutführung wie *Goya*), führt geballtes G-Blut in seinem Pedigree; seine Kinder sind vor allem sportlich erfolgreich, bis Klasse S in Dressur und Springen. Ldb. *Graf Spee* (Z.: G. Bertram, Hannover), geb. 1976, a.d. *Deltina* v. *Diplomat – Adlerblick*, brachte eine Reihe guter Sportpferde für Westfalen und den gekörten Pb. *Graf Aramis* (Z.: W. H. Nölle-Pier,

links:
Ldb. *Gracioso*, ein Sohn des *Graziano*, war Siegerhengst 1988.

rechts:
Ldb. *General I* hinterließ eine Vielzahl leistungsbetonter Sportkinder.

Welver). Der wirkungsvollste Sohn des *Graphit* für die hiesige Zucht war der Ldb. *General I* (Z.: F. Klußmann, Burgdorf), geb. 1977, a.d. St.Pr.St. *Greta* v. *Gotthard* – *Winkel*, der viele Jahre in Heiden auf Station stand. *General* und *Pilot* sind nahe Verwandte: *Graphit* ist bei *General* der Vater, bei *Pilot* der Muttervater! *General* lieferte fünf Söhne und 158 Töchter (15 mit Staatsprämie) für die Zucht. »*Generäle*« sind sportive »Generalisten«: Sohn *Gitano* gewann 1987 das Bundeschampionat der 5-jährigen Springpferde, *George* und *Future Vision* unter Ian Millar gehen international, daneben u.a. *Goby*, *Goldika*, *Gasparone*. *General* schied 1993 unfallbedingt aus;

Sohn Ldb. *Gaudeamus* (Z.: H. Frericks, Heiden), geb. 1991, a.d. Holsteiner Stute *Linett* v. *Losander* (*Lord* x *Aldato*) – *Manitu* xx (Sohn des *Bürgermeister* xx); er hat inzwischen einen gekörten Sohn und 17 Töchter für die Zucht (sechs mit Staatsprämie).

Vom bewährten *Grande*-Sohn *Garibaldi II* stammt der Pb. *Gloucester* (Z.: O. Fetz, Belum/Stat.: Hubert Vornholt, Münster), geb. 1983, a.d. *Marina* v. *Marmor* – *Diskant*, der selbst als Springpferd bis S international erfolgreich war und bis heute im Deckeinsatz ist. Er lieferte eine große Zahl Parcours-Spezialisten, die teilweise auch international gehen.

Goldlack – ein Parade-Westfale aus Hannover

Nur selten gibt es Hengste von denen Züchter sprechen, als hätte er ihnen persönlich gehört. Die damit geäußerte Verbundenheit und sicher auch ein bisschen Dankbarkeit für manches gute Fohlen wird nicht jedem Hengst zu teil, aber einer davon ist »unser *Goldlack*« – ein Westfale der, aus Hannover kam.

In Isernhagen nahe bei Hannover wurde Ldb. *Goldlack* (Z.: H. Behrens, Isernhagen) 1968 geboren und gelangte samt Mutter nach Vinnum bei Olfen auf den Hof von Paul Lohmann. Ein wahrer Glückskauf! Der Vater *Goldfalk* wurde 1960 DLG-Siegerhengst, brachte neben zahlreichen Sportpferden rund 30 Staatsprämienstuten und sechs gekörte Söhne, wovon keiner in Hannover seine Linie fortsetzten konnte, aber in Westfalen! Die Mutter *Goldlacks* war die typvolle *Kennerin* v. *Keith*. Dieser Trakehner, 1941 geboren, konnte für sich, bevor er 1976 abtrat, den Ruhm in Anspruch nehmen, der letzte noch lebende Original-Trakehner in Westdeutschland gewesen zu sein. Durch *Keith* finden sich Namen fast schon legendärer Beschäler wie *Pythagoras*, *Dampfroß*, *Ararad* usw. in *Goldlacks* Abstammung. Obwohl schon hannoversch gebrannt, führte der neue Besitzer sein Gespann stolz zur nahe gelegenen Stutenschau bei Haus Sandfort. Die angereisten Herren der Kommission sollten schon einmal einen Eindruck von der Neuerwerbung bekommen. Landstallmeister Dr. Lehmann notierte seinen persönlichen Eindruck über das prächtig herausgebrachte Fohlen: »Ausdrucksvolles Gesicht; genügend langer, gut angesetzter Hals; ebenmäßig und bedeutend in den Partien, stark bemuskelte Kruppe; Vorderfuß könnte ausgeprägter sein, sehr gute Sprunggelenke; sehr guter, gerader Gang!«

Zwei Jahre später: Der Eindruck, den der Junghengst bereits als Fohlen gemacht hatte, bestätigte sich voll. Herrlich herausgebracht, gab es für den Fuchs nur einen Namen: *Goldlack*. Wenige Wochen später war die Körung: *Goldlack* oder *Frühlingstraum II* – wer wird Siegerhengst?

Dass es am Ende der *Frühling*-Sohn schaffte, tat *Goldlack* keinen Abbruch. *Goldlack* wurde Landbeschäler und machte seinen Weg: Gleich aus seinem ersten Jahrgang fielen drei

Ldb. *Goldlack* war ein bei den Züchtern stark nachgefragter Hengst, der viele gute Pferde für Zucht und Sport hinterließ.

Weltklassepferde: *Goldika* und *Gordon*/Gerd Wildfang und *Goldstern*/Andreas Weycherts; im Laufe der Jahre folgten viele nach: *Guiletta*/Alois Pollmann-Schweckhorst, *Gigolo*/Kurt Gravemeier, *Goldlights*/Markus Fuchs, *Gatsby, Gaston, Gonzo*/Peter Nagel-Tornau usw. Die Nachkommen-Lebensgewinnsumme liegt zurzeit bei 1.170.672 Euro und sie steigt weiter.

Von seinen Töchtern sind rund 250 eingetragen worden, davon erhielten 60 die Auszeichnung »Staatsprämienstute«. Besonders bekannt wurde *Goldie*, hochdekoriert bei DLG- und Bundesstutenschauen, die mit *Romadour II* die Gebrüder *Renoir I* und *II* brachte. 20 Söhne sind gekört, die bekanntesten sind:

Ldb. *Großadmiral* (Z.: F. Stegemann, Laer), geb. 1979, a.d. *Waldfee* v. *Waidmannsdank* xx – *Athos*, der 2003 noch in der Zucht steht, wurde 1981 Körungssieger und war anlässlich der HLP drittplatziert. Seine Nachkommen sind erfolgreiche Pferde auf ländlichen Turnieren. Sein Sohn Ldb. *Greifswald* (bisher wurden vier *Großadmiral*-Söhne gekört), Züchter ist J. Schulze-Kappelhoff, Ahaus; er war 1986 überragender Sieger des Hengstexamens;

Pb. *Gonfaron* (Z.: T. Lohmann, Albersloh/Stat.: Fritz Ligges, Herbern), geb. 1979, a.d. *Reni* v. *Remus I – Frühlicht II*, wurde im Sport durch Fritz Ligges vorgestellt. Mutter *Reni* brachte auch den *Frühlingstraum II*-Sohn *Faisal. Gonfaron* brachte mit *Ranaschun*, einer Vollschwester zum Springhengst *Rodney* (v. *Ramiro*), den *Gameton*, der HLP-Sieger 1987 wurde;

Ldb. *Goldglanz* (Z.: L. Hülskamp, Billerbeck), geb. 1977, a.d. *Gundi* v. *Günstling – Fortis*, ging nach Schwaiganger und brachte gute Sport- und Auktionspferde. Tochter *Goldaster* wurde Ib-Preisträgerin auf der DLG 1986 in Hannover. Die Großmutter des *Goldglanz, Fliege* v. *Fortis – Heliost*, brachte das überragende Dressurpferd *Genius*/Jo Hinnemann;

Ldb. *Goldstrand* (Z.: A. Potthoff, Billerbeck), geb. 1982, a.d. *Winzerin* v. *Waidmann – Freimut*, ist ein auffallend modellierter Beschäler mit überragender Springveranlagung; war lange Jahre im Rheinland eingesetzt und hinterließ hier viele Sportpferde für beide Disziplinen.
97 Stuten wurden ins Zuchtregister eingetragen, 19 mit Staatsprämie; zwei Söhne erhielten die Zulassung zur Zucht.

Mit D-Blut im Disco-Fieber

Der Warendorfer Discont aus der Stutenfamilie der *Cola* v. *Isenstedt* (Schmale-Steinkamp, Rahden-Varl) hinterließ vier gekörte Söhne, zwei davon waren für Westfalen bedeutend:

Ldb. *Disco-Star* (Z.: F. Meier-Bultmann, Harsewinkel), geb. 1977, a.d. *Gazelle* v. *Grünberg – Lucius* xx, war Siegerhengst der Körung 1979, legte ein über dem Durchschnitt liegendes Hengstexamen ab und warb als Mitfavorit für sein Zuchtgebiet auf der DLG 1982 in München, der Ib-Preis war der Lohn. Der in Bad Sassendorf aufgestellte Beschäler sorgte schon mit seinen ersten Jahrgängen für Furore. 13 Söhne (darunter Siegerhengste wie *Disco Look* und *Disco-Prince*)

links:
Der Ldb. *Disco-Star* (Körungssieger 1979) entfachte in Westfalen ein wahres »Disco-Fieber«.

rechts:
Ldb. *Dialekt* stammte aus der Zuchtstätte Stute in Borgholzhausen.

wurden gekört, 130 Stuten schafften den Weg in die Stammbücher, 16 erhielten die begehrte Staatsprämie, etliche Sportpferde auch mit S-Erfolgen (beispielsweise *Disco Queen*/Susanne Behring) – eine in Westfalen bis dahin nicht gekannte Euphorie, die am Ende für den Hengst und die meisten seiner Söhne von Nachteil war. Geblieben sind bis heute Pb. *Disco-Boy* (Z.: W. Cossmann, Bad Sassendorf), geb. 1981, a.d. *Prinzeß* v. *Perlkönig* – *Romulus I*, der hochbetagt auf der Privatstation Kettner im Siegerland steht, und Pb. *Diavolo II* (Z.: Ulrike Walloch, Lippetal/ Stat.: A. Koggenhorst, Gescher);

Ldb. *Dialekt* (Z.: W. Stute, Borgholzhausen), geb. 1977, a.d. *Elfenfee* v. *Ehrenschild* – *Axtfeld*, war zeitweilig ein gefragter Beschäler. Seine Mutter stammt aus der hochgelobten Stutenfamilie der *Alme* v. *Grothe*; sie ist Halbschwester der bewährten *Fischerheldin* v. *Fronvogt*, die wiederum Mutter der Warendorfer Landbeschäler *Ehrensold* v. *Ehrenschild* und *Pakt* v. *Paradox* ist. *Dialekt* war auf der 84er DLG-Ausstellung Ib-Preisträger und ist Vater von über 170 Stuten, davon 32 mit Staatsprämie (eine ist die Eliteschau-Siegerin 1985 St.Pr.St. *Danina*, eine andere die bundesschau-prämierte St.Pr.St. *Diddeldei*, Hengstmutter der *Paradox*-Söhne *Pacco I*, *II* und *III*), sowie von sieben gekörten Söhnen (Sohn *Döberitz* war Siegerhengst der rheinischen Körung 1985, Sohn *Dior* hatte die bekannte DLG-Stute *Ranke* (Z.: J. Gessmann, Nienberge) von *Realist* zur Mutter); die Söhne hinterließen wenig Spuren.

Von den *Damokles*-Söhnen mit Langzeitwirkung hat sich in der Zeit der »Titel und Medaillen« vor allem einer hervorgetan:

Ldb. *Debütant* (Z.: E. Grosche, Hamm-Rhynern), geb. 1976, a.d. *Adlerschwinge* v. *Adlerorden* – *Wiegand*. *Debütant* war Siegerhengst im Rahmen der HLP 1980 und vor allem Siegerhengst der Wanderausstellung der DLG 1980. Er brachte die internationalen Springcracks *Dylano*/Thomas Fuchs und *Dönhoff*/Lesley Mc Naught-Mändli. *Dönhoff* ging 1987 zunächst ins Landgestüt und wurde 1990 als Reithengst verkauft. *Dönhoff* wurde 1995, *Dylano* 1993 mit der Schweizer Mannschaft Europameister. Weitere Erfolgskinder im Sport sind: *Dagon*, *Damian* und *Django*. Die Nachkommen-Lebensgewinnsumme liegt zwischenzeitlich bei 448.393 Euro. *Debütant* wurde Vater so wertvoller Beschäler wie *Dinard L*, *Dramaturg*, *Danaos* und *Dänenkönig*. Bei seinen Töchtern haben sich die Siegerstute der Eliteschau 1988, St.Pr.St. *Dramatik II*, und St.Pr.St. *Dorina*, die Klassensiegerin der Bundesschau in Verden 1990, ausgezeichnet.

Wenn auch züchterisch unterfordert (Station Rohmann, Marl), so doch sportlich siegreich bis zur schweren Klasse war Pb. *Darius* (Z.: W. Baumann, Hamm), geb. 1976 (Reiter Heiner Rohmann), der auch Mitglied der erfolgreichen westfälischen DLG-Mannschaft von 1982 war.

Da der edle und dabei substanzstarke Ldb. *Damhirsch* bedauerlicherweise wenig männliche Nachkommen mit Zuchtambitionen geliefert

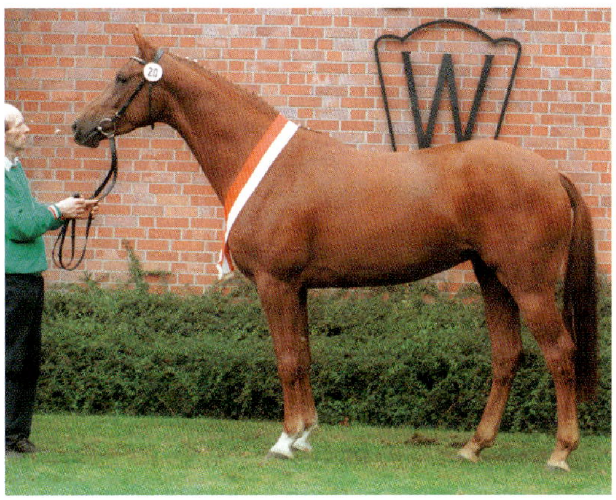

links:
Ldb. *Damenstolz* stellte zwölf gekörte Söhne, u.a. den Körungssieger und HLP-Champion *Diamantino*.

rechts:
Discovery v. *Damenstolz* x *Pilot* hieß die Siegerin der Eliteschau 1996.

hatte, schauten sich die Verantwortlichen im Verband manche Hengstsöhne des *Duft I*-Sohnes zweimal an; einer davon war:

Ldb. *Damenstolz* (Z.: F. Stahmer-Jaffe, Rittergut Osthoff), geb. 1982, a.d. *Cyklame* v. *Cyrus – Ernö,* der erst nach sehr erfolgreicher Ablegung der HLP dreijährig gekört wurde. *Damenstolz*, der einer hochbewährten Mutterlinie entspringt (u.a. rechter Bruder der Großmutter ist Stempelhengst der schwedischen Warmblutzucht, *Utrillo*, Vollschwester brachte die Ldb. *Parademarsch I* und *II*), »an den Mann«, besser »an die Stute« zu bringen, bedeutete Überzeugungsarbeit bei den Züchtern. Die ersten Fohlen im Jahre 1984 waren gut, v.a. mit viel Tritt; aus dem ersten Jahrgang stammte der Siegerhengst 1986 *Damenheld I*; von den ersten dreijährigen Stuten gingen sechs zur Eliteschau, zwei drangen bis auf den Endring vor.

1987 wurde ein weiterer *Damenstolz*-Sohn Siegerhengst: *Diamantino*. Und *Damenheld II* ging ganz vorne mit. 1994 stand Sohn *D'accord* bei der Körung ganz oben auf dem Siegertreppchen. Bis heute sind zwölf *Damenstolz*-Söhne gekört, 156 Töchter verbreiten das wertvolle D-Blut mütterlicherseits (39 erhielten eine Staatsprämie).

F-Linie: Mit dem »W« neue Perspektiven

Waren die züchterischen Eingriffe über die *Ferrara*-Söhne *Ferdinand* und *Fertig* im Ergebnis dürftig und nach kurzer Zeit Geschichte, kann dies von *Feuerland*, der sich über *Weiler – Weingau* Zugang in die westfälische Zucht verschaffte, nicht gesagt werden. *Weingau* (aus einer *Goldfisch II*-Tochter), über 20 Jahre Celler Landbeschäler und Vater des Springpferdevererbers *Watzmann*, war ein großliniger aber nicht besonders edler Beschäler. Er lieferte mit der bis M erfolgreichen Springstute *Attacke* v. *Abhang – Cyklon*, in deren Adern gehäuft Trakehner-Blut floss, den Ldb. *Weinhang* (Z.: J. Lücking, Grothe), der leider infolge eines tragischen Unfalls während der Hengstparade 1979 nur fünf Decksaisons in Riesenbeck als Landbeschäler tätig war. *Weinhang* brachte neben dem international erfolgreichen Springcrack *Woodstock*/S. Hutchinson vor allem den für die westfälische Warmblutzucht so bedeutenden *Weinberg*, der bis Anfang 2000 in Warendorf seinen Dienst versah.

Weinberg – das Multitalent

Ldb. *Weinberg* (Z.: J. Remmersmann, Riesenbeck) gehörte, als er 1977 geboren wurde, zum zweiten Fohlenjahrgang des hoffnungsvollen *Weinhang*. *Weinbergs* Mutter ist *Kana*, eine Tochter des anglo-arabisch geprägten *Kursus* (v. *Kurde* x), *Kana* selbst war turnierfolgreich in Springprüfungen bis Klasse M. *Kanas* Muttervater ist der *Wöhler*-Sohn *Wunsch II*, der u.a. für Harry Boldts Olympia-Crack *Woyzek* verantwortlich zeichnet.

links:
Für Viereck und Parcours lieferte Ldb. *Weinberg* Pferde der Spitzenklasse.

rechts:
Der als abgekörter Hengst im Anschluss an die Körung in der Halle Münsterland versteigerte *Goldstern*, der wohl bekannteste *Weinberg*-Nachkomme, gewann unter Klaus Balkenhol in Barcelona mit der Equipe olympisches Gold.

Auf der Körung 1979, als alle Augen auf *Disco-Star* gerichtet waren, erhielt er – ohne viel Aufsehen zu verbreiten – die Zuchtzulassung und wurde »Staatsbeamter« in Warendorf. 1980 wurde er mit *Adlerorden, Pilot* und *Exponent* in Paderborn-Sande postiert, um auf der »Schau des Jahres« Ende Juni 1981 mit seinen Fohlen zu überzeugen: 20 Nachkommen – acht weitere wurden auf benachbarten Schauplätzen gezeigt – brillierten geradezu durch ihre Noblesse, durch Einheitlichkeit in der Größe, im Rahmen, in den besonders starken und ausgeprägten, dabei trockenen Gelenken sowie den beispielhaft korrekten Gängen – und das trotz unterschiedlich qualitätvoller Mütter. Für *Weinberg* ein Einstand nach Maß! Aus dem Premierenjahrgang stammte auch einer, der jahrelang einer der besten Werbeträger der Westfalenzucht war: *Goldstern*, geritten von Klaus Balkenhol, gewann in Barcelona 1992 bei den Olympischen Reiterspielen Gold mit der deutschen Dressurequipe, in der Einzelkonkurrenz Bronze. Aber *Goldstern* war nicht der Einzige: 1992 war die *Weinberg*-Tochter *Wempe Juwel* Deutschlands erfolgreichstes siebenjähriges Dressurpferd, sie war in der Grand Prix-Klasse unter Udo Lange hocherfolgreich. Aktuelles Aushängeschild für die Dressurbegabung der *Weinberg*-Kinder ist *Nikolaus*, der mit Günter Seidel/USA Mannschaftssilber bei den World Equestrian Games 2002 in Jerez gewann.

Zu den spektakulärsten international erfolgreichen »Parcours-Akrobaten« zählt *Wum*, der sich unter Kurt Gravemeier bzw. Markus Merschformann manchen Großen Preis sicherte, was ebenso für *Wisby D*/Ulrich Meyer zu Bexten gilt; der *Weinberg*-Schimmel ist heute in den USA auf Schleifenjagd. Die Schweizerin Andrea Fuchs steuerte den *Weinberg*-Sohn *Warlock* auf internationale Spitzen-Platzierungen. Das aktuell erfolgreichste *Weinberg*-Talent ist *Warren* (Mutter v. *Pilot*), der mit Lutz Gripshöver unter anderem Sieger der Weltcup-Qualifikation von Millstreet wurde und unbedingt als Pferd mit ganz großer Perspektive angesehen werden kann. Allein im Jahre 2002 lag seine Gewinnsumme bei 54.229 Euro. *Warren* war 1998 NRW-Junior-Champion.

Bilanziert man die sportliche Leistung des *Weinberg*, der im Natursprung mit rund 40 Stuten pro Jahr gestartet war und später durch die künstliche Besamung in seiner besten Zeit annähernd 170 Partnerinnen bekam, so kann er als Topvererber für beide Disziplinen angesehen

links:
Über Jahre gehörte der *Weinberg*-Sohn *Wum* unter Kurt Gravemeier und Markus Merschformann zur allerersten bundesdeutschen Springer-Garde.

rechts:
Erfolgreichster *Weinberg*-Nachkomme im internationalen Springsport: *Warren NRW* unter Lutz Gripshöver.

werden, denn für den Parcours wie fürs Viereck brachte er hochkarätige Nachkommen, die in der ländlichen Reiterei wie in internationalen Wettbewerben erfolgreich starten.

Bis Ende 2002 sind auf dem *Weinberg*-Konto weit über 1,5 Mio. Euro Nachkommensgewinnsumme verbucht.

Züchterisch kann er 18 gekörte Söhne nachweisen und – was für die Zucht ebenso erfreulich ist – 351 eingetragene Töchter, wovon 41 die Staatsprämie erhielten. Seine Tochter St.Pr.St. *Windspiel* wurde 1991 Siegerstute der Eliteschau in Westfalen.

Von den *Weinberg*-Söhnen (Pb. *Wyoming*, Z.: F. Schlüter, Kirchlengern, war Siegerhengst der Körung 1993 und ging ins Rheinland, der im sächsischen Moritzburg wirkende Ldb. *Wackerbarth*, Z.: H. Kochjohann, Rheda-Wiedenbrück, war HLP-Sieger in Neustadt/Dosse) wirkte keiner nachhaltig in Westfalen.

Das Landgestüt Nordrhein-Westfalen hat zurzeit mit *Weinzauber* (Z.: G. v. Schönberg, Barntrup), geb. 1991, a.d. *Parea* v. *Plutos*, einen kapitalen *Weinberg*-Sohn im »Sortiment«. Der Landbeschäler, der eine durchschnittliche HLP ablegte, ist Lieferant solider und korrekter Fohlen; von seinen bisher eingetragenen 27 Töchtern erhielten sechs die Staatsprämie.

Frühling ohne Ende, oder?

In der zweiten Generation der *Frühling*-Nachkommen, die *Frühlingstraum II*, *Frühlingsball* oder *Frühlingsrausch* zum Vater haben, fielen besonders auf:

Zum einen die *Frühlingstraum II*-Söhne

Pb. *Flamenco* (Z.: F. Schnitker-Pöhling, Lippstadt), geb. 1974, a.d. St.Pr.St. *Ronda* v. *Radetzky – Astrachan*, war Reservesieger seiner Klasse in Schwaiganger 1986 und wurde selbst bis zur S-Klasse ausgebildet; er stammt aus einem der ganz großen westfälischen Stutenstämme, der Familie der *Helferin von Lanhausen* des Franz Schnitker-Pöhling in Lippstadt-Overhagen; ein Sohn *Flamencos* namens Pb. *Flanceur* (Z.: R. Gäßler, Sulzberg) ist seit kurzem im Zuchtgebiet (Station Magiera, Gütersloh) aufgestellt, der 1986 geborene und mit viel Bewegungsgüte ausgestattete Braune hat *Esther* v. *Ultimo – Endflug* zur Mutter und ist bayerisch gebrannt; zweimal fürs Bundeschampionat qualifiziert, hat 6-jährig erfolgreich M-Springen gemeistert. Zahlreiche Championatsfohlen geliefert sowie ein gekörter Sohn sprechen für sich;

Pb. *Faisal* (Z.: T. Lohmann, Sendenhorst), geb. 1976, a.d. *Reni* v. *Remus I – Frühlicht II*, stand u.a. bei Fritz Ligges in Herbern auf Station und errang dort auch Springerfolge bis zur S-Klasse. Nach seiner Zeit in Westfalen wirkte *Faisal* als Landbeschäler im Haupt- und Landgestüt Marbach, wo er gut nachgefragt wurde;

Ldb. *Falconet* (Z.: J. Kleine, Arnsberg), geb. 1982, a.d. *Sibille* v. *Sinus* xx – *Fernkünder*, war bis 1988 im Bestand des Landgestütes, bevor er nach Brasilien verkauft wurde, wo er ein begehrter Beschäler war.

Zum anderen die *Frühlingsball*-Söhne

Ldb. *Fernblick* (Z.: H.J. Wehberg, Gevelsberg), geb. 1981, a.d. *Fiesta* v. *Fidalgo* xx – *Don Carlos*, verließ die Körbahn in der Halle Münsterland 1983 als Sieger vor dem *Romadour II*-Sohn *Renoir*. Sein Hengstexamen war über dem Durchschnitt, seine Nachkommenschaft durchschnittlich;

Ldb. *Federball* (Z.: H.J. Wehberg, Gevelsberg), geb. 1979, a.d. St.Pr.St. *Santa Isabell* v. *Steinadler – Fundskerl*, war Körsieger 1982, aber nur schwacher HLP-Examinant; *Federballs* Mutter kann neben einer erfolgreichen Sportkarriere als Springpferd eigene sportbegabte Kinder vorweisen. *Federballs* Vererbungsschwerpunkt liegt, wie nicht anders zu erwarten war, im Parcours; bekannte Sportpferde sind *Fire Lady* und *Fidelio*;

Ldb. *Francisco I* (Z.: H. und W. Strunck, Bochum), geb. 1981, a.d. *Comtesse* v. *Carrera – Pilatus*, bewies mit dem Reservesieg in der 100-Tage-HLP seine überdurchschnittliche Begabung; Großvater der Mutter ist der Ankumer Spitzenblüter *Cardinal* xx, Großmutter St.Pr.St. *Pik Dame* brachte das internationale Sportpferd *Feiner Kerl*/Alfonso Segovia bzw. Nick Skelton; trotz seiner nur kurzen Einsatzzeit (*Francisco I* trat 1989 ab) in Bad Sassendorf wurde er Vater von mehr als 60 Stuten, sechs davon mit staatlicher Auszeichnung.

Schließlich der *Frühlingsrausch*-Sohn

Ldb. *Fortissimo* (Z.: K.-A. Schulte-Varendorff), geb. 1978, a.d. St.Pr.St. *Fandona* v. *Fernzauber – Alwin II*, wurde Siegerhengst 1980 im gleichen Jahrgang mit *Rex Fritz* und *Ribot* und schaffte das, was längst nicht jeder Körsieger erreicht: Er wurde Reservesieger der HLP nach dem Warendorfer Modell, und was viel wichtiger ist, seine Vererbung war gleichmäßig in allen Disziplinen, von ihm gab es vermögende Springpferde genauso wie geschmackvolle, gängige Dressurpferde. *Fortissimo* hinterließ nur einen gekörten Sohn (Ldb. *Fortino*, H.-Lgestüt Schwaiganger), bei den Stuten war er bedeutend erfolgreicher: Er stellte 145 eingetragene Töchter, acht mit Staatsprämie, u.a. die Siegerstute der Eliteschau 1986 St.Pr.St. *Fotura* (a.d. *Daniela* v. *Doktor – Forschergeist*).

Polydor – der unendliche Vererber

Eigentlich war auf dem Hof Münch in Recklinghausen bis in die 60er Jahre hinein nur Kaltblutzucht betrieben worden, als im Jahre 1967 der junge Landwirt Werner Münch seinen Vater bewegen konnte, zwei Warmblutstutfohlen auf dem Hof aufzuziehen, um sie später züchterisch zu nutzen. Gesagt, getan: Man kaufte die starke, rahmige Rappstute *Fata Morgana* v. *Frühlicht I*, aus der ebenso gut modellierten und dabei mit ansprechendem Gangwerk ausgestatteten *Gundi* v. *Grünschnabel – Abendlicht – Schwan I*. *Frühlicht I* lieferte u.a. die erfolgreichen Turnierpferde *Ferrara*/Hermann Schridde und *Ferradie*/Bernd Averkamp. Auch der Hengst *Grünschnabel* (Vater des Olympiapferdes *Ganimedes*/Mika Theodorescu), der gerne seine Rittigkeit und seine Gänge, aber auch des Öfteren sein auffälliges Gesicht bzw. seinen starken Kopf weitergab.

Als die Stute zuchtreif war, führte Werner Münch sie dem jungen *Pilatus* im nahen Datteln zu. Gleich das erste Fohlen, ein Hengst, wurde 1973 als *Polarstern I* gekört und ging ins bayerische Versuchsgut nach Achselschwang. Auf der Körung im Jahr darauf (die als die beste der 70er Jahre eingeschätzt wurde), erschien *Polarstern II* mit seinem Züchter und Aufzüchter Werner Münch. *Polarstern II* landete im engeren Vorderfeld als Ic-Preisträger, *Regress* und *Weinhang* standen an der Spitze jener Körung. Da Dr. Lehmann bereits drei *Pilatus*-Söhne (*Planet*, *Picasso* und *Perlkönig I*) gekauft hatte, gelang es einem belgischen Hengsthalter, *Polarstern II* zu kaufen.
Die Vorstellung vor der belgischen Kommission schien Formsache zu sein, aber das Körurteil überraschte: nicht gekört! Werner Münch kaufte ihn spontan zurück, damit der Junghengst nicht

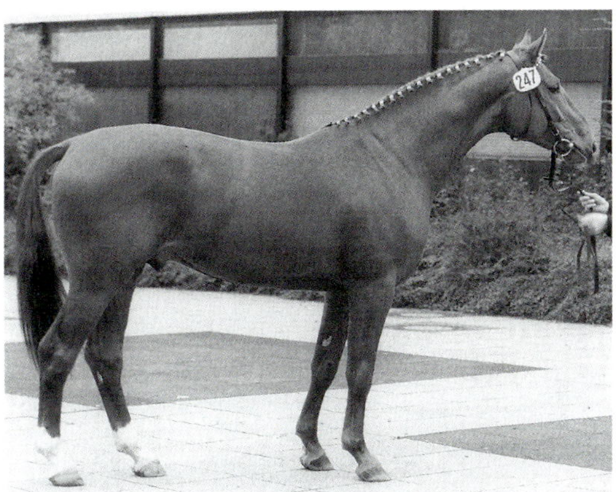

links:
Ldb. *Fortissimo* v. *Frühlingsrausch* stammt aus der Schulte-Varendorff'schen Erfolgszucht.

rechts:
Ldb. *Polydor*, ein Sohn des Pb. *Pilatus*, katapultierte Westfalens Springpferdezucht an die Weltspitze.

unter die Räder geriet. Glück für Westfalen! Glück war dann auch, dass Dr. Lehmanns Kontingent wegen der reklamationsbedingten Rückgabe eines bereits angekauften Hengstes den Erwerb des knochenstarken *Pilatus*-Sohnes zuließ.

Er wurde in *Polydor* umgetauft und vom Landstallmeister auf die Deckstelle Wesel postiert. Rahmig und wüchsig waren seine Kinder und trotz einer gewissen Derbheit, die er seinen Kindern des Öfteren mitgab, war er nicht zuletzt auch wegen seiner guten Befruchtungsrate bei den Züchtern des Raumes beliebt. Unter dem Reiter fielen die *Polydor*-Kinder wegen ihres gut regulierbaren Eifers und ihrer Leistungsbereitschaft bei beachtlichem Vermögen positiv auf, alles Attribute, die auch für die Züchtergemeinde sichtbar bei den alljährlichen Hengstparaden den Vater auszeichneten. 1984 markierte *Polydor* erstmals seine Vererbungsleistung: Seine Söhne *Pirat*/Klaus Reinacher und *Pirol* (war später Olympiapferd unter Holger Hetzel) wurden bei den 5- bzw. 6-jährigen Springpferden Bundeschampions. Nun begann der Run auf die Weselaner Deckstelle, auf *Polydor*. Ab 1990, zwischenzeitlich prasselte es die ersten internationalen Erfolge seiner Kinder, blieb er in der Warendorfer Zentrale. Die künstliche Besamung sorgte nun dafür, dass sein Genpotenzial einer größeren Anzahl von Züchtern zur Verfügung stand. Bis 1999 wurden 1.018 Nachkommen registriert, davon wurden 604 im Turniersport eingesetzt. Zu den zwischenzeitlich »pensionierten« Sportlern gehören u.a. *Pamina*/Otto Becker, Bellenuit/Otto Becker, *Sonora La Silla*/Jan Tops, *Porter*/Thomas Frühmann und *Polar König*/Peter *Weinberg*; zu den vielen aktiven *Polydor*-Nachkommen im Sport zählen *Paramo K*/Franke Sloothaak, *Pershing*/Ray Texel, *Pozitano*/Beat Mändli, *Padua*/Ralf Schneider, *Two Step*/Michael Whitaker, *Potsdam*/Heinrich-Wilhelm Johannsmann, *Paavo N*/Jessica Kürten, *Poor Boy*/Beat Mändli und *Polany*/Markus Döring, um nur einige zu nennen. Durch die sportlichen Riesenerfolge seiner Kinder belegte *Polydor* 1998 und 1999 Platz eins der Weltrangliste für Springpferdevererber, ähnliche Spitzenplätze belegten auch seine Kinder: Sein Sohn *Two Step* war in der Saison 1995 erfolgreichstes Springpferd der Welt, *Pozitano* wurde 1999 Vizechampion der Weltrangliste.

Züchterisch gesehen hat *Polydor*, der im April 2000 abtrat, für eine Nachkommenschaft gesorgt, die das Erbe ihres Vaters erfolgreich weiterführen wird, obwohl die Produktion von männlichen Nachkommen zur Erhaltung der Dynastie in den ersten Jahren eher schleppend ging. Spätestens ab Mitte der 80er Jahre, als sich die Qualität des *Pilatus*-Sohnes herumgesprochen hatte, wurden ihm zunehmend bessere Stuten zugeführt (anfangs bis zu 80, ermöglicht durch die KB bis zu 200 Stuten), und v.a. Stuten mit höherem Blutanteil, die er offensichtlich brauchte. Namen wie *Polygraf*, *Polany*, *Polytraum*,

links:
Einmal die Nr. eins der Weltrangliste: der *Polydor*-Sohn *Everest Two Step* mit Michael Whitaker

rechts:
Der *Polydor*-Sohn Pb. *Paramo K* gewann mit Franke Sloothaak u.a. den »Großen Preis von Frankfurt«.

Potsdam, Pontifex sind *Polydor*-Söhne, die sich durch eigene Leistung in ihrem Ruf verselbständigt haben, in den letzten Jahren sind hoffnungsvolle Namen wie *Pocalino, Pikachu* und *Paramo* K dazugekommen.

Von seinen Töchtern wurden annähernd 260 eingetragen, 27 wurden mit der staatlichen Prämie ausgezeichnet. Seine größte Auszeichnung erhielt *Polydor* durch den Titel »Sire of the World«!

Pilot steuert Westfalens Springpferdezucht an die Spitze

Als der Junghengst mit Namen *Pierino* v. *Pilatus* als 1. Reservesieger 1976 hinter dem R-Hengst *Ricardo* (ähnlich wie sein Vater *Pilatus*, der dem Körsieger *Realist* den Vortritt lassen musste) das Körparkett der Halle Münsterland verließ, war dies sicher ein Erfolg für ihn und seine Züchterin Christa Geldbach; aber da er von den Söhnen des *Pilatus* lange nicht der erste war, der bei einer Körung so weit vorne landete, war er in puncto seiner väterlichen Abstammung keine ganz große Überraschung. Mütterlicherseits war *Pilot*, der in der Tierklink von Dr. Cronau in Wattenscheid geboren wurde, »outcross« gezogen: Seine Mutter *Gratia*, eine imposante, typvolle, großrahmige, sehr harmonische und mit viel Gang ausgestattete Mutterstute, ist eine Tochter des *Graphit*; die Großmutter *Kornelia* eine Tochter des letzten Original-Trakehners *Keith* (v. *Pythagoras*) war kein unbeschriebenes Blatt.

So brachte sie mit *Duden II* das Springpferd *Darling Boy* (Wolfgang Behne) und mit *Mahagoni* den Hengst *Macon*, der als Deckhengst unter anderem in Schweden wirkte.

Von dem damaligen Berichterstatter Dr. O. Wedekind (Landstallmeister in Dillenburg) wurde er als »Typ des modernen Reitpferdes« beschrieben, der in der Lage sein würde, die solide Landstute zu veredeln. Aber schon damals war erkennbar: Er war kein einfaches Pferd, einer, »der die Wände hoch geht«, eigenwillig und übernervig. Dr. Lehmann kaufte ihn vom Aufzüchter Kunibert Münch, taufte ihn kurzerhand um und stellte ihn im Frühjahr 1977 auf die Station Sande bei Paderborn. *Parenzo* xx, *Adlerorden* und *Arianer* waren seine Stallnachbarn. Die Züchter im Deckstellenbezirk begegneten dem Newcomer mit Misstrauen, obwohl *Pilots* Exterieur wenig Möglichkeiten für Kritik bot: ein perfekter Hals, solide Rücken- und Lendenpartie, ein athletische Gesamterscheinung. Diejenigen Züchter, die der Gestüter Tiemann letztlich doch zu einer Bedeckung durch *Pilot* überzeugen konnte, rieben sich im Jahr darauf die Hände: Die ersten 17 »*Pilot*en« gefielen durch ihre hübschen Gesichter, ihre hervorragend muskulöse Erscheinung, ihre starken und trockenen

links:
Mit Ldb. *Pilot* hob Westfalen ab.

rechts:
Die internationale Seriensiegerin *Showtime* v. *Pilot* unter Nick Skelton.

Fundamenten sowie ihre geradezu überragenden Gänge. Bei den meisten Züchtern wich die Skepsis, als die ersten in den Sport kamen, spätestens aber seit etwa 1985 mit dem Auftritt von »*Piloten*« auf internationalem Springturnieren. Ab diesem Zeitpunkt konnten Züchter ihre *Pilot*-Fohlen ungesehen am Telefon verkaufen, und dies, obwohl sich schnell herumsprach, dass *Pilot* selber im Umgang ein launiger, zuweilen schwieriger Hengst war. Auch seinen Kindern wurde schnell nachgesagt, dass sie »Charakter hätten«, für Maul und Nerv waren erfahrene und flexible Reiter erforderlich: »*Pilot*en« waren nicht von jedermann zu bedienen.

Zu den ersten Spitzenpferden gehörte Norbert Koofs *Perlitt* (aus dem ersten *Pilot*-Jahrgang) aus einer Vollschwester des Weltmeisters *Fire* (Lummer-Föhrmann), der bereits 6-jährig die ersten S-Platzierungen aufwies und ein Jahr später in der S-Klasse siegte; das 1979 geborene, international erfolgreiche Sportpferd *Pirol*/Lesley Mc Naught, oder der aus dem gleichen Jahr stammende *Bugatti Pedro*/Wolfgang Brinkmann (9-jährig bei den Olympischen Spielen in Seoul Goldmedaillen-Gewinner), Weltmeister PS *Priamos* unter Ludger Beerbaum – eine Liste von Namen, die sich unendlich bis in die Jetztzeit fortsetzen ließe, beispielsweise mit *Pialotta*, die unter Rolf Göran Bengtsson Einzelbronze und mit der schwedischen Mannschaft die Silbermedaille bei den Europameisterschaften in Arnheim gewann.

Wie stark das Springtalent den *Pilot*en durch ihren Vater in die Wiege gelegt wurde, zeigt eine Zahl aus dem Jahre 1997: In diesem Zeitraum haben sich allein 174 Kinder in der S-Klasse platziert bzw. S-Siege errungen.

Gleich aus dem ersten *Pilot*-Jahrgang wurde *Pirol* (aus einer *Remus I* – *Hornist*-Mutter) 1980 gekört und in die Riege der »Staatsbeamten« in Warendorf eingereiht. 1984 folgte *Pinocchio*. Der Durchbruch kam auf der Körung im Oktober 1987: Nicht weniger als sieben *Pilot*-Söhne befanden sich im Körkatalog der Körveranstaltung, alle sieben erhielten die begehrte Auszeichnung »gekört«, darunter war der 2. Reservesieger aus einer *Perlit*-Mutter, statistisch gesehen waren 25 Prozent der gekörten Hengste Söhne des *Pilot*. 1988 erhielten von elf vorgestellten Söhnen fünf das Prädikat, 1989 wurden drei Söhne gekört, 1990 vier. Insgesamt lieferte *Pilot* 81 Hengste mit positivem Körurteil. Die besondere Sportlichkeit der *Pilot*-Nachkommen, drückt sich auch bei den gekörten Söhnen aus: Ldb. *Pageno* ist

links:
Erfolgreichstes Springpferd der Welt über die gesamte Saison 2001: die *Pilot*-Tochter *Pialotta* mit dem Schweden Rolf Göran Bengtsson

rechts:
Margie Engle und der *Pilot*-Enkel *Perin* v. *Pageno* gehörten zum US-Olympia-Team in Sydney.

Vollbruder zu *Pikeur Pedro*, *Pit* ist Vollbruder zu *Prinzregent* und *Pluspunkt* ist Vollbruder zu PS *Priamos*.

Bei *Pilot* war es von Anfang an so, dass nicht nur über die Söhne gesprochen wurde, auch die Töchter hatten Klasse. Sie sind meist typvoll, halsig und in ansprechender Aufmachung, mit genügend Gang. Über 400 seiner Töchter wurden eingetragen, 70 erhielten die begehrte Staatsprämie und belegen die Qualität *Pilots* auch als Stutenmacher.

Hochkarätige Sport- und Zuchtpferde stammen aus *Pilot*-Müttern, hier ein paar Beispiele: Ldb. *Dänenkönig*, Bundeschampion *Dimanche*/Jo Hinnemann, Bronze-Bundeschampion und Pb. *Dinard L*/Kai Ligges, *Warren* v. *Weinberg*/Lutz Gripshöver, *Loro Piana Giorgio* v. *Graziano*/Lars Nieberg, *Qualika* v. *Quidam de Revel*/John Whitacker. Die Sport-»*Piloten*« in Deutschland (denn nur diese Nachkommen werden durch die FN erfasst) verdienten bis Ende 2002 die enorme Gewinnsumme von 3.657.560 Euro!

Als *Pilot* 1991 17-jährig eingeschläfert werden musste, verlor das westfälische Zuchtgebiet nicht nur einen der herausragendsten Vererber, sondern auch einen der nachhaltigsten westfälischen Werbeträger in der europäischen Springpferdezucht. Mit *Pilot* hob Westfalen förmlich ab und war im wahrsten Sinne des Wortes »über den Wolken«!

Der erfolgreichste *Pinocchio*-Sohn im Sport war *Prosario NRW*. Mit Heinrich-Wilhelm Johannsmann sorgte er für den ersten S-Sieg eines Warendorfer Landbeschälers.

Der erste *Pilot*-Sohn, der bereits in den 80er Jahren für seinen Vater züchterisch Reklame machte, war der Ldb. *Pinocchio* (Z.: H. Kenckenberg, Delbrück), geb. 1982. Der aus der *Arnika* v. *Adlerorden* (*Pilots* Stationsgefährte in Sande) stammende Hengst lieferte bereits aus den ersten drei körfähigen Jahrgängen vier gekörte Söhne, die Zahl der zur Zucht zugelassenen Söhne liegt mittlerweile bei zehn! Der bekannteste ist ohne Zweifel der Landbeschäler *Prosario*, der durch seine sportlichen Ambitionen viel Werbung fürs Landgestüt, aber vor allem für seinen Vater machte. *Prosario* (Z.: F. Hunkemöller, Sendenhorst) war der erste Landbeschäler, der in der 170-jährigen Geschichte des Landgestüts einen S-Sieg im Springen errang; mehrere internationale Siege und Platzierungen in der höchsten Klasse folgten. Seine Lebensgewinnsumme liegt mittlerweile bei über 180.000 Euro. Zurück zu *Pinocchio*: Er hat in seiner Beschälerlaufbahn (die Anfang 2003 endete) 153 eingetragene Töchter gebracht, 13 erhielten die Auszeichnung als Staatsprämienstute. Seine sportlichen Nachkommen haben die Gewinnsumme von fast 450.000 Euro erreicht.

Das *Radetzky*-Blut formierte sich um die Söhne des *Romadour II*, allen voran ist dies in Westfalen *Rosenkavalier*, *Renoir I* und im Rheinland der Landbeschäler *Rheingold*, der auch zeitweilig in Westfalen aufgestellt war.

Rosenkavalier – ein kapitaler Charmeur

Als dieser im Spätsommer 1982 von Heinrich Höddinghaus (Gütersloh) gezogene Dunkelbraune vor die Vorauswahl-Kommission trat, war nicht von vornherein klar, dass dieser *Romadour II*-Sohn zur Körung zugelassen würde. Der halsbetonte und statiöse, leider in der Mittelhand etwas lang geratene 2 1/2-Jährige tat sich damals etwas schwer. Das änderte sich bei der Körung, wo der *Radetzky*-Nachfahre mit großer Übersetzung die Halle Münsterland durchmaß. Immerhin: bei großer Konkurrenz die Ic-Prämie im Ring der Landbeschäler. Ab da begann man sich für den Youngster zu interessieren. Welche Abstammung hatte der auf der Traditions-Deckstelle Höven-Varlar bei Coesfeld aufgestellte Remonte? Vater *Romadour II* war – keine Frage – damals auf dem Höhepunkt seiner Entwicklung; die Mutter war *Diva*, ursprünglich aus dem Grenzgebiet zu Hannover nahe Minden Lübbecke, von dem *Diplomat*-Sohn *Dilletant*, der wiederum über *Cymbal* und *Axtfeld* einem artländischen Mutterstamm der hannoverschen Deckstation Badbergen entstammt. *Diva* wurde 1976 in München DLG-prämiert (auf der gleichen Veranstaltung, auf der *Romadour II* überragender Siegerhengst wurde) und im gleichen Jahr Reservesiegerin der westfälischen Zentralschau. Zu ihren Kindern zählen *Roderich 10* (erfolgreich in Dressuren bis Klasse M) sowie Privathengst und erfolgreiches Dressurpferd *Rio* v. *Realist*, insgesamt 13 Fohlen in 15 Jahren. *Rosenkavalier*s weitere Lebensstationen waren:

Der Ldb. *Rosenkavalier* (Foto) sorgte u.a. mit *Rubinstein* für eine Fortsetzung der Erfolgsgeschichte des R-Blutes.

der Sieg in der Hengstleistungsprüfung 1983, die ersten Fohlen wüchsig, rahmig, ausreichend trockene Fundamente und mit viel Tritt ausgestattet. Auch wenn im Jahre 2002 die Lebensgewinnsumme der *Rosenkavalier*-Kinder auf über eine halbe Million Euro gestiegen ist (bekannte Grand-Prix-Pferde sind *Rubinstein I* und *Rosario*, *Rubens* oder der gekörte Sohn *Romancier*) liegt doch die Vererbungsleistung *Rosenkavalier*s vor allem in den vom ihm gezeugten Zuchtpferden: Über 300 eingetragene Töchter, über 50 davon mit Staatsprämie, sind der Grund für seine Popularität als Stutenvater. In Höchstform deckte er bis zu 130 Stuten pro Jahr im Natursprung! Besonders mit seinem 1986 geborenen Sohn *Rubinstein I* machte er sich weltweit bekannt; dieser aus der de Baey'schen Goldmedaillen-Zucht stammende Rappe, der als »westfälischer Zuchtbotschafter« in Oldenburg und darüber hinaus Zuchtgeschichte schrieb, sowie die anderen gekörten »*Rosenkavaliere*«, wie *Royal Angelo* (*I* und *II*), die NRW-Siegerhengste *Rosendahl* und *Rosenchameur*, machten *Rosenkavalier* zum Stempelhengst der westfälischen Zucht.

Ein Wort zu den Royal Angelo-Brüdern:
Royal Angelo I (Z.: H. de Baey, Lemgo) geb. 1986, a.d. *Adone* v. *Angelo* xx – *Donar*, ist einer der erfolgreichen Belege für das Zusammenpassen von R-Blut mit Stuten aus der de Baey'schen Olympiafamilie. *Adone*s weitere Kinder sind: *Rembrandt* v. *Romadour II*/Nicole Uphoff, *Ramon* v. *Ricardo*/Uta Wüsthof und *Rosario* v. *Rosenkavalier*/Sabine Rüben. *Royal Angelo I* war zunächst zwei Jahre Leihhengst im Landgestüt Warendorf, bevor er bei seinem Züchter und Besitzer als Beschäler eingesetzt wurde. Er gilt als Positiv-Vererber für Dressur und Springen; ein Bewegungskünstler ist *Ruben R*, der mit Hubertus Schmidt in der schweren Klasse startet. Auf der 16. NRW-Eliteauktion 1998 wurde *Royal Angelos* Sohn *Royal Black*, die Nummer 1 im Katalog, zum Spitzenpreis von 270.000 DM zugeschlagen. Sein gekörter Sohn *Rosentänzer* ging ins sächsische Landgestüt Moritzburg. *Royal Angelo II* war bei de Baeys als Privathengst eingesetzt.

Weitere Romadoure: Rheingold, Renoir I ...

Zu den gekörten *Romadour II*-Söhnen der 80er Jahre gehören u.a. folgende Hengste:

Für Westfalen, aber vor allem das Rheinland, hat der Ende der 70er in die Landbeschäler-Riege aufgenommene *Romadour II*-Sohn Ldb. *Rheingold* (Z.: J. Hax, Geldern) Bedeutung erlangt. Er war Siegerhengst der rheinischen Junghengstkörung 1976 und der Warendorfer HLP 1978. *Rheingolds* Mutter ist die *Piroschka* vom Trakehner *Abendregen*, der als Regenerator der damals noch jungen rheinischen Warmblutzucht gilt. Durch seine hervorragenden Töchter (u.a. die *Florestan*-Mutter St.Pr.St. *Raute* und die Mutter des *Ehrentusch Rheinfee*) ist er in vielen Pedigrees erfolgreicher Zuchtpferde vertreten.

Aus der Zeit auf der Deckstelle Kump stammt der *Rheingold*-Sohn Pb. *Rolls Royce* (Z.: Axel Desch, Arnsberg), geb. 1986; Mutter Verb.Pr.St. *Diana* v. *Damokles – Adlerorden*, brachte mit *Rheingold* eine Reihe von sportlichen Volltreffern. Muttervater *Damokles* gilt als Vererber für alle Disziplinen. *Adlerorden*, einer der großen Leistungsvererber Westfalens, ist u.a. Vater von *Argonaut* und *Antenne*. Aus dem Mutterstamm stammen u.a. die bewährten Vererber *Debütant* und *Disco-Fürst*. *Rolls Royce* war Reservesieger der '88er Körung und ein Jahr später Gewinner der HLP. Nach einem USA-Aufenthalt (er gewann in den Staaten u.a. unter Michael Matz Große Preise, war aber auch unter dem Dressursattel erfolgreich) ging er in den Niederlanden in Dressurprüfungen bis Intermediaire. Nach Deckeinsätzen in Oldenburg ist er wieder in Westfalen auf der Zucht- und Sportpferdestation Schmidt in Lippetal aufgestellt.

Sein Sohn *Royal Silver* wurde in Oldenburg gekört. Zu den bekanntesten Sportkindern zählt u.a. *Rocher*, die in den Staaten mit George William vielfache Grand Prix- und Kür-Siegerin ist.

Ldb. *Rimini* (Z.: J. Deimel, Erwitte), der *Rheingold*-Sohn Geburtsjahr 1987, hat Verb.Pr.St. *Fabiola* v. *Frühlingstraum II – Bernstein* zur Mutter, die auch den Ldb. *Disco-Traum* brachte. *Rimini* siegte in der HLP 1990 und wies sich damit selbst als Sportpferd der Extraklasse aus; er ist zurzeit als Leihhengst im Haupt- und Landgestüt Marbach. An gleicher Stelle wirkt auch sein Sohn *Ricardo di Leny* aus der Zucht von Leo Deitert (Schöppingen), der selbst bereits einen Sohn lieferte: *Roadstar*, auch er ist Marbacher Landbeschäler.

Der *Rheingold*-Sohn Ldb. *Richthofen* (Z.: J. Lenzen, Heinsberg), geb. 1988, a.d. St.Pr.St. *Prinzess* v. *Pasternak – Weiler*, war der erste rheinische Siegerhengst auf einer westfälischen Körung. Er wurde zwar Siegerhengst, deckte allerdings nur kurzzeitig.

Ein weiterer, bis heute für Westfalen bedeutsamer Sohn des *Romadour II* ist der Privatbeschäler *Renoir I* (Z.: M. Ostrop, Uedem), geb. 1981, aus einem der erfolgreichsten Mutterstämme Westfalens. Mutter St.Pr.St. *Goldie* v. *Goldlack* wurde mit ihren beiden Töchtern *Richmona* und *Radina* (beide Vollschwestern des *Renoir I*) Siegerin in der Familienklasse der zweiten Bundesstutenschau in Verden 1983. *Radina* war im Jahr zuvor auf der DLG-Schau in München Siegerstute der »jüngeren Klasse« geworden. Aus dem Mutterstamm stammen Hengste, die Gebrüder *Damenheld I* und *II* sowie die Gebrüder *Diavolo I* und *II*. *Renoir I*, Reservesieger der Körung '83, gewann Material- und Eignungsprüfungen in Serie, wurde 3. der HLP, Klassensieger der DLG-Schau in Frankfurt 1989 und war einer der ersten westfälischen Privathengste, der an dieser Veranstaltung teilnahm. Von *Renoirs* Söhnen wurden acht gekört, beispielsweise *Regen I*, der nach Schwaiganger ging, sowie *Regen II*, *Romero*, *Royal Touch*, *Rush* und *Richelieu*.

Ein *Romadour II*-Sohn, der bis in die 90er Jahre in Westfalen wirkte, ist der Warendorfer Landbeschäler *Rapallo* (Z.: F. Sieverding, Schöppingen), geb. 1983, a.d. *Laika* v. *Lund I – Firnschnee*. *Laika* brachte auch den im Sport erfolgreich agierenden Vollbruder *Ramino* sowie die Sportler *Dancer* v. *Der Clou*, ebenso *Dajan*, *Domino* und *Ereischa* v. *Ehrentusch*. *Rapallo*, der viele Jahre in Sande deckte, hinterlässt über 100 eingetragene Töchter und die beiden gekörten Söhne *Rapallio* und *Rio Arinos*. Seine Nachkommen-Lebensgewinnsumme von über 100.000 Euro weist deutlich auf seine sportlichen Kinder hin.

Ramiro »boomt«

Ramiro hat sich über seine Söhne in Westfalen, bundesweit und international verbreitet.

Erst in den 80er Jahren gewannen die *Ramiro*-Söhne in Westfalen züchterisch an Bedeutung bzw. machten deren Kinder in der Sportszene auf sich aufmerksam: *Report I* (Z.: H. Gröblinghoff, Oelde), geb. 1971, a.d. *Jackie* v. *Jäger – Klaus*, wurde 1973 Landbeschäler und war damit der erste *Ramiro*-Sohn, der zum »Land« ging; seine Schwestern waren meritenbeladen: Vollschwester *Rispe* wurde zweite Reservesiegerstute der Eliteschau 1981, Vollschwester *Ricca* kam auf der Bundesschau auf Platz 2 in ihrer Altersklasse und ging danach in den Sport. *Reports* Meisterstück war das phänomenale Springpferd *Rush On* aus einer *Rivale*-Mutter, der den Bärenanteil an der Lebensgewinnsumme seiner Nachkommen, mehr als eine Million Euro, hat; aber auch Pferde wie *Rio Grande* oder *Valentino* liefen für seinen Vater Reklame. *Report II*, in Bayern sehr beliebt, war Sieger des 100-Tage-Tests und ging bereits 7-jährig ein.

Ldb. *Rex Fritz* (Z.: Fritz Ligges, Ascheberg), geb. 1978, a.d. Tochter des Leistungsvererbers *Milan*, *Merana*, die selbst gute Springleistung unter Beweis gestellt hat, brachte es auf zwölf gekörte Söhne und über 250 eingetragene Stuten. Der selbst bis zur schweren Klasse geförderte Hengst, dessen Züchter und Aufzüchter Fritz Ligges ist, brachte Pferde für den Parcours und fürs Viereck, beispielsweise *Red Liner* (Kathrin Kroth) und *Renoir* (Pia Laus).

Ein ebenso phänomenales wie selbstbewusstes Springpferd war der in der Halle Münsterland versteigerte *Report I*-Sohn *Rush On* unter Ludger Beerbaum.

Pb. *Ramiros Son* (Z.: F.-W. Maack, Glückstadt), geb. 1980, a.d. *Juvel* v. *Moltke – Farnese* wurde 1982 in Dillenburg/Hessen gekört, legte in Handorf 1983 die HLP als 9. von 24 Hengsten ab. Er war zweimal Teilnehmer am Bundeschampionat und gewann, nachdem er 1986 von Fritz Ligges gekauft und als Hengst in Ascheberg aufgestellt worden war, unter verschiedenen Reitern viele S-Springen. Seine eigene Lebensgewinnsumme beträgt 11.500 Euro, seine Nachkommen sind mit ihren Gewinnsummen nicht weit von einer halben Million Euro entfernt. Die bekanntesten sind *Ramira*/Kai Ligges, *Romina*/Daniel Bauersfeld, *Retina*/Lars Nieberg und nicht zu vergessen *Dressurcrack Renaissance*/ Monika Theodorescu. *Ramiro*'s *Son* hat drei gekörte Söhne: *Reuter*, *Ramiro's Match* und *Raminus*. 135 Töchter wurden bei den Zuchtverbänden eingetragen. *Ramiro's Son* trat 1998 endgültig ab.

Pb. *Ribot* (Z.: P.-J. Schulte, Plettenberg), geb. 1978, a.d. St.Pr.St. *Dorina* v. *Damhirsch – Schwinger*, der Reservesieger der ersten Handorfer HLP 1981, wurde zeitlebens auf der Station von Fritz Ligges in Herbern stationiert. Selbst im Sport (Springen bis M/A) erfolgreich eingesetzt, hinterließ er viele hochbezahlte Auktionspferde, Sportpferde und Körhengste. Die wohl bekanntesten Sportkinder sind *Ribot 12* (unter Jo Hinnemann Siege und Platzierungen bis Grand Prix) und *Ruby Tuesday*, der mit Kai Ligges international in der S-Klasse siegreich war. *Ribot*-Sohn *Roger* gewann u.a. das Bundeschampionat des Deutschen Reitpferdes 1990. *Ribots* Vollbruder *Rothschild* war unter seiner dänischen Reiterin ein bekanntes internationales Dressurpferd. Weitere *Ramiro*-Söhne sind:

Pb. *Ramiroff* (Z.: R. Düstersiek, Vlotho), geb. 1978, a.d. *Dombuche* v. *Dominik – Gospodin* und sein Vollbruder

Pb. *Ramino* (Z.: R. Düstersiek, Vlotho) geb. 1980;

Ldb. *Rotarier* (Z.: T. Höwer, Waltrop), geb. 1979, a.d. St.Pr.St. *Goldika* v. *Goldlack – Falk III*:

Pb. *Renard* (Z.: H. Spielfeld, Unna), geb. 1980, a.d. *Berolina* v. *Ben Shirin* – *Winkel*.

Fein dosiert: Arabische Gene

Seit dem Anglo-Araber *Ramzes* AA, dem die hiesige Zucht so viele wertvolle Impulse verdankt, war in Westfalen kein arabisches Blut mehr in die Landespferdezucht geflossen.

Mit ihm hatte man die Erfahrung gemacht, dass Araber im weiteren Erbgang eine außerordentliche Durchschlagskraft zu zeigen in der Lage sind. Das R-Blut belegte, dass eine gewisse homöopathische Verwendung des Araberblutes den Nachkommen über mehrere Generationen Charakter, Schönheit, Bewegungseleganz und Ausdauer mitgibt. Man hatte im Falle von *Ramzes* AA zwar auch alle Schwierigkeiten einer solchen Anpaarung erfahren, war er doch selbst nicht ohne Tadel: Sein Hals war zu kurz, die Schulter recht steil, aber all das hinderte ihn nicht daran, selbst in schweren Parcours erfolgreich zu sein. Selbst sein bester Sohn in Westfalen *Radetzky* garantierte nicht in allen Fällen eine ausgeglichene Nachzucht – und doch war es gerade die zweite und dritte Generation, die sich ausreichend entfernt von der Explosivkraft des arabischen Gens, welches bei seiner Einschmelzung in die Warmblutzucht aufgrund seiner physiologischen Besonderheit Risiken beinhaltete, erbsicher mit dem gewünschten Überguss verhielt. Aber nicht erst *Ramzes* AA und Co. hatten Westfalen die Bedeutung des arabischen Blutes vor Augen geführt, es waren bereits einige Jahre zuvor die vorgenannten *Amurath I*-Söhne *Amandus* und *Amaranth*, die zusammen 36 Jahre in Westfalen wirkten und die bis heute in erfolgreichen Stutenstämmen zu finden sind.

Dies alles veranlasste das Landgestüt und die hiesige Zuchtleitung, zwecks Erweiterung des »heimischen Blutbildes« Ausschau nach geeigneten Anglo-Arabern im Ursprungsland Frankreich dieser durch Kombinationskreuzung entstandenen Rasse, in der die Merkmale des Arabers mit dem des Englischen Vollbluts verbunden sind, Ausschau zu halten. Von ihnen erhoffte man sich in Westfalen, dass sie in Zeiten, wo das Finden geeigneter Vollblüter ohnehin schwierig wurde, leichter in das hiesige Zuchtmosaik einzubauen wären.

Ldb. *Cacir* AA (Z.: J. Guicheney u. Suhas, Frankreich), geb. 1981, von *Cacique* AA (a.d. *Resena* v. *Nithard* – *Xyléne*), lange Jahre in Gevelsberg postiert, legte 1984 als Drittbester des Jahrgangs seine HLP ab. Er stammt aus Südfrankreich, der Hochburg der Anglo-Araber-Zucht. Der Vater war im Landgestüt Pau stationiert, die Mutter lieferte neben dem in Oldenburg lange Jahre erfolgreichen *Inschallah* AA den sportbewährten *Frou-Frou* AA. *Cacir*-Nachkommen sind vielseitig geeignete Sportler (1992 waren beim Bundeschampionat in Verden in jeder Disziplin *Cacir* AA-Kinder), seine Töchter (annähernd 100 sind eingetragen) tragen positiv zur Veredelung bei, seine fünf gekörten Söhne haben wenig bewegt: Ldb. *Caracalla* (Z.: K. Blechschmidt, Lohmar) wurde zwar 1989 rheinischer Siegerhengst, aber bereits 1991 nicht wieder aufgestellt; dem Ldb. *Circus* (Z.: B. Melcher, Finnentrop), geb 1987, westfälischer Reservesieger 1989, erging es ähnlich.

Ein weiterer »Anglo« ist Ldb. *Charmant* AA (Z.: D. Terrain, Frankreich), geb. 1983, von *Lord Charriere* a.d. *Kabylie* x v. *Demon Dissipeli II* x

Fein dosiert wurden immer wieder arabische Gene in der westfälischen Zucht eingesetzt: hier Ldb. *Charmant* AA.

– *Petit Reine II* xx, stand viele Jahre in Paderborn-Sande auf Station, wo er eine große Zahl vielseitig veranlagter Kinder zeugte. Auch die züchterische Ausbeute ist eindrucksvoll: Von seinen 100 eingetragenen Töchter sind neun staatsprämiert; zwei Söhne, *Caliari* und *Capito*, sind gekört.

Ldb. *Monsieur* AA (Z.: J. Ricard, Frankreich), geb. 1986, v. *Muscat* AA a.d. *Mimi Combescure* v. *Etoile* AA – *Samuel* AA, wirkte vor allem in Ost-Westfalen, wo er eine Reihe guter Turnierpferde hinterließ; allein im »Jahrbuch Zucht« 2002 sind 14 *Monsieur* AA-Kinder verzeichnet, die über 500 Euro in 2002 im Turniersport, Disziplin Springen gewannen, die Nachkommen-Lebensgewinnsumme ist bis Ende 2002 auf über 100.000 Euro angewachsen, für einen AA-Hengst, der bisher zwölf Deckeinsatz-Jahre hinter sich hat, ein beeindruckendes Ergebnis. Ein besonderes sportliches Highlight erlebte der *Monsieur* AA-Sohn *Mascaron*, der 5-jährig unter Marina Loheit Bundeschampion der Vielseitigkeitspferde 1998 wurde. *Monsieur* AA hat einen gekörten Sohn (Pb. *Moravia*) und 57 eingetragene Töchter (sieben mit Staatsprämie).

Im Zusammenhang mit der staatlich verordneten Dosis arabischen Blutes darf einer nicht vergessen werden, der auf Initiative des legendären Baron Nagel züchterischen Einfluss genommen hat und dessen Kinder bis in höchste sportliche Sphären vordrangen:

Pb. *Kallistos* x (Z.: G. Sereys, Frankreich), geb. 1970, vom Araber *Djerba Qua* ox (väterlicher Großvater des *Cacir* AA) a.d. springgeprüften Hauptgestütsstute *Keseybiss* (führt dreimal das Blut des *Teddy* xx) von *Cor de Chasse* xx – *Dadji* xx, ging im französischen Pau (wo auch sein Vater Beschäler war) Hindernisrennen und war anlässlich seiner Körung in Frankreich Prämienhengst. Der bis 1977 in Vornholz aufgestellte *Kallistos* x ging 1978 zu Familie Lackner nach Borgholzhausen, wo er neben dem Einsatz in der Trakehner- und Westfalen-Zucht auch in der im Wiederaufbau befindlichen Senner-Zucht verwendet wurde. Die sportlichen Leistungen seiner Kinder sind beeindruckend: Sie gingen Weltcup-Prüfungen, schwere internationale Springprüfungen, nationale Meisterschaften, Europameisterschaften, Olympische Spiele, Weltreiterspiele und Bundeschampionate, Namen wie *Korsar, Kaktus, Kalypso, Konvoi, Karim* und *Troupier* sind als *Kallistos* x-Kinder unvergessen. Die Gewinnsumme seiner Nachkommen liegt bei über 150.000 Euro, dabei unberücksichtigt sind die Gewinnsummen von Auslandseinsätzen. Auf der Station Lackner steht seit 1988 der Pb. *Tallis* AA (Z.: E. Lestorte, Frankreich), der aufgrund seiner Rennleistung gekört wurde; bei ihm ist der oben beschriebene *Djerba Qua* ox Muttervater.

... à la France

Hinzu traten in dieser Phase hoch im Blut stehende Selle Français-Pferde, die über ein entsprechendes Maß und Format bei stark entwickelten Fundamenten verfügten und deren Einsatz mit dem Ziel der Veredelung sich dadurch oft einfacher gestaltete.

Ldb. *Quel Bonheur* (Z.: R. Gauquelin, Frankreich), geb. 1982 von St. *Brendan* xx a.d. *Biskotte* v. *Rantzau* xx (Vater des *Cor de la Bryere*) – *Fakir*, war ein Selle Français-Hengst mit einem Vollblutanteil von 75 Prozent und einer Ahnentafel mit seltener Leistungsdichte: *Hyperion* xx, *Nearco* xx, *Djebel* xx, *Blandford* xx. Sein erfolgreichster Nachkomme war *Bonheur*/E. Seelmann und Jessica Chessney (Irland).

Ldb. *Nobelpreis* (Z.: B. Servot, Frankreich), geb. 1982, von *Diaghilev* (Vater ist der Ausnahmebeschäler *Nijinski* xx) a.d. *Folcoche* v. *Atanael* – *Ultimate* xx, ebenfalls ein SF-Hengst (62,5 Prozent Vollblutanteil), weist direkte Verwandtschaft zum Springpferdemacher *Almè* auf. Drei gekörte Söhne und 70 registrierte Stuten. Einige gute Sportpferde machen für *Nobelpreis* Reklame: In letzter Zeit ist es beispielsweise das Grand-Prix-Pferd *Niveau*/Meike Scheermann (Gewinnsumme 1998: 32.380 DM) sowie das Springpferd *Denis*/Thomas von Metzger für Österreich bzw. Luciana Diniz (Brasilien).

In diese Reihe gehört auch der im Rheinland eingesetzte Ldb. *Nationalstolz* (Z.: R. Faucon, Frankreich), geb. 1983, v. *Diaghilev* a.d. *Irlandaise* v. *Artichaut* – *Kalabaka* xx.

Aufbruch in die Moderne: Westfalens neue Gesichter

Ein Ereignis Mitte der 90er Jahre steht für ein Jahrzehnt Pferdezucht in Westfalen. Ende August 1995 schied ein Mann aus dem Dienst oder wie es im Amtsdeutsch heißt: »wurde in den Ruhestand versetzt«: Dr. Gerd Lehmann. Als er 1966 antrat, herrschte bereits Aufbruchstimmung, als ginge es in eine neue Zeit, die Umzüchtung zum Reitpferd war angesagt – hieran hatte Dr. Lehmann wesentlichen Anteil. Auch 1995 war vieles im Umbruch begriffen, insofern stand der Weggang dieses angesehenen Pferdemannes für vieles, was sich in diesem Jahrzehnt, den 90er Jahren, und darüber hinaus änderte, verschwand, neu dazu kam – die Menschen, die Pferde, die Zucht.

Seit dem 1.1.1990 besteht keine staatliche Körpflicht mehr, der Verband übernimmt diese Aufgabe. 1991 findet erstmals eine rheinisch-westfälische Hauptkörung statt. In der darauf folgenden Zeit (1991 bis 2002) sind die Körungen in vielerlei Beziehung wie Spiegelbilder, Richtungsweiser, Tempomacher und beschreiben manches Problem, manches Thema jener Zeit. Im Einzelnen heißt das:

- gemeinsam kören, das Edle fördern: 1991 *Funkenspiel* (*Funke, Fläming* xx, *Renaldo*);
- westfälisches D-Blut, aus Bewährtem weiter entwickeln: 1992 *Dunhill* H (*Diamantino, Renard, Angelo* xx);
- solides hannoversch-westfälisches Fundament: 1993 *Wyoming* (*Weinberg, Paradox I, Picasso*);
- D x F = 1994 *D'accord* (*Damenstolz, Frühspecht, Abendwind*);
- R verspricht Harmonie und Bewegung: 1995 *Rosendahl* (*Rosenkavalier, Gratianus, Bonjour*);
- holsteinische Gene, wenn sie passen: 1996 *Lamoureux II* (*Landadel, Raphael, Bernstein*);
- Mutterstämme sind Garanten: 1997 *Friedenstraum* (*Ferragamo, Pilot, Paradox*);
- altes D in neuem Gewand: 1998 *Don Bedo* (*Donnerhall, Rosenkavalier, Apart*);
- Trakehner-Versuch: 1999 *Saint George* (*Saint Tropez, Brentano, Matcho* xx);
- Westfalens neues F hat Zukunft: 2000 *Future* (*Florestan, Apart, Silvaner*);
- vielseitige Sportler sind gefragt: 2001 *Laureus* (*Laurentianer, Loutano, Constant*);
- die unendliche Geschichte des *Ramzes*: 2002 *Rosenchameur* (*Rosenkavalier, Mon Cheri, Renaldo*).

Hatte man sich bis in die 80er Jahren ausschließlich im hannoverschen Genpool bzw. bei den Veredlerrassen bedient und damit viel Erfolg gehabt, änderte sich dies allmählich. Man öffnete sich getreu dem Motto: Was gut genug ist, Westfalen weiterbringt und zur westfälischen Population passt, ist willkommen. Europa entsteht, Zuchtziele gleichen sich immer mehr, regional stark abgegrenzte Zuchtgebiete passen nicht mehr, die Zusammenarbeit wird gesucht, beispielsweise mit dem nächsten Nachbarn, dem Rheinland. Identität bewahren und sich gleichzeitig vorsichtig öffnen, ist das Ziel. Der westfälische Zuchtverband gibt den Rahmen, in dem sich die Züchter eigenverantwortlich bewegen – in nie dagewesener Freizügigkeit.

Ohnehin hat sich viel verändert: Das Zuchtziel ist kurz gesagt: ein elegantes, großliniges und harmonisches Reitpferd für den Top-Sport, den ländlichen Turniersport, für den Freizeit- und Breitensport. Die Zuchtzielbeschreibung muss gerichtsfest sein und wird aufgrund einer immer komplizierter werdenden Rechtsprechung so umfangreich wie ein Beipackzettel bei Medikamenten und streckenweise so schwer verständlich wie eine Bauanleitung für Mitnahmemöbel. Wie einfach war es doch vor 50 oder 100 Jahren!

War es bereits in den 80er Jahren der Pferdehänger, der den Züchtern eine neue Mobilität gab, der eine Loslösung von den Deckstellen und Stationen ermöglichte, kam in dieser Epoche ein Instrumentarium zum Einsatz, welches große Möglichkeiten, aber auch Risiken bietet: die künstliche Besamung. Grenzenloser Genaustausch wird möglich und genutzt.

Noch in den 80er Jahren schrieb man einem bestimmten Deckstellenbezirk eine bestimmte Stutenbasis zu, entsprechend konnte beispielsweise das Landgestüt seine Hengste verteilen. Die Nutzung dieser Hengste war ziemlich gesichert.

Heute bestellt der Züchter seinen Hengst oft aus Hochglanzprospekten, egal wo er steht, die weiße Styroporbox kommt, das ist sicher. In-night Express macht's möglich, zu jeder Zeit, überall hin! Modehengste werden Partner von mehreren hundert Stuten, für manchen Junghengst interessiert sich kaum eine Hand voll Züchter, obwohl dieser vielleicht eine solide Leistungsprüfung abgelegt hat. Das Interesse an Veranstaltungen wie HLPs ist ohnehin dürftig, da lockt schon eher eine Hengstschau, mehr eine Show, ein Spektakel.

Gefragt sind Dressurpferde mit bodenverachtenden Gängen, sie versprechen den schnellsten und größten Profit. Altes D-Blut in modernem Aufguss: *Donnerhall*. R-Blut wird zum Re-Import: *Rubinstein* und Nachkommen. Made in France: *Furioso II* wird zum neuen F für Westfalen – »*Florestane*« sind Multi-Talente. Springpferdezucht grenzt an Idealismus, als wenn dies die Pferdezucht nicht ohnehin schon wäre. Mancher Springstamm gerät mit Trabwundern in Gefahr.

Vor allem »modern« müssen sie sein, modernes, aktuelles Blut ist gefragt. Gleichzeitig wird bejammert, dass alte Hengstlinien, die Westfalen groß gemacht haben, verschwinden. Die gleichen Züchter, die dies tun, betrachten Westfalens »altes Blut« verächtlich. Am Ende entscheidet der Markt!

Die Springpferdezucht braucht neue Impulse, Holsteiner Gene bieten sich bundesweit an, auch in Westfalen. In Westfalen versucht man, das bewährte P-Blut damit zu verbinden, um ihm neue Impulse zu geben.

Bei den Vollblütern wird gegen Ende dieses Jahrzehnts in puncto Nutzung ein rekordverdächtiges Tief erzielt: weniger als hundert Bedeckungen durch Blüter, in ganz Westfalen. Für ein Hochzuchtgebiet ist das erschreckend. Halbblüter, z.B. Ldb. *Laurentianer*, helfen, aber sie sind in ihrer Wirkung weniger anhaltend und brauchen entsprechend abgesicherte Stuten, z.B. in puncto Elastizität.

Der Absatz, die Vermarktung wird zusehends schwieriger: Ostimporte sorgen für Preisverfall, Spezialrassen ziehen Kunden ab, die wirtschaftlich schwierige Lage bremst den Umsatz, die Auswirkungen eines neuen Kaufrechts sorgen für Skepsis.

Apropos Züchter: War bis in die 70er Jahre hinein die Pferdezucht ausschließlich eine Sache der Landwirte, ändert sich dies. Hochmotivierte, an Zucht interessierte, nicht-bäuerliche Zeitgenossen betreiben Pferdezucht oft mit erheblichem finanziellen Einsatz, häufig jedoch nicht mit der gleichen Ausdauer und Langfristigkeit.

Die 90er Jahre waren ein Jahrzehnt der »Hengste im Sport«, und das nicht erst durch die Ernennung der neuen Leiterin des NRW-Landgestüts in Warendorf, Susanne Rimkus.

NRW-Hengste wurden wie der Ldb. *Fidermark* oder der Pb. *Show Star* Bundeschampion, gewannen wie der Ldb. *Gralshüter* und der Ldb. *Prosario* als Springpferde Große Preise. Die Privathengsthaltung in Westfalen setzte ihre Hengste bereits seit Jahrzehnten im Sport und in der Zucht ein, beispielsweise *Ramiro* oder *Labrador*. Ein Konzept, das Sinn hatte. Und auch auf der Seite der Züchter wird umgedacht: Feld- und Stationsprüfungen werden seit Ende der 80er Jahre propagiert und genutzt. Was man vom Hengst wie selbstverständlich verlangt, muss die Stute auch bringen: Sie muss nicht nur schön sein, Rittigkeit, Leistungsbereitschaft bzw. -vermögen werden ebenso verlangt.

Deckhengste im großen Sport sind seit den 90er Jahren keine Seltenheit mehr: Heinrich-Wilhelm Johannsmann und Ldb. *Gralshüter* v. *Gralsritter* waren u.a. an Nationenpreis-Siegen beteiligt.

Die G-Linie macht sich rar

Neben den oben beschriebenen *Gloucester* v. *Garibaldi II*, *Großadmiral* v. *Goldlack* ist die G-Linie, die Linie der *Grandes*, *Gotthards* und *Goldfalks* nur noch spärlich vertreten.

Grandes Sohn *Gralsritter*, der nicht nur gute Zeiten erlebte bis er zum Gewinnsummen-Millionär wurde, hat mit dem Ldb. *Gralshüter* (Z.: F. Jathe, Garbesen), geb. 1990, a.d. *Akona* v. *Akzent II* – *Adlerfarn*, noch einen Sohn im aktiven westfälischen Beschälerbestand. *Gralshüter* absolvierte 1993 das Hengstexamen als Primus, seine züchterische Ausbeute ist bislang eher mäßig: ein gekörter Sohn (*Gralserbe*) und 52 Töchter (drei mit Staatsprämie) für die Zucht. Dafür ist die Sportlichkeit seiner Kinder unübersehbar. *Gralshüter* selber geht unter Kaiser Johannsmann nach seinem Start in die Parcours-Welt 1997 zwischenzeitlich erfolgreich Große Preise und Nationenpreise.

Vom Ex-Westfalen *Grannus* alias *Granit* (v. *Graphit*) sind Pb. *Giradelli* (Z.: R. Düstersiek, Vlotho), geb. 1993, a.d. *Donna* v. *Don Juan* – *Weitblick*, auf der Station Sandhowe und Pb. *Grasco* (Z.: R. Meyer, Emstek), geb. 1990, a.d. *Walide* v. *Argentinus* – *Damokles*, auf der Station Gajos.

Die D-Linie: Dinard L, Dunhill H, D'accord – Bewährtes bleibt, neue Akzente werden gesucht

Aus dem oben beschriebenen *Dömitz I*-Zweig stammt ein im Westfalen der 80er und 90er Jahre einflussreicher Fuchshengst, der als Ldb. *Der Clou* (Z.: G. Klauenberg, Goslar), geb. 1981, in Warendorf als »beamteter Hengst« zum Einsatz kam. Sein Vater *Diadem*, ein hannoverscher Sohn des Springpferdemachers *Diskus* (*The Natural*, *Doreen*) aus einer Mutter von *Absatz* – *Grande*, vererbt stärker in Richtung Dressur. *Der Clous* Mutter *Susina* stammt von *Sesam I* (Leistungssieger seines Jahrgangs in Celle) – *Steppenwolf* (von *Steinpilz* xx). *Der Clou* rechtfertigte die in ihn gesetzte hohe Erwartung und wurde HLP-Sieger in Warendorf. Seine ersten Fohlen kamen an, auch später als Reitpferde, was ihm von Anfang an einen Spitzenplatz in der Gewinnsummenstatistik seiner Nachkommen einbrachte (Gewinnsumme bis heute: 469.821 Euro).

Auch züchterisch hat er sich vor allem als Stutenmacher bewährt: Der viele Jahre in Riesenbeck postierte Beschäler lieferte der Zucht 225 Stuten, davon erhielten 19 die Staatsprämie. Vor allem machten die Töchter *Dimanche* (Bundeschampion des Deutschen Reitpferdes in Verden 1990) sowie St.Pr.St. *Dancing Girl* und St.Pr.St. *Denise* (Ic-Preisträgerin auf der Bundesstutenschau in Verden) für ihren Vater bundesweit Werbung. Fünf Söhne kamen ins Hengstbuch, Ldb. *Dollarkurs* (Z.: K.-H. Stöcker, Lüdinghausen), war der bekannteste. Der 1986 geborene Fuchs stammte a.d. *Arina* vom guten Vollblüter *Antar* xx. Die 2. Mutter ist *Abendsonne* (rechte Schwester des unter Georg Ahlmann erfolgreichen Springpferdes *Almhirt*) vom Aktionstraber *Abendwind*.

Ldb. *Der Clou* war ein Lieferant vielseitig veranlagter Sportpferde.

Von den *Damenstolz*-Söhnen machten Schlagzeilen:

Pb. *Damenheld II* (Z.: U. Walloch Lippetal), geb. 1985, hat die ausgezeichnete Revue v. *Romadour II* aus der Zuchtstätte Walloch zur Mutter. St.Pr.St. *Revue* kommt aus bestem Hause: Mutter St.Pr.St. *Akelei* v. *Abendregen* ist eine Halbschwester zur DLG-Stute *Goldie* v. *Goldlack* (Zuchtstätte M. Ostrop, Uedem), die Mutter der

Ldb. *Delphi* war 1995 erster Warendorfer Landbeschäler im Bundeschampionat; später war er mit zehn S-Siegen am Goldenen Reitabzeichen seines Reiters Martin Stamkötter beteiligt. Hier ist er unter Elmar Schmiehusen zu sehen.

Renoir-Brüder *I* und *II* ist. Ldb. *Damenheld I* war unfruchtbar.

Ldb. *Diamantino* (Z.: W. Kraemer, Lienen), geb. 1985, a.d. *Libelle* v. *Lucifer – Paradox I*, ist einer der wenigen Hengste, die beides schafften: Sieger bei der Körung und in der HLP; auf der DLG 1989 in Frankfurt unterlag er nur knapp dem Sieger *Weltmeyer*. *Diamantino* lieferte für die Zucht insgesamt 13 Söhne, 98 eingetragene Töchter, wovon 18 die staatliche Prämie erhielten. Eine davon ist die Siegerstute der Eliteschau 1992, *Diandra*. *Diamantino* schaffte in jenem Jahr einen weiteren Erfolg: Sein Sohn Pb. *Dunhill H* wurde Siegerhengst. 1995 war *Diamantino* mit zwei Finalisten (3. und 4. Platz) erfolgreichster Vater im Bundeschampionat des Deutschen Dressurpferdes bei den 5-Jährigen. Von seinen Sportkindern sind *Diagonal*, *Delphi*, und *Dolce Vita* die Erfolgreichsten.

Von den *Diamantino*-Söhnen machten Karriere:

Pb. *Dunhill* H (Z.: C. Messing, Münster), geb. 1990, a.d. Verb.Pr.St. *Renaissance* v. *Renard – Angelo* xx, entstammt einem alten Stutenstamm; seine Mutter brachte 1994 *Diationo*, einen Vollbruder zu *Dunhill* H, der ebenfalls die höheren Weihen als Vatertier erhielt. Zuchtauszeichnungen und Sportmeriten kennzeichnen den Stamm. Mit *Renard*, der selbst bis S erfolgreich sprang, und *Angelo* xx, der bedeutendste Vollblüter, der nach dem Krieg in die westfälische Zucht eingriff, erhält das D-Blut in *Dunhill H* eine entscheidende Leistungsergänzung. *Dunhills* Karriere ist dementsprechend: Körsieger, Sieger im 100-Tage-Test mit unglaublichen 153,47, hervorragende Fohlenjahrgänge, R&V-Hengstchampion, Seriensieger in Spring- und Dressurpferdeprüfungen, erfolgreich beim Bundeschampionat (5-jährig gewann er unter Hella Kuntz die bronzene Medaille) wie auch in Prix St-Georges und Intermediaire I. Bis heute sind zwei Söhne gekört, 88 Stuten sind zur Zucht eingetragen, zehn davon mit Staatsprämie. Nach einigen Einsatzjahren auf der Station Holkenbrink (Albachten) wirkt er nun im süddeutschen Raum.

Ldb. *Delphi* (Z.: J. Dieste-Kraes, Anröchte), geb. 1991, a.d. *Renola* v. *Renaldo – Frühling*, war 1993 1. Reservesiegerhengst in Handorf. Der auf der Mutterseite stehende bewährte Vererber *Renaldo* sowie der Stempelhengst *Frühling* garantieren vielseitige Leistungen. *Delphis* Hengstexamen (3. Platz) war weit überdurchschnittlich, seine gute Platzierung im Bundeschampionat des Deutschen Reitpferdes war folgerichtig, der 5. Platz an gleicher Stelle im Jahre 1997, diesmal in der Klasse der 6-jährigen Dressurpferde, belegte seine Möglichkeiten. Seine Sportkarriere wurde von Martin Stamkötter systematisch fortgesetzt, Erfolge sind heute bis Intermediaire I zu verzeichnen, seine eigene Lebensgewinnsumme beträgt über 13.000 Euro;

Ldb. *Diamo* (Z.: Cornelis J. Scherff, Wyk En Aalburg), geb. 1991, a.d. Verb.Pr.St. *Ferrari* v. *Feuerfunke*, war Sieger der HLP 1994. Der aus einem Stutenstamm aus dem Raum Ostenfelde stammende formschöne Fuchs war bis 2000 in Heiden aufgestellt und hinterließ gut brauchbare Sportler für beide Disziplinen, sein Zuchtwert liegt mit einem Wert von über 130 für Springen und Dressur hoch.

Pb. *Diagonal* (Z.: B. Deitert, Schöppingen), geb. 1994, a.d. *Angelique* v. *Anmarsch – Roderich*, ging zunächst nach seiner Körung (er war

1. Reservesiegerhengst der 96er Hauptkörung) ins Landgestüt. *Diagonals* Mutter ist Vollschwester des Grand-Prix-Siegers *Avantgarde*/Wiljo Klein, der 1986 unter Magdalene Post das renommierte Westfalen-Wappen gewann. Anlässlich seiner HLP fiel seine besondere Begabung im Parcours auf, sodass er in dieser Disziplin gefördert wurde. Nach zwei Saisons in Goch-Heidhausen schlug er, gefördert von Marcus Döring, die sportliche Laufbahn ein, gewann Springpferdeprüfungen bis Kl. M. und qualifizierte sich für das Bundeschampionat. Nach seinem Verkauf an Andreas Viebrock wurde er von Jörg Peper in die S-Klasse pilotiert. Zwischenzeitlich geht er in Großen Preisen erfolgreich.

Der einzige bis 2003 noch zuchtaktive *Damenstolz*-Sohn in Westfalen war der Ldb. *D'accord* (Z.: H. Rüter, Datteln), geb. 1992, a.d. *Ferne* v. *Frühspecht – Abendwind*. Der 1,66 m große Fuchs war Siegerhengst 1994 und belegte bei seiner HLP Platz 2 von 15 Teilnehmern. Großmutter *Abendsonne* brachte aus einer Anpaarung mit *Antar* xx das erfolgreiche Grand-Prix-Pferd *Achilles*/Franz-Josef Dahlmann. *D'accord*, der Ende 2003 überraschend einging, lieferte beständig teure Aktionspferde.

Damokles machte vor allem mit seinem Sohn *Dinard L* von sich reden: Pb. *Dinard L* (Z.: Josef Wiescher, Lippstadt), geb. 1988, a.d. Verb.Pr.St. *Paddy* v. *Pilot – Frühlingtraum II*, entstammt der Stutenfamilie der *Amsel* aus der Zuchtstätte Wördehoff in Büren, eine der bedeutendsten Stutenstämme in Westfalen; aus dieser Familie gingen die Beschäler *Pit I* und *II*, *Lagavulin* und die Sportpferde wie *Prinzregent* (N. Koof) und Bundeschampion *Dimanche* hervor. *Dinard L* legte mit 133 Punkten eine sehr gute HLP ab, er war Seriensieger in Dressur- und Springpferdeprüfungen und 5- bzw. 6-jährig gewann er die Bronzemedaille beim Bundeschampionat des Deutschen Springpferdes. *Dinard L*-Nachkommen sind sportlich: *Denver*, *Del Mar L* und *Dublin* sind erfolgreich »ganz oben« mit dabei. Sohn *Dinaro* gewann 3-jährig das Bundeschampionat für Hengste. Elf Söhne des *Dinard L* erhielten bisher den Körstempel, fast 200 Stuten sind zuchtaktiv, 21 erhielten die Staatsprämie, allein im Jahre 2000 waren sechs Töchter auf der Eliteschau erfolgreich, u.a. die 2. Reservesiegerstute St.Pr.St. *Djamila*, Vollschwester des Ldb. *Dynast*; die *Dinard L*-Tochter *Desiree* gewann mit 9,3 (!) den Freispring-Wettbewerb des Hannoveraner Verbandes in Verden. *Dinard L*-Nachkommen, oft mit Doppelveranlagung, verdienten bisher mehr als 250.000 Euro für das Gewinnsummenkonto ihres Vaters, allein im Jahre 2002 gewannen 25 Kinder in einer Disziplin mehr als 500 Euro.

Der bedeutendste Sohn des *Dinard L* ist der bereits erwähnte Pb. *Dinaro* (Z.: D. Berger, Ascheberg/Bes.: Station Domselshof Kerken), geb. 1992, a.d. *Roma* v. *Renaldo – Lucullus*. *Dinaro* gewann nicht nur die HLP 1995 in Handorf mit dem sehr hohen Rittigkeitsindex von 153,09 Punkten, sondern wurde ein paar Tage später unter Hella Kuntz auch das Bundeschampion der dreijährigen Hengste in Warendorf. Es folgte eine gezielte sportliche Förderung, die Erfolge in Springen bis S unter Klaus Reinacher bescherte.

Der zweifache Bronzemedaillen-Gewinner im Springpferde-Bundeschampionat Pb. *Dinard L* ist ein gefragter Sohn des Ldb. *Damokles* aus einer *Pilot*-Tochter.

Ramzes
- Raimond — Ramiro — **Renard** Pb./80
- Ramiro — Rocket Star — **Rockwell** Pb.
- Roderich — **Royalist** Pb./82
- Radetzky — Remus I — Romulus I — Romadour II

Rockwell

Pluchino xx
- Perseus — Pilatus — Pilot — **Prominenz** Pb./90
- **Phantom** Pb./85
- **Portland L** Pb./95
- **Power** Pb./85
- **Pep** Pb./95
- **Pavarotti v. d. Helle** Pb./89
- **Piano II** Pb./88
- Pablo
- **Phönix** Ldb./85
- **Piquet** Ldb./85
- **Pit** Ldb./85
- **Popcorn** Ldb./88
- **Pessoa** Ldb./90
- Pinocchio
- Peter Pan
- Pilatus — Polydor — **Potsdam** Ldb./89
- **Pikachu** Ldb./98
- **Pocalino** Ldb./98
- **Polany** Ldb./88
- **Paramo K** Pb./92
- **Polygraf** Pb./91

Prinz Wilhelm

Papayer xx
- Paradox I — **Pacco II** Ldb./91
- Paradox I — **Prinz Selgelhorst** Pb./89 — **Prinz Wilhelm** Ldb./89 — **Pelegrinius** Ldb./98
- Paradox I — **Parademarsch I** Ldb./84

Goldfisch II
- Graf — Grande — Garibaldi II — **Gloucester** Pb./83
- Grande — Gralsritter — **Gralshüter** Ldb./90
- Grande — Graphit — Grannus
- Goldfalk — Goldlack — **Großadmiral** Ldb./79

Abglanz
- Abhang — Abdulla — Argus — Argwohn
- Absatz — Andiamo
- Absatz — Arsenik — **Advokat D** Pb./89
- Arsenik — **Attila** Pb./78
- Arsenik — Alabaster — **Ad hoc** Ldb./96
- Absatz — Akzent II

Senator
- Sesam — Servus — Spartan — Stakkato
- Sender — Salut — **Salamander** Ldb./92
- Sender — Saloniki — Salem — Salvano

Duellant
- Duft I — Damhirsch — Damenstolz — **D'accord** Ldb./92
- Davos — Damokles — **Danaos** Pb./87
- Damokles — **Dinard L** Pb./88 — **Damiani** Ldb./93
- Duden I — Dirigent — Discont — Disco-Star

Aufstellung der im Jahr 2002 in Westfalen aufgestellten Warmblut-Hengste

Teil 1

Die in 2000 zuchtaktiven Hengste sind fettgedruckt!

Rockland Ldb./98

Rheingold → **Rolls Royce** Pb./86

Rosenkavalier → **Royal Angelo I** Pb./86, **Rosenquarz** Ldb./95, Rubinstein

Rubinstein → Reggazoni, **Raschid N** Pb./90, **Rosenkönig** Pb./96

Reggazoni → **Regardez** Pb./96

Renoir I Pb./81

Pilot pur of Kenia Pb./97

Primeur´s As Pb./97

Potential Ldb./97

Phantom

Prosario Ldb./89

Obsession Pb./96

Pascavello Ldb./97

Ad hoc

Giradelli Pb./93

Grasco Pb./90

Astronaut → **Aperto** Pb./85

Sonetto Ldb./98

Spaceman Pb./98

Sherlock Homes → **Sir Schölling** Pb./95

Dinard L

Diavolo II Pb./92

Disco-Boy Pb./89

- **Frühling**
  - Frühlingstraum II
    - Frühlingsball
      - **Feuerglanz** Pb./86
      - **Festivo** Ldb./85
    - Flamenco
      - **Flanceur** Pb./86
    - Feuerschein I
      - **Feuerpfeil** Pb./79
    - Fabelhaft
      - **Faschingsprinz** Ldb./84

- **Cottage Son xx**
  - Corporal
    - Capitano
      - Capitol
        - Carolus
        - **Capitalist** Pb./90
        - Campione

- **Pik As xx**
  - Pik König
    - Pik Bube
      - **Pik Labionix** Pb./89
        - **Pik Larimar** Pb./98

- **Furioso II**
  - Fidelio
    - **Florestan I** Ldb./86
      - **Fleurop** Ldb./90
      - **Fibonacci** Ldb./96
      - **Floresco** Pb./98
      - **Felin** Pb./96
      - **Future** Pb./98
      - Fidermark
        - **Fleurier** Ldb./98
        - **Florino** Ldb./97
        - **Fürst Piccolo** Ldb./97
  - Voltaire
    - Concorde
      - **FAN Holland** Pb./89
        - **Harry Potter** Ldb./98
  - Freigraf
    - **Favretto** Ldb./90
    - **Ferragamo** Ldb./90
      - **Feuerblick** Ldb./97
      - **Fillis** Ldb./95
      - **Friedensrat** Pb./96

- **Schwan I**
  - Schwarzkittel
    - Schwangau
      - **Saboteur** Pb./81

- **Sacramento Song xx**
  - Sandro Song
    - Sandro Hit
      - **Subito** Pb./98
      - **Show Star** Pb./98
      - **Santa Cruz** Pb./98

- **Ladykiller xx**
  - Landgraf
    - **L'ami** Pb./87
    - **Larius** Pb./90
    - Larry
      - **La Paz** Pb./90
    - **Landino** Pb./86
      - Lanciano
        - **Leardo** Pb./98
      - **Lanacar** Pb./91
    - Landadel
      - Langenhagen
        - **Landilot** Ldb./98
      - **Landettico** Pb./85
      - Landjonker
        - **Life is Life** Pb./91
      - **Lamoureux I** Ldb./93
    - Lancer II
      - **Lord Loh** Pb./96
      - **Lexus** Pb./97
    - **Lancer III** Ldb./90
      - **Lacock** Ldb./97
    - Linaro
      - **Lamerto H.** Pb./97
  - Lord
    - **Lord Caletto** Ldb./87

- **Pancho II AA**
  - **Upan La Jarthe AA** Ldb./84
    - **Up to date** Pb./97
  - Matcho AA
    - **Mon Cheri** Ldb./85
      - **Montmatre** Ldb./89
        - **Medici** Pb./97
    - **Mailänder** Pb./90
    - **Mon Cher** Pb./92
    - Metternich
      - **Multistar** Pb./97

Conto	Pb./91
Chardon	Pb./96

Florestan I

Aufstellung der im Jahr 2002 in Westfalen aufgestellten Warmblut-Hengste

Teil 2

Die in 2000 zuchtaktiven Hengste sind fettgedruckt!

Lancer III

Vater	Sohn		Enkel	
Bormio xx	Borredo	Pb./91		
Marlon xx	Marquis	Pb./79		
Tin Rocco xx	Torero	Pb./82		
Taipan xx	Tänzer	Ldb./82		
Vollkorn xx	Vivaldi	Pb./80		
Lauris Crusador xx	Laurentianer	Ldb./94	Liebeszauber	Ldb./88
			Laurenzius	Ldb./98
	Laomedon	Ldb./96		
Top Ville xx	Condrieu xx	Pb./87		
Vaguely Noble xx	Gonzales xx	Pb./77		
Mansingh xx	Langata Express xx	Pb./85		
Windwurf xx	Rio Grande xx	Pb./81		
Acatenango xx	Conception xx	Pb./90		
Lord Udo xx	Boreas xx	Pb./87		
Frontal xx	Ocos xx	Pb./80		
Falkland xx	Foxiland xx	Pb./83		

Laurentianer

Aufstellung der im Jahr 2002 in Westfalen aufgestellten Warmblut-Hengste

Teil 3

Die in 2000 zuchtaktiven Hengste sind fettgedruckt!

Lucius xx	Lucino	**Lanthan** Pb./80	
World Cup I	Weltmeyer	**Windspiel As** Pb./96	
		Worldman Pb./89	
	Worldchamp	**Worldsworth** Pb./91	
	Warkant	**World Magic** Pb./94	
Ehrensold	**Ehrentusch** Ldb./84	**Ehrentanz I** Ldb./90	
		Ehrenwort Ldb./96	
		Externstein Pb./92	
Donnerhall	Davignon I	**Douceur** Ldb./98	
		Di Versace Pb./96	
	Davignon II	**Dollmann** Pb./97	
	Danny de Vito Pb./93		
	Donnerschlag	**Don William** Pb./96	
	Dimension Pb./89		
	Don Bedo Ldb./96		
Cor de la Bryere	Caletto II	Caretino	**Caesario** Pb./97
	Caletto I	Come on	**Come well** Pb./90
		Cartusch Pb./79	
	Carte D'or Pb./87	**Cadeau des Dieux** Pb./95	
	Calypso II	Contender	**Collin L** Pb./97
			Cordobes Ldb./95
	Corrado	Corofino	**Coronino** Pb./95
	Calypso	Castro	**Cubaner** Pb./89
		Champus	**Charming** Pb./98
Almé	Ahorn Z	Accord II	**Amantus** Ldb./97
			Arpeggio Ldb./95
			Accordplus Pb./95
	Aloube Z	Alcatraz	**Argent** Pb./90
			Aurelio Pb./90
	Jalisco B	Quidam de Revel	**Quo Vados** Pb./98
Cocktail	Jazz	**Jazz Time** Pb./95	
Abgar xx	Pion	**Democraat** Pb./85	
Amour de Bois	Grand Veneur	**Azur de Paulstra SF** Pb./88	
Qredro de Paultra	Quattro B	**Quinto** Pb./98	
Usurpator xx	Usus	Urquell	**Ulan** Pb./80
Blauspecht xx	Bariton	**Barring** Ldb./84	

Arpeggio

Praefectus xx	Pandur	**Philippo** Pb./90	
Black Sky xx	Bolero	Bismarck	**Breitling** Pb./91
		Brutus Pb./81	
Ecuador xx	Eklatant	**Entertainer** Pb./87	
Lemon xx	Lemon Tree	**Le Beau** Pb./90	
Muscat AA	**Monsieur AA** Ldb./86		
Lionel xx	**Tallis AA** Ldb./88		
Votez Bien x	**Ubis** Pb./78		
Arlequin x	Zeus	**Zorro T** Pb./90	
Matador	**Kronjuwel** Pb./80		
Kiebitz	**Banditentraum** Pb./84		
Caprimond	**Catani K.** Pb./90		
Sir Chamberlain	**Houston** Pb./94		
Eol/T.	Blesk	**Biotop** Pb./85	
Kostolany	Gribaldi	**Galando** Pb./98	
	Tolstoi	**Saint Tropez** Ldb./93	
Pomeranets ox	Hockey II	**Almox Prints J.** Pb./81	
Schampus xx	**Schampain** Pb./90		
Exorbitant xx	**Eldino** Pb./98		

Ehrentusch

Saint Tropez

Mit Ldb. *Damiani* (Z.: A. Niehoff, Münster), geb. 1993, a.d. *Fabienne* v. *Funke – Renaldo*, kam 1995 ein besonders körperharmonischer *Dinard L*-Sohn ins Landgestüt, der über ein in Westfalen zucht- und sporterprobtes Pedigree verfügt.

Bis heute im Deckeinsatz in Westfalen ist der *Damokles*-Sohn Pb. *Danaos* (Z.: U. Tillmann, Balve/Bes.: Station Ebrecht, Senden), geb. 1987, a.d. St.Pr.St. *Riva* v. *Ramiro – Durchlaucht*. Er ließ 1990 aufhorchen, als er Sieger der Handorfer HLP wurde, seine Punktzahl betrug 146,90. Danaos belegte beim Bundeschampionat in Verden in seiner Kategorie den 4. Platz.

Von den »*Debütanten*« wirkte bis in die 2. Hälfte der 90er Jahre der großlinige, mit enormer Tiefe und guten, korrekten Bewegungen ausgestattete Ldb. *Dramaturg* (Z.: W. Spreen-Segelhorst, Rahden), geb. 1981, a.d. St.Pr.St. *Schwalbenkind* v. *Sioux – Frühling*, ein im Typ des schweren Hunters stehender Beschäler. Großmutter *Frühlingssonne* ist Schwester der Gebrüder *Frühlingstraum*. Der lange Jahre auf der Heidener Deckstation agierende Braune hinterließ zwei gekörte Söhne und 88 eingetragene Töchter (17 mit Staatsprämie).

Der *Donnerhall*-Sohn Ldb. *Don Bedo* wurde unbestrittener Körungssieger 1998.

Ab etwa Mitte der 90er Jahre schob sich in Westfalen ein Zweig der Detektiv-Linie nach vorne, der bereits Anfang der 50er Jahre im hiesigen Zuchtgebiet auf schmalem Grad gewirkt hatte: Damals war es der Ldb. *Dorn*, der als *Dwinger*-Sohn für rittige Pferde sorgte, aber für wenig männlichen Nachwuchs, die für den Erhalt der Linie hätten sorgen können. Jetzt waren es wieder *Dwinger*-Nachkommen, vor allem einer: *Donnerhall*, der *Donnerwetter*-Sohn, aus einer Mutter von *Markus* (*Manolete* xx) – *Carnot* (*Condor* SF), mit auffallend viel Dressurpferdevererber im Pedigree (*Disput, Matador, Manolete* xx und vor allem *Der Löwe* xx) – der erfolgreichste Dressurhengst der Welt, mit einer beispiellosen Karriere in Sport und Zucht!

Anfang der 90er Jahre tauchten die ersten Nachkommen in Westfalen auf, zunächst vereinzelt, viele nicht körfähig, später kamen sie immer besser »ins Geschäft«.

Einer der ersten war Pb. *Dimension* (Z.: B. Pahl, Fockbek/Station Sandhowe, Ascheberg), geb. 1989, a.d. *Alicante* v. *Akzent II – Wiesenbaum* xx, er erhielt auf der Sonderkörung 1993 den Körstempel und sorgte im Jahr darauf für einen viel beachteten ersten Fohlenjahrgang. Die ersten Reitpferde bestätigten die Vererbungsqualitäten des Vaters: Bewegungsstark, leichtrittig, modern aufgemacht und vielseitig sind die Merkmale seiner Nachkommen. Zwei Söhne wurden gekört (*Diderot* wurde Landbeschäler in Marbach), 60 Töchter – davon acht mit Staatsprämie – wurden für die Zucht eingetragen.

Weitere Nachkommen sind:

Pb. *Danny de Vito* (Z.: O. Gärtner, Wensin/Stat.: Holkenbrink, Münster), geb. 1993, a.d. *Finale* v. *Pik Bube – Lucado* (Trak.), kam über die PSI-Auktion nach Westfalen und glänzte anlässlich seiner HLP in Neustadt/Dosse mit überragender Rittigkeit, erstklassigen Grundgangarten und Qualitäten am Sprung: Am Ende wurde es Platz 2 von 42 Teilnehmern. *Danny de Vito* ist bisher den Weg über Reitpferdeprüfungen bis Prix St-Georges/Intermediaire I und Grand Prix konsequent und siegreich gegangen. Seine typvollen Kinder erfüllen die in sie gesetzten Erwartungen. Er war mehrfach erfolgreicher Teilnehmer am Bundeschampionat. Mutter *Finale* ist dreifache Hengstmutter, die Großmutter *Finette* brachte den Dressurvererber *Donnerkiel*;

Ldb. *Don Bedo* (Z.: M. Bergjohann, Dülmen), geb. 1996, a.d. St.Pr.St. *Rosita* v. *Rosenkavalier – Apart*, war unstreitiger Siegerhengst der 98er Körung in Handorf. Sein Pedigree wird durch seinen Mutterstamm exzellent: *Rosenkavalier*, ein

Vererber der Sonderklasse (*Rubinstein* usw.), und der Halbblüter *Apart*, der immer öfter in Erfolgspedigrees auftaucht. Die ersten beiden *Don Bedo*-Söhne wurden 2002 gekört.

Pb. *Don William* (Z.: H. Rathmer, Coesfeld/ Stat.: Korte, Lengerich), geb. 1996 a.d. St.Pr.St. *Marbella* v. *Mephistopheles – Bream* xx, ist ein inzwischen sporterfolgreicher *Donnerhall*-Enkel. Über die Mutterseite strömt wichtiges Edelblut ins Pedigree. *Don William* war Reservesieger der HLP 2000 in Warendorf und ist unter anderem Sieger in M-Dressuren. Seine ersten Fohlen überzeugten.

Jüngstes Erfolgsprodukt aus der Verbindung v. *Donnerhall* mit westfälischen Genen (erfolgreicher Mutterstamm: Sportpferde bis S, Vollbruder der Mutter gekört, Großmutter Endring-Teilnehmerin der Eliteschau 1991) ist der Endring-Hengst NRW-Hauptkörung 2002, Pb. *Damon Hill* (Z.: Heinrich Sauer, Bad Sassendorf), geb. 2000, a.d. St.Pr.St. *Romanze* v. *Rubinstein – Parademarsch I. Damon Hill* wurde unter Ingrid Klimke Westfalen-Champion 2003 und erfolgreicher Teilnehmer des Bundeschampionats im gleichen Jahr.

Bemerkenswert ist ein *Davignon II*-Sohn: Pb. *Dollmann* (Z.: Nadine Heßler, Mengersgereuth/ Stat.: Holkenbrink, Münster), geb. 1997, a.d. St.Pr. St. *Amerika* v. *Amor – Schönborn* (Trak.), war im Jahre 2000 sicher einer der meistbesprochenen Junghengste in Westfalen: Im Frühjahr 2000 belegte er Platz 2 beim 30-Tage-Test, war Sieger im »Westfalen-Wappen«, Vize-Bundeschampion der dreijährigen Hengste und mit 600.000 Mark Preisrekordler der Herbstauktion 2000. Seine ersten Fohlen sind konstruiert wie Reitpferde: schwungvoll, taktvoll, hoffnungsvoll.

Ein Stern sinkt: Frühling & Co.

Anfang des letzten Jahrzehnts im alten Jahrtausend wurde deutlich, dass die westfälische *Frühling*-Linie nur noch auf einem schmalen Grat erhalten war. Auch wenn die vorhandenen Söhne dieser ruhmreichen Dynastie durchaus qualitätvoll sind, nimmt die Konkurrenz, der sie sich stellen müssen, zu. Aus dem Zweig des *Frühlingstraum II* waren in den 90er Jahren noch aktiv:

Ldb. *Feuerschein I* (Z.: P. Streil, Olfen), geb. 1973 a.d. St.Pr.St. *Situla* v. *Sinus* xx – *Abendsegen*, war bis in die 90er Jahre des letzten Jahrhunderts im westfälischen Zuchtgeschehen aktiv. Der statiöse Beschäler mit dem bestechenden Auftreten lieferte nicht nur hochprämierte Zuchtmodelle (Tochter *Feudale* wurde Reservesiegerstute der Eliteschau 1980, damals standen drei F-Stuten vorne), sondern auch begehrte Reitpferde und international erfolgreiche Turniercracks. Beispiele dafür sind das Grand-Prix-Pferd *Fabienne* (Isabell Werth) und das Springpferd *Maybe Forever* (Bernie Traurig/USA); von seinen vier Söhnen ist nur noch Pb. *Feuerpfeil* (Z.: H. Niewöhner, Lippetal/Stat.: Suppert Hagen) in der Zucht; Ldb. *Feuerschein II*, der Vollbruder, war erster Reservesieger der Körung 1979 und doch kein Weltveränderer;

Pb. *Freudentänzer* (Z.: H. Kühlmann, Rietberg/Stat. Domselshof, Kerken), geb. 1984, a.d. *Simona* v. *Sioux – Romulus I*, wurde neben seinem Deckeinsatz auch reiterlich weit gefördert bis hin zu internationalen Grand-Prix-Siegen. Aus einer Reihe von Sportpferden mit überdurchschnittlichen Bewegungen ragt besonders einer hervor: *Farbenfroh*. Der üppig bemalte Fuchs war 1996 Bundeschampion der 6-jährigen Dressurpferde, Mannschafts-Olympiasieger in Sydney und Weltmeister 2002 in Jerez. *Freudentänzer* lieferte drei Söhne für die Zucht (u.a. der in Süddeutschland hocherfolgreich agierende *Freudentraum*) und einige Dutzend eingetragener Stuten. Er trat 2002 von der züchterischen Bühne ab;

Pb. *Frühlingsstern* (Z.: A. Buckemüller, Bad Sassendorf), geb. 1977, a.d. *Angela* v. *Angelo* xx – *Romulus I*, stand viele Jahre bei Holtmann in Billerbeck auf Station. Er war Sieger der Hengstleistungsprüfung 1982 und hat in seiner Laufbahn der Zucht zwei Söhne geliefert, seine Nachkommen verdienten 64.503 Euro im Sport. Er selbst war bis Klasse S erfolgreich. Mutter *Angela* war eine der besten *Angelo* xx-Töchter, eine Vollschwester des *Frühlingsstern* war 1988 Weltmeisterin der Militär-Vielseitigkeit und Europameisterin im gleichen Metier der Jungen Reiter;

Ldb. *Fabelhaft* (Z.: Josef Schulze Hesseler, Beckum), geb. 1979 a.d. St.Pr.St. *Sira* v. *Sinus* xx – *Adlerschild*, ist eines der vielen guten Produkte aus der Anpaarung von *Frühlingstraum II* und einer *Sinus* xx-Tochter. *Fabelhaft* war zweiter Reservesieger der Körung 1981 und hat sich vor allem als Dressurpferdevererber profiliert; seine Töchter errangen hohe Auszeichnungen: *Farah Diba* (M.v. *Pilot* – *Remus I*) war Ib-Preisträgerin der DLG 1986 und 2. Reservesiegerstute der Eliteschau 1986; seine fünf gekörten Söhne stammen alle aus den 80er Jahren, obwohl *Fabelhaft* bis weit in die 90er Jahre aufgestellt war. Sein wohl bekanntester Sohn in der Zucht ist der klar leistungsbetont gezogene Ldb. *Faschingsprinz* (Z.: J. Schmelting, Heiden), geb. 1984, a.d. St.Pr.St. *Papillon* v. *Pilot* – *Remus II*, er ist als sicherer Plusvererber für Springen (zurzeit besonders erfolgreich ist *Flic Flac*/Gerd Soltau) und Dressur anzusehen und kann mehrere gekörte Söhne vorweisen; die Zahl seiner eingetragenen Töchter liegt zwischenzeitlich bei über 80 Stuten;

Der Frühlingsrausch-Enkel Ldb. Bay. *Fortino* (Z.: H. Fisch, Erwitte), geb. 1993, v. Fortissimo a.d. Furiosa v. Furioso II – Inschallah AA, wurde nicht nur Ib-Preistäger der Hauptkörung 1995, Reservesieger der HLP in Handorf 1996, sondern auch Bronzemedaillen-Gewinner des Bundeschampionats in Warendorf 1996. Er ist im weiß-blauen Freistaat ein nachgefragter Beschäler, der bereits S-Siege zu verzeichnen hat. Fortinos Fohlen profitieren von dem hohen Edelblutanteil des Vaters.

Von den »*Frühlingsbällen*« wirken noch: Pb. *Feuerglanz* (Z.: W. Rüscher-Konermann, Greven/Stat.: dieselbe), geb. 1986, a.d. *Rigolette* v. *Ramiro* – *Paradox I*, hat sich neben dem züchterischen Einsatz vor allem durch seine sportlichen Leistungen bewiesen: Allein im Jahre 1998 war er zwölfmal S-Sieger, darunter gewann er den großen Nissan-Deutschland-Preis von Riesenbeck. Insgesamt verfügt er über 100 S-Erfolge. Seine eigene Lebensgewinnsumme beträgt 33.572 Euro. Seine Kinder (u.a. *Francesco di Giorgio*/John Whitaker) sind inzwischen auf internationalem Niveau erfolgreich. *Feuerglanz* entstammt einem Stutenstamm mit hoher Leistungsdichte, allein seine Mutter hat unter anderem vier gekörte Söhne und zwei Staatsprämienstuten; seine Vollschwester brachte den gekörten Hengst *Lantano*, seine Großmutter lieferte den Körhengst *Rex Ratio*. Sein gekörter

links: Bundeschampion, Olympiasieger und Weltmeister: *Farbenfroh* v. Pb. *Freudentänzer* unter Nadine Capellmann

rechts: Pb. *Feuerglanz*, ein Sohn des Leistungsvererbers *Frühlingsball*, war mit Toni Hassmann Seriensieger in der S-Klasse. Hier ist er unter Annet Rüscher-Konermann, der Tochter des Züchters, zu sehen.

Sohn Pb. *Florentino* (Z.: Heinrich Börger-Terdues, Altenberge/Stat.: Rüscher-Konermann, Greven), geb. 1999, a.d. *Akazia* v. *Argentinus – Pilot*, hinterließ einen nachhaltigen Eindruck anlässlich des 30-Tage-Tests in Handorf. *Akazia* war selbst hocherfolgreich in Springprüfungen der schweren Klasse;

Ldb. *Frühlingsbote* (Z.: W. Wiesner, Verl), geb. 1984, a.d. St.Pr.St. *Dunja* v. *Damhirsch – Steinbock*, ist »Staatsbeamter« im brandenburgischen Haupt- und Landgestüt Neustadt/Dosse, wohin er bereits vor dem Fall des »eisernen Vorhangs« verkauft wurde. Er ist Vater von drei gekörten Söhnen, über 70 eingetragenen Stuten (neun erhielten die Staatsprämie) und einer großen Zahl von Sportpferden, die vielseitig veranlagt im Springparcours wie im Viereck erfolgreich sind;

Ldb. *Festivo* (T. Leuchten, Ratingen), geb. 1985, a.d. St.Pr.St. *Prinzessin* v. *Pasteur* xx – *Frühtau*, begann 1987 als Rheinischer Siegerhengst seine Zuchtkarriere, seine HLP legte er ein Jahr später als Zweitbester ab. Von Anfang an wurden seine reiterlichen Qualitäten genutzt, ob von Johann Hinnemann, Jean Bemelmans oder als »Kommandeurspferd« unter Hauptsattelmeister Klaus Tönsfeuerborn. In den letzten Jahren wurde *Festivo* »amateurisiert« – vom Ldb. zum Ex-Ldb. Coby van Baalen gewann mit ihm internationale Prix-St-Georges- und Intermediaire-Konkurrenzen. Züchterisch hinterlässt *Festivo*, der 2003 abtrat, einen gekörten Sohn, *Felipo*, und 67 eingetragene Stuten, 17 davon mit staatlicher Prämie versehen.

Es geben sich die Ehre: Ehrensold, Ehrentusch & Co.

Der drastische Rückgang der A-, später E-Linie – wie zuvor beschrieben – vollzog sich nicht ganz, es blieb im Wesentlichen ein sehr schmaler Zweig von Bedeutung, ausgehend von *Astral – Astflug – Eindruck*. Aus diesem immer um sein Überleben kämpfenden Zweig waren für Westfalen nachfolgende Söhne des Celler Ldb. *Ehrenschild*, der als Leistungsvererber gilt und Vater des internationalen Springpferdes *El Paso* ist, bedeutsam:

Pb. *Engadin* (Z.: J. Stute, Barnhausen), geb. 1961, a.d. *Axtfeld – Flügeladjutant*, stammt aus der Zuchtstätte der Familie Stute in Borgholzhausen und war einige Jahre als Beschäler beim Verband Lippischer Pferdezüchter in Detmold aufgestellt. Aus der Stutenfamilie stammen auch die Warendorfer Landbeschäler *Pakt*, *Ehrensold* und *Dialekt*;

Ldb. *Ehrenfried* (Z.: W. Knemeyer, Nemden), geb. 1966, a.d. *Dohlenmaid* v. *Dorilas – Flügeladjutant*, war zwölf Jahre im Deckeinsatz auf westfälischen und rheinischen Stationen; er war mehrfach auf A-Blut ingezogen. *Ehrenfried* stand im Ruf eines guten Stutenmachers (*Pirol* v. *Polydor* hatte eine *Ehrenfried*-Tochter als Mutter) und hatte über viele Jahre eine ganze Reihe erfolgreicher Kinder im Sport (Lebensgewinnsumme seiner Nachkommen: 216.481 Euro). *Ehrenfried* ist Muttervater des *Amaretto*, der unter Isabell Werth zeitweilig zu den fünf besten Dressurpferden der Welt gehörte.

Ldb. *Ehrensold* (Z.: J. Stute, Borgholzhausen), geb. 1969, a.d. *Fischerheldin* v. *Fronvogt – Axtfeld*, war ein beliebter Beschäler und hat viel von seinem Gangwerk (oder stammt es von dem Bewegungskünstler *Flügeladjutant*?) an seine oft sportlichen Kinder – Dressurpferde wie *Entertainer*/George Theodorescu bzw. Dr. Reiner Klimke, *Ehrengold* (Vollbruder von *Ehrentusch*)/Klaus Balkenhol, *Ehrentrunk*/Udo Lange, *Enterprise*/Juliane Dahlmann und Springpferde wie *Elastique*/Willi Melliger, *Eileen*/Giovanni Govoni – weitergegeben, die es ihm mit einer Nachkommen-Lebensgewinnsumme von weit über einer halben Million Euro dankten. Seine züchterische Leistung ist ebenso bedeutend: neben guten Töchtern, Stuten wie der rheinischen Stute *Enterprise* – Bundessiegerstute der DLG 1982 in der Klasse der »älteren Stuten« –, die Mutter des *Ferragamo* St.Pr.St. *Elona* – vor allem Ldb. *Ehrentusch* (Z.: J. Lenzen, Heinsberg), geb. 1984, a.d. St.Pr.St. *Rheinfee* v. *Rheingold – Pasternak*, die auf der DLG-Ausstellung 1989 Reservesiegerstute wurde. *Ehrentusch*, der zurzeit die Fahnen für das A/E-Blut hochhält, brachte gleich mit seinem ersten Jahrgang den Beleg für seine überdurchschnittliche und besonders vielseitige Vererbungsleistung, vor allem in puncto Rittigkeit; seine Eigenleistung belegt sein Sieg bei der HLP 1987. Er selbst ist bis zur schweren Klasse reiterlich gefördert. Bei der DLG-Ausstellung, bei der auch seine Mutter so erfolgreich startete, kam auch *Ehrentusch*, als Publikumsliebling auf Platz 2 hinter *Weltmeyer*. Zu seinen Kindern: 447 sind als Turnierpferde (herausragend sind: *Ecciavelle* – Bronze-Bundeschampion, *El Paso of Kenia* – Finalist Bundeschampionat, *Egalité* – österreichisches Nationenpreispferd) eingetragen und verdienten 316.265 Euro; 22 davon verdienten im Jahre 2002 über 500 Euro, in den Disziplinen Springen und Dressur gleichermaßen. Annähernd 200 Stuten wurden bisher eingetragen, davon erhielten 29 die Staatsprämie; neun seiner Söhne wurden bisher gekört; besonders anzusprechen sind:

Ldb. *Ehrentanz I* (Z.: L. Schüring, Gescher), geb. 1990, a.d. *Fantasie* v. *Frühlingsrausch* – *Anmarsch*, stammt aus einer bewährten Mutterlinie (die ebenfalls Ldb. *Pascal* hervorbrachte) und verbindet das Blut des westfälischen Stempelhengstes *Frühling* mit dem Erbgut so erfolgreich eingesetzter Vollblüter wie *Angelo* xx, *Papayer* xx und *Sinus* xx. Mutter *Fantasie* brachte außerdem den Vollbruder *Ehrentanz II* und das internationale Springpferd *Freiherr*. *Ehrentanz I* brachte am laufenden Band Spitzenpferde für NRW-Auktionen, Highlights sind *Enzian* (350.000 DM) und *Ephedra* (310.000 DM).

Pb. *Externstein* (Z.: D. Mustert, Niederlande) geb. 1992, a.d. Verb.Pr.St. *Praline* v. *Pilot* – *Freimut*, war auffalllender Prämienhengst und legte eine durchschnittliche HLP ab und deckt;

Der 1985 geborene *Ehrentusch* Ldb. liefert bis heute Kinder, die sich durch hohe Leistungsbereitschaft und Rittigkeit auszeichnen. Er ist Vater von Olympioniken.

Ldb. *Ehrenwort* (Z.: H. Rellensmann, Extertal), geb. 1996, a.d. Verb.Pr.St. *Publicity* v. *Pilot* – *Direx*, war Reservesieger des Hengst-Examens und hat bis 2002 auf der Deckstelle Warendorf als Pachthengst gestanden. Seine ersten Fohlen waren viel beachtet. *Ehrenwort* stellte 2001 mit *Eldorado* (a.e. *Ladero*-Mutter), versteigert für 77.000 DM, das teuerste Fohlen der »NRW-Pedigree«.

Zurzeit hat es den Anschein, dass der Fortbestand des zugegebenermaßen schmalen Zweiges der A-/E-Linie mit *Ehrentusch* und seinen Kindern gesichert ist. Pferde dieser Machart haben immer eine Zukunft, traditionell in Westfalen.

Anglo-Araber – zweiter Teil

Gegen Ende der 80er, Anfang der 90er Jahre kam es zu einem zweiten Schub anglo-arabisches Blutes, teilweise über Hannover gefiltert. Im Ergebnis kann diese Maßnahme als gelungen angesehen werden.

Pancho II x, der Enkel eines der einflussreichsten Hengste der französischen Anglo-Araberzucht, *Kesbeth* x, hat der deutschen Warmblutzucht mehrere einflussreiche Söhne hinterlassen: Neben *Panther* AA und *Paladin* AA für Oldenburg, war es *Matcho* AA in Hannover und darüber hinaus sowie *Upan la Jarthe* AA, der in der Trakehner und der westfälischen Zucht segensreich wirkt. Bemerkenswert ist, dass der Stammvater der *Kesbeth* AA-Linie der Vollblüter *Asterus* xx ist, der auch Urgroßvater des *Angelo* xx war.

Ldb. *Upan la Jarthe* (Z.: J.L. Claessen ten Ambergen, Frankreich), geb. 1984, a.d. *Uob De Fondelyn* v. *Flor II* x – *Attila* x, stand zunächst als Deckhengst auf dem Gestüt Hämelschenburg, wurde 1986 Sieger der Anglo-Araber anlässlich der Araber-Körung. Seine HLP absolvierte er 1988 als Vierter der Prüfungsgruppe und ist seit 1990 Landbeschäler; er ist dressurmäßig bis zur S-Klasse ausgebildet, vererbt sich jedoch mit klarem Schwerpunkt Springen. *Upans* Mutter war hocherfolgreich in Springprüfungen in Frankreich. *Upans* arabischer Blutanteil liegt bei 41,32 Prozent. *Upan* lieferte der Trakehner Zucht drei gekörte Söhne, in Westfalen wurden zwei gekört.

Der eine, *Ulysses* (Z.: C. Schneider, Erndtebrück), geb. 1991, wurde Landbeschäler in Moritzburg, der andere, Pb. *Up to date* (Z.: J. Klockenkemper, Metelen/Stat.: Herdering-Dennemann, Ahaus), geb. 1997, a.d. *Zarah* v. *Zeus – Wettstreit*, ist ein vermögender Springer (Springindex HLP 135,97). Sein erster Fohlenjahrgang beeindruckte durch seine ergiebige Trabbewegung. *Up to Date* war bereits 2002 für das Bundeschampionat qualifiziert und im Jahre 2003 Finalteilnehmer, Letzteres gilt auch für die Weltmeisterschaft der jungen Springpferde.

Bereits Ende der 80er Jahre erschien auf der westfälischen Körbühne ein trabstarker Sohn des *Matcho* AA, der nach seinem Reservesieg vom Landgestüt angekauft unter dem Namen *Mon Cheri* (Z.: E. Richters, Osten), geb. 1985, zunächst auf der Deckstelle Dülmen-Mitwick, später in Coesfeld-Lette aufgestellt wurde. Sein Vater *Matcho* AA, von dem legendären *Pancho II*, war in Südfrankreich noch Rennen gelaufen; vom Landgestüt Celle gekauft, hatte er durch seinen unumstrittenen Sieg in der HLP seine Qualitäten vom Fleck weg bewiesen. Mit dem *Gotthard*-Sohn *Goldstein* und dem *Pik Bube*-Vater *Pik König* bereichern bewährte Leistungsvererber *Mon Cheris* wertvolles Pedigree. Seine Nachkommen zeichnen sich durch Adel und Eleganz, durch Vielseitigkeit und Umgänglichkeit aus. Bisher hat er einen gekörten Sohn geliefert, Ldb. *Montmatre*; die besonderen züchterischen Stärken dieses Out-Cross-Hengstes sind seine mittlerweile 141 eingetragenen Töchter (14 mit Staatsprämie). Jüngstes Beispiel für die herausragende Qualität *Mon Cheris* als Stutenmacher ist St.Pr.St. *Marilu* (MV: *Ehrentusch*), Siegerstute der Eliteschau 2000. Eines der sportlichen Aushängeschilder *Mon Cheris* ist *Maldini*, der unter Desiree Schurf Einzel- und Mannschaftsgold bei den Junioren-Europameisterschaften 2000 in Lipica errang.

Ldb. *Montmatre* (Z.: H. Budde-Pentrop, Lüdinghausen), geb. 1989, a.d. *Rebecca* v. *Remus I – Dilettant*. Der Mutterstamm geht auf eine der erfolgreichsten Stutenfamilien Westfalens, die Familie der *Addi* (Spreen-Segelhorst), zurück. *Montmatre* beendete bei seiner HLP den Teil Rittigkeit als Sieger. Rittigkeit ist auch eines der Qualitätsmerkmale seiner Kinder, bestes Beispiel ist *Moonraker* (Henrik Griese) der 2002 den Großen Preis beim CSIO in Bukarest gewann. *Montmatre* stellte bislang zwei Söhne für die Zucht, *Monterey* und *Medici*.

Letzterer, Pb. *Medici* (Z.: A. Hummelt, Telgte/Stat.: Schulte-Frohlinde, Lüdinghausen), geb. 1997, a.d. St.Pr.St. *Florentine v. Florestan – Rosenkavalier*, ist dressursportlich weit gefördert; seine typvollen Kinder sind bei den westfälischen Fohlenchampionaten regelmäßig auf Spitzenpositionen. Nachdem er als Pachthengst in Warendorf wirkte, verdient er heute als Privathengst seinen Hafer. Er kann Siege in Dressurpferdeprüfungen der Klasse M nachweisen. Seine Mutter war Reservesiegerin der Eliteschau 1993.

Pb. *Mon Cher* (Z.: R. Meyer, Wingst/Stat.: H. Rohmann, Marl), geb. 1992, a.d. *Gasparone* v. *Goldstein – Pik König*, ist ähnlich wie *Mon Cherie* gezogen, erwähnenswert ist der Vater der 3.

links:
Als Siebenjähriger bereits viel beachtet: der Pb. *Up to date* unter Thomas Öhmann.

rechts:
Ldb. *Montmartre* ist Spross einer der erfolgreichsten Stutenfamilien Westfalens, der Familie der *Addi* (Wilhelm Spreen-Segelhorst).

Mutter, der überragende Stempelhengst *Absatz*. *Mon Cher* war in jungen Jahren Seriensieger in Basisprüfungen und ist nun auf dem Dressur-Viereck bis Klasse M/A erfolgreich.

Mit dem Metternich-Sohn Pb. *Multistar* (Z.: K.-H. Bröker, Vrees/Stat.: M. Schulz, Warendorf), geb. 1997, a.d. *Dirka v. Dirk – Watzmann*, ist 2001 ein *Matcho* AA-Enkel nach Westfalen gekommen, der durch seine Formschönheit und seine vielseitige Veranlagung eine interessante züchterische Ergänzung darstellt. Er war Reservesieger der Verdener Körung 1999, neben seinem Deckeinsatz »bastelt« er an seiner Dressurkarriere.

Ein weiterer Sohn des *Matcho* AA ist Pb. *Mailänder* (Z.: T. Glander, Riede/Stat.: L. Knapmöller), geb. 1990, a.d. *Gräfine v. Grenadier – Seneka I*. Über seinen Muttervater *Grenadier* (Kör- und DLG-Sieger) führt er aktuelles hannoversches Leistungsblut (*Grunox*), *Mailänders* eigene Lebensgewinnsumme: über 7.500 Euro. Auch seine Nachkommen zeichnen sich durch Sportlichkeit aus. *Mailänder* lieferte bisher einen Sohn (*Monte Cassino*) für die Zucht.

Made in France

Gleich zu Beginn des letzten Jahrzehnts vor der Jahrtausendwende wurde ein Sohn des Grand Veneur, der in Frankreich als einer der besten Springpferdevererber gilt, aufgestellt: Pb. *Azur de Paulstra* (Selle Français), Station W. Korte, Lengerich. Seine Mutter *Ombline de Paulstra* ist eine Tochter des *Almè*-Sohnes *Jalisco* B und sportgeprüft. Die Familie de Paulstra gilt als besonders leistungsfähig, aus ihr stammt unter anderem der in Oldenburg zu Meriten gekommenen *Quattro*. *Azur* schloss seine HLP in Belgien mit Platz 2 ab; *Azur* gilt als Reitpferdemacher; der Siegerhengst der Körung Berlin-Brandenburg/Sachsen-Anhalt »Standing Ovation« hat eine *Azur*-Tochter als Mutter.

Paradox I-Blut in modernem Aufguss

Anfang der 90er Jahre (Hengste der *Paradox I*-Linie wie *Pacco II* und *Palisander* waren nach wie vor aktiv) entfaltete sich über den bereits oben erwähnten *Parademarsch I*, der einige Jahre auf der renommierten Deckstelle Bad Sassendorf gestanden hat, ein kleiner Zweig in der Hengstlinie des *Paradox I*. Der mit Abstand wertvollste Sohn des *Parademarsch I* ist *Paradiesvogel* (Z.: G. Dieckmann-Grosshundorf, Lippetal), geb. 1989, Sohn der St.Pr.St. *Discothek* v. *Disco-Star – Perlkönig*, der im Brandenburgischen Haupt- und Landgestüt in Neustadt/Dosse wirkt und neben 180 eingetragenen Töchtern (davon 34 Staatsprämienstuten) acht gekörte Söhne nachweisen kann. Seine HLP legte er auf Platz 3 im Gesamtklassement ab, ist selbst bis Prix St-Georges erfolgreich und vererbt sich selbst.

Einen weiteren Schub erhielt die Hengstlinie des *Paradox I* über den *Palisander*-Sohn *Prinz Segelhorst* (Z.: W. Spreen-Segelhorst, Rahden), geb. 1989, dessen Mutter die berühmte St.Pr.St. *Dramatik* aus der Erfolgszucht des Wilhelm Spreen-Segelhorst ist. *Prinz Segelhorst* (geb. 1989) ist Privatbeschäler auf der Station W. Rethemeyer (Lengerich) und im Dressursport bis S erfolgreich. In Verbindung mit der *Acade* (Vollschwester zum Ldb. *Attaché*) entstand *Prinz Wilhelm* (Z.: W. Rethemeyer, Lengerich), geb. 1994, der seit 1997 als Landbeschäler eingesetzt ist. Bereits aus seinem ersten, zahlenmäßig kleinen Fohlenjahrgang wurden drei Söhne gekört: *Pole Position* (Z.: H. Berger, Ascheberg), *Popocat* (Z.: R. Blüggel, Hamm) und *Pelegrinius* (Z.: B. Goeke, Hamm). Letzterer, aus einer Tochter des Halbblüters *Funke* (*Renaldo*), Prämienhengst der Körung 2000 und als Leihhengst in Warendorf

Beste Reklame für Westfalens Pferde: *Paradiesvogel*, Landbeschäler im Brandenburgischen Haupt- und Landgestüt Neustadt/Dosse

eingesetzt, begeisterte 2002 mit einem Premierejahrgang der Extraklasse.

Ein »echter *Paradox*« deckt seit 1997 in Ennigerloh, Pb. *Praktiker* (Z.: K. Kremer, Ennigerloh), in dessen Adern *Paradox* und *Frühlingsball* verbunden mit *Ladykiller* xx bestes bundesdeutsches Leistungsblut fließt. *Praktiker*, ein 1,65 m großer Brauner, HLP- und sportgeprüft (er siegte in Springprüfungen bis M und war Teilnehmer am Bundeschampionat), verfügt über eine eigene Lebensgewinnsumme von 2.736 Euro.

Polydors Erbe

Polydors züchterische Einflussnahme begann aus den oben beschriebenen Gründen Anfang der 90er Jahre und hat bis heute nicht an Kraft verloren. Dafür sorgen im westfälischen Zuchtgebiet vor allem zwei Hengste: *Potsdam* und *Polany*, zwei Hengste mit rheinischem Brand.

Ldb *Potsdam* (Z.: H. Koppers, Xanten), geb. 1989, a.d. *Godoleva* v. *Goldstern* – *Futuro*. *Godoleva* ist durch *Polydor* dreifache Hengstmutter: neben *Potsdam*, *Paavo* (zwischenzeitlich Wallach, internationaler Springcrack/Jessica Kürten), *Puschkin*, Pb. im Rheinland; von Pb. *Grandeur* lieferte sie *Grandmaster Z*. *Potsdam* wurde 1992 souveräner Sieger der Warendorfer HLP, seit 1998 ist er im Beritt bei Heinrich-Wilhelm Johannsmann, mit dem er eine steile Sportkarriere hinlegte. Er gewann internationale Topereignisse u.a. den »Großen Preis von Leipzig«, seine Lebensgewinnsumme liegt bei über 120.000 Euro mit weiter steigender Tendenz. Bisher stellte er einen formschönen und leistungsstarken Sohn für die Zucht: Ldb. *Pascavello*. Die Zahl der eingetragenen Töchter hat 74 erreicht, fünf davon wurden St.Pr.St.

Ldb. *Polany* (P. Bolten, Zülpich), geb. 1988, a.d. *Fabel* v. *Foxtrott* – *Usurpator* xx. *Fabel* ist Mutter der Eliteschausiegerin in Münster-Handorf 1989, *Revanche*, die Großmutter entstammt der Vornholzer Familie der Finnländerin von *Flirt* (u.a. *Rio Negro*, *Aldato*, *Don Primero*). *Polany* war rheinischer Körsieger 1990, HLP-Sieger in Warendorf, erfolgreich turniergeprüft unter Marcus Döring. Er hat zwei gekörte Söhne (*Polano* und *Puertollano*), 89 eingetragene Töchter, davon zehn mit Staatsprämie.

Einer der auffälligsten jüngeren Söhne des *Polydor* ist der 1991 bei N. Borgmann in Ostbevern geborene *Pontifex*; der kalibrige Dunkelbraune aus der *Dongola* v. *Dialekt* war einige Jahre Landbeschäler, bevor er wegen mangelnder Nachfrage an den Springreiter Lutz Gripshöver (Werne) verkauft wurde. Die wenigen Kinder des inzwischen sportlich hoch erfolgreichen *Pontifex* (E-LGS: über 18.000 Euro) offenbaren vor allem eins: Springqualität! Allein fünf Nachkommen

links:
Noch heute im Deckeinsatz: Ldb. *Pacco II* v. *Paradox I*

rechts:
Zwei NRW-Botschafter auf Erfolgskurs: Ldb. *Potsdam* und Heinrich-Wilhelm Johannsmann

aus seinem ersten Jahrgang 1995 haben im Jahre 2002 jeder über 500 Euro an Gewinnsummen verdient!

Pb. *Paramo* K (Z.: W. Kegel, Lienen), geb. 1992, a.d. *Dascha* v. *Der Clou – San Fernando*, fiel besonders durch seine sportliche Begabung und seine Erfolge auf: NRW-Champion 1999, gewinnreichstes 7-jähriges Pferd weltweit, vielfacher internationaler Sieger, Sieger u.a. im »Großen Preis von Frankfurt«, Lebensgewinnsumme: 126.544 Euro. Vererbungsstarker Mutterstamm: unter anderem die Ausnahmespringpferde *Sotheby* und *Pershing*.

Pb. *Polytraum* (Z.: A. Holtmann, Havixbeck/Stat.: Domselshof, Kerken), geb. 1994, a.d. *First Lady* v. *Frühlingstraum II – Bariton*, ist sicher einer der hoffnungsvollsten Söhne des Polydor. Dieser vergleichsweise junge Hengst brachte neben ein paar guten Töchtern bereits einen gekörten Sohn, den Reservesieger der NRW-Hauptkörung 2001, Ldb. *Prado* (Z.: H. Wilmsen, Kerken), a.d. St.Pr.St. *Landfee* v. *Lancer II – Musketier*.

Auch die jüngsten *Polydor*-Sprösslinge für die westfälische Zucht wie *Pikachu*, *Pocalino* und *Pontoromo* versprechen, dass das wertvolle Springblut des Vaters ins nächste Jahrtausend gerettet wird.

Die 85er Piloten wirken

Die *Pilot*-Dynastie hat in den letzten Jahren ihren Einfluss deutlich gemacht, auch wenn bis heute keiner der Söhne die Klasse des Vaters erreichte:

Ldb. *Pit I* (Z.: H. Woerdehoff, Büren), geb. 1985, a.d. Verb.Pr.St. *Findra* v. *Frühlingstraum II – Agent*, stammt aus der hochbewährten Stutenstamm der Familie Wördehoff in Büren. Aus ihr kommen Sportler wie *Prinzregent*/Norbert Koof, Zuchthengste wie *Dinard L* und *Lagavulin* und Stuten wie die Eliteschau-Siegerin *Discovery II*.

Von Anfang an in Gevelsberg postiert, lieferte er aus seinem ersten Fohlenjahrgang drei gekörte Söhne, bis heute sind es insgesamt 16. Beispielhaft sind der in den Niederlanden wirkende *Kojak* zu nennen und der Moritzburger Landbeschäler *Pittsburgh*, der sich in Sachsen sportlich wie züchterisch gut bewährt hat. Von *Pits* 219 eingetragenen Töchtern wurden 18 mit der Staatsprämie ausgezeichnet. Seine sportlichen Kinder haben bislang rund 370.000 Euro an Gewinngeldern verdient, Springpferde wie *Paloma*/Meredith Michaels-Beerbaum, *Pay*/Markus Renzel und *Pandora*/Marcus Ehning sind besonders herausragend;

Pb. *Phantom* (G. Welschof, Schloß Holte/Stat.: H. Rohmann, Marl), a.d. St.Pr.St. *Amazone* v. *Adlerorden – Radetzky*, gehörte zum berühmten »85er Jahrgang« und stand zeit seines Lebens auf der Station von Rohmann in Marl, wo auch *Perseus*, der Urgroßvater, stand. Zu Beginn seiner Karriere stand 1989 eine herausragende HLP und der 2. Platz in einem Klassefeld. Neben dem Deckgeschäft war *Phantom* viele Jahre als Sporthengst eingesetzt, zu seinen Erfolgen zählten unter anderem – 5- und 6-jährig – die Qualifikation zum Bundeschampionat, reihenweise S-Siege unter Heiner Rohmann und Gewinn des »Großen Preises von Oldenburg«, alles in allem knapp 100.000 DM eigene Lebensgewinnsumme. Seine Kinder: 427 an der Zahl; 236 von ihnen platzierten sich im Sport, die Gewinnsumme der Nachkommen beläuft sich auf bald 300.000 Euro. Dass diese Summe weiter wächst, dafür sorgen Spitzenpferde wie das internationale Springpferd *Pompidu* oder *Puerto Rico* und *Petite Jolie*. 93 sei-

Der vielfache S-Sieger Pb. *Phantom* v. *Pilot* unter Heiner Rohmann; als Zuchthengst wirkte er auf der Traditionsstation der Rohmanns in Marl.

ner Töchter wurden eingetragen, vier erhielten die Staatsprämie, bedauerlicherweise hinterließ er keinen gekörter Sohn;

Ebenfalls zu *Pilots* Elitejahrgang zählt der Pb. *Power* (Z.: J. Koch-Schilling, Bielefeld/Stat.: H. Vornholt, Münster), a.d. *Perle* v. *Perlit – Firn*, er stammt aus einem überaus sportlichen Stamm, sein Dreiviertelbruder ist der Springcrack *Pirol*. Vier gekörte Söhne, u.a. Ldb. *Pro Ratio* und Pb. *Prestige*, sind seine bisherige züchterische Ausbeute; Letzterer ist wie einige andere *Power*-Kinder Bundeschampionats-Finalist. *Power* ist Muttervater des Ldb. *Arpeggio*;

Ldb. *Phoenix* (Z.: Hubertus Schmidt, Borchen-Etteln), geb. 1985, a.d. *Libelle* v. *Lucifer – Cherusker* xx, stand von Anbeginn an in Isselburg, ist Vater von vier gekörten Söhnen, Muttervater vom Oldenburger *Landphoenix*. Einige Kinder sind bekannte Sportpferde wie *Paloma* (Alois Pollmann Schweckhorst) und *Prinzess* (Marcus Ehning);

Ldb. *Pageno* (Z.: Alfons Ramsel, Hövelhof), geb. 1985, a.d. St.Pr.St. *Almfee* v. *Aar*, stand viele Jahre im Rheinland aus Station und hinterließ dort eine Vielzahl guter Springpferde. Im Jahre 2002 weist die Gewinnsummen-Statistik allein 13 Pferde aus, die für ihren Vater mehr als 500 Euro verdienten (herausragend: *Paquito, Pur Paisley* und der Westfale *Perrin*); weit über hundert seiner Töchter sind zur Zucht eingetragen worden, 13 mit Staatsprämie.

Ldb. *Pluspunkt* (Z.: Karl Lummer-Föhrmann, Dellbrück) geb. 1986, a.d. *Donna* v. *Direx – Frühlingstraum II*, stand als Staatshengst in Paderborn-Sande, wo auch schon sein Vater stand. Er wechselte, als das Interesse an ihm nachließ, im Jahre 2000 als Leihhengst zum Haupt- und Landgestüt Marbach. Die über 370 eingetragenen Turnierpferde gewannen bisher für ihren Vater 142.789 Euro, der erfolgreichste im Jahre 2002 war *Partytime*/Jeroen Dubbeldam mit 17.155 Euro. 128 eingetragene Töchter verbreiten das P-Blut, drei Söhne sind zuchttauglich;

Pb. *Poker* (G. Müller, Lippstadt), geb. 1986, a.d. Verb.Pr.St. *Paola* v. *Plutos – Dolorit*, stand die ersten drei Jahre als Deckhengst in Bayern, war viele Jahre unter Otto Becker im internationalen Springsport (u.a. Platz 2 im höchstdotiertem Springen der Welt im kanadischen Spruce Meadows). Im Jahre 1995 gewann er 9-jährig 240.000 DM an Preisgeldern, züchterisch ist er bisher wenig in Erscheinung getreten.

Pb. *Pavarotti van de Helle* (Z.: J. Busch, Paderborn), geb. 1989, a.d. *Dixi* v. *Direx – Aar*, ist Vollbruder des Hengstes *E-Pilot*, der 1991 und 1992 Bundeschampion der 5- und 6-Jährigen war. *Pavarotti* war Reservesieger der westfälischen Körung 1991. In Belgien, wo er sein neues Zuhause fand, wurde er 1992 Champion aller Kategorien, gewann die dortige HLP mit überlegenen 150,5 Punkten, war Finalist im belgischen Bundeschampionat für 4- und 5-jährige Springpferde, als 5-Jähriger erreichte er ebenfalls den Bronze-Platz im Dressurchampionat. *Pavarotti* wechselte 1993 in die Niederlande und wurde bei der KWPN gekört. *Pavarotti* kann mittlerweile mehrere gekörte Söhne aufweisen, unter anderem den Pb. *Pilot pur of Kenia*, Z.: H. Rellensmann, Extertal (erfolgreicher Bundeschampionats-Teilnehmer), und den Pb. *Primeur's As*, Z.: und Stat.; W. Rüscher-Konermann, Greven (HLP mit Bravour bestanden, siegreich in Springpferdeprüfungen der Klasse M).

Einer der jüngsten Söhne des *Pilot* (Tiefgefriersperma macht's möglich!) ist der 1995 geborene Ligges-Hengst *Portland L* (Z.: K. Ligges, Ascheberg), der durch seine Mutter *Ranaschun* (Vollschwester des *Rodney*) v. *Ramiro – Usurpator* xx P- und R-Blut miteinander verbindet. *Portland L* ist erfolgreich sportgeprüft (bis Klasse S), er hat einen gekörten Sohn (*Prosetto*).

Rosenkavalier und Company

Rosenkavalier, der Haupterbe der R-Dynastie, sorgte in den 90er Jahren bis heute für manches Highlight:

Pb. *Romancier* (Z.: H. de Baey, Lemgo), geb. 1989, a.d. *Finale* v. *Feuerschein I – Renaldo*, legte seine HLP als Reservesieger ab, sein Dressurindex lag bei sagenhaften 152,68 Punkten. *Romancier* stammt ebenfalls aus der Erfolgsfamilie der *Dodona* des Herbert de Baey (*Amon, Ahlerich, Rembrandt, Rubinstein* usw.). Muttervater *Feuerschein I* ist für gute Dressurpferde bekannt, *Feuer-*

zauber (Manfred Böker) und *Fabienne* (Isabell Werth) sind dafür herausragende Belege, aber auch Springpferde waren bei ihm nicht unmöglich z.B. *May be forever* (Michael Endicott/USA). Vater der Großmutter des *Romancier* ist der *Remus I*-Sohn *Renaldo*, der ebenfalls als hervorragender Dressurvererber in Erscheinung trat.

Ldb. *Rosendahl* (Z.: F. Schooltink, Kalkar), geb. 1993, a.d. *Ghana* v. *Gratianus – Bonjour*, war Siegerhengst der NRW-Körung 1995. Er gewann einige Reitpferdeprüfungen und wurde Zweiter im LVM-Hengst-Championat in Münster-Handorf 1997. Mutter *Ghana* brachte mit *Damenstolz* den Moritzburger Vererber *Domburg*. Über den Muttervater *Gratianus*, der Prämienhengst in Oldenburg war, fließt mit *Grundstein II* und *Volturno* klassisch auf Leistung gezogenes Blut ein. Die Urgroßmutter und *Archimedes*-Tochter *Anja* stellte selbst den Privatbeschäler *Hasdrubal*, *Anjas* Mutter St.Pr.St. *Achsennelke* brachte den Celler Landbeschäler *Efendi*.

Die R-Linie versorgte im letzten Jahrzehnt des vorigen Jahrhunderts durch eigene Produkte Nachbarzuchten und erhielt Rückläufe von »außen«, vor allem aus dem oldenburgischen Nachbarzuchtgebiet. Gemeint ist *Rosenkavaliers* Sohn *Rubinstein*!

Rubinstein – eine Vererberlegende

Nur kurze Zeit nach seinem Vater *Rosenkavalier* verabschiedete sich der Westfale *Rubinstein* – ein Hengst, der wie keiner zuvor Westfalens Farben bundesweit wie international nachhaltig vertreten hat. Daran ändert auch die Tatsache nichts, dass der Rappe bei den Nachbarn in Oldenburg aufgestellt war. In Zeiten, in denen die Zucht von Pferden vor allem Rittigkeit, Sitzkomfort, Umgänglichkeit und Leistungsbereitschaft verlangt, haben Zuchtgebiete nur noch scheinbar Grenzen, darf niemand an Hengsten wie *Rubinstein*, der bereits zu Lebzeiten eine Legende war, vorbeischauen.

Antine, *Rubinsteins* Mutter aus der Olympia-Familie des Herbert de Baey (Lemgo), ist Vollschwester des Dressurheroen und zweifachen Olympiasiegers *Ahlerich* (Dr. Reiner Klimke) und des dreifachen Olympiapferdes *Amon* (Annemarie Sanders-Keyzer). *Adone*, die Vollschwester *Antines*, brachte u.a. den Multi-Olympioniken *Rembrandt* und die Gebrüder *Royal Angelo I* und *II*.

Rubinstein, 1986 geboren, wurde drei Tage vor Silvester 1988 in Vechta nachgekört und als Privatbeschäler auf der oldenburgischen Privatstation Vorwerk aufgestellt. Bereits im ersten Jahr rissen sich die Stuten um ihn und sie täuschten sich nicht, denn seine HLP 1989 war bestechend: 132,56 Punkte und dritter Platz im Gesamtfeld von 66 Teilnehmern, selbst das Springen war überdurchschnittlich. Die ersten Fohlen sind korrekt und schick, mit feinen Gesichtern und tollem Trab. Fohlen *Rubicon* wurde mit 53.000 DM das bis zu diesem Zeitpunkt teuerste Fohlen. Als Vierjähriger folgt der Gewinn des Optimums in Münster. 1990 wird der Westfale Hauptprämiensieger in Oldenburg.

1992 wird *Rubinstein* Vizechampion beim Bundeschampionat in Verden. Und noch ein Ereignis aus dem Jahre 1992: Die ersten vier *Rubinsteins* werden in Oldenburg gekört, einer ist Siegerhengst *Rohdiamant*. Das Jahr 1993: Die Kinder des Westfalen sind ungemein rittig, wie der Herr Papa! 1996 ist *Rubinstein* Kaderpferd für Atlanta und immer öfter sind *Rubinstein*-Kinder ganz vorne, ob bei Auktionen, im Sport, auf Ausstellungen und bei Championaten.

Vererberlegende *Rubinstein* mit Martina Hannöver-Sternberg, einer der Reiterinnen, die mit dem *Rosenkavalier*-Sohn Grand-Prix-Konkurrenzen gewann.

Sein Lebenswerk in Zahlen – nüchtern und grandios zugleich: 40 Siege auf Grand-Prix-Niveau, Mitglied im Olympiakader 1996, 83 gekörte Söhne, 781 eingetragene Töchter, davon 99 mit Staatsprämie, 482 eingetragene Turnierpferde, eigene Lebensgewinnsumme 122.699 Euro, Gewinnsumme der Nachkommen 1.000.803 Euro.

Rubinstein ist zeitlebens (er trat 2000 ab) ein Beispiel für Liberalität in der Zucht und grenzenlose Internationalität gewesen. Das westfälische Zuchtgebiet hat eine Menge von dem wiederbekommen, was es Ende der 80er Jahre nach Oldenburg gegeben hat. *Rubinstein*-Söhne wie beispielsweise *Rubiloh, Raschid* und *Rosenkönig* und Enkel wie *Regardez, Roman Nature, Roh Magic* und *Riccione* bereichern heute die westfälische Zucht.

Weitere Söhne des *Rosenkavalier* sind unter anderem: Ldb. *Rosenquarz* (Z.: A. Baumann, Rees), geb. 1995, a.d. St.Pr.St. *Alexa* v. *Apart*, Pb. *Rosenstolz* und der Siegerhengst der NRW-Hauptkörung 2002, *Rosencharmeur*, a.d. Verb.Pr.St. *Melika* v. *Mon Cheri – Renaldo*, ein antrittsstarker Dunkelbrauner mit viel Format und drei Grundgangarten vom Allerfeinsten, sowie der 1. Reservesieger *Rosegarden* (Z.: Horst Widdig, Neunkirchen), dessen Vater *Riccione* ein Urenkel des *Rosenkavalier* ist. Allein in 2002 wurden sieben Nachkommen aus der R-Dynastie gekört.

Über den rheinischen *Romadour II*-Sohn und DLG-Hengst *Rheinblick* erhielt das Landgestüt Warendorf Rheingau (Z.: K. Sauermann, Overath), geb. 1995, a.d. Verb.Pr.St. *Mascha* v. *Matcho* AA – *Goldstein*. Aus dem Mutterstamm sind eine Reihe Körhengste und Sportpferde hervorgegangen. Urgroßmutter *Pinka* v. *Pik König* ist Vollschwester des guten Celler Landbeschälers *Westgote*. *Rheingau*, zweiter Reservesieger der NRW-Hauptkörung 1997 und Reservesieger der HLP 1998, war im Bundeschampionat 1999 und 2000 finalplatziert.

Ramiros Enkel

Das springbetonte R-Blut aus der Linie des *Ramiro* behält auch in den 90er Jahren Bedeutung für Westfalen. Dabei ist hier feststellbar, dass die Wuchtigkeit zugunsten des modernen leichteren Zuschnittes bei den Hengsten zunimmt.

Der *Rex Fritz*-Sohn Ldb. *Ritterorden* (Z.: H. Albersmeier, Warburg), ein elastischer Modellathlet wurde 1989 Siegerhengst. Kaum ein anderer der mit zur Körung angetretenen Junghengste verfügte über derart bemerkenswerte Reitpferdepoints wie dieser Rappe a.d. siegreichen DLG-Stute St.Pr.St. *Baronesse* v. *Bengale – Lucius* xx.

Er wurde Vater eines gekörten Sohnes und sächsischen Landbeschälers, *Ritter-Sport* (Z.: J. Deimel, Erwitte), der aus einer Vollschwester des Ldb. *Rimini* stammt; ein weiterer *Rex Fritz*-Sohn ist Pb. *Rex Grannus* (Z.: H. Schulte-Baumeister, Stuttgart), geb. 1991, a.d. *Gräfin* v. *Grannus – Frivol* xx, der auf verschiedenen Stationen in Westfalen deckte.

Auch *Ribot* lieferte zwei Söhne: Pb. *Richmond L* (F. Ligges, Ascheberg), geb. 1989, aus der sporterfolgreichen Mutter *Pik Dame*, legte 1992 eine sehr gute HLP ab, und den Ldb. *Ribbeck* (a.d. *Dina*, einer Tochter des wertvollen Vollblüters *Octavo* xx), der u.a. mit der bekannten Schaustute St.Pr.St. *Freude* v. *Francisco I* den Ldb. *Remarque* (Z.: P. Schulte-Domhof, Bad Sassendorf) und mit der St.Pr.St. *Piroschka* v. *Pilot* den Ldb. *Rombach* (H. Ostermann, Hamm) brachte. Er ist auch Vater des Vize-Bundeschampions *Richard Kimble*, der mittlerweile erfolgreich in der S-Klasse agiert.

Aus der Vollschwester des *Romadour II*-Sohnes *Rousseau, Rona*, stammt der wohl letzte in Westfalen gekörte *Ramiro*-Sohn Pb. *Radeberger* (Z.: H. Jansen, Selfkant/Station Hoff, Rädigke), der in seiner erfolgreichen sportlichen Laufbahn u.a. Bundeschampionats-Teilnehmer war.

Ein rheinischer Enkel des *Ramiro* namens *Rockwell* (Z.: P. Schweimanns, Meerbusch), geb. 1993, a.d. *Galatee* v. *Grandus – Wettsport*, Privatbeschäler der Station Holkenbrink, macht seit seiner Körung im Jahre 1995 von sich reden: Endring-Teilnehmer bei der Körung, Reservesieger der HLP 1996, platzierter Finalist beim Bundeschampionat (als bisher einziges Großpferd im gleichen Jahr sowohl für Bundeschampionat Springpferde als auch Dressurpferde

Pb. *Rockwell* sorgt in Westfalen für die Fortsetzung der *Ramiro*-Dynastie: hier unter Gerd Könemann.

qualifiziert), 1999 »Sporthengst des Jahres« auf dem Turnier in Riesenbeck, siegreich in Springprüfungen bis zur Klasse M/A, S-Platzierungen, hochbezahlte Auktionsfohlen, sechs gekörte Söhne (u.a. den 2. Reservesieger der Körung 2000 Ldb. *Rockland* a.d. *Lipari* v. *Landino* – *Romadour II*, Z.: M. Farwick, Senden), Siegerstute der Eliteschau im Rheinland im Jahre 2000 usw.

Neue Väter braucht das Land: Furioso II und seine Enkel

Florestan –
Westfalens Antwort auf das neue Jahrtausend

Eine leichte Wahl hatte die rheinische Körkommission 1988 in Aachen als ein *Fidelio*-Sohn zum Siegerhengst gekürt wurde. Nicht nur das Publikum, das damals spontan applaudierte, als der elegante Braune sich in Bewegung setzte, schwärmte, sondern auch der damalige Berichterstatter Dr. Hanfried Haring von der FN: »Einer der besten Hengste, die je im Rheinland gekört wurden!« Große Worte, aber auch der Startschuss für eine Bilderbuch-Karriere, die ihresgleichen in Westfalen, in Deutschland und international sucht. Dies verwundert nicht, wenn man das Pedigree des Siegerhengstes Ldb. *Florestan* (Z.: E. Schulte-Böcker, Geilenkirchen) analysiert: Sein Vater ist der elegante und im Rheinland beliebte Ldb. *Fidelio* (Z.: I. Keck, Badbergen), der viele Jahre auf der Station in Gevelsberg, auf der Grenze von Rheinland und Westfalen, postiert war. *Fidelio* vererbte sich oft selber und dies entsprach dem angestrebten Reitpferdetyp, der sich durch passende Größe, Adel und Schönheit und vor allem durch Gang inklusive Temperament und Nerv auszeichnete. *Fidelio* lieferte 133 eingetragene Töchter, wovon 26 die Staatsprämie erhielten. Highlights in seiner Nachkommenschaft waren: Zweimal stellte er die Jahrgangs-Siegerstute im Rheinland, die DLG Reservesiegerstute St.Pr.St. *Fichte* und eben *Florestan I* (sein Vollbruder *Florestan II* war ebenfalls Landbeschäler, hatte es aber bei der überragenden Verwandtschaft schwer, eigenes Profil zu entwickeln). *Fidelios* Vater und Großvater wurden für die europäische Pferdezucht der letzten Jahrzehnte von immenser Bedeutung:

Großvater *Furioso* xx entstammte der Verbindung von zwei für die europäische Warmblutzucht bedeutungsvollen Vollbluthengsten und Linienbegründern, nämlich *Hurry on* xx und *Dark Ronald* xx. *Furioso* xx war hinsichtlich seiner rennsportlichen Leistungen trotz der abstammungsmäßigen Vorgaben nicht gerade als »Winner« zu bezeichnen: kein Sieg und nur vier Platzierungen bei 21 Starts. Er bestätigt dabei einmal mehr, dass (fast) keine Beziehung zwischen der Rennleistung und dem Erfolg und Nutzen eines Vollblüters in der Warmblutzucht besteht, und ist damit in guter Gesellschaft, beispielsweise zu *Cottage Son* xx, der nach Rennen verletzungsbedingt in die Zucht ging, oder *Pik As* xx, einem Rennpferd, das nie eine Rennbahn gesehen hat. *Furioso* xx gelangte nach dem

Ldb. *Florestan I* steht für eine neue Epoche in der Pferdezucht.

Zweiten Weltkrieg nach Frankreich und fand Verwendung im anglo-normannischen Hochzuchtgebiet, dem Departement Orne: Anfangs wurde er gut nachgefragt, anschließend folgte eine Durststrecke und mit Auftreten der ersten Kinder unter dem Sattel wurde *Furioso* xx zum heiß umworbenen Beschäler, dem die Stuten am Ende per Losverfahren zugeteilt wurden. Der internationale Durchbruch gelang spätestens bei den Olympischen Spielen in Tokio 1964, wo in einem technisch schwierigen Parcours die meist starken, schweren Pferde der traditionell erfolgreichen, meist europäischen Zuchtgebiete chancenlos gegen den *Furioso* xx-Sohn *Lutteur B* unter seinem Reiter Pierre Jonqueres d'Oriola waren. Mit größter Elastizität, ausgesprochen viel Übersicht, einem blitzschnellen Vorderbein und erstklassiger Bascule bewältigte das französische Paar den Stangenwald. Dass dies keine Eintagsfliege war, belegte zwei Jahre später der gleiche Reiter mit der *Furioso* xx-Tochter *Pomone B* und dem Gewinn der Weltmeisterschaft in Buenos Aires. Durch diese Erfolge angezogen, pilgerten Ende der 60er Jahre reihenweise deutsche Zuchtgrößen in Richtung Frankreich. Georg Vorwerk aus dem Oldenburger Cappeln wurde fündig und brachte einen auffällig gezeichneten, dunkelfuchs-farbenen Junghengst aus einer wenig eleganten, starkknochigen Stute mit nach Hause. Selbstbewusst, wie er war, nannte er ihn *Furioso II*. Der Rest der Geschichte ist bekannt: 1968 gekört und bester Oldenburger Hengst der Leistungsprüfung in Westercelle, 1970 Siegerhengst in Oldenburg, volle Decklisten von Anfang an und Nachkommen für alle Ressorts machten ihn zu einem Vererberchampion, über 70 gekörte Söhne, die weltweit Einsatz fanden. Einige von ihnen gelangten nach Westfalen: der Ldb. *Fugato* aus einer *Papayer* xx – *Falangist*-Mutter; der Oldenburger Körungssieger Pb. *Fatianus* aus einer Stute von *Ernö – Joachim*; der Pb. *Fernet Branca*, der später in die USA ging; der Pb. *Friesengeist* wurde unter Klaus Reinacher Bundeschampion des deutschen Springpferdes, auch er ging in die Staaten, wo er unter dem Namen *Heinsmann* mit Michael Metz viele Große Preise für sich entschied; Pb. *Futur*, der trotz guter eigener Anlagen sich wie die vorgenannten Beschäler nicht durchsetzen konnte. Einfluss gewann der auf der Station Schult (Hünxe) im grenznahen Rheinland eingesetzte *Furioso II*-Sohn Pb. *Frederiko* (Vater der Sportpferde *Fitou* und *Fahrenheit*), Züchter ist H. Schult, Hünxe. Den wohl größten Einfluss unter den »westfälischen *Furiosos*« hatte der angesprochene Ldb. *Fidelio*, dessen Mutter die erbsichere *Laura* v. *Lockruf* (Sohn des Veredlers *Lugano I*) – *Wohlan* (aus der altbewährten *Flick-Fling*-Linie) ist.

Ein Wort zu *Florestans* Mutterstamm: Mutter ist die überragende DLG-Stute St.Pr.St. *Raute*, eine Tochter des *Rheingold*. Sie ist eine der herausragenden Zuchtperlen des Rheinlands, die unter anderem Siegerstute im Rheinland 1982, ein Jahr später Klassensiegerin der Bundesschau in Verden und 1986 Bundessiegerstute der jungen Klassen wurde. *Raute* verkörperte als Dreijährige das Zuchtziel jener Jahre. *Florestans* Großmutter St.Pr.St. *Gode*, die durch ihren Vater *Garamond* wertvolles Trakehnerblut und über ihre Mutter St.Pr.St. *Glocke* v. *Gong* (*Goldschaum* xx – *Goldammer II*-Linie) bestes hannoversches Leistungsblut einbringt, ist Vollschwester des Warendorfer Ldb. *Gardist*. *Glocke*, *Gode* und *Raute* waren in jenen Jahren eine kaum zu schlagende Familiengruppe auf großen Schaukonkurrenzen.

Zurück zu *Florestan*: Er ging ins Landgestüt nach Warendorf, wo er 1989 auch die hauseigene HLP bestritt: 129,02 war seine Endnote und damit Platz 1 unter 15 Teilnehmern. Nachdem die ersten Fohlen *Florestans* 1990 in Bad Sassendorf ausgestellt wurden, verstummten auch die Kritiker, die ihn nur für einen »Schönling« gehalten hatten. Und diese Fohlen hielten, was ihre Optik versprach: rittig bis über beide Ohren, sitzkomfortabel, mit drei tollen Gängen. Der Run auf diesen »Inbegriff eines formschönen Pferdes« begann; ab 1996 stand er in der Zentralbesamungsstation in Warendorf, wo er teilweise über 300 Stuten per Jahr bekam und Klassepferde am laufenden Band produzierte, ob für Zucht oder Sport. Beispiele dafür sind:

Auf der Eliteschau 1996 waren von 109 Stuten neun *Florestan I*-Töchter, sieben erhielten die Staatsprämie, zwei die Verbandsprämie. 1999 stellte *Florestan* mit St.Pr.St. *Fiedergirl* (einer Vollschwester des Ldb. *Fidermark*) die Eliteschau-Siegerin; überhaupt sind gute Töchter *Florestans* Spezialität: 468 wurden bislang eingetragen, 106 erhielten die höchste Auszeichnung für eine Zuchtstute, die »Staatsprämie«;

die 2000er Körung sah unter 104 Bewerbern 15 *Florestan*-Söhne, zehn davon wurden gekört;

das Bundeschampionat 1996 hätte auch »*Florestan*-Festival« heißen können: *Fidermark* wurde Champion bei den 4-jährigen Hengsten; die Stute *Ferrara* S ging bei den 5-jährigen Dressurpferden ebenfalls als Champion vom Platz. In dieser Kategorie kamen mit *Ferrara* S, *Freudenprinz* und *Floriano Deux* drei *Florestan*-Kinder unter die ersten acht; bei den dreijährigen Stuten und Wallachen gelang es *Finest Wonder*, einen hervorragenden 5. Platz zu belegen; bei den 3-jährigen Hengsten landete *Formel Eins* auf Platz 6. Aktuelles Bundeschampionats-Beispiel ist *French Kiss*, der 2002 bei den 4-jährigen Reitpferden die Schärpe des Bundeschampion erhielt.

Überhaupt ist Sportlichkeit ein besonderes Markenzeichen der »*Florestane*«: Im »Jahrbuch Zucht« des Jahres 2002 sind 355 Nachkommen in Prüfungen der Kategorie A und B erfolgreich, 894 waren in diesem Zeitraum als Turnierpferde eingetragen, 17 gingen Dressur in der S-Klasse, drei in der gleichen Klasse im Springen. Herausragende Erfolgspaare sind die Dressur-Gespanne *Floriano Deux*/Nicole Glaser-Käppeler und *Ferrara S*/Isabell Werth sowie die Parcoursspezialisten Ldb. *Focus*/Heinrich-Wilhelm Johannsmann und *Formidable*/Franke Slothaak.

Die Armada seiner zur Zucht zugelassenen Söhne wächst von Jahr zu Jahr, bis heute sind es weit über 50, die das neue westfälische F-Blut verbreiten:

Ldb. *Fleurop* (Z.: F. Laux, Lippstadt), geb. 1990, a.d. *Weltmaid* v. *Weltruf* – *Frühlingstraum II*, ist ein seit Jahren renommierter *Florestan*-Sohn, der nicht nur im Deckstellenbezirk Lette, sondern weit darüber hinaus seit vielen Jahren großen Zuspruch erfährt. *Fleurops* Mutter, eine Tochter des rheinischen 80er-Siegerhengstes *Weltruf* v. *Windesi* xx, ist Vollschwester der S-Dressurstute *Polo's For You* und Halbschwester des S-Dressurpferdes *Derrick* v. *Dialog*. *Weltmaid* war in den 80er Jahren in Materialprüfungen erfolgreich und lieferte einige wertvolle Auktionsfohlen, bevor sie bereits 1994 abtrat. Siegerhengst *Frühlingstraum II*, Vater der Großmutter *Fliegette*, im weiteren Pedigree garantiert Leistungsvermögen und -bereitschaft. *Farina*, eine Vollschwester der

links:
Die Siegerstute der 34. Westf. Eliteschau für dreijährige Reitpferdestuten 1999: *Fidergirl* v. *Florestan I*, eine Vollschwester des Ldb. *Fidermark*

rechts:
Dieses Bild ist bereits Geschichte:
(v.r.n.l.) die Landbeschäler *Florestan I*, der schon abgetretene Sohn *Fidermark* und Enkel *Fürst Piccolo*.

Fliegette, ist zweifache Hengstmutter (*Platin*, *Weinfürst*). Der Vollblüter *Portulak* xx setzt die Ahnenreihe fort, er wirkte in den 50er und 60er Jahren im Rheinland, wo er einige gute Springpferde lieferte. *Fleurop*, Endringteilnehmer der 92er Körung und in puncto Bewegungsnoten im Hengstexamen Klassenbester, lieferte in seiner Beschälerlaufbahn eine Vielzahl vor allem dressurbegabter Sportpferde, über 60 seiner Töchter wurden eingetragen.

Fidermark – ein Hengst macht Zuchtfortschritt
Bei seiner Körung stand der *Florestan*-Sohn Ldb. *Fidermark* (Z.: W. Hage, Rüthen), geb. 1992, a.d. *Watonga* v. *Werther*, hinter dem *Damenstolz*-Sohn *D'accord* auf dem undankbaren zweiten Platz, danach ist dies *Fidermark* wohl nur noch selten passiert. Ob züchterisch oder sportlich, *Fidermark* hat in vielerlei Beziehung bis heute Spitzenpositionen bezogen. Dies verwundert beim Blick aufs Pedigree nicht: Neben dem »local hero«, seinem Vater *Florestan*, findet man als Muttervater den vielseitig vererbenden *Werther*, der als Ausbeute seiner bisherigen züchterischen Ausbeute für eine ganze Armada von gekörten Söhne und prämierten Töchtern verantwortlich zeichnet. Prämierte Mütter mit Leistungspferden als Verwandten sind die Regel im weiteren Pedigree.

Fidermarks Hengstexamen in Warendorf 1995 gewann er gegen seine Landbeschäler-Kollegen mit großem Abstand, beim »Optimum« in Münster waren alle Mitbewerber chancenlos, beim Warendorfer Bundeschampionat war er eine Woche später strahlender Sieger bei den 4-jährigen Hengsten, beim Hengstchampionat der LVM im Rahmen der Körung 1996 stand er wieder ganz vorne. Zwischenzeitlich erhielt er seine weitere Förderung durch Johann Hinnemann; mit Michael Farwick und Marlies van Baalen erzielte er nach entsprechender Aufbauarbeit Siege und hohe Platzierungen in Prix St-Georges und Intermediaire I, 2000 war er Finalist beim »Nürnberger Burgpokal« in der Frankfurter Festhalle. Inzwischen beherrscht er Grand-Prix-Lektionen und kann erste internationale Platzierungen nachweisen.

Genauso rasant wie seine sportliche Laufbahn lief parallel seine züchterische Entwicklung: Fohlenschauen, Auktionen, Eliteschauen und Körungen erhalten durch den *Florestan I*-Sohn ihren Stempel. Obwohl er erst seit 1995 im Deckeinsatz (die meisten Jahre deckte er deutlich über 150 Stuten pro Jahr) war, erhielten 21 Söhne die Zulassung zur Zucht; von 94 eingetragenen Töchtern erhielt annähernd die Hälfte das Prädikat »Staatsprämienstute«! *Fidermark* ging im Sommer 2003 überraschend ein.

Gleich aus seinem ersten Jahrgang wurden zwei Söhne gekört, u.a. der Lb. *Feinsinn* (Z.: K.-H. Fruhen, Tönisvorst), geb. 1996, a.d. *Barinia* v. *Bolero – Grande*. *Feinsinn* belegte 1999 beim Bundeschampionat der dreijährigen Hengste Platz 3 und gewann kurz darauf die HLP in Warendorf, erwartungsgemäß war die Rittigkeitsnote herausragend. Zwischenzeitlich ist *Feinsinn* altersgemäß gefördert und wird erfolgreich turniermäßig eingesetzt.

Ein weiterer von Anfang begehrter Sohn des *Fidermark* ist Ldb. *Fürst Piccolo* (Z.: J. Baumeister, Kranenburg), geb. 1997, a.d. *Medusa* v. *Mephistopheles – Rembrandt*, der den Warendorfer 100-Tage-Test als Sieger absolvierte. *Fürst Piccolo* führt über seinen 2. Vater Trakehnerblut und seinen 4. Vater Vollblut. Seine ersten Fohlen begeisterten und bewiesen, dass wahre Größe nicht vom Stockmaß abhängig ist

Ldb. *Fibonacci* (Z.: H.-B. Wulf, Möhnesee), geb. 1996, a.d. Verb.Pr.St. *Pina Colada* v. *Parademarsch I – Disco Star*, war 2. Reservesieger der

Ldb. *Fidermark* – hier unter Michael Farwick – ein Multi-Champion, der sich zu früh verabschiedete.

98er Hauptkörung in Handorf; er hat einen Mutterstamm, der ähnlich gestaltet ist wie der des brandenburgischen Überfliegers und Ldb. *Paradiesvogel*. Seine Nachkommen zeichnen sich durch überdurchschnittliche Bewegungsqualität aus. Seine HLP legte er mit einem überdurchschnittlichen Ergebnis ab.

Pb. *Floresco* (Z.: K. Langhorst, Rietberg/Stat.: Rüscher-Konermann, Greven), geb. 1998, a.d. *Rosella* v. *Rosenkavalier* – *Ricardo*, war dreijährig Seriensieger in Reitpferdeprüfungen, diese sportlichen Ambitionen setzte er im darauf folgenden Jahr erfolgreich fort. Mutter *Rosella* brachte bereits mehrere sportbewährte Kinder, sie selbst legte ebenfalls ihr »Sport-Diplom« im Turniersport ab. *Florescos* erste Fohlen, zumeist elegante hochbeinige Typen, überrraschten positiv.

Ldb. *Focus* (Z.: E. Hense, Wadersloh), geb. 1991, a.d. Verb.Pr.St. *Poulette* v. *Pinocchio* – *Gottschalk*, hat neben seiner Beschälertätigkeit vor allem im Springparcours seine Leistungsstärken demonstriert, dies war bereits bei der HLP erkennbar, denn im Teilindex Springen erhielt er bereits 1994 Höchstnoten; zwischenzeitlich ist er erfolgreich bis in die S-Klasse vorgedrungen.

Der Millennium-Hengst *Fürst Heinrich*, gekört im Dezember 2000 und unter Holga Finken Weltmeister der 5-jährigen Dressurpferde 2003 in Verden/Aller.

Es gibt kaum einen passenderen Namen für den Siegerhengst der Körung zur Jahrtausendwende als Pb. *Future* (Z.: W. Luerweg, Bottrop), geb. 1998, a.d. St.Pr.St. *Angelina* v. *Apart* – *Silvaner*, der in Typ, Ausdruck und Bewegung keine Wünsche offen ließ. Der Hengst, der den gewünschten Blutanschluss über den *Apart*-Vater *Angelo* xx verfügt und dessen Mutter bisher fünf Staatsprämienstuten brachte, ging in niederländischen Besitz und steht mittels künstlicher Besamung den westfälischen Züchtern direkt zur Verfügung.

Zu den »Zuchtbotschaftern der *Florestan*-Dynastie«, die bundesweit bzw. europaweit wirken, gehören beispielsweise:

Ldb. *Festival Westfalia* (Z.: T. Windhövel, Soest), geb. 1992, a.d. St.Pr.St. *Gazelle* v. *General I* – *Windesi* xx, deckte zunächst leihweise im brandenburgischen Landgestüt Neustadt/Dosse, wurde anschließend reiterlich gefördert, bevor er in sächsische Staatsdienste nach Moritzburg ging. Seine ersten »reitfertigen« Kinder sind vielversprechend.

Er ging nach Oldenburg: Pb. *Fürst Heinrich* (Z.: H. Ramsbrock, Menslage), geb. 1998, a.d. *Dawina* v. *Donnerhall* – *Weinberg*, wurde auf der 2000er Körung als Ib-Prämienhengst ausgezeichnet; er dominierte 2001 den Handorfer 30-Tage-Test mit selten vergebenen Noten, was bei seiner Abstammung nicht verwundert. Er gehört trotz seines jugendlichen Alters – unterstützt durch ein gezieltes Management – bundesweit zu den am stärksten nachgefragten Beschälern. Sein herausragendster Erfolg war 2003 der Gewinn des Titels »Weltmeister der 5-jährigen Dressurpferde« in Verden, im Jahre 2002 wurde er Hauptprämiensieger in Oldenburg.

Pb. *Friendship* (Z.: J. Wierling, Senden), geb. 1997, a.d. St.Pr.St. *Domäne* v. *Diamantino* – *Goldlack*, der in Oldenburg stationiert ist. *Friendship*, aus einem der bewährtesten Stutenstämme Westfalens (*Bonus*, *Parodist I* und *II*, *Diderot*, Springpferd *Anamour*), hat anlässlich seiner HLP in Redefin seine vielseitige Veranlagung, die allen

Florestan-Kindern nachgesagt wird, unterstrichen. Seine ersten Söhne wurden 2003 in Hannover gekört.

Ferragamo – ein Freigraf für Westfalen

Als *Ferragamo* (Z.: I. Peitgen, Wiehl) 1992 die Körbahn in Handorf verließ, waren sich alle Beobachter einig, dass hier eine herausragende Hengstpersönlichkeit den Weg ins Landgestüt nahm. Der sich auffallend elastisch Bewegende und spektakulär Springende nahm den Ia-Preis in seinem Ring mit und vor allem die Auszeichnung als 2. Reservesieger seines Körjahrgangs. Trotz dieses Überraschungserfolges konnten sich viele »keinen Reim« auf diesen Braunen machen. Doch schnell hatte sich herumgesprochen, was seine Ahnentafel hergab: Vater *Freigraf* ist ein in Hessen gezogener Sohn der anglonormannischen Hengstlegende *Furioso II*, der nur kurz im Rheinland im Deckeinsatz war und dann zu Paul Schockemöhle in den Springstall ging. *Freigraf*, 1992 Vize-Bundeschampion des Deutschen Springpferdes (6-jährige) in Verden, führt Edelblut über den Vollblüter *Traumgeist* xx und den Trakehner *Totilas*. Auf der Vaterseite erscheint in dritter Generation der Osnabrücker *Wernitz*, er war Vater des von Alwin Schockemöhle international erfolgreich gerittenen *Wimpel*.

Ferragamos Mutter ist die *Ehrensold*-Tochter St.Pr.St. *Elona*, die selbst im Vielseitigkeitssport Meriten und vor allem nahezu 14.000 DM verdient hat. Mit *Herbstglanz*/T. und *Jussuf IV* ox tritt im hinteren Pedigree wertvolles Veredlerblut auf. *Ferragamo* legte seine HLP mit Prädikat ab, im Teilindex Rittigkeit quittierten ihm die Richter 135,91 Punkte, die Fremdreiternote war mit 10,0 nicht zu übertreffen. Aus dem Stand setzte er sich züchterisch in Szene: bis heute 14 gekörte Söhne, Spitzentöchter wie *Ferragana*, die Eliteschausiegerin in Handorf 1997 und Endringteilnehmerin der Bundesstutenschau und Ib-Preisträgerin im Jahrgangschampionat 1998 war. Die *Ferragamo*-Tochter *Filine* war Reservesiegerin der Eliteschau und 1. Reservesiegerstute anlässlich der Bundesstutenschau in Warendorf. Im Jahre 1999 ließ Tochter *Fair Play* anlässlich der Aachener Stutenleistungsprüfung alle Mitbewerber weit hinter sich, kurz darauf war sie Spitzenpferd der CHIO-Sales in Aachen und im September des gleichen Jahres Siegerstute der Rheinischen Eliteschau. Von den bislang 75 eingetragenen Töchtern erhielten 28 die Staatsprämie. Der gekörte Sohn *Falcone* war in 2000 Sieger der Finalqualifikation beim Bundeschampionat und ging anschließend als Spitzenpferd für 280.000 DM über die Handorfer Eliteauktion. Seine Kinder verdienten bis Ende 2002 annähernd 50.000 Euro im Viereck und über den Stangen.

Mit dem strahlenden Siegerhengst der der NRW-Körung 1997, dem Pb. *Friedenstraum* (Z.: K.-A. Schulte-Varendorff, Ibbenbüren), geb. 1995, a.d. St.Pr.St. *Picade* v. *Pilot* – *Palisander*, wurde die züchterische Leistung seines Vaters *Ferragamo* und der Stutenfamilie des Karl-August Schulte-Varendorff in den Blickpunkt der westfälischen Zucht gerückt. Seine Hengstexamen

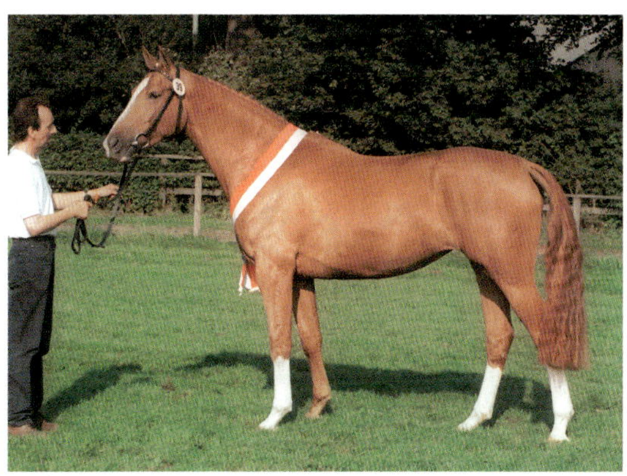

links:
Ldb. *Ferragamo* brachte in Verbindung mit der Zuchtstätte Karl-August Schulte-Varendorff eine große Zahl hervorragender Pferde.

rechts:
Die Siegerstute der 32. Westfälischen Eliteschau 1997: *Ferragana* v. *Ferragamo* – *Apart* (Z. u. B.: Georg Gronebaum, Borgholzhausen)

legte er als Sieger ab. Seine sportlichen Leistungen sind durch eine Reihe von Platzierungen und Siegen belegt, herausragend war Platz 2 im »Westfalen-Wappen« anlässlich des »Turniers der Sieger« in Münster 1998. Sein Vollbruder *Feuerblick* (Z.: K.-A. Schulte-Varendorff), geb. 1997, ist wie *Ferragamo*-Sohn *Fillis* (Z.: F. Bente, Westerkappeln), geb. 1995, a.d. Verb.Pr.St. *Piana* v. *Pilot* – *Goldlack*, in Diensten des Landgestüts. Pb. *Friedensrat* (geb. 1996), stammt ebenfalls aus der erfolgreichen Stutenfamilie der *Emma* (Schulte-Varendorff).

Gesammeltes

Dass *Ferragamo* keine Eintagsfliege des *Freigraf* ist, belegt der Ldb. *Favretto* (Z.: E. Hoeller, Lindlar), der 1990 geboren wurde. *Favrettos* Mutter ist eine Tochter des Cellers *Aderlaß* und geht auf eine ostpreußische Stutenfamilie zurück, die 2. Mutter ist eine Tochter des Original-Trakehners *Lateran* v. *Helikon*. Im März 1993 in Aachen gekört, legte er im gleichen Jahr in Warendorf eine überdurchschnittliche HLP ab.

Ein entfernter Verwandter des *Florestan* & Co. (*Furioso II*!) ist der KWPN-Hengst *FAN-Holland*, der auf der FAN-Fohlenaufzucht in Paderborn stationiert ist. Die Abstammung ist durch die Kombination des gefragten Voltaire-Sohnes *Concorde* (Vater) mit dem bedeutenden holländischen Springpferde-Vererber *Nimmerdor* (Muttervater) hochinteressant. Die Großmutter *Wotik* ist rein hannoversch gezogen und hat mit *Wienerwald*, *Agram* und *Gotthard* Hengste im Pedigree, die die erfolgreiche hannoversche Springpferdezucht mitbegründet haben. *FAN-Holland*, Jahrgang 1989, seit 1997 im Deckeinsatz in Westfalen, ist bereits Vater mehrerer gekörter Söhne, u.a. Ldb. *Harry Potter* (Z.: FAN Fohlenaufzucht, Paderborn), geb. 1998, a.d. *Wella* v. *Weinberg* – *Pilot*, und Ldb. *Hogwart* (Z.: M. Hegemann, Dellbrück), geb. 1999, a.d. *Patricia* v. *Pit I* – *Rex Fritz*.

Aus einer im Ursprung als Spring-Linie anzusehenden Hengstlinie (v. a. wegen des holsteinischen Urgroßvaters *Sandro* v. *Sacramento Song* xx) stammt der Endringteilnehmer der viel besprochenen Körung 2000, der Pb. *Show Star* (Z.: Tanja Baade, Kiel/Stat.: W. Holkenbrink, Albachten), geb. 1998, von *Sandro Hit* a.d. *Feine Dame* v. *Feinbrand* – *Wendenburg*. Neben einem viel beachteten ersten Jahrgang wurde *Show Star* 2001 hochgelobter Bundeschampion der dreijährigen Hengste.

Ebenso qualitätvoll ist der gleichaltrige *Sandro Hit* – Sohn Pb. *Santa Cruz* (Z.: Gestüt Lewitz/ Stat.: H. Sandhowe, Ascheberg) a.d. *Warthe* v. *Calypso II* – *Farnese*, der vor allem durch seine Doppelbegabung auffiel. Weitere hoffnungsvolle *Sandro Hit*-Söhne befinden sich im Landgestüt: Ldb. *Sir Bedo*, geb. 1999, a.d. St.Pr.St. *Chinagirl* v. *Tin Rocco* – *Vollkorn* xx, und Ldb. *Sterling*, geb. 1999, a.d. *Genia* v. *Glückstag* – *Goldschatz*.

Mit dem *Bolero*-Sohn *Beltain* (Z.: M. Schulz, Freiburg), geb. 1984, a.d. St.Pr.St. *Gänseliesel* v. *Grande* – *Marcio* xx, stand zwischen 1996 und 2002 ein Leihhengst im Landgestüt, der durch einen hervorragenden Mutterstamm (u.a. Hengste wie *Garibaldi I – III*, *Brentano I* und *II*) und durch überdurchschnittliche dressursportliche Eigenleistung besticht. Das Spitzenfohlen seines Premierenjahrgangs *Bernstein* gewann 2001 das westfälische Dressurpferdechampionat. Sein gekörter Sohn *Belissimo* (Stat.: Hengststation Schmidt, Lippetal) – er war HLP-Sieger und 2002 Spitzenpferd der 24. Elite-Auktion, seine Mutter stammt von *Romadour II* ab – wurde 2003 Bundeschampion.

Der Körungssieger 1997: Pb. *Friedenstraum* v. *Ferragamo*

Vollbluteinsatz in Westfalen

Alle heutigen Reitpferderassen sind durch englische Vollblüter entwickelt worden. Alle bedeutenden Hengstlinien in den Hochzuchtgebieten Westeuropas gehen auf Vollblüter zurück. Der Einsatz von Vollblütern war zu allen Zeiten in Westfalen bedürfnisabhängig und gab häufig Anlass zu Diskussionen innerhalb der Züchterschaft. Die Auffassung der Zuchtleitung zu diesem Thema war zu jeder Zeit angemessen und aufgeschlossen, die Reaktion der Züchter verhalten, manchmal abwartend, obwohl sie die Notwendigkeit und die Bedeutung durchaus erkannten. Lediglich die Dosierung des Vollbluteinsatzes führte immer wieder zu unterschiedlichen Standpunkten und wurde in Westfalen nie euphorisch und riskant betrieben.

Die westfälischen Züchter waren sicherlich in der ersten Hälfte des 19. Jahrhunderts dem Vollblut gegenüber nicht gerade zugetan, daran änderten auch Initiativen wie die des Westfälischen Reitervereins nichts, die in den 1830er Jahren Vollbluthengste nicht nur für Vollblutstuten, sondern auch für Stuten der Landespferdezucht zur Verfügung stellten. Bei einem halbierten Deckgeld standen Hengste wie *Grotesque* xx, *Augustus* xx, *Brillant* xx und *Sparkler* xx auch den »Stuten, die sich im Besitz von Ackersleuten ... befinden« zur Verfügung. Bei dem schon damals in der westfälischen Züchterschaft ausgeprägten Hang zu temperamentsmäßig ausgeglichenen und nicht zu leichten Pferden für Feldarbeit- und als Zug- und Lastentiere wird sich die Nachfrage in Grenzen gehalten haben. Ausnahme waren die Züchter, die in dieser Phase der Pferdezucht auf den Absatz von Remontepferden an das Militär setzten, sie wandten sich stärker als die anderen edleren Hengsten zu. Doch da diese Epoche relativ kurz war und die Zahlen der auf den Remontenmärkten angebotenen Pferde im Vergleich zum Gesamtbestand deutlich zurückstanden, ist heute davon auszugehen, dass die Benutzung von blütigen Vatertieren keinen großen Umfang besaß. Im Gegensatz hierzu standen Ostpreußen und Hannover, die Hauptzuchtgebiete für die Gewinnung von Remonten, hier war der Anteil der Vollblüter am Hengstbestand bedeutend höher.

Ab 1875 liegen genaue Daten über die Anzahl der durch das Landgestüt Warendorf aufgestellten Vollbluthengste vor: In keinem der darauf folgenden Jahre bis 1930 sind mehr als drei Vollblüter im Einsatz gewesen, die meiste Zeit sind es nur ein oder zwei, in den Jahren von 1889 bis 1896 wurden keine Vollblutbeschäler verwendet. Der Anteil der Halbblüter ist in dieser Periode eher noch geringer. Zu den beliebten Vollblütern gehörte der zunächst in Trakehnen eingesetzte und von 1921 bis 1925 (in einer Zeit der staatlicherseits verordneten Verstärkung) als Warendorfer Landbeschäler eingesetzte *Indus II* xx; ihm wurde damals auf dem Gestütsgelände über seinem Grab ein Gedenkstein gesetzt. Ab Anfang der 30er Jahre deckte ein Sohn des Derbysiegers *Herold* xx in Warendorf, *Discus* xx (Z.: Hauptgestüt Altefeld), aus einer irischen Stute. *Discus* xx, der nie Rennen gegangen ist, deckte bis 1953. Auch ein Vertreter der mächtigen schimmelfarbenen *Le Sancy*-Linie (aus ihr stammt auch *Ramzes*!) war in Staatsdiensten: *Landser* xx (Z.: Gestüt Görlsdorf). Der 1940 geborene Schimmel war 1947 von Clemens Freiherr von Nagel an das Landgestüt verkauft worden und deckte bis 1960 (u.a. in Varl, Warendorf und Stapelskotten). Ein kurzes Gastspiel im Landgestüt gab der Schlenderhaner *Wehr Dich* xx (Z.: Gestüt Schlenderhan); bekannt wurde er durch seine Tochter *Winzerin* (aus der *Alexa* v. *Alarm – Futurist*), die 1956 über die 5. Westfalen-Auktion, ausgestellt durch den Züchter und Besitzer, die Gutsverwaltung Moormann (Werne), für 4.700 DM zugeschlagen wurde und in der olympischen Military 1960 in Rom auf der schwierigen, tückischen Querfeldeinstrecke von Pratoni del Vivaro als einer der wenigen ohne Fehler durchkam und als bestes deutsches Pferd auf Platz 18 landete.

Durch den Wegfall einer landwirtschaftlichen und militärischen Nutzung war in den deutschen Warmblutzuchten eine Zuchtzieländerung erforderlich, um überleben zu können. Westfalen setzte, wie die meisten Landespferdezuchten auch, neben der Selektion innerhalb der eigenen

Rasse auf die Verwendung von Veredlerhengsten in Form von vornehmlich englischen Vollblütern. Die Wirkungen der Vollblüter auf die Ende der 50er/Anfang der 60er Jahre vorhandenen, solide durchgezüchteten Stutenstämme war binnen erstaunlich kurzer Zeit enorm, auch wenn man zwischen Nachkommen einzelner Vollblüter große Unterschiede ausmachen konnte. Sicherlich konnte der Veredler in den Folgegenerationen nicht gleichzeitig alles in gewünschter Richtung verbessern – nicht alle Vollblüter waren gut genug, um die gewünschte Verbesserung der Reiteigenschaften zu erzielen. Insgesamt aber trat die erhoffte Wirkung durch den Veredler-Einsatz ein.

Bedingt durch die Nachfrage war Mitte der 70er Jahre in Westfalen wie auch anderswo der absolute Höchststand bei der Bedeckungen durch Vollblüter erreicht. Um die Zucht nicht zu stark zu verfeinern und das Temperament nicht zu lebhaft werden zu lassen, war »Bremsen« angesagt. Gegen Mitte der 80er Jahre war ein Tiefstand erreicht.

Nicht zuletzt durch die Erfolge von hoch im Blut stehenden Pferden im internationalen Wettbewerben halfen danach mit, die Vollblüter gegen Ende der 80er/Anfang der 90er Jahre wieder öfters einzusetzen.

Danach bewegte sich die Bedeckungskurve mit Vollblütern wieder abwärts und hat zur Zeit einen absoluten Tiefstand erreicht. Viele Züchter haben gerne einen Veredler im Pedigree ihrer Stuten, möglichst hinten und ohne dass sie selbst das Risiko hierfür getragen haben. Aber wie soll das gehen?

Sicherlich ist heute der Bedarf an Vollblütern nicht mehr so hoch wie zu anderen Zeiten, denn die westfälische Zucht ist insgesamt edler geworden. Nach wie vor gilt jedoch, dass jede Reitpferdezucht kontinuierlich die Zufuhr von Vollblut benötigt. Erfahrungen haben gezeigt, dass mit ihr (neben den nicht von der Hand zu weisenden Risiken und Nachteilen) Typ, Kopf, Sattellage, Rasse- und Geschlechtstyp sowie die Gangarten Schritt und Galopp verbessert werden können. Der Aspekt Verbesserung der Härte und Regenerationsfähigkeit ist nicht zu vernachlässigen.

Gleichzeitig hat sich die Erkenntnis durchgesetzt, dass die Rennleistung eines Vollblüters zwar nach wie vor eine wesentliche Information darstellt; dabei ist aber vor allem wichtig, dass der Vollblüter eine möglichst große Anzahl von Starts über mehrere Jahre hinweg ohne nennenswerte Gesundheitsschäden absolviert hat. Vor allem werden heute Blüter gebraucht, die Reitpferdequalitäten besitzen. Vererber mit Maul- und Genickproblemen sind nicht brauchbar, ohnehin auf der Rennbahn in der Regel nicht erfolgreich.

Diesen umgänglichen, typvollen, großlinigen, im mittleren Rahmen stehenden und bewegungsstarken Edelmann zu finden, ist heutzutage schwierig. Hinzu kommt, dass sich nicht nur die Stutenbasis verändert hat, auch beim Vollblüter wurde beispielsweise durch die starke Hinwendung zum Speedrennen in den USA ein Typ – dem Quarterhorse ähnlich, nur noch mit wenigen Reitpferdepoints ausgestattet – gefördert. Trotz dieser Probleme gilt der historische Lehndorff'scheSatz: »Blut ist der Saft, der Wunder schafft!«

Die nachfolgende Auflistung gibt Auskunft über die Anzahl der zwischen 1965 und 2000 (in Fünf-Jahres-Schritten) verwendeten Vollbluthengste in Westfalen (gem. Hengstverteilungsplan) sowie über den tatsächlichen Anteil der Bedeckungen durch Vollblüter an der Gesamtzahl der Bedeckungen (hier standen Zahlen allerdings erst ab 1980 zur Verfügung).

Auflistung einflussreicher Vollblüter, die auf die westfälische Warmblutzucht ab 1960 Einfluss genommen haben

1960 eingesetzt:
Blauspecht
Landser
Master
Pernod
Pluchino
Sinus
Waldspecht
Gesamtzahl: 7

1965 eingesetzt:

Beribot
Blauspecht
Master
Marc Aurel
Papayer
Pluchino
Sinus
Sonnenkönig
Usurpator
Gesamtzahl: 9

1970 eingesetzt:

Angelo
Ben Shirin
Blauspecht
Bumerang
Fidalgo
Fontanus
Lucius
Mato Grosso
Papayer
Pluchino
Sinus
Sonnenkönig
Gesamtzahl: 12

1975 eingesetzt:

Aar
Angelo
Antar
Ben Shirin
Breaz
Exstream
Fidalgo
Griseldo
Lucius
Massud
Mato Grosso
Mohn
Octavo
Parenzo
Pluchino
Sacramento
Sonnenkönig
Taipan
Gesamtzahl: 18

1980 eingesetzt:

Aar
Angelo
Antar
Bream
Bumerang
Exstream
Fläming
Griseldo
Killer
Massud
Mato Grosso
Octavo
Taipan
Windesi
Gesamtzahl: 14 (Anteil der Vollblüter an der Gesamtzahl der Bedeckungen (= AVGB: 5,9 %)

1985 eingesetzt:

Bream
Feuerfunke
Fläming
Griseldo
Killer
Taipan
Windesi
Gesamtzahl: 7 (AVGB: 6,19 %)

1990 eingesetzt:

Akitos
Bandoliero
Bormio
Feuerfunke
Fläming
Game Fox
Griseldo
Northern Sound
Noveau Roi
Rivellino
Gesamtzahl: 10 (AVGB: 12,6 %)

1995 eingesetzt:

Akitos
Bandoliero
Bormio
Diego

Feuerfunke
Foxiland
Julio Mariner
Northern Sound
Playmate
Rivellino
Gesamtzahl: 10 (AVGB: 5,24 %)

2000 eingesetzt:
Conception
Feuerfunke
Foxiland
Northern Sound
Gesamtzahl: 4 (AVGB: 1,65 %)

Sportpferde und Vollbluteinsatz
Wie sehr der Einsatz von in Westfalen verwendeten Vollblütern vor allem in der rasant sich entwickelnden Reitsportszene ihren Niederschlag fand und Wirkung zeigte, belegen die nachfolgenden Zahlen, dabei wurden die Listen der gewinnreichsten Westfalen im Hinblick auf das Vorhandensein von vollblütigen Vätern bzw. Muttervätern ausgewertet:

	Vater	Muttervater
1950	–	–
1979	3	2
1987	2	4
1992	–	5
1995	–	4
2001	–	1

Die Statistik – zugegeben ohne repräsentativen Wert – zeigt das Fehlen von Vollblütern als Väter von erfolgreichen Sportpferden nach dem Zweiten Weltkrieg, also vor der Veredlungsphase, die starke Durchsetzung der ausgewerteten Pedigrees mit Vollblut in der bzw. am Ende der Umzüchtungsphase zum Reitpferd, aber auch den deutlichen Rückgang in den letzten Jahren, der zwischenzeitlich so weit gegangen ist, dass Vollblüter, wenn überhaupt noch, nicht mehr als Väter, sondern als Muttervater auftreten.

Damit ein Vollblüter körfähig ist, muss er folgende Voraussetzungen erfüllen: Er muss ein Generalausgleichgewicht (GAG) von mindestens 80 kg oder in Hindernisrennen von 85 kg erreicht haben. Alternativ können Vollblüter eine HLP ablegen oder über Turniersportleistungen gekört werden: Vollblüter mit einem GAG von 75 kg in Flachrennen oder 80 kg in Hindernisrennen müssen dies bei mindestens 20 Starts in drei Rennzeiten zusammengaloppiert haben.

Bedeutende Vollblüter in der westfälischen Landespferdezucht und ihre Nachkommen
Der Dunkelbraune Ldb. *Aar* xx (Z.: Gestüt Quenhorn), geb. 1971, von *Arjon* xx a.d. *Alouette* xx v. *Oliveri* xx – *Oleander* xx, stand von 1975 bis 1980 in Warendorfer Diensten (1975 – 1979 Rhede-Krommert, 1980 Uentrop). *Aar* ist ein naher Verwandter zu *Angelo* xx: Sein Großvater *Oliveri* xx ist *Angelos* xx Vater und seine Großmutter *Alwara* ist auch *Angelos* xx Großmutter. Aus der Zeit im Westmünsterland stammt der 1978 geborene Sohn *Alabaster* a.d. *Diva* v. *Dukas* – *Schwarzkopf*, der unter Matthias Baumann eine internationale Karriere als Militarypferd machte; sein größter Erfolg war die Goldmedaille bei den Olympischen Reiterspielen 1992 in Seoul.

Der Siegerhengst der Vollbluthengstschau 1985, Ldb. *Akitos* xx (Z.: Gestüt Schlenderhan), geb. 1981, vom vielfachen Siegervater *Green Dancer* xx a.d. rennerfolgreichen *Akita* xx v. *Pantheon* xx – *Birkhahn* xx, verfügte nicht nur über eine blendende Erscheinung sondern auch über ein entsprechendes »Papier«, das mit dem legendären *Nijinski* xx als Großvater seine Abrundung findet. *Akita* xx, die auf der Rennbahn den Preis der Winterkönigin gewann und als charakterlich schwierig galt, lieferte auch den *Augustinus* xx, der als Celler Landbeschäler wirkte und als Dressurvererber einen guten Ruf genießt. Die alte Schlenderhaner A-Familie, der *Akita* xx angehört, brachte auch den für Oldenburg so wertvollen *Adonis* xx. Der DLG-erfolgreiche *Akitos* xx, der über eine GAG von 84 kg verfügte, stand von Anfang an in Olfen-Vinnum auf Station, wo er streckenweise großen Zuspruch erfuhr. Seine 122 eingetragenen Töchter (20 erhielten die Staatsprämie) waren von besonderer Güte und treten aktuell als Sportpferdemütter in Erscheinung, z. B. *Pialotta* v. *Pilot* – *Akitos* xx/Rolf Göran Bengtsson (Schweden). Neun Söhne wurden gekört, sie hinterließen keine Spuren. *Akitos* xx wurde, als das Interesse an ihm nachließ, nach Ungarn abgegeben, wo er sich guten Zuspruchs erfreut.

Angelo xx – Vollblut hat in Westfalen einen Namen

Wenn heute in Westfalen über Vollblüter in der Warmblutzucht gesprochen wird, redet man oft gleichzeitig von Ldb. *Angelo* xx (Z.: G. Beyer, Hannover). Dafür gibt es sicher eine Reihe von Gründen: zum einen sein Erscheinungsbild, mit 1,70 m Stockmaß war *Angelo* xx ein relativ großer Blüter unter vielen »kleinen Mäusen«, dazu war er formschön und harmonisch, mit dem gewünschten Vollblutadel (vielleicht mit Ausnahme des Kopfes), einem tadellosen Fundament, dem richtigen Verhältnis von Größe und Gewicht; sein Temperament: aufgeweckt, lebendig aber nicht schwierig, im Deckbetrieb eifrig, aber nicht unproblematisch; seine Vererbung: deutlich vom Vater geprägt, fast immer in der Farbe identisch, bei entsprechend starken Müttern imponierende Modelle und beste Sorten, Pferde für die reiterlichen Ansprüche jener Zeit. Einfühlungsvermögen war wichtig, hatte man erst das Anreiten der *Angelos* xx hinter sich, waren es enorm leistungsveranlagte Kinder.

Aber von Anfang an: *Angelo* xx wurde 1962 geboren, sein Vater *Oliveri* xx, ein italienischer Hengst, dort auch zwei- und dreijährig gelaufen, kam nach Deutschland, siegte hier noch zweimal, bevor er in die Zucht kam. Erwähnenswert ist *Angelos* xx Großvater *Ortello* xx, ein Sohn des *Teddy* xx, auf den über *Aventin* der legendäre *Marcio* xx, *Milans* Großvater, zurückgeht. Das mütterliche Pedigree wird oft als die Quelle von *Angelos* xx Renn- und Zuchtleistung in der Reitpferdezucht angesehen. Muttervater *Neckar* xx gewann als Dreijähriger alle Rennen, die er gestartet war; er war fünfmal Beschälerchampion der deutschen Vollblutzucht. Urgroßvater *Ticino* war zwischen 1950 und 1958 neunmal Beschälerchampion, ebenso neunmal Champion der Väter erfolgreicher Mutterstuten. Für *Oleander* gilt Ähnliches, er war auf der Rennbahn wie im Gestüt ein Volltreffer.

oben links:
Er lief Reklame für westfälische Blutpferde: der über das Westfälische Pferdezentrum vermittelte *Alabaster* v. *Aar* xx unter Olympiasieger Matthias Baumann.

unten links:
Der Schlenderhaner Ldb. *Akitos* xx war eine blendende Erscheinung.

rechts:
Über viele Jahre war der Vollblüter Ldb. *Angelo* xx einer der begehrtesten Veredler Westfalens.

Als *Angelo* xx die Rennbahn verließ, war er u.a. Zweiter im Union-Rennen und Fünfter im Deutschen Derby gewesen; als einer der Besseren seines Jahrgangs erreichte er einen Generalausgleich von 87 kg. Besonders ausgezeichnet wurde er im Spätherbst 1966 auf der Rennbahn in Köln-Weidenpesch anlässlich der Vollbluthengstschau: Er wurde Klassensieger in der Gruppe der Vierjährigen.

Im Februar 1967 kam *Angelo* xx zusammen mit dem *Judex*-Sohn *Justus* und dem Kaltblüter *Marbod* zur Deckstelle Wittlerbaum nach Amelsbüren. Die Züchterschaft war, was wohl keinen überraschte, gespalten. Gerade bei den schweren, vielfach kurzbeinigen Landstuten aus zumeist vollblutfreien Stämmen, oft das Gegenteil von Reitpferden, hatte es *Angelo* xx relativ leicht, das Ergebnis waren oft Klassepferde. Natürlich gab es auch unlösbare Probleme, die verschwanden im Umzüchtungsprozess. Die vielen guten *Angelos* xx machten Reklame, ob auf Zucht- oder auf Leistungsschauen, wo sie einen neuen Leistungshorizont anmarkierten, und auf Auktionen, wo das Preisgefüge explodierte. *Angelo* xx ließ die Hänger Richtung Amelsbüren rollen, in seiner Glanzzeit deckte er (der dort zeitlebens stand) durchschnittlich über hundert Stuten, wohl behütet vom Deckstellenleiter Wilhelm Gräler, auch als am Ende die Manneskraft stark nachließ. Einer der Dauergäste war Herbert de Baey, dessen Stute *Dodona* die Olympiapferde *Ahlerich*/Dr. Reiner Klimke und *Amon*/Annemarie Sanders-Keyzer brachte. Die Schwestern der Olympioniken *Adone* und *Antine* (beide von *Angelo* xx) bildeten die Basis für die Champions *Rembrandt* und die Dynasten *Rubinstein* und *Royal Angelo*. Seine Sportkinder glänzten auch im Springen, beispielsweise *Armani*/Uwe Deyle, *Adept*/Hugo Candrian, *Alvaro*/Karsten Huck, *Angelino*/Achim Tilger, und im Gelände: *Aristo*/Jürgen Blum und *Arioso*/Ilona Gräfin Wengersky.

Einer der besten Halbblüter war der 77er Reservechampion Ldb. *Apart* v. Ldb. *Angelo* xx.

Die Hinterlassenschaft weiblichen Zuchtpotenzials liegt bei annähernd 200 *Angelo* xx-Töchtern, die im Laufe der Jahre in die Stutbücher eingetragen wurden. Sie haben sich im Laufe der Jahre immer wieder, auch dann wenn sie im Pedigree von heutigen Sport- und Zuchtpferden weiter hinten erscheinen, als besondere Zutat erwiesen, was auch für *Angelos* xx Söhne in der Zucht gilt. Sieben wurden gekört, drei von ihnen wurden für Westfalen bedeutsam:

Der aus einem ursprünglich mecklenburgischen Stutenstamm stammende Ldb. *Anmarsch* (Z.: H. Lükens, Walstedde), geb. 1973, a.d. St.Pr.St. *Flocke* v. *Frühmarsch – Parsenn*, war 2. Reservesieger der Körung 1975 und Vollbruder des Springpferdes *Attila*/H. Snoek. *Anmarsch* machte vor allem durch seine springbegabten Kinder auf sich aufmerksam: *Anatol*/H. Snoek verpasste infolge eines Hufgeschwürs nur knapp die Olympischen Spiele 1988 in Seoul und *Ahoi* konnte 8-jährig bereits 26 Siege in der S-Klasse verbuchen;

Der ebenfalls 1973 geborene Ldb. *Angriff* (Z.: A. Kleinebrummel, Gütersloh), a.d. St.Pr.St. *Gilde* v. *Grünfink – Almführer*, war 1. Reservesieger der Körung 1975 und Ib-Preisträger der DLG 1980. Der bilderbuchmäßig modellierte Hengst hinterließ vier gekörte Söhne, u.a. *Anstand* und *Abwehr*;

Der Ldb. *Apart* (Z.: J. Schulte Kellinghaus, Kirchhellen), geb. 1975, a.d. St.Pr.St. *Gundi* v. *Grünspecht – Firn*, war noch bis Mitte der 90er Jahre zuchtaktiv. Vor allem durch seine sportlichen Kinder (*Apartos*/Klaus Reinacher), die bis heute rund 365.000 Euro verdienten, machte der Braune auf sich aufmerksam. Ebenso bedeutend sind seine eingetragenen Töchter, die immer wieder über ihre Nachkommen für Highlights sorgen: Siegerhengst 1998 Ldb. *Don Bedo* hat eine *Apart*-Großmutter und Pb. *Future*, der Siegerhengst des Jahres 2000, hat eine *Apart*-Mutter. *Apart* wurde Vater mehrerer gekörter Söhne, u.a. Ldb. *April*; auch in Pedigrees von internationalen Sportpferden ist er immer wieder zu finden, allen voran bei dem international hocherfolgreichen Springpferd *Gladdys S* (Ludger Beerbaum).

Die Hengstlinie des *Angelo* xx hat im Mannesstamm die Jahrtausendwende nicht überlebt.

Angelo xx schied im Dezember 1983 aus dem Hengstbestand des Landgestütes in Warendorf aus, weil ein durch einen Sturz verursachter Rückenschaden dem damals 22-Jährigen zunehmende Beschwerden verursachte.

Mit dem *Palestine* xx-Sohn *Antar* xx (Z.: O. Werthmann, Lemgo), geb. 1967, a.d. *Anita II* xx v. *Darius* xx – *Epigram* xx, der von 1972 bis 1981 am nördlichen Rand des Ruhrgebiets als Privathengst bei Heinrich Rohmann (Marl) stationiert war, verbindet sich vor allem der Name eines Sportpferdes: *Achilles* a.d. *Abendsonne* – *Donar*. Das aus dem gleichen Stutenstamm wie der Ldb. *D'accord* stammende Dressurpferd war mit seinem Reiter Franz-Josef Dahlmann in Westfalen und darüber hinaus eine Größe: dreimal Westfalenmeister, einmal Zweiter sowie zahlreiche Siege bis Grand Prix, auch international. Aber *Antar* xx, der zeitweise gemeinsam mit *Perseus* auf Station stand, hatte noch mehr sportambitionierte Kinder, die annähernd 400.000 Euro an Gewinnsummen zusammensprangen und -trabten. Gekörte Söhne hatte er keine, dafür über 70 Stuten, die zur Eintragung kamen.

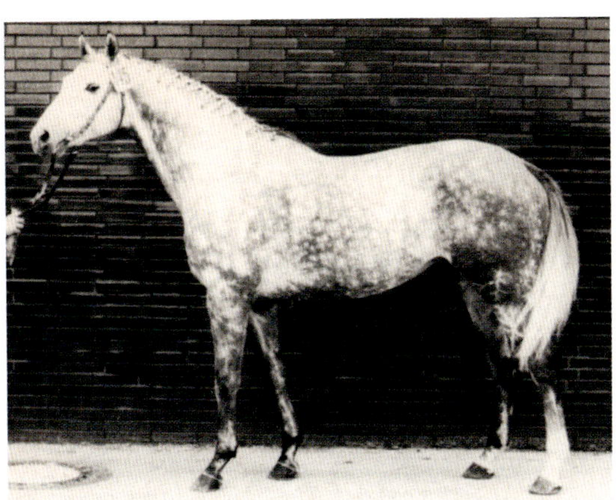

Auf der Suche nach geeigneten Vollblütern wurde der damalige Landstallmeister Dr. Lehmann im Jahre 1968 im thüringischen Vollblutgestüt Bockstadt-Massenhausen fündig: Er kaufte »über die Mauer hinweg« den im Springsport erprobten Schimmel *Ben Shirin* xx (Z.: Gestüt Bockstadt, Massenhausen). Er war nicht nur über seine Vaterseite mit dem hart geprüften *Ticino* xx-Sohn *Niederländer* xx (Sieger im Deutschen Derby und im Union-Rennen), sondern auch über seine Mutterseite hervorragend gezogen: Seine Mutter *Bab Shirin* xx stammte als Tochter der *Quasr Shirin* xx aus der gleichen Stutenfamilie, die auch den wunderschönen, leider viel zu früh verendeten *Sacramento* xx hervorgebracht hatte. Die Bemühungen Lehmanns um *Ben Shirin* xx haben sich gelohnt: sieben Söhne für die Zucht. Erwähnenswert sind neben *Benedikt, Berggeist I* und *II* sowie *Bendin* der Ldb. *Bengale* (Z.: H. Lükens, Drensteinfurt), geb. 1971, a.d. *Guilette* v. *Günstling* – *Fernzauber*. Er war zwischen 1974 und 1987 in Rhede und Wesel, wo er keinen Sohn, aber einige solide Töchter lieferte; seine Kinder waren vielfach sportlich talentiert, die Lebensgewinnsumme der 223 eingetragenen Kinder liegt bis heute bei 313.658 Euro. Der Bekannteste war *Benjamin II* unter Warren Clarke.

Wenige Tage vor der Hengstparade im Jahre 1989 erwarb das Landgestüt Warendorf einen viel beachteten Vollblüter, der nicht nur bildschön, sondern auch mit überragender Trabbewegung und hohen Reitwerten ausgestattet war: Ldb. *Bormio* xx (Z.: H. Bölter, Krefeld), geb. 1985, von *Ti amo* xx a.d. *Bravura* xx v. *Frontal* xx – *Tapalque* xx. Der Hengst, der aus einem sehr fruchtbaren Mutterstamm hervorging, hat mit der typvollen *Bravura* xx eine Mutter, die nach Erfolgen als Rennstute in die Zucht ging und regelmäßig fohlte. Ihr Vater ist der französische *Le Haar* xx-Sohn *Frontal* xx, der in der Vollblut- wie in der Warmblutzucht als Spitzenvererber gilt. In Westfalen wirkten seine Söhne *Windesi* xx und *Feuerfunke* xx. *Bormio* xx (GAG 81,0 kg) stand u.a. auf der Deckstelle Beerlage bei Billerbeck. In relativ kurzer Einsatzzeit lieferte er über 100 Töchter und drei Söhne für die Zucht.

Anfang der 70er Jahre stellte der Privathengsthalter Heinrich Rohmann in Marl den Vollblüter Pb. *Antar* xx auf – mit Erfolg.

Die Turniererfolge seiner Kinder sind beachtlich: bislang annähernd 50.000 Euro Lebensgewinnsumme seiner im Sport eingesetzten halbblütigen Kinder.

Im März 1974 erwarb das Landgestüt Warendorf als Ersatz für den damals verunglückten *Sacramento* xx den aus England stammenden Fuchshengst Ldb. *Exstream* (Z.: J. Coggan, GB), geb. 1967, von *Exbury* xx (u.a. Sieger im Prix de l'Arc de Triomphe) a.d. *Reel In* xx v. *Jock Scot* xx – *Mieuxce* xx. Mit einem eleganten und zweckmäßigen Exterieur, einem raumgreifenden Trab und gutem Temperament ausgestattet, war er vielfacher Sieger vor allem auf der Hindernisbahn gewesen. Der 1,68 m große Beschäler, der in Marienfeld aufgestellt war, brachte spätwüchsige Kinder, die sich oft durch Springbegabung auszeichneten. Als er 1985 nach Bayern verkauft wurde, hinterließ er einen gekörten Sohn, Ldb. *Exponent* (Z.: G. Kramp, Lage), geb. 1976, a.d. *Dralli* v. *Dragoner – Frühlicht II*. *Exponents* Sohn Pb. *Exakt*, geb. 1981 a.d. *Dana* v. *Direx – Frühlingstraum II*, stammt aus dem Stutenstamm des Karl Lummer-Fohrmann (hieraus auch Springpferde-Weltmeister *Fire*, *Perlitt*).

Für die Veredlung in Westfalen hat Ldb. *Feuerfunke* xx einen guten Beitrag geleistet.

Da der rahmige und halsbetonte Ldb. *Feuerfunke* xx (Z.: Gestüt Mydlinghoven, Hubbelrath) ein väterlicher Halbbruder von *Windesi* xx und naher Verwandter des in Westfalen eingesetzten *Exstream* xx (beide haben den gleichen Großvater) ist, waren mit seinem Ankauf große Hoffnungen verbunden, die er, sieht man die Gesamtbilanz, voll erfüllte. Ausgestattet mit einem GAG von 87,5 kg, wurde der Prototyp des für die Warmblutzucht geeigneten Beschälers 1984 gekört.

Seine Mutter *Flammenzeichen* xx brachte zehn Fohlen in Folge, ihr Großvater *Abendfrieden* xx lieferte für die Reitpferdezucht die Topveredler *Manometer* xx, *Perser* xx, *Pik As* xx und *Pindar* xx. *Feuerfunkes* xx 3. Mutter *Funkenflug* xx brachte u.a. den DLG-Sieger der Spezialrassen 1959, *Feuerball* xx. 139 Kinder des *Feuerfunke* xx sind turniererfahren, darunter S-Sieger im Parcours und auf dem Viereck. 81 Töchter (zehn davon mit Staatsprämie) sorgen als Halbblutstuten für Veredelung in der hiesigen Zucht. Neun Söhne tragen das Erbe des Vaters in der Warmblutzucht weiter: Der bedeutendste ist der typvolle und leistungsstarke Ldb. *Funke* (Z.: H. Dieckhoff-Holsen, Telgte), der dem ersten Jahrgang des *Feuerfunke* xx entspringt. *Funkes* Mutter *Duett* ist eine bedeutende Tochter des für Westfalen so wirkungsvollen *Discont*-Sohn *Dialekt*. *Funkes* Mutterstamm lässt sich im Ursprung auf den hannoverschen Stati-

onsbezirk Kehdingen zurückführen (*Grande – Argus – Duellant*). *Funke* belegte Platz 3 beim Hengstexamen 1988. Er stand viele Jahre in Herbern auf Station, wo auch sein gekörter Sohn Ldb. *Funkenspiel* (Z.: J. Langenstroth, Drensteinfurt) entstand. Die Mutter St.Pr.St. *Fantasie* stammt vom Derby-Zweiten *Fläming* xx, der auf »warmbluterfahrene« Ahnen zurückgeht (*Luciano* xx, *Neckar* xx). Es folgt der hochbewährte *Remus I*-Sohn *Renaldo*, der sich immer öfter in den mütterlichen Pedigrees bedeutender Sportpferde (*Dinaro*, *Fosbury*) in Szene setzt, im Anschluss der Halbblüter *Lucullus* (von *Lucius* xx). *Funkenspiel* führt damit 53,12 Prozent Vollblut. Er wurde Siegerhengst der 91er Körung, 5. seines HLP-Jahrgangs und erhielt in der ersten Zeit auf der attraktiven Station Gevelsberg viel Zuspruch. *Funkenspiel* lieferte zwei gekörte Söhne, *Funkenmeer* und *Funkenstolz*; von seinen 73 eingetragenen Töchtern erhielten vier die Staatsprämie, in der Riege der sportlichen Kinder befinden sich einige springtalentierte S-Pferde. Mit dem Pb. *Foxiland* xx (Z.: Haras Doanjo, Sao Paulo/Stat.: W. Rüscher-Konermann, Greven), geb. 1983, a.d. *Xis* xx v. *Zenabre* xx, steht seit 1992 ein in Brasilien gezogener Vollblüter in Westfalen, der doppelt geprüft ist: Seine Rennleistung belegte er durch mehrere Siege und seine Reiteignung belegte er durch eine überdurchschnittliche HLP. Vater ist der Import-Engländer *Falkland* xx aus der berühmten Zucht des Lord Howard de Walden. Im Pedigree finden sich die Blutströme der Vollblutheroen *Hyperion* xx und *Nearco* xx, Letzterer wirkt über seinen Enkel *Northern Dancer* xx und seine Nachkommen in den meisten deutschen Reitpferdezuchten. Mutter *Xis* xx entstammt einem im Rennsport sehr erfolgreichen Stutenstamm. Muttervater *Zenabre* xx war dreifacher Sieger im »Copa Brasil«. *Foxiland* xx lieferte bisher vier Söhne für die Zucht (der bekannteste ist *Floriano*, Z.: W. Rüscher-Konermann, Greven, der am Bundeschampionat teilnahm und in Springpferdeprüfungen der Klasse L siegreich war), 41 seiner Töchter wurden in die Zuchtbücher eingetragen, fünf davon erhielten die Staatsprämie. Bisher sind 131 *Foxiland* xx-Kinder als Turnierpferde eingetragen. *Foxiland* xx ist derzeit der wohl am stärksten beachtete Vollblüter in Westfalen.

Annähernd 17 Jahre wirkte der Sohn des Derby-Siegers *Herero* xx, Ldb. *Griseldo* xx (Z.: W. Eichholz, Hattingen), geb. 1969, a.d. großrahmigen *Gwendy* xx v. *Masetto* xx – *Orator* xx, aus der leistungsstarken Eichholz'schen Zucht auf verschiedenen Stationen in Westfalen (nur 1981 im rheinischen Muthagen). 1982 vertrat er das Direktorium für Vollblutzucht und Rennen bei der Wanderausstellung der DLG, wo ihm der Reservesiegerpreis zugesprochen wurde. Die Rennbahn verließ er mit sechs Siegen. Seine rittigen Kinder waren mit viel Elastizität und Springvermögen ausgestattet, sie waren bis zur schweren Klasse erfolgreich (u.a. *Griseldis*/ Albert Stufft). *Griseldo* xx trat 1990 ab. *Griseldo* xx hat sich aktuell durch den Pb. *Collin L* in Erinnerung gebracht, wo er als Vater der 2. Mutter dieses hochaktuellen *Contender*-Sohnes in Erscheinung tritt.

Als die Umzüchtungsphase in vollem Gange war, kaufte das Landgestüt mit dem *Antonio Canale* xx-Sohn Ldb. *Lucius* xx (Z.: Gestüt Rösler, Amern), geb. 1959, a.d. *Liebesmahl* xx v. *Ticino* xx, einen hervorragend gezogenen Beschäler, der in diesem überlebenswichtigen Prozess entscheidende Impulse geben sollte, auch wenn – dies soll nicht unbeachtet bleiben – die *Lucius* xx-Kinder bisweilen als eigenwillig beschrieben werden. Der mit einer außerordentlichen Trabaktion ausgestattete Hengst, der zudem über eine schöne lange Kruppe und einem etwas matten Rücken verfügte, wurde auf den Vollbluthengstschauen in den 60er Jahren mehrmals ausgezeichnet. Seine Kinder galten als hart und leistungsfähig, die letzte Bereitschaft zur Leistung wurde ihnen manchmal abgesprochen. *Lucius* xx war mit dem ein Jahr später eingesetzten *Angelo* xx nah verwandt, neben internationalen Rennerfolgen findet man in seinem Stamm auch Springbegabung.

Lucius xx lieferte über 300 Turnierpferde, die bis Ende der 90er Jahre das Konto seiner Nachkommen-Lebensgewinnsumme auf weit über eine halbe Million Mark ansteigen ließen; bekannte Sportler waren der in Hannover gezogene Schimmel *Lustig* und die von H. Johannsmann (Ebbesloh) gezogene *Lufy* a.d. St.Pr.St. *Fehmarn* v. *Flietner*. *Lucius* xx lieferte ausgezeichnete Töchter für die Zucht, beispielsweise St.Pr.St. *Lucia*, die mit ihren Töchtern St.Pr.St. *Sekunde* v. *Steinadler* und St.Pr.St. *Baronesse* v. *Bengale* erfolgreich an der Bundesschau 1979 teilnahm; *Sekunde* wurde zur besten 4-Jährigen erklärt. Insgesamt wurden über 200 Töchter von ihm in die Zuchtbücher eingetragen, 19 erhielten eine Staatsprämie.

Von seinen Söhnen wurden neun gekört, acht davon gingen ins Landgestüt. Besonders anzusprechen sind:

Ldb. *Lucifer* (Z.: H. Albersmeier, Warburg), geb. 1967, a.d. *Forelle* v. *Firn* – *Falangist*, lieferte in 13 Zuchtjahren fünf gekörte Söhne und über 100 Töchter für die Zucht. *Lucifer*, der selbst die Dressurlektionen bis Klasse S beherrschte, brachte vor allem springbegabte Kinder für den Sport; die N-LGS betrug annähernd 200.000 DM;

Ldb. *Lucullus* (Z.: G. Schilling, Sennestadt), geb. 1967, a.d. *Finett* v. *Firn* – *Fernando*, war neun Jahre (davon vier Jahre in Westfalen, fünf im Rheinland) züchterisch aktiv und hat sich besonders über seine Töchter weitergegeben.

Der von 1974 bis 1982 eingesetzte Ldb. *Lustig II* (Z.: H. Johannsmann, Ebbesloh), geb. 1972, a.d. Johannsmann'schen St.Pr.St. *Fidelia* v. *Flietner – Hallo II* (mit *Flietner*-Töchtern brachte *Lucius* xx seine besten Produkte), war Siegerhengst der Hengstleistungsprüfung nach dem Warendorfer Modell 1975. Ldb. *Lustig I*, geb. 1968, wurde nach sieben Deckjahren in Vinnum, Ahaus und Vehlingen gelegt.

Die Landbeschäler *Lund I* und *Lund II* (Z.: W. Scholz-Everding, Sendenhorst), geb. 1967 bzw. 1968, deckten in den 70er Jahren, »ohne die Welt zu verändern«. Bedeutender war sicher der Ldb. *Lucino* (Z.: H. Rolf, Marienfeld), geb. 1970, a.d. St.Pr.St. *Fury* v. *Flietner*, der immerhin zwei gekörte Söhne und annähernd 50 eingetragene Töchter (fünf mit Staatsprämie) hinterließ. Im Mannesstamm erlosch die Hengstlinie des *Lucius* xx in den 80er Jahren.

Der auf der Sonderkörung 1987 in Warendorf mit der Zuchtzulassung für Westfalen ausgestattete Ldb. *Nouveau Roi* xx (Z.: P. Hess, Frankfurt), geb. 1980, a.d. *Nagaika* xx v. *Chief* xx – *Norman* xx, ein Vollbruder des noch heute in Oldenburg so erfolgreichen *Noble Roi* xx, konnte trotz der in ihn gesetzten großen Hoffnungen (was bei der erfolgreichen Verwandtschaft, seinem Ex- wie Interieur und seiner Rennleistung durchaus angebracht war!) nicht erfüllen. Er hinterließ vereinzelt sehr gute Turnierpferde (Springen/Gelände) und den gekörten Ldb. *Newcastle* (Z.: K. Schippmann, Emsdetten), geb. 1988, a.d. *Fair Lady* v. *Frühlingsrausch – Dompfaff*, der bislang eine solide züchterische Bilanz hinterließ und zuletzt in Bad Sassendorf auf Station stand. Er ist bis S dressurmäßig ausgebildet und springt bis Klasse M.

Das Blut des Pb. *Octavo* xx ist auf der Mutterseite sehr geschätzt.

Aus der Schweiz kommend, deckte in Münster-Hiltrup ab 1973 der 1966 in Irland gezogene Schimmel Pb. *Octavo* xx (Z.: P. Mc Charthy, GB/Stat.: Hesker-Lengermann) von *Miralgo* xx a.d. *Miss Patsy* xx v. *Olien's Grace* xx – *Owenstown* xx. Der auf Distanzen zwischen 1.200 und 4.500 m in fünf Rennzeiten geprüfte Schimmel (GAG auf der Flachen 90 kg, über Hindern. 95 kg) war elfmal Sieger, u.a. im »Alten Badener Jagdrennen«. Er war von Anfang an im Hengstbuch I eingetragen und mehrmals Vollblut-Siegerhengst der Hauptkörung. Seine Kinder waren bei unterschiedlichsten Müttern recht einheitlich, mit guten und korrekten Bewegungen ausgestattet. Aktuell erfolgreich ist das Grand-Prix-Pferd *Olymp* (Mutter von *Renaldo*) unter Victoria Suppert. Vier Söhne wurden gekört, u.a. *Orpheus I* und *II* sowie *Orlando*, ihr Einfluss blieb bescheiden. Der Wert des *Octavo* xx auf der Mutterseite wurde erst später erkannt; vor allem in den renommierten Erfolgszuchten rund um Münster wie bei Theo Lohmann, Josef Wierling und Ludger Schulze Tomberge sind eine große Zahl von Erfolgspferden gezogen worden, die in ihrem Pedigree den harten Veredler in der zweiten oder dritten Ahnenreihe aufweisen.

Der 1939 bei Clemens Freiherr von Nagel in Vornholz geborene Pb. *Pernod* xx von *Marcellus* xx a.d. *Perlenreihe* xx v. *Anakreon* xx – *Lycaon* xx, erzielte von 1942 bis 1944 als Rennpferd in 24 Rennen (v. a. über Hindernisse) fünf Siege und verdiente dabei die enorme Summe von 44.000 Reichsmark. In jämmerlichem Zustand erhielt Baron Nagel ihn am Ende des Krieges von den Engländern zurück. Ausgebildet zum Dressurpferd, war er unter Willi Schultheiss eine Zeit lang im Nachkriegs-Deutschland in diesem Metier an der Spitze. Seine Vererbungsleistung (er deckte 34 Vornholzer Stuten) war im Gesamturteil sehr gut.

Der Ldb. *Playmate* xx (Z.: Gestüt Erlengrund, Homburg), geb. 1986, stammt aus einem auch in der deutschen Warmblutzucht renommierten Mutterstamm. Hengste wie *Pernod* xx und *Parenzo* xx sind Verwandte, Großmutter *Plauderei* xx ist eine Halbschwester zu *Pik As* xx und *Perser* xx. Der Anfang 1998 eingegangene dunkelbraune *Homing* xx-Sohn hinterließ annähernd 50 für die Zucht eingetragene Töchter (sechs mit Staatsprämie, Tochter St.Pr.St. *Piazza* aus einer *Amor*-Mutter wurde Siegerstute der Eliteschau 1998) und vier gekörte Söhne. In Westfalen sorgt der 1996 geborene Ldb. *Pheres* (Z.: W. Steinmeier, Steinhagen) dafür, dass das wertvolle Blut des *Playmate* xx weitergereicht wird. Der typvolle, rittige und bewegungsstarke Braune, der eine *Donnersberg – Lucius* xx-Tochter zur Mutter hat, entstammt einer sportlich wie züchterisch interessanten Stutenfamilie (u.a. *Weitsicht*/Toni Hassmann, *Wembre*/Lutz Gripshöver, *Pilot*-Sohn *Pharos*, St.Pr.St. *Port Said I – IV*).

Der irische Vollblüter Pb. *Rivellino* xx (Z.: Ennistown Stud, Irland/Stat.: H. Sandhowe, Ascheberg), geb. 1979, a.d. *Nothing on* xx v. *St. Chad* xx – *Shanting* xx, hat den üblichen Weg, den jeder Hengst, der in ein Zuchtgebiet kommt (erster Deckeinsatz 1986) und zudem Vollblüter ist, durchgemacht, doch das skeptische Abwarten war spätestens verflogen, als die wenigen Nachkommen erfolgreiche Turnierpferde wurden. *Rivellino* xx macht alle Disziplinen möglich: Dressur, Springen und Gelände, bis hin zum Bundeschampionat (Lebensgewinnsumme seiner Nachkommen bis 2002: über 70.000 Euro). Der bewegungsstarke Braune, der vor ein paar Jahren abtrat, brachte einen gekörten Sohn: *Revange D*, der 1993 Reservesieger der Zweibrücker Körung wurde. 74 seiner Töchter wurden als Zuchtstuten eingetragen, fünf erhielten eine staatliche Prämie.

Die *Playmate* xx-Tochter *Piazza* wurde 1998 Siegerstute der Eliteschau.

Von 1958 bis 1974 stand der schwarzbraune *Ticino* xx-Sohn Ldb. *Sinus* xx (Z.: A. Antritter, Frankfurt), geb. 1950, in der westfälischen Zucht; nach jeweils einjährigen Gastspielen in Warendorf und Kump war er ab 1960 bis zu seinem Abgang im Landgestüt Warendorf aufgestellt. Die Abstammung des Leistungsvererbers und typvollen Nobelmannes mit dem etwas herben *Ticino* xx-Gesicht weist in aufsteigender männlicher Linie vier Derby-Sieger in Folge auf. Auf der Mutterseite sind nicht Mütter und Väter verzeichnet, die gute Rennpferde brachten, sondern auch gute Hengste, die in den Warmblutzuchten Deutschlands wertvolle Dienste geleistet haben (u.a. *Marcio* xx, *Jonkher* xx und *Endspurt* xx).

Nachdem *Sinus* xx (sein GAG Hind. 100 kg, Flach. 95 kg) mit *Sioux* seinen ersten und vielleicht besten Sohn für die Zucht geliefert hatte, kamen von ihm eine Vielzahl von Kindern in den großen Sport. Vor allem das Viereck zog seine Nachkommen an: Namen wie *Sumatra* und *Sandro*/Harry Boldt, *Sacramento* und *Sokrates*/George Theodorescu, *Soho*/Vroni Meier-Johann, *Seidlitz*/W. Günther, *Salome*/Fritz Tempelmann und *Saphir*/K.-H. Giebmanns waren in aller Munde und mischten im großen Sport vorne mit. Für die Military lieferte *Sinus* xx sein Meisterstück ab, es war ein Schimmel mit Namen *Sioux*. Dieser eigenwillige *Sioux 9*, so seine genaue Bezeichnung, war ein eisenharter Kämpfer, der aber auch seinen Reiter Horst Karsten manchmal zur Verzweiflung brachte. Seine großen Erfolge waren sicher die Mannschafts-Goldmedaille in Kiew bei den Europameisterschaften (dort schaffte er auch Einzel-Bronze), die Mannschafts-Silbermedaille bei den Olympischen Spielen 1972 in München und die Mannschafts-Bronzemedaille bei der WM in Burghley, daneben die gewonnenen Deutschen Meisterschaften 1973 und 1977. Ein weiterer herausragender Geländecrack, der *Sinus* xx zum Vater hatte, war *Aarcos*. Zu den bekannten *Sinus* xx-Springpferden zählten u.a. *Gigant, Saphir* und *Sirius*.

Die Töchter des *Sinus* xx waren größtenteils qualitätvolle Mutterstuten, von denen einige Hengstmutter (beispielsweise war *Silvia* Mutter des Pb. *Frühlingssturm, Sunshine* Mutter des *Foxtrott*, St.Pr.St. *Situla* Mutter der Gebrüder *Feuerschein, Sonett* Mutter des *Frühlingsrausch*, St.Pr.St. *Sira* Mutter des *Fabelhaft* – F x S war eine Erfolgsformel!) wurden und die auf DLG-Ausstellungen und Eliteschau manche Auszeichnung einheimsten.

Dies gilt auch für seine Enkelinnen, beispielsweise *Sinfonie* v. *Sioux – Frühling* und *Ranke* v. *Realist – Sinus* xx, beide 1972 auf der DLG hoch prämiert.

Sioux v. Sinus XX mit Horst Karsten: eines der erfolgreichsten deutschen Military-Paare der 70er Jahre

Von den über 100 für die Zucht eingetragenen Töchtern erhielten 18 eine Staatsprämie. Von seinen männlichen Nachkommen wurden neun gekört.

Der oben bereits angesprochene Ldb. *Sioux* (Z.: C. Heyer, Beckum), geb. 1959, a.d. *Fega* v. *Fernaufklärer – Nimrod – Amoroso* (*Amurath* ox-Nachkomme!), war 20 Saisons als Staatshengst vor allem auf der Deckstelle Varl eingesetzt. Er lieferte der Zucht annähernd 200 Stuten (27 mit Staatsprämie) und sechs gekörte Söhne. Einige seiner Töchter wurden Hengstmütter, so Z.: B. St.Pr.St. *Sarina*, die Mutter des Ldb. *Discont*, und St.Pr.St. *Schwalbenkind*, die Mutter des Ldb. *Dramaturg*. Des Weiteren ist beispielsweise die Urgroßmutter des Ldb. *Montmatre* die *Sioux*-Tochter St.Pr.St. *Sonnenblume*, die auch Großmutter des Ldb. *Referent* ist; die *Sioux*-Tochter St.Pr.St. *Sinfonie* war Siegerin der IX. Eliteschau und Ia-Preisträgerin der DLG 1972 in Hannover. Die besten *Sioux*-Söhne waren:

Ldb. *Silvaner* (Z.: Heinr. Spreen-Ledebuhr, Pr. Ströhen), geb. 1970, a.d. St.Pr.St. *Dorette* v. *Dorado II – Flieghin*), der nach nur siebenjähriger Einsatzzeit 1980 einging; er war DLG-prämiert. *Silvaner* (über 70 Töchter, ein gekörter Sohn) ist dritter Vater des Siegerhengstes 2000, *Florestan*-Sohn *Future*;

und Ldb. *Silvester* (Z.: P. Kuhlhoff, Essen), geb. 1973, a.d. *Grille* v. *Grünspecht – Ducker*, war ein dressurmäßig hochveranlagter Hengst.

Neben *Sioux* ist ohne Einschränkung Ldb. *Sinatra* (Z.: F.D. Kämper, Lienen), geb. 1971, a.d. Elbinsel vom Osnabrücker Element als weiterer bedeutender Sohn des *Sinus* xx zu nennen. Vier gekörte Söhne (hervorzuheben ist *Seydlitz*) lieferte der bereits 1982 abgetretene Dunkelbraune, außerdem annähernd 100 Töchter für die Zucht (herausragend: *Sabrina*, 1979 Siegerin der Eliteschau 1979, 1980 Reservesiegerstute bei der DLG). Die sportlich ambitionierten *Sinatra*-Kinder waren überzeugende und leistungsbereite Pferde.

Das S-Blut wird im hiesigen Zuchtgebiet nur noch über die weiblichen Nachkommen dieser Linie weitergegeben.

Der von 1973 bis 1985 in der westfälischen Zucht aktive Ldb. *Taipan* xx (Z.: E. Smith, Irland), geb. 1968, a.d. *Tabounette* xx von *Taboun* xx – *Birikan* xx, war ein markantes, großrahmiges Beschälermodell mit ansprechendem Gangwerk, der sich schnell als Springpferdevererber (u.a. *Toxi*) entpuppte.

Der von *Darling Boy* xx abstammende Ire wurde Vater von über 200 Turnierpferden (N-LGS: 217.084 Euro), annähernd 100 eingetragenen Töchtern und vier Söhnen mit Zulassung für die Warmblutzucht: Ldb. *Treffer*, Pb. *Tempico*, Ldb. *Tivoli* und Ldb. *Tänzer*. Der letztgenannte *Tänzer* (Z.: H. Eichstädt, Münster), geb. 1982, wurde als Landbeschäler eingesetzt und ist bis heute zuchtaktiv. Der aus der St.Pr.St. *Schwalbe* von *Schwarzkittel* – *Fesch* stammende Fuchs (Großmutter *Felice* v. *Fesch* war ein erfolgreiches Springpferd unter Tonius Bornemann) ist Vater von einer Reihe bis in die höchste Klasse erfolgreicher Springpferde, herausragend ist die aus einer *Foxtrott*-Mutter stammende *Tifany*/Norbert Lochthowe.

Der 1951 im Gestüt Röttgen gezogene Hengst Pb. *Usurpator* xx, Vater *Orator* xx von *Athanasius* xx – *Ferro* xx, Mutter *Ungewitter* xx v. *Wahnfried* xx – *Le Valeur* xx, war 1961 zu Baron Nagel (Gestüt Vornholz) gekommen. Der sieggewohnte Dunkelbraune stand 2-jährig an der Spitze seines Jahrgangs, lief in neun Rennjahren 124 Rennen, von denen er 24 siegreich und 49 platziert beendete, sein GAG betrug 91 kg. Von 1971 bis 1977 war er Dillenburger Landbeschäler. Seine sportlichen Kinder zeichneten sich durch Härte und Treue aus, das Springpferd *Uhland* gewann mit Peter Weinberg den Großen Preis von Dortmund. Mit der *Domina* v. *Dompfaff* – *Feuerländer* brachte *Usurpator* xx den Ldb. *Usus* (Z.: B. Pohlmann, Ostenfelde), geb. 1968, der von 1971 bis 1983 in der Zucht war. *Usus* stellte die kleine Linie auf eine etwas breitere Basis: Er wurde Vater von drei gekörten Söhnen, *Urquell*, *Urofino* und *Ultimo*. Pb. *Urquell* (Z.: B. Schulze-Welling, Laer), geb. 1976, a.d. St.Pr.St. *Rhea Sylvia* v. *Romulus I* – *Dreher*, war als Turnierpferd erfolgreich, deckte

Drei Generationen Edelblut: (v.l.n.r.) die Landbeschäler *Silvaner* – *Sioux* – *Sinus* xx

von 1979 bis 1981 auf der Station König in Sundern und ging dann Ende 1981 nach Brasilien, um dort züchterisch zu wirken. *Urquells* Sohn Pb. *Ulan* (Z.: I. Tebbe, Meschede), geb. 1980, a.d. *Ramona* v. *Radetzky – Grünspecht*, deckt noch heute auf der Station König im Sauerland. Pb. *Urofino* (Z.: B. Schulze-Welling, Laer/Stat.: Stegemann, Datteln) stand in naher Verwandtschaft zum oben genannten *Urquell*: *Urquells* Großmutter ist *Urofinos* Mutter. *Urofino* gewann 1985 seine Hengstleistungsprüfung in Form eines 100-Tage-Tests mit 138,44 Punkten und schaffte im Jahr darauf etwas, was erst ein Westfale vor ihm geschafft hatte (*Paradox I*-Sohn *Picobello*): Er wurde unter seinem Reiter Reinhold Schlüsselburg Bundeschampion des Deutschen Reitpferdes 1986. Er lieferte einen Sohn: Pb. *Ustinex*, erfolgreich bis S-Dressur unter Hermann Gössmeier.

Der Ldb. *Windesi* xx (Z.: F.K. Schwecht, Sievernich), geb. 1970, hat mit *Le Haar* xx den gleichen Großvater wie der oben beschriebene *Exstream* xx. Er erhielt eine Reihe von Auszeichnungen, war beispielsweise Sieger der Vollbluthengstschau 1974, Sieger der DLG-Schau 1976, Leistungs-Vererbungssieger Jahrbuch FN 1984. Doch nicht nur das: Der Vater *Frontal* xx kam zwar aus Frankreich, war einer der besten Vererber in Deutschland (beispielsweise waren im Derby 1983 Sieger *Ordos* xx und Drittplatzierter *Ocos* xx, der zur Zeit in Westfalen aufgestellt ist, *Frontal*-Söhne), aus der Mutterlinie stammen eine Reihe Ausnahmepferde (u.a. die Derbysieger *Kaliber* xx und *Kilometer* xx). *Windesi*, der bereits 1986 nach elfjähriger Benutzung in der Warmblutzucht an Herzversagen auf seiner Deckstelle Gevelsberg einging, hinterließ eine Vielzahl gut brauchbarer Sportpferde, die bekanntesten waren *Westwind*/Ulrich Meyer zu Bexten bzw. Paul Schockemöhle und die Finalistin beim Bundeschampionat 1983, *Windstille* (Mutter von *Doktor*). Bekanntester Sohn in der Zucht war der rheinische Siegerhengst Ldb. *Weltruf* (Z.: H. Schiefer, Rommerskirchen), geb. 1978, a.d. St.Pr.St. *Marika* v. *Marquis – Abschaum*, er war zehn Jahre in Wadersloh stationiert, bevor er nach Schwerte kam. Der oft sich selbst vererbende Rappe hat 283 eingetragene Turnierpferde hervorgebracht, das renommierteste im Springen ist *Remus Racing*/Anton Martin Bauer (zwischenzeitlich in die USA exportiert), auf dem Dressurviereck *Wanesco*/Hartwig Burfeind. Seine typvollen Stuten, über 100 sind eingetragen (elf mit Staatsprämie), sorgen für die Weitergabe des *Weltruf*-Blutes, beispielsweise *Weltmaid*, die Mutter des Ldb. *Fleurop* v. *Florestan I*. Nur ein Sohn, *Widor*, wurde gekört.

In der nachfolgenden Auflistung sind Vollblüter genannt, die zwar keine Aufsehen erregende Wirkung auf die Landespferdezucht hatten, aber trotz allem einen nicht unerheblichen Beitrag zur Veredelung der westfälischen Pferdezucht beigetragen haben:

Ldb. *Bandoliero* xx
Pb. *Boreas* xx
Pb. *Bummerang* xx
Ldb. *Bream* xx
Ldb. *Conception* xx
Ldb. *Diego* xx
Ldb. *Fläming* xx
Ldb. *Galahad* xx
Ldb. *Game Fox* xx
Ldb. *Killer* xx
Ldb. *Marc Aurel* xx
Pb. *Mato Grosso* xx
Pb. *Fabulist* xx
Ldb. *Fidalgo* xx
Pb. *Agatho* xx
Pb. *Fontanus* xx
Ldb. *Massud* xx
Ldb. *Mohn* xx
Ldb. *Organdy* xx
Ldb. *Parenzo* xx
Ldb. *Red Patrick* xx
Ldb. *Sacramento* xx
Ldb. *Sonnenkönig* xx
Ldb. *Sünder* xx
Pb. *Tamus* xx
Pb. *Vif Argent* xx
Pb. *Waldspecht* xx

Im Jahre 2003 in Westfalen verwendete Vollblüter:

Pb. *Boreas* xx
Pb. *Condrieu* xx
Pb. *Foxiland* xx
Pb. *Gonzales* xx
Pb. *Heraldik* xx
Pb. *Langata Express* xx
Pb. *Narew* xx
Pb. *Ocos* xx
Ldb. *Prestige* xx
Pb. *Rio Grande* xx
Pb. *Wuzo* xx

Weitere in Westfalen aufgestellte Vertreter jüngerer Vollblutlinien

Nur sieben Jahre wirkte der Ausnahme-Vollblüter *Cardinal* xx im artländischen Privatgestüt Schmidt (Ankum) und doch hinterließ dieser dunkelbraune *Nearco* xx-Enkel eine Phalanx von Zucht- und Sportpferden mit selten gesehenem Adel und einer herausragenden Rittigkeit. Für Westfalen bedeutend wurde sein Sohn Ldb. *Carrera* (Z.: F. Stegemann, Laer), geb. 1971, a.d. St.Pr.St. *Tora* v. *Tartar – Alexander*, er stand von 1974 bis 1983 in Südkamen, später im ostwestfälischen Lügde, bevor er in die Deutsche Reitschule ging. Als man seinen Wert erkannte, wurde *Carrera* reaktiviert, musste aber 1990 abtreten.

Carrera wurde durch seinen gekörten Sohn *Calypso* alias *Starman* bekannt: *Starman* (Z.: E. Windgätter-Osthaus, Kamen/Stat.: H. Vornholt, Münster), geb. 1979, a.d. *Alfe* v. *Aar* (Sohn *Aarstein* ist guter Springpferde-Vererber gewesen) – *Asket*. Seine Erfolge waren: Dritter beim Bundeschampionat des Deutschen Springpferdes 1984, unter Anne Kursinsky unter anderem 6. bei der Weltmeisterschaft in Stockholm, 4. bei den Olympischen Spielen in Seoul und 1991 Sieger im Großen Preis von Aachen, daneben eine Vielzahl von Siegen in Großen Preisen in Amerika. *Starman* wurde 1990 in den USA zum »Horse of the Year« gewählt.

Der Graditzer *Adlerschild* xx hat in Hannover eine gewisse Bedeutung erlangt, immerhin hat er der dortigen Zucht zehn gekörte Söhne geliefert. Sein Vater *Ferro* xx hat den deutschen Warmblutzuchten eine größere Anzahl bester Veredler zur Verfügung gestellt, für Westfalen u.a. *Sinus* xx und *Usurpator* xx (später Hessen). Aus dem Mutterstamm gingen Vatertiere wie der überragende *Großinquisitor* xx und *Anblick* xx hervor. Nahe Verwandte sind *Bummerang* xx und *Blauspecht* xx. Von *Adlerschilds* xx-Nachkommen erlangten die Enkel *Adlerorden* und *Adlerfels* Bedeutung:

Ldb. *Adlerorden* (Z.: H. Köster, Stade), geb. 1962, a.d. St.Pr.St. *Domsonne* v. *Dominus – Goldfisch II*, war nicht gerade ein Schönling (Schönheit war auch nicht gerade ein Merkmal, was er seinen Kindern weitergab), dafür stattete er seinen Nachwuchs mit Härte und Leistung (v.a. Springvermögen) aus. Einen gehörigen Beitrag leistete dabei sicher die Mutterseite: der *Dolman*-Enkel *Dominus* und *Goldfisch II*. Pferde wie *Abigail*/Hendrik Schulze-Siehoff bzw. Alfons Klöpper oder der Sieger in Großen Preisen *Argonaut*/Bernhard Kamps, aber auch *Agent*, *Antar*, *Argos* und *Arco* haben dies eindrucksvoll belegt. Züchterisch waren es seine Töchter (128 wurden eingetragen), die mit *Pilot* beste Nachzucht brachten (beispielsweise Pb. *Phantom*). Er hinterließ fünf gekörte Söhne, die alle auf Privatstationen

Die US-Olympionikin Anne Kursinski und der in Handorf geprüfte Pb. *Starman* v. Ldb. *Carrera* holten in Seoul 1988 Mannschafts-Silber.

ihren Hafer verdienten.

Ldb. *Adlerfels* (Z.: D. Mühlenbruch, Ahausen), geb. 1968, a.d. *Elbgrotte* v. *Ernö – Abendjäger*, war demgegenüber ein Beschäler mit eleganter Noblesse. Selbst dressurmäßig weit gefördert, bewies er diese Vererbungsstärke nicht nur auf Hengstparaden am langen Zügel, sondern auch bei seinen Kindern. Erfolgreichstes Beispiel ist der gekörte *Adrett*, der mit Pia Laus u.a. Europameister der Jungen Reiter 1988 in Salzburg wurde. Der westfälische Zweig der *Adlerschild* xx-Linie ist zwischenzeitlich erloschen.

Häufig wird die Auffassung vertreten, dass nur alle zehn Jahre ein richtig guter Vollblüter die Zuchtbühne der jeweiligen Landespferdezucht betritt. Diese Ansicht wird auch im Falle der Halbblüter vertreten; eine solche Bedeutung muss unbestritten (nimmt man die letzte Dekade) dem *Lauries Crusador* xx-Sohn Ldb. *Laurentianer* (Z.: H. Katt, Stade), geb. 1994, a.d. St.Pr.St. *Gardena* v. *Grande – Eisenherz I*, zugesprochen werden. Durch einen glücklichen Umstand war die junge Warendorfer Gestütsleiterin Susanne Rimkus 1996 auf dem Verdener Hengstmarkt in den Besitz dieses damals noch voll in der Entwicklung steckenden Braunen gekommen. *Lauries Crusador* xx (GAG 90,5 kg), Leihhengst im hannoverschen Celle, hat mit *Welsh Pageants* xx ein gutes Rennpferd und einen noch besseren Vererber zum Vater. Die Kinder des *Lauries Crusador* xx (27 Söhne sind gekört, über 300 Stuten sind eingetragen, 66 mit Staatsprämie) sind vor allem dressurveranlagt. *Laurentianers* Mutter *Gardena* ist im Leistungsstutbuch der FN eingetragen, Großmutter *Enorme* ist u.a. Mutter des auf internationaler Bühne geprüften Geländepferdes *Sundance Kid*, aus dem Stamm sind mehrere gekörte Hengste hervorgegangen. *Laurentianer* machte erstmals auf sich aufmerksam, als er 1997 die Hengstleistungsprüfung gewann; mit 10,00 im Kriterium »Leistungsbereitschaft« unterstrich er seinen Willen, ganz vorne zu sein, und bewies dies auch in den nachfolgenden Jahren: 2000 wurde er unter Michael Farwick Weltmeister der jungen Dressurpferde in Arnheim, im gleichen Jahr war er auf dem Bundeschampionat platzierter Finalteilnehmer, in der Saison 2001 gewann er seine erste S-Dressur. 2002 absolvierte er seine ersten internationalen Einsätze, der Lohn waren Top-Platzierungen in Prix-St-Georges- und Intermediaire I-Prüfungen; zum Jahresende gewann *Laurentianer* beim Weltcup-Turnier im belgischen Mechelen die Intermediaire I-Kür. Dieser Halbblüter, der sportlich nichts mehr beweisen muss, ist mittlerweile Vater von 30 eingetragenen Töchtern (sieben erhielten die Staatsprämie) und acht gekörten Söhnen. Der NRW-Hauptkörung 2001 drückte er dabei seinen Stempel auf: Fünf der sechs vorgestellten *Laurentianer*-Söhne wurden gekört, sein Sohn Ldb. *Laureus* (Z.: H. Zimmermann, Emmerich) wurde Siegerhengst. Mittlerweile sind 37 Kinder im Turniersport aktiv, u.a. der gekörte Sohn Ldb. *Liebeszauber* (Z.: L. Tüpker, Ibbenbüren)/Marcus Döring.

Als Glücksgriff entpuppte sich Ldb. *Laurentianer*, ein Sohn des Cellers *Lauries Crusador* xx.

Mit Ldb. *Laomedon* (Z.: K. Golsch, Hechthausen), geb. 1996, kam ein weiterer *Lauries Crusador* xx-Sohn nach Westfalen. *Laomedons* Muttervater Pb. *Wittgenstein* (von *Wittenberg*) stand nur zwei Jahre auf der Dressurhengst-Station Grönwohldhof, bevor er nach Spanien ging; der dritte Vater *Pik Bube I* gilt als Stempelhengst mit vielseitiger Vererbungskraft. In vierter Generation erscheint *Ben Shirin* xx, der in Westfalen so segensreich gewirkt hat. An dieser Stelle mündet der Mutterstamm *Laomedons* in eine alte westfälische Familie. Noch kann über die Vererbungsleistung *Laomedons* wenig gesagt werde, jedoch war sein erster Fohlenjahrgang von selten gesehener Typausprägung gekennzeichnet.

Auf den 1944 geborenen Röttgener *Wahnfried* xx – *Herold* xx-Sohn *Der Löwe* xx geht eine kleine, in Westfalen kurzzeitig nachgewiesene Hengstlinie zurück. Söhne wie *Löwensohn* und *Löwenstein*, Enkel wie *Lohengrin* und *Lux* oder Urenkel wie *Löwenbund* und *Lucull* kamen nach Westfalen, um für die Verbreitung dieses in Hannover stark beachteten Vollblüters (der im Ruf stand, dass seine Kinder temperamentmäßig schwierige Pferde waren) zu sorgen. Der erste Nachkomme von *Der Löwe* in Westfalen war Enkel Ldb. *Lohengrin* (Z.: W. Boldt, Lüdingworth), geb. 1959, von *Lohmann* a.d. *Amtswunder* v. *Amtsjäger I* – *Goldfisch II*; er brachte zwischen 1962 und 1968 einige gute Stuten, u.a. ist die Mutter des bedeutenden *Renaldo*, St.Pr.St. *Lottchen* v. *Lohengrin*, seine Tochter. Ansonsten blieb er wirkungslos, wie auch die *Lohmann*-Söhne Pb. *Lockvogel* (Z.: W. Strohsahl, Cuxhaven), geb. 1960, und der Pb. *Lux* (Z.: H. Keßler, Lüdingworth/Stat.: K. Geßmann, Appelhülsen), geb. 1959, obwohl zwei seiner Söhne (*Luxus* und *Lord*) das Körprädikat erhielten. Von den beiden *Der Löwe* xx-Söhnen Ldb. *Löwensohn* (Z.: Benno Baumgart, Verden), geb. 1972, a.d. *Winterfestung* v. *Wicht* – *Seneka* (in der Zucht von 1975 bis 1979), und Ldb. *Löwenstein* (Z.: G. Dustmann), geb. 1973, a.d. St.Pr.St. *Friedline* v. *Frustra II* – *Goldgräber*, zeigte Letzterer (zuchtaktiv von 1976 bis 1983) über seine guten Töchter, die in den Stammbäumen geschätzt sind, die nachhaltigste Wirkung auf die westfälische Zucht. Unter *Löwensteins* sportlichen Kindern ragt der international erfolgreiche *Lamborghini* unter Helena Weinberg hervor. Der in Celle eingesetzte Vollblüter *Sudan* xx brachte v.a. springveranlagte Nachkommen, für Westfalen lieferte er den Ldb. *Sulla* (Z.: G. F. Weidenhöfer, Achim), geb. 1969, a.d. St.Pr.St. *Abendröte* v. *Abendkerl* – *Astflug*, der in St. Vith, Geisecke und Wadersloh aufgestellt war. Sein gekörter Sohn Pb. *Sullan* stammt aus dem hocherfolgreichen Stutenstamm der *Helferin von Lanhausen* des Franz Schnitker-Pöhling in Lippstadt. Beide blieben ohne große Wirkung.

Der *Neckar* xx-Sohn *Waidmannsdank* xx, Vater des Pb. *Waidmann* (Z.: E. Koblitz, Meine/Stat.: A. Koggenhorst, Gescher), geb. 1969, hat sich in Hannover und Oldenburg als Vererber vielseitig verwendbarer Nachkommen einen Namen gemacht. Vater *Neckar* xx verfügt durch seine ebenfalls in der Warmblutzucht eingesetzten Söhne *Vierzehnender* xx, *Vollkorn* xx und *Kronzeuge* xx (Vater vom Celler *Augustinus* xx) über einen guten Ruf. *Waidmannsdanks* xx Mutter *Waldrun* (zu ihren Nachkommen zählen Derby-Sieger wie *Wilderer* xx, *Waidwerk* xx und *Waidmann* xx) aus der weltberühmten *Wally*-Familie wird in ihrer Vererbungsleistung oft mit der Stuten-Legende *Festa* xx gleichgesetzt. *Waidmanns* Mutter *Fernanda* war eine Tochter des Springpferdemachers *Ferdinand*, der an seine Söhne wie Töchter mit großer Zuverlässigkeit eine überdurchschnittliche Springveranlagung weitergab. *Waid-*

Der bekannteste Sohn des Ldb. *Löwenstein*: *Lamborghini* unter Helena Weinberg *mann* (geb. 1969), ein rechter Bruder der Mutter der hochgeschätzten Beschäler *Akzent I* und *II*, hinterließ mit *Atlantic Sun* einen gekörten Sohn sowie annähernd hundert zur Zucht registrierte Töchter. Sie sorgen für die Weitergabe sportlicher Talente. Die Nachkommenslebensgewinnsumme seiner langlebigen, harten Sportkinder ist mit 236.446 Euro hoch. Waidmann wirkt auch im Pedigree der international erfolgreichen *Anka*/ Marcus Ehning, die 2003 den Weltcup gewann: *Ankas* Mutter *Wenke* ist eine *Waidmann*-Tochter.

Der in den 60er Jahren in Hannover eingesetzte wertvolle Vollblüter *Maigraf* xx hat auch für Westfalen mehrere gekörte Söhne gelieferte; die wertvollsten waren sicherlich der Ldb. *Maistern* und der Pb. *Maikönig*.

Ldb. *Maistern* (Z.: C. Witt, Gauensiekersand), geb. 1967, a.d. *Sendereiche* v. *Sender – Alljeder*, brachte in zehnjährigem Zuchteinsatz einige gute Sportpferde für die ländliche Tour, aber auch ansprechende Töchter (u.a. sechs St.Pr.St.) für die westfälische Zucht.

Pb. *Maikönig* (Z.: E. Haack, Appel), geb. 1973, a.d. *Amtsrose* v. *Athos – Friedolin*, stand an der deutsch-niederländischen Grenze auf der Station Koggenhorst. Trotz geringer Benutzung hinterließ der Halbblüter einige gute Töchter.
Ende der 70er Jahre kamen Enkel des Celler *Pik As* xx nach Westfalen, der wohl bekannteste war der Ldb. *Pikkolo* (Z.: R. Bündel, Enger), geb. 1974, a.d. *Domana* v. *Duhnen – Athos*, der ohne nennenswert auf sich aufmerksam zu machen, sieben Jahre im Borkener Raum deckte.

Ein Urenkel des *Pik As* xx von anderem Kaliber ist der Pb. *Pik Labionics* (Z.: O. Schulte-Frohlinde, Grönwohld), geb. 1989, a.d. St.Pr.St. *Akrobatik* v. *Akzent II – Wendekreis*. Der nahe der Grenze zum hannoverschen Zuchtgebiet bei Familie Korte in Lienen aufgestellte Rappe imponiert durch Typ, Bewegungsablauf und Springvermögen. Der erfolgreiche Teilnehmer am Bundeschampionat und bis S Ausgebildete macht Sportpferde für beide Disziplinen. Seine bisherigen züchterischen Leistungen beeindrucken: fünf gekörte Söhne und hundert eingetragene Töchter, 13 mit staatlicher Auszeichnung. Tochter *Palmyra* nahm erfolgreich auf der Bundesstutenschau 1998 teil. Auktionsspitzen wie *Piccolo* (270.000 DM) belegen die Begehrlichkeit seiner durch Rittigkeit gekennzeichneten Kinder. Im Sport haben die ersten Nachkommen (312 wurden bislang für den Turniersport eingetragen) die »schwere Klasse« erreicht und sich dort platziert.

»Spezialisten«
Aus einem der wertvollsten Stutenstämme der 60er und 70er Jahre (Familie der *Hella v. Hallo II*/H. Johannsmann, Ebbesloh) stammt der Ldb. *Abano* (geb. 1983). Seine typvolle Mutter *Ala* (vom *Abglanz*-Sohn *Aalfänger*) stammt aus der *Avenü*, einer Tochter des Springveranlagung vererbenden *Asket*. *Abanos* Vater ist der international geprüfte *Alexis*, der aus Verbindung von *Almè* x *Weingau* stammt. Beide Elternteile gingen selbst international. *Abanos* HLP fiel uneinheitlich aus, von seinen Nachkommen gingen 58 Töchter in die Zucht, acht davon erhielten die staatliche Prämie. Unter seinen Nachkommen befinden sich 141 vielseitige Turnierpferde, die erfolgreichsten sind *Able-Girl* und *Aylin*. *Abano* trat 2000 von der züchterischen Bühne ab.

1988 gelang Landstallmeister Dr. Lehmann die Anpachtung eines Junghengstes aus dem Nachbarland Niederlande: Ldb. *Democraat* (Z.: D.J. Wassink, BR Hellweg), geb. 1985, von *Pion* a.d. *Wilena* v. *Silvano – Pericles* xx. Der kapitale Schimmel stach bereits anlässlich seiner HLP seine Mitbewerber in allen Disziplinen aus – Gesamtindex 139 Punkte. Aufgestellt auf der vornehmlich durch Springgene geprägten Stutenpopulation der Deckstelle Beerlage bei Billerbeck, produzierte er in kurzer Zeit besonders springorientierte Youngster; von den im Jahre 2002 gestarteten 55 Nachkommen verdienten zwölf Kinder über 500 Euro. Nach seiner Rückkehr in die Niederlande bastelte er erfolgreich an seiner Sportkarriere (Dressur bis Grand Prix St-Georges, ebenso Springen auf hohem Niveau). Ende der 90er Jahre kam er nach Westfalen zurück, diesmal als Privatbeschäler auf die Station Hengsthaltung Aechterhoek in Emsdetten. Von seinen Töchtern (von 47 haben fünf die

Staatsprämie erhalten) wurde St.Pr.St. *De Caprice* (Mutter von *Frühlingsball*) Hengstmutter von *Classic Man*, der auch erfolgreicher Teilnehmer am Bundeschampionat 1999 war.

Auf *Furioso* xx, der derzeit mit der neuen F-Linie (v.a. *Florestan*, *Fidermark*) in Westfalen segensreich wirkt, geht der Selle Français-Hengst Pb. *Champions du Lys* (Z.: Frankreich), geb. 1990, zurück. Vater ist *Laeken*, ein international erfolgreiches Sportpferd und jahrelang Frankreichs Springpferde-Vererber Nr. 1. *Champion du Lys'* Sporterfolge sind beispielhaft: Siege in Großen Preisen, Nationenpreisen und im Springderby sagen alles über die sportliche Eigenleistung des Schimmels aus. Im Jahre 2002 wurde in Handorf der erste *Champion du Lys*-Sohn gekört.

Trakehner-Einfluss in Westfalen

Im Gegensatz zum Rheinland und zu Baden-Württemberg, wo die Trakehner nach dem Zweiten Weltkrieg bei der Umzüchtung vom Wirtschaftspferd zum Reitpferd eine wesentliche Rolle spielten, oder etwa zu Niedersachsen, wo einzelne Hengste wie *Abglanz* oder *Semper Idem* über *Senator* immense Bedeutung in der Landespferdezucht erlangten, spielten die Trakehner (nachfolgend benutzt als Sammelbegriff für Pferde aus Ostpreußen einschließlich dem Hauptgestüt Trakehnen) trotz zahlreicher Bemühungen in Westfalen nicht die gleiche Rolle – und doch haben Trakehner Gene im hiesigen Zuchtgebiet Einfluss genommen.

Gegen Ende des 19. Jahrhunderts trat eine gewisse Massierung im Auftreten von Hengsten aus Ostpreußen auf, doch von den Hengsten mit Namen wie beispielsweise *Donner* und *Elias* oder *Eskimo* und *Grenadier*, die in Warendorf wirkten, ist nichts geblieben. Ob es sich dabei immer um die besten Beschäler gehandelt hat, muss bezweifelt werden. Gründe dafür liegen auf der Hand: Warendorf gehörte nicht zu den großen und bedeutenden Landgestüten und die Züchter waren zu keiner Zeit glühende Verehrer des ostpreußischen Pferdes.

Ab Anfang des 20. Jahrhunderts waren es immer wieder einzelne Vatertiere, die als Staatshengste in Westfalen ihren Dienst aufnahmen, oft nur für kurze Zeit, um im Karussell der preußischen Gestütsverwaltung danach an anderer Stelle Verwendung zu finden. Eine »größere Welle« von Trakehner Hengsten gab es kurz nach Ende des Zweiten Weltkrieges, mit Ausnahme von *Armeemarsch* (dieser kam bereits 1940) waren dies Vatertiere wie die für das Landgestüt Warendorf zeitweilig tätigen Humboldt, *Abschaum* und *Julmond*. Infolge der Kriegswirren und im Zuge von Flucht und Vertreibung waren sie vom Landgestüt Georgenburg nach Westfalen gekommen. *Humboldt* und *Julmond* blieben in Westfalen wirkungslos, anders Ldb. *Abschaum*, der der Hengstlinie des Trakehner Hauptbeschälers *Perfectionist* xx zuzuordnen ist.

Mitte der 60er Jahre kamen aus der noch jungen westdeutschen Trakehner-Zucht weitere Hengste, die Landbeschäler in Warendorf wurden: *Borusse* (Z.: F. v. Schrötter, Aegidienberg, Muttervater ist der später noch beschriebene *Hansakapitän*), *Garamond* (Z.: K.A. Voß, Hohenschmark, der Vater der 2. Mutter des *Florestan* und Vater des Ldb. *Gardist*) und *Bernstein* (Z.: Kurh. Hausstiftung, Schmoel). Alle wirkten ausschließlich im Rheinland, Ausnahme ist *Garamond*, der ein Jahr (1968) im Landgestüt auf Station war.

Zwischendurch kamen immer wieder einzelne Hengste, deren Vorfahren nicht immer in der 1., sondern oft auch erst in der 2. oder in der 3. Vorfahrens-Generation Trakehner waren. Als »Filter« diente oft die hannoversche Zucht, da diese Vatertiere in vielen Fällen aus der Anpaarung mit hannoverschen Stuten dann auch für Westfalen assimilierbar wurden.

Reinzucht-Trakehner sind über viele Jahre in Westfalen, von einzelnen Ausnahmen abgesehen, nicht zugelassen gewesen, da der Trakehner-Verband (im Gegensatz beispielsweise zu den Vollblütern) über viele Jahre kein durchdachtes Zuchtprogramm mit einer Selektion nach Leistung durchgeführt hat. Die Situation hat sich zwischenzeitlich gewandelt, eine Anerkennung von Trakehnern in Westfalen wurde möglich. Zunächst werden die älteren Hengste aus Linien Trakehner Ursprungs beschrieben:

Einfach perfekt:
die Hengstlinie des Perfectionist xx

Perfectionist xx war ein Jahrhundert-Beschäler der der Zucht in drei Einsatzjahren in Trakehnen 32 gekörte Söhne lieferte; zwei seiner bedeutendsten Söhne waren *Irrlehrer* und *Tempelhüter*. Zu *Irrlehrer*: Er brachte mit der *Oxalis* (von *Metellus* xx) den Beberbecker Rappen *Oxyd*. *Oxyd*, der einige Jahre bei Baron Nagel in Vornholz deckte, ist Vater der erfolgreichen Vornholzer Olympiapferde *Adular* und *Afrika*. Durch die Anpaarung des Pb. *Oxyd* (Z.: Hauptgestüt Beberbeck) mit der *Meleager*-Tochter St.Pr.St. *Meerfahrt* entstand *Malta*, die Mutter des Reformators der westfälischen Pferdezucht und Landbeschälers *Radetzky*.

Zu *Tempelhüter*: Er wirkte von 1916 bis 1932 als Hauptbeschäler in Trakehnen; sein Enkel *Poseidon* brachte den bereits erwähnten Warendorfer Ldb. *Armeemarsch*, geb. 1935, des Weiteren die Vollbrüder *Absinth*, *Absalon* und *Abendstern* (eine Vollschwester dieser drei lieferte mit *Termit* den für Hannover so bedeutenden *Abglanz*). Pb. *Abendstern* (Z.: Hauptgestüt Trakehnen), geb. 1935, stand von 1961 bis 1963 als Privathengst in Fröndenberg (sein Enkel Ldb. *Schönborn* ging 3-jährig an der großen Hustenepidemie im Landgestüt ein), Pb. *Absalon* (Z.: Hauptgestüt Trakehnen), geb. 1937, stand Ende der 50er Jahre im Rheinland und *Absinth* schuf bereits in seiner Georgenburger Zeit den langjährigen Warendorfer Ldb. *Abschaum* (Z.: W. Czieskus, Pfalzrode), geb. 1942.

Abschaums wohl bekanntester Sohn ist der Ldb. *Aar* (W. Döpke, Sielhorst), geb. 1955, aus der bekannten St.Pr.St. *Flutwelle* v. *Flugpaß* (*Fling*-Enkel), deren Großmutter *Amazone* auf *Amurath* ox zurückgeht. *Aar* war Lieferant bester Springpferde (seine bekannteste Tochter ist die 1959 geborene braune *Arithmetik*, die unter K.-H. Giebmanns zu internationalen Erfolgen kam) und vor allem hervorragender Stuten für die Zucht (über 200 eingetragene Töchter, jede Zehnte erhielt die Staatsprämie), seinen Kindern sagte man zuweilen keine Einfachheit im Umgang nach. *Aar* vertrat Westfalen erfolgreich auf der DLG, was auch für seinen Sohn Ldb. *Agent* (Z.: A. Wernsmann, Schöppingen), geb. 1964 a.d. *Arnika* v. *Astrachan – Glanz* gilt, er ging bereits 11-jährig ein. *Agents* Sohn Pb. *Ahorn* (Z.: H.J. Gockel, Büren), geb. 1970, a.d. *Fairy* v. *Freitag – Schwarzseher*, erfolgreicher Sportler unter dem international agierenden Sönke Sönksen, stand lange Jahre im Westmünsterland bei B. Wellkamp,in Borken auf Station, wo er eine Reihe guter Sportpferde für die ländliche Reiterei hinterließ. *Aar*-Sohn Ldb. *Abt* (Z.: A. Goos, Gescher), geb. 1966, a.d. *Festa* v. *Friedensbote – Schill*, im Rheinland wie in Westfalen aufgestellt, lieferte einige gute Stuten (u.a. die im Rheinland bekannte *Afra*).

Besondere Wirkung auf Westfalen hatte der *Aar*-Sohn Ldb. *Aarstein* (Z.: W. Baumeister, Ottmarsbocholt), geb. 1960, a.d. St.Pr.St. *Fanny* v. *Fechtwart – Moor*: Er brachte zwar der Zucht keinen gekörten Sohn, war jedoch wegen seiner springbegabten Kinder wie *Argonaut*/Franke Sloothaak, *Asterix*/Hendrik Snoek und *Alex*/ Lesley Mc Naught ein begehrter Hengst. Auf der Mutterseite von *Aarstein* findet man den Privatbeschäler *Fechtwart*, den harten Halbblüter *Mormone* (v. *Moeros* xx) und den überragenden *Nickel*. Aus *Aarsteins* Mutterstamm kommt auch das über Westfalen hinaus bekannte Springpferd *Panama* v. *Papayer* xx, aus *Panamas* Verbindung mit dem *Gotthard*-Sohn Pb. *Goldberg* fielen zwei Ausnahmejumper, nämlich *Gaylord* und St.Pr.St. *Golden Gate*; Letztere ist u.a. Mutter des gekörten Pb. *Prinz Gaylord*.

Ldb. *Aarstein* wurde Vater bekannter Springpferde wie *Argonaut*, *Asterix* und *Alex*.

Siegerhengst 1971: Ldb. *Hirschberg* (v. *Hirschfänger*)

Eine weitere Unterlinie des o.g. *Tempelhüter* entstand über den lange Jahre im Rheinland wirkenden *Patron*, dessen Sohn *Pasternak* (erster im Rheinland gezogener Hengst, der Warendorfer Landbeschäler wurde) war im Rheinland tätig. Sein Sohn, Ldb. *Prinz Muthagen* (Z.: E. Schulte-Böcker, Muthagen), geb. 1983, a.d. St.Pr.St. *Rispe* v. *Rheingold – Durban* wirkte kurzzeitig in Westfalen (Wadersloh).

Die Waldjunker-Linie

Auf den angesehenen *Waldjunker*, der zur Trakehner Rappherde gehörte, geht der schwarze *Hansakapitän* zurück. *Hansakapitän* (die Spitzensportler *Grand Prix*/Ingrid Klimke oder Goldmedaillengewinner *Abdullah*/Konrad Homfeld führen ihn im Pedigree), der in Celle wirkte, lieferte für Westfalen zwei Söhne: Der unbedeutendere war Ldb. *Hanseat* (Z.: H. Meyer, Lüdingworth), geb. 1960, a.d. *Firnkette* v. *Firnis – Abendsport*, der kurze Zeit in Amelsbüren stand; wesentlicher war Ldb. *Hirschfänger* (Z.: H. Kamps, Cuxhaven), geb. 1961, a.d. St.Pr.St. *Almfeuer* v. *Almjäger – Feiner Kerl*; Großmutter *Feinau* von *Feiner Kerl* brachte der westfälischen Zucht u.a. den *Frühschein*, den Vater des *Frühling*. *Hirschfänger* selbst hinterließ zwischen 1964 und 1974 in Vinnum, Wadersloh und Merzbrück hervorragende Töchter für die Zucht.

Aus der ausgezeichneten St.Pr.St. *Silberfee* v. *Sperber* (*Senator* x *Jason* ox!) – *Fürst* (*Futurist I*) fiel der Siegerhengst der Körung 1971, der Schimmel Ldb. *Hirschberg* (Z.: M. Westerschulte-Nordhoff, Kattenvenne). *Hirschberg*, bei Hengstparaden als Aktionstraber und Têtenhengst eingesetzt, hat neben zwei zuchtzugelassenen Söhnen eine Vielzahl bester Töchter (fünf St.Pr.St., 88 H-Stuten) hinterlassen. Seine rittigen Kinder waren gefragt, der *Hirschberg*-Sohn *Haleur* ging 1981 für den sensationellen Preis von 75.000 DM über die 33. Westfalen-Auktion.

Von Artwig bis Steinberg: die Hengstlinie des Dampfroß

Auch wenn der Trakehner *Tempelhüter* ein viel beachtetes Denkmal erhielt, so ist es doch der Hauptbeschäler *Dampfroß*, dem die Führungsrolle unter den großen Trakehnern zugesprochen wird. Besonders sein Urenkel *Abglanz* half bei der Umgestaltung der hannoverschen Zucht nach dem Krieg entscheidend mit. Sohn *Abhang I* brachte mit seinem Urenkel Ldb. *Argwohn* (Z.: A. Jungclaus, Neuensteden), geb. 1973, dieses Blut nach Westfalen, wo es heiß begehrt war. In *Argwohns* Pedigree tummeln sich Typvererber wie *Abglanz* und *Futurist I*, aber auch Leistungsvererber wie *Goldfisch II* und *Duellant*. Entsprechend war *Argwohns* Nachzucht: ansprechend im Typ und sportbegabt. Zwar wurden mehrere Söhne gekört, jedoch wurde keiner für Westfalen bedeutend; weit über 100 Töchter wurden in die Zuchtbücher aufgenommen.

Ein weiterer *Abglanz*-Sohn, der Celler *Absatz*, lieferte für Westfalen einen Enkel mit Format: den auf *Abglanz* ingezogenen Ldb. *Artwig* (Z.: M. Schliecker, Neuenkirchen), geb. 1974, a.d. *Lüneboot* v. *Lugano II – Abglanz* Der Braune mit einem durch Spezialblut angereicherten Stammbaum hat mit *Argentan* einen Vater, der in jeder Hinsicht in Hannover Zuchtgeschichte schrieb: gekörte Söhne wie *Argentinus*, Töchter wie die DLG-Siegerstuten *Arabella* und *Arragonia* sowie Sportpferden, beispielsweise Springweltcupsieger *Aramis*. Auch *Artwigs* Kinder (fast 500 sind eingetragene Turnierpferde und verdienten bis heute eine halbe Million Euro an Gewinngeldern) sind sportlich: beispielsweise *Artenstolz* (USA) und *Acapulco*/Klaus Balkenhol. Seine Kinder in der Zucht (beispielsweise die gekörten

Söhne *Attaché, Arlinus, Aragon* usw.) waren bisher wenig nachhaltig.

Als *Absatz*-Nachkomme kam neben Hengsten wie *Aktuell* und *Abendprinz* 1976 der Pb. *Amor* (Z.: H. Kuhlmann, Oiste/Stat.: H. Sandhowe, Ascheberg bzw. W. Frie, Olfen), geb. 1973, a.d. *Gebinde* v. *Goetz*, nach Westfalen. Der mit für damalige Verhältnisse viel Werbung und dem unvergesslichen Werbespruch (»Wer *Amor* kennt, der geht nicht fremd!«) protegierte Glanzrappe, hinterließ vor allem dressurbegabte Kinder, die bis heute fast 180.000 Euro N-LGS für ihren Vater verdienten. Sein Sohn, der Rappwallach *Amigo*, brachte fünfjährig das Kunststück fertig, in Dressuren der Klasse L ausgesiegt zu haben, und war damit das erfolgreichste 5-jährige Dressurpferd der Bundesrepublik. Vor allem seine in der Zucht befindlichen Töchter setzten sich immer wieder in Szene. Erst jüngst ist ein ganggewaltiger Privatbeschäler mit einer *Amor*-Mutter durch die Presse gegangen: Pb. *Dollmann* (Stat.: W. Holkenbrink, Albachten) von *Davignon II* aus der St.Pr.St. *Amerika* v. *Amor – Schönborn* (Enkel des *Abendstern*, s.o.). Er ging im Jahre 2000 für einen Zuschlagpreis von 600.000 DM (Handorf-Rekord) an einen amerikanischen Käufer.

Neben *Abglanz* war es auch der *Semper Idem*-Sohn *Senator*, dessen Söhne in Westfalen einwirkten: besonders sein Sohn Ldb. *Steinadler* (Z.: T. Tamm, Altenbruch), geb. 1955, a.d. springblut-führenden St.Pr.St. *Donnerehre* v. *Dömitz I – Fermor III*, der 18 Jahre als Beschäler in Staatsdiensten wirkte. *Steinadler* hinterließ gute und harte Sportpferde sowie solide bis sehr gute Töchter für die Zucht, beispielsweise St.Pr.St. *Santa Isabell*, die Mutter des Körungssiegers 1982 *Federball* von *Frühlingsball*.

Von seinen Söhnen ist der Ldb. *Steinberg* (Z.: O. Deitinghoff, Brakel), geb. 1973, a.d. St.Pr.St. *Ricke* v. *Remus II – Schwarzseher*, bemerkenswert.

Klassisch: die Hengstlinie des Parsival

Der Trakehner *Parsival* (von *Morgenstrahl* a.d. *Posthalterin* v. *Perfectionist* xx) ist Begründer einer Hengstlinie, die bis vor kurzem noch in Westfalen – wenn auch nur in geringem Umfang – wirkte. Nachkommen wie *Cyrus, Cyrano, Cyrian, Canaris* und *Captain* sind Aushängeschilder dieser kleinen Dynastie.

Der Vater des Ldb. *Cyrus* (Z.: W. Zander, Assel), geb. 1956 a.d. St.Pr.St. *Domhütte* v. *Dominant – Allersport*, war der Trakehner *Cyklon*, der ab 1946 in Osnabrück als Landbeschäler wirkte. *Cyrus* selbst war nicht gerade eine Schönheit, seinen Vererbungserfolg beeinträchtigte das nicht: neben einer Vielzahl von Töchtern für die Zucht (u.a. die Mutter des *Damenstolz, Cyklame*) auch sechs Söhne. Herausragende Tochter ist die rheinische Stute *Fanfare*, die zur Siegerfamilie der I. Bundesschau gehörte. Die *Cyrus*-Söhne sind:

Ldb. *Cyrano* (Z.: O. Schulze-Steinen, Steinen), geb. 1961, a.d. *Annemon* v. *Ahnherr – Allmers*, stand nur sieben Jahre in der Zucht;

links:
Mit Ldb. *Artwig* kam *Abglanz*-Blut nach Westfalen.

rechts:
Der *Cyrian*-Sohn Ldb. *Canaris* stand viele Jahre in Hamm-Uentrop, bevor er nach Neustadt/Dosse (Brandenburg) wechselte.

Ldb. *Cyrian* (Z.: W. Brand, Ehrdissen), geb. 1966, a.d. *Duett* v. *Duellant – Dollart*, stand über zehn Jahre in Gevelsberg auf Station, hielt vor allem mit seinen fünf gekörten Söhne den *Cyrus*-Zweig lebensfähig. Über 130 Töchter sorgen in der Zucht für die Weitergabe dieses wertvollen Blutes, seine im Turniersport geprüften Kinder liefen viele Jahre für ihren Vater, der zudem auf der DLG 1970 mit dem Ib-Preis dekoriert wurde, Reklame; allen voran *Costa Rica*/Kurt Gravemeier und *Chef*/Michael Metz. *Cyrian*-Sohn Ldb. *Canaris* (Z.: H.J. Wehberg, Gevelsberg), geb. 1978, a.d. St.Pr.St. *Grazia* v. *Grünberg – Lucius* xx, gewann die HLP 1982 in Warendorf und brachte mit dem Ldb. *Captain* (Z.: F. Strothmann, Halle), einen interessant gezogenen Sohn. *Canaris* deckte selbst jahrelang auf der Deckstelle Hamm-Uentrop, bevor er als Landbeschäler nach Neustadt/Dosse ging;

Ldb. *Captain* hat *Adlerkrone* vom eisenharten Halbblüter *Adlerfarn – Agram* zur Mutter; *Adlerkrone* brachte mit *Perlkönig I* das Sportpferd *Palm Beach*, mit dem Hannoveraner Wunschtraum das international erfolgreiche Springpferd *Waterkant*. *Captain*, der vor allem im rheinischen Wesel stand, ist auch Vater einer Vielzahl westfälischer Nachkommen. Seine im Turniersport erfolgreichen Kinder (248 sind eingetragen) sind vor allem dressurbegabt, Vater *Canaris* lieferte besonders springbegabte Nachkommen.

»Trakehner« der Neuzeit

In den letzten Jahren sind nachfolgend aufgeführte Hengste mit Trakehner-Blutanteilen bzw. Trakehner-Hengste in Westfalen zum Einsatz gekommen:

1998 kam ein vielversprechender Junghengst nach Westfalen, ein Urenkel des *Absatz*: Ldb. *Ad hoc* (Z.: A. Meyer-Röttger, Mühlen), geb. 1996, a.d. St.Pr.St. *Anemone* v. *Sydney* (Enkel des Anglo-Normannen *Silbersee*) – *Goldglanz* (*Goldlack*). Der ungemein typvolle Prämienhengst der 8. NRW-Hauptkörung gilt als hoffnungsvoller Sohn des bis S geförderten Pb. *Alabaster*, der nach dem Tod seines Besitzers Werner Schockemöhle als Celler Landbeschäler eingesetzt ist.

Von 1991 bis 1998 stand der *Donauwind*-Sohn Pb. *Matador* (Z.: G. Sauerbeck, Dannkerode/Stat.: Westhoff, Beckum) in Westfalen auf Station. Trotz seiner Abstammung, die kaum besser sein könnte, wurde er nur eingeschränkt genutzt. Der 1982 auf der DLG-Ausstellung in München als Sieger ausgezeichnete Dunkelbraune lieferte mit der westfälischen Stute *Odessa* v. *Octavo* xx den Ldb. *Monolog*, der ins brandenburgische Landgestüt Neustadt/Dosse ging.

Matador-Sohn Pb. *Kronjuwel* (Z.: L. Heinen, Issum/Stat.: R. Baumhögger), geb. 1980, a.d. *Kordia* v. *Mazagran*, gelangte über die Niederlande nach Kanada; bei den Panamerikanischen Spielen 1991 errang er Mannschaftsgold und Einzelsilber. Zurück in Deutschland machte er auch hier vor allem durch seine sportlichen Erfolge von sich reden.

Nach vielen Jahren der Enthaltsamkeit steht seit 1995 wieder ein Trakehner in Diensten des Landgestüts in Warendorf: Ldb. *Saint Tropez* (Z.: H. Büttner, Altdorf), geb. 1993, von *Tolstoi* a.d. *Schwarzach* v. *Herzbube – Impuls*. Der Nobelmann, aufgestellt auf der Nahtstelle zwischen Westfalen und dem Rheinland, in Gevelsberg, lieferte bereits einen gekörten Sohn: Ldb. *Saint George*, Siegerhengst 1999. Von seinen 35 eingetragenen Töchtern erhielten sieben die Staatsprämie.

Der Halbblüter *Herzruf* (Z.: V. v. Wichelhaus, Neversfelde/Station Haese), geb. 1987, von *Königspark* xx a.d. *Herzchen* v. *Ginster*, legte mit 149,69 Gesamtindex eine phänomenale HLP hin und ist auch ansonsten selber dressursportlich S-erfolgreich, was auch für seine Kinder gilt.

Pb. *Banditentraum* (Z.: u. Stat.: G. Böttcher, Petershagen), geb. 1983, von *Kiebitz* a.d. *Beauty* v. *Mozart – Cardinal*, ist ein typischer Vertreter seiner Rasse; seine HLP in Warendorf gewann er 1987 in Warendorf mit 130,89 Punkten. Väterlicherseits geht *Banditentraum* auf den englischen Vollblüter *Pindar* xx (*Playmate* xx!) zurück.

Der Pb. *Catani* K (Z.: Gest. Heinen-Böninghard, Issum/Stat.Kolditz, Gladbeck), geb. 1990, von *Caprimond* a.d. Verb.Pr.St. *Calgary* v. *Rubicon* xx, ist seit 1993 in Westfalen aufgestellt, er selbst ist im Turniersport geprüft.

Der russische Trakehnerhengst Pb. *Almox Prints J* (Z.: Gestüt Kirow, Russland/Stat.: Schmidt, Lippetal), geb. 1981, von *Hockey II* a.d. *Pawana* v. *Welt – Pilgrim*, zählt zu den erfolgreichsten Springpferden im internationalen Turniersport. Olympiateilnahmen, Große Preise und Nationenpreise stehen auf seinem Erfolgskonto. Sein Vater ist auch Muttervater des unten genannten *Biotop*. Seine typvollen und noblen Kinder zeigen Parcoursbegabung, sein Sohn, der Hengst *Alposal* (Mutter von *Polydor*), war Spitzenpferd der 98er NRW-Frühjahrsauktion: 220.000 DM. Er ist sein Geld wert, zwischenzeitlich gewann er internationale Prüfungen bis hin zu Weltcupspringen.

Ebenfalls ein Erfolgsprodukt russischer Pferdezucht ist der Dressurhengst Pb. *Biotop* (Z.: Gestüt Kirow, Russland/Stat.: Rüscher-Konermann), geb. 1985, von *Blesk* a.d. *Plaska* v. *Hockey II – Paks*. Der auf den legendären Trakehner Hauptbeschäler *Pilger* zurückgehende und mit bedeutendem Rahmen ausgestattete Dunkelbraune kann fast 60 Siege und Platzierungen bis einschließlich Grand Prix und Grand Prix Spezial sowie eine Lebensgewinnsumme von über 250.000 DM nachweisen. Seine Kinder machen es ihm nach: Qualifikanten für das Bundeschampionat, Stutenleistungsprüfungs-Sieger, Prämierungen usw.

Dr. Reiner Klimke und sein letzter Grand Prix-Star im internationalen Dressursport: Der 1985 geborene Biotop von Blesk-Hockey, ein russischer Hengst mit international renommierter Trakehner-Blutführung.

Der mit hohem Vollblutanteil ausgestattete Pb. *Houston* (Z.: F. Holländer, Wenum/Stat.: A. Kretschmer, Sassenberg), geb. 1994, von *Sir Chamberlain* a.d. Verb.Pr.St. *High Fidelity* v. *Saros* xx – *Mackensen*, ist erfolgreicher Bundeschampionats-Teilnehmer und ebenso erfolgreicher Turnierteilnehmer im Viereck, Parcours und Gelände. Seine bewegungsfreudigen Kinder können selbst Sporterfolge bis hin zu Championaten nachweisen.

Der elegante Pb. *Insterburg* (Z.: H. Derlin, Berkenthin/Stat.: A. Kretschmer, Sassenberg), geb. 1999, von *Hohenstein* (*Caprimond*-Sohn) a.d. *Indira* v. *Giorgio Armani – Leonardo*, war Trakehner Bundeschampion 2002.

Holsteiner Gene ergänzen Westfalens »Springer«-Tradition

Als Anfang bis Mitte der 90er Jahre Holsteiner Hengste auf den hiesigen Körungen beeindruckten und auf den Stationen auf »Stutenfang« gingen, wurden sie ungläubig und mit deutlichen Vorbehalten aufgenommen, so als hätten erstmalig Hengste aus dem Land zwischen den Meeren im hiesigen Zuchtgebiet die züchterische Bühne betreten. Von Überfremdung war die Rede, doch schnell wich die Ablehnung – Neugierde und Interesse machten sich breit. Obwohl auf die nicht unberechtigt hingewiesenen Exterieurmängel (Mängel im Hinterbein, Oberlinie usw.) oder Schwächen beispielsweise im Schritt geachtet werden muss, gibt es zurzeit sicher keine Alternative zu den Kindern des *Corde*, *Accord* und *Landgraf*. Die Gründe für die Zulassung von holsteinischen Hengsten in die westfälische Zucht waren denkbar einfach: Zum einen hatten intensive Diskussionen und Überlegungen innerhalb der Züchterschaft und der Zuchtleitung eine Öffnung des Zuchtgebietes für fremde, neue Linien bewirkt. Dabei mussten zwei Bedingungen erfüllt sein: Dieses neue züchterische Potenzial musste zur westfälischen Zucht »passen« und genügend Leistungsvermögen besitzen, dass es die hiesige Zucht weiterbringen würde. Im Falle der Holsteiner bedeutete dies, dass mit ihrem

Eintritt in die westfälische Zucht Anstöße für die traditionelle westfälische Springpferdezucht, im Sinne einer Weiterentwicklung, erwartet wurden. Auch wenn das Einbringen von Holsteinern in die hiesige Zucht noch nicht als abgeschlossen angesehen werden kann, sind die Wirkungen merklich: Der Holsteiner ist in Westfalen gut angenommen worden. In Bezug auf Typausprägung und Exterieur hat sich die Variationsbreite sichtbar erweitert. Die Springanlage wurde erkennbar gefestigt, eine Erhöhung der Aktion bezüglich des Bewegungsmoments ist merklich, auf die Hinterhand (Winkelung, Untertreten) ist zu achten.

Ein kleiner geschichtlicher Exkurs vorweg: Historiker, die sich mit der Frage »Holsteiner Hengste in Westfalen« beschäftigen, stoßen nach längerem Suchen auf eine Jahreszahl die weit über 200 Jahre zurückliegt: 1767. In jenem Jahr hatte die bischöfliche Regierung in Münster unter dem Kölner Kurfürsten Max Friedrich von Königsegg-Rothenfels zur Hebung der Pferdezucht des Münsterlandes Hengste im »Holsteinischen« gekauft, um sie als Amtsbeschäler in Ahaus, Gescher, Dülmen, Horstmar und Wolbeck einzusetzen. Angepaart mit den bodenständigen Landrassen, sollten sie größere Kutsch- und Reitpferde hervorbringen, die einen erhabeneren Tritt versprachen und mehr Eindruck machten, schließlich floss in den Adern der importierten Vatertiere zur damaligen Zeit infolge Einkreuzung andalusisches und neapolitanisches Blut. Doch die beabsichtigte herrschaftliche Wohltat (die Benutzung der Hengste war kostenlos!) wurde nur wenig angenommen. Die »Nordlichter« verschwanden, ohne viele Spuren zu hinterlassen. Der Misserfolg in Westfalen hielt die Pferde aus dem Land zwischen den Meeren nicht davon ab, sich zu einer in ganz Europa gefragten Rasse zu entwickeln. Sie gingen als Kavallerie-, als Luxus-Wagen- und als Reitpferde und waren als Pferde »über der Erde« in Dressurschulen besonders begehrt. Durch eine immer stärkere Ausrichtung als Kutschpferd und Helfer in der durch schwere Marschböden gekennzeichneten Landwirtschaft kamen gute Vollblüter und vor allem die harten, mit enormer Aufrichtung und kraftstrotzenden Hinterhand ausgestattenen Yorkshire Coachhorses zum Zug. Aber erst die angloarabischen (durch *Ramzes*), die französischen (durch *Cor de la Bryere*) und englischen (beispielsweise durch *Ladykiller* xx und *Cottage Son* xx) Zutaten mit der in den letzten Jahrzehnten eindeutigen Ausrichtung, Pferde zu züchten, die vornehmlich für den Springsport geeignet sind, machten die Holsteiner begehrenswert. Seitdem sind Zuchtpferde aus Holstein auch für Westfalen von Interesse. Betrachtet man die letzten fünf Jahrzehnte in Westfalen, so lässt sich leicht belegen, dass Holsteiner Hengste, trotz aller Ressentiments, nicht unbedeutend Einfluss genommen haben. Oft waren es einzelne Vatertiere, die zumeist über die Schiene der Privathengsthaltung Eingang in Westfalen gefunden haben.

Nach dem Krieg war es der unvergessene Baron Nagel auf Vornholz, der enge Kontakte zu Holstein pflegte. Sein *Ramzes* brachte den angloarabischen Schmelz in die Wucht der Holsteiner Pferde, im Gegenzug kamen Holsteiner Stuten wie *Laute* v. *Fanatiker – Nubier, Heideblume* v. *Heidebauer – Loretto* und *Valine* v. *Cottage Son* xx – *Logenschließer* ebenso der Hengst *Herold*, der gehäuft wertvolles, hoch bewährtes Holsteiner Springblut führt. *Heideblume* brachte *Robin* (v. *Ramzes*), mit dem Fritz Ligges so viele Erfolge feierte, *Valine* kam vom *Ramzes*-Sohn *Raimond* tragend nach Westfalen. Das von ihr geborene Fohlen erhielt den Namen *Ramiro* (Z.: P. Bahlmann, Moorhufen) und steht für grenzenlose Internationalität in der Pferdezucht (wovon auch Westfalen gehörig profitiert hat) und vor allem für Leistung.

Baron Nagel war es auch, der im Sommer 1977 einen 2-jährigen Hengst ankaufte, Vater: der Selle Français-Hengst *Cor de la Bryere*, Mutter: *Deka* v. *Consul – Matador*. Seine Körung im Herbst des gleichen Jahres erlebte Baron Nagel nicht mehr, als Pb. *Caletto* (Z.: K.-M. Both, Herzhorn) deckte er 1978 einige Stuten, obwohl er in Westfalen keine Anerkennung erhielt. 1979 ging er nach Holstein zurück. Unter Michael Rüping wurde er eine anerkannte Größe im internationalen Springsport. Später stand er nochmals für kurze Zeit in Westfalen.

In Westfalen machte sich Ende der 80er Jahre der noble *Caletto I*-Sohn Pb. *Cartusch* (Z.: u. Stat.: L. Meier-Westhoff, Neubeckum), geb. 1979, a.d. *Rigscha* v. *Romanow* (Holst.) – *Stani* xx, einen Namen. Der nach Leistungsrezept gezogene braune Hengst war selbst bis Klasse M im Sport (unter H. W. Johannsmann) erfolgreich, sein Muttervater, der *Ramiro*-Sohn *Romanow*, war Hauptbeschäler auf Vornholz und selbst S-erfolgreich; *Cartusch*, der vielseitig vererbte, kann mit Pb. *Caracol* (Z.: A. Teufel, Dortmund/Stat.: Haese, Warendorf), geb. 1992, a.d. *Fantasie* v. *Foxtrott* – *Usurpator* xx, einen gekörten Hengst aufweisen, der aufgrund seiner internationalen sportlichen Erfolge und seiner Abstammung (Stutenstamm u.a. des Olympiapferdes *Remus* und *Marianus* sowie Ldb. *Polany* und Pb. *Don Primero*) aufwarten. Von den *Cartusch*-Töchtern wurden über 60 für die Zucht eingetragen.

Bereits im Jahre 1970 kam der *Manometer* xx-Enkel *Moltke I* (Z.: R. Wilde, Remfleth/Stat.: H.G. Kampen, Bad Salzuflen), geb. 1967, a.d. *Silva* v. *Faust* – *Heidefreund*, als Privatbeschäler nach Westfalen, wo er drei Deckzeiten blieb. *Ramiro's Sons* Mutter Juvel ist eine *Moltke*-Tochter.

Der *Caletto I*-Sohn *Cartusch* war ein vielseitiger Vererber.

»Corde-Kinder«

Als in Holstein Anfang der 70er Jahre die Einkreuzung von englischen Vollbluthengsten auf dem Höhepunkt war, sah die Holsteiner Zuchtleitung den Zeitpunkt für günstig an, Hengste mit Substanz und Volumen mit dem Ziel der Konsolidierung einzusetzen. Durch einen glücklichen Zufall stieß man auf *Cor de la Bryere*, einem engen Verwandten des *Furioso II*, der geballt Springblut aufwies.

Seine wichtigsten Nachkommen in Westfalen:

Anfang der 90er Jahre wurde in Westfalen der Pb. *Carte d'or* (Z.: J. Voss, Windbergen/Stat.: Holkenbrink, Albachten), geb. 1986, a.d. *Themse von Landgraf I* – *Wahnfried*, gekört. Der zwischenzeitlich bewährte Springpferdemacher hat mittlerweile elf Nachkommen, die S-Parcours erfolgreich bewältigen. Sein Vorzeigestück ist unbestritten *Candela* (a.d. St.Pr.St. *Fenstra* v. *Frühlingsrausch* – *Dolorit*/Heinrich-Hermann Engemann), die wie *Championesse d'Amazonas*/Mylene Diedrichsmeyer internationale Erfolge feiert. Drei gekörte Söhne (u.a. *Cinamant*) und weit über 100 Töchter sorgen dafür, dass *Carte d'ors* Leistungsgene in Westfalens Zucht für Verbreitung sorgen.

Im Jahre 1992 wurde der *Calypso I*-Sohn Pb. *Casaretto* (Z.: K. Bornholt, Uetersen), geb. 1989, a.d. *Winja* v. *Ladalco* – *Raimond*, bei W. Holkenbrink (Albachten) aufgestellt. Der Hengst, der 1993 Bronzemedaillen-Gewinner beim Bundeschampionat in Mannheim war, ist inzwischen Vater von zehn gekörten Söhnen (u.a. *Cadeau de Dieux*, Reservesieger der NRW-Hauptkörung 1996 *Csardasfürst*). Die Zahl seiner eingetragenen Töchter liegt bei 100, die Nachkommen-Lebensgewinnsumme von über 53.000 Euro belegt seine Vererbungskraft in sportlicher Hinsicht.

Von *Calypso II* stammt der Pb. *Cordino* (Z.: A. Zele, Waarschoot/Stat.: Schult, Hünxe), geb. 1995, a.d. *Myrtille* v. *Irish Taxi* – *Feinschnitt*. Seine Mutter ging in Belgien Dressurprüfungen der schweren Klasse, *Cordino* selbst legte eine überdurchschnittliche HLP ab und nahm am Bundeschampionat teil; inzwischen ist er bis

Klasse S gefördert. Seine Kinder sind typvoll und überdurchschnittlich.

Der gefragte HLP-Sieger *Calypso II*-Sohn und *Cor de la Bryere*-Enkel *Contender* lieferte bisher für Westfalen einige bedeutende Söhne:

Ldb. *Cordobes I* (Z.: H.J. Köhncke, Badendorf), geb. 1995, a.d. *Dinant II* v. *Lancer I – Akkord*, war überlegener Sieger der Warendorfer HLP 1998 mit einem Springindex von über 146 Punkten. Nach etlichen Erfolgen in Springprüfungen der Klasse M ist *Cordobes I*/Markus Döring mittlerweile S-platziert. Die ersten Nachkommen sind in Aufbauprüfungen erfolgreich. Ldb. *Cordobes II*, geb. 1996, war in der HLP ebenfalls erfolgreich, zeichnet sich wie sein Vollbruder durch exzellente Rittigkeit aus.

Viel versprechend ist die Pedigree-Kombination *Contender* x *Landadel*, vereint im Junghengst Pb. *Clay* (Z.: B. Zilling, Glandorf/Stat.: H. Vornholt, Münster), geb. 1995, der bereits über einen gekörten Sohn (*Click the Clay*) verfügt. Der Mutterstamm hat erfolgreiche Sportpferde (*Garfield*, *Escorial*) hervorgebracht.

Pb. *Collin L* (Z.: H. Ramsbrock, Menslage/Stat.: Ligges, Herbern), geb. 1997, ist eine westfälisch-holsteinische Mixtur, denn seine Mutter ist die *Dramaturg – Griseldo* xx-Tochter *Donna Griseldo*; sie ging unter Klaus Balkenhol erfolgreich im Dressursport.

Im Staatsdienst befindet sich Ldb. *Co-Pilot* (Z.: M. Fölling, Sassenberg), geb. 1997, a.d. *Primana* v. *Pilot – Matrox*. *Primana*, als *Pilot*-Tochter Tafelsilber der hiesigen Zucht, hat Erfahrung mit holsteinischen Partnern: Mit *Accord II* brachte sie den Pb. *Acordplus*, sie ist zudem rechte Schwester der Hengste *Pablo* und *Pay Day*.

Hoffnungsvoll setzte sich der *Calido*-Sohn Ldb. *Charisma* (Z.: C. v. Rumohr, Hemmelsdorf), geb. 1996, bislang in Szene. Der *Caletto I*-Urenkel überzeugte die Richter bei der HLP nicht nur durch seine überragende Springveranlagung, sondern er lieferte auch in der Teildisziplin Dressur ein überdurchschnittliches Ergebnis ab. *Charisma*, der am Bundeschampionat teilnahm und zwischenzeitlich auch in M-Springen siegreich ist, ist Vater eines anlässlich der Körung 2003 viel beachteten Junghengstes, der bei H. Vornholt (auch Züchter) in Münster unter dem Namen *Christoph Columbus*, geb. 2000, a.d. St.Pr.St. *Pilot Project* v. *Pilot – Goldlack*, aufgestellt wurde.

Als Shooting-Star ist der *Corde*-Enkel Pb. *Cornet Obolensky* (Z.: T. Degraeve, Belgien/Stat.: Ligges, Herbern), geb. 1999, a.d. *Rabana* v. *Costersveld* v. *Heartbreaker* (v. *Nimmerdor*) – *Randel Z* (*Ramiro*), in sein erstes Deckeinsatzjahr gestartet: Über 300 Stuten wurden von ihm besamt. Der 2. Reservesieger der Körung 2001 hat ein Pedigree, welches nur so von sportgeprüften Vorfahren strotzt. Sein Veranlagungstest weist weit ab vom übrigen Feld als Note fürs Springen eine 9,24 auf.

Ladykiller xx: kein gutes Rennpferd, aber ...

Das *Ladykiller* xx-Blut hat in Westfalen über seine Söhne *Lord* und *Landgraf* Verbreitung gefunden. Die *Landgraf*-Söhne geben an ihre Kinder gerne einen nicht zu verleugnenden Vollbluteinfluss im Erscheinungsbild weiter: noble, ausdrucksvolle Gesichter, deutlich markierte Sattellagen usw. Der Veranlagungsschwerpunkt der *Landgrafen* und *Lords* liegt unverkennbar in der Disziplin Springen, Ausnahme bildet der vielseitige *Landgraf*-Sohn *Landadel*, dessen Kinder in puncto Rittigkeit und Bewegung

Pb. *Collin L*: eine Westfalen-Holstein-Kombination

insgesamt häufiger Fortschritte erwarten lassen.

Neben *Lord* und *Landgraf* gab es in Westfalen in den 80er Jahren einen weiteren *Ladykiller* xx-Sohn, der ganz nach holsteinischen Erfolgsrezept gezüchtet war: Pb. *Lido* (Z.: W. Frühenicht, Heist/ Stat.: L. Meier-Westhoff, Beckum), geb. 1972, a.d. *Wacholder* v. *Heilbutt – Loretto*. Zunächst als Verbandshengst in Holstein, danach als Deckhengst nach Belgien, parallel internationale Military-Karriere mit Erfolgen bis Klasse S, kam er anschließend ins hiesige Zuchtgebiet. Eine beachtliche Anzahl seiner Kinder ist im Dressursport, teilweise bis Klasse S, erfolgreich. Der in Westfalen so populäre *Landgraf*-Sohn *Landino* hat eine *Lido*-Tochter zur Mutter.

»Landgrafen«

Der erste in Westfalen aufgestellte *Landgraf*-Sohn von Bedeutung war Pb. *Larry* (Z.: H. Riebeling, Krems/Stat.: Ligges, Herbern), geb. 1985, a.d. *Trixi* v. *Lepanto – Cor de la Bryere*. Sein bedeutendster Sohn ist Pb. *Lapaz L* (Z.: u. Stat.: F. Ligges, Herbern), geb. 1990, der *Ranaschun* v. *Ramiro* (Vollschwester des Nationenpreispferdes *Rodney*) zur Mutter hat.

Zur gleichen Zeit kam ein *Landgraf*-Nachkomme nach Westfalen, der über eine Vielzahl sportlicher Meriten verfügte: Pb. *Labrador* (Z.: C.J.H. Thormählen, Moorhusen/Stat.: Rüscher-Konermann, Greven), geb. 1976, a.d. *Liesa* v. *Ramzes – Falkenjäger*. *Labrador* hatte nicht nur an der Weltmeisterschaft 1986 in Aachen

Pb. *Landino* kam Ende der 80er Jahre nach Westfalen und überzeugte mit seiner turniersportlichen Eigenleistung.

teilgenommen, sondern konnte mehr als 30 Siege und Platzierungen in M- und S-Springen nachweisen. Mutter *Liesa* brachte 17 lebende Fohlen, darunter einige gute Sportpferde und mehrere Staatsprämienstuten. Von den gekörten *Labrador*-Söhnen stand Pb. *Lantano* (Z.: u. Stat.: Rüscher-Konermann, Greven), geb. 1990, a.d. St.Pr.St. *Fantasie* v. *Frühlingsball – Ramiro*, kurze Zeit auf der gleichen Station wie sein Vater.

Der 1986 geborene Pb. *Lutz* (Z.: L. Gössing, Steinhagen/Stat.: F. Ligges, Herbern), von *Lombard* a.d. *L-Sweety* v. *Sacramento* xx – *Heidekrug*, wurde in Westfalen zweigleisig eingesetzt: in Zucht und Sport. *L-Sweety* ist auch Mutter von *Royal Dream* und *Rosella G*, Letztere gewann zweimal das Bundeschampionat des Deutschen Springpferdes. *Lutz* brachte eine Reihe guter Sportpferde für die ländliche Tour. Sein gekörter Sohn Pb. *Leon* T (Z.: F. Ligges, Herbern/Stat.: Trippe, Schmallenberg), geb. 1990, wirkte in Westfalen. *Lutz'* Vater Pb. *Lombard* (Z.: J. Schlüter, Herzhorn) v. *Landgraf* lieferte (neben seinem sportlichen Einsatz unter Lutz Gössing) im begrenzten Umfang in Westfalen auch Nachzucht (beispielsweise den in schweren Springen erfolgreichen *Lovely Dancer*).

Auch das Landgestüt Warendorf versuchte sich in 80er Jahren mit *Landgraf*-Blut. Enkel wie *Lagerfeld* (Z.: L. Völz, Wöhrden), geb. 1984, *Liberal* (Z.: C. Haar, Behrendorf), geb. 1985, und später *Good Year* (Z.: H. Meulengraaf, Niederlande), geb. 1992 – Mutter *Maleysia* war eine Tochter des *Paradox I* – waren keine »Ankommer«.

Den Weg nach Westfalen fand Ende der 80er Jahre ein *Landgraf I*-Sohn, der aufgrund seiner Blutführung, Schönheit und Leistung (bis Klasse S erfolgreich) vom Fleck weg zu einem der begehrtesten Hengste in Westfalen wurde: Prämienhengst der 88er Körung Pb. *Landino* (Z.: E. Kroeger, Hamburg/Stat.: Vornholt, Münster), geb. 1986, a.d. *Sanja* v. *Lido – My Lunaria* xx. HLP und eigene Turniersport-Leistung waren überzeugend, ebenso seine Kinder: Bis heute verdienten sie fast 140.000 Euro an Gewinnsummen, vier Söhne wurden gekört (drei aus seinem ersten Jahrgang) und von den Töchtern wurden über 100 eingetragen. Der typvolle *Landino* wurde Großvater des *Lord Sinclair*, der für 2,8 Mio. DM als teuerstes Warmblutpferd aller Zeiten über die PSI nach Japan verkauft wurde.

Geboren 1989, kam der *Landgraf*-Sohn, Pb. *Lados* (Z.: P. Reimers, Seth), a.d. *Teerose* v. *Calvados – Fantus*, nach seiner Körung in Holstein nach Westfalen, wo er einige Jahre auf der Station Platte wirkte. Seine sportlichen Erfolge machten ihn schnell bekannt und seine Fohlen begehrt: Er belegte u.a. beim Bundeschampionat des deutschen Springpferdes 1994 den Bronze-Platz.

Ldb. *Lancer III* (Z.: H.W. Höpke, Todesfelde), geb. 1990, war einige Jahre als Leihhengst im Warendorfer Landgestüt eingesetzt. Seine Mutter ist *Inula* v. *Fantus – Matador*. *Lancers* HLP sah ihn mit über 130 Punkten am Ende auf Platz 3 von 60 Teilnehmern. Als 6-Jähriger war er sowohl im Finale des Warendorfer Bundeschampionats platziert wie kurz darauf im Jahrgangsfinale der Weltmeisterschaft für junge Springpferde, als 7-Jähriger gewann er vier S-Springen und war 20-mal in dieser Kategorie platziert. Zehn Söhne sind bislang gekört, u.a. Sohn *Lacock* (Z.: C. Hoff, Rädigke), geb. 1997, a.d. *Politesse* v. *Pilot – Parvenue*, er verstärkt das Landgestüt Warendorf. Von den *Lancer III*-Töchter werden 85 züchterisch eingesetzt, 18 erhielten die Staatsprämie. Bei seinen 200 Sportkindern ragt Tochter *Lumina*/ Henrik Griese hervor: Sie verdiente durch S-Siege in Serie alleine im Jahre 2002 5.699 Euro an Gewinngeldern auf Turnieren.

Der einige Jahre als Pachthengst im Landgestüt Warendorf eingesetzte *Lancer III* gewann mit Toni Hassmann S-Springen in Serie.

Pb. *Landstreicher* (Z.: J. Hattebuhr, Winsen/Stat.: u.a. Ligges, Herbern), geb. 1991, a.d. *Alraune* v. *Capitol I – Sacramento Song* xx, geht unter Toni Hassmann als erfolgreiches Nationenpreispferd, dies belegt die eigene Lebensgewinnsumme von über 160.000 Euro, was ihn zum gewinnreichsten Nachkommen seines Vaters *Landgraf* macht. Gleich aus dem ersten Jahrgang des bislang auf mehreren Stationen eingesetzten Beschälers gingen fünf Staatsprämienstuten hervor, bislang wurde ein Sohn gekört.

Von einem der populärsten Hengste Deutschlands in den 90er Jahren, dem auf *Ladykiller* xx ingezogenen *Landgraf*-Sohn Pb. *Landadel*, einem der wenigen bundesdeutschen Vererber mit Multitalent, kamen mehrere Söhne nach Westfalen:

Pb. *Landro* L (Z.: H. Volger, Recklinghausen/ Stat.: Ligges, Herbern), geb. 1992, a.d. St.Pr.St. *Grande Fee* v. *Grande – Ferdinand*, war Endringteilnehmer der Handorfer Körung 1994 und ein Jahr darauf mit über 130 Punkten Reservesieger der HLP. *Landro* selbst ist turniersportlich geprüft, die Sportlichkeit gibt er seinen Kindern weiter.

Ldb. *Lamoureux I* (Z.: J. Arntz, Kleve), geb. 1993, a.d. St.Pr.St. *Rebekka* v. *Raphael – Bernstein*, erschien 1995 zur Körung und war einer der gefragtesten Junghengste seines Jahrgangs. Er gehörte zur rheinischen Erfolgsfamilie der »*Fürstenluft*« (von *Frustra II*), diese sorgte über die Jahre immer wieder für züchterische Glanzlichter (u.a. Ldb. *Rimini*, Dressurpferd *Alassio*). *Lamoureux I* legte eine HLP mit Noten von über 120 Punkten in beiden Disziplinen ab. Zwei seiner Söhne sind gekört, von den 32 eingetragenen Töchtern erhielten acht die Staatsprämie, seine leicht zu handelnden Kinder sind sportbegabt.

Ldb. *Lamoureux II* (Z.: J. Arntz, Kleve), geb. 1994, a.d. *Rebekka* v. *Raphael – Bernstein*, war strahlender Siegerhengst der NRW-Hauptkörung 1996 und hatte einen Einstand nach Maß. Vier gekörte Söhne, 35 Töchter für die Zucht (sechs sind St.Pr.St), wovon *Lolita* a.d. *Fidelia* v. *Florestan I – Tänzer* die Schärpe der Siegerstute der Eliteschau 2001 erhielt.

In den 90er Jahren deckte der Landgraf-Enkel und *Latus*-Sohn Pb. *Lasangos* (Z.: Gestüt Lewitz), geb. 1990, a.d. *Goldburg II* v. *Sandro – Gepard*. Der Oldenburger beeindruckte vor allem durch seinen 1995 errungenen Titel »Bundeschampion der fünfjährigen Springpferde«. Der Dunkelbraune ist mittlerweile im internationalen Turniersport erfolgreich.

Seit der Jahrtausendwende deckt der *Landgraf*-Enkel Pb. *Lamerto* H (Z.: H. Gelze, Lingen/Stat.: Holkenbrink, Albachten), geb. 1997 a.d. *Perleberg* v. *Pilot – Weinberg*. Der Junghengst, dessen Pedigree nur so vor Leistung strotzt, absolvierte seine Turniersport-Einsätze souverän, seine ersten Fohlen machten Schlagzeilen.

Lords Söhne

Häufig im Schatten seines Dreiviertelbruders *Landgraf* wirkte in Holstein der *Ladykiller*-Sohn *Lord* (geb. 1967) a.d. *Viola* v. *Cottage Son* xx – *Lohgerber*. Trotz gewisser Exterieurschwächen zeigte *Lord* viel früher als *Landgraf*, welche Vererbungskraft in ihm steckte. Auf der Körung in Handorf 1989 erschien mit *Lord*-Sohn Pb./Ldb. *Lord Caletto* (Z.: H. Kiesewetter, Süderdeich/Stat.: Platte, Attendorn), geb. 1987, a.d. *Venus* v. *Caletto II – Thuswin* xx, ein Junghengst, der wegen seiner Springveranlagung beeindruckte. Seinen ersten Fohlenjahrgängen erging es nicht anders, und als diese dann ins sportfähige Alter kamen, zeigte sich ihre weit überdurchschnittliche Begabung, mit Stangen umzugehen. Von den 42 erfolgreichen Kindern des Privatbeschälers (er selbst war im Bundeschampionat platziert und Sieger in S-Springen), die im Jahre 2002 Turniererfolge erzielten, verdienten allein zwölf mehr als 500 Euro in der Saison. Vier seiner Söhne wurden gekört, darunter der Pb. *Lagavulin* (Z.: J. u. H. Wischer, Lippstadt/Stat.: Holkenbrink, Albachten), geb. 1993, der selbst bereits international in der schweren Klasse Erfolge erzielt hat. Aus dem Stutenstamm kommen die Beschäler *Pit I* und *II* sowie *Dinard L*, außerdem das erfolgreiche Springpferd *Prinzregent*/Norbert Koof und die Bundeschampionesse 1990 *Dimanche*.

Aus der großen Schar der *Lord*-Nachkommen wurde 1997 ein Urenkel gekört, Pb. *Lupicor* (Z.: E.H. Schroembges, Niederlande/Stat.: Dowe, Heiden), geb. 1995, a.d. *Jourdette S* v. *Pilot – Cor de la Bryere*. Der Seriensieger in Sprinpferdeprüfungen der Klasse A – M (in den Niederlanden ist er bereits bis Klasse S erfolgreich) präsentierte 1999 einen sportlich pointierten ersten Fohlenjahrgang, von denen sich die Ersten sportlich bewähren konnten. *Lupicors* Großmutter ist die *Cor de la Bryere*-Tochter *Facordette S*, die 1976 in Brüssel das Europachampionat der Stuten gewann. *Lupicors* erster gekörter Sohn ist der Pb. *Lenardo* (Z.: R. Lamers, Isselburg/Stat.: Holkenbrink, Albachten), geb. 1999. Er belegte im 30-Tage-Veranlagungstest in 2002 in Handorf Platz 2.

Alme Z-Nachkommen

Ähnlich wie beispielsweise die *Cordes* liegt der Ursprung der *Alme Z*-Nachkommen in Frankreich.

Wenig Beachtung fand der *Alme Z*-Sohn Pb. *Aldato* (Zü. u. Stat.: Horstkötter, Beckum), geb. 1981, a.d. *Omana* v. *Romanow – Pernod* xx. Sein Mutterstamm nimmt ihren Ursprung bei der Vornholzer Stute *Finnländerin*, aus dieser Leistungsquelle kommen Pferde wie *Malteser*/O. Lörke, *Mariano*/J. Neckermann und *Feuerdorn*/ H. W. Winkler und vor allem *Radetzky*, der westfälische »Übervater«. *Aldato*, der selbst bis zur S-Klasse siegreich war, lieferte eine Vielzahl erfolgreicher Sportkinder, die ihrem Vater nacheiferten.

Als der Holsteiner *Accord II*, ein Sohn des *Ahorn Z* aus der *Ribecka* von *Calypso I – Lancaster* 1991 in Münster-Handorf die HLP mit überragenden Rittigkeits- und Springwerten gewann, hätte er keine bessere Werbung für sich in Westfalen machen können. Seine sportlichen Erfolgen bis in die höchste Klasse und seine bisherige Vererbungsbilanz steigerten seine Begehrlichkeit in ganz Deutschland.

»*Accorde*« in Westfalen sind:

Der Pb. *Ars Vivendi* (Z.: J. Kröger, Quickborn), geb. 1993, a.d. *Zerzie* v. *Aloubé Z – Landgraf I*, war in den ersten Jahren seiner Beschälertätigkeit auf der Station Kappel in Senden aufgestellt. Der Prämienhengst der NRW-Hauptkörung 1995 absolvierte seine HLP in Neustadt/Dosse als 4. von 45 Teilnehmern. Seine sportliche Karriere führte ihn bis heute in die S-Klasse, in der er bislang einige Siege und Platzierungen erringen konnte. Seine sportlichen Kinder haben bereits Springpferdeprüfungen gewonnen, drei seiner Söhne aus *Pilot-*, *Polydor-* und *Der Clou-*Müttern wurden gekört.

Aus der Springstute St.Pr.St. *Perle* v. *Power* stammt der *Accord II*-Sohn Ldb. *Arpeggio* (Z.: H. Dieckhoff-Holsen, Telgte), geb. 1995, der durch den leistungsbetonten Mutterstamm (Mutter *Perle* v. *Power* ging im Springsport hocherfolgreich bis Klasse M/A) in jeder Hinsicht stark geprägt ist. Der Reservesieger der NRW-Hauptkörung lieferte bereits seine ersten beiden gekörten Söhne (*Askaban* und *Astral*) und über 20 eingetragene Töchter (fünf Töchter waren Teilnehmerinnen der Eliteschau 2002).

Weitere Holsteiner verschiedener Linien

Mit dem Pb. *Sacramento Son* (Z.: G. Brockstedt, Langwedel/Stat.: Rüscher-Konermann, Greven), geb. 1976, a.d. *Alraune* v. *Heribert – Heimleiter* kam 1991 für nur kurze Zeit ein Sohn des *Sacramento Song* xx nach Westfalen. Der Halbblüter mit einem Schuss Trakehner Blut hatte vorher über zehn Jahre im Springsport erfolgreich gewirkt.

Mit dem *Capitol*-Sohn Pb. *Capitalist* (Z.: J.P. Laas, Leck), geb. 1990, a.d. *Nartane* v. *Sacramento Song* xx – *Marconi*, steht seit einigen Jahren ein Nachkomme des *Cottage Son* xx bei Bernd Müller in Arnsberg (zuvor Station Platte, Attendorn); er glänzt vor allem mit seiner sportlichen Eigenleistung. E-LGS: 21.300 Euro.

Kurze Zeit war der arabisch geprägte *Bachus*-Sohn Ldb. *Baldini II* (Z.:), geb. 1995, a.d. Vision von *Cor de la Bryere – Fasolt*, im hiesigen Zuchtgebiet aufgestellt, er verfügt ebenfalls über eigene Sporterfolge (E-LGS: 3.443 Euro).

Eigene Erfolge im Dressursport bis zur schweren Klasse erwarb sich der Ldb. *Salinator* (Z.: K. Gravert, Borsfleth), geb. 1977, a.d. *Abda* v. *Farnese – Heimatschuss*. Seine Kinder bestechen vor allem durch Leistungen im Springparcours, wo sie mittlerweile über 100.000 Euro verdient haben. Der Sohn des Anglo-Normannen *Silbersee* (in den 80er Jahren einer der erfolgreichsten Sporthengste unter M. Rüping) war von 1989 bis 1998 aufgestellt. Mit Pb. *Sartre* (Z.: H.D. Vree, Hochvioel/Stat.: H. Vornholt, Münster), geb. 1988, a.d. *Convent* v. *Cor de la Bryere – Wahnfried*, stand kurzzeitig ein *Silbersee*-Enkel in Westfalen.

Die friedlichen Brüder

Private Hengsthaltung und Genossenschafts-Hengste und ihr Verhältnis zum Landgestüt

Die private Hengsthaltung in Westfalen ist, sieht man einmal von der durch den Klerus eingesetzten Hengste (u.a. aus fürstbischöflichen Marställen) ab, älter als der Einsatz staatlicher Hengste in Form des Landgestüts in Warendorf.

Auch in den ersten Jahrzehnten nach der Gründung des Landgestüts im Jahre 1826 war der Anteil der privaten Hengste am Zuchtgeschehen in Westfalen sicherlich größer als der Anteil der Staatshengsthaltung, denn sonst hätte der Pferdebestand Westfalens im Jahre 1840 nicht bei ca. 124.000 Stück liegen können. Zwar gab es zu jener Zeit auch bereits eine Körordnung für Hengste, doch kann man sicher davon ausgehen, dass viele Pferdehalter ihre Stuten von eigenen, nicht gekörten Hengsten oder von Hengsten des Nachbarn decken ließen. Das sparte Kosten, weite Wege und dadurch viel Zeit. Die aus diesen Anpaarungen gefallenen Fohlen wurden in erster Linie für eigene Zwecke großgezogen und genutzt. Zu der Zeit verfolgte die preußische Gestütsverwaltung in Westfalen, vertreten durch das Landgestüt in Warendorf, vornehmlich den

Zweck, die Qualitätszucht zu fördern und der Armee geeignete Remonten zu stellen.

Eine der ersten privaten Hengsthaltungen auf Privat- bzw. Vereinsbasis ist der Westfälische Reitverein, der bereits 1835 gegründet wurde. Die im Besitz des Vereins befindlichen Hengste, die Vollblüter *Augustus* xx (aufgestellt auf Gut Dieckburg), *Brilliant* xx (aufgestellt auf Gut Heeren des Freiherrn von Plettenberg) und *Sparkler* xx (aufgestellt bei I. Schrodt in Münster) waren sicherlich mit bester Absicht der Landespferdezucht zur Verfügung gestellt worden, aber mit Blick auf die damalige bodenständige westfälische Warmblutzucht und deren Ziel, Pferde für die Landwirtschaft zu züchten, eher wenig hilfreich, jedoch möglicherweise für die später gegründeten Pferdezuchtvereine und Hengsthaltungsgenossenschaften Vorbild.

Senior-Chef einer renommierten Privat-Hengststation in Marl und ein bekannter Ausbilder ist Heinrich Rohmann, mit dem man Namen wie *Perseus*, *Antar* xx und *Phantom* verbindet.

Erste Ansprachen von Beschälern der Edelzucht als »angekörte bzw. eingetragene Privathengste« finden sich in den Bänden den Pferdestammbuches; die ältesten dort verzeichneten privaten Hengste (die bezüglich ihrer Anzahl bereits zum damaligen Zeitpunkt gegenüber den staatlichen Hengsten deutlich ins Hintertreffen geraten waren) sind wohl seit etwa 1870 eingesetzt gewesen. Um die Jahrhundertwende findet man in den Listen Namen von Landbeschälern, Privatbeschälern und von privaten Hengsthaltern, die den älteren Züchtern noch heute bekannt sind: L. Ottmann (Dörenthe), W. Lenter (Havixbeck), A. Pellengahr (Beckum) und Feldmann (Höven bei Osterwick). Und doch war es die Zeit der obrigkeitlichen Hengsthaltung. Die »Privaten«, oft Landwirte, in deren Betrieb die Hengsthaltung ein Betriebszweig war, taten sich schwer. Dafür gab es viele Gründe, ein Beispiel ist die Decktaxe: Bot das Landgestüt als staatliche Einrichtung seine Hengste mit niedrigen Gebühren an, war der private Privathengsthalter gezwungen, sich an der Deckgeldhöhe zu orientieren, um wettbewerbsfähig zu bleiben, auch wenn die von ihm erhobene Decktaxe nicht auskömmlich war, geschweige denn eine Rendite abwarf. Diese aber wäre erforderlich gewesen, um beispielsweise in neue Hengste zu investieren. Oder: Über viele Jahrzehnte war es ungeschriebenes Gesetz, dass der Landstallmeister den Siegerhengst und die besten Hengste eines jeden Jahrgangs erwerben konnte. Diese Praxis änderte sich erst vor ein paar Jahren.

Doch zurück: Wenige Monate nach der Gründung des Pferdestammbuches gründete sich am 5. Januar 1905 der »Verband der westfälischen Hengstzüchter e.V.«, er erstellte die ersten »Körkataloge«, die damals »Verzeichnis der durch den Verband zum Ankauf durch die königliche Gestütsverwaltung angemeldeten Hengste« hießen. Schon damals wurde eine Arbeitsteilung deutlich: Da das Gestüt in Warendorf kein so genanntes Haupt- und Landgestüt ist, also beispielsweise keine eigene Stutenherde unterhält, übernahmen Privatpersonen die Zucht und Aufzucht der Hengste, um sie dann an die private und staatliche Hengsthaltung zu veräußern. Im für das Pferdestammbuch so bedeutenden Jahr 1920 gründete sich der »Verband der Eigenhengsthalter«. 1923 schließen sich beide Verbände zusammen und firmieren sich in »Verband der Hengstzüchter und Eigenhengsthalter Westfalens e.V.« um – dem Vorläufer des heutigen der Abteilung der Privathengsthalter im Pferdestammbuch.

Die Anzahl der Privatbeschäler in Westfalen liegt ab den 1910er Jahren zwischen 20 und 30 Hengsten, »Ausreißer« bilden die Jahre 1920, 1921 und 1922, in diesen Jahren liegt die Zahl deutlich über 30, 1922 sogar bei 63. Die »Privaten« wurden nur für ein bis drei Jahre und in ganz seltenen Fällen »lebenslang« gekört. Obwohl zahlenmäßig nur in der ersten Hälfte des 19. Jahrhunderts der staatlichen Hengsthaltung überlegen, hat die Privathengsthaltung immer einen beachtlichen Einfluss auf die Zucht in Westfalen gehabt. Ein Beispiel: Einer der westfälischen »Gründer-Hengste«, der Ldb. *Herrscher*, hatte insgesamt 40 gekörte Söhne, 19 davon waren als Privathengste tätig. Oder: Die beste westfälische Stute der Zeit nach dem Ersten Weltkrieg war *Hermine von Holtwick*, die auf drei DLG-Schauen an der Spitze stand und Siegerin aller Stutenklassen wurde; sie hatte den *Herrscher*-Urenkel und Privatbeschäler *Herodian* zum Vater. Dass auch schon damals von der privaten

Hengsthaltung Impulse für den Hengstbestand des Landgestütes Warendorf ausgingen, belegt beispielsweise der formatige Privathengst *Nickel* (Schulze Lohoff, Laer); von seinen sieben gekörten Söhnen gingen drei ins Landgestüt: *Nico I*, *Nico II* und *Nimrod*.

In der Zeit nach dem Zweiten Weltkrieg wurde der Einfluss der Privathengste auf das westfälische Zuchtgeschehen ebenfalls deutlich: Der Hengst Almfürst, von 1944 bis 1960 auf der Hengststation Geßmann (Appelhülsen) aufgestellt, brachte 79 H-Stuten, 19 Staatsprämienstuten und 20 gekörte Söhne. Einige seiner Töchter waren hochdekorierte Schaustuten, die selbst auf DLG-Schauen siegreich waren.

Etwa zur gleichen Zeit begann die Erfolgsgeschichte des privaten Gestütes Vornholz und seines Besitzers Baron von Nagel. Mit seinem Wirken verbunden sind die Hengste *Oxyd* (Vater der erfolgreichen Olympiapferde *Adular* und *Afrika*, des spanischen Nationenpreis-Pferdes *Tannhäuser* sowie von Erfolgspferden wie *Flaminia*, *Tambor*, *Trendula* und *Cyrenaica*), des selbst im Sport erprobten *Pernod* xx (78 Siege in Dressurprüfungen der S- und M-Klasse) und des alle überragenden Anglo-Arabers *Ramzes*, der mit seinen Kindern die Warmblutzucht Europas revolutionierte und bis heute beeinflusst.

Weitere Privathengste in Westfalen sorgten in den 50er und 60er Jahren dafür, dass Sportpferde von internationalem Format entstanden, wie *Ala* v. *Allerletzter*, *Amsella* v. *Abdul* und *Dorina* v. *Domherr*. Aber gerade in dieser Zeit des Niedergangs der Warmblutzucht, als das Pferd auszusterben drohte, ermöglichte das Landgestüt den wenigen noch verbliebenen Züchtern in Westfalen ihre Stuten zu erschwinglichen Decktaxen und – was vielleicht ebenso wichtig war – in erreichbarer Nähe decken zu lassen.

Zeitgleich sind es zwei auf westfälischen Privatstationen gehaltene Vollblüter, die über ihre männlichen Nachkommen im Laufe der nächsten Jahrzehnte die westfälische Zucht in die Weltspitze katapultieren: Der Werthmann'sche *Pluchino* xx, ohne den es keinen *Perseus*, *Pilatus* und keine Welthengste wie *Pilot* und *Polydor* gäbe und etwas später der Sandhowe'schen *Papayer* xx, der Vater des Ausnahmebeschälers *Paradox I*.

Bis heute ist die Privathengsthaltung in Westfalen oft Tempomacher, die über den Zaun schaut, Anstöße für »neues Blut« gibt und Entwicklungen anschiebt, beispielsweise den Einsatz der Hengste im Sport – Entwicklungen, die nicht nur PR-Rummel versprechen, sondern auch Zuchtfortschritt bedeuten. Hier ist in den letzten Jahren vom Landgestüt deutlich nachgezogen worden.

Laut Hengstverteilungsplan 2003 »Reitpferde« (einschl. der Veredlerrassen) sind im westfälischen Zuchtgebiet 73 Landbeschäler (insgesamt in NRW: 90 Ldb.) und 123 Privatbeschäler aufgestellt. Das Verhältnis war 1952, also vor 50 Jahren, ein deutlich anderes: In Westfalen standen 72 Landbeschäler und »nur« 56 »Private«. Sicherlich »hinken« solche Vergleiche und selbst die Zahlen für sich genommen bedürfen einer Interpretation, und doch: Die Privathengsthaltung hat in Westfalen bei zunehmendem Wettbewerb an Bedeutung zugenommen.

Demgegenüber hat das Landgestüt Warendorf bis heute seinen hohen Stellenwert für die Landeszucht erhalten, die Verdienste und Leistungen im Einzelnen aufzuzählen, ist in den letzten Jahren durch eine Reihe ausführlicher Publikationen (u.a. Michael Stoffregen-Büller »Heimat der Hengste«) geschehen. Das vorliegende Buch belegt und unterstreicht an vielen Stellen die Bedeutung des Landgestütes für das Entstehen und gute Gedeihen des Geburtstagskindes »Westfälisches Pferdestammbuch«. Zusammenfassend lässt sich sagen: Das Blutbild und die Vielfalt der westfälischen Reitpferdepopulation, der damit verbundene Erfolg und die Leistung der westfälischen »Jahrhundertpferde« sind entscheidend durch das Gestüt in Warendorf geprägt worden. Vor allem das Festhalten an einzelnen Hengsten oder deren Linien, besonders Geduld und Weitsicht, gepaart mit Beharrlichkeit, nie den kurzfristigen Erfolg suchend, immer das Ganze im Auge – dies sind die Stärken des Landgestüts.

Max Tüshaus, ein engagierter Privathengsthalter, war in der Kalt- und Warmblutzucht gleichermaßen erfolgreich.

Hengsthalter-Persönlichkeiten

Waren es in den ersten zwei bis drei Jahrzehnten des Bestehens des Pferdestammbuchs Männer wie Egon und Gustav Berghoff-Ising (Alfredshöhe bzw. Engar), Ewald Bischoff (Frohnhof bei Wolbeck), Louis Ottmann (Dörenthe) und die Familie Feldmann (Varlar bei Osterwick), so waren es aus der Riege der Privathengsthalter in den 40er und 50er Jahren herausragende Persönlichkeiten wie beispielsweise Karl Geßmann und Max Tüshaus, die wesentlich an der Gestaltung der Zucht mitwirkten.

Letzterer zuerst: Max Tüshaus besaß einen großen landwirtschaftlichen Betrieb mit angeschlossener Brennerei in der Bauernschaft Sölten bei Dorsten (Kreis Recklinghausen). Seit 1946 in verschiedenen Ehrenämter des Pferdestammbuches (stellvertretender Vorsitzender, Körkommission) sowie des Verbandes der Hengstzüchter und Eigenhengsthalter Westfalen, brachte er seine umfassende, über viele Jahrzehnte erworbene Erfahrung in die Verbandsarbeit ein. Seine züchterische Arbeit war auf das Kaltwie das Warmblut ausgerichtet und brachte ihm bereits 1927 erste Früchte ein: Die von ihm gezüchtete Kaltblutstute *Panne von Sölten* vertrat auf der DLG in Dortmund die westfälischen Farben; der 1944 geborene Kaltbluthengst *Honved* war 1946 bester Junghengst der Provinz und nahm zweimal an DLG-Ausstellungen teil. Nach erfolgreicher Zuchtlaufbahn in Westfalen wurde *Honved* von der zur damaligen Zeit größten und bedeutendsten Hengsthaltungsgenossenschaft Hollands, Venray, erworben. Eine weitere herausragende Pferdedame aus dem Stall Tüshaus wurde DLG-Siegerin: die Kaltblutstute *Hecke von Sölten*. Auch wenn Tüshaus in der Kaltblutzucht große Erfolge feierte, hing sein Herz mehr an der Warmblutzucht, deren Interessen er in dem »Kaltblutkreis« Recklinghausen vehement vertrat. Jahr für Jahr waren seine Warmbluthengste auf den Körungen in den Spitzenklassen vertreten. Hengste wie *Forsch* machten die Privatstation Tüshaus bekannt. In besonderer Erinnerung geblieben sind Hengste wie der im Arabertyp stehende *Winzer* vom Celler *Wacpan* (Enkel des *Fetysz* ox); dieser drahtige Veredler war sicherlich Anfang der 50er Jahre ein Wagnis und doch seiner Zeit voraus, seine Nachkommen waren sehr geschätzt, nicht zuletzt wegen ihrer hervorragenden Geschirrtugenden. Die von Max Tüshaus gezogenen Stuten waren nicht minder erfolgreich: die 3-jährige *Woge von Sölten* wurde Siegerstute auf der Westfalenschau 1954.

Einer der markantesten »Pferdeleute« in der 100-jährigen Geschichte des Pferdestammbuches war ohne Zweifel Karl Geßmann. Der 1891 in Appelhülsen geborene Geßmann gehörte schon in jungen Jahren zu den erfolgreichsten Warmblutzüchtern in Westfalen, schon 1919 stellte er erstmalig Hengste auf einer Körung vor: *Herm* hieß der *Herrscher*-Urenkel, der in der Kategorie »Edelzucht« an der Spitze stand, Mutter war die Geßmann'sche Stute *Corda von Appelhülsen* (sie führte das Blut der Celler *Colorist* und *Nord*). Er gehörte zu den ersten Züchtern, der aus den besten hannoverschen Stämmen Fohlen kaufte und auf seinem Hof aufzog.

Weit über 100 Hengste hat Geßmann im Laufe seines Lebens zu den westfälischen Körungen geführt, etwa 100 davon erhielten die Zuchtzulassung. Sicher die bedeutendsten waren *Feierabend, Halt II, Flitter I, Finder, Fortschritt, Almhüter, Almfürst, Fernflug II* und *Almschütze*. Hengste wie *Fernflug II, Almfürst* und *Almschütze* setzte Geßmann selber auf seiner Hengststation ein. Im Zuchtverband hat er Reihe von Ämtern bekleidet, neben dem Vorsitz in der Körkommission war er einige Jahre stellvertretender Vorsitzender des Pferdestammbuches.

Der Privathengsthalter Karl Geßmann (rechts) bekleidete viele Jahre lang Ehrenämter in Zucht und Sport.

Die Verbindung zur ländlichen Reiterei war bei ihm durch seine mehr als 25-jährige Tätigkeit als Vorsitzender des Kreisreiterverbandes Münster und als stellvertretender Vorsitzender des Provinzialverbandes westfälischer Reit- und Fahrvereine gegeben. Er gilt als einer der Schöpfer der glanzvollen Turniere in der Halle Münsterland.

Aus der jüngeren Geschichte des Pferdestammbuchs ist zu nennen: Das Hengsthalter-Ehepaar Elisabeth und Kunibert Münch ist ein Beispiel für Privathengsthaltung in der jüngeren Geschichte des Pferdestammbuches. Die beiden, die ohne Hochglanz-Prospekte über mehrere Jahrzehnte wirkten, prägten in dieser Zeit die westfälische Warmblutzucht entscheidend mit. Aus der Verbindung von Privathengst *Perseus* und der im hannoverschen Zuchtgebiet erworbenen *Duela* v. *Duellant* stammt *Pilatus*, der Vater der Welthengste *Pilot* und *Polydor*. *Pilatus*, selbst Reservesieger der Körung 1967, wurde zum Glücksfall für die aufstrebende Station am nördlichen Rand des Ruhrgebietes, in Datteln. Wenn es ihm auch selbst versagt blieb, Vater hochkarätiger Sportpferde zu werden, war die Enkel-Generation umso zahlreicher und sportlich ambitionierter. Von den vielen gekörten Söhnen des *Pilatus* stellten die Münchs selbst einige erfolgreich zur Körung vor.

Pilatus wirkte nicht als einziger Beschäler auf der Dattelner Station. Das Ehepaar Münch hielt stets ein beachtetes Hengstangebot für die Züchter bereit; Namen wie *Gold Dollar*, *Grande Gold*, *Pilot's As* und *Pont du Gard* sind fest mit dem Namen Münch verbunden. Zu jeder Zeit bevölkerte ein große Schar hochwertiger Zuchtstuten den Münch-Hof. Dies ist der Grund für eine Vielzahl selbst gezogener S-Pferde, die auf das eigene züchterische Konto der engagierten Privathengsthaltung Münch gehen. Mittlerweile haben sich die Münchs, die für ihr Lebenswerk den »Ramzes-Preis« des Westfälischen Reitervereins erhielten, aus dem aktiven Zuchtgeschehen zurückgezogen.

Im Nachfolgenden werden drei private westfälische Hengststationen beschrieben, die beispielhaft für die Vielzahl der kleinen und größeren privaten westfälischen Hengststationen stehen; sie verkörpern Tradition, die frühe Verbindung von Zucht und Sport und zugleich die Modernität der westfälischen Privathengsthaltung.

Hengststation Sandhowe in Ascheberg

Die nachweislich älteste Privathengststation Westfalens liegt im Hochzuchtgebiet südlich von Münster, in Ascheberg. Gerichtlichen Auseinandersetzungen zwischen seinen Vorfahren und denen seines Hofnachbarn verdankt der Privathengsthalter Heinrich Sandhowe eine aus dem Jahre 1778 stammende verstaubte Urkunde, in der der Nachbar Schadensersatz fordert, weil ein Kimmer'scher Hengst (alte Hofname Kimmer = heute Kemnaden Hof) seine Stute auf der Weide gedeckt hatte. Auch in anderer Beziehung ist der Hof Sandhowe geschichtsträchtig: Der Name Kemnade deutet unzweifelhaft auf das althochdeutsche »kemenate« oder »kamenate« hin, also ein Raum mit einem Kamin über der Feuerstätte, für die damalige Zeit aufwändig, daher ungewöhnlich und ein besonderer Hinweis auf die Bedeutung dieses Hofes, der auch für die untere Gerichtsbarkeit dieses Raumes zuständig war.

Die Bedeutung dieses Hofes im Hinblick auf die private Hengsthaltung in Westfalen setzte nicht erst mit Aufstellung der ersten Warmblüter (*Fuhrmann* und *Schweisser*) nach dem Zweiten Weltkrieg ein. Bereits in den Jahrzehnten davor waren die Sandhowes ständige Lieferanten für den Kaltblut-Hengstmarkt in Westfalen und

Die Ascheberger Station Sandhowe wurde 1992 mit dem »Ramzes-Preis« ausgezeichnet.

selber Kaltblut-Hengsthalter. So ist beispielsweise im »Verzeichnis der zum Ankauf, zur Körung und zur Prämierung angemeldeten Hengste 1915« in der Abteilung Arbeitsschlag ein gewisser *Monacco*, 1919 ein *Marengo* oder 1926 ein *Moloch* unter dem Namen Sandhowe vermerkt.

Doch spätestens als der letzte Kaltblüter, der mächtige Fuchs *Klemberg de Monteuville* v. *Krack*, Anfang der 70er Jahre den Hof verließ, waren es der Vollblüter *Papayer* xx und später *Bumerang* xx, die in der Umzüchtungsphase um die schweren Stuten der Nachbarschaft buhlten. Doch anfangs sah vieles nicht gerade nach einem Erfolg für Einkaufspolitik des Heinrich Sandhowe sen. aus. Nicht nur dass die Körkommission sich zunächst vornehm zurückhielt, auch die Züchter kommentierten oft zweifelnd: »Watt wills domet?« Doch Sandhowe, ein origineller wie begnadeter Pferdemann, ließ sich nicht beirren – und behielt Recht. Mit der *Almfreund*-Tochter *Arnika* v. *Eickenbeck* brachte *Papayer* xx in seinem 3. Jahrgang einen Hengst, der für Westfalen eine besondere Bedeutung erlangte: Ldb. *Paradox I*. Er war ein auffallender, bunter Fuchs und avancierte zu einem der gefragtesten Vererber Deutschlands. Sein Vollbruder *Paradox II*, Vater mehrerer gekörter Söhne und einer Vielzahl eingetragener Töchter, dabei viel schlichter als der bekanntere Bruder, kam auf die Sandhowe'sche Station und wirkte hier segensreich. Sportlich waren die *Papayer* xx-Kinder erfolgreich in allen Disziplinen: beispielsweise das international erfolgreiche Dressurpferd *Privatier*, der Militarycrack *Pacco* und natürlich die Ausnahme-Springstute *Panama*, die aus der eigenen Zucht stammte.

Ein weiteren Glücksgriff im Vollblut-Lager tat Sandhowe-Senior mit *Bumerang* xx, einem bestechend schönen wie kapitalem Vollblüter mit außergewöhnlichem Springvermögen. Das wohl bekannteste Produkt für das Viereck ist *Bombay*. Der bisher Letzte in der Reihe der Veredler ist der zwischenzeitlich bereits abgetretene *Rivellino* xx, ein *Rheingold* xx-Sohn, der sich im Laufe der Jahre große Beliebtheit erwarb.

Zwei Hengstnamen dürfen im Zusammenhang mit der Hengststation Sandhowe nicht vergessen werden: *Granit* (alias *Grannus*), entdeckt von Sandhowe-Senior, begann seine Karriere auf dem Kemnadenhof, ging nach kurzer Zeit schon an Heinrich Klatte sen., wo er seinen Siegeszug begann. Heute ist er aus den Blutlinien der Zuchtgebiete Hannovers und Oldenburgs nicht mehr wegzudenken. Seine Ausbeute in Westfalen: *Goby* (unter John Anderson WM-Achter 1986 in Aachen) oder *Imperial*, früher *Gigolo*, Weltcup-Pferd unter Rodrigo Pessoa. Selbst ein gekörter Sohn stammt aus dieser Zeit: *Gunter* (Ldb.) aus einer *Lucius* xx – *Rendant*-Mutter. Ein jüngerer *Grannus*-Sohn, *Giradelli*, verrichtet heute seinen Dienst als Beschäler bei Sandhowe-Junior und dann ist da *Goldberg* – der vielleicht beste Sohn des *Gotthard*, der leider nach erst vier Decksaisons bereits 1969 an Darmverschlingung einging. Großrahmig, wuchtig, mit bestechendem Gangvermögen, aber ein Schimmel, der jedoch kaum einen Anflug von Schönheit und Glanz erkennen ließ, kam direkt nach der Verdener Körung zu den Sandhowes. Trotz der nur wenigen Chancen, die ihm als Deckhengst geboten wurden, leistete er Unglaubliches: *Gaylord*, der aus der o.g. *Panama* (LGS über 60.000 DM) stammte und mit Hendrik Snoek Deutscher Meister 1977 wurde, und *Golden Gate*, Vollschwester zu *Gaylord*, internationales Springpferd unter Lutz Merkel und Wolfgang Brinkmann.

Auch als Pony-Hengsthalter machte sich der Senior einen Namen: *Top Navajo*, Sandhowes Ponyhengst der Extraklasse, wurde unter Reinhard Lütke-Harmann Bundeschampion der fünfjährigen Sprinponys.

Zur Zeit stehen vier Deckhengste auf der Station Sandhowe, die neben der Hengsthaltung auch Platz für Pensionspferde und Aufzucht bietet. Die Gesamtanlage umfasst neben Reithalle, Dressur- und Springplatz, rund 30 Boxen sowie vier Laufställe. Im Betrieb wird auf rund 32 ha eigenen Flächen plus Pachtland ausschließlich Heu gewonnen, Hafer und Stroh werden zugekauft. Heinrich Sandhowe jun., dessen Vater 1991 verstarb, sieht die Zukunft seines Betriebes gesichert: »Auch wenn sich im Laufe der letzten

Jahre die Bedingungen am Markt stark verändert haben, so bin ich doch zuversichtlich, dass unser traditionsreicher Betrieb auch auf lange Sicht durchaus eine Chance hat!«

Hengststation Ligges in Herbern

Als Fritz Ligges, der international anerkannte Horseman und Begründer der im folgenden beschriebenen Hengststation vor rund zehn Jahren einmal gefragt wurde, ob es für ihn unterschiedliche Wünsche an eine Zuchtstute aus der Sicht des Reiters und des Züchters gebe, antwortete er kurz und knapp wie es seine Art war: »... Ich wünsche mir eine Zuchtstute, die wie ein Sportpferd ist, also muskulös, aufmerksam, leichtfüßig und vor allem gut zu reiten ...!« Und auf die Frage, ob es von Vorteil sei, wenn Hengste erfolgreich sporterprobt sind, antwortete Ligges: »Für mich ist der sportliche Einsatz von Hengsten Programm!«

Diese Aussagen sind noch heute Leitfaden für eine Station, die als eine der ersten junge Hengste vor dem Zuchteinsatz ins Sportexamen schickte. Ihren Anfang nahm die Station Ligges im Dortmunder Ortsteil Asseln, wo Ligges den elterlichen Hof übernahm, der jedoch Ende der 70er Jahre infolge einer Gewerbeansiedlung weichen musste und nach Herbern im südlichen Münsterland umzog. Von Anfang an dabei war *Ramiro*, jener Holsteiner *Ramzes*-Enkel, der wie kaum ein anderer Hengst internationale Sport- und Zuchtgeschichte schrieb.

Nach dem Verkauf von *Ramiro* in die Niederlande, waren es Hengste wie *Faisal*, *Gonfaron*, *Ramiro Son*, *Renard* oder *Ribot*, die das Bild dieser Privatstation prägten. Auch Vollblüter setzte Ligges ein, beispielsweise *Vif Argent* xx, einen *Horstherbert* xx-Sohn mit einem GAG von 97 auf der Flachen und über Hindernisse.

Ramiro, den er von seinem väterlichen Freund Baron von Nagel erworben hatte, paarte er mit Stuten an, die selbst Meriten im Sport erworben hatten: So brachte *Usch* v. *Usurpator* xx, mit Ulrike Ligges ländlich erfolgreich in M-Springen und -Dressur, mit *Ramiro* den hoch erfolgreichen *Rodney* oder seine Vollschwester *Ranaschun*, die Mutter der Privathengste *Portland* L, jene einzigartige Kombination *Pilot* und *Ramiro*, HLP-Sieger *Gameton* und *Lapaz*, Nationenpreispferd unter dem Dänen Bo Möller. Weitere Beispiele dieser Zuchtphilosophie, Leistungspferde mit leistungsgeprüften Eltern zu züchten, ist beispielsweise *Pik Dame* (von *Pik König*). Selbst in internationalen Springchampionaten erfolgreich, brachte sie mit Ribot den gekörten Sohn *Richmond L*. Aus der Anpaarung *Pik Dame* x *Rodney* entstanden Kinder, die noch heute erfolgreich in S-Springprüfungen glänzen. Oder *Golden Girl*, jene *Goldlack*-Tochter, die, ebenfalls mit *Rodney* verbunden, das S-Springpferd *Ray* brachte.

Der heutige Betriebsinhaber Kai Ligges, der nach dem Tod seines Vaters 1996 den großen und erfolgreichen Pferdebetrieb übernahm, führt ihn – angepasst an die sich ständig verändernde Marktsituation – mit gleicher Intention weiter. Auch die Standbeine des Ligges-Hofes, Deckstation, Aufzucht, Ausbildung und Verkauf, werden wie gehabt fortgeführt. Die eigene Reiterei (»Meine größten Erfolge waren der 3. Platz im Nationenpreis in Budapest 1996 und die beiden Bronzemedaillen mit *Dinard L* beim Bundeschampionat 1993 und 1994!«) kam in den letzten Jahren bedingt durch die Leitung des Betriebes (drei fest angestellte Mitarbeiter sowie fünf Auszubildende) für den Träger des goldenen Reitabzeichens zu kurz. Das sieht Kai Ligges nüchtern: »Ein 60-ha-Hof, mit den dazugehörigen -

Der unvergessene Fritz Ligges im Sattel der *Ramiro*-Tochter *Fatinitza*

baulichen Einrichtungen wie zwei Reithallen, ca. 70 Boxen, mehreren Laufställen, der Besamungsstation und dem vorhandenen Personal führt man nicht nebenbei!«

Auf Station standen 2002 vier Hengste, gezüchtet und eingesetzt nach Ligges'schem Konzept, einem Konzept, welches heute mehr denn je ein wesentlicher Bestandteil der westfälischen Zucht geworden ist.

Hengststation Holkenbrink in Münster-Albachten

Von der Deckstelle Holkenbrink in Münster-Albachten sprach Ende der 70er-Jahre noch niemand, wohl aber schon von Wilhelm Holkenbrink jun., der zu dieser Zeit einer der erfolgreichsten Ponyreiter in Westfalen war. National wie international schlug er sich wacker und wurde schließlich Europameister und zweimal Deutscher Meister mit der *Billy Boy*-Tochter *Bunette*. Diese sporterfolgreiche Ponystute brachte der Familie Holkenbrink u.a. zwei zucht- und sportbewährte Söhne: *Nedo I* und *Nedo II*. Der Erstgenannte war Prämienhengst und ging an Melanie Jankord, die mit ihm zweimal Europameister wurde. Die Nr. 2 der *Nedos*-Brüder wurde gar Siegerhengst seines Körjahrgangs und hat selbst das Bundeschampionat in seiner Klasse gewonnen. Er bildete die Grundlage für die Hengststation, die er 1980 als Erster besetzte. Bis dahin hatten die Holkenbrinks, die 1940 wegen des geplanten Militärflugplatzes von Handorf nach Albachten umgesiedelt wurden, traditionelle Landwirtschaft betrieben.

Dabei hatte die stadtnahe Lage des Hofes sich stets mit Vor- und Nachteilen ausgewirkt. Von Vorteil ist auch heute noch die Reitanlage des örtlichen Reitervereins, die sich auf dem Hofgelände befindet. Mit der im Jahre 1996 errichteten Reithalle (25 x 61 m) der Holkenbrinks ist hier ein reitsportliches Zentrum der Extraklasse entstanden, was im Umfeld seinesgleichen sucht. Auf dem Hof, der neben der Hengsthaltung vor allem die Aufzucht, Ausbildung junger Pferde und die Pensionspferdehaltung betreibt, stehen zwischen 140 bis 160 Pferde in annähernd hundert Boxen und mehreren geräumigen Laufställen.

Doch zurück zur Entstehung: Der Durchbruch im Warmblut-Bereich kam auf der 83er Körung mit *Renoir I*, der bereits zwei Jahre zuvor als Fohlen von *Martha Ostrop* (Uedem) gekauft worden war und mit großem Jubel hinter Fernblick als Reservesieger die Halle verließ. Dieser *Romadour II*-Sohn entstammte einer renommierten Stutenfamilie, die auf die Stammstute *Aklaia*, eine Tochter des Trakehners *Abendregen*, zurückgeht. Vom Fleck weg erhielt *Renoir I* guten Zuspruch, nebenher sammelte er selbst eine Reihe goldener Schleifen, was bis heute auch für eine Vielzahl seiner Kinder gilt.

Für das Renommee der Station spielten im Laufe der Zeit mehrere Hengste eine bedeutende Rolle: z.B. *Carte D'or*, der anlässlich der Holsteiner Hauptkörung verletzungsbedingt ausfiel und wohl nur durch das konsequente Durchgreifen von Holkenbrink-Junior am Ende nach Westfalen kam. Die Züchter waren begeistert und in den ersten beiden Deckjahren kamen gleich zwei Hundertschaften Stuten. Dies war am Ende nur dank der Besamungsstation möglich, die seit Ende der 80er Jahre auf dem Hof eingerichtet ist.

Es folgten weitere Hengste der Sonderklasse: *Casaretto*, *Dunhill H*, *Danny de Vito* (der auf der PSI von Wilhelm Holkenbrink ersteigert wurde), *Rockwell* (ein *Ramiro*-Enkel mit Dressur und Spring-Veranlagung) oder *Show Star* (der Bundeschampion).

Zu den Maximen des Hengsthalters aus Albachten gehört es, seine Hengststation mit größtmöglicher Professionalität und Rentabilität zu führen, dabei immer den Markt und das Zuchtgeschehen im Auge zu behalten und immer auf der Suche nach dem Blut zu sein, das uns in der westfälischen Zucht weiterhilft, die Rittigkeit, die Sportlichkeit zu verbessern.

In der Frage, des Einsatzes von Vollblut ist er strikt: »Ich würde gern auch mal einen Vollblüter für meine Züchter kaufen, aber es muss der Richtige sein, den zu finden war früher bei den schweren rahmigen Stuten sicherlich leichter.«

Wilhelm Holkenbrink jun., der den elterlichen Betrieb seit 1995 führt, erhält Unterstützung von zwei fest angestellten Mitarbeitern, sonst wäre auch die Erledigung berufsständischer Aufgaben (er ist u.a. Sprecher der westfälischen Privathengsthalter) nicht möglich. Eher ein Abfallprodukt ist dabei die Quadrille der westfälischen Privathengsthalter, die bereits ihre Feuertaufe vor großem Publikum (u.a. auf dem Turnier der Sieger) hinter sich hat. Holkenbrink meint dazu: »Dies ist etwas für den Zusammenhalt untereinander, letztendlich zum Wohle der westfälischen Pferdezucht!«

Gestüt Vornholz und Baron Clemens Nagel

Erfolge und Visionen eines genialen Pferdemannes

Wenn das westfälische Pferdestammbuch 100 Jahre alt wird, sind es noch keine 30 Jahre her, dass eine deutsche, eine westfälische Zuchtstätte aufgehört hat zu existieren, deren Besitzer eine bis heute unerreichte Erfolgsgeschichte geschrieben hat.

Mit Clemens Freiherr von Nagel-Doornick, dem genialen und weitsichtigen Pferdemann, einem Mann mit Ideen, Visionen und wirtschaftlichen Unabhängigkeit, ist die erfolgreichste deutsche Sportpferdezucht des vorigen Jahrhunderts verbunden. Der Vornholzer Zucht entstammten fünf Olympiapferde, *Adular*, *Afrika*, *Chronist* xx, *Mariano* und *Robin*, wie auch der Warendorfer Landbeschäler *Radetzky*. Hier standen herausragende Hengste wie *Ramzes*, *Pernod* xx und *Ramiro* sowie Stuten wie *Meerfahrt* und *Malta*. Im ersten Jahrzehnt nach dem Krieg beherbergte Vornholz auch eine der besten Ausbildungsstätten des Lande; hier wirkten Otto Lörke und sein Schüler Willi Schultheis, sodass auch von der »Hochschule der Deutschen Reitkunst« gesprochen wurde. In Vornholz wurde die Olympiamannschaft für die Spiele in Helsinki 1952 geschmiedet, bei denen Heinz Pollay auf *Adular*, Ida von Nagel auf *Afrika* (die Schwester Clemens von Nagels) und Fritz Thiedemann auf *Chronist* xx die Bronzemedaille gewannen. Der Turniersport, nach dem Krieg wie alles andere auch am Boden, erlebte in Vornholz seine ersten Neuanfänge, mit Reitern nicht nur aus ganz Deutschland, sondern

links unten:
Baron Nagel mit *Ramzes*

rechts oben:
Vornholz-Stute *Malta*

rechts unten:
Schloss Vornholz

auch mit Angehörigen der alliierten Streitkräfte – gewissermaßen eine Völkerverbindung der ersten Stunde. Im Rahmen dieser Turniere, den Vorläufern des späteren »Turniers der Sieger« in Münster, wurden Große Dressurprüfungen, Große Vielseitigkeitsprüfungen (Military) und Große Jagdspringen bis Klasse S abgehalten, ausgestattet mit für die damalige Zeit stattlichen Gewinngeldern. So gab es in den S-Prüfungen des Jahres 1947 1.200 Mark zu gewinnen.

Die Wasserburg Vornholz, etwa 35 km südöstlich von Münster bei Oelde gelegen, wurde 1666 von einem Vorfahren des Clemens von Nagel errichtet. Die Pferdetradition war fest in der Familie verankert; sein Vater Paul von Nagel war Landstallmeister von Wickrath, Beberbeck und Warendorf. Clemens von Nagel erbte den Besitz Vornholz 1935 von seinem Onkel August. Er selbst war in Hessen (Beberbeck) aufgewachsen, in Bayern zur Schule gegangen, nach dem Abitur als Berufsoffizier im Hunderttausend-Mann-Heer ins Reiterregiment 4 in Potsdam eingetreten und von dort mehrmals an die Kavallerieschule Hannover abkommandiert worden. Während des Zweiten Weltkrieges wurde Baron Nagel in die von Gustav Rau geleitete preußische Heeresgestütsverwaltung versetzt und mit der Leitung des unter preußischer Verwaltung stehenden polnischen Hauptgestüts Racot beauftragt. Weit gereist in Sachen Pferde, Zucht und Sport, besaß er also eine ausgezeichnete Kenntnis der kleinen hippologischen Details wie auch der großen hippologischen Zusammenhänge, der verschiedene Rassen und deren Zuchtgebiete, auf nationalem wie auf internationalem Sektor. Sein Ideal war immer das Leistungspferd, ob Vollblüter, ob Vornholzer auf der Grundlage des Beberbecker Pferdes, ob Holsteiner oder französisch geprägt. Die Ausbildung dieser Pferde durch die besten Trainer und Reiter und ihre Vorstellung auf Turnieren war für ihn zugleich die wichtigste Zuchtleistungsprüfung.

Vollblut aus Tradition

Sofort nach Übernahme des Besitzes im Jahre 1935 begann Clemens von Nagel seine pferdezüchterischen Aktivitäten, zunächst mit Vollblütern. Diese sollten in Hindernisrennen und im Springsport durch Amateurreiter präsentiert werden. Auf Empfehlung von Oberst Hans Jay, damals Leiter des Rennstalles der Kavallerieschule Hannover, kaufte von Nagel den rennbewährten Vollbluthengst *Marcellus* xx, der über seinen Vorfahren *Le Sancy* xx eine gehörige Portion Springveranlagung mitbekommen hatte. Zu den ersten Stuten zählte die schöne und harmonische *Perlenreihe* xx (v. *Anakreon* xx). Aus der Verbindung mit *Marcellus* xx fiel als Erstling *Perpetua* xx, die trotz der widrigen Kriegsumstände auf der Rennbahn 80.000 Reichsmark gewann. Der ein Jahr später geborene Vollbruder *Pernod* xx gewann immerhin 40.000 Reichsmark und errang – das ist noch bemerkenswerter – unter Willi Schultheis mehr als 70 Siege in Dressurprüfungen der Klasse M und S. Erst 15-jährig wurde *Pernod* xx als Deckhengst eingesetzt und war dabei nicht minder erfolgreich. Bekannte Dressurpferde wie *Puschkin*, *Macbeth*, *Piccolo* und *Prunus* sowie der »vielseitige« *Puschkyn* gehen auf sein Konto.

Bedingt durch die Auflösung der Armeerennställe nach dem Weltkrieg schloss Baron Nagel das Kapitel »Vollblutzucht und -sport« – zum großen Bedauern einiger bekannter Vollblutleute jener Zeit. Aber von Nagel hatte nun eine Idee, die ihn nicht mehr losließ: die Zucht eines großrahmigen, dem englischen Hunter ähnlichen Leistungspferdes. Geleitet wurde er dabei durch seine frühen Erfahrungen mit den stahlharten Beberbeckern, mit denen er als Sohn des Landstallmeisters seine Jugend verbracht hatte. Das Hauptgestüt Beberbeck war 1929 im Zuge der allgemeinen Gestütsverminderung aufgelöst und an den polnischen Staat verkauft worden; Beberbeck war berühmt für seine stahlharten, hoch im Blut stehenden, qualitätvollen Leistungspferde.

Stahlharte Beberbecker x edle hannoversche Stuten = das Vornholzer Pferd

Durch den Ankauf einiger hannoverscher Stuten, teilweise mit Beberbecker Blutanteil, wie *Altdeutsche* v. *Alsterpreis* – *Schumann*, *Finnländerin* v. *Flirt* – *Kirkland*, *Trendelburg* v. *Thronerbe* (Beberb.) – *Kirkland* und *Anlage* v. *Anlauf* (Beberb.) – *Honking*, baute sich Clemens von Nagel eine hierfür geeignete, kleine Stutenherde auf. Als Partner stellte er ihnen einen Rapphengst im Typ des harten rahmigen Hunters zur Seite: *Oxyd*, der außer in Beberbeck auch viele Jahre in Ostpreußen gewirkt hatte. Baron Nagel schätzte diesen Sohn des Ostpreußen *Irrlehrer* (v. *Perfectionist* xx) aufgrund seiner Blutführung und seiner Qualitäten. Der Hengst wird als sehr ausdrucksvoll, tief und mit wundervollen Bewegungen beschrieben. Die Verbindung der ausgesuchten hannoverschen Stuten mit Beberbecker Blut durch *Oxyd* und einem Überguss englischen Vollbluts schuf einen Pferdetyp, der als Vornholzer Pferd Geschichte geschrieben hat.

Oxyd wurde zu einem bedeutenden Stützpfeiler dieser Schmiede für Sportpferde, denn durch seine Nachkommen begann nun für die Zuchtstätte Vornholz eine Ära des sportlichen Erfolgs: Vornholzer Pferde zogen ausgebildet und vorgestellt durch Lörke, Schultheis und Ida von Nagel von Turnier zu Turnier, von Sieg zu Sieg. Alle Pferde der bundesdeutschen Dressurequipe, die Bronze gewann, stammten aus der Vornholzer Zucht: *Adular* v. *Oxyd*, *Afrika* v. *Oxyd* und der *Marcellus* xx-Sohn *Chronist* xx – ein nie da gewesener und so leicht nicht wiederholbarer Triumph durch eine einzige Zuchtstätte. Nur durch eine plötzlich aufgetretene Lahmheit wiederholte sich dieser spektakuläre Erfolg der Vornholz'schen Zucht vier Jahre später in Stockholm nicht – *Chronist* xx, vorgesehen für Hannelore Weygand, musste durch den Trakehner *Perkunos* ersetzt werden, aber die beiden *Oxyd*-Nachkommen *Adular* (jetzt unter Liselott Linsenhoff) und *Afrika* (jetzt mit Anneliese Küppers) halfen die Mannschafts-Silbermedaille zu sichern. *Adular* schaffte mit seiner Reiterin sogar Einzelbronze.

Die Töchter *Oxyds* bildeten den Grundstock zum Erfolg seines Nachfolgers, des *Anglo*-Arabers *Ramzes*, der auch aus heutiger Sicht von vielen Fachleuten als einer der bedeutendsten Leistungsvererber der deutschen Warmblutzucht nach dem Zweiten Weltkrieg angesehen wird.

Infolge des altersbedingten Ausscheidens der Vornholzer Hengste *Marcellus* xx, *Oxyd* und *Pernod* xx sowie durch den Weggang des Ausbilder-Gespanns Lörke/Schultheis richtete Baron Nagel sein Augenmerk stärker auf den zum damaligen Zeitpunkt noch recht kleinen Springstall. Mit dem Ankauf der polnischen Schimmel-Hengste *Ramzes* und *Krol Walca* steckte der Baron eines neues Ziel für seine Zucht. *Ramzes* und *Krol Walca* gingen beide auf den Springblut vererbenden *Rittersporn* xx zurück, der diese Qualität wiederum von dem französischen Springpferdevererber *Le Sancy* xx ererbt hat. Die Leistungen des *Ramzes* sind ausführlich in seinem Porträt (siehe Seite 78) beschrieben. *Krol Walca*, ein etwas derber Dunkelschimmel, stammte vom Vollblüter *Jantos* xx, der in Racot gewirkt hatte. *Krol Walcas* Mutter *Warszawianka* war ohne Zweifel das erfolgreichste Springpferd Polens in den 20er und 30er Jahren, nahm an den Olympischen Spielen 1936 in Berlin teil. *Krol Walca* stand immer ein wenig im Schatten von *Ramzes* und wurde vornehmlich für die eigenen Vornholzer Stuten benutzt; unter anderem brachte er das Springpferd *Feuerdorn* (H.G. Winkler).

Ramzes brachte nach seinem Sporteinsatz in den Zuchten Holsteins (Springspferde) und Westfalens (Dressurpferde) eine Reihe herausragender Sportpferde. Die größte züchterische Bedeutung in Westfalen erlangte *Radetzky* aus der *Malta* (v. dem Beberbecker Rapphengst *Oxyd* a.d. *Meerfahrt* v. *Meleager*), ein Vollbruder zu *Mariano*, ein Hengst, der ohne Übertreibung in seiner Wirkung mit Beschälern wie *Duellant* oder *Abglanz* in Hannover zu vergleichen ist.

Holsteiner Stuten, geadelt mit Edelblut

Die Erfolge der »*Ramzes*-Expedition« im Bundesland zwischen den Meeren ließ Clemens von Nagel, diesen von der Norm abweichenden, genialen Horseman, dem das Brandzeichen nie zur Ersatzreligion geworden war, schnell umdenken. In den 50er Jahren, als durch die unaufhaltsame Motorisierung in der Landwirtschaft die schweren Holsteiner alten Schlags verschwanden, kaufte Clemens von Nagel gezielt einige dieser Stuten aus bewährten Springstämmen. Er war überzeugt, dass eine edle Sportpferdezucht ein gewisses Maß an Substanz und

Kaliber benötigt; dies schien ihm durch die kalibrigen Stuten »mit den gemeißelten Köpfen auf Wikingerhälsen« (Gustav Rau) gewährleistet. Gleichzeitig mit diesen Stuten kaufte er den Landbeschäler *Herold* v. *Herder – Makler I* vom damals kurz vor der Schließung stehenden Landgestüt Traventhal. *Herold* war ein Erhalterhengst alten Typs, der in Holstein »unmodern« geworden war, und führte gehäuft das Springblut der holsteinischen *Favorit – Tobias*-Linie.

Clemens von Nagels neues Konzept lautete nun: Verankerung des natürlichen Springvermögens, der Springfreudigkeit, Leistungsbereitschaft und Unverdrossenheit des Holsteiners in der Vornholzer Zucht auf drei Wegen, einmal durch holsteinische »Reinzucht«, durch die Kombination der angekauften Holsteiner Stuten mit *Herold*, zweitens durch Anpaarung dieser Stuten mit Veredler-Hengsten wie *Ramzes* und Vollblütern wie *Usurpator* xx und drittens – umgekehrt – Anpaarung der Altvornholzer Stuten mit *Herold*. Aus diesen Kombinationen entstanden im Laufe der nächsten Jahre Pferde, die dem Gestüt neue sportliche und züchterische Erfolge brachten. Besonders hervorgetan haben sich als Mutterstuten die selbst sporterfolgreiche *Heideblume* v. *Heidebauer – Loretto – Heinitz*, Mutter des Goldmedaillenpferdes *Robin* v. *Ramzes* und weiterer S-erfolgreicher Nachkommen; *Nachtrose* von *Fangball – Loretto – Lorenz*, Mutter des in Westfalen erfolgreichen Deckhengstes *Roderich* v. *Ramzes*; *Laute* von *Fanatiker – Nubier – Neptun*, Mutter des Vornholzer Vererbers *Romanow* v. *Ramiro*; und *Pomeranze* v. *Löwenjäger*, Mutter des international erfolgreichen Springpferdes *Fatinitza* v. *Ramiro*.

Ein besonderer Glücksgriff gelang Baron Nagel mit dem Kauf der Stute *Valine* v. *Cottage Son* xx – *Logenschließer – Favorit*, die tragend nach Westfalen kam und hier im Mai 1964 ein Hengstfohlen von *Raimond* (v. *Ramzes*) bekam: *Ramiro* war eine Hengstlegende mit Weltformat und ein Sportpferd mit Ausnahmequalitäten, aber auch ein Streitpunkt zwischen dem westfälischen Zuchtverband und dem Besitzer, der sich unerfreuerlichweise über viele Jahre hinzog, sodass zu Recht die Frage gestellt werden darf: Was hätte dieser Hengst in Westfalen bewirkt, wenn seine Möglichkeiten von Anfang in vollem Umfang durch eine breite Züchterschaft hätten genutzt werden können?

Leistung à la France

In den 70er Jahren stand der Vornholzer Gestütsherr vor der Aufgabe, die zu enge Blutbasis seiner Zucht zu erweitern, denn die eingesetzten Stuten führten ein- oder mehrfach *Ramzes*-Blut. Um sich nicht der Gefahr der Inzucht auszusetzen, durfte nur beschränkt weiteres R-Blut über seinen Enkel *Ramiro* und dessen Sohn *Romanow* eingebracht werden. Baron Nagel erinnerte sich an die gute Wirkung anglo-arabischen Blut in seiner Zucht und in Leistungszuchten überhaupt. Er erwarb den großrahmigen anglo-arabischen Vollblüter *Kallistos* x, geb. 1970, der als Sohn des Arabers *Djerba Qua* ox und der *Keseybiss*, einer springgeprüften Hauptgestütsstute in Pompadour, Nachfahre einer im Renn- und Hindernissport renommierten Familie ist. Die Entscheidung war erwartungsgemäß richtig: Kinder (aus Vornholzer Zeit wie auch aus dem späteren Einsatz bei Familie Lackner in Borgholzhausen) dieses Schwarzbraunen machten vom Fleck weg im Sport auf sich aufmerksam. Mütter dieser Sportler waren meist Töchter des *Ramiro*! Erfolgspferde wie *Korsar* (Fritz Ligges) und *Kaktus* sowie *Kalypso* (Ulrich Meyer zu Bexten) belegten die Richtigkeit dieses züchterischen Konzeptes.

Das letzte Kapitel der Vornholzer Zucht schließlich schrieb noch einmal ein Holsteiner. Vierzehn Tage vor seinem Tode einigte sich Clemens von Nagel mit dem damaligen Geschäftsführer des Holsteiner Verbandes, Johann Maas Hell, über die Anpachtung eines Junghengstes. Es handelte sich um keinen anderen als *Caletto I* v. *Cor da la Bryere*, der seinen ersten Deckeinsatz als junger, unbekannter und nicht unumstrittener Hengst in Vornholz begann. Das Westfälische Pferdestammbuch verweigerte ihm die Anerkennung, aber die fünf Stutfohlen, die er in dieser halben Saison produzierte, gingen ihren Weg: als Siegerstute der Dreijährigen, als Sportpferd oder als Stammutter von Erfolgspferden. *Caletto I*, selbst unter Michael Rüping championats-erfolgreich, steht heute in jeder Zuchtwertschätzung ganz oben.

Clemens Freiherr von Nagel-Doornick blieb keine Zeit mitzuerleben, wie richtig auch diese von ihm eingeleitete fünfte Phase für das züchterische Gesamtkonzept seines in Westfalen, ja in Deutschland einmaligen Privatgestütes der Leistungspferdezucht war.

Er starb 1977. Der Gestütsbetrieb wurde eingestellt, der Pferdebestand wurde fast gänzlich verkauft. Geblieben sind vor allem die vielen Spuren der Hengste *Ramzes*, *Radetzky* und *Ramiro* oder der Stuten, wie *Adria*, die über ihren *Pluchino* xx-Sohn *Perseus* und dessen Sohn *Pilatus* Urgroßmutter der Welthengste *Pilot* und *Polydor* wurde – alles Pferde, die Westfalens Zucht Weltgeltung verschafft haben.

Stutenfamilien sind das Rückgrat der westfälischen Warmblutzucht

In der Entwicklungsgeschichte landwirtschaftlicher Nutztierrassen wie der Pferde stellt in den letzten Jahrhunderten die Beobachtung von Blutlinien, also der von einem Stammtier generationsweise ableitbaren Nachkommenschaft, einen wesentlichen Züchtungsfaktor dar.

Im Hinblick auf die Tatsache, dass die in der Pferdezucht eingesetzten Hengste zahlenmäßigerheblich mehr Nachkommen aufzuweisenhaben als die Stuten, hat man gerade den männlichen Blutlinien (Hengstlinien) in einzelnen Zuchtgebieten eine große Bedeutung beigemessen.

Wegen dieser nicht zu leugnenden Tatsache ist man häufig geneigt, Erfolg, aber vor allem Misserfolg den Vatertieren anzulasten. Dabei wird oft vergessen, dass auch die Stuten eines Zuchtgebietes wesentlich dazu beitragen, eine Zucht abzusichern. Die beste Gewähr bieten die Stuten, die aus durchgezüchteten Familien stammen. Die erbsichere Familie ist für jede Zucht das qualitätserhaltende Element.

Die Stutenfamilie, die sich durch ausreichende Fruchtbarkeit und gleichmäßig gute Vererbung auszeichnet, ist das Leistungsfundament einer jeden Zucht, die beste Voraussetzung für eine wirtschaftlich auskömmliche Zucht und für jeden Hengst die unbedingt erforderliche züchterische Unterlage. Bedeutsam sind dabei Passereffekte, wo Hengst und Stute züchterisch miteinander harmonieren. Hierfür gibt es in Westfalen, wie in der Beschreibung der nachfolgenden Familien deutlich wird, eine Reihe von Beispielen.

In der westfälischen Zucht hat man, ohne die weiblichen Familien systematisch zu erfassen, die Bedeutung dieser über die Stuten miteinander verwandten Gruppen zu jeder Zeit hoch eingeschätzt.

Bis heute haben sich auf einer Reihe vor allem bäuerlicher Züchterhöfe in Westfalen Stutenfamilien, die oft auch hier ihren Anfang nahmen, erhalten und weiter entwickelt. Früher versahen die Stuten tagtäglich ihren Dienst im Geschirr, dienten am Wochenende dem Sohn des Bauern als Reit- oder sogar Turnierpferd und brachten jedes Jahr dem Züchter noch ein gesundes Fohlen. Diese »lebenslange Dauerleistungsprüfung« war eine hervorragende Bewährung und ein geeignetes Selektionsmittel, denn letztlich blieb nur die Stute auf dem Hof und in der Zucht, die diese Prüfung in der täglichen Praxis bestand. Von diesem Pool nützlicher Eigenschaften und Merkmale partizipiert noch heute die westfälische Zucht, und auch wenn infolge Technisierung und damit verbundener Zuchtzielumstellung die tägliche Feldarbeit vom Arbeitsplan gestrichen ist, findet die Überprüfung von Charakter und reiterlicher Eignung, der Leistungsbereitschaft und des Leistungsvermögens einer Stute mit Mitteln wie beispielsweise Stutenprüfung oder Turnierteilnahme um so intensiver statt.

Aufgrund der Züchterstrukturen (mehr als die Hälfte aller Züchter halten nur eine Stute, bedeutend weniger halten zwei und mehr Stuten für die Zucht) ist die zusammenhängende Darstellung von Stutenfamilien oft aufwändiger, da durch diese Umstände die Töchter einer Familie durch Verkauf auf mehrere Züchter verteilt sind. Durch umfangreiche Datenbestände und moderne Kommunikationsmethoden ist dies heute kein Problem mehr. Für die westfälische Zucht ist jedoch der Totalverlust der umfassenden Karteien und Aufschreibungen im Zweiten Weltkrieg besonders bedauerlich. Manche Stutenfamilie, deren Bestand und Leistung ab Kriegsende gut dokumentiert ist, ist oft älter, als in den nachfolgenden Beispielen dargestellt.

Da der Geburtstag des westfälischen Zuchtverbandes Anlass ist, die Arbeit der passionierten Züchter und ihrer Familien darzustellen, soll der Beschreibung von drei ausgesuchten Stutenfamilien (weitere sollen in einer gesonderten Publikation vorgestellt werden) auf den nächsten Seiten Platz eingeräumt und sie dadurch gewürdigt werden.

Die Familie der Helferin von Lanhausen (Schnitker-Pöhling)

Die Geschichte dieser Stutenfamilie beginnt in der Nähe von Bremerhaven, genauer gesagt in Lanhausen. Dort kaufte Franz Schnitker-Pöhling aus Overhagen bei Lippstadt für seinen Vetter, den Zementfabrikanten Karl Seibel, 1931 eine dunkelbraune Stute (geb. 1927) vom über 80 Jahre alten Hansing, dessen Familie zu den ältesten Züchterfamilien im hannoverschen Zuchtgebiet gehört. Aus einem anderen Hansing'schen Stamm kommen die großen Vererber *Ferdinand* und *Nelusko*. Dass der Kauf dieser wertvollen Stute überhaupt möglich war, verdankte Franz Schnitker-Pöhling dem Umstand, dass die Braune, nachdem sie drei Nächte hintereinander über die Flettgräben gesprungen war (Zäune gab es auf der Luneplatte bei Bremerhaven nicht), drei Kilometer von der Heimatwiese entfernt wieder eingefangen werden konnte.

Ihre Abstammung ist: *Helgoland* x *Königsadler – Amtmann – Isachar – Jalani*. Der hannoversche Linienbegründer *Helgoland* ist über seine Mutter *Arfella* v. *Aland* in der 3./3. Generation auf den bewährten *Adeptus* xx-Sohn *Alnok* ingezogen. Der harte *Colorist* tritt in der gleichen Generation auf. *Helgoland* lieferte trotz gewisser Mängel korrekte, gut fundamentierte und gangfreudige Charakterpferde. Für Hannover war er kein großer Hengstlieferant, für seinen in Westfalen wirkenden Sohn *Halt II* gilt das Gegenteil:

Er wurde 13facher Hengstvater und war bei den hiesigen Züchtern sehr beliebt. Muttervater *Königsadler* ist Enkel des für Hannover so bedeutsamen *King*, der über seine männlichen Nachkommen in Westfalen wenig bewirkte, dafür über die von ihm geprägten Töchter eine gewisse Bedeutung erlangte.

Einige Worte zur Person Franz Schnitker-Pöhlings: Er wurde 1898 in Lippstadt-Overhagen geboren, wo er zeitlebens auf dem dortigen elterlichen Hof, der erstmalig 1268 urkundlich erwähnt wird, lebte. Schnitker-Pöhling, der 1998 hundertjährig verstarb, war ein sehr erfolgreicher Springreiter: So errang er 1926 den Wanderehrenpreis, das Silberne Pferd (jetzt im Pferdemuseum Münster) des Kreises Lippstadt nach dreimalig gewonnener Kreismeisterschaft. Er war 65 Jahre Vorsitzender des Reitervereins »Horn-Overhagen«.

Bei der Registrierung 1935 in Westfalen erhielt die von Schnitker-Pöhling erworbene Stute (sie führte damals ihre Tochter *Maritta* bei Fuß) die Reg. Nr. 2122 und den Namen *Helferin von Lanhausen*. Schon damals brillierte sie mit über-

Franz Schnitker-Pöhling war nicht nur ein erfolgreicher Züchter, 1950 gewann er mit seiner *Fidelia* v. *Friedländer* das »Blaue Band von Westfalen«. Hier gratuliert der damalige NRW-Landwirtschaftsminister Heinrich Lübke.

ragenden Bewegungen, einem unerschütterlichen Temperament und dem zu damaliger Zeit ungewöhnlichen Stockmaß von 1,68 m auf Kreis- und Westfalenschauen.

In Verbindung mit dem dunkelbraunen Landbeschäler und *Feiner Kerl*-Sohn *Fesch*, der auf der Mutterseite bewährtes *Schwabenstreich*-Blut führte, brachte *Helferin* herausragende Töchter: St.Pr.St. *Feta* und *Fee von Overhagen*. Eine weitere Tochter ist die o.g. St.Pr.St. *Maritta* v. *Markulf*, ein Sohn des ostpreußisch gezogenen *Marocco*. Mit dem Ldb. *Friedländer* (aus der *Flick*-Linie) entstand der Ldb. *Friedland*.

Welche Bedeutung die drei *Helferin*-Töchter *Feta*, *Fee* und *Maritta* sowie die *Feta*-Tochter St.Pr.St. *Fidelia* (siehe unten) auf der DLG-Ausstellung 1950 in Frankfurt spielten, belegt nachfolgende Bilanz:

Siegerpreis-Ehrenpreis für die große Verbandssammlung des Bundesministeriums für Ernährung, Land- und Forstwirtschaft (von den acht westfälischen Stuten stellte Franz Schnitker-Pöhling vier Stuten: *Feta, Fee, Maritta, Fidelia*);

1a-Preis Stutennachzuchtsammlung der Stute *Helferin*, Siegernachzuchtsammlung (*Feta, Fee, Maritta, Fidelia*);

1a-Preis – Stutenfamilie der Stute *Helferin*, Siegerfamilie (*Feta, Fee, Maritta, Fidelia* 3-jährig);

1a-Preis Nachzucht eines Hengstes, Siegernachzucht (Ldb. *Fesch*, von den vier Töchtern zwei Töchter (*Feta* und *Fee*) aus der Schnitker-Pöhling'schen Zucht);

1a-Preis Materialprüfung – für Zuchtstuten als Reitpferde (leichte Klasse) Siegerstute *Fidelia*;

in der Klasse älter als 7-jährige Stuten – 1b-Preis *Maritta*, 1c-Preis *Feta*;

in der Klasse 4- bis 7-jährig – 1a-Preis und Siegerstute *Fee*;

in der Klasse 3-jährig – 1a-Preis und Siegerstute *Fidelia*;

außerdem wurden an ihn ausgehändigt: Ehrenpreis des Deutschen Bauernverbandes und Ehrenpreis Hannoverscher Warmblutzüchter.

Dieses überragende Ergebnis ist bis heute einmalig und nie wieder von einem deutschen Warmblutzüchter erreicht worden. Es belegt die absolute Vorrangstellung dieser westfälischen Zuchtstätte in der deutschen Warmblutzucht jener Zeit. Im darauf folgenden Jahr errang Franz Schnitker-Pöhling auf der gleichen Ausstellung, diesmal in Hamburg, ein ähnliches Ergebnis.

Die beiden Säulen der Overhagener Zucht bildeten *Feta* und *Maritta*. Beide Stuten, wie auch die anderen Stuten aus der Familie der *Helferin*, haben ihre Leistungsprüfung in der täglichen Arbeit auf dem Feld abgelegt. Wozu edle Vierbeiner in der Lage waren, belegten *Feta* und *Maritta* 1951 in Liesborn bei einem Rekord-Zugleistungsprüfung. Die damals 16-jährige *Maritta* zog eine Last von 180 Zentnern (9 Tonnen) über 6 Meter, ihre Schwester *Feta*, damals 10-jährig, schaffte die gleiche Last über eine Strecke von 17 Metern. Mit diesen Leistungen ließen sie manchen Kaltblüter hinter sich.

Die züchterische Bilanz *Fetas* und ihrer Nachkommen kann sich sehen lassen: Die *Fesch*-Tochter wurde Mutter mehrerer guter Zuchtstuten, daneben gelang ihr in Verbindung mit *Abendglanz* (von *Abendsport*) der Pb. *Abendgold*. Nachfolgerin *Fetas* wurde die 1947 geborene St.Pr.St. *Fidelia* v. *Friedländer*. Sie war nicht nur unter ihrem Züchter ein erfolgreiches Turnierpferd,

Zwei hochdekorierte Vollschwestern: *Fee* und *Feta von Overhagen*

Familie der Helferin von Lanhausen

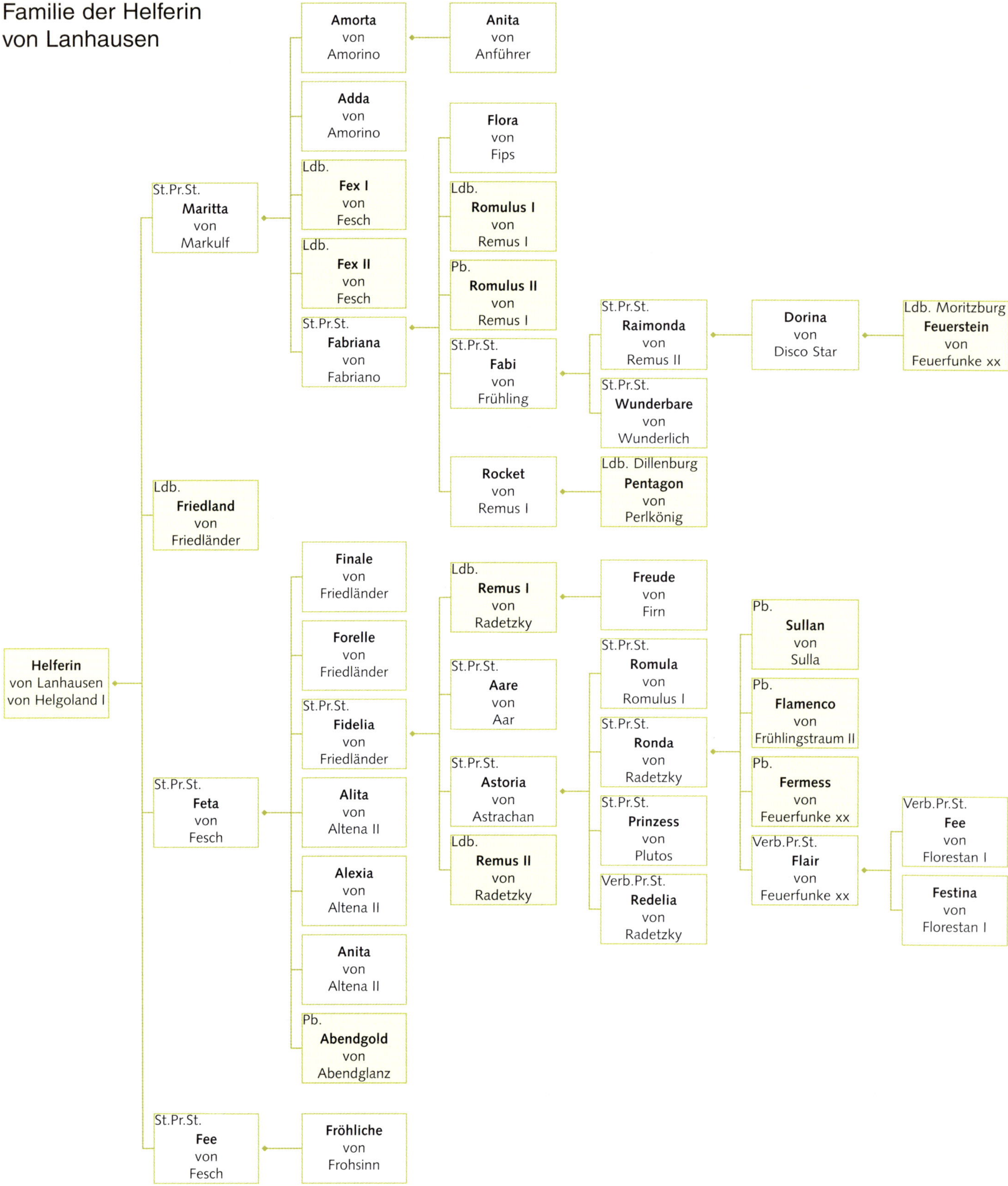

Reservesiegerstute der DLG-Ausstellung 1952 in Hannover/1. Preis anlässlich der DLG-Hannover 1960, Siegerin der Westfalenschau 1950, Gewinnerin des »Blauen Bandes von Westfalen« (das Championat des westfälischen Reitpferdes), sondern auch noch Mutter von zwei Hengsten, die den eigenen Weg Westfalens so markant mitgestalteten: die beiden *Radetzky*-Söhne *Remus I* (geb. 1958), und *Remus II*, der 1963 geboren wurde.

Neben den gekörten Söhnen brachte *Fidelia* noch drei Töchter, zwei davon erhielten die Staatsprämie. Züchterisch herausragendste Tochter ist die St.Pr.St. *Astoria* (geb. 1962), die *Astrachan* zum Vater hat. Vier Töchter *Astorias* gingen zur Eliteschau: St.Pr.St. *Prinzess*, St.Pr.St. *Romula*, *Redelia* und die DLG-prämierte St.Pr.St. *Ronda*. Letztere wurde Mutter von drei Söhnen, die die Zuchtzulassung erhielten:

Pb. *Sullan* v. *Sulla* ging nach Holland,
Pb. *Flamenco* (v. *Frühlingstraum II*) und
Pb. *Fermess* v. *Feuerfunke* xx zog es
in Richtung Bayern.

Rondas Tochter Verb.Pr.St. *Flair* v. *Feuerfunke* xx brachte Verb.Pr.St. *Fee* v. *Florestan* (Bes.: Familie Reilmann, Meiersberg; Friedrich Reilmann ist ein Neffe von Franz Schnitker-Pöhling), die im Jahre 2001 auf der Stutenschau in Hamm die Prämie des Zuchtverbandes erhielt, und *Festina* von *Florestan I*, die in Österreich in der Klasse der 2-jährigen Siegerstute wurde.

Auch das Lebenswerk der St.Pr.St. *Maritta* ist beispiellos: Die *Markulf*-Tochter wurde auf der DLG in Frankfurt Ib-Preisträgerin, 1950 an gleicher Stelle mit *Feta* und *Fidelia* Siegerin der Kategorie »Familiensammlung« und lieferte neben den beiden Landbeschälern *Fex I* und *II* von *Fesch* die St.Pr.St. *Fabriana* v. Ldb. *Fabriano*, der seinerzeit in Westfalen als ausgezeichneter Stutenmacher galt und von *Fafner II* abstammte, der auf den Trakehner Hauptbeschäler *Fahnenträger* zurückgeht.

Fabriana wurde Mutter der St.Pr.St. *Fabi* v. *Frühling*, die mit Wunderlich die Siegerstute der Eliteschau 1981, *Wunderbare*, stellte. Über Tochter *Rocket* v. *Remus I* war sie Großmutter des Dillenburger Landbeschälers *Pentagon* v. *Perlkönig* und war selbst Mutter der für Westfalen so bedeutenden *Remus I*-Söhne Ldb. *Romulus I* (geb. 1961), Siegerhengst der Körung 1963 und Ib-Preisträger auf der DLG 1966, und Pb. *Romulus II* (geb. 1962). *Remus I* war bereits als 2-jähriger Hengst, noch ungekört, aktiv: In einem Probesprung zeugte er mit *Fabriana* den o.g. *Romulus I*, was den damaligen Zuchtoberen in Westfalen Kopfzerbrechen bereitete. Mit *Romulus I* war es erstmalig einem westfälischen Züchter gelungen, Vater und Mutter des Siegerhengstes selbst gezogen zu haben. Die oben erwähnte *Fabi* ist auch Urgroßmutter des Moritzburger Landbeschälers *Feuerstein* (geb. 1988) von *Feuerfunke* xx.

Die Bilanz nach 68 Jahren züchterischen Wirkens, entstanden in der Zuchtstätte des Franz Schnitker-Pöhling ausgehend von der *Helferin von Lanhausen*: eine Vielzahl von hochdekorierten Stuten mit Erfolgen auf Bundes-, Regional- und Kreisschauen (die meisten erhielten die Staatsprämie) und fünf Land- sowie sechs Privatbeschäler, von denen besonders die Gebrüder *Remus* und *Romulus* durchschlagende Vererbungskraft besaßen.

Die Familie der Dodona (de Baey, Lemgo)
Kaum eine Stutenfamilie hat in Westfalen sportlich und züchterisch soviel Furore gemacht wie die Familie der *Donar*-Tochter *Dodona* der Familie de Baey aus Lemgo.

Herbert de Baey, der Senior, kaufte 1965 die rumpfige dreijährige Rappstute *Dodona*, die *Donar* zum Vater hatte. Ihr Züchter war Heinrich Bresser aus Enniger, der *Dodonas* Mutter *Mieze* (von *Meldeschein*) zum *Dolman*-Sohn, der damals bei A. Spitthöver (Enniger) stand, geführt hatte.

Meldeschein war ein Nachfahre des *Meleager* (Hauptbeschäler in Beberbeck), dessen Hengstlinie im Ruf stand, harte und dabei edle Pferde zu liefern. *Meleagers* Blut fließt auch in der für das Gestüt Vornholz so bedeutenden M-Familie (*Meerfahrt*, *Malta*, *Madeira*), aus der das Olympia-Dressurpferd *Mariano* und der für Westfalen so bedeutende Ldb. *Radetzky* entstammen. *Mieze* selbst war nicht ins Hauptstutbuch eingetragen worden, da ihre Mutter *Sonja* vom *Sonnenschein*-Sohn *Sonnentau* aufgrund der Abstammung ihrer mütterlichen Großmutter vom Verband nicht anerkannt war.

Donar war ein Hengst im mittleren Rahmen, seine Gänge werden als ausreichend beschrieben. Seine züchterische Benutzung war eher gering, aus seiner Zeit im Kreis Steinfurt (Lohoff'sche Gutsverwaltung in Laer) ging eine entsprechend kleine, aber hinsichtlich ihrer Qualität hochstehende Nachzucht hervor; unter ihnen drei bemerkenswerte Töchter, die mit der Staatsprämie ausgezeichnet wurden und anlässlich der Ausstellung in der Halle Münsterland 1952 mit ersten Preisen ausgezeichnet wurden.

Für die spätreife *Dodona* erntete Herbert de Baey bei seine Nachbarn am Niederrhein, wo er bis Anfang der 90 er Jahre ein landwirtschaftlichen Betrieb gepachtet hatte, nur spöttische Bemerkungen (»Die bleibt wohl ein Pony!«).

Dodona erster Partner war der großrahmige und knochenstarke *Angelo* xx (von *Oliveri* xx), der zu der Zeit in Amelsbüren auf Station stand. Auf den Namen *Amon* getauft, ging der abgedrehte, mittelgroße Braune vierjährig über die 21. Westfalen-Auktion in Münster. Für den Spitzenpreis von 29.000 DM ging er in die Niederlande, wo er mit Annemarie Sanders-Keyzer u.a. sechsmaliger niederländischer Meister und – zwanzigjährig als ältester vierbeiniger Teilnehmer – Vierter bei den Olympischen Spielen von Los Angeles mit der niederländischen Mannschaft (8. Platz in der Einzelwertung) wurde. Auf den gleichen Olympischen Spielen waren drei Weltklassepferde aus einer Zuchtstätte, ja aus einem Mutterstamm dabei – und dafür war ein Züchter verantwortlich: Herbert de Baey. Ähnliches war bis dahin nur Baron von Nagel (Gestüt Vornholz) gelungen.

Amons Vollbruder, später unter dem Namen *Ahlerich 2* getauft, brach dann in seiner sportlichen Karriere alle Rekorde: Weltmeister, Europameister, Deutscher Meister und Olympiasieger, größtenteils mehrmals, sein Reiter war Dr. Reiner Klimke. Bereits 1971 dreijährig Sieger im »Westfalen-Wappen« unter dem im Westmünsterland

links:
Der Erfolgszüchter Herbert de Baey mit seinen Stammstuten *Antine* (links) und *Adone*

rechts:
Diese beiden hatten oft Grund zur Freude: das Duo Dr. Reiner Klimke und *Ahlerich*.

Familie der Dodona

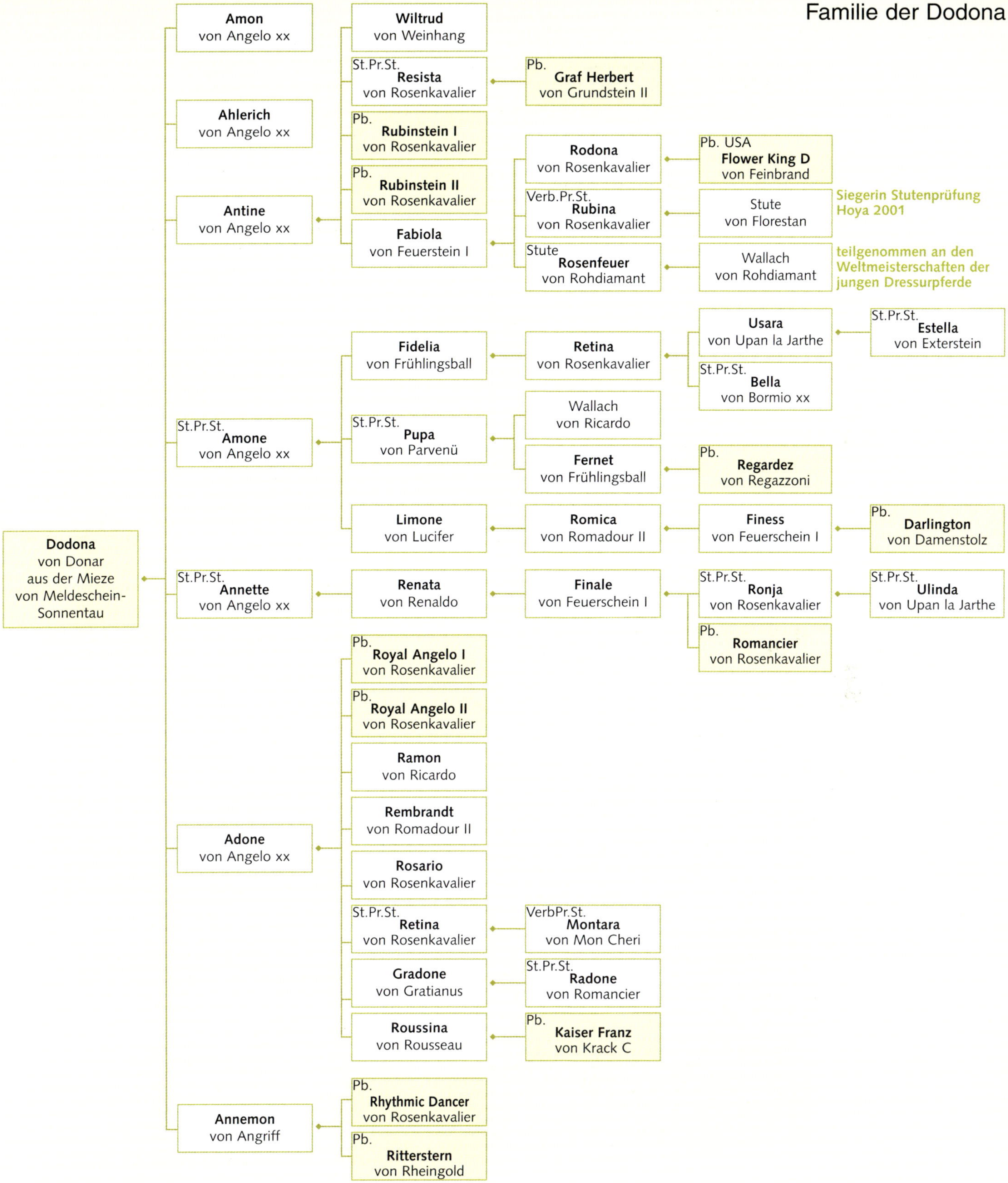

viele Jahre erfolgreich agierenden Konrad Hambrügge, ging *Ahlerich* 1975 über die 24.Westfalenauktion mit dem für Westfalen Rekord-Spitzenpreis von 42.000 DM. Ein Konsortium bestehend aus Westfälischem Pferdestammbuch, Freiherr von Heereman und Klimke selber sicherten sich den später zum Dressurheroen und Denkmal avancierten *Ahlerich*. Kommentar im Auktionskatalog: »Vom Material und Typ, von der Leistungsveranlagung und vom Leistungsvermögen her handelt es sich bei diesem Modell um ein Ausnahmepferd der Kollektion für allerhöchste Ansprüche.« Wie wahr!

Von zuchtentscheidender Bedeutung sind die Töchter der *Dodona*, die den *Oliveri* xx-Sohn zum Vater haben:

St.Pr.St. *Amone* brachte fünf Fohlen; Väter sind die Landbeschäler *Lucifer*, *Frühlingsball*, *Parvenü* und *Ricardo*. Tochter *Pupa* v. *Parvenue* erhielt die Staatsprämie, ihr Sohn (einer von sieben Nachkommen) von *Parvenue* ging im Dressursport Belgiens die »große Tour«. St.Pr.St. *Pupas* Tochter *Fernet* v. *Frühlingsball* brachte den Privathengst *Regardez* v. *Regazzoni*. Über ihre Enkeltochter *Retina* v. *Rosenkavalier* entwickelte sich mit St.Pr. St. *Bella* v. *Bormio* xx und St.Pr.St. *Estella* v. *Externstein* ein kleiner Zweig dekorierter Stuten. *Amones* Tochter *Limone* v. *Lucifer* wurde Urgroßmutter des Privatbeschälers *Darlington* v. *Damenstolz*.

Die zweite mit der Staatsprämie ausgestattete Tochter *Dodonas* ist *Annette*, Jahrgang 1970. Sie brachte ein Hengstfohlen und zwei Stutfohlen von *Renaldo*, *Ricardo* und *Rex Fritz*. *Annette* ist deshalb bemerkenswert, weil sie einen Zweig der *Dodona*-Familie entwickelte, der drei Generationen weiter einen gekörten Hengst der Sonderklasse hervorbrachte: *Romancier*.

Der Privatbeschäler legte 1992 eine bestechende HLP in Medingen ab: 2. von 40 Prüflingen mit einem Dressurindex von 152,68. *Romanciers* Mutter *Finale* v. *Feuerschein I* brachte u.a. eine staatsprämierte Tochter, *Ronja* v. *Rosenkavalier*, die wiederum Mutter der St.Pr.St. *Ulinda* v. *Upan la Jarthe* ist.

Die 1972 geborene *Antine* v. *Angelo* ist sicher die herausragendste: Sie brachte in ihrer Zuchtlaufbahn vier Hengstfohlen und zehn Stutfohlen. Tochter *Wiltrud* v. *Weinhang* war S-erfolgreiches Springpferd, Tochter *Resista* v. *Rosenkavalier* erhielt die Staatsprämie und in Anpaarung mit *Grundstein II* fiel das Hengstfohlen, welches später gekört unter dem Namen *Graf Herbert* in Australien gefragter Beschäler wurde.

Antines Sohn war *Rubinstein I* (Vater *Rosenkavalier*), geboren 1986, in Oldenburg 1988 gekört – und dann folgte ein in züchterischer wie in sportlicher Hinsicht nicht endender Siegeszug: Der nach striktem »Gold-Rezept« gezogene Rappe brachte zuhauf gekörte Söhne, dekorierte Töchter und war über Jahre Mittelpunkt der Hengststation Vorwerk in Cappeln. Im Sommer 2000 starb er mit gerade einmal 14 Jahren nach langem Kampf einen tragischen Tod.

Sohn *Rubinstein II*, zwei Jahre später geboren, etwas kleiner als der erstgeborene, ging nach einem Deckjahr in Rheinland-Pfalz in die Niederlande, wo er im Stall von Annemarie Sanders-Keyzer der *Amon*-Nachfolger werden sollte. Leider ging er zehnjährig schon ein.

Eine bemerkenswerte Tochter der *Antine* ist *Fabiola* v. *Feuerschein I*: *Fabiola* wurde über ihre Tochter *Rodona* v. *Rosenkavalier* Großmutter des Privatbeschälers *Flower King D* v. *Feinbrand*. *Antine* ist ebenfalls über *Fabiola* Großmutter der Verb.Pr.St. *Rubina* v. *Rosenkavalier*; deren Tochter von *Florestan* gewann die Stutenprüfung in Hoya mit einer hohen 8er-Note. Eine weitere *Rosenkavalier*-Tochter der *Fabiola*, *Rosenfeuer*, wurde Mutter eines *Rohdiamant*-Sohnes, der nach England verkauft wurde und als Wallach im Jahre

Weltweiter Werbeträger für die westfälische Pferdezucht: Pb. *Rubinstein* hier mit Nicole Uphoff

2002 an den Weltmeisterschaften der jungen Dressurpferde teilnahm.

Adone, die 1973 geborene Tochter (die letzte aus der Verbindung von *Dodona* und *Angelo* xx), brachte insgesamt zwölf Fohlen; als Partner fungierte am häufigsten *Rosenkavalier*, drei davon landeten im großen Sport, ebenso viele werden züchterisch genutzt.

Das erste Fohlen erhielt den vielsagenden Namen *Rembrandt* und nahm mit Nicole Uphoff an drei Olympischen Spielen teil, Ausbeute: zweimal Gold mit der Mannschaft und im Einzel sowie Titel bei Welt-, Europa- und deutschen Meisterschaften. *Rembrandt* veränderte die Dressurwelt wie kein Pferd vor ihm.

Ein Jahr jünger als *Rembrandt* ist *Ramon* (von *Ricardo*), der unter Uta Wüsthoff viele Jahre bis Grand Prix erfolgreich war.

Das Blut der de Baey'schen Erfolgszucht wird in Westfalen durch den *Adone*-Sohn *Royal Angelo I* (von *Rosenkavalier*) auch in Zukunft gesichert sein. Er steht auf der heimatlichen Deckstelle in Detmold. Pb. *Royal Angelo II* ist zwischenzeitlich aus der Zucht ausgeschieden.

Weitere Kinder der *Adone* sind *Rosario* (von *Rosenkavalier*), S-platziertes Dressurpferd (Sabine Rüben), St.Pr.St. *Retina* (von *Rosenkavalier*), Mutter der Verb.Pr.St. *Montara* v. *Mon Cheri* und *Gradone* (von *Gratianus*), deren Tochter *Radone* v. *Romancier* Staatsprämienstute ist. Die *Adone*-Tochter *Roussina* brachte mit dem spektakulär gehenden *Krack C* den Privatbeschäler *Kaiser Franz*, der im Oldenburger Zuchtgebiet aufgestellt ist.

Die 1979 geborene *Dodona*-Tochter *Annemon* vom *Angelo* xx-Sohn *Angriff* wurde Hengstmutter; mit *Rosenkavalier* brachte sie *Rhythmic Dancer* (Siegerhengst der österreichischen Körung 1995, Privatbeschäler und Grand-Prix-Pferd in Österreich) und mit *Rheingold* den *Ritterstern* (Pb. *Dänemark*, er legte seine HLP in Medingen im Vorderfeld ab).

Die Familie der Emma (Schulte-Varendorff, Ibbenbüren)

Die wohl älteste Familie – und derzeit eine der erfolgreichsten – hat ihren Ursprung und heutigen Mittelpunkt auf dem Hof von Karl-August Schulte-Varendorff am nördlichen Rand des westfälischen Zuchtgebietes in Ibbenbüren: die Familie der *Emma* v. *Muselmann*. *Emmas* Geburtsjahr ist aufgrund der Deckeinsatzzeit ihres Vaters *Muselmann*, einem Warendorfer Landbeschäler, der von 1888 bis 1896 wirkte, mit spätestens 1897 anzunehmen. Der Hellfuchs *Muselmann* (1,60 m) stammte vom Celler *Jeremias* ab, einem sehr vornehmen Halbblüter mit englisch-irischen Ahnen. Tochter *Olga* setzte die Stutendynastie fort; ihr Vater war *Ardo 2*, ein Sohn des *Landlord* (Warendorfer Ldb. 1887 – 1907) von *Norval* (von *Norfolk – Zernebog*). *Ardos* Mutter war Oldenburger Ursprungs. *Ardo* war als Privathengst auf der Station Louis Ottmann in Dörenthe bei Ibbenbüren elf Jahre eingesetzt.

Aus der Anpaarung mit dem *Herrscher*-Sohn *Herwarth*, der als Privatbeschäler seinen Hafer verdiente, fiel *Hera von Laggenbeck*, die ins Stutbuch mit der Nummer 6194 eingetragen wurde.

Auch die nächste Generation der Schulte-Varendorff'schen Stutenfamilie wurde durch einen *Herrscher*-Sohn gesichert, diesmal war es der Privathengst *Herkules* (aus einer Tochter des Celler *Juvenal*). Mit *Herkules* brachte *Hera* zwei Töchter: *Herta* und eine zweite, die namenlos blieb.

Ein Bild aus jüngerer Vergangenheit: Karl-August Schulze-Varendorff mit seinen Top-Stuten St.Pr.St. *Fandona v. Fernzauber* (rechts) und St.Pr.St. *Frühlingsmaid v. Frühlingsrausch*

Familie der Emma (Schulte-Varendorff)

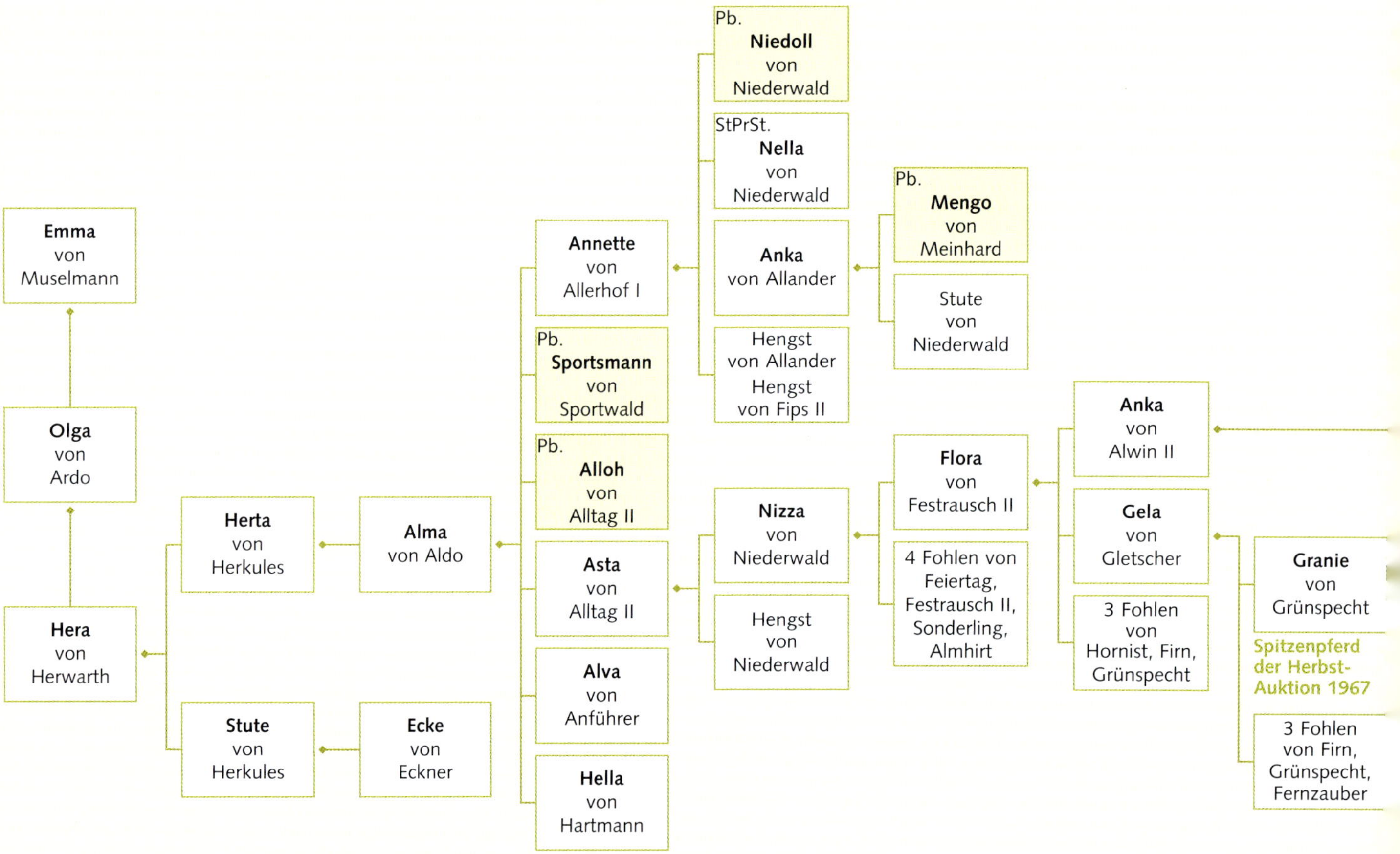

Stute
von Firn

Gallus
von
Grünspecht

S-Springpferd unter Erik Wouters

StPrSt.
Germona
von
Grünspecht

StPrSt.
Fandona
von
Fernzauber

Siegerstute der Kreistierschau

Falkana
von
Fernzauber

Auktionspferd 1975

Don Perdita
von Dolorit

Auktionspferd 1974

2 Hengste
von
Massud xx

Frühlingsranke
von
Frühlingrausch

Damperle
von
Damhirsch

VerbPr St.
Frühlingspracht
von
Frühlingsrausch

Dressur bis M siegreich

StPrSt.
Frühlingsmaid
von
Frühlingsrausch

Reserve-Siegerstute Eliteschau 1979
1b-Preis Bundesstutenschau 1979
1d-Preis DLG-Ausstellung 1980

Ldb.
Partner
von
Paradox I

Partner

HLP-Sieger 1981

Ldb.
Fortissimo
von
Frühlingsrausch

Fortissimo

Siegerhengst der Körung 1980

Verb. elite St.
Atlanta
von Artwig

Frühlingsdiva
von
Frühlingsrausch

Fortino
von
Frühlingsrausch

S-Dressurpferd unter Rainer Klimke

Stute
von
Frühlingsrausch

StPrSt.
Frühlingsgirl
von
Frühlingsrausch

Feuergala
von
Feuerfunke xx

Pretty Girl
von
Pandur

3 Fohlen
von Frühlingsrausch und Pik Labionics

StPrSt.
Frühlingsperle
von
Frühlingsrausch

5 Fohlen
von Frühlingsrausch, Perlkönig, Feuerschein, Artwig

Dream Girl
von
Direx

StPrSt.
Dancing Queen
von Der Clou

VerbPr St.
Dancing Girl
von Der Clou

2 Fohlen
von Der Clou und Debütant

6 Fohlen
von Festivo, Der Clou, Ehrentusch und Polydor

3 Fohlen
von Rimini, Gralshüter, Münchhausen

---

14 Fohlen

Hengst – Fohlen
von Calvados

StPrSt.
Contessa
von
Calvados

Hengst – Fohlen
Der Clou

Hengst – Fohlen
Der Clou

Ldb.
Detektor
von
Der Clou

Friedensbotin
von
Ferragamo

Pb.
Friedensrat
von
Ferragamo

Fritzantino
von
Feuerfunke

Nino de Angelo
von
Noveau Roi xx

Raffaelo
von Rimini

Riano
von Rimini

4 Fohlen
von Montmartre, Rimini, Sir Schölling, Florestan I

StPrSt.
Farbenspiel
von
Florestan I

Endring-Teilnehmerin Eliteschau 2001

Ldb.
Palast
von
Paradox I

Palast

Reserve-Siegerhengst der Körung 1982

Palastkrone
von
Palisander

Ldb.
Fahrenheit
von
Feuerfunke xx

Pommery
von
Palisander

Dressurpferd St. Georg/Intermediare u.a. unter Heinrich Kemna

Adelskrone
von
Akitos xx

StPrSt.
Grandezza
von
Game Fox xx

Endring-Teilnehmerin Eliteschau 1994

StPrSt.
Batthyany
von
Bormio xx

Endring-Teilnehmerin Eliteschau 1996

Siegerstute Kreistierschau

3 Fohlen
von
Damenstolz, Debütant, Palisander

Duellkrone
von
Democraat

StPrSt.
Picade
von Pilot

StPrSt.
Fidenza
von
Florestan I

Endring-Teilnehmerin Eliteschau 2003

Maurice
von
Montmartre

M-Dressurpferd

Per Favore
von
Polydor

4 Fohlen
von
Ehrentusch und Florestan I

Finale
von
Florestan I

VerbPrSt.
Francine
von
Ferragamo

2 Fohlen
von Friedenstraum I und Münchhausen

5 Fohlen
von Florestan I, Arpreggio, Riccione, Regazzoni, Fürst Heinrich

---

Amadeo
von
Apart

S-Springpferd in Brasilien

Devils Dance
von
Davignon

M-Dressurpferd

Pb.
Friedenstraum I
von
Ferragamo

Siegerhengst der Körung 1997

Friedenstraum I

Ldb.
Feuerblick
von
Ferragamo

Endring-Teilnehmer der Körung 1999

Reservesieger des 70-Tage-Test 2000

Feuerblick

Pb.
For Furioso
von
Ferragamo

3 Fohlen
von
Ferragamo

Fohlen
von
Ferragamo

Von der namenlosen Tochter ist bekannt, dass sie 1936 eine Tochter brachte, die den Namen *Ecke* und bei der Stutenschau ein Diplom als besondere Auszeichnung erhielt, als ihr Vater wird *Eckner* angegeben. Mit *Ecke* erlosch der kleine Seitenzweig der Familie.

Der starke und vitale Hauptzweig der *Herta* erhielt seine Festigung durch den 1920 gefassten Beschluss des Westfälischen Pferdestammbuches, nur noch auf hannoverscher Basis weiterzuzüchten. Zu dieser Zeit kauften viele engagierte westfälische Züchter Stutfohlen und Stuten im hannoverschen Zuchtgebiet. Schulte-Varendorff, in Grenznähe zu Hannover bzw. zum Landgestüt Osnabrück wohnend, führte seine Stuten zu den Celler Hengsten in Hasbergen und Belm. Durch Anpaarung mit *Aldo* v. *Alderman III* brachte *Herta* die 1924 geborene fuchsfarbene *Alma von Laggenbeck* (1,67 m), die 1927 ins westfälische Hauptstammbuch für Warmblut eingetragen wurde.

Mit dieser Stute belegte der Stutenstamm erstmalig seine besondere Leistungsstärke; von den sechs Kindern wurden zwei Söhne gekört, eine Tochter erhielt die Staatsprämie. Im Einzelnen sind das:

Tochter *Annette*, geb. 1930, von dem Osnabrücker *Allerhof I* (von *Alderman I*), der von 1924 bis 1930 in Belm gestanden hat. *Annette* brachte fünf Fohlen: zwei Fohlen vom Osnabrücker *Allander* (ein Hengst- und ein Stutfohlen, Letztere brachte u.a.den Privathengst *Mengo* v. *Meinhard*), ein Fohlen vom Osnabrücker *Fips II* und zwei von *Niederwald*, und zwar den späteren Privatbeschäler *Niedoll* v. *Niederwald* und die 1940 geborene Stute *Nella*, die dreijährig die Staatsprämie erhielt. An dieser Stelle endete der Zweig der *Annette*. Der o.g. *Niederwald* von *Nico I* stand von 1938 bis 1942 auf dem Hof Schulte-Varendorff im Deckeinsatz, bevor er 1943 bis 1946 als Aushilfshengst beim Landgestüt in Warendorf eingesetzt wurde; in seinem besten Jahr 1944 belegte er 83 Stuten;

Sohn *Sportsmann*, geb. 1932 (Vater ist der Osnabrücker Ldb. *Sportwald*), wurde 1935 gekört und auf dem eigenen Hof als Privatbeschäler eingesetzt;

Sohn *Alloh* von dem in Hasbergen bei Osnabrück aufgestellten *Alltag II*, geb. 1933, wurde drei Jahre gekört und privat eingesetzt;

neben einem Stutfohlen von *Anführer* (vom Celler *Anfänger*) die St.Pr.St. *Hella* v. *Hartmann*; und

die 1934 geborene *Asta* von obigem *Alltag II*, die mit ihrer Tochter *Nizza* v. *Niederwald* (sie wurde als Fohlen mit einem Diplom des Pferdestammbuches ausgezeichnet) auf schmalem Grad für den Fortbestand sorgte.

Nizzas Tochter *Flora* vom Privathengst *Festrausch II*, geb. 1947, brachte fünf Fohlen, u.a. *Anka* vom Privathengst *Alwin II* (von *Almjäger I*), dessen Ahnentafel auf der Mutterseite mit *Feiner Kerl*, dem *Goldschläger I*-Sohn *Goldring II* und *Nelusko* über bewährtes Blut verfügt. Zu *Floras* Kinder gehört auch *Gela* v. *Gletscher*, mit der der jetzige Hofbesitzer Karl-August Schulte-Varendorff als Junge seine ersten Turniererfolge einheimste. *Gela* selbst brachte vier Fohlen, u.a. die zwei Auktionspferde von *Grünspecht*, wobei *Granie* v. *Grünspecht* Spitzenpferd der Herbst-Auktion 1967 war.

Die 1955 geborene *Anka* war es letztlich, die mit einer Reihe guter Fohlen in einer für die Pferdezucht schwierigen Zeit die Zukunft des Stammes sicherte:

Nach einem Stutfohlen vom Ldb. *Firn* brachte *Anka* das später unter dem Belgier Erik Wouters S-erfolgreiche Springpferd *Gallus* v. *Grünspecht*;

Tochter *Germona*, geb. 1965, vom Ldb. *Grünspecht*, erhielt das Prädikat »Staatsprämienstute«;

Tochter *Fandona* v. *Fernzauber* wurde 1970 zur Westfälischen Zentralschau zugelassen, war Endringteilnehmerin und erhielt den Titel »Staatsprämienstute«; auf der Kreistierschau wurde sie Siegerstute;

Falkana v. *Fernzauber* war 1975 Auktionspferd in der Halle Münsterland;

Don Perdita v. *Dolorit* ging über die 74er Auktion;

zwei Fohlen vom Ldb. *Massud* xx, eins davon ging als Springpferd an Gerd Wiltfang; und

ihr letztes Fohlen *Frühlingsranke*, geb. 1975, von *Frühlingsrausch*.

St.Pr.St. *Fandona* entpuppte sich schnell als die herausragende Leistungsträgerin unter den neun Kindern der *Anka*:

Ihr erstes Fohlen *Damperle* v. *Damhirsch* war in Prüfungen der Klasse L erfolgreich, unter ihren sechs Fohlen ragt besonders ihre Tochter St.Pr.St. *Frühlingsperle* heraus;

Tochter *Frühlingspracht* (von *Frühlingsrausch*), geb. 1975, erhielt die Verbandsprämie und war hocherfolgreich unter dem Namen *Frühlingsgala*, in Dressurprüfungen bis M siegreich; ihre Tochter *Dream Girl* v. *Direx* (Bes.: Wilfried Becker) gewann mehrere Reitpferdeprüfungen, brachte 14 Fohlen, u.a. den im Piaff Förderpreis erfolgreichen *Ravel* v. *Rivellino* xx; heute, 24-jährig, ist sie immer noch im aktiven Zuchteinsatz;

Tochter St.Pr.St. *Frühlingsmaid* v. *Frühlingsrausch* war Reserve-Siegerstute der Eliteschau 1979, erhielt den 1b-Preis auf der Bundesstutenschau in Münster-Handorf 1979 und in Hannover im Rahmen der DLG-Ausstellung 1980 den 1d-Preis;

Sohn *Partner* v. *Paradox I*, geb. 1977, ging in Staatsdienste ins Landgestüt nach Warendorf; die Hengstleistungsprüfung in Warendorf 1981 bestand er als Sieger;

Sohn *Fortissimo* v. *Frühlingsrausch*, geb. 1978, wurde Landbeschäler, anlässlich der Körung erhielt er die Schärpe des Siegers;

Tochter St.Pr.St. *Atlanta* v. Ldb. *Artwig*, Jahrgang 1979, erhielt die Prämie des Zuchtverbandes und begründete einen eigenen kleinen Zweig, aus dem u.a. zwei Auktionspferde, die St.Pr.St. *Contessa* v. *Calvados* und der Landbeschäler *Detektor* v. *Der Clou*, hervorgingen;

Tochter *Frühlingsdiva* v. *Frühlingsrausch*, brachte selbst vier Fohlen, u.a. St.Pr.St. *Dancing Girl* v. *Der Clou* (Bes.: Ewald Dirkes, Ibbenbüren), die über ihre Tochter *Friedensbotin* die St.Pr.St. und Endring-Teilnehmerin *Farbenspiel* v. *Florestan I* (geb. 1998) brachte; *Farbenspiel* wurde als Fohlen erworben und steht im Zuchteinsatz im Stall Schulte-Varendorff; Tochter *Dancing Girl* (Bes.: Ewald Dirkes, Ibbenbüren) v. *Der Clou* ist Mutter des Hengstes *Friedensrat* v. *Ferragamo*, der 1998 gekört und nach Japan verkauft wurde;

Sohn *Fortino* v. *Frühlingsrausch* ging über die Auktion und machte Karriere als Dressurpferd; unter Dr. Reiner Klimke war er siegreich in Dressurprüfungen bis Klasse S;

die mit viel Hoffnungen großgezogene *Frühlingsrausch*-Tochter des Jahrgangs 1982 verunglückte;

das 83er Fohlen aus der *Fandona* St.Pr.St. *Frühlingsgirl* v. *Frühlingsrausch*, geb. 1983, steht noch in der Varendorff'schen Zucht; sie brachte bisher acht Fohlen – u.a. den *Feuerfunke* xx-Sohn *Fritzantino*, der über die Auktion nach Portugal ging; den Halbblüter *Nino de Angelo* v. *Noveau Roi* xx, der seit Jahren erfolgreiches Turnierpferd für die Kinder der Familie ist; die Vollbrüder *Raffaelo* und *Riano* (beide von *Rimini*), die Dressuren bis L gewonnen haben;

die beiden Töchter *Feuergala* v. *Feuerfunke* xx und *Pretty Girl* vom *Praefectus* xx-Sohn *Pandur* sind beide in der Zucht und haben sechs bzw. drei Fohlen gebracht.

Sicherlich muss im Nachhinein die *Fandona*-Tochter *Frühlingsmaid* als die Stute angesehen werden, die die meisten Hoffnungen der engagierten Züchterfamilie Schulte-Varendorff erfüllte. Ihre Bilanz in Auszügen:

Ihr erstes Fohlen erhielt gleich die Zulassung zur Zucht, unter dem Namen *Palast* v. *Paradox I* (geb. 1980) wurde er Reserve-Siegerhengst und Landbeschäler;

Ein großer Erfolg für die Zuchtstätte Schulte-Varendorff: der Körungssieger und HLP-Champion *Friedenstraum v. Ferragamo – Pilot*

Tochter *Palastkrone* v. *Palisander*, geb. 1985, erhielt die Verbandsprämie und ging leider nach erst zwei Fohlen ein; mit *Democraat* brachte sie das Turnierpferd *Duellkrone* (Dressurprüfungen bis L gewonnen) und mit *Pilot* St.Pr.St. *Picade*, die bislang acht Fohlen brachte: *Amadeo* v. *Apart*, S-Springpferd in Brasilien, *Devils Dance*, bis M erfolgreiches Dressurpferd von *Davignon*, den viel umjubelten Siegerhengst der 97er Körung *Friedenstraum* v. *Ferragamo*, der zudem Sieger der Hengstleistungsprüfung und des VTV – NRW-Hengstchampionats wurde, den Landbeschäler *Feuerblick* v. *Ferragamo* (er ging auf dem Endring der Körung 1999 und war 2. beim 70-Tage-Test), Privatbeschäler und Prämienhengst *For Furioso* v. *Ferragamo* (Jahrgang 1999);

Fahrenheit v. *Feuerfunke* xx (geb. 1986) wurde Landbeschäler;

Pommery v. *Palisander* war als Dressurpferd u.a. unter Heinrich Kemna bis St-Georges/Intermediaire siegreich;

Tochter *Adelskrone* v. *Akitos* xx ist im zuchtaktiven Stutenbestand der Schulte-Varendorffs und brachte bislang sechs Fohlen; das älteste *Maurice* vom Ldb. *Montmartre* ist ein M-erfolgreiches Dressurpferd, *Per Favore* vom Jahrhunderthengst *Polydor* brachte als Auktionspferd 16.000 Euro, St.Pr.St. *Fidenza* v. *Florestan I* war Endringteilnehmerin auf der Eliteschau 2003, die weiteren Kinder von *Ehrentusch* und *Florestan* befinden sich in der Aufzucht;

Tochter St.Pr.St. *Grandezza* v. *Game Fox* xx war Endring-Teilnehmerin der Eliteschau 1994 und ist Mutter von bisher vier Nachkommen: Tochter Verb.Pr.St. *Francine* legte die Stutenprüfung mit der Wertnote 8,22 ab; und

Tochter St.Pr.St. *Batthyany* vom Vollblüter *Bormio* xx, geb. 1993, landete unter den besten Stuten ihres Jahrgangs auf dem Endring und war Siegerstute der Kreistierschau, ihre ersten Nachkommen geben zu großen Hoffnungen Anlass.

Die mittlerweile über hundert Jahre alte Familie der *Emma* ist in den letzten zwanzig Jahren über mehrere Zweige abgesichert, trotzdem bleibt für Karl-August Schulte-Varendorff die spannende Frage: »Welche Stute wird wohl in den nächsten Jahren die größte Stütze im Sinne von Erhalt und Weiterentwicklung unserer Stutenfamilie sein, wer von unseren Stuten wird den entscheidenden Schub für die nächsten zwanzig oder dreißig Jahre für unsere Leistungszucht geben? Das wird uns wahrscheinlich überraschen, wie es sicherlich auch meinen Vater und Großvater in ihrer aktiven Züchterzeit überrascht hat. Warten wir es ab!«

St.Pr.St. *Fidenza* v. *Florestan I* a.d. *Adelskrone* v. *Akitos* xx: Endringstute der Eliteschau 2003 aus der Zucht der Familie Schulte-Varendorff

Gekörte Söhne der Hengste (Stand 2002)

Paradox I
Pacco I
Pacco II
Pacco III
Pakt
Palast
Palisander
Parabol
Parademarsch I
Parademarsch II
Parcours
Pardon
Parlando I
Parlando II
Parnass
Partner
Parvenü
Pascal
Patriot
Pikobello
Porthos
Portofino
Praktiker
Prinz Paradox

Polydor
Paavo N
Pacific Sunset
Pacino
Palisandergrund
Paramo K
Parcidor
Passion
Perrido
Pikachu
Platini M
Pocalino
Poeme
Poet
Point
Polany
Poleander
Polidiktus
Poly Royal
Polyboy
Polyfox
Polygraf
Polymiro
Polytraum
Pontifex
Pontoromo
Poor Boy
Potsdam
Pronto
Puschkin D

Pilot
Iroko
Pablo
Pageno
Palais d'Amour
Palazzo
Paradiso
Paramour
Paroli
Pat Cash
Pathos
Pavarotti v.d.H.
Pay Day I
Pep
Per Favor
Percy-Z
Perikles
Perpignon
Perrier S
Pessoa
Peter Pan
Pfiff
Phönix
Phantom
Pharos
Philister
Piano I
Piano II
Pierrot
Pierrot II
Piggott
Pikör
Pilaro
Pilon J
Piloot
Pilot Pur
Pilot S. Doanjo
Pilot's Ass
Pilot's Highlight
Pilot's Letzter
Pilot's Treffer
Pilotek
Pilotex
Piloto
Pilox
Pinocchio
Piquet
Pirex
Pirol
Pit I
Pit II
Pius
Plaisir
Player
Pluco
Pluspunkt
Poker
Polling
Popcorn
Portland L
Potencial
Pour Gagne
Power
Power Light
Power Prince
Power-Game
Powerful
Predix
Prestige Pilot
Primar
Primas
Primero
Prinz Parly
Prinz Pilot
Prinzregent
Pro Pilot I
Pro Pilot II
Profit
Prominenz
Pythagoras Z
PS Pamiro DK

Weinberg
Wackerbarth
Wallenberg
Weinfürst
Weingard
Weinstern
Weinzauber
Weitsicht
Wettendass
Whisky I
Whisky II
Wilander
Wild Card
Wilshire
Winterstern
World Way
Wyoming

Rosenkavalier
Rasantos
Rheinberg
Rhytmic Dancer
Romancier
Romansky
Romero
Rosendahl
Rosenduft
Rosenloh
Rosenquarz
Rosenspross
Rosenstolz
Rosentaler
Rosselini
Royal de Saxe
Royal Angelo I
Royal Angelo II
Royal Tom
Rubinstein I
Rubinstein II

Florestan I
Fabre Facio
Fabuloso
Fashion-Man
Faveur
Feleciano
Felimo

Felin
Ferrero Rocher
Festival Westfalia
Festrausch
Fibonacci
Fidermark
Fielmann
Flammengold
Fleurop
Flieder
Floran
Florentano
Florentianer
Flores
Floresco
Florestano
Florestino
Florett
Florett As
Floretto N
Florial
Florianus
Florimont E
Florin
Focus
Formel Eins
Foscari
Fouquet
Freestyle
French Kiss
Freudenprinz
Friendship
Fronsac
Fuerstenreich
Fullgarie
Fulminant
Future
Future Cup
Fürst Grey
Fürst Heinrich

Fidermark
Falkenfuerst
Falsterbo
Farewell I
Farewell II
Feinsinn
Feivel
Feramo
Fiano
Fidelis
Fiderball
Fiderglanz I
Fiderglanz II
Fiderstern
Fiderwind W
Fiorino
Fleurier
Fornsbacher
Frank Sinatra
Fuchsberger
Fürst Piccolo

Ferragamo
Fair Game de L
Fairfield
Falcone
Fantastico
Felber
Ferromontano
Festtag
Feuerblick
Fillis
For Furioso
Four Seasons
Freidenker
Friedensrat
Friedenstraum I

Laurentianer
Lafon
Laurenzius
Laureus
Liebeszauber
Louis Ferdinand
Lucky Time
Ludewig

Lancer II
Lancaster
Lancret
Las Casas
Late Night
Lebensfroh
Lebenskünstler
Lexus
Limerick
Limes
Lord Lancer
Lord Loh
Louis le Bon

Lancer III
Lacock
Lamentos
Lancier
Lanzarote
Larenco
Lewinski
Liberal
Limited Edition
Loxley
Luxor

Körungssieger seit 1966

Westfalen: ab 1966/Nordrhein-Westfalen: ab 1991

1966 **Schwarzkünstler I** v. *Schwarzseher – Abendtrunk*
Z.: Wilhelm Plaas-Böse, Brambauer/Aufz.: derselbe

1967 **Realist** v. *Radetzky – Grünspecht*
Z.: Heinz Freisfeld, Werries
Aufz.: derselbe

1968 **Duckstein I** v. *Ducker – Wöhler*
Z.: Heinrich Thiemann, Nordwalde/Aufz.: derselbe

1969 **Schwangau** v. *Schwarzkittel – Almfreund*
Z.: Wilhelm Lackenberg, Rinkerode/Aufz.: derselbe

1970 **Frühlingstraum II** v. *Frühling – Altist*
Z.: Wilhelm Spreen-Segelhorst, Pr. Ströhen
Aufz.: derselbe

1971 **Hirschberg** v. *Hirschfänger – Sperber*
Z.: Max Westerschulte, Warendorf/Aufz.: derselbe

1972 **Perlkönig I** v. *Pilatus – Lavendel*
Z.: Günter Stegemann, Datteln/Aufz.: derselbe

1973 **Planet** v. *Pilatus – Günstling*
Z.: Werner Münch, Recklinghausen
Aufz.: derselbe

1974 **Regress** v. *Remus I – Flügel*
Z.: Josef Schopohl, Belecke
Aufz.: Hermann Haane, Lembeck

1975 **Feuerschein I** v. *Frühlingstraum II – Sinus* xx
Z.: Paul Streil, Olfen
Aufz.: derselbe

1976 **Ricardo** v. *Renaldo – Filter*
Z.: Theodor Kranefoer, Waltrop
Aufz.: Hermann Haane, Lembeck

1977 **Palisander** v. *Paradox I – Fittich*
Z.: Bernhard Figgener, Oelde
Aufz.: derselbe

1978 **Reinecke** v. *Remus I – Wulf*
Z.: August Compall, Haltern
Aufz.: Ulrich Tillmann, Balve-Eisborn

1979 **Disco-Star** v. *Discont – Grünberg*
Z.: Ferdinand Meier-Bultmann, Harsewinkel
Aufz.: derselbe

1980 **Fortissimo** v. *Frühlingsrausch – Fernzauber*
Z.: Karl-August Schulte-Varendorff, Laggenbeck
Aufz.: derselbe

1981 **Großadmiral** v. *Goldlack – Waidmannsdank* xx
Z.: Dr. Franz Stegemann, Laer
Aufz.: derselbe

1982 **Federball** v. *Frühlingsball – Steinadler*
Z.: Hans-Joachim Wehberg, Gevelsberg/Aufz.: derselbe

1983 **Fernblick** v. *Frühlingsball – Fidalgo* xx
Z.: Hans-Joachim Wehberg, Gevelsberg
Aufz.: Karl-Linus Gerdemann, Dülmen

1984 **Disco-Prince** v. *Disco-Star – Parvenü*
Z.: Ulrike Walloch, Lippetal
Aufz.: Franz Rawert, Coesfeld-Lette

1985	**Disco-Look**	v. *Disco-Star – Octavo* xx Z.: Ludger Schulze-Tomberge, Senden Aufz.: August Frerick, Olfen
1986	**Damenheld I**	v. *Damenstolz – Romadour II* Z.: Ulrike Walloch, Lippetal Aufz.: Karl-Linus Gerdemann, Dülmen
1987	**Diamantino**	v. *Damenstolz – Lucifer* Z.: Waldemar Krämer, Lienen Aufz.: Willi Rethemeyer, Lienen
1988	**Gracioso**	v. *Graciano – Pilot* Z.: Horst Pellengahr, Höxter Aufz.: August Frerick, Olfen
1989	**Ritterorden**	v. *Rex Fritz – Bengale* Z.: Hubert Albersmeier, Warburg/Aufz.: derselbe
1990	**Richthofen**	v. *Rheingold – Pasternak* Z.: Johann Lenzen, Heinsberg Aufz.: Marliese Lückmann, Nottuln, u. Karl-Linus Gerdemann, Dülmen
1991	**Funkenspiel**	v. *Funke – Fläming* xx Z.: Josef Langenstroth, Drensteinfurt Aufz.: H. und A. Widdig, Bornheim
1992	**Dunhill H**	v. *Diamantino – Renard* Z.: Clemens Messing, Amelsbüren/Aufz.: Willi Rethemeyer, Lienen, Station Holkenbrink, Münster
1993	**Wyoming**	v. *Weinberg – Paradox I* Z.: Friedrich Schlüter, Kirchlengern Aufz.: Hermann Haane, Essen
1994	**D'accord**	v. *Damenstolz – Frühspecht* Z.: Heinrich Rüter, Datteln Aufz.: Paul Beckmann, Werne
1995	**Rosendahl**	v. *Rosenkavalier – Gratianus* Z.: Franz Schooltink, Kalkar Aufz.: A. Schulze-Averdiek und P. Baune, Rosendahl
1996	**Lamoureux II**	v. *Landadel – Raphael* Z. Johannes Arntz, Kleve Aufz.: derselbe
1997	**Friedenstraum**	v. *Ferragamo – Pilot* Z.: Karl-August Schulte-Vahrendorff, Ibbenbüren Aufz.: derselbe
1998	**Don Bedo**	v. *Donnerhall – Rosenkavalier* Z.: Maria Bergjohann, Dülmen/Aufz.: dieselbe
1999	**Saint George**	v. *Saint Tropez – Brentano II* Z.: Hans Bockholt, Steinfurt Aufz.: Hengstaufzucht Kemper, Borken
2000	**Future**	v. *Florestan I – Apart* Z.: Werner Luerweg, Bottrop Aufz.: Heinrich Ramsbrock, Menslage
2001	**Laureus**	v. *Laurentianer – Loutano* Z.: Heti Zimmermann, Emmerich/Aufz.: Thomas und Wolfgang Wiessner, Verl
2002	**Rosencharmeur** 1) Abbildung siehe Seite 236	v. *Rosenkavalier – Mon Cheri* Z.: Michaela Schulte-Baten, brock, Lüdinghausen Aufz.: Thomas Koldehoff, Vechta
2003	**Dancing Dynamite**	v. *Don Bedo – Fidermark* Z.: Stefan Kupitz, Brilon Aufz.: Gest. Kampmann, Lingen

Westfalen-Liga der Hengste

Die Spitzenreiter der Jahre 1977 bis 2003

Jahr	Hengst	Abstammung	Gewinnsumme	Platzierung*
1977	*Goldberg*	*Gotthard*	91.117 DM	4.
1978	*Angelo xx*	*Oliveri xx*	69.700 DM	9.
1979	*Goldlack*	*Goldfalk*	92.601 DM	5.
1980	*Paradox I*	*Papayer xx*	110.577 DM	4.
1981	*Aarstein*	*Aar*	146.180 DM	3.
1982	*Frühlingstraum II*	*Frühling*	198.801 DM	1.
1983	*Paradox I*	*Papayer xx*	162.632 DM	4.
1984	*Paradox I*	*Papayer xx*	206.025 DM	1.
1985	*Paradox I*	*Papayer xx*	180.889 DM	4.
1986	*Frühlingsball*	*Frühling*	218.715 DM	4.
1987	*Frühlingsball*	*Frühling*	222.366 DM	4.
1988	*Frühlingsball*	*Frühling*	258.530 DM	3.
1989	*Pilot*	*Pilatus*	255.841 DM	3.
1990	*Polydor*	*Pilatus*	525.916 DM	3.
1991	*Polydor*	*Pilatus*	518.943 DM	1.
1992	*Pilot*	*Pilatus*	400.693 DM	2.
1993	*Pilot*	*Pilatus*	575.146 DM	1.
1994	*Pilot*	*Pilatus*	535.486 DM	1.
1995	*Pilot*	*Pilatus*	742.374 DM	1.
1996	*Polydor*	*Pilatus*	461.933 DM	2.
1997	*Pilot*	*Pilatus*	720.514 DM	1.
1998	*Pilot*	*Pilatus*	879.164 DM	1.
1999	*Raphael*	*Ramiro*	915.644 DM	1.
2000	*Polydor*	*Pilatus*	783.738 DM	3.
2001	*Polydor*	*Pilatus*	588.744 DM	5.
2002	*Polydor*	*Pilatus*	271.509 EUR	8.

*bundesweit

Westfälische Siegerstuten der Eliteschauen seit 1966

1966	**Wiener Charm**	v. *Wiegand – Schwall* Z.: August Schulze-Althoff, Warendorf-Velsen
1967	**Almfee**	v. *Aar – Astrachan* Z.: Witwe Felix Schulze-Schürhoff, Coesfeld-Gaupel
1968	**Finesse**	v. *Frühmarsch – Schwan I* Z.: Hubert Streil, Bork
1969	**Dorette**	v. *Damhirsch – Astrachan* Z.: Josef Gerdemann, Everswinkel
1970	**Fidele**	v. *Ehrenschild – Flieghin* Z.: Karl Gronebaum, Borgholzhausen
1971	**Sinfonie**	v. *Sioux – Frühling* Z.: Rolf Kindermann, Wehe
1972	**Ranke**	v. *Realist – Sinus* xx Z.: Gestüt Römersee, Heiden
1973	**Matilla**	v. *Milan – Fabriano* Z.: Johannes Kessler, Lippborg
1974	**Sonnenlicht**	v. *Sioux – Altist* Z.: Wilhelm Spreen-Segelhorst, Pr. Ströhen
1975	**Molina**	v. *Milan – Goldfeind* Z.: Heinrich Klespe, Beckum
1976	**Renata**	v. *Radetzky – Dirigent* Z.: Wilhelm Döpke, Rahden-Sielhorst
1977	**Fürstin**	v. *Frühlingstraum II – Frühmarsch* Z.: Hubert Streil, Bork
1978	**Merci**	v. *Milan – Hirschfänger* Z.: Georg Albrecht Bertram, Niederbauer
1979	**Sabrina**	v. *Sinatra – Frühling* Z.: Wilfried Stute, Borgholzhausen
1980	**Feuertaufe**	v. *Frühlingsball – Dirigent* Z.: Hans-Joachim Wehberg, Gevelsberg
1981	**Wunderbare**	v. *Wunderlich – Frühling* Z.: Franz Schnitker-Pöhling, Lippstadt-Overhagen
1982	**Palisandra**	v. *Palisander – Sioux* Z.: Helmut Schmale-Steinkamp, Rahden-Varl
1983	**Pik Dame**	v. *Paradox I – Firnus* Z.: Heinrich Benning, Billerbeck
1984	**Parodie**	v. *Palisander – Dirigent* Z.: Heinrich Langewellpott, Espelkamp
1985	**Danina**	v. *Dialekt – Damhirsch* Z.: Georg Gronebaum, Borgholzhausen
1986	**Fortuna**	v. *Fortissimo – Doktor* Z.: Franz-Aloys Heinrichsmeier, Salzkotten
1987	**Residenz**	v. *Renaldo – Lemon Hart* xx Z.: Hans Stentrup, Ascheberg-Herbern

1988	**Dramatik II**	v. *Debütant – Sioux* Z.: Wilhelm Spreen-Segelhorst, Pr. Stöhen
1989	**Prinzess**	v. *Pazifik – Rex Fritz* Z.: Hubert Albersmeier, Warburg
1990	**Freude**	v. *Franzisco I – Perlkönig I* Z.: Karl-Wilhelm Rienhöfer, Bad Sassendorf
1991	**Windspiel**	v. *Weinberg – Sacramento* xx Z.: Ulrich Niedergassel, Gütersloh
1992	**Diandra**	v. *Diamantino – Werbefunk* Z.: Erich Nienaber, Münster
1993	**Charisma**	v. *Charmant* AA *– Dior* Z.: Theodor u. Alfons Grussmann, Paderborn-Sande
1994	**Pamina**	v. *Pilot – Perlkönig I* Z.: Fritz Prawitz, Tuntenhausen
1995	**Dornröschen**	v. *Damenstolz – Rigoletto* Z.: Hermann Niedergassel, Bielefeld
1996	**Discovery**	v. *Damenstolz – Pilot* Z.: Bernhard Wördehoff, Büren
1997	**Ferragana**	v. *Ferragamo – Apart* Z.: Georg Gronebaum, Borgholzhausen
1998	**Piazza**	v. *Playmate* xx *– Amor* Z.: Friedrich Niedergassel, Steinhagen
1999	**Fiedergirl**	v. *Florestan I – Werther* Z.: Wilhelm Hage, Rüthen
2000	**Marilu**	v. *Mon Cheri – Ehrentusch* Z.: Bernhard Große-Lefert, Steinfurt-Borghorst
2001	**Lolita**	v. *Lamoureux II – Florestan I* Z.: Hans Bockholt, Steinfurt
2002 2)	**Fantastica** Abbildung siehe Seite 236	v. *Fidermark – Brentano II* Z.: Hans Bockholt, Steinfurt
2003	**Landdame B**	v. *Lancer III – Weinberg* Z.: Konrad Beringmeier, Hövelhof-Espeln

Spitzenreiter der Elite-Westfalenauktion

Westfalenauktion	Zuschlag	Pferd	Abstammung	Züchter
1953 Frühjahr	3.500 DM	*Amsel*	*Almschütze*	
1953 Herbst	4.000 DM	*Florentiner*	*Humbold – Oxyd*	Freiherr v. Nagel-Doornick, Vornholz
1954 Frühjahr	5.000 DM	*Fürst*	*Fernflug II – Flagellant*	K.B. Schulze Gerleve, Harle
1955 Frühjahr	4.000 DM	*Schwanhard*	*Schwan I – Sonderling*	Adolf Steinhage, Steinhagen
1956 Frühjahr	4.700 DM	*Winzerin*	*Wehr Dich xx – Alarm*	Gutsverwaltung Moormann, Werne
1957 Frühjahr	6.000 DM	*Komtesse*	*Klaus – Sonderling*	Adolf Steinhage, Steinhagen
1958 Frühjahr	5.500 DM	*Waldfee*	*Waldspecht xx – Ast*	Gutsverwaltung Moormann, Werne
1959 Frühjahr	7.000 DM	*Kranich*	*Krol Walca – Blinzen xx*	Gutsverwaltung Hegge, Niesen
1960 Frühjahr	7.200 DM	*Raster*	*Ramzes*	Heinrich Schräder-Bals, Sassenberg
1961 Frühjahr	6.800 DM	*Hidalgo*	*Krol Walca*	Freiherr v. Nagel-Doornick, Vornholz
1962 Frühjahr	18.000 DM	*Ravenna*	*Ramzes – Findling*	Freiherr v. Nagel-Doornick, Vornholz
1963 Frühjahr	13.000 DM	*Atina*	*Abschaum – Forstaufseher*	Ernst Brunschütte, Eilhausen
1964 Frühjahr	8.800 DM	*Julian*	*Julianus – Almschütze*	Ludwig Messing-Hoof, Saerbeck
1965 Frühjahr	13.000 DM	*Schwall*	*Schwerin – Forschergeist*	Aloys Kirschner, Buldern
1966 Frühjahr	15.500 DM	*Rando*	*Radetzky – Drall*	Theodor Schulze-Zumloh, Warendorf
1967 Frühjahr	16.500 DM	*Susewind*	*Sinus xx – Fumar*	Wilhelm Oberhoff, Opherdicke
1968 Frühjahr	16.000 DM	*Dukat XI*	*Dompfaff – Fontane II*	Gut Eckelborn, Eickelborn
1969 Frühjahr	18.200 DM	*Bajazzo*	*Blauspecht xx – Alliierte*	Alfred Isenbeck, Osterbönen
1970 Frühjahr	21.000 DM	*Salus*	*Sioux – Abschaum*	Ewald Ohendiek, Niedermehnen
1971 Frühjahr	22.000 DM	*Daisy*	*Doktor – Felddieb*	Hermann Alteheld, Lemgo
1972 Frühjahr	29.000 DM	*Amon*	*Angelo xx – Donar*	Herbert de Baey, Hamminkeln
1973 Frühjahr	36.000 DM	*Adept*	*Angelo xx – Aldato*	Gestüt Pütter, Iserlohn
1974 Frühjahr	30.000 DM	*Passat*	*Perseus – Schwan I*	Karl-Heinz Erbel, Dortmund
1975 Frühjahr	42.000 DM	*Ahlerich*	*Angelo xx – Donar*	Herbert de Baey, Hamminkeln
1976 Frühjahr	46.000 DM	*Durbridge*	*Damhirsch – Axinit*	Walter Schulze-Westerhoff, Altenberge
1977 Frühjahr	40.000 DM	*Duell*	*Damhirsch – Firnhang*	Heinz Walter-Müller, Loxten
1978 Frühjahr	52.000 DM	*Raimondo*	*Renaldo – Grünspecht*	Egon Schulze-Bomke, Ascheberg

Westfalenauktion	Zuschlag	Pferd	Abstammung	Züchter
1978 Herbst	58.000 DM	*Perle*	*Parvenü – Frühlingstraum I*	Bernhard Altrogge, Nottuln
1979 Frühjahr	30.000 DM	*Frivol*	*Fidalgo xx – Frühlingstraum I*	Rudolf Schulze-Isfort, Münster
	30.000 DM	*Antonio*	*Anmarsch – Goldstern*	Heirich Lükens, Drensteinfurt
1979 Herbst	26.000 DM	*Goldfink*	*Granit – Rubin*	Willi Hellweg, Lüdinghausen
1980 Frühjahr	48.000 DM	*Gardist*	*Gottschalk – Jonkheer xx*	Marie Strühmeyer, Löhne
1980 Herbst	44.000 DM	*Gustav Panzer*	*Gottschalk – Filter*	Bernhard Nienaber, Milte
1981 Frühjahr	75.000 DM	*Haleur*	*Hirschberg – Steinadler*	Herbert Stratmann, Herbern
1981 Herbst	21.500 DM	*Rio*	*Renaldo – Wohlauf*	Herbert Budde, Lüdinghausen
1982 Frühjahr	37.000 DM	*Fleming*	*Feuerschein I – Waidgesell*	Marianne Budde, Selm
1982 Herbst	25.000 DM	*Prinzeß*	*Platon – Damhirsch*	Arnold Kruse, Finnentrop
1983 Frühjahr	45.000 DM	*Matador*	*Milan – Rasputin*	Edmund Powlowski, Castrop-Rauxel
1983 Herbst	60.000 DM	*As*	*Aarstein – Rubin*	Josef Lücke, Brakel
1984 Frühjahr	35.000 DM	*Platons Star*	*Platon – Firnwind*	Josef Pulte, Helden
1984 Herbst	26.000 DM	*Fatima*	*Frühlingsrausch – Wimpel*	Ditrich Schulz, Steinfurt
1985 Frühjahr	90.000 DM	*Playboy*	*Platon – Buchara xx*	Josef Platte, Attendorn
1985 Herbst	92.000 DM	*President's Trophy*	*Pilot – Frühling*	Franz Kohle, Paderborn
1986 Frühjahr	78.000 DM	*Alcatraz*	*Apart – Romadour*	Karl Gronebaum, Borgholzhausen
1986 Herbst	60.000 DM	*Platini*	*Pascal – Ladykiller xx*	Claudia Elsner, Beckum
1987 Frühjahr	50.000 DM	*Piano*	*Parcours – Ducker*	Heinrich Schulze-Eistrup, Billerbeck
1987 Herbst	60.000 DM	*Rex Ratio*	*Rex Fritz – Paradox I*	Wilhelm Rüscher-Konermann, Greven
1988 Frühjahr	42.000 DM	*Fliegette*	*Faisal – Delos*	Leo Miske, Olfen
1988 Herbst	80.000 DM	*Dimitri*	*Der Clou – Taipan xx*	Wilhelm Rethemeyer, Lengerich
1989 Frühjahr	50.000 DM	*Panther*	*Pilot – Angriff*	Mechthild Steppeler, Herzebrock
1989 Herbst	120.000 DM	*Rialto*	*Rotarier – Gold Dollar*	Günther-Bernhard Klinge, Lüdinghausen
1990 Frühjahr	50.000 DM	*Festival*	*Frühlingstraum II – Admiral*	Alfred Reimann, Oer-Erkenschwick
1990 Herbst	150.000 DM	*Amazonas*	*Apart – Romanow*	Gestüt Vornholz, Ennigerloh

Spitzenreiter der NRW-Elite-Auktionen

Elite-Auktion	Zuschlag	Pferd	Abstammung	Züchter
1991 Frühjahr	100.000 DM	*Cicero*	*Canaris– Frühlingsball*	Hans Joachim Wehberg, Gevelsberg
1991 Herbst	100.000 DM	*Doc*	*Disco-Prince – Ramiro*	Günter Bernhard Klinge, Lüdinghausen
1992 Frühjahr	200.000 DM	*Falco*	*Fidelio – Cavalier*	Franz-Josef Randerath, Waldfeucht
1992 Herbst	135.000 DM	*Dujardin*	*Disco-Prince – Ramiro*	Bernhard Klinge, Lüdinghausen
1993 Frühjahr	70.000 DM	*Forester*	*Feuerschein I – Canaris*	Wilhelm Boos-Siepmann, Lippetal-Lippborg
1993 Herbst	90.000 DM	*Reach Out*	*Rheingold – Damhirsch*	Hartmut Stracke, Unna
1994 Frühjahr	50.000 DM	*Rendezvous*	*Renoir I – Grundstein*	Manfred Fölling, Sassenberg
1994 Herbst	200.000 DM	*Ecciavelle*	*Ehrentusch – Frühlingsrausch*	Josef Ulmker, Neuenkirchen
1995 Frühjahr	220.000 DM	*Gaylord*	*General I – Grossadmiral*	Klaus Bronnert-Härle, Stadtlohn
1995 Herbst	90.000 DM	*Duran*	*Dönhoff – Lord*	August Tobrock, Nettetal
1996 Frühjahr	111.000 DM	*Golden Game*	*Grannus – Rosenkavalier*	Heinrich Splaning, Rosendahl
1996 Herbst	160.000 DM	*Finest Wonder*	*Florestan I – Wunderlich*	Ewald Lange, Erwitte
1997 Frühjahr	93.000 DM	*Pinky Pit*	*Pit I – Cacir AA*	Heinrich und Wilhelm Strunk, Bochum
1997 Herbst	160.000 DM	*Eljano*	*Ehrentusch – Milan*	Hermann-Josef Böker, Spelle
1998 Frühjahr	200.000 DM	*Alposal*	*Almox Prints – Polydor*	Rolf Bürgers, Issum
1998 Herbst	270.000 DM	*Royal Black*	*Royal Angelo I – Wenzel I*	Wolfgang Rabe, Kalletal
	270.000 DM	*Pikkolo*	*Pik Labionics – Attache*	Hermann Zumvenne, Senden
1999 Frühjahr	100.000 DM	*Cantonius*	*Contender – Pit I*	Antonius Schulze-Averdiek, Rosendahl
1999 Herbst	350.000 DM	*Enzian*	*Ehrentanz – Remus I*	Gabriele Rottmann, Lüdinghausen
2000 Frühjahr	200.000 DM	*Prefectus*	*Polydor – Weinberg*	Reiner Trilling, Marsberg
2000 Herbst	600.000 DM	*Dollmann* 3) Abbildung siehe Seite 236	*Davignon II – Amor*	Marlies Tenkhoff, Olfen
2001 Frühjahr	420.000 DM	*Saint George*	*Saint Tropez – Brentano II*	Hans Bockholt, Steinfurt
2001 Herbst	450.000 DM	*Edelmann*	*Ehrentusch – Ferragamo*	Norbert Borgmann Ostbevern
2002 Frühjahr	96.000 EUR	*Edelstein*	*Ehrentusch – Feuerglanz*	Josef Feddermann, Greven
2002 Herbst	167.000 EUR	*Belissimo*	*Beltain – Romadour II*	Dieter Niesar, Kranenburg
2003 Frühjahr	190.000 EUR	*Balanda*	*Baloubet du Rouet – Achill-Libero H*	Ulla von Bormann, Essen
2003 Herbst	320.000 EUR	*Fleur Rubin*	*Florestan I – Rubinstein*	Heinz-Michael Schröder, Lauenförde

Westfalens internationale Champions

Europameister, Weltmeister, Olympiasieger, Weltcup-Gewinner 1978–2002

Roman
B.W., geb. 1971
v. *Romadour I – Fiffikus*
Z.: Heinz Lücke, Oelde
B.: Deutsches Olympiade Komitee + Gerd Wiltfang, Thedinghausen/R.: Gerd Wiltfang

Ahlerich
B.W., geb. 1971
v. *Angelo* xx – *Donar*
Z.: Herbert de Baey, Lemgo
B.: Deutsches Olympiade Komitee + Dr. Reiner Klimke, Münster
R.: Dr. Reiner Klimke

Fire
Df.W., geb. 1973
v. *Frühlingstraum II – Romulus II*
Z.: Karl Lummer-Foehrmann, Delbrück/B.: Deutsches Olympiade Komitee + Günther Koof, Willich/R.: Norbert Koof

McLain
R.W., geb. 1971
v. *Bariton – Dragoner*
Z.: Jan Gerd Schulze-Schwering, Ahaus/B.: Leslie Lenehan-Burr, USA/R.: Leslie Lenehan-Burr

Chef
F.W., geb. 1975
v. *Cyrian – Senat*
Z.: Gustav Adolf Böving, Wetter
B.: FN U.S.A/R.: Michael Matz

Rembrandt Borbet
B.W., geb. 1977
v. *Romadour II – Angelo* xx
Z.: Herbert de Baey, Lemgo
B.: Deutsches Olympiade Komitee + Jürgen Uphoff, Duisburg
R.: Nicole Uphoff

Ganimedes
R.W., geb. 1978
v. *Grünhorn II – Fidalgo* xx
Z.: August Benning, Dülmen
B.: George + Inge Theodorescu, Sassenberg
R.: Monica Theodorescu

Bugatti Pedro
B.W., geb. 1979
v. *Pilot – Aar*
Z.: Anton Brune, Bad Driburg
B.: Wolfgang Brinkmann, Herford
R.: Wolfgang Brinkmann

Goldstern
F.W., geb. 1981
v. *Weinberg – Direx*
Z.: Willi Altemeier, Delbrück
B.: Klaus Balkenhol, Rosendahl
R.: Klaus Balkenhol

Fabienne
F.S., geb. 1980
v. *Feuerschein I – Dilettant*
Z.: Ewald Bunge, Nottuln/B.: Klaus Dörn, Essen/R.: Isabell Werth

Pirol
B.W., geb. 1979
v. *Pilot – Firn*
Z.: Günter Schilling, Bielefeld
B.: SVH Foundation, Schweiz
R.: Lesley McNaught-Mändli

Dylano
F.W., geb. 1982
4) Abbildung siehe Seite 236
v. *Debütant – Douglas*
Z.: Heinrich-Walter Vinke, Petershagen/B.: Arthur Schmid, Schweiz/R.: Thomas Fuch

P.S.Priamos
F.W., geb. 1982
v. *Pilot – Direx*
Z.: Karl Lummer-Föhrmann
B.: Madeleine Winter-Schulze, Wedemark/R.: Dirk Hafemeister

Durgo
B.W., geb. 1984
v. *Degen – Grünhorn III*
Z.: Heinrich Prein, Holzwickede
B.: Berthold Maute + Martin Schaudt, Albstadt
R.: Martin Schaudt

Gracioso
F.W., geb. 1985
v. *Grundstein I – Renaldo*
Z.: Wilhelm Feldhaus, Ahaus/B.: Nadine Capellmann, Würselen/R.: Nadine Capellmann

Gladdys S
F.S., geb. 1992
v. *Grandeur –Apart*
Z.: Christiane Lissek, Porta Westfalica/B.: Madeleine Winter-Schulze, Wedemark
R.: Ludger Beerbaum

Farbenfroh
F.W., geb. 1990
v. *Freudentänzer – Aarstein*
Z.: Egon Stiens, Herzebrock
B.: Nadine Capellmann, Würselen/R.: Nadine Capellmann

Erfolgreiche NRW-Turnierpferde – Springen

Die Tabellenführer 1977 – 2003

Jahr	Pferd	Abstammung	Züchter	Reiter/in	Jahres Gewinnsumme
2003	*Gladdys S*	*Grandeur – Apart*	Christiane Lissek, Porta Westfalica	Ludger Beerbaum	204.341 EUR
2002	*Gladdys S*	*Grandeur – Apart*	Christiane Lissek, Porta Westfalica	Ludger Beerbaum	278.486 EUR
2001	*Gladdys S*	*Grandeur – Apart*	Christiane Lissek, Porta Westfalica	Ludger Beerbaum	702.660 DM
2000	*Prosario NRW*	*Pinocchio – Pakt*	Franz Hunkemöller, Sendenhorst	Heinrich-W. Johannsmann	149.018 DM
1999	*P.S. Priamos*	*Pilot – Direx*	Karl-Lummer-Föhrmann, Delbrück	Ludger Beerbaum	206.000 DM
1998	*P.S. Priamos*	*Pilot – Direx*	Karl-Lummer-Föhrmann, Delbrück	Ludger Beerbaum	477.240 DM
1997	*P.S. Priamos*	*Pilot – Direx*	Karl-Lummer-Föhrmann, Delbrück	Ludger Beerbaum	348.704 DM
1996	*Rush On*	*Report I – Rivale*	Georg van den Busch, Rees	Ludger Beerbaum	262.420 DM
1995	*Rush On*	*Report I – Rivale*	Georg van den Busch, Rees	Ludger Beerbaum	230.800 DM
1994	*P.S. Priamos*	*Pilot – Direx*	Karl-Lummer-Föhrmann, Delbrück	Dirk Hafemeister	149.725 DM
1993	*Rush On*	*Report I – Rivale*	Georg van den Busch, Rees	Ludger Beerbaum	336.274 DM
1992	*Rush On*	*Report I – Rivale*	Georg van den Busch, Rees	Ludger Beerbaum	211.980 DM
1991	*Pamina*	*Polydor – Frühwein*	J. Hoogen, Kamp-Lintfort	Otto Becker	319.644 DM
1990	*Pamina*	*Polydor – Frühwein*	J. Hoogen, Kamp-Lintfort	Otto Becker	375.422 DM
1989	*Argonaut*	*Adlerorden – Direx*	G. Huttrop-Hage, Paderborn	Franke Sloothaak	149.630 DM
1988	*Aramis*	*Argwohn – Aar*	W.-H. Nölle-Pier, Welver	K. Gravemeier, F. Sloothaak	120.400 DM
1987	*Fleur*	*Frühlingsball – Raubritter*	Fritz Wahl, Schleiden	Franke Sloothaak	92.637 DM
1986	*Argonaut*	*Adlerorden – Direx*	G. Huttrop-Hage, Paderborn	Bernhard Kamps	123.485 DM
1985	*Feuergeist*	*Frühlingsball – Senat*	Gustav-Adolf Böving, Wetter	Jürgen Kenn	117.300 DM
1984	*Merano*	*Milan – Justus*	Franz Albersmeier-Linnenbrink, Beckum	U. Meyer zu Bexten	83.323 DM
1983	*Gordon*	*Goldlack – Cyrano*	Dirk Schulze-Wethmar, Lünen	Gerd Wiltfang	39.090 DM
1982	*Fire*	*Frühlingstraum II – Romulus II*	Karl Lummer-Föhrmann, Delbrück	Norbert Koof	215.603 DM
1981	*Goldika*	*Goldlack – Rasputin*	Franz Frye, Olfen	Gerd Wiltfang	110.338 DM
1980	*Argonaut*	*Aarstein – Felsen I*	Johann Siemen, Hamminkeln	Franke Sloothaak	49.300 DM
1979	*Goldika*	*Goldlack – Rasputin*	Franz Frye, Olfen	Gerd Wiltfang	70.498 DM
1978	*Roman*	*Romadour I – Fiiffikus*	Heinz Lücke, Oelde	Gerd Wildfang	64.444 DM
1977	*Gaylord*	*Goldberg – Papayer xx*	Heinrich Sandhowe, Ascheberg	Hendrik Snoek	45.954 DM

5) Abbildung siehe Seite 236

Erfolgreiche NRW-Turnierpferde – Dressur

Die Tabellenführer 1977 – 2003

Jahr	Pferd	Abstammung	Züchter	Reiter/in	Jahres Gewinnsumme
2003	*Gracioso*	*Grundstein I – Renaldo*	Wilhelm Feldhaus, Ahaus	Nadine Capellmann	24.400 EUR
2002	*Farbenfroh*	*Freudentänzer – Aarstein*	Egon Stiens, Herzebrock	Nadine Capellmann	90.811 EUR
2001	*Farbenfroh*	*Freudentänzer – Aarstein*	Egon Stiens, Herzebrock	Nadine Capellmann	126.750 DM
2000	*My Fair Lady*	*Monte Carlo I – Remus I*	Karl Kruse, Höxter	Hubertus Schmidt	73.305 DM
1999	*Gracioso*	*Grundstein I – Renaldo*	Wilhelm Feldhaus, Ahaus	Nadine Capellmann	95.400 DM
1998	*Amaretto* [6]	*Argentinus – Ehrenfried*	Wilfried Hadeler, Rahlen	Isabell Werth	95.617 DM
1997	*Amaretto*	*Argentinus – Ehrenfried*	Wilfried Hadeler, Rahlen	Isabell Werth	78.500 DM
1996	*Durgo*	*Degen – Grünhorn III*	Heinrich Prein, Holzwickede	Martin Schaudt	53.425 DM
1995	*Rubinstein*	*Rosenkavalier – Angelo xx*	Herbert de Baey, Lemgo	Martina Hannöver	74.650 DM
1994	*Goldstern*	*Weinberg – Direx*	Willi Altemeier, Delbrück	Klaus Balkenhol	78.120 DM
1993	*Goldstern*	*Weinberg – Direx*	Willi Altemeier, Delbrück	Klaus Balkenhol	94880 DM
1992	*Fabienne*	*Feuerschein I – Ramiro*	Ewald Bunge, Nottuln	Isabel Werth	110.810 DM
1991	*Goldstern*	*Weinberg – Direx*	Willi Altemeier, Delbrück	Klaus Balkenhol	75.964 DM
1990	*Flair*	*Frühlingstraum I – Amigo*	B. Witthaut,Brilon	Holger Münstermann	70.080 DM
1989	*Rembrandt*	*Romadour II – Angelo xx*	H. de Baey, Hamminkeln	Nicole Uphoff	64.340 DM
1988	*Rembrandt*	*Romadour II – Angelo xx*	H. de Baey, Hamminkeln	Nicole Uphoff	48.300 DM
1987	*Entertainer*	*Ehrensold – Grünberg*	Ernst Vollbrecht, Halle	George Theodorescu, Dr. Reiner Klimke	29.120 DM
1986	*Achilles*	*Antar xx – Abendwind*	Heinrich Stöcker, Lüdinghausen	Franz-Josef Dahlmann	25.960 DM
1985	*Ahlerich*	*Angelo xx – Donar*	Herbert de Baey, Lemgo	Dr. Reiner Klimke	24.240 DM
1984	*Paquito*	*Papayer xx*	Bernhard Bölling, Senden	Gabriele Disterer	24.515 DM
1983	*Ahlerich*	*Angelo xx – Donar*	Herbert de Baey, Lemgo	Dr. Reiner Klimke	27.325 DM
1982	*Ahlerich*	*Angelo xx – Donar*	Herbert de Baey, Lemgo	Dr. Reiner Klimke	27.460 DM
1981	*Ahlerich*	*Angelo xx – Donar*	Herbert de Baey, Lemgo	Dr. Reiner Klimke	30.210 DM
1980	*Ahlerich*	*Angelo xx – Donar*	Herbert de Baey, Lemgo	Dr. Reiner Klimke	26.640 DM
1979	*Duero*	*Ducker – Allasch*	Josef Fieke, Greven	Dr. Josef Neckermann	14.330 DM
1978	*Ahlerich*	*Angelo xx – Donar*	Herbert de Baey, Lemgo	Dr. Reiner Klimke	22.479 DM
1977	*Feudal*	*Frühlicht II – Felsen I*	Theodor Schweckhorst, Rees	Dr. Uwe Schulten-Baumer	13.240 DM

6) Abbildung siehe Seite 237

Ramzes-Preis

Der Westfälische Reiterverein e.V. wurde 1835 gegründet und ist Deutschlands ältester Reiterverein. Seit Mitte des 19. Jahrhunderts gehört die Förderung der Pferdezucht zu den satzungsgemäß festgeschriebenen Aufgaben des Vereins.

Im Mittelpunkt der Aktivitäten des Westfälischen Reitervereins von 1835 e.V. steht das »Turnier der Sieger« in Münsters Innenstadt; seit 1955 fester Bestandteil im deutschen Turnierkalender. Prüfungen wie das »Westfalen-Wappen« für die besten dreijährigen Westfalen und das »Optimum« für entsprechende Vierjährige aus allen deutschen Zuchtgebieten gehören zum Traditionsprogramm. Für einige Jahre war der »Ramzes-Preis« einziges deutsches S-Springen für gekörte Hengste.

Seit 1988 ist der »Ramzes-Preis« eine ganz besondere Stiftung. Die wertvolle Statuette des Stempelhengstes wird alljährlich im Rahmen des »Turniers der Sieger« an eine Persönlichkeit mit besonderen Verdiensten um die westfälische Pferdezucht verliehen. Ins Leben gerufen wurde sie von Egbert Snoek, in den 1980er Jahren Präsident und später Ehrenpräsident des Westfälischen Reitervereins von 1835.

Jahr	Preisträger	Züchterische Verdienste
1988	Franz Schnittker-Pöhling, Lippstadt-Overhagen	*Remus I* Ldb., *Remus II* Ldb., *Romulus I* Ldb., *Romulus II* Pb.
1989	Herbert de Baey, Lemgo-Wiembeck (davor: Hamminkeln)	*Ahlerich*, *Amon*, *Rembrandt*, *Rubinstein*
1990	Wilhelm Spreen-Segelhorst, Rahden	*Frühlingstraum I* Ldb., *Frühlingstraum II* Ldb., *Dramaturg* Ldb., *Minister*, *Dramatik*-Vollschwestern
1991	Hans-Joachim Wehberg, Gevelsberg	Siegerhengst *Federball* Ldb., *Fernblick* Ldb., *Montreal* Ldb., *Calvados* Ldb., *Canaris* Ldb., *Fioravanti* Ldb.
	Dr. Gerd Lehmann, Warendorf	Verdienste als NRW-Landstallmeister
1992	Privathengststation Sandhowe, Ascheberg	*Papayer* xx, *Goldberg*, *Grannus/Granit*, Springpferde *Gaylord* und *Golden Gate*
1993	Wilhelm Lackenberg, Rinkerode	*Paradox I* Ldb., *Paradox II* Pb.
1994	Heinrich Johannsmann, Gütersloh-Ebbesloh	Sieger-und Reservesiegerstute der Westfalenschau 1967 *Fehmarn* und *Fulda*, *Lustig I* Ldb., *Lustig II* Ldb., *Saldo* Pb.
1995	Heinrich Prein, Holzwickede	Olympiasieger *Durgo* und erfolgreicher Stutenstamm
1996	Fritz Ligges, Ascheberg	posthum für die Lebensleistung als Hengsthalter und Züchter
1997	Elisabeth und Kunibert Münch, Datteln	*Pilatus*, der Vater von *Pilot* Ldb. und *Polydor* Ldb.
1998	Günther Dieckmann-Großhundorf, Lippetal	Lebensleistung als Züchter und Vorsitzender des Westfälischen Pferdestammbuches e.V.
1999	Horst Pellengahr, Höxter	Siegerhengst *Gracioso* und Lars Niebergs int. Sieger *Giorgio*
2000	Leo Deitert, Schöppingen	Int. Springpferd und Ex-Ldb. *Diagonal*, *Fürstenberg* Ldb., *Ricordo di Leny* Ldb., Spitzenpferde der Elite-Auktionen
2001	Eberhard Schulte-Böcker, Geilenkirchen	u.a. Züchter des Stempelhengstes *Florestan I*
2002	Norbert Borgmann, Ostbevern	*Floriano Deux NRW*, *Pontifex*, *Pluto*, *Eichendorff*
2003	Theo Lohmann, Sendenhorst-Albersloh [7]	*Faisal* Pb., *Gonfaron* Pb., *Renaissance*, *Granie*, *Romario*, *Der Lohmann*

7) Abbildung siehe Seite 237

Hengstaufzüchterpreis des Westfälischen Pferdestammbuches

Jahr	Preisträger
1990	Karl-Linus Gerdemann, Dülmen
1991	Hermann Haane, Essen
1992	Brigitte Büttner, Mettmann
1993	Heinrich Ramsbrock, Menslage
1994	Brigitte Büttner, Mettmann
1995	Paul Baune, Heiden, und Antonius Schulze-Averdiek, Rosendahl
1996	Heinrich Ramsbrock, Menslage
1997	Franz Rawert, Coesfeld
1998	August Schulte-Varendorff, Ibbenbüren
1999	Marliese Lückmann, Senden
2000	Heinz Dieckhoff-Holsen, Telgte
2001	Josef Platte, Attendorn
2002	Heinrich Höddinghaus, Gütersloh
2003	Wilfried Stute, Borgholzhausen

1) oben links:
Sieger der 12. NRW-Hauptkörung 2002:
Rosencharmeur v. *Rosenkavalier – Mon Cheri*

2) oben rechts:
Siegerstute der 37. Westf. Eliteschau 2002:
Fantastica v. *Fidermark*

3) mitte links:
Bis zum Herbst 2003 war er Spitzenreiter der Preistabelle aller Elite-Auktionen: der gekörte *Dollmann* v. *Davignon II.*

4) rechts:
Der Schweizer Champion Thomas Fuchs und *Dylano*, ein Sohn des DLG-Siegers *Debütant*

5) unten links:
In den Saisons 2001, 2002 und 2003 das erfolgreichste westfälische Springpferd: *Gladdys S* v. *Grandeur – Apart* mit Ludger Beerbaum

6) oben links:
Isabell Werth und *Amaretto*, ein *Argentinus*-Sohn aus dem Stutenstamm von Wilhelm Spreen-Segelhorst

8) oben rechts:
Der Pilot-Direx-Sohn ist das einzige Springpferd der Welt, das zweimal zu einem Weltmeisterteam gehörte; 1994 mit Dirk Hafemeister (Foto) und 1998 unter Ludger Beerbaum

7) unten links:
»*Ramzes*-Preisträger« 2003: Theo Lohmann aus Sendenhorst-Albersloh

Quellen

Claus Dencker: Das Oldenburger Pferd, 1941
Bernd Eylers: Ausgewählte Hengste Deutschlands, alle Bände zwischen 1992/93 und 2003/2004

Lars Gehrmann / Maas J. Hell: Die großen Hengste Holsteins, 1986

Wilhelm Grote: Die Entwicklung der westfälischen Warmblutzucht und ihrer hervorragendsten Stutenstämme, 1932

Bernhard Haselon: Die wichtigsten Hengstlinien der westfälischen Warmblutzucht, 1941

Holger Heck / Lars Gehrmann: Die berühmtesten Pferde Deutschlands, 1984

Holger Heck / Lars Gehrmann: Die berühmtesten Hengste Deutschlands, 1983

Holger Heck / Jürgen Casper: Erfolgreiche Deckhengste in Deutschland, 1992

Werner Lutz / Werner Schockemöhle: Deutsche Springreiter und Zuchtgebiete, 1969

Adolf Lütke-Wentrup: Die geschichtliche Entwicklung der Pferdezucht in der Provinz Westfalen, ihre Förderung durch Staats- und Vereinshilfe und ihr gegenwärtiger Standpunkt, 1904

Baron Nagel: Stutbuch Vornholz, 1962

Gustav Rau: Die Deutschen Pferdezuchten, 1911

Reiter und Pferde in Westfalen: Pferdezucht im Wandel, 1991

Franz Schulze Temming Hanhoff: Aufbau, Bedeutung und Leistung der westfälischen Warmblutzucht, 1956

Zeitschriften:
»Ross und Reiter in Westfalen«, »Reiter und Pferde in Westfalen«, Ausgaben 1950 bis 2003; »St. Georg«, Ausgaben 1949 bis 2003

NRW Landgestüt Warendorf: Verzeichnis der Landbeschäler des Nordrhein-Westfälischen Landgestüts Warendorf 1954–1983, 1984

NRW Landgestüt Warendorf: Verzeichnis der Landbeschäler des Westfälischen Landgestüts Warendorf 1871–1954, 1954

NRW Landgestüt Warendorf: Hengstverteilungspläne 1975–2003

NRW Landgestüt Warendorf: Katalog Hengstparade 1968–2003

Westfälisches Pferdestammbuch: Westfälisches Hengstbuch (mit laufenden Ergänzungen), 1983

Westfälisches Pferdestammbuch: Westf. Pferdestammbuch, Band 1–4, 1908

Westfälisches Pferdestammbuch: Körkataloge, div. Jahrgänge

Westfälisches Pferdestammbuch: Auktionskataloge, 1952–2003

Deutsche Reiterliche Vereinigung (FN): Jahrbuch Zucht 1980–2002

Trakehner Verband: Hengstbuch 1958, 1967, 1975, 1976, 1982

Interviews: Herbert Domhöver, Karl-August Schulte Varendorff, Friedhelm Reilmann, Bernhard Deitert, Wilhelm Strunck, Wilhelm Stute, August Schmale-Steinkamp, Kai Ligges, Wilhelm Holkenbrink, Heinrich Sandhowe, Werner Münch, Christa Geldbach

3 Die 100-jährige Geschichte des Kaltblutpferdes in Westfalen

Dr. Otto Marré

Herkunft und Entstehung der Rheinisch-Deutschen Kaltblutrasse

Belgien (Brabant, Hennegau, Lüttich, Namur und Ostflandern) ist das genetische Mutterland und die Belgische Zugpferderasse die Ausgangsrasse des Rheinisch-Deutschen Kaltblutpferdes, weil es auf belgische Ur-Urahnen zurückgeht und alte belgische Blutströme führt, die zunächst in der ehemaligen Rheinprovinz und später in Westfalen und anderen deutschen Zuchtgebieten Entstehung und weitere züchterische Entwicklungen der Rasse bestimmten.

Die Rheinisch-Deutsche Kaltblutrasse hat demnach ihre genetische Heimat in Belgien und ihren eigentlichen Ursprung als besondere, bodenständig gewordene Rasse in den betreffenden deutschen Zuchtgebieten und nicht allein im Rheinland.

Belgischer Fuchshengst (Belgier) nach einer Darstellung von Otto Eerelman und Richard Schoenbeck

Dementsprechend bilden heute alle verbliebenen Zuchtgebiete der Rheinisch Deutschen Zuchtrichtung quasi ein Ursprungszuchtgebiet mit der Folge, dass die betreffenden Züchtervereinigungen in der Bundesrepublik Deutschland das Zuchtbuch über den Ursprung der Rheinisch-Deutschen Kaltblutrasse (Ursprungszuchtbuch) nach EU-Vorgaben und deutschem Tierzuchtrecht auch gemeinsam führen.

Leistungen und Erfolge der betreffenden bundesdeutschen Pferdezuchtverbände beim Aufbau und bei der Konsolidierung der eigenen und der Gesamtpopulation der Rheinisch-Deutschen Kaltblutrasse im ehemaligen Deutschen Reich lassen eine andere Betrachtungsweise von vornherein nicht zu.

Bedenkt man, dass anlässlich der Weltausstellung 1900 in Paris das internationale Preisgericht das belgische Pferd als das beste Zugpferd der Welt bewertet hat, so wird hierdurch die allgemeine Wertschätzung verdeutlicht, die man dem Belgier insbesondere wegen seiner Reinrassigkeit und Vererbungssicherheit, Typtreue, Geschlossenheit und Rumpfigkeit, Frühreife, Lebensdauer und Nutzbarkeit, Zugkraft und Arbeitswilligkeit verbunden mit raumgreifenden Bewegungen auch im damaligen Deutschen Reich entgegengebracht hat.

Mit der Gründung der »Société nationale du cheval de trait belge« im Jahre 1886 verstärkten sich die Aktivitäten in der Rheinprovinz, Zuchtpferde direkt im belgischen Nachbarland zu erwerben und ins Rheinland zu holen. Als 1892 das Rheinische Pferdestammbuch nach belgischem Muster gegründet wurde, erfolgte gleichzeitig die Festlegung der rheinischen Kaltblutzucht auf ein einheitliches Zuchtziel – das Rheinische Pferd – und der Beginn der geordneten Zucht eines kräftigen, gut gebauten, tiefen Pferdes kaltblütigen Schlages mit starken Knochen und freien Bewegungen. Dieses Pferd war durch die Verdrängung der alten rheinischen Landschläge und die zielstrebige Reinzucht des belgischen Pferdes in Wirklichkeit ein Rheinisch-Belgisches Kaltblutpferd.

Mit der Übernahme der wesentlichen Grundzüge des rheinischen Zuchtziels durch andere deutsche Pferdezuchtverbände sowie die staatlicherseits geförderte Einfuhr original belgischer Zuchtpferde (vornehmlich Prämienhengste)

waren die betreffenden Zuchtgebiete nach dem Rheinland ebenfalls Nachzuchtgebiete des Belgischen Zugpferdes in Deutschland. Es war damals im Grunde allgemein ein Deutsch-Belgisches Kaltblutpferd (Deutsches Kaltblut belgischen Typs) entstanden. Eine entsprechende Rassebezeichnung stieß jedoch mit Rücksicht auf nationale Zuchtinteressen insbesondere in der Züchterschaft von vornherein auf Ablehnung.

Die Tatsache, dass sich das Rheinische Pferdestammbuch vor anderen Pferdezuchtverbänden im ehemaligen Deutschen Reich auf breiter Front für die Nachzucht des Belgischen Zugpferdes entschieden hatte und sozusagen den Grundstein für eine Kaltblutrasse legte, die später vom Westfälischen Pferdestammbuch und anderen deutschen Verbänden insbesondere unter Verwendung original belgischen und rheinisch-belgischen Zuchtmaterials eigenständig entwickelt und regelmäßig vervollkommnet wurde – dass das Rheinland quasi Erst-Zuchtgebiet dieser Rasse ist und die anderen Zuchten beeinflusste –, führte schließlich etwa ab 1918 dazu, die entstandene Kaltblutrasse belgischen bzw. rheinisch-belgischen Typs offiziell Rheinisch-Deutsches Kaltblut zu nennen.

In der Provinz Sachsen wurde allerdings, als man sich dort über die am besten geeignete Kaltblutrasse noch nicht im Klaren war, auch mit Hengsten aus England (Shire) und Schottland (Clydesdale) experimentiert. Die Verwendung dieser Hengste hat die Entwicklung der Rheinisch-Deutschen Kaltblutrasse in Sachsen zwar ganz erheblich verzögert, jedoch zum eigentlichen Zuchtergebnis wohl kaum beigetragen, weil deren in die Zucht eingeflossenen Blutströme durch systematische Verdrängungszucht mit original belgischen, holländischen und rheinisch-belgischen Kaltbluthengsten im Verlauf der Nachkommengenerationen in den hinteren, genetisch nicht mehr wirksamen Ahnenreihen versickerten, bevor sie sich in der provinzialsächsischen Landeszucht großflächig und dauerhaft etablieren konnten.

Kurzum: Das bodenständige Rheinisch-Deutsche Kaltblutpferd in seinen Originalzuchtgebieten ist das Ergebnis der unmittelbaren und mittelbaren Nachzucht der Belgischen Zugpferderasse durch vorrangige Reinzucht mit original belgischen und entsprechend gezogenen Hengsten und Stuten und nachrangige Verdrängungszucht mit original belgischen und entsprechend gezogenen Hengsten.

Rheinisch-Deutsches Kaltblut*
Ausgangssrasse: Belgische Zugpferdrasse
(Nachzucht durch Reinzucht und Verdrängungszucht am Beispiel der so genannten alten deutschen Zuchtgebiete

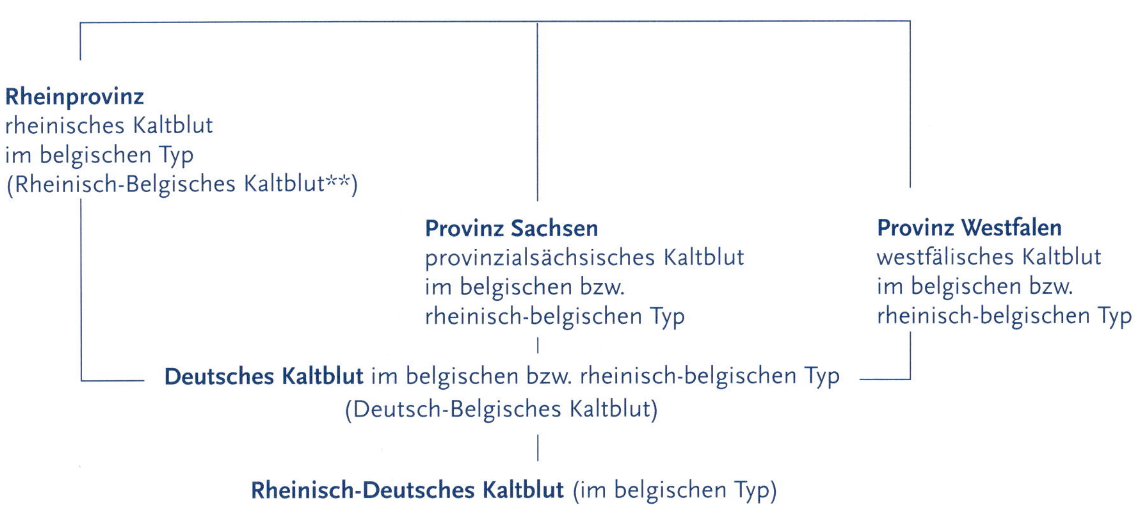

* Etwa 1918 eingeführte und nach wie vor geltende offizielle Rassebezeichnung

** Rassebezeichnung für das in der ehemaligen Rheinprovinz gezogene Kaltblutpferd im belgischen Typ

In den betreffenden deutschen Zuchtgebieten waren Beginn und Verlauf einer geregelten Kaltblutzucht zeitlich verschieden. Die Deutsche Landwirtschaftsgesellschaft (DLG) trug diesem Umstand Rechnung und beschloss auf der Herbsttagung 1925 in Königsberg, die Kaltblutpferde im rheinisch-deutschen Typ künftig nach alten (Rheinprovinz, Provinzen Sachsen und Westfalen) und jungen Zuchtgebieten zu klassifizieren.

Anlässlich der Schau in Frankfurt a. M. 1936 nahm die DLG beim Rheinisch-Deutschen Kaltblut erstmals eine Dreiteilung in ältere, jüngere (Hannover-Braunschweig, Kurhessen, Mecklenburg, Ostpreußen, Pommern, Schlesien und Thüringen) und alle übrigen Zuchtgebiete vor. Eine Einteilung in Haupt- und Nachzuchtgebiete fand offiziell nicht statt.

Anfang und Regelung einer planmäßigen Kaltblutzucht in Westfalen

In Westfalen waren fast bis Ende des 19. Jahrhunderts bei den Pferden Zuchtrichtung und Zuchtziel generell nicht auszumachen. In Einzelfällen mag das tatsächlich anders gewesen sein. Glaubt man den Chronisten, so entsprach die Pferdereproduktion damals hauptsächlich den Anforderungen, die von den Bauern und dem Fuhrgewerbe an Arbeitspferde gestellt wurden. Für die verschiedensten Zwecke gab es unterschiedlich große sowie leichte und auch schwere Pferde, ohne dass eine bestimmte Rasse oder gar ein gegenüblicher Schlag zu erkennen war. Die unausbleibliche Folge waren Gebäude- und Fundamentmängel, die dann häufig dazu führten, diese Pferde als Klepper, Mähren oder Schinder abzuqualifizieren.

Zwar hatte 1894 eine vom damaligen Landwirtschaftlichen Provinzialverein einberufene Kommission bestimmt, in den nördlichen Kreisen Warmblut, in den südlichen und östlichen Kreisen der Provinz Kaltblut (nach Belgier Art) zu züchten. Dieser Beschluss war jedoch mangels realisierbarer Vorgaben und wegen des hartnäckigen Widerstandes der Züchter von vornherein zum Scheitern verurteilt.Im Jahre 1901 wurde der Pferdezuchtverband für die Provinz Westfalen gegründet, ein Provinzialstutbuch eingerichtet, die Territorialeinteilung von 1894 wieder aufgehoben und für die gesamte Provinz die Zucht nach Oldenburger und Belgier Art festgelegt.

Damit hatte man den Bauern zwar Rassen empfohlen, um der so genannten Mischzucht Einhalt zu gebieten. Die Erfolge waren jedoch zunächst bescheiden, weil es an reinrassigen Hengsten mangelte und zwei zugelassene Zuchtrichtungen immer wieder zu den eingebürgerten Kreuzungen verführten.

Das Westfälische Pferdestammbuch wurde am 3. März 1904 gegründet und übernahm die Geschäfte des aufgelösten Pferdezuchtverbandes sowie die Eintragungen im Provinzialstutbuch. Im §3 der damaligen Satzung wird – soweit es sich um die Zuchtrichtung Kaltblut handelt – als Zuchtziel ein kräftiges, breites, gut bemuskeltes und gängiges Arbeitspferd aufgeführt.

Zugelassen wurden Ardenner, Belgier und diesen nahe verwandte, gleichartige Rassen. Wobei der Name Belgier allgemein für das belgische Zugpferd bzw. den Brabanter galt, der nach belgischen Quellen bereits zu der damaligen Zeit die Zucht des Ardenners prägte und die alten Ardenner Blutströme nahezu verdrängt hatte, sodass der Ardenner im Grunde ein kleiner Brabanter war und aus genetischer Sicht nur eine über ganz Belgien verteilte, jedoch aus verschiedenen Gründen unterschiedlich bezeichnete und von mehreren belgischen Zuchtverbänden verwaltete Kaltblutrasse vorlag. Aus der Sicht der westfälischen Satzung von 1904 gehörte das im Rheinland gezogene Kaltblutpferd zu den mit dem Ardenner und Belgier nahe verwandten, gleichartigen Rassen.

Mit der Zulassung des Original-Belgiers und des entsprechend gezogenen Rheinländers entsprach das Westfälische Pferdestammbuch dem in der Provinz bereits vorhandenen Trend, mit solchen Pferden Reinzucht bzw. Verdrängungszucht zu betreiben.

Die Jahrhundertwende kann in Westfalen allgemein als der Anfang einer planmäßigen Kaltblutzucht belgischen bzw. rheinisch-belgischen Typs angesehen werden.

Ab 1901 wurden durch die 1899 gegründete Landwirtschaftskammer Stutfohlen und junge Stuten in Belgien und im Rheinland angekauft und an interessierte Züchter abgegeben, um von vornherein gute Stutenstämme für die Kaltblutzucht in Westfalen zu schaffen. Die Landwirtschaftskammer folgte damit dem Beispiel von Kreis- und Pferdezuchtvereinen und einzelner Züchter. Diese waren es auch, die im Einvernehmen mit der Landwirtschaftskammer in Belgien und im Rheinland weiterhin Kaltbluthengste und weibliches Zuchtmaterial kauften.

So gab es vor dem Ersten Weltkrieg in der Provinz Westfalen insbesondere in den Kreisen Dortmund, Beckum, Coesfeld, Hamm, Höxter, Lüdinghausen, Münster, Soest, Recklinghausen, Warburg und Warendorf zahlreiche Zuchtstätten, die mit original belgischen und entsprechend gezogenen Hengsten und Stuten Reinzucht betrieben und Vorbild für die weitere Entwicklung und für die anderen bäuerlichen Züchter wurden.

1911 stellte die Landwirtschaftskammer den Stutenankauf ein und vergab ersatzweise Erhaltungsprämien für bewährte Zucht- und versprechende Jungstuten, um die bereits vorhandene Reinzucht weiter zu fördern.

1901 war darüber hinaus das Jahr, in dem auf Anregung der Landwirtschaftskammer mit der Abhaltung von Stutenkörungen begonnen wurde.

Die hierbei gemachten Erfahrungen führten dazu, ab 1903 in den Sommermonaten Stuten- und Fohlenschauen durchzuführen. Auf diesen Schauen erfolgte auch die Vergabe der vorerwähnten Prämien, die jedoch im Jahre 1921 eingestellt wurde. An ihre Stelle traten bis 1930 so genannte Angeldprämien aus staatlichen Mitteln. Außerdem wurden Vererbungsmedaillen für bewährte Kaltblutstuten und Diplome für besonders gute Fohlen an deren Besitzer vergeben. Ab 1934 gab es staatliche Fesselungsprämien für züchterisch wertvolle Jungstuten. Diese so genannten Staatsprämien für dreijährige Kaltblutstuten sind mit kurzen Unterbrechungen bis heute geblieben.

In Westfalen hatte zunächst die staatliche Hengsthaltung absoluten Vorrang. Erst nach 1914 entwickelte sich die Privathengsthaltung mehr und mehr. Viele Züchter schlossen sich zu Genossenschaften zusammen. 1912 wurde erstmals eine Zentralkörung durchgeführt, die gegenüber den früheren Kreiskörungen bessere Vergleichsmöglichkeiten bot.

Der 1907 gegründete Verband Westfälischer Hengstzüchter und der 1920 ins Leben gerufene Verband der Eigenhengsthalter Westfalens schlossen sich 1923 zum Verband der Hengstzüchter und Eigenhengsthalter Westfalens e.V. zusammen.

Stand der Kaltblutzucht in den 1920er Jahren – dargestellt anhand des I. Hauptstammbuchbandes von 1927 und des 1. Ergänzungsbandes von 1931

Der 1927 herausgegebene Bd. I des Hauptstammbuches für Kaltblut enthält als Einleitung die 1924 beschlossene Aufteilung des Pferdestammbuches in je eine Abteilung für Kaltblut und Warmblut sowie die Anforderungen für die Eintragung der Pferde in das Hauptstammbuch bzw. Stammbuch und die zur äußeren Kennzeichnung zu verwendenden Brandzeichen.

Im Band I werden insgesamt 1.244 in den Jahren 1924, 1925 und 1926 in das Hauptstammbuch eingetragene Kaltblutstuten geführt, von denen die ältesten 1906 und die jüngsten 1923 geboren sind. Wirft man zunächst einen Blick auf die genealogischen Verhältnisse dieser Stuten, so weist die überwiegende Mehrheit belgische oder rheinisch-belgische Eltern oder einen belgischen Vater- oder Mutterstamm auf.

Die Stuten ohne nachgewiesene Abstammung bilden eine relativ kleine Minderheit und dürften im Wesentlichen nach Zuchtrichtung und Zuchtziel den Anforderungen für eine Hauptstammbucheintragung entsprochen haben.

In Anbetracht der geschilderten genealogischen Verhältnisse ist es nach dem damaligen Reinzucht-Verständnis begründet, nahezu alle in den Jahren 1924, 1925 und 1926 in das Hauptstammbuch eingetragenen, im Zeitraum von 1906 bis 1923 geborenen Kaltblutstuten als Rheinisch-Deutsche Reinzuchtbasis anzusehen.

Ein Blick auf die Größenangaben fördert keine besonderen Überraschungen zutage. Die Unterschiede in der Widerristhöhe sind beachtlich und bis heute immer wieder aufgetreten. Die Widerristhöhe schwankt von 150 bis 170 cm, wobei die kleineren Stuten die Mehrheit bilden. Zu erkennen ist ferner, dass die im Hauptstammbuch eingetragenen Stuten im Durchschnitt Widerristhöhen von mehr als 160 cm aufweisen, wenn beide Eltern Original-Belgier sind oder der Mutterstamm belgisch oder rheinisch-belgisch geprägt ist. Die Stuten ohne nachgewiesene Abstammung und die Stuten, für die nur eine Vorfahrengeneration nachgewiesen werden konnte, bilden im Durchschnitt die Gruppe der kleineren Pferde.

Von den im I. Hauptstammbuchband aufgeführten 791 Züchtern bzw. Zuchtstätten, die damals mit Hauptstammbuchstuten züchteten und sich erfolgreich am Zuchtfortschritt durch Reinzucht beteiligten, verdient wenigstens einer nicht nur aufgrund der Anzahl der eingetragenen Kaltblutstuten eine besondere Erwähnung.

Aloys Lohmann-Vinnum, der von 1924 bis 1941 als Vorsitzender der 1924 geschaffenen besonderen Kaltblutabteilung fungierte, war einer von vielen außergewöhnlichen Kaltblutzüchtern in Westfalen, die sofort die Zeichen der Zeit erkannten, in Belgien Stuten erwarben, mit diesen sehr erfolgreich züchteten und hierdurch Nachbarn und andere Zweifler zu überzeugen wussten. Mit seiner 1906 geborenen belgischen Stammstute *Jeanette de Bouland* H 286 und deren 1914 bzw. 1916 geborenen Töchter *Bertha* v. *Vinnum* H 287 und *Makrone* v. *Vinnum* H 289 sowie der 1918 geborenen *Bertha*-Tochter *Manilia* v. *Vinnum* H 288 war Aloys Lohmann einer der bekanntesten Züchter seiner Zeit.

Der I. Kaltblut-Hauptstammbuchband von 1927 beinhaltet nicht nur die verschiedenen Auflistungen der 1.244 eingetragenen Hauptstammbuchstuten, sondern auch ein Verzeichnis der seit 1871 aufgestellten Staatshengste und der in Westfalen benutzten angekörten Genossenschafts- und Privathengste. Es handelt sich um insgesamt 1.745 Hengste, die hinsichtlich ihrer Widerristhöhe sehr unterschiedlich gestaltet sind. Viele Hengste sind Original-Belgier oder Original-Holländer oder im Rheinland oder Westfalen gezogene Belgier oder weisen entweder einen belgischen Vater oder eine belgische Mutter auf. Auf gewisse Art und Weise lassen sich praktisch bei allen Hengsten original belgische Vorfahren nachweisen – selbst in den Fällen, in denen dies bei ein oder zwei angegebenen Ahnenreihen auf den ersten Blick nicht möglich ist. Auffällig ist jedoch der oft nur kurze Deckeinsatz mancher Privathengste. Ins Auge fällt ferner, dass nur 56 Hengste im Hauptstammbuch eingetragen sind, sofern man von den Landbeschälern absieht, für die eine besondere Regelung galt.

Von den Hengsten, die sich durch zahlreiche eingetragene Hauptstammbuchstuten ausgezeichnet haben, sind insbesondere *Ardent de Buzet* Ldb. 8, *Baldur* Ldb. 311, *Brasca* Ldb. 269, *Brasser* Pr.H. 322, *Breydel* Pr.H. 42, *Macdonald* Ldb. 96, *Madagaskar* Pr.H. 347, *Mariemont de Brus* Ldb. 101, *Mario* Pr.H. 315, *Marki* Pr.H. 268, *Markomanne* Pr.H. 326, *Marquis de Kleyem* Pr.H. 137, *Morgenstern* Ldb. 214, *Pathos* Pr.H. 629, *Peureux de la Louvière* Ldb. 120 und *Pharaon de Lembecq* Pr.H. 264 erwähnenswert.

Nach dem I. Band des Hauptstammbuches für Kaltblut ist lediglich 1931 ein 1. Ergänzungsband erschienen, der sich gleichermaßen als außergewöhnliche Fundgrube für die Beurteilung der damaligen Zuchtverhältnisse erweist und erst einen qualifizierten Rückblick ermöglicht. Regelmäßige Nachfolgebände, die zunächst beabsichtigt waren, sind insbesondere aus Kostengründen nicht mehr erschienen.

Im 1. Ergänzungsband sind 413 in den Jahren 1927, 1928 und 1929 neu eingetragene Hauptstammbuchstuten (Geburtsjahrgänge 1924, 1925 und 1926) ausführlich dargestellt. Dabei sind die veröffentlichten Ergebnisse der neu eingeführten Punktbewertung besonders aufschlussreich, weil sie Auskunft über die bisher erreichte Qualität des Typs, der Vor-, Mittel- und Hinterhand sowie des Ganges geben. Im Übrigen fällt sofort auf, dass die Anzahl der Stuten, für die komplette Vorfahrengenerationen angegeben werden, gegenüber den im I. Band aufgeführten älteren Hauptstammbuchstuten ganz wesentlich zugenommen hat und die belgischen Blutanteile unaufhaltsam in den Vordergrund getreten waren. Dass legendäre belgische Stammhengste wie z.B. *Orange I, Brin d'Or, Lion de Flandre* usw. in den Pedigrees der Stuten auftauchten, verstärkt das positive Urteil über den in den 1920er Jahren in Westfalen erreichten Zuchtfortschritt. Zwar war der Kreis der an diesem Fortschritt beteiligten Züchter riesengroß, manch einer vermochte jedoch aus den verschiedensten Gründen der Rheinisch-Deutschen Zuchtrichtung nichts abzugewinnen, vermehrte nach altem Rezept mit Mischlingsstuten und gekörten oder ungekörten Hengsten weiter, verlor hierdurch schnell den züchterischen Anschluss, hatte den wirtschaftlichen Schaden und büßte über kurz oder lang an Ansehen ein.

Der 1. Ergänzungsband von 1931 enthält ferner ein Verzeichnis der in den vier Jahren von 1927 bis 1930 neu eingestellten Staatshengste des Preußischen Landgestüts Warendorf und der neu angekörten Privathengste. Registriert sind insgesamt 196 Kaltbluthengste. Wie bei den Hauptstammbuchstuten zeigt sich der dominierende Einfluss des belgischen Blutes. Entweder handelt es sich um Original-Belgier oder in Beberbeck, Braunschweig, im Rheinland oder in Westfalen gezogene Kaltbluthengste belgischen Typs.

Wegen ihres für Kaltbluthengste ungewöhnlich langen Deckeinsatzes und der sich daraus ergebenden Vermehrungsrate sind folgende

Macdonald Ldb., F., geb. 1902 Belg., v. *Max de Ter* u. *Princess de Vlieringhen* B.S. 30429 v. *Rêve d'Or* Landbeschäler von 1905 bis 1918

Hengste erwähnenswert: *Avenir de Wisbecq* Ldb. 572; *Beau Type de Meire* Ldb. 523, *Bienvenue d'Hor* Ldb. 520, *Chormeister* Ldb. 509, *Colomb* Ldb. 532, *Crésus de la Loge* (*Adonis*) Ldb. 549, *Favori du Try* Ldb. 555, *Justizrat* Ldb. 508 sowie *Tapaquer du Jonquoy* Ldb. 571. Letzterer war zeitlebens von 1931 bis 1944 während der Deckperiode in Bork im Kreis Lüdinghausen stationiert und hat insbesondere über seine Söhne *Tabor, Taborit, Tacitus I, Tacitus II, Tand I, Tango I, Tango II, Tankred, Tano, Tapir, Tasso* und *Teut* (sämtlich Landbeschäler) eine stabile Hengstlinie geschaffen, die den Zuchtfortschritt mitbestimmte und erst 1982 mit dem Ausscheiden des Tetzel Pr.H. erlosch.

Leistungsprüfungen für Kaltblutpferde in Westfalen

Nach der 1904 beschlossenen Satzung (in der Fassung von 1907) dient das Pferdestammbuch dem Zweck, die Zucht des westfälischen Pferdes in zweifacher Zuchtrichtung zu betreiben und zu vervollkommnen. Da Leistungsprüfungen die Erreichung dieser Zwecke unterstützen, sind der Satzung Bedingungen für die Leistungsprüfungen beigefügt. Damit ist das Pferdestammbuch der erste Pferdezuchtverband, der Leistungsprüfungen durchgeführt hat. Insoweit ist Westfalen Beispiel für andere Verbände geworden.

Als Initiatoren gelten der Tierzuchtdirektor Oekonomierat Wilhelm Manitius (von 1904 bis 1927 Geschäftsführer) und der Gestütdirektor Freiherr von Schorlemer (von 1901 bis 1920 Leiter des Landgestüts). Diesen Herren kommt das Verdienst zu, die Leistungsprüfungen ausgebaut und organisatorisch-technisch durchgeführt zu haben.

Tatkräftige Mithilfe leistete Dr. Pulte, der von 1923 bis 1927 stellvertretender Geschäftsführer war und 1927 und 1928 als Geschäftsführer fungierte, bevor er als Hauptgeschäftsführer des 1921 gegründeten Reichsverbandes der Kaltblutzüchter Deutschlands e.V. nach Berlin wechselte.

Die erste Zugleistungsprüfung vor dem Pflug und dem Wagen wurde in Westfalen bereits 1904 auf der Rennbahn in Burgsteinfurt durchgeführt. Es handelte sich um eine Prüfung auf örtlicher Ebene, die mehr als Wettbewerb unter den Bauern verstanden wurde, die der Meinung waren, die beobachteten Leistungseigenschaften der Pferde seien ebenso erblich wie die Merkmale der äußeren Erscheinung.

1905 begannen die Bestrebungen des Westfälischen Pferdestammbuches e.V., die Prüfungen allgemein durchzuführen, um brauchbare Vergleichsergebnisse für die Zucht zu gewinnen. Räumliche Entfernungen und technische Schwierigkeiten erschwerten die Bemühungen, obwohl die Einstellung der Züchter positiv war.

Die ersten offiziellen Pferdeleistungsprüfungen fanden 1906 in Warendorf statt. Hier wurden auch in den Folgejahren die Prüfungen durchgeführt. Erst ab 1922 kamen auch andere Orte der Provinz in Betracht. Es versteht sich von selbst, dass die jährlich stattgefundenen Prüfungen zu den züchterischen Höhepunkten gehörten, die über den Zuchtfortschritt und das aktuelle Zuchtziel Auskunft gaben.

Der 1921 in Weimar gegründete Reichsverband der Kaltblutzüchter Deutschlands e.V. [1] (ab 1926 mit Sitz in Berlin) nahm die Leistungsprüfungen 1926 in sein Arbeitsprogramm auf, bildete einen Unterausschuss für Leistungsprüfungen und förderte die Prüfungen nach einheitlichen Richtlinien. Dabei kamen zwei Methoden zur Durchführung. Der ersten Prüfungsmethode unterlagen Ausdauer (Zuverlässigkeit) und Gängigkeit (Geschwindigkeit) im schweren Zug, wobei in der Hauptprüfung eine Strecke von 12 km mit einer Last des vierfachen Pferdegewichtes im Mindestschritttempo von neun Minuten je Kilometer zurückgelegt werden musste. Diese Methode kam als Dauerzugleistungsprüfung im Jahre 1927 erstmals zur Durchführung.

Die zweite Methode entsprach einem amerikanischen Modell, das mittels eines motorisierten Spezialmesswagens (Dynamometer) die Beurteilung der Zugfestigkeit bei der Bewegung höchstmöglicher Lasten auf kurze Entfernung gestattete.

Nach den Veröffentlichungen des Reichsverbandes veranstaltete die Landwirtschaftskammer für die Provinz Westfalen die erste Höchstzugkraftleistungsprüfung am 17. Juli 1928 in Recklinghausen. Die zweite offizielle Zugleistungsprüfung am amerikanischen Zugkraftmesswagen, zu der zwölf Kaltblutgespanne gemeldet waren, fand am 30. Oktober 1928 in Warendorf statt, wo zuletzt 1922 eine Pferdeleistungsprüfung zur Durchführung gekommen war. Auf dem Platz an der Tönneburg benötigten die beiden Landbeschäler *Roderich* 362 und *Modern* 399 nur vier Sekunden, um mit einer Last von 300,43 Ztr. die vorgegebene, 8,4 m betragende Messstrecke zu bewältigen. Beide Hengste gewannen den Ia-Preis, für den Landstallmeister gab es eine silberne Medaille und für den Kutscher 25 Mark.

Neben dieser Prüfung am amerikanischen Zugkraftmesswagen fand am 30. Oktober 1928 in Warendorf je eine Dauerzugleistungsprüfung unter Beteiligung von zwölf Gespannen für die Strecke von zwölf Kilometern und von elf Gespannen für die Entfernung von fünf Kilometern statt.

Bei einer weiteren offiziellen Höchstzugkraftleistungsprüfung am 26. September 1928 in Münster, die ebenfalls von der Landwirtschaftskammer für die Provinz Westfalens veranstaltet wurde, brachte es die Kaltblutstute *Urania von Welte* H. 554 zusammen mit ihrer Tochter *Galania von Welte* H. 1316 fertig, 259 Ztr. Last in sieben Sekunden über die 8,4 m Prüfstrecke zu stemmen.

Übrigens wurden am 29. Oktober 1929 95 Rheinisch-Deutsche Kaltblutpferde des in Auflösung begriffenen Hauptgestüts Beberbeck in Münster versteigert. Der Gesamterlös für 17 Stutfohlen, sieben Jährlinge, neun Zweijährige und 62 Zuchtstuten betrug 126.750 Reichsmark. 57 Pferde aus dem Auktionslot blieben in der Provinz Westfalen.

Am 23. September 1930 führte das Westfälische Pferdestammbuch je eine offizielle Dauerzugleistungsprüfung der Prüfungsart A (12 km) und B (5 km) in Münster durch. Bei den Zweispännern (Zuchtpferde vierjährig und älter) ging das Stutengespann des Ewald Bischhoff-Fronhof aus Wolbeck bei Münster in der Prüfung A (12 km) mit 107,28 Ztr. Last bei einem Zeitbedarf von 99,45 Minuten an der Spitze. Hierbei fungierte der damals bekannte Otto Kienappel als Fuhrmann.

1931 veranstaltete das Westfälische Pferdestammbuch am 12., 22. und 25. September je eine Dauerzugleistungsprüfung der Prüfungsart A (12 km) in Soest, Hagen-Kabel und Münster. In Soest traten 17, in Kabel zwölf und in Münster 42 Kaltblutpferde zur Prüfung an.

Je eine Dauerzugleistungsprüfung der Prüfungsart A (12 km) fand am 7. Oktober 1932 in Münster und am 11. Oktober 1932 in Soest statt. In Münster wetteiferten 13 Ein- und zwei Zweispänner und in Soest sieben Ein- und 13 Zweispänner um den Sieg.

Im Oktober 1933 wurde je eine Dauerzugleistungsprüfung A (12 km) in Münster und in Westerholt durchgeführt. In Münster starteten fünf Ein- und zwei Zweispänner, in Westerholt je drei Ein- und Zweispänner.[2)]

Das gesamte Leistungsprüfungswesen für Kaltblutpferde basierte ab 1931 auf der Leistungsprüfungsordnung für Kaltblutpferde (L.P.O.) vom 1. Januar 1931, die 1936 zweimal ergänzt und 1937 zweimal geändert wurde.

Als 1936 das deutsche Kaltblutpferd offiziell zum Heerespferd erklärt wurde, nahm der Reichsverband die Geländezugleistungsprüfung, in der die Pferde ihre Heerestauglichkeit im schweren Zugdienst auf der Straße und im Gelände unter Beweis stellen sollten, zusammen mit der Zuchthengstzugleistungsprüfung in die L.P.O. auf. Weitere Ergänzungen betrafen die zahlenmäßige Ausdehnung der anderen Prüfungen.

Die Neufassung der L.P.O. trat am 1. April 1936 in Kraft. Sie definierte im Einzelnen die Streckenzugleistungsfahrten (Kurz-, Mittel- und Langstreckenprüfungen), die Geländezugleistungsfahrten (Geländezugleistungsprüfung) sowie die Sonderprüfung von Kaltbluthengsten (Zuchthengstzugleistungsprüfung) mit den drei Prüfungsabschnitten Schrittleistungs-, Zugfestigkeits- und Dauerzugleistungsprüfung. Letztere entsprachen der von der Preußischen Gestütverwaltung durchgeführten Leistungsprüfung für dreijährige Kaltblut-Landbeschäler.

Am 14. November 1937 gelangte im sauerländischen Hellefeld eine Geländezugleistungsfahrt (Prüfung G) zur Durchführung, an der fünf Vierspänner (alles Rheinisch-Deutsche Kaltblüter) teilnahmen.

Die vom Westfälischen Pferdestammbuch ausgesuchte und vom Reichsverband genehmigte Strecke führte über 15 Kilometer feste Straße und 13 Kilometer andere Wege. Die Geländestrecke war besonders schwer und konnte wegen der Steigungen und der teilweise sehr schlechten Feldwege nur im Schritt zurückgelegt werden. Nach Meinung der Beobachter gehörte die Hellefelder Geländezugleistungsfahrt in die Reihe der schwersten Prüfungen im Jahre 1937. Kraftentfaltung, Zugfestigkeit, Zugwilligkeit, Ausdauer und Gängigkeit waren von den Gespannen in besonderem Maße gefordert. Der Vierspänner der Gutsverwaltung Frenkhausen bei Hellefeld bestand die Prüfung G mit dem besten Ergebnis.

Ara von Hohenholte H. 9920, Bschi., geb. 1942 Westf., v. *Adler* Ldb. Z.: Anton Bussmann, Hohenholte Rekordzugleistungsprüfung vor dem Zugkraftbremswagen (Unimog-Schlepper) in Münster 1951: *Ara von Hohenholte* zog 180 Zentner 16 Meter weit und erhielt dafür den 5. Preis.

rechts: *Bella von Ennigerloh* H. 13942, Bschi., geb. 1944 Westf., v. *Block* Pr.H. Z.: Hubert Horstrup, Ennigerloh Rekordzugleistungsprüfung vor dem Zugkraftbremswagen (Unimog-Schlepper) auf der 41. DLG-Wanderausstellung in Hamburg 1951: *Bella von Ennigerloh* zog 160 Zentner 21 Meter weit und erhielt dafür den Championatspreis.

Im September und Oktober 1938 fanden in Westfalen als Streckenzugleistungsfahrten sieben Mittelstreckenprüfungen der Prüfungsart BI (24 km, davon 16 km im Schritt und 8 km im Trab) in Brilon, Bünde, Datteln, Godelheim, Peckelsheim, Schieder und Schwaney statt. 13 Einspänner bestanden die Prüfung.

Außerdem kamen in diesen Monaten elf Sonderprüfungen für dreijährige gekörte Rheinisch-Deutsche Kaltbluthengste in Balve, Böckenförde, Brilon, Datteln, Godelheim, Hagen-Halden, Peckelsheim, Schieder, Schötmar, Schwaney und Wenholthausen zur Durchführung.

Am 22. November 1938 wickelte das Westfälische Pferdestammbuch eine weitere Geländezugleistungsfahrt (Prüfung G) in Höxter ab, an der sich ein Zweispänner und sechs Vierspänner beteiligten. Bei den Vierspännern siegte das Gespann des Rudolf Pellengahr, Domäne Brenkhausen.

Insbesondere die Geländezugleistungsprüfungen hatten den Charakter militärischer Übungen und Vorbereitungen. Gleichwohl war die Begeisterung der Teilnehmer und der örtlichen Bevölkerung in Verkennung der politischen Entwicklung riesengroß.

Die wegen der Ergänzungen und Änderungen dringend notwendige Neufassung der L.P.O. wurde, nachdem der Reichsminister für Ernährung und Landwirtschaft durch Erlass vom 20. September 1938 zugestimmt hatte, von der am 1. Juli 1938 ins Leben gerufenen und nunmehr für das gesamte Leistungsprüfungswesen für Kaltblutpferde zuständigen Obersten Behörde für die Prüfungen von Kaltblutpferden [3)] am 1. Oktober 1938 in Kraft gesetzt. Im Zuge der Verwaltungsvereinfachung musste die vorgenannte Behörde ihre Tätigkeit 1939 bis auf weiteres einstellen. Die Arbeit der bei den Landesbauernschaften eingerichteten Prüfungskommissionen blieb hiervon unberührt, sodass zumindest während der ersten Kriegsjahre offizielle Leistungsprüfungen von Kaltblutpferden (insbesondere Zuchthengstzugleistungsprüfungen) stattfinden konnten.

Erst 1948 kam es, nachdem der Reichsverband 1946 in Zentralverband für Zucht und Prüfung deutschen Kaltbluts umbenannt worden war, mit der Herausgabe einer neuen LPO durch die Zentralkommission für die Leistungsprüfungen von Warmblut- und Kaltblutpferden des Vereinigten Wirtschaftsgebietes zu einer Neuordnung des Prüfungswesens, das durch Notenbewertungen einen wesentlichen Fortschritt durch bessere Vergleichsmöglichkeiten bot.

Insbesondere konnten nunmehr in so genannten Vielseitigkeitsprüfungen für Zuchtpferde (dreiteilige Prüfungen im schweren Zuge vor dem Zugprüfungsschlitten sowie Schritt- und Trabprüfungen) die Schritt- und Trableistungen einfacher

und besser verglichen und bewertet werden. Dieser Umstand kam der westfälischen Zuchtleitung entgegen, die den kraftvoll raumgreifend schreitenden und taktrein trabenden Rheinisch-Deutschen Kaltblüter stets als Zuchtziel angesehen hatte. Im westfälischen Zuchtgebiet wurden die Prüfungen von der 1948 installierten Kommission für Pferdeleistungsprüfungen in Westfalen (KLW) durchgeführt. Zwar kam Anfang der 1950er Jahre noch ein Zugkraftbremswagen (Unimog-Schlepper) bei so genannten Rekordzugleistungsprüfungen zum Einsatz. An Leistungsprüfungen bestand seitens der Züchterschaft nur noch wenig Interesse, weil bereits deutliche Anzeichen auf eine Verdrängung der Arbeitspferde durch die motorische Zugkraft hindeuteten.

Leistungsprüfungen vor dem Zugprüfungsschlitten für dreijährige (und ältere) gekörte Kaltbluthengste wurden dagegen in den 1950er und 1960er Jahren unbeeinflusst von der ungünstigen Entwicklung der hiesigen Kaltblutzucht nach bewährtem Schema fortgeführt. Auch in den nächsten Jahrzehnten verzichtete das Westfälische Pferdestammbuch nicht auf Leistungsprüfungen der – wenn auch relativ wenigen – zuchtaktiven gekörten Kaltbluthengste.[4)] Diese Prüfungen fanden regelmäßig – soweit es sich um Privatbeschäler handelte – einfachheitshalber dezentral auf dem Gelände der einzelnen Hengsthalter statt.

Trotz dieser außerordentlichen Erleichterung blieben bei abnehmendem züchterischen Interesse einige gekörte Kaltbluthengste ungeprüft.

Erst mit der Verordnung über die Leistungsprüfung und Zuchtwertfeststellung bei Pferden vom 27. Oktober 1992 (in der ab 25. April 1995 geltenden Fassung) erfuhr das Leistungsprüfungswesen seine dringend erforderliche Neubelebung. Hierzu gehören die von der Landwirtschaftskammer Westfalen-Lippe in Münster herausgegebenen Richtlinien für die Feldprüfung von Kaltbluthengsten vom 23. Juli 1997.
Die erste Leistungsprüfung (Feldprüfung) nach dem neuen Modus fand am 11. November 1997 für Landbeschäler und Privathengste der verschiedenen Kaltblutrassen auf dem Gelände des Landgestüts Warendorf statt.

Fahrleistungs- und Zugleistungsprüfung (Feldprüfung) 2002 im NRW-Landgestüt Warendorf: Leistungsprüfungssieger *Major* Pr.H., F., geb. 1999 Westf., v. *Marc* Ldb. Z.: Paul und Stefan Winkelmann, Lüdinghausen-Seppenrade

DLG-Wanderausstellungen und Reichsnährstandsausstellungen mit westfälischen Kaltblutpferden

Die Wanderausstellungen der DLG, die erste fand 1887 in Frankfurt a. M. statt, waren von Anfang an das Schaufenster der Tierzucht in Deutschland. Ausgestellt wurden Pferde, Rinder, Schweine, Schafe und Ziegen. Meistens war Westfalen auch mit Pferden beteiligt.

Auf der Herbsttagung der DLG in Königsberg 1925 wurde beschlossen, auf DLG-Schauen künftig die Kaltblutpferde im rheinisch-deutschen Typ getrennt nach alten und jungen Zuchtgebieten zu richten. Die Provinzen Rheinland (Rheinprovinz), Sachsen und Westfalen bildeten die alten Zuchtgebiete.

Auf der 33. DLG-Wanderausstellung in Dortmund 1927 stellte das Westfälische Pferdestammbuch besonders in der alten Stutenklasse der Kaltblutgesamtkollektion das beste Material.

1928 in Leipzig, wo die 34. DLG-Wanderausstellung stattfand, war Westfalen aufgrund der in Deutschland damals herrschenden wirtschaftlichen Not mit Pferden nicht vertreten.

Auf der 35. DLG-Wanderausstellung in München 1929 konkurrierten von den drei alten Zuchtgebieten nur die Provinzen Rheinland und Westfalen miteinander. Die Provinz Sachsen fehlte. Westfalen war mit einem Kontingent von zehn Kaltblütern präsent, von denen in der Klasse der dreijährigen Hengste der helle Rotschimmel *Christoph* Ldb. v. *Cristal de Baele* Ldb. wohl wegen seiner diffizilen Farbe nur einen II. Preis zuerkannt bekam, während der zweite Rotschimmel

Credit Ldb., ebenfalls ein Sohn des *Christal de Baele*, mit einer so genannten Anerkennung bedacht wurde, was wegen seiner deutlichen Exterieurmängel auch berechtigt war. In der alten Stutenklasse, die von dem Berichterstatter als erlesen kommentiert wurde, konnte dagegen die bereits elfjährige *Consula von Halverde* des Alois Ridder, Buer-Resse, den Ib-Preis erringen.

Die 36. DLG-Wanderausstellung in Köln 1930 fiel mit der Provinzial-Pferdeausstellung der Landwirtschaftskammer für die Rheinprovinz zusammen und wurde deswegen von den anderen Kaltblutzuchtverbänden nicht beschickt.

Auf der 37. DLG-Wanderausstellung in Hannover 1931 stellte das Westfälische Pferdestammbuch in der Abteilung alte Zuchtgebiete zwölf Pferde aus. In der Zukunftsklasse der zweijährigen Hengste blieben für Westfalen nur II., III. und IV. Preise. Die Zweijährigen mussten gegenüber den Rheinländern abfallen, weil sie nicht deren Entwicklung aufzuweisen hatten. Durchweg seien es jedoch ganz einwandfreie Pferde mit besonders gutem Fundament, klaren Knochen und Gelenken gewesen, so die Meinung des Berichterstatters.

In der Klasse der zweijährigen Stuten bekam die *Cilly von Elker* v. *Christal de Baele* (Besitzer: Karl Westdickenberg, Elker) einen II. Preis zuerkannt.

In seiner Gesamtkritik führte der Berichterstatter von hoher Warte wörtlich aus: »Westfalen hat in dieser Gruppe der alten Zuchtgebiete einen sehr schwierigen Stand. Die westfälischen Pferde stellen eigentlich nicht denselben schweren Typ dar, wie die Pferde der beiden anderen Provinzen. Es ist auch gar nicht die Absicht der Westfalen, dieses schwere Pferd zu züchten, so daß die an und für sich sehr guten Pferde immer schlechter abschneiden werden.«

Die 38. DLG-Wanderausstellung in Mannheim 1932 fand wiederum ohne westfälische Kaltblüter statt.

Dann kam die 39. Ausstellung in Berlin vom 20. bis 28. Mai 1933. Westfalen beschickte die Abteilung alte Zuchtgebiete mit insgesamt 15 Pferden. In der Zweijährigen-Hengstklasse war Westfalen mit sechs Junghengsten vertreten, von denen die besten erst auf den Plätzen vier und fünf zu finden waren.

Dieser Umstand veranlasste den Berichterstatter zu folgender Aussage: »Bei den westfälischen Hengsten konnte man feststellen, daß man großen Wert auf Korrektheit legte, dabei aber oft Typ, Charakter und Schwere vernachlässigte.«

In der Klasse der dreijährigen Stuten erhielt die *Burga von Sendenhorst* einen IIIb-Preis. Die Sammlung Zwei- und Dreijähriger wurde sehr zum Missfallen des Berichterstatters von Westfalen gewonnen.

Auch in Berlin musste sich das Westfälische Pferdestammbuch der Kritik ausgesetzt sehen, die ausgestellten Kaltblüter könnten gegenüber den rheinischen und sächsischen Pferden in Schwere und Rahmen nicht mithalten.

Vor der 1. Reichsnährstandsausstellung in Erfurt 1934, an der westfälische Kaltblutpferde nicht teilnahmen, mussten sich die DLG-Verantwortlichen mit gegenteiligen Äußerungen auseinander setzen. Von verschiedenen Seiten wurde nämlich beklagt, in der Rheinisch-Deutschen Zucht werde ein viel zu großer und zu schwerer Typ angestrebt, der für die Bauernhöfe und Siedlerbetriebe unwirtschaftlich sei.

Die DLG begegnete dieser Kritik, indem in Erfurt erstmals in der Gruppe Arbeitspferde nicht nur Zuchtpferde, sondern auch nicht in Zuchtwettbewerben konkurrierende Gebrauchspferde zugelassen wurden.

Die 2. Reichsnährstandsausstellung in Hamburg 1935 war für die Rheinisch-Deutschen Kaltblutpferde aus Westfalen ungewohnt erfolgreich. Die Klasse der alten Mutterstuten wurde von der *Beate von Everswinkel* gewonnen. Die korrekte *Balade von Henrichenburg* erhielt den IIIb-Preis. Einen weiteren Ia-Preis für Westfalen gab es in der Klasse der dreijährigen Stuten durch eine bei dem Züchter Tillkorn in Everswinkel aufgewachsene Stute, die eine glückliche Zusammenführung des *Beau Fils de Naast*- und *Christal de Baele*-Blutes repräsentierte.

Auch in der Berichterstattung über die Schau in Hamburg wurde ausdrücklich erwähnt, Rheinland und Sachsen seien bestrebt, den schwersten Typ des Kaltblutpferdes zu züchten, während Westfalen, der Eigenart seiner Betriebsstruktur entsprechend, nicht die Zucht schwerster Kaltblutpferde anstrebe, sondern mittlere Formen bevorzuge.

Auf der 3. Reichsnährstandsausstellung in Frankfurt a.M. 1936 wurde kein westfälischer Kaltblüter ausgestellt. In diesem Jahr kam es beim Rheinisch-Deutschen Kaltblut erstmals zu einer Dreiteilung in ältere, jüngere und alle übrigen Zuchtgebiete.

Dagegen war Westfalen auf der 4. Ausstellung in München 1937 mit einem starken Kontingent von zwei Hengsten und zwölf Stuten in der Rheinisch-Deutschen Abteilung präsent. In der Berichterstattung wurden jedoch lediglich die *Galante von Ebbelich* (Klasse der alten Stuten) und die im Wettbewerb der Drei- und Vierjährigen angetretenen *Thea von Nordlünen* zu den Spitzenstuten gerechnet.

40. DLG-Wanderausstellung in Frankfurt a.M. 1948: Eignungsprüfung für Zweispänner mit den Kaltblutstuten *Herta von Mengede* im Besitz von Fritz Rath aus Mengede und *Halde von Castrop-Rauxel* im Besitz von Emil Heiermann aus Castrop-Rauxel

In der großen Sammlung blieb dagegen nur ein dritter Platz. Der I. Preis für die *Tapageur du Jonquoy*-Familie war nur ein schwacher Trost.

Ein insgesamt etwas enttäuschendes Ergebnis, das seine Wirkung nicht verfehlen sollte. Westfalen blieb nämlich der 5. Reichsnährstandsausstellung in Leipzig 1939 fern. Hierbei spielte eine große Rolle, dass die nunmehr angestrebte Typvergröberung durch den Einsatz schwerster Original-Belgier wie beispielsweise *Espoir de Melsele* Pr.H., geb. 1929 Belg., den der ehemalige, verdienstvolle Geschäftsführer des Westfälischen Pferdestammbuches, Fritz Böllhoff, für Dr. Arnold Moormann, Werne, 1934 in Belgien erworben hatte, noch nicht ausreichend zum Tragen gekommen war. Deutliche, ausstellungsreife Verstärkungserfolge zeigten sich erst, als von 1940 bis 1945 Reichsnährstandsausstellungen kriegsbedingt nicht mehr stattfanden und danach eine Wiederbelebung der DLG-Wanderausstellungen nach dem Kriege erst 1948 mit der 40. DLG-Schau in Frankfurt a. M. möglich war.

Für eine weitere Verstärkungsphase Ende der 1940er bis Mitte der 1950er Jahre mit Hilfe außergewöhnlich typvoller original belgischer Hengste wie beispielsweise *Bloc van't Molenhof* Pr.H. und Ldb., geb. 1950, *Krack de la Sille* Pr.H., *Lambic du Spinoy* Pr.H., *Luc de Kruishoutem* Pr.H., *Sultan van't Hooghof* Pr.H., sämtlich geb. 1945, *Tartarin de Grandglise* Ldb., geb. 1944, und *Tell de Hurogne* Pr.H., geb. 1946, war es im Grunde schon zu spät, weil der Abbau der Arbeitspferdebestände und die hiermit einhergehende sinkende Nachfrage nach Arbeits- und Zuchtpferden insbesondere die großen, schweren Kaltblüter betraf.

4. Reichsnährstandsausstellung in München 1937: Hengstnachzuchtsammlung u.a. mit *Cirano* Ldb., F., geb. 1933 Westf., v. *Cicero* Ldb. (v. *Cristal de Baele* Ldb.) Z.: Georg Haase, Dolberg (Kreis Beckum)

Viererzug westfälischer Kaltblutstuten auf der 4. Reichsnährstandsausstellung

41. DLG-Wanderausstellung in Hamburg 1951: Hengstnachzuchtsammlung des *Horrido* 2466 Pr.H., Bschi., geb. 1940 Belg., v. *Halifax de Vielle Cour*
Z.: Gaston Deelener, Hondzocht-Lembecq (Belgien).
von links: *Honved I* Pr.H., *Hecke von Sölten* H.18190, *Harpune von Ebbelich* H.15478, *Helga von Ebbelich* H. 18191 (*Hecke* ist Vollschwester zu *Honved I*).

mitte links:
StPrSt. *Helga von Ahrenhorst* H. 19396, Bschi., geb. 1949 Westf., v. *Hakon* Ldb. u. *Anita von Albersloh* H. 9774 v. *Andersen* Ldb. – *Sudan* Lbd. usw.
Z.: Robert Jeiler-Lackenberg, Albersloh
42. DLG-Wanderausstellung in Köln 1953: Ia-Preis

mitte rechts:
Truxa Pr.H., Db., geb. 1948 Westf., v. *Taborit* Ldb. u. StPrSt. *Alge von Moosfelde* H. 5777 v. *Avenir de Salmonsart* Ldb. – *Cristal de Baele* Ldb. usw.
Z.: Josef Schulte, Neheim-Hüsten.
42. DLG-Wanderausstellung in Köln 1953: 1. Preis

unten:
42. DLG-Wanderausstellung in Köln 1953: Westfälische Kaltblutstuten bei der Vorführung im großen Ring

Auf der 42. DLG-Wanderausstellung in Köln vom 31. Mai bis 7. Juni 1953 – der dritten nach Kriegsende – stellten das Rheinland sechs Hengste und 17 Stuten und Westfalen vier Hengste und zwölf Stuten der Rheinisch-Deutschen Kaltblutrasse aus. Die damaligen unglücklichen politischen Verhältnisse ließen eine Teilnahme von Kaltblütern aus den DDR-Zuchtgebieten nicht zu, wodurch die von den beiden NRW-Pferdezuchtverbänden erzielten Ausstellungserfolge relativiert wurden.

Aus Westfalen kamen die Kaltbluthengste *Alexius* Pr.H. v. *Arnim* Pr.H., *Einbund I* Ldb. v. *Edler* Ldb., *Trust II* Pr.H. v. *Treuhänder I* Pr.H. und *Truxa* Pr.H. v. *Taborit* Ldb.

Bei den zwölf präsentierten Rheinisch-Deutschen Kaltblutstuten verdienen als Väter erwähnt zu werden: *Block* Pr.H., *Favori de Petit* Pr.H., *Hakon* Ldb., *Horrido* Pr.H., *Minister I* Pr.H. und *Tano* Ldb. In der Schaunummer traten die Landbeschäler *Anatus* und *Magister* als Aktionstraber auf.

Nach 1953 und 1960 fand 1970 eine DLG-Wanderausstellung zum dritten Mal nach 1945 in Köln statt; allerdings mit dem Unterschied, dass 1970 Kaltblutrassen erstmals nicht mehr ausgestellt wurden.

Dieser Umstand vermittelte damals den Eindruck, dass auch seitens der DLG kein Interesse mehr an Kaltblutpferden bestand. Tatsächlich gab es im Rheinland nur noch eine Hand voll Kaltblüter mit original rheinischer Abstammung, während in Westfalen der absolute Tiefstand der Kaltblutzucht um 1970 fast erreicht war. Wozu leider auch beigetragen haben dürfte, dass von den beiden NRW-Pferdezuchtverbänden nur das Nötigste zum Rasseerhalt getan wurde.

Westfalenschauen

Pferdeschauen auf Provinzebene sind ein wichtiges Instrument zur Förderung der Pferdezucht. Zum ersten Mal nach 1913 hatten die westfälischen Pferdezüchter auf der Landesschau (Westfalenschau) in Dortmund 1935 die Gelegenheit, ihre Pferde – es handelte sich um 131 Kalt- und 119 Warmblüter – auf einer großen zentralen Regionalschau vorzustellen. In den 1950er Jahren fanden die Westfalenschauen in Hamm und die Münsterlandschauen in Münster in zweijährigem Wechsel statt, während sich das westfälische Schauwesen in den 1960er Jahren auf die Westfalenschauen in Hamm konzentrierte.

Besonders erwähnenswert ist die 30 Jahre nach der Landesschau in Dortmund stattgefundene Westfalenschau 1965 in Hamm, weil sie in eine

StPrSt. *Halde von Castrop-Rauxel* H. 13313, F., geb. 1944 Westf., v. *Horrido* Pr.H. u. *Thekla von Castrop-Rauxel* H. 8372 v. *Tapageur du Jonquoy* Ldb. – *Gildo d'Isaac* Pr.H. usw.
Z.: Emil Heiermann, Castrop-Rauxel

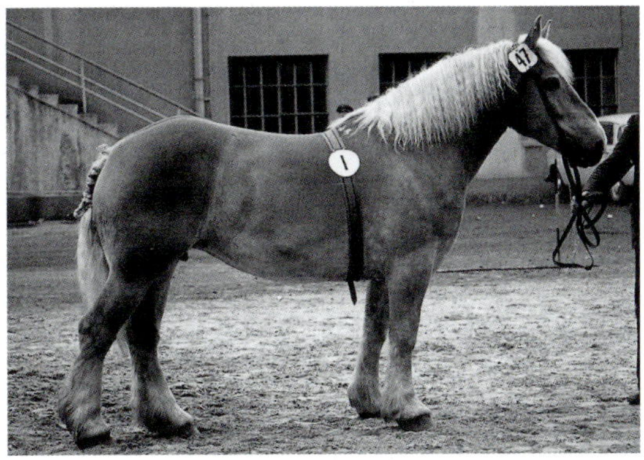

StPrSt. *Ella von Heeren* H. 22551, F., geb. 1958 Westf., v. *Espoir de Gozin* Ldb. u. *Bella von Heeren* H. 21545 v. *Belisar* Ldb. – *Cranach* Ldb. (v. *Cristal de Baele* Ldb.) usw.
Z.: Ernst Windgätter-Osthaus, Heeren-Werve
Westfalenschau in Hamm 1963

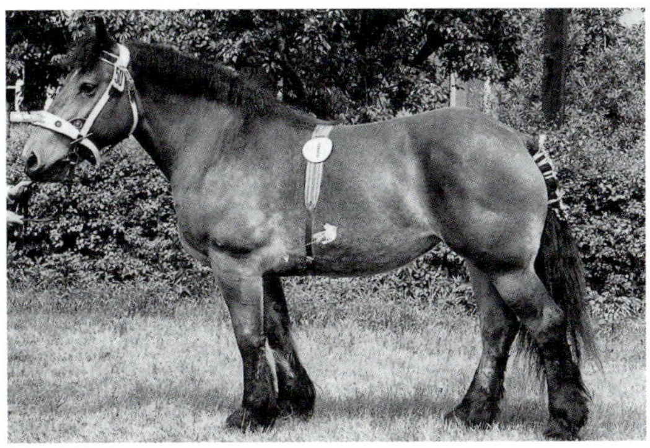

StPrSt. *Blockade von Lühringsen* H. 22508, B., geb. 1957 Westf., v. *Bloc van't Molenhof* Pr.H. u. Ldb. u. *Thekla von Lühringsen* H. 21934 v. *Tell de Hurogne* Pr.H. – *Reno de Mariemont* usw.
Z.: Otto Werthmann, Lühringsen
Westfalenschau in Hamm 1963

StPrSt. *Meta von Bork* H. 23148, F., geb. 1962 Westf., v. *Millimeter* Ldb. u. StPrSt. *Nora von Steinen* H. 22414 v. *Nerveux de Piéton* Ldb. – *Venediger* Ldb. usw.
Z.: Heinrich Holterbork, Bork
Westfalenschau in Hamm 1965: 1a-Preis

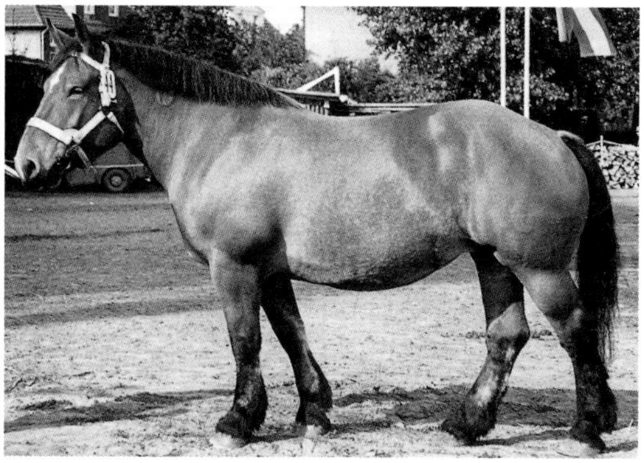

StPrSt. *Brigona von Alst* H. 22890, B., geb. 1960 Westf., v. *Brigand de Grandhan* Pr.H. u. StPrSt. *Hanny von Alst* H. 20976 v. *Hakon* Ldb. – *Alonat* Pr.H. usw.
Z.: Franz Hunkemöller, Albersloh
Westfalenschau in Hamm 1965: Siegerstute der Kaltblutabteilung

Miller Pr.H., F., geb. 1958 Westf., v. *Millionär* Pr.H. u. *Tertia von Ahlen* H. 17183 v. *Tano* Ldb.– *Cyrill* Pr.H. usw.
Z.: Aloys Feldkamp-Potthast, Ahlen

Miller im Alter von zweieinhalb Jahren

Zeit fiel, in der die Verdrängung des Arbeits- und Zuchtpferdes durch die Motorisierung in der Landwirtschaft unaufhaltsam fortschritt.

Wie auf den vergangenen Schauen in Hamm wurde auch 1965 betont – quasi als Entschuldigung für die auf den DLG-Wanderausstellungen und den Reichsnährstandsausstellungen der 1930er Jahre mit mäßigem Erfolg gezeigten mittelrahmigen, weniger wuchtigen Rheinisch-Deutschen Kaltblutpferde –, in Westfalen sei es nicht schwer gewesen, zu dem mittleren, leichtfuttrigen, tiefrumpfigen Kaltblutpferd mit guten Bewegungen besonders im Schritt zu finden, weil dieser Typ schon immer gefördert worden sei. Besonders in den letzten Jahren (nach 1960) sei das westfälische Kaltblutpferd noch leichter und gängiger geworden.

Der starke Haarwuchs an den Beinen sei fast völlig verschwunden. Diese Meinung bestätigte sich in Hamm nicht immer, wo die Rheinisch-Deutschen Kaltblutstuten in zwei Klassen gerichtet wurden.

In der I. Klasse (Drei- und Vierjährige) wurden neun Stuten vorgestellt. Hier machte die *Millimeter* Ldb.-Tochter *Meta von Bork*, die eine *Nerveux de Piéton* Ldb.-Tochter zur Mutter hatte, die Spitze. Bei der Siegerin handelte es sich um eine mittelgroße, mit trockenen Beinen und Gelenken sowie mit einer langen, schrägen Schulter, viel Muskulatur, genügender Tiefe und guten Gängen ausgestattete Stute westfälischer Zucht. Insbesondere die II. Klasse (fünfjährige und ältere Stuten) stellte sich in dem damals und auch noch heute gewünschten Modell dar. Aus dieser Klasse kam auch die Siegerstute der Kaltblutabteilung, die von *Brigand de Grandhan* Pr.H. abstammende *Brigona von Alst* (Züchter Franz Hunkemöller, Albersloh). Die Stute bestach durch korrekte und überaus ergiebige Bewegungen.

Ohne Mitbewerber wurde der siebenjährige *Millionär* Pr.H.-Sohn *Miller* Pr.H. gezeigt, der neben seiner sauberen Fuchsfarbe durch freundlichen Gesichtsausdruck und rassetypische Schönheit des äußeren Erscheinungsbildes die Blicke auf sich lenken konnte. *Miller* war ein Kaltbluthengst wie aus dem Bilderbuch.

In der öffentlichen Zuchtbilanz des Jahres 1965 vertrat die westfälische Zuchtleitung unbeirrt die Meinung, in Gebieten mit hügeligem Gelände und ungünstigen Flächen- und Betriebsgrößenstrukturen könne auf das Kaltblutpferd nicht verzichtet werden.

Durch die Aufgabe der Kaltblutzucht in den anderen Zuchtgebieten könne sich Westfalen bei der unverzichtbaren Bedarfsdeckung eine Monopolstellung verschaffen. Der letzte Satz sollte sich, was die eigentliche Zuchterhaltung angeht, als richtig erweisen. Er lieferte auch die wichtigste Begründung für den Beschluss des westfälischen Pferdestammbuches, die Rheinisch-Deutsche Kaltblutzucht auch in der überschaubaren Zukunft so weit wie möglich fortzuführen.

Bundesschauen mit Wettbewerben und Championaten für Kaltblutstuten

Die I. Bundesschau der Deutschen Reiterlichen Vereinigung (FN) e.V., für die das Westfälische Pferdestammbuch e.V. und der Provinzialverband westfälischer Reit- und Fahrvereine e.V. als Veranstalter verantwortlich zeichneten, fand im September 1979 in Münster-Handorf statt. Die Veranstaltung war als Championate von Deutschland für Zuchtpferde, Reitpferde und Reitponys ausgeschrieben.

Der Kaltblutstuten-Wettbewerb umfasste die drei Rassen Schleswiger Kaltblut, Süddeutsches Kaltblut und Rheinisch-Deutsches (Rheinisch-Westfälisches) Kaltblut und wurde in getrennten Abteilungen durchgeführt. Für die hier interessierende letzte Abteilung waren 13 Stuten gemeldet, von denen schließlich elf zum Wettbewerb antraten. Aus Westfalen kamen neun und aus dem Rheinland zwei Kaltblutstuten. Unter den letzten beiden befand sich eine 1/2-Kreuzung, die eigentlich zu keiner der drei Wettbewerbsabteilungen gehören konnte. Andererseits stellte das Rheinland mit der 1970 geboren *Quelle* v. *Günstling* (v. *Günther von Beckrath*) und *Garmina von Holtumerhof* v. *Gamento von Bullerschenhof* (v. *Gamin du Onze*) eine der letzten Kaltblutstuten mit kompletter original rheinischer Abstammung. Das Westfalen-Kontingent entstammte den Jahrgängen 1970, 1973, 1974 und 1976 und hatte die Hengste *Amis* Ldb., *Angelus* Pr.H., *Apolog* Ldb., *Egel* Pr.H., *Halbmond III* Pr.H., *Silk* Ldb. und *Tory I* Ldb. zum Vater und die Hengste *Bloc van't Molenhof* Pr.H., *Espoir de Gozin* Ldb., *Halbmesser* Pr.H., *Nathan* Ldb., *Nektar* Ldb. und *Lorex* Ldb. auf der Mutterseite (MV). Allesamt Hengstnamen, die noch heute

StPrSt. *Silke* H. 23534, F., geb. 1976 Westf., v. *Silk* Ldb. u. *Nadine* H. 23483 v. *Nathan* Ldb. – *Mikron* Pr.H. usw. Z.: Freiherr von Wendt, Olsberg-Gevelinghausen

die Pedigrees der in den Zuchtbuchabteilungen des Westfälischen Pferdestammbuches eingetragenen Kaltblutpferde bereichern.

Siegerin der genannten Abteilung wurde die 1973 geborene *Angelus* Pr.H.-Tochter StPrSt. *Angela*, während die wunderschöne *Silk* Ldb. – *Nathan* Ldb. – *Mikron*-Pr.H.-Tochter *Silke* des Freiherrn von Wendt, Gevelinghausen, die Zweitplatzierte in dieser Abteilung wurde.

Der Wettbewerb der Rheinisch-Deutschen Kaltblutstuten in Münster-Handorf 1979 gestaltete sich zu einer Demonstration für den Erhalt der in Westdeutschland zu der damaligen Zeit in ihrem Bestand bedrohten Rheinisch-Deutschen Kaltblutrasse.

Die 2. Bundesschau mit den Championaten von Deutschland für Zuchtstuten, Reitpferde und Jagdpferde wurde vom 20. bis 21. August 1983 im niedersächsischen Verden veranstaltet. Als besondere Attraktion erwiesen sich die Wettbewerbe und das Championat für Kaltblutstuten. Westfalen stellte fünf, Niedersachsen und das Rheinland stellten je drei Rheinisch-Deutsche Stuten aus.

Die westfälischen Stuten, abstammend von *Amis* Ldb, *Dolch* Pr.H. (2 x) und *Silk* Ldb. belegten in ihrer Klasse die ersten vier Plätze. Eine weitere westfälische Stute kam auf den zehnten Platz. Die 3. Bundesschau, an der auch Kaltblutstuten aus Westfalen erfolgreich teilnahmen, fand 1986 in Aachen statt.

Bundeskaltblutschauen im Rahmen der Internationalen Grünen Woche in Berlin

Im Jahre 1989 wurde zum ersten Mal eine spezielle Bundesschau für Kaltblutpferde im Rahmen der Internationalen Grünen Woche in Berlin durchgeführt. Das Westfälische Pferdestammbuch präsentierte zwei Hengste und sechs Stuten in einem mit viel Beifall bedachten Wettbewerb.

In seiner Klasse siegte der Warendorfer Landbeschäler *Allerliebster*, ein 1982 geborener *Arnim* Ldb. – *Silk* Ldb. – *Leonidas* Ldb. Dillb.-Sohn, der sich überaus rassetypisch (modern) vererbte, jedoch später krankheitsbedingt viel zu früh ausscheiden musste. Die im Rheinland gezogene *Tornado* Pr.H. – *Idol*-Tochter StPrSt. *Tanja*, aus dem erstklassigen Stutenstamm des Willi Hengstenberg aus Wermelskirchen, siegte bei den Rheinisch-Deutschen Kaltblutstuten.

Vier Jahre später wurde die 2. Bundeskaltblutschau am 23. Januar 1993 anlässlich der Grünen Woche in Berlin veranstaltet. Diese Schau war mit Spannung erwartet worden, weil erstmals nach der Wende Kaltblüter aus den neuen Bundesländern an den Wettbewerben teilnehmen konnten. Mit dem 1987 geborenen Warendorfer Landbeschäler *Herzbube I* stellte Westfalen den Klassensieger.

Reservesieger wurde der überaus rassetypische, qualitätvolle Moritzburger Landbeschäler *Elias*, ein Angehöriger der Linie des legendären sächsisch-anhaltinischen Stammhengstes *Gaulois du Monceau*. Das Abschneiden der westfälischen Kaltblutstuten mit einem Ib-Preis als beste Platzierung konnte nicht befriedigen. Niedersachsen stellte dagegen mit der aus einem westfälischen Mutterstamm hervorgegangenen StPrSt. *Queen* die Siegerstute ihrer Rasse.

Am 18. Januar 1997 fand zum dritten Mal eine Bundeskaltblutschau im Rahmen der Grünen Woche in Berlin statt. Bei den Rheinisch-Deutschen siegte in der Hengstklasse der 1993 im Rheinland geborene *Hoppeditz* vor dem gleichaltrigen *Erlander*. Beide Hengste aus dem Landgestüt Warendorf fanden bei den Zuschauern während der Vorführungen viel Zuspruch. Ebenfalls aus dem Rheinland stammt die Gesamtsiegerin der Stutenklassen, die 1991 geborene *Herzensbrecher* Ldb. – *Trumpf* Ldb.-Tochter StPrSt. *Hella*. Leider – man darf es nicht verschweigen – verfügen *Hoppeditz* und *Hella* über eine der Reinzuchtdefinition nicht entsprechende Blutführung.

Anläßlich der Internationalen Grünen Woche in Berlin 2001 wurde schließlich die 4. Bundeskaltblutschau von der FN ausgerichtet. Die Gruppe der vier (alten) deutschen Kaltblutrassen war komplett vertreten. In den hier interessierenden Klassen IV/1, IV/2 und IV/3 (Hengste vierjährig und älter, Stuten vier- bis sechsjährig, Stuten siebenjährig und älter) siegte bei den Hengsten der Braunschimmel *Erik* v. *Elias* – *Smaragd* – *Puck* aus Sachsen vor dem Warendorfer Landbeschäler *Hurrican* v. *Hoppeditz* Ldb. – *Herkules* Ldb. – *Nippes I* Ldb. In der Klasse der jüngeren Stuten stand die *Atax* Pr.H. – *Nippes III* Ldb. – *Neptun II* Ldb.-Tochter *Nanni II*, die das niedersächsische Zuchtgebiet vertrat und eine niedersächsisch-westfälische Blutkombination darstellt, an der Spitze.

StPrSt. *Dina* H. 412364194, B., geb. 1994 Westf., v. *Don Camillo III* Pr.H. u. *Elisa* H. 590047290 v. *Etrusker* – *Elbstrand* usw.
Z.: Petra Dellori, Erndtebrück.
Bundeskaltblutschau in Berlin 2001: Siegerstute der Rheinisch-Deutschen Kaltblutabteilung

In der 14 Anmeldungen aufweisenden Klasse der älteren Stuten ging die StPrSt. *Dina* aus Westfalen vorn. Diese von Petra Dellori gezogene und Tina Birkelbach aus Erndtebrück gehörende Braune hat *Don Camillo III* Pr.H. zum Vater, der in direkter Vaterlinie auf den legendären *Lothar III* zurückgeführt werden kann.

Die Mutter von *Dina*, *Elisa*, ist eine 1990 geborene Stute Sachsen-Anhaltiner Reinzucht (Zuchtgebiet Berlin-Brandenburg) und über *Etrusker* (v. *Enzian*) und *Elbstrand* auf *Ulan von Estedt* (v. *Espoir de Lorette*) ingezogen.

Dina, die gleichzeitig auch Gesamtsiegerin der beiden Stutenklassen der Rheinisch-Deutschen Rasseabteilung wurde, ist eine geglückte Lehrbuchkombination original westfälischer und sächsisch-anhaltinischer Blutströme und nicht nur deshalb eine typtreue Vertreterin ihres Zuchtgebiets. Die Rassesiegerin vermag allen Vergleichen mit den früher z.B. auf den Westfalenschauen der 1960er Jahre ausgestellten mittelschweren, sich energisch bewegenden Zuchtstuten standzuhalten. Hieraus ergibt sich, dass Westfalen für sich in Anspruch nehmen kann, den durch die StPrSt. *Dina* verkörperten Rassetyp auf der 4. Bundeskaltblutschau am 20. Januar 2001 in Berlin gegen starke Konkurrenz als westfälisches Zuchtziel erfolgreich präsentiert zu haben.

Die Zeit der Schweden-Ardenner (1958–1973)

Nach Kriegsende 1945 stabilisierten sich die Verhältnisse in der westfälischen Landwirtschaft relativ schnell. Aber bereits Ende der 1940er Jahre kündigte sich ein Wandel an, der zunächst insbesondere die motorische Zugkraft betraf und rund 20 Jahre später in eine nahezu völlige Verdrängung der landwirtschaftlichen Arbeitspferde mündete. Schon 1954 hatte sich der Schlepperbestand in Westfalen von 11.978 im Jahre 1951 auf 23.228 Schlepper fast verdoppelt, während die Arbeitspferde und die beim Pferdestammbuch registrierten Kaltblutstuten zahlenmäßig stärker abnahmen, als die Schlepper von 1951 bis 1954 zugenommen hatten. Obwohl am 1. Januar 1951 stolze 25.779 und am 1. Januar 1954 immerhin noch 12.813 Rheinisch-Deutsche Kaltblutstuten beim westfälischen Zuchtverband eingetragen waren und insoweit eine breite Zuchtbasis gesichert zu sein schien,[5)] musste sich die insbesondere von einigen passionierten Privathengsthaltern Ende der 1940er Jahre begonnene zweite Verstärkungsphase bereits Mitte der 1950er Jahre – wie bereits ausgeführt – als Misserfolg erweisen, weil das zu schwere Pferd keine reellen Chancen mehr besaß. Der damalige Landstallmeister Konrad Bresges steuerte angesichts dieser Entwicklung alsbald in die entgegengesetzte Richtung und erwarb Ende der 1950er und Anfang der 1960er Jahre gegen den Willen des damaligen Pferdestammbuchvorstandes und des damals amtierenden Geschäftsführers Fritz Böllhoff in Schweden überwiegend relativ kleine, mittelrahmige Ardenner, um mit diesen durchweg zu leichten, jedoch schönen Hengsten die weitere Verdrängung der landwirtschaftlichen Arbeits- und Zuchtpferde aufzuhalten. Insgesamt erwarb Konrad Bresges nach und nach zwölf Hengste, fünf braune und sieben fuchsfarbene der Geburtsjahrgänge 1953 (1x), 1955 (4x), 1956 (5x) und 1958 (2x); obwohl in Westfalen genügend mittelgroße, mittelschwere Rheinisch-Deutsche Kaltbluthengste vorhanden waren. Hierunter befanden sich viele überaus praktische Söhne und Enkel des Original-Belgiers *Marquis de Breedhout* Pr.H.

Den Schweden-Ardenner-Einsatz betreffende massive Bedenken und Widerstände führten zu heftigen Reaktionen im damals zuständigen Düsseldorfer Ministerium mit der Folge, dass Fritz Böllhoff eines Tages zur Rücksprache gebeten wurde. Der Böllhoff'schen Bitte, Alfons Terdenge mitbringen zu dürfen, wurde seitens des Ministeriums entsprochen. Beide Herren traten dann in Düsseldorf zur Rücksprache an. Auf Grund einer provozierenden, die Böllhoff'schen Fähigkeiten in Hunde- und Pferdezucht betreffenden Äußerung des die Besprechung leitenden Ministerialbeamten und einer nicht minder herausfordernden Erwiderung von Fritz Böllhoff war die Rücksprache beendet, ehe sie richtig begonnen hatte.

Torol Ldb., F., geb. 1955 Schweden, v. *Torex* u. *Torosa* 8067 v. *Tondo* (v. *Faquin du Kat*) – *Guerrier* usw. Z.: Ignar Anden, Stommen (Schweden)
Torol 4-jährig

Die Zeit der Schweden-Ardenner währte von 1958 bis 1973, immerhin 16 Jahre. Der Deckeinsatz der Schweden betrug acht bis 15 Jahre, im Durchschnitt elf Jahre. Dieser Umstand spricht für die Gesundheit, aber auch für die Beliebtheit der Hengste. Die an sich wunderschönen Füchse *Moment* und *Torol* waren von 1959 bis 1973 am längsten zuchtaktiv. *Disall* und *Talong* brachten es auf zwölf und *Parkon* auf 14 Deckzeiten. Alles in allem erwies sich der Einsatz der Schweden-Ardenner jedoch als ein weitgehend unnötiges Experiment.

Die Hengste waren zwar nach strengen Maßregeln selektiert und demzufolge überaus ansprechend im Seitenbild, jedoch mit Ausnahme von *Lorex*, *Parkon*, *Talong*, *Torol* und *Ulern* einfach zu leicht im Fundament und auch charakterlich

Torol 12-jährig

kein Gewinn für die damals reichlich verunsicherten bäuerlichen Kaltblutzüchter. Überdies konnte der massive Schweden-Ardenner-Einsatz angesichts der fortschreitenden Motorisierung und des allgemein schwindenden Interesses vieler Bauern am Kaltblutpferd nur von kurzfristigem Erfolg sein und keine Stabilisierung der Bestände bewirken.

Bei aller Skepsis und Kritik, die mit dem Schweden-Ardenner-Einsatz einherging, muss fairerweise betont werden, dass die Blutführung der Hengste in Ordnung war, weil beide Rassen – das Rheinisch-Deutsche Kaltblut und der Schweden-Ardenner – über belgisches Erbgut miteinander verwandt sind.

Obwohl die Namen einiger Schweden-Hengste in den Pedigrees der westfälischen Kaltblüter immer wieder auftauchen, hat sich bis heute allein die Torol-Linie halten können, denn die Privathengste *Trumpf AS*, geb. 1990, und *Trutz*, geb. 1985, lassen sich über *Trumpf* Ldb. – *Topeck* Pr.H. – *Tory II* Ldb. in direkter männlicher Linie auf *Torol* Ldb. zurückführen.

Die Entwicklung der westfälischen Stuten- und Fohlenschauen (1965–1975)

Bereits auf der Mitgliederversammlung des Westfälischen Pferdestammbuches am 14. Mai 1965 in Hamm hatte Landwirtschaftsdirektor a. D. Dr. Pulte hervorgehoben, die Kaltblutzucht werde in Zukunft keine wirtschaftliche Bedeutung mehr haben, sondern nur noch von Passion getragen sein. Mit dieser Meinung sollte er im Wesentlichen Recht behalten.

Die westfälische Zuchtleitung vermochte jedoch damals die Meinung von Dr. Pulte so nicht zu akzeptieren und glaubte weiterhin, das mittelschwere, leichtfuttrige, tiefrumpfige, gängige, trocken fundamentierte Kaltblutpferd mit wenig Beinbehang werde auch zukünftig als Arbeitspferd seine Bedeutung behalten. Es sei sicherlich kein Fehler, neben dem Schlepper auch ein gutes Arbeitspferd im Stall zu haben. Zunächst schien diese Meinung tatsächlich nicht gänzlich unrealistisch zu sein. Denn 1965 waren noch 96 Hengste und 1.798 Stuten der Rheinisch-Deutschen Kaltblutrasse im Zuchtbuch des Westfälischen Pferdestammbuches eingetragen.

Auf den westfälischen Stutenschauen wurden in diesem Jahr noch 253 Kaltblutfohlen zum Registrieren und Brennen sowie 174 Kaltblutstuten zur Eintragung vorgestellt. Allein in Mitwick bei Dülmen – früher einer der herausragenden Schauplätze im Münsterland – wurden 1965 noch 17 Kaltblutfohlen, die ein hoffnungsvolles Bild abgaben und größtenteils den Privathengst *Egoist* – einen Sohn des Schweden-Ardenners *Evoind* Ldb. – zum Vater hatten, neben ihren qualitätvollen Müttern der großen bäuerlichen Zuschauerschar und der Bewertungskommission präsentiert.

1966 kam auf der Stutenschau in Drensteinfurt, die früher eine Domäne des Kaltblutpferdes war und wo im Vorjahr noch 17 Kaltblutfohlen gezeigt wurden, nur noch ein einziges Kaltblutfohlen zur Vorstellung, während in Mitwick immerhin noch 15 und in Südkirchen acht Kaltblutfohlen registriert und gebrannt werden konnten.

Stuten und Fohlenschau in Mitwick bei Dülmen 1966

Die Anzahl der auf den westfälischen Schauen eingetragenen Kaltblutstuten (94) hatte sich jedoch gegenüber dem Vorjahr (174) fast halbiert. Eine ähnliche Tendenz offenbarte sich auch bei den 152 auf den Schauen herausgebrachten Kaltblutfohlen.

Im Jahre 1967 kam in Mitwick wiederum eine für die damaligen Verhältnisse stattliche Anzahl von 14 Kaltblutfohlen zur Vorstellung. Es waren Fohlen von *Egoist* Pr.H. und von dem *Neptun II* Ldb.-Sohn *Nathan* Ldb.. Insgesamt wurden in Westfalen 1967 120 Kaltblutfohlen registriert und 74 Kaltblutstuten eingetragen.

Die von Dr. Pulte 1965 gewagte düstere Prognose sollte bereits 1968 ihre erste Bestätigung finden. Die traditionsreiche Stutenschau in Mitwick musste mit acht Kaltblutfohlen der negativen Entwicklung Tribut zollen. Noch viel schlimmer traf es die einstige Kaltblut-Hochburg Tönnishäuschen. Auf diesem Platz kam 1968 kein einziges Kaltblutfohlen zur Vorstellung, während in Uentrop noch fünf sämtlich von *Einfang* Ldb. abstammende Fohlen registriert werden konnten. Insgesamt erschienen auf den westfälischen Schauen noch 80 Kaltblutfohlen gegenüber 120 im Vorjahr. Bei den Stuten ergaben sich gegenüber 1967 (74) keine Veränderungen.

Der Abschwung setzte sich auch 1969 weiter fort, wenn man sich vor Augen führt, dass in Mitwick nur noch zwei und in Uentrop gerade noch vier Kaltblutfohlen gezeigt wurden. In Tönnishäuschen wurde nicht mal eine Stute der hiesigen Kaltblutzucht vorgeführt.

Summa summarum wurden 1969 in Westfalen nur noch 56 Kaltblutfohlen und 57 dreijährige Kaltblutstuten der Bewertungskommission vorgestellt.

Im Jahre 1970 kamen in Mitwick wiederum nur zwei Kaltblutfohlen neben ihren Müttern in den Ring. Insgesamt konnten in diesem Jahr in Westfalen gerade noch 24 Kaltblutfohlen registriert und 21 Kaltblutstuten eingetragen werden. Diese missliche Situation veranlasste den damals für die Zucht verantwortlichen Dr. Ferdinand Dohmen zu der Äußerung, bei diesen Zahlen spiele das Kaltblut züchterisch keine Rolle mehr. Es müsse nunmehr ein Weg gefunden werden, wenigstens eine gewisse Zuchtgrundlage dieses wertvollen Kulturguts zu erhalten.

Einfang Pr.H. u. Ldb., F., geb. 1956 Westf., v. *Einer* Pr.H. u. *Ella von Häger* H. 21441 v. *Einakter* Pr.H. – *Ideal de Courtrai* usw. Z.: Bernhard Winkelmann, Nienberge

1971 kamen noch zehn Fohlen sowie 13 Stuten und 1972 fünfzehn Fohlen sowie vier Stuten der hiesigen Kaltblutrasse zur Vorstellung. In den Berichten über die örtlichen Schauen fanden sie jedoch keine Berücksichtigung mehr.

Sieht man die Anzahl der registrierten Fohlen und der zur Neueintragung vorgestellten Kaltblutstuten als Spiegelbild und Gradmesser der Zucht und des Züchterinteresses an, so war der absolute Tiefpunkt mit acht Fohlen und sechs neu eingetragenen Kaltblutstuten 1974 erreicht. Da die Fohlenzahlen jedoch im Vergleich mit den Bedeckungen im Vorjahr (1973 = 382 Bedeckungen) gesehen werden müssen, ist die Annahme begründet, dass bei den bäuerlichen Züchtern in Anbetracht der geringen Nachfrage nach Zuchtfohlen die Praxis vorherrschte, die notgedrungen für die eigene Aufzucht zurückbehaltenen bzw. zum Schlachten bestimmten Kaltblutfohlen auf den Stutenschauen nicht mehr vorzustellen.

Kaltblutschau am 20. Juli 1983 in Lennestadt-Altenhundem: Heinz Kussmann aus Olsberg-Bigge marschiert an der Spitze.

Ab 1975 stellte sich jedoch bei den verbliebenen Kaltblutzüchtern und im westfälischen Zuchtgeschehen eine Trendwende ein. Mit 21 registrierten Fohlen und 17 neu eingetragenen Kaltblutstuten wurde eine erste Aufwärtsentwicklung eingeleitet, die beispielsweise 1981 und 1989 zu 42 bzw. 90 vorgestellten Fohlen und 24 bzw. 38 neu eingetragenen Kaltblutstuten führte.

Zur Entwicklung des Körrechts

In Preußen war das Kören von Hengsten lange durch Polizeiverordnung geregelt. Als 1922 das Preußische Oberverwaltungsgericht sämtliche auf Polizeirecht beruhenden Körordnungen für null und nichtig erklärte, wurden der Preußische Staat und der Landtag gezwungen, endlich für eine immer wieder hinausgezögerte gesetzliche Regelung zu sorgen, die bereits am 4. August 1922 in Form des Gesetzes über die Regelung des Körwesens und des Pferderennwesens durch Polizeiverordnung erfolgte.

Die Polizeiverordnung, betr. die Körung der Zuchthengste in der Provinz Westfalen, ist zugleich mit einer Ausführungsanweisung unter dem 12. Mai 1923 erlassen worden. Die Zusammensetzung der Körkommission ist durch Nachtragsverordnung vom 10. Oktober 1925 neu geregelt.

Es bestehen zwei Körkommissionen, eine für Kaltblut und eine für Warmblut. Jede der beiden Körkommissionen besteht aus:

1. einem vom Oberpräsidenten zu ernennenden Mitgliede,
2. dem zuständigen Landstallmeister,
3. einem von der Landwirtschaftskammer zu ernennenden Mitgliede,
4. einem vom Westfälischen Pferdestammbuch zu wählenden Mitgliede,
5. einem vom Verbande der Hengstzüchter und Eigenhengsthalter Westfalens zu wählenden Mitgliede.

Der Oberpräsident bestimmt für jede Körkommission ein Mitglied zum Vorsitzenden. Den Körkommissionen steht es frei, im Bedarfsfalle einen Tierarzt als Gutachter zuzuziehen.

Die Körkommissionen dürfen nur Hengste ankören, welche nach den Bestimmungen des westfälischen Pferdestammbuches den beiden festgelegten Zuchtrichtungen (für Kaltblut: rheinisch-belgischer Typ, für Warmblut: hannoverscher Typ) entsprechen und von nachweislich reiner Abstammung sind.

Die Dauer der Körung beträgt, wenn nicht im Einzelfall anders bestimmt wird, in der Regel drei Jahre. Die Körung gilt für den Umfang der Provinz Westfalen, sofern die Körkommissionen die Gültigkeit nicht auf einen kleineren Bezirk beschränkt. Es findet alljährlich eine Zentralkörung statt. [6)]

Das preußische Gesetz über die Förderung der Tierzucht vom 24. August 1934 war Ausdruck der neuen Staatsgewalt und regelte die absolute Körpflicht sowie andere zentrale züchterische Maßnahmen. Bevor dieses Gesetz jedoch in Kraft gesetzt wurde, beschloss die Reichsregierung das Gesetz zur Förderung zur Tierzucht vom 17. März 1936, das im Wesentlichen ein Ermächtigungsgesetz war und sofort in Kraft trat. Die Maßnahmen und Regelungen zur Durchführung dieses Gesetzes ergaben sich aus der Ersten Verordnung zur Förderung der Tierzucht vom 26. Mai 1936, die am 1. September 1936 in Kraft gesetzt und am 20. November 1939 geändert wurde.

Nach dem Zweiten Weltkrieg erließ der Zweizonenwirtschaftsrat am 7. Juli 1949 das Gesetz über die Maßnahmen auf dem Gebiet der tierischen Erzeugung (Neufassung vom 23. Juni 1953), das später als Bundestierzuchtgesetz für die ganze Bundesrepublik gelten sollte.

Die Körung von Hengsten regelten die Vierte Durchführungsverordnung zum Tierzuchtgesetz vom 17. Juli 1953 und die Änderungsverordnungen vom 9. Januar 1963 und 12. Dezember 1974.

Die Anpassung des Tierzuchtrechts an die insbesondere durch den Zuchtfortschritt veränderten Verhältnisse erfolgte durch das Tierzuchtgesetz vom 20. April 1976, das zusammen mit der Verordnung über Züchtervereinigungen und Zuchtunternehmen vom 16. Dezember 1976 am 1. Januar 1977 in Kraft gesetzt wurde. Dieses Gesetz war auf künftige Rechtsharmonisierungen auf dem Gebiet der Tierzucht in der Europäischen Gemeinschaft zugeschnitten. Ab 1. Januar 1980 galt die Verordnung über die Körung von Hengsten vom 20. August 1979.

Mit dem Inkrafttreten des neuen Tierzuchtgesetzes am 1. Januar 1990 endete das staatlich reglementierte Körwesen. Seitdem ist die Körung die Entscheidung des Verbandes über den vorläufigen Einsatz eines Hengstes im Rahmen des Zuchtprogramms. Dementsprechend fehlen im Tierzuchtgesetz in der Fassung vom 22. Januar 1998 das Körwesen regelnde Vorschriften.

Hengsthauptkörungen in Hamm und Münster (1936–1941)

Die Hengsthauptkörung vom 29. bis 31. Oktober 1936 in der Halle Münsterland der Provinzialhauptstadt Münster wurde zu einer überwältigenden Darstellung des Zuchtfortschritts und der Position der westfälischen Kaltblutzucht. Die weitere Zunahme der Anmeldungen hatte bereits im Vorfeld zur Bereitstellung von zusätzlichen Stallungen für die Hengste geführt. Von den im Katalog aufgeführten 365 jungen und alten Rheinisch-Deutschen Kaltbluthengsten waren schließlich 308 zur Stelle.

Die Klasse der zweijährigen in Westfalen gezogenen Hengste umfasste 162 angemeldete, von denen 140 vor das Köramt traten. 83 junge Kaltbluthengste bekamen die Ankörung für die Klasse A (auch für fremde Stuten) zuerkannt. In der Klasse der nicht in Westfalen gezogenen zweijährigen Hengste wurden von den 14 gezeigten acht gekört. Von den 28 dreijährigen in Westfalen gezogenen und zur Körung vorgestellten konnten 20 vor dem Köramt bestehen. In dieser Altersklasse erhielten von neun außerhalb Westfalens geborenen Hengsten sechs ein positives Körurteil.

In der Klasse der vierjährigen und älteren Kaltbluthengste westfälischer Zucht kamen von 111 angemeldeten nur 92 zur Vorstellung, von denen weitere 77 eine Deckerlaubnis erhielten. Dabei wurde unterschieden zwischen Provinz, Kreis oder Standort.

Bei der Hengstprämierung war Oberlandstallmeister Dr. Seyffert als Leiter der Preußischen Gestütverwaltung zugegen. Er nahm am nächsten Tag die Durchmusterung der zum Ankauf angemeldeten Hengste vor und kaufte im Beisein der Leiter der Landgestüte für Warendorf 14 Kaltblut- und drei Warmbluthengste sowie für Osnabrück vier, Dillenburg drei und Wickrath einen Kaltbluthengst. Ein Hengst ging in das Braunschweigische Landgestüt Harzburg.

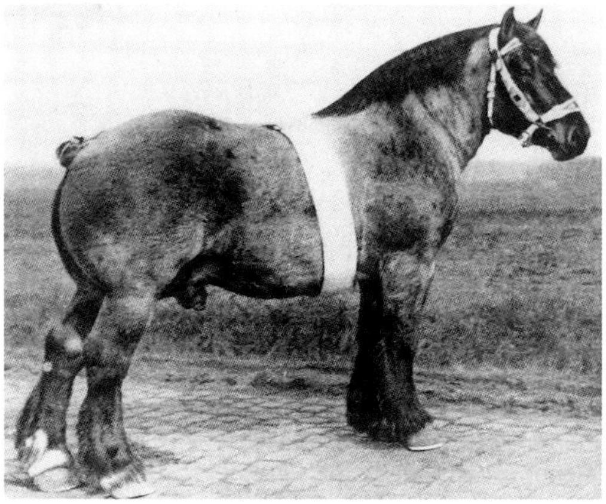

Avenir de Salmonsart Ldb., Bschi., geb. 1925 Belg., v. *Avenir d'Herse* u. *Bella de Salmonsart* B.S. 23/6295 v. *Avenir Comte – Charlemagne* usw.
Z.: Vincent Demeuldre, Braine-le-Comte (Belgien)

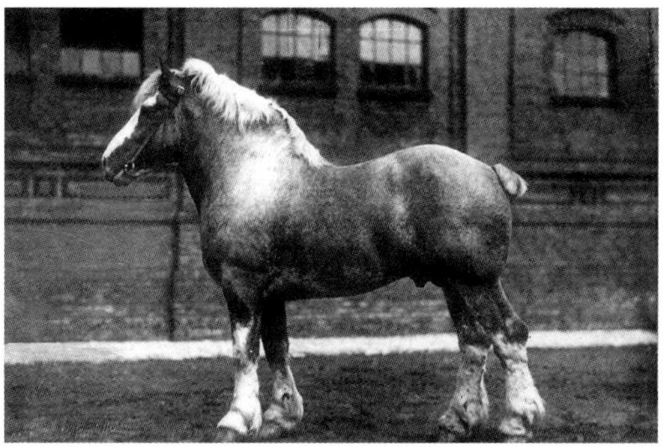

Cristal de Baele Ldb., Fschi., geb. 1921 Belg., v. *Lion de Flandre* u. *Sarah de Baele* B.S. 23/13899
Z.: Henri Lampaert, Baelegem (Ostflandern, Belgien)

Die Hengsthauptkörung vom 26. bis 29. Oktober 1937 wurde überschattet durch den herben Verlust der damals besonders in den Vordergrund getretenen Original-Belgier *Albi de Cocambre* Pr.H., *Avenir de Salmonsart* Ldb. und *Espoir de Melsele* Pr.H.

Für die Klasse der zweijährigen Kaltbluthengste lagen 197 Anmeldungen vor. Während *Avenir de Salmonsart* Ldb. 1936 mit 15 angemeldeten Söhnen zahlenmäßig an der Spitze marschierte, war 1937 der Landbeschäler *Tapageur du Jonquoy* mit elf angemeldeten Söhnen vorn.

Christal de Baele Ldb., der 1936 zwölf angemeldete Söhne hatte, war 1937 mit acht Söhnen präsent. Ferner waren mit mehreren Söhnen *Adonis* Ldb., *Albi de Cocambre* Pr.H., *Arrogant* Ldb., *Atoll* Ldb., *Cronje* Ldb., *Duc de Grandglise* Pr.H., *Gaulois de Bouveloo* Pr.H., *Espoir de Melsele* Pr.H. und *Titan* Pr.H. dabei.

Aus allen Klassen wurden insgesamt 237 Kaltbluthengste gekört. Die alles überragende Prämierung der gekörten Hengste erfolgte am 28. Oktober 1937. Zur feierlichen Verkündung der Prämierungsergebnisse und Überreichung der vielen Ehrenpreise sollen in der Halle Münsterland mehrere Tausend Menschen versammelt gewesen sein.

Am letzten Tag der Veranstaltung, dem 29. Oktober 1937, fand der Ankauf für die Preußische Gestütverwaltung durch Oberlandstallmeister Dr. Seyffert statt. Er erwarb für das Landgestüt Warendorf 18 Kaltbluthengste. Nach Georgenburg gingen vier, Braunsberg drei und Dillenburg zwei Hengste. Für das Braunschweigische Landgestüt Harzburg erwarb Landstallmeister Schulze Dieckhoff zwei Kaltbluthengste.

Zur Hauptkörung 1938, die vom 2. bis 5. November in Münster stattfand, wurden insgesamt 323 jüngere und ältere Kaltbluthengste vorgestellt, von denen schließlich 248 ein positives Körurteil erhielten. In der immer wieder besonders interessierenden Klasse der jüngeren zweijährigen in Westfalen gezogenen Hengste kamen 77 zur Vorstellung, während die Klasse der zweijährigen nicht in Westfalen gezogenen Kaltbluthengste nur neun Vertreter aufwies. Dieser Umstand veranlasste die Verantwortlichen, die erreichte Bodenständigkeit des westfälischen Hengstnachwuchses besonders herauszustellen. In der Klasse der älteren Zweijährigen siegte der *Espoir de Melsele* Pr.H.-Sohn Erfolg, der als schwerer, grober Braunschimmel mit viel Gang kommentiert wurde. Der von der Genossenschaft Hörde-Dortmund-Ost erworbene und aufgestellte Erfolg Pr.H. konnte sich insbesondere im Dortmunder Raum als Typ- und Gangvererber der Sonderklasse bewähren.

1938 erwarb die Preußische Gestütverwaltung insgesamt 37 Rheinisch-Deutsche Kaltbluthengste, und zwar 20 für Warendorf, fünf für Dillenburg, je vier für Braunsberg und Georgenburg, drei für Cosel und einen für Osnabrück.

Die Hauptkörung 1939 wurde als Sammelveranstaltung vom 25. bis 27. Oktober zur Abwechslung in den Zuchtviehhallen der Stadt Hamm abgewickelt. Es handelte sich um einen Termin für zweijährige Warmblut- und Kaltbluthengste. Für die älteren Hengste war eine besondere Regelung vorgesehen.

Von den 221 gemeldeten jungen Kaltbluthengsten traten 172 vor den Körausschuss, dem Landstallmeister Konrad Bresges vorstand, mit dem Ergebnis, dass 127 Hengste gekört, 25 zurückgestellt und 20 nicht gekört wurden.

Allgemein wurde die Auffassung vertreten, der Körjahrgang 1939 (Geburtsjahrgang 1937) sei von einer zuvor kaum zu beobachtenden Güte und Ausgeglichenheit gewesen. In der Klasse der jüngeren zweijährigen Hengste ging der *Fer* Pr.H.-Sohn *Feldstecher* vorn, während in der noch bedeutenderen Klasse der älteren zweijährigen

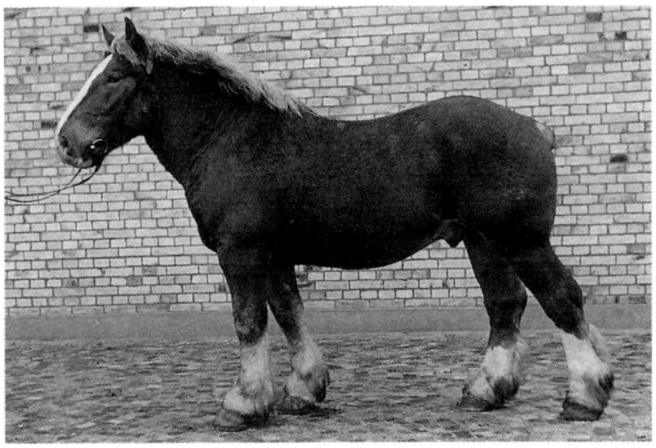

Erbprinz Ldb., F., geb. 1937 Westf., v. *Espoir de Melsele* Pr.H. u. *Hera von Schoneberg* H. 3365 v. *Hercule de Cognebeau* Ldb. – *Pharaon de Lembecq* Pr.H. usw. Z.: Wwe. Budde, Nordick bei Herbern

in Westfalen gezogenen Hengste wiederum *Espoir de Melsele* Pr.H. den Sieger stellte. Es handelte sich um Elch, der ein überschwerer Braunschimmel war, jedoch den damals gewünschten massigeren Typ eindrucksvoll verkörperte. Auf dem 2. Platz stand der tiefe, rumpfige, fuchsfarbene *Erbprinz*, der für den Erbwert seines Vaters sprach und diese Einschätzung später bestätigte. *Elch* Ldb. und *Erbprinz* Ldb. entwickelten sich zu wertvollen Vertretern der heute erloschenen *Espoir de Melsele* Pr.H.-Linie.

Das für Westfalens Pferdezucht wichtigste Ereignis war 1940 – wie in den Vorjahren – die Hengsthauptkörung in Münster, als 39 Warmblut- und 174 Kaltbluthengste (aus 231 angemeldeten) dem Köramt vorgestellt wurden. Von den jungen Kaltbluthengsten wurden letztlich 132 gekört und 30 zurückgestellt. Wobei zu bemerken ist, dass in diesem Körjahr nur Hengste des Geburtsjahrgangs 1938 und einige wenige dreijährige zur Vorstellung kamen, während bei den bereits früher gekörten schon in den Kreisen über ihre Deckberechtigung entschieden worden war.

Bei den zweijährigen in Westfalen gezogenen Kaltbluthengsten war die Klasse der jüngeren Hengste am stärksten besetzt. Hier siegte der knochenstarke, mächtige *Adonis* Ldb.-Sohn *Antritt*, ein von Ottmann-Saerbeck gezogener Brauner, der sich später zu einem bevorzugten Beschäler entwickelte.

Der staatliche Ankauf von Kaltbluthengsten durch Oberlandstallmeister Dr. Seyffert umfasste 20 Hengste für Warendorf, vier für Dillenburg, drei für Braunsberg, zwei für Georgenburg. Sieben [!] Kaltbluthengste gingen in das Sächsische Landesstallamt Moritzburg. 20 junge Kaltbluthengste wurden nach Brandenburg verkauft.

Für die Hauptkörung im Kriegsjahr 1941 hatten die Züchter und Aufzüchter 295 junge Kaltbluthengste angemeldet. Wie im Vorjahr stand das *Albion d'Hor*-Blut im Vordergrund. Erstmals waren auch 14 Söhne der 1935 geborenen und 1937 gekörten Landbeschäler *Edler* und *Eitel* im Katalog verzeichnet. Beide Hengste entwickelten sich zu Repräsentanten der *Espoir de Melsele* Pr.H.-Linie, die in Westfalen der Zucht wuchti-

Hengsthauptkörung in Münster 1941: von Wwe. Antonia Schulze Wartenhorst, Everswinkel, vorgestellte zweieinhalbjährige Rheinisch-Deutsche Kaltbluthengste

ger, gängiger Pferde diente und deswegen kontinuierlich aufgefüllt und fortentwickelt wurde.

Ohne Zweifel war der absolute Höhepunkt der westfälischen Kaltblutzucht in den 1930er Jahren erreicht. Dabei ist der Einfluss westfälischer Blutströme auf die damals stark expandierende und emporstrebende Rheinisch-Deutsche Kaltblutzucht in Ostpreußen besonders erwähnenswert. Regelmäßig gingen in Westfalen gekörte Kaltbluthengste auch nach Pommern, Schlesien und Thüringen.

Staatswanderehrenpreis

Der Staatswanderehrenpreis »Ziehende Kaltblüter«

Der mit Erlass des Preußischen Ministers für Landwirtschaft, Domänen und Forsten vom 22. Juli 1929 gestiftete Staatswanderehrenpreis »Ziehende Kaltblüter«, eine von dem Berliner Bildhauer Kübart geschaffene Bronzegruppe, war für den Züchter des besten zweieinhalbjährigen Kaltbluthengstes bestimmt und wurde im Anschluss an die jährliche Hauptkörung verliehen. Hatte ein Züchter dreimal den Siegerhengst bei den zweieinhalbjährigen Kaltbluthengsten gezogen, so ging der Staatswanderehrenpreis in sein Eigentum über. Diese Bronzestatuette wurde in Münster zum letzten Mal in der west-

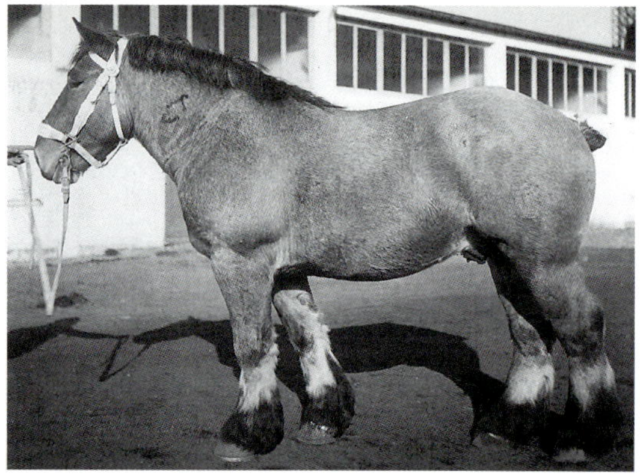

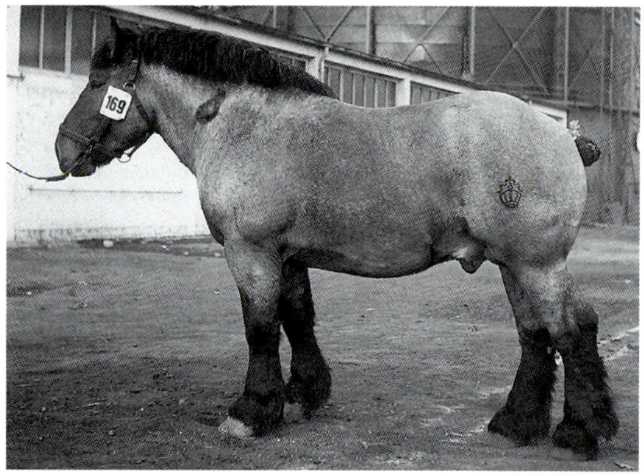

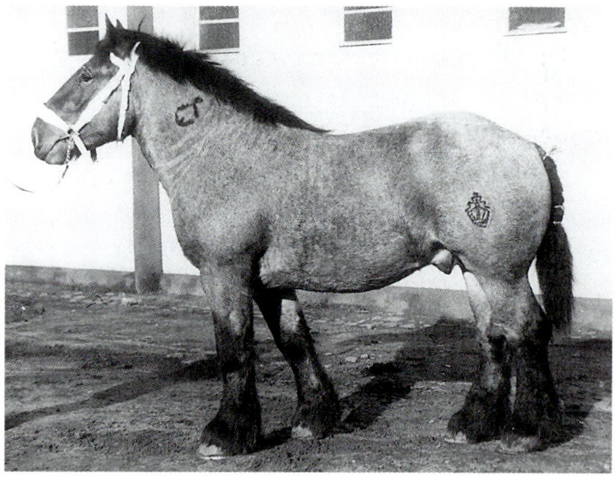

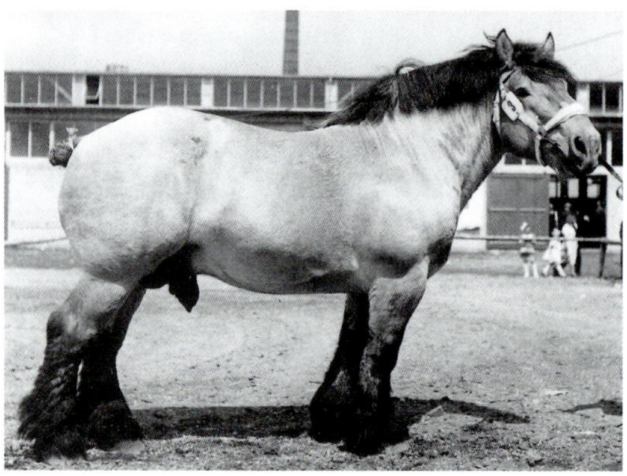

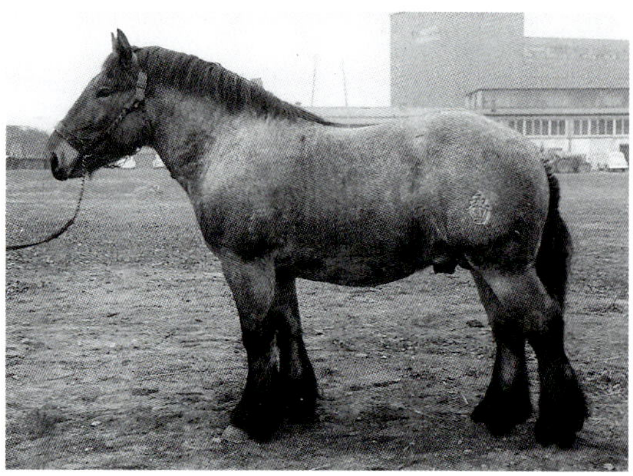

Sieger der Hauptkörungen in Münster 1950–1953, von Josef Umberg, Kirchhellen-Overhagen, gezogene und vorgestellte Rheinisch-Deutsche Kaltbluthengste von *Honved I* Pr.H.

rechte Spalte:
Hammer I, Bschi., geb. 1948 Westf. (1. von 85 Gekörten)
Hort, Bschi., geb. 1949 Westf. (1. von 58 Gekörten)
Horaz III, Bschi., geb. 1950 Westf. (1. von 36 Gekörten)
Horaz IV, Bschi., geb. 1951 Westf. (1. von 42 Gekörten)

Der Vater der Siegerhengste: das Verstärkermodell ohne züchterische Zukunft *Honved I* Pr.H., Bschi., geb. 1944 Westf., v. *Horrido* Pr.H. (fr. *Lucifer d'Hondzocht*) u. *Quecke von Sölten* H. 2725 v. *Quelqu'un de Goreux* Ldb. – *Landgraf V* usw.
Z.: Max Tüshaus, Sölten bei Hervest-Dorsten

fälischen Geschichte dieses Preises im Oktober 1952 vergeben, und zwar endgültig an Josef Umberg aus Kirchhellen-Overhagen für die von ihm gezogenen *Honved I* Pr.H.-Siegersöhne *Hammer I*, geb. 1948, *Hort*, geb. 1949, und *Horaz III*, geb. 1950. Josef Umberg konnte auch 1953 mit dem 1951 geborenen, selbst gezogenen *Horaz IV* den besten zweieinhalbjährigen Kaltbluthengst vorstellen. Eine selbst für damalige Verhältnisse alles in den Schatten stellende züchterische Leistung, die es verdient hat, an dieser Stelle gebührend erwähnt zu werden.

Körungen und Anerkennungen von Kaltbluthengsten in Münster (1965–2002)

Auf der Zentralkörung (Zentrale Sonderkörung der jungen Hengste) am 25. Oktober 1965 in Münster kamen von den angemeldeten 23 jungen Kaltbluthengsten nur 15 zur Vorstellung, von denen neun gekört wurden. Sieger wurde der *Marc de Gors* Ldb.-Sohn *Markant* vor *Joker* v. *Julot de Hermanne* Ldb., *Dotsch* v. *Dorsch* Ldb., *Tender* v. *Troll* Ldb., *Texter* v. *Tarzan de Gozin* Pr.H. und *Majoran* v. *Millimeter* Ldb. Drei weitere Hengste erhielten II. Preise.

Der Berichterstatter für Kaltblut, Landstallmeister Holzrichter aus dem hessischen Dillenburg, betonte in seinem Schauresümee, Westfalen sei noch der Verband, der den passenden Stamm gezüchtet und erhalten habe. Gängigkeit, Futterdankbarkeit, trockene Fundamente mit wenig Behang seien einige Merkmale, die von Kaltblutpferden künftig verlangt würden. Die meisten gekörten Kaltbluthengste seien mittelrahmig, hätten ausdrucksvolle Köpfe, raumgreifende Bewegungen, klare Gelenke und seien somit in der Lage, ausgezeichnete Arbeitspferde zu liefern.

Zur Zentralen Sonderkörung der jungen Hengste am 26. und 27. Oktober 1966 in Münster waren auch elf junge Kaltbluthengste angemeldet, von denen zehn erschienen und acht gekört wurden. Mit dem Ia- und Siegerpreis wurde der Fuchs *Appell* v. *Apex* Ldb. ausgezeichnet. Dem Sieger stand der zweitplatzierte *Teuto* Ldb.-Sohn *Tribun* nicht viel nach. Beide Hengste gingen in das Landgestüt Warendorf.

Markant, F., geb. 1963 Westf., v. *Marc de Gors* Ldb. u. *Elma von Pröbsting* H. 21543 v. *Erbquell* Ldb. – *Albert* Ldb. usw.
Z.: Heinrich Nölle-Pier, Meyerich
Sieger der Zentralen Sonderkörung 1965 (junge Kaltbluthengste)

Appel Ldb., F., geb. 1964 Westf., v. *Apex* Ldb. u. *Marga von Holthausen* H. 22832 v. *Marquis de Breedhout* Pr.H. – *Harnisch* Pr.H. usw.
Z.: Bernhard Bechtrup, Lüdinghausen
Sieger der Zentralen Sonderkörung 1966 (junge Kaltbluthengste)

Der Drittplatzierte, ein besonders schöner Fuchs von *Egoist* Pr.H., war mit 156 cm Stock einer der größten Junghengste im Kaltblutlot. Diesen Umstand nahm Fritz Böllhoff in seiner Berichterstattung zum Anlass, vor zu kleinen Pferden in der Zucht zu warnen.

Das Ergebnis der Zentralen Sonderkörung am 26. Oktober 1967 veranlasste den Berichterstatter für Kaltblut, die sieben vorgestellten Rheinisch-Deutschen Junghengste, von denen vier gekört wurden, nach deren Anzahl als Überbleibsel vergangener Pracht zu bezeichnen. Ia-Preisträger wurde der *Torol* Ldb.-Sohn *Tory I*. Den Ib-Preis erhielt der zweitplatzierte *Eparch* v. *Evoind* Ldb. *Eparch* ging später in den Besitz des Vereins zur Erhaltung der Pferdezucht im Kreise Wittgenstein über. Mit II. Preisen wurden der *Marc de Gors* Ldb.-Sohn *Markant II* und der *Klemberg de Monteuville* Pr.H.-Sohn *Klevner* ausgezeichnet. Der Zuchteinsatz der Schweden-Ardenner *Evoind* Ldb. und *Torol* Ldb. zeigte bei der Körung 1967 erste Wirkungen. Aber der Rückgang der Kaltblutzucht, so prophezeite der Nachfolger von Fritz Böllhoff im Amt, Dr. Ferdinand Dohmen, sei nach den bisherigen Erfahrungen nicht mehr aufzuhalten.

Halbmesser Pr.H., F., geb. 1958 Westf., v. *Halbstürmer* Pr.H. u. *Thea* H. 21834 v. *Teukros* Ldb. – *Aegir* Ldb. usw.
Z.: Hugo Schulze Pals, Lüdinghausen
Sieger der Zentralen Hauptkörung 1969 (ältere bereits gekörte Kaltbluthengste)

Klevner Pr.H., F., geb. 1965 Westf., v. *Klemberg de Monteuville* Pr.H. u. StPrSt. *Koralle* H. 20702 v. *Klotz* Pr.H. – *Tarsus* Pr.H. usw.
Z.: Josef Barkhaus-Langenstrot, Drensteinfurt
Gesamtsieger der Zentralen Hauptkörung 1969 (jüngere und ältere bereits gekörte Kaltbluthengste)

Auch in dem Ergebnis der Zentralen Sonderkörung am 30. Oktober 1968, von sieben vorgestellten jungen Kaltbluthengsten wurden vier gekört, machte sich der Einfluss der Schweden-Ardenner bemerkbar. An der Spitze stand der *Torol* Ldb.-Sohn *Tory II*, der lediglich 152 cm Stock groß war und wie sein 1967 gekörter Vollbruder *Tory I* von Landstallmeister Dr. Lehmann für das Landgestüt erworben wurde. Der Ib-Preis ging an den rahmigeren, mit viel Tritt ausgestatteten, ausgesprochen typschönen Fuchshengst *Eldos*, der ein Enkel des Schweden-Ardenners *Evoind* Ldb. war.

Am 23. und 24. Oktober 1969 fand erstmals wieder eine Zentrale Haupt- und Sonderkörung für Warmblut- und Kaltbluthengste in Münster statt. 16 bereits früher gekörte Kaltbluthengste wurden in zwei Altersklassen gerichtet. In den Klassen der älteren Hengste ging als Ia-Preisträger der *Halbstürmer* Pr.H.-Sohn *Halbmesser* Pr.H. (Besitzer: Heinrich Heimann, Waltrop) an der Spitze. In der anderen Hengstklasse stand der vierjährige *Klemberg de Monteuville* Pr.H.-Sohn *Klevner* Pr.H. vorn, der wegen seiner Typtreue und sonstigen Vorzüge auch Kaltblutsiegerhengst der Zentralhauptkörung 1969 wurde. Die Sonderkörung der zweieinhalbjährigen Aspiranten, die am 24. Oktober 1969 stattfand, führte zu dem Ergebnis, dass alle fünf vorgestellten Hengste auch gekört wurden. Den Ia-Preis sprach die Bewertungskommission dem *Egoist* Pr.H.-Sohn *Egel* (Besitzer: Bernhard Gerdemann, Hiddingsel) zu. Nur dieser Hengst fand direkt einen Käufer, während für die übrigen vier gekörten Hengste zunächst keinerlei Nachfrage bestand.

Die Besucher der am 30. Oktober 1970 veranstalteten Kaltblutkörung sahen lediglich den *Halbmesser* Pr.H. – *Neptun II* Ldb. – *Anatus* Ldb.-Sohn *Halbmond I* und den *Appell* Ldb. – *Evoind* Ldb. – *Copernikus* Ldb.-Sohn *Armand* auf dem Ring. Beide Hengste wurden gekört.

1971 und 1972 waren schließlich die ebenfalls von Heinrich Heimann aus Waltrop gezogenen *Halbmesser* Pr.H.-Söhne *Halbmond II* (geb. 1969) und *Halbmond III* (geb. 1970) die Einzigen in ihrer Körklasse. Auch diese sehr typischen und genetisch überaus wertvollen Hengste wurden gekört.

Halbmond III Pr.H. hinterließ z.B. den 1977 geborenen Landbeschäler *Horrido* und viele formschöne Mutterstuten, bevor er als Deckhengst ausrangiert wurde und als Arbeitspferd sein Futter

Horrido Ldb., B., geb. 1977 Westf., v. *Halbmond III* Pr.H. u. *Elfi* H. 23482 v. *Einfang* Ldb. – *Lünerfelder von Derkum* Ldb. usw.
Z.: Josef Korte, Finnentrop

verdienen musste. Hochbetagt wurde er 1987 ganz zufällig in dem kleinen Örtchen Niedertresselndorf bei Haiger auf der Grenze zum »Hohen Westerwald« entdeckt, wo er zusammen mit einem anderen Kaltblüter eine Fuhre Stalldung bergan auf einen steinigen, kargen Acker schleppte. Der damals heruntergekommen und verbraucht wirkende *Halbmond III* konnte leider züchterisch nicht reaktiviert werden, weil die angesprochenen Züchter ihn bereits abgeschrieben hatten.

Nimmt man die Anzahl der zur Körung vorgestellten jungen Kaltbluthengste als Indikator für die damals noch unsichere Zukunft der westfälischen Kaltblutzucht, so war der absolute Tiefpunkt 1973 erreicht, als auf der Sonderkörung im Oktober 1973 in Münster kein einziger Kaltblut-Junghengst auf den Ring kam.

Zur Hauptkörung 1973 für ältere, bereits gekörte Kaltbluthengste waren dagegen die Privathengste *Angelus* v. *Applaus* Ldb., *Dolch* v. *Dotsch* Pr.H., *Egel* v. *Egoist* Pr.H., *Egoist* v. *Evoind* Ldb., *Eldos* v. *Egoist* Pr.H., *Halbmond I* v. *Halbmesser* Pr.H., *Monsun II* v. *Maßstab* Ldb. sowie *Nahkampf I* und *Nahkampf II* v. *Neptun II* Ldb. zur Wiederkörung und Prämierung angemeldet worden. Es erschienen jedoch nur sieben Hengste. Sieger wurde *Nahkampf I* Pr.H., der später Vater der Vollbrüder *Nippes I* Ldb., *Nippes II* Pr.H. und *Nippes III* Ldb. wurde.

1974 wurden die beiden von Heinrich Lewe, Herzebrock, gezogenen *Tory II* Ldb.-Söhne *Tonus* und *Topeck* in Münster gekört. *Tonus* wurde von Landstallmeister Dr. Lehmann für das Landgestüt erworben, war während der Deckzeit in Lügde stationiert und ging bereits 1979 ein. Der bei den Züchtern beliebte Hengst war auf Grund seines belgisch geprägten Mutterstammes und seiner gelungenen Form ein wertvoller Vertreter seiner Rasse.

Die am 24. Oktober 1975 in Münster durchgeführte Körveranstaltung sollte sich als Meilenstein für die Zukunft der Rheinisch-Deutschen Kaltblutzucht in NRW erweisen. Denn an diesem Tage wurde ein Kaltbluthengst der Bewertungs-

Nippes I Ldb., Bschi., geb. 1973 Westf., v. *Nahkampf I* Pr.H. u. StPrSt. *Myrthe* H. 22608 v. *Massstab* Ldb. – *Luc de Kruishoutem* Pr.H. usw.
Z.: A. Bertmann, Darfeld
Warendorfer Hengstparade 1989

kommission präsentiert und von dieser gekört, der im Körkatalog noch den beziehungsreichen Namen *Nagel* trug. Dieser am 11. August 1973 bei Antonius Bertmann in Darfeld geborene und von Wilhelm Austrup in Borgholz aufgezogene Braunschimmel, der nach dem Ankauf fürs Landgestüt Warendorf in *Nippes* umbenannt wurde, sollte Symbol und Aushängeschild für die hiesige Kaltblutzucht werden. *Nippes* gehört zu der noch heute lebendigen Blutlinie des *Albion d'Hor – Avenir d'Herse – Royal de Salmonsart – Avenir du Maieur – Tarzan de Kalloo – Nerveux de Piéton* Ldb. Aber nicht nur deshalb war der stark belgisch anmutende *Nippes* ein sehr wertvoller Rassevertreter. Seine erste Deckperiode verbrachte er 1976 in Waldbröl-Hahn im Oberbergischen Kreis, weil das Landgestüt in dieser waldreichen Region einen züchterischen Bedarf vermutete.

Nippes kam, nachdem er von *Ampfer* in Waldbröl abgelöst worden war, ab 1982 in Geilenkirchen auf Gut Trips zum Einsatz. Ab 1988 verblieb der damals 15-Jährige in Warendorf. Der besonders rassetypische, bedeutend aufgemachte Beschäler nahm zunächst großen Einfluss auf die am Boden liegende rheinische Kaltblutzucht. Auf Grund seiner in Westfalen wenig beliebten Braunschimmelfarbe fand er im höheren Alter bei der relativ kleinen westfälischen Züchterschaft nicht mehr den Zuspruch, den er nach seiner im Rheinland bewiesenen Vererbungstreue auch in Westfalen verdient gehabt hätte. *Nippes I* Ldb. kam 1995 noch als 22-Jähriger in Rhede zum Zuchteinsatz und schied danach aus.

Topeck Pr.H., 9-jährig mit seinem Züchter Heinrich Lewe, Herzebrock. Sieger der Hengstanerkennung 1981 (ältere bereits gekörte Kaltbluthengste)

Zur Zentralen Sonderkörung der jungen Kaltbluthengste am 28. Oktober 1976 in Münster trat lediglich der Original-Holländer *Jason* an. Der unkupierte Rappschimmel gehörte zwar zu einer mit dem Rheinisch-Deutschen Kaltblut verwandten Rasse, verkörperte jedoch insbesondere einige Jahre später das zu schwere Modell und hatte wohl zunächst nur die Aufgabe, auf dem allseits bekannten Prickings-Hof in Haltern-Sythen von den Besuchern dieses ländlichen Einkaufs- und Schauzentrums bestaunt zu werden.

Zu der am 24. Oktober 1977 stattgefundenen Anerkennung der älteren Kaltbluthengste waren 13 Hengste angemeldet, von denen sieben erschienen und anerkannt wurden. Der Privatbeschäler *Topeck* v. *Tory II* Ldb., gezogen und im Besitz von

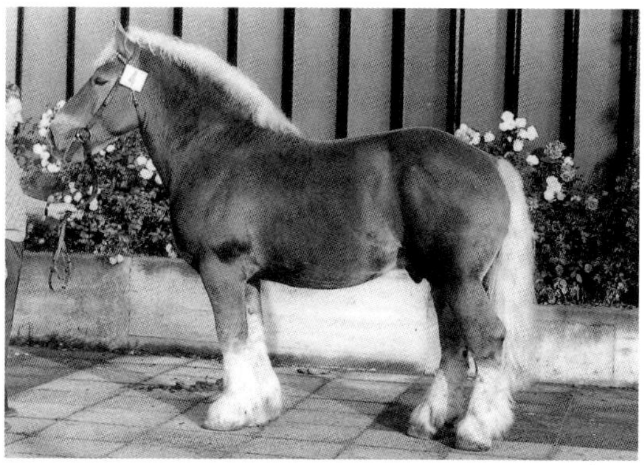

Topeck Pr.H., F., geb. 1972 Westf., v. *Tory II* Ldb. u. St-PrSt. *Blockade* H. 22508 v. *Bloc van't Molenhof* Pr.H. u. Ldb. – *Tell de Horogne* Pr.H. usw.
Z.: Heinrich Lewe, Herzebrock
Sieger der Hengstanerkennung 1977 (ältere bereits gekörte Kaltbluthengste)

Heino Ldb., F., geb. 1977 Westf., v. *Halbmesser* Pr.H. u. *Anette* H. 23473 v. *Apolog* Ldb. – *Bloc van't Molenhof* Pr.H. u. Ldb. usw.
Z.: Heinrich Lewe, Herzebrock
Hengstkörung 1979 (junge Kaltbluthengste)

Heinrich Lewe aus Herzebrock, stand an der Spitze und erhielt den Ia-Preis. Unter den zur Körung am 28. Oktober 1977 angemeldeten und vorgestellten neun zweieinhalbjährigen Kaltbluthengsten befanden sich Söhne von *Amis* Ldb., *Angelus* Pr.H., *Dolch* Pr.H., *Monsun II* Pr.H., *Silk* Ldb. und *Topeck* Pr.H. Sechs Junghengste wurden gekört. Der von Antonius Bertmann aus Darfeld gezogene *Nahkampf I* Pr.H.-*Sohn Nippes II*, der Fuchs und kein Braunschimmel wie seine beiden Brüder war, wurde Siegerhengst.

Am 26. Oktober 1978 wurde bei sieben Anmeldungen der wunderschöne, typvolle, forsch antretende *Nippes III* als Jahrgangsbester gekört. Nachdem sich der Hengst in der Zucht sehr gut bewährte, war es später um seine Befruchtung und Gesundheit nicht mehr zum Besten bestellt.

Zu der Körung am 25. Oktober 1979 in Münster waren acht junge Kaltbluthengste vorgemerkt, unter denen sich die damals gekörten, später in der Zucht bewährten *Astronaut II* v. *Atom* Pr.H., *Dotsch* v. *Dolch* Pr.H., *Heino* v. *Halbmesser* Pr.H. und *Horrido* v. *Halbmond III* Pr.H. befanden.

Zu den vier Körveranstaltungen 1980, 1981, 1982 und 1983 wurden insgesamt 26 junge Kaltbluthengste angemeldet, von denen 15 (57,7 Prozent) ein positives Körurteil erhielten.

1984 wurde der *Armin* Ldb.-Sohn *Allerliebster* in Münster gekört, der durch seine auffällige Fuchsfarbe und sonstigen Qualitäten sehr zu gefallen wusste, von den Züchtern entsprechend in Anspruch genommen wurde und viele sehr sympathische Nachkommen hinterließ. Der Hengst musste jedoch nach der Deckperiode 1991 zusammen mit seinem 1986 geborenen Sohn *Alf* Ldb. viel zu früh aus der Zucht genommen werden. Es war sehr schade um diese beiden optimal konstruierten Typ-Hengste, die in der Lage waren, die Köpfe zu veredeln und den gewünschten zweckmäßigen Rassetyp zu stabilisieren.

Im Oktober 1985 fand in Münster zum vorletzten Mal eine Anerkennung und Prämierung für ältere Kaltbluthengste statt. Angemeldet waren die Privathengste *Anpfiff, Astronaut II, Dotsch, Jason, Nahkamp I* (24-jährig), *Nico, Romeo d'Hargi, Tito* und *Tornado II*. Sieben Hengste kamen auf den Ring in der Halle Münsterland. Es siegte *Tito* vor *Tornado II*. Von fünf angekündigten Junghengsten kamen vier zur Vorstellung. Drei Kandidaten erhielten das Prädikat »gekört«. Unter den Gekörten befand sich der *Horrido* Ldb.-Sohn *Herzensbrecher*, der auf Grund seiner aus Bayern stammenden MutterMutter eine 1/4-Kreuzung (= 25 Prozent Süddeutsches Kaltblut) war. Der insbesondere in der Verbindung zu lange und im Rassetyp verfälschte, jedoch sich schwungvoll bewegende Hengst wurde Landbeschäler und in der Folgezeit von den Züchtern entsprechend frequentiert. Der Schaden für die relativ kleine erhalten gebliebene westfälische Zuchtpopulation ist immens und wird die Blutführungen noch über Jahre beeinträchtigen und die Gemüter beschäftigen.

Am 22. Oktober 1986 kamen alle sieben angemeldeten jungen Kaltbluthengste der Rheinisch-Deutschen Zuchtrichtung auch auf den Ring. Zwei Hengste wurden gekört, und zwar je ein Sohn des *Heino* Ldb. und des *Topeck* Pr.H. Der nach Dr. Haring von der FN *Hanfried* genannte *Heino*-Sohn kam in das Landgestüt Warendorf. Der über eine erlesene Blutführung verfügende und dementsprechend konstruierte Hengst war insbesondere hinten hoch weiß gestiefelt und deswegen nicht sonderlich beliebt.

Allerliebster Ldb., F., geb. 1982 Westf., v. *Armin* Ldb. u. StPrSt. Silke H. 23533 v. *Silk* Ldb. – *Leonidas* Ldb. *Dillb.* usw.
Z.: Franz Josef Brandenburg, Brilon

Alf Ldb., F., geb. 1986 Westf., v. *Allerliebster* Ldb. u. StPrSt. *Nora* H. 23601 v. *Nippes III* Ldb. – *Torol* Ldb. usw.
Z.: Hubert Jostschulte, Olfen

Dotsch 4509 Pr.H., B., geb. 1977 Westf., v. *Dolch* Pr.H. u. *Helga* H. 23484 v. *Halbmesser* Pr.H. – *Neptun II* Ldb. usw.
Z.: Freiherr von Wendt, Olsberg-Gevelinghausen

Hanfried Ldb., F., geb. 1984 Westf., v. *Heino* Ldb. u. StPrSt. *Nina* H. 23603 v. *Nippes III* Ldb. – *Quästor* Ldb. usw.
Z.: H. Schulte, Drensteinfurt
Sieger der Hengstkörung 1986 (junge Kaltbluthengste)

Nachdem im April 1987 Dr. Friedrich Marahrens die Nachfolge von Dr. Ferdinand Dohmen angetreten hatte, fand am 21. Oktober 1987 die letzte Anerkennung für ältere Kaltbluthengste statt, zu der lediglich die beiden *Nippes III*-Söhne *Niebour* Pr.H. und *Nimmbo* Pr.H. sowie der *Silvan* Pr.H.-Sohn *Sinus* Pr.H. angemeldet worden waren.

Schon seit längerem hatten sich die Privathengsthalter gegen die an sich überflüssigen und besonders lästigen Anerkennungstermine ausgesprochen. Bei den jungen Kaltbluthengsten wurden alle elf angemeldeten auch der Körkommission präsentiert. Unter den vier Gekörten trat der *Armin* Ldb.-Sohn *Adonis* als Sieger hervor und wurde traditionsgemäß als Landbeschäler übernommen. Der Hengst, der in seiner Gesamtausstrahlung seinem Namen alle Ehre machte, wurde 1988 wegen Unfruchtbarkeit zurückgegeben. Diese Mutmaßung sollte sich später als Irrtum erweisen.

1988, als die Körung erstmals im Westfälischen Pferdezentrum in Münster-Handorf und nicht mehr in der Halle Münsterland abgewickelt wurde, hieß bei 15 angemeldeten, zwölf vorgestellten und drei gekörten Hengsten der Sieger *Herkules* v. *Haribo* Ldb. – *Nippes III* Ldb. – *Neptun II* Ldb. aus der Zucht von Heinz Kussmann aus Olsberg-Bigge.

Für die Körung 1989 lagen elf Anmeldungen vor. Alle elf Hengste erschienen, vier Hengste wurden gekört. Der auf den Namen *Herzbube* getaufte Sieger kam ins Landgestüt und war über seinen Vater *Herzensbrecher* eine so genannte 1/8-Kreuzung mit 12,5 Prozent Fremdblut, das jedoch entgegen der allgemeinen züchterischen Erfahrung in der äußeren Erscheinung des sympathischen Braunen nicht auszumachen war. Ferner erhielt der Vollbruder des 1988 gekörten und später nach Irland verkauften *Armin* Ldb.-*Quästor* Ldb.-Sohnes *Anton* Pr.H. die Zuchtzulassung und trat später unter dem Namen *Aramis* Pr.H. in Erscheinung. Nicht zu vergessen sei der *Nippes I* Ldb.-Sohn *Nando* Pr.H., der den Ib-Preis erhielt, sich bisher sehr rassetypisch vererbt hat und für den Erhalt seiner Vaterlinie sorgt.

Die Körveranstaltung am 24. Oktober 1990 war mit 14 jungen Kaltbluthengsten der Rheinisch-Deutschen Zuchtrichtung ungewöhnlich stark beschickt. Allerdings konnten nur zwei Aspiranten vor den kritischen Richtern bestehen. Dieses enttäuschende Ergebnis wurde mit Problemen im Wuchs und Typ sowie in der Korrektheit und der Bewegung begründet.

Adonis Ldb. u. Pr.H., B., geb. 1985 Westf., v. *Armin* Ldb. u. *Elfi* H. 23482 v. *Einfang* Ldb. – *Lünefelder von Derkum* Ldb. usw. Z.: Josef Korte, Finnentrop

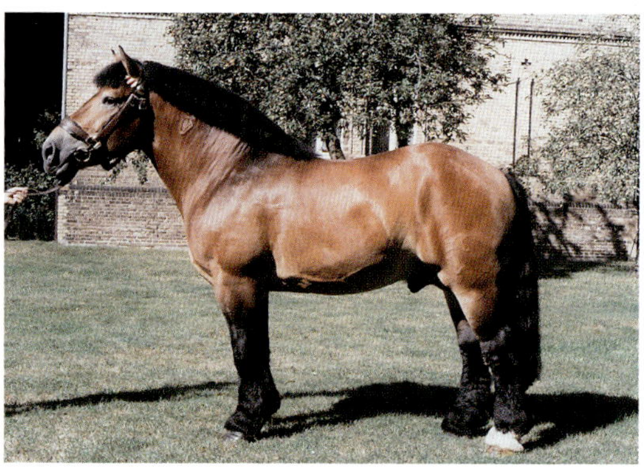

darunter:
Herkules Ldb., B., geb. 1986 Westf., v. *Haribo* Ldb. u. *Nanni* H. 450953982 v. *Nippes III* Ldb. – *Neptun II* usw. Z.: Heinz Kussmann, Olsberg-Bigge

rechts:
Applaus, B., geb. 1988 Westf., v. *Allerliebster* Ldb. u. *Quaste* H. 452355277 v. *Quästor* Ldb. – *Erbpächter* Pr.H. usw. Z.: H. Schmittobreick, Gladbeck
Sieger der Hengstkörung 1990 (junge Kaltbluthengste)

Die beiden gekörten Hengste hatten *Allerliebster* Ldb. zum Vater. Der damals muskelarm und leicht wirkende braune Sohn ging unter dem Namen *Applaus* ins Landgestüt, wo bereits von 1954 bis 1961 ein von *Arco I* abstammender *Applaus* existierte. Der von dem bekannten Wittgensteiner Züchter Helmut Fuchs aus seinem feinen, bodenständigen Mutterstamm gezogene Reservesieger ging als *Amadeus* Pr.H. ins Rheinland, wo er noch im Jahre 2000 zuchtaktiv war, bevor er nach Sachsen-Anhalt wechselte.

1991 fand dann die 1. NRW-Hauptkörung der beiden NRW-Zuchtverbände in Münster-Handorf statt. Die Zusammenfassung betraf jedoch nur die Hengste der Zuchtrichtung Reitpferd, während die Regelung für junge Kaltbluthengste mit je einer Körung in Aachen und Münster beibehalten wurde. In diesem Jahr erhielten wie im Vorjahr wiederum nur zwei Hengste die Zuchtzulassung. Bei 13 angemeldeten und zwölf erschienenen Köraspiranten war die Qualität erneut nicht zufriedenstellend.

Gekört wurden der *Allerliebster* Ldb.-Sohn *Allerbester* und der *Astronaut II* Pr.H.-Sohn *Apollo*, beide aus *Horrido* Ldb.-Müttern mit korrektem Gebäude, passender Substanz und überzeugendem Gangvermögen.

Bei der Körung am 21. Oktober 1992 wurden von 14 vorgestellten Junghengsten der Rheinisch-Deutschen Zuchtrichtung drei gekört, und zwar der *Trumpf* Ldb.-Sohn *Trumpf As* sowie die beiden *Alf* Ldb.-Söhne *Araxos I* und *Asterix*. Der Sieger *Trumpf As* vermochte auf Grund seines Rasse- und Geschlechtstyps sowie seiner Korrektheit sehr zu überzeugen. Seine hellbraune Jacke war dagegen nicht jedermanns Geschmack. Der von Heinz Kussmann aus Olsberg gezogene 1. Reservesieger namens *Asterix* war schon als Fohlen ein richtiger Strahlemann und bildschöner Hoffnungsträger, der diese Einschätzung mit seiner Vererbung später nicht bestätigte.

StPrSt. *Angela* H. 450794085, F., geb. 1984 Westf., v. *Armin* Ldb. u. StPrSt. Silke H. 452353476 v. *Silk* Ldb. – *Nathan* Ldb. usw. mit 1990 geborenem Hengstfohlen (*Asterix*) v. *Alf* Ldb.
Z.: Heinz Kussmann, Olsberg-Bigge

Mit Rücksicht auf die schlechten Körergebnisse in den Vorjahren hatten es die Kaltbluthengstaufzüchter vorgezogen, die Anmeldungen für die Körung am 20. Oktober 1993 auf zehn zu reduzieren. Gekört wurden wiederum nur zwei Hengste, und zwar der *Herzensbrecher* Ldb.-Sohn *Herzbube II* und der *Alf* Ldb.-Sohn *Araxos II*. Der Sieger *Herzbube II* hatte sehr viel Hengstausdruck, einen guten Bewegungsablauf und war bestens herausgebracht, so der Kommentar des Zuchtleiters. Der Fuchs *Araxos II* im Besitz von Helmut Fuchs aus Bad Berleburg war jedoch nach allgemeiner Meinung im Ganzen das schönere Pferd.

Bei der Rangierung, so Zuchtleiter Dr. Marahrens, habe auch die Farbe eine Rolle gespielt, weil Füchse wesentlich anfälliger für Mauke und deswegen nicht mehr sehr erwünscht seien. Die Tatsache, dass Landstallmeister Dr. Lehmann wiederum nicht als Käufer in Erscheinung trat, veranlasste Dr. Marahrens zu folgender Äußerung: »Da sich für private Kaltbluthengsthalter die Aufstellung eines Hengstes heute vielfach finanziell nicht mehr lohnt, kommt dem Nordrhein-Westfälischen Landgestüt natürlich die Verpflichtung zu, auch weiterhin Kaltblüter in genügend breiter Blutvielfalt zur Erhaltung der Zucht anzubieten.«

Am 19. Oktober 1994 wurden in Münster-Handorf aus acht angemeldeten und auch vorgestellten Kaltbluthengsten wiederum nur zwei als körwürdig herausselektiert. Es handelte sich um die *Herzensbrecher* Ldb.-Söhne *Halunke* und *Herzbube III*. Beide Hengste sind als 1/8-Kreuzungen entsprechend mit Fremdblut belastet.

Zu der Körung am 18. Oktober 1995 im westfälischen Pferdezentrum lagen wieder elf Anmeldungen vor. Erneut wurden nur zwei junge Kaltbluthengste gekört. Der fuchsfarbene Sieger *Erlander* war so richtig nach dem Geschmack der Züchterschaft. Sein Vater *Erland* Ldb. wurde 1987 von der LPG (T) »Geschwister Scholl« in Dahlen, Kreis Stendal, gezogen und zunächst in den Bestand des damaligen Hengstdepots Neustadt/Dosse übernommen. *Erland* war 1991 in Besenstedt im Saalkreis (Sachsen-Anhalt) stationiert, bevor er für das Warendorfer Landgestüt erworben werden konnte. Der große, im Sachsen-Anhaltiner Typ stehende Hengst war von 1992 bis 1995 in Olfen-Vinnum zuchtaktiv und ging viel zu früh verloren. Er hinterließ jedoch aus seinem ersten Jahrgang den vorerwähnten Körungssieger *Erlander*, der in der aufsteigenden Vaterlinie über *Erland – Etrusker – Enzian – Ulan von Estedt – Espoir de Lorette – Wallon de Libenne – Costaud de Marche* usw. auf den legendären *Albion d'Hor* zurückgeführt werden kann. Mit seinem über *Astronaut II* Pr.H. – *Silvan* Pr.H. – *Nippes I* Ldb. usw. erstklassig durchgezüchteten Mutterstamm ist *Erlander* ein Kleinod unter den derzeitigen Kaltbluthengsten im Warendorfer Landgestüt. Der an und für sich recht ordentliche Reservesieger fiel lediglich durch seine diffizile Blutführung unangenehm auf.

Erland Ldb., B., geb. 1987 Sachsen-Anhalt, v. *Etrusker* u. *Elfe* H. 43864 v. *Enorm I* – *Urstrom* usw.
Z.: LPG (T) »Geschwister Scholl«, Dahlen (Kreis Stendal)

Erlander Ldb., F., geb. 1993 Westf., v. *Erland* Ldb. u. StPrSt. *Asilva* H. 450127886 v. *Astronaut II* Pr.H. – *Silvan* Pr.H. usw.
Z.: Erhard Schroll, Lemgo

Die Besucher der am 16. Oktober 1996 im Rahmen der 6. NRW-Hauptkörung abgewickelten Körung der jungen Kaltbluthengste sahen als Sieger den in Grubnitz bei Riesa in Sachsen geborenen *Semper*, der den Moritzburger *Smart II* zum Vater hat.

1997 wurden sieben Kaltblüter der Rheinisch-Deutschen Zucht in Münster-Handorf zur Körung vorgestellt. Nur der *Nippes I* Ldb.-Sohn aus der Zucht von Bernhard Rotthege aus Everswinkel wurde gekört, erhielt von seinem Aufzüchter den Namen *Nappes* und kam über eine Deckperiode nicht hinaus. Nach Meinung der Bewertungskommission fehlte es den nicht gekörten sechs Hengsten vor allem an Bewegungsdynamik und rassespezifischem Ausdruck.

Die Körung der Kaltbluthengste am 14. Oktober 1998 führte abermals zu einer scharfen Auslese unter den Probanden, von denen erneut nur zwei das gesteckte Ziel erreichten. *Hieronymus*, ein *Herzbube I* Ldb. – *Nippes I* Ldb. – *Torol* Ldb.-Sohn, wurde zum Sieger erklärt. Dieses gute Ergebnis konnte aber nicht verhindern, dass er sich nur kurzfristig im Zuchteinsatz befand und bereits im NRW-Hengstverzeichnis 2001 nicht mehr zu finden war. *Andechs*, der Reservesieger, ein *Astronaut II* Pr.H. – *Silvan* Pr.H.-Sohn, hatte für seine Größe zu wenig Tiefe und war sowohl im Schritt als auch im Trab auffällig gebunden.

Das für die versammelte Kaltblutzüchterschaft wenig ermutigende Körergebnis gab Anlass zu besorgten Diskussionen.

Als hätten die teilweise sehr kritischen Äußerungen ihre Wirkungen allseits nicht verfehlt,

Harbeck Ldb., F., geb. 1997 Westf., v. *Hoppeditz* Ldb. u. StPrSt. *Ariane* H. 451247790 v. *Admiral* Pr.H. – *Astronaut II* Pr.H. usw.
Z.: Paul Winkelmann, Lüdinghausen-Seppenrade

Nelson Ldb., F., geb. 1997 Westf., v. *Nando* Pr.H. u. *Rina* H. 057011288 v. *Smart I* – *Veit* usw.
Z.: Christine Nöker-Schulte, Finnentrop

wurden 1999 von acht zur Körung angemeldeten und sieben präsentierten jungen Kaltbluthengsten drei zur Zucht zugelassen. Sowohl der Sieger, ein *Hoppeditz* Ldb. – *Admiral* Pr.H. – *Astronaut II* Pr.H.-Sohn, als auch der Reservesieger von *Nando* Pr.H. – *Smart I* – *Veit* usw. wurden von Frau Rimkus kurzerhand für das Warendorfer Landgestüt erworben. Der von Paul Winkelmann aus Lüdinghausen gezogene Siegerhengst namens *Harbeck* war zumindest im Zeitpunkt der Körung bei aller Körperharmonie und Leichtfüßigkeit für ein zukünftiges Vatertier der Rheinisch-Deutschen Zuchtrichtung im Ganzen noch etwas wenig. Der über einen durchgezüchteten ostdeutschen Mutterstamm verfügende Reservesieger *Nelson* vermochte nicht nur durch Typ, sondern auch durch Breite und plastische Muskulatur, eben durch eine fortgeschrittenere Entwicklung mehr zu beeindrucken. Aber wie dem auch sei: Beiden Hengsten ist eine gewisse Vorbildfunktion eigen. Denn beide verkörpern die heutige Zweckform und den derzeit erkennbaren, zukunftsorientierten Zuchtschwerpunkt Fahren.

Die Besucher der Kaltbluthengstkörung 2000 in der Auktionshalle des Pferdezentrums in Münster-Handorf sahen sieben Hengste im Ring, von denen abermals zwei Hengste (28,6 Prozent) gekört wurden. Paul Winkelmann, der schon Vorjahressieger *Harbeck* gezogen und vorgestellt hatte, war dieses Mal mit einem *Erlander* Ldb.-Sohn aus seinem vererbungssicheren *Admiral* Pr.H. – *Astronaut II* Pr.H. – *Silk* Ldb.-Mutterstamm erfolgreich. Der damals vielleicht eine Idee zu elegante, jedoch über viel Tritt verfügende Zweieinhalbjährige ging als *Eberhard* ins Warendorfer Landgestüt.

Die »Freunde des Westfälischen Kaltblutpferdes« aus Nieheim stellten einen *Horst* Ldb. – *Apollo* Pr.H. – *Silvan* Pr.H.-Sohn vor die Bewertungskommission, der sich kurz danach bei guter Typausprägung und Bewegungsqualität als Reservesieger präsentierte.

Marc Ldb., F., geb. 1995 Belg., v. *Max de Carlsbourg* u. *Lisette de la Courtière* 91/1027 v. *Piroux des Vieux Sarts* – *Ardent de Sanem* usw.
Z.: J.-L. Reischling (Belgien)

Die folgende Körung im Jahre 2001 war nicht nur deshalb ein besonderes Ereignis, weil der angesehene Züchter Paul Winkelmann aus Lüdinghausen nach 1999 und 2000 auch im Jahre 2001

Endo Pr.H., F., geb. 2000 Westf., v. *Erlander* Ldb. u. StPrSt. *Anouschka* DE. 341452274092 v. *Agent* Pr.H. – *Allerliebster* Ldb. usw. Z.: Ralf Ovenhausen, Bad Driburg-Alhausen Sieger der 12. NRW-Hauptkörung 2002 (junge Kaltbluthengste)

den Siegerhengst aus ein und derselben Mutter als Züchter (Aufzüchter: Helmut Fuchs aus Bad Berleburg) stellen konnte. Viel züchterisches Interesse galt auch dem Sieger-Vater *Marc* Ldb., der auf der Körung seine von den Züchtern erhofften Vererbungsqualitäten unter Beweis stellen konnte. *Marc*, der als Ardenner geführt wird, verkörpert in Wirklichkeit die leichteste und vielleicht schönste Form des Belgischen Zugpferdes. Er verfügt über alte belgische Blutströme und gehört zu der weit verzweigten Blutlinie des *Albion d'Hor*, der in der zwölften Ahnenreihe des Marc Ldb. als Blutliniengründer zu finden ist.

Die im Rahmen der 12. NRW-Hauptkörung am 4. Dezember 2002 im Westfälischen Pferdezentrum in Münster-Handorf veranstaltete Kaltbluthengstkörung sah von neun angemeldeten Hengsten acht auf dem Ring, von denen drei gekört wurden. Der Sieger *Endo*, ein *Erlander*-Sohn, in der III.-III. AR. auf den in Niedersachsen geborenen *Astronaut II* Pr.H. ingezogen, steht in dem über Jahrzehnte proklamierten Gesamttyp (Rasse-, Geschlechts- und Leistungstyp), verfügt über ein freundliches Wesen und konnte sich in der erwünschten Manier bewegen. Die beiden anderen gekörten Hengste sind sehr typvolle Repräsentanten der Rheinisch-Deutschen Zuchtpopulation in der ehemaligen DDR und zeichnen sich durch markante Köpfe und die übrigen Vorzüge ihrer Rasse aus. Paul-Martin Reuber aus Drolshagen stellte beide Hengste vor. Der eine von beiden, der *Erik* – *Emanuel* – *Berthold*-Sohn namens *Gunder*, ist ein Angehöriger der legendären provinzialsächsischen *Gaulois du Monceau*-Stammlinie, die in Westfalen insbesondere über *Duc de Grandglise* Pr.H., *Gaulois de Bouveloo* Pr.H. und *Groden* Ldb. erfolgreich war, hier jedoch längst erloschen ist und nunmehr durch den in Sachsen-Anhalt geborenen, der dortigen Genreserve entstammenden *Gunder* Pr.H. einer viel versprechenden Wiederbelebung entgegensieht.

Zusammenfassend ergibt sich folgendes Bild: Nachdem für die elf Körungen (ohne Nachkörungen) in dem Zeitraum von 1976 bis einschließlich 1986 durchschnittlich sechs junge Kaltbluthengste angemeldet worden waren, verdoppelten sich die Anmeldungen für die neun Körtermine in den Jahren von 1987 bis 1995 auf durchschnittlich zwölf, um sich danach bis zum Jahre 2002 auf durchschnittlich acht Anmeldungen zu stabilisieren. Wobei die Angemeldeten meistens auch der Bewertungskommission präsentiert wurden.

Dass im Rahmen der zwölf NRW-Hauptkörungen von 1991 bis 2002 durchschnittlich nur rd. zwei junge Kaltbluthengste der Rheinisch-Deutschen Zuchtrichtung gekört wurden, liegt sicherlich zum größten Teil an einem extrem hohen Selektionsniveau, dem immer wieder recht ordentliche, mit wertvollen Ahnenkombinationen ausgestattete Junghengste zum Opfer gefallen sind, aber zum anderen auch an der vielfach unbefriedigenden Qualität der zur Körung vorgestellten Hengste. Bei den erwähnten zwölf Hauptkörungen liegt jedoch die nach dem Verhältnis der 26 gekörten zu den 99 vorgestellten Hengsten berechnete Körquote immerhin noch bei befriedigenden 26 Prozent.

1. NRW-Hauptkörung für Kaltbluthengste in Münster-Handorf 2003

Am 29. November 2003 war die Auktionshalle des Westfälischen Pferdezentrums in Münster-Handorf Schauplatz einer Premierenveranstaltung der besonderen Art.

Schon seit längerem hatten sich die westfälischen Kaltblutzüchter darüber beklagt, mit ihren Körkandidaten als geduldetes Anhängsel der jährlichen NRW-Hauptkörung für Reitpferdehengste betrachtet zu werden. Den rheinischen Kaltblutzüchtern missfiel dagegen die Körung der jungen Kaltbluthengste zusammen mit den Kleinpferde- und Ponyhengsten in Aachen. Die hieraus resultierende Unzufriedenheit führte zwangsläufig dazu, von den Körungen der anderen Pferderassen völlig losgelöste und unabhängige Kaltblutkörungen mit einem besonderen Veranstaltungsrahmen anzustreben. Demzufolge wurden mit Unterstützung durch die Interessengemeinschaft Zugpferde e.V. beide NRW-Pferdestammbücher gebeten, die Voraussetzungen für gemeinsame Kaltblutkörungen auf Landesebene wie bei den Reitpferdehengsten zu schaffen. Die hartnäckigen Bemühungen führten schließlich zu dem erhofften Erfolg und der Zusage der beiden NRW-Pferdezuchtverbände, gemeinsame Hauptkörungen für Kaltbluthengste in jährlichem Wechsel im Westfälischen Pferdezentrum in Münster-Handorf und auf dem Gelände des ehemaligen rheinischen Landgestüts Wickrath – heute Sitz des Rheinischen Pferdestammbuchs e.V. – durchzuführen. Dementsprechend fand die erste gemeinsame Kaltblutkörung nach intensiven Vorbereitungen am 29. November 2003 in der vorweihnachtlich geschmückten Auktionshalle des Westfälischen Pferdestammbuchs in Münster-Handorf statt. Aufgrund der Präsentation von 24 vorbildlich herausgebrachten und vorgestellten Kaltbluthengsten sowie von acht vorgeschalteten, aufwändig gestalteten Schaubildern wurde die gesamte, gut besuchte Veranstaltung ein Riesenerfolg und zu einem beeindruckenden Schaufenster der züchterischen Bemühungen und der Passion der in den beiden NRW-Zuchtverbänden organisierten Kaltblutzüchterschaft. Allerdings sorgte das wie in den Vorjahren wiederum sehr hohe Selektionsniveau zu verständlichen Enttäuschungen und kontrovers geführten Diskussionen.

Von den im Körkatalog aufgeführten 29 Kandidaten gehören zwei der französischen Percheron-Rasse an und bleiben in der nachfolgenden Zusammenfassung unberücksichtigt.

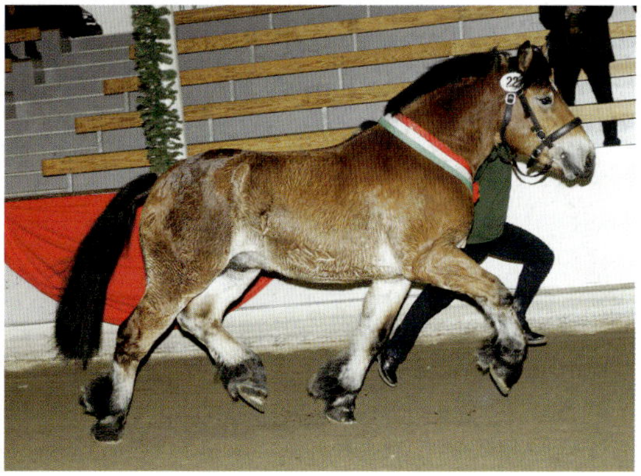

Nemo Ldb., B., geb. 2001 Rhld., v. *Nerlinger* Ldb. u. VbPrSt. *Asta* DE 341411375295 v. *Applaus* Ldb. u. Pr.H. – *Haribo* Ldb. usw.
Z.: Hans-Peter Platen, Kempen
Sieger der 1. NRW-Hauptkörung für Kaltbluthengste 2003

Hagrid-D Pr.H., F., geb. 2001 Westf., v. *Harbeck* Ldb. u. StPrSt. *Thea* DE 341450519488 v. *Trumpf* Ldb. – *Nippes III* Ldb. usw.
Z.: Petra Möllenhoff, Lippetal
1. Reservesieger der 1. NRW-Hauptkörung für Kaltbluthengste 2003

Vier aus dem rheinischen Landesteil gemeldete Hengste wurden erst gar nicht nach Münster-Handorf verladen und blieben wohl versorgt und ungestresst im Heimatstall. Viele der erschienenen Kaltblutfreunde hätten gerade diese Hengste wegen ihrer untadeligen Blutführung gerne in Münster-Handorf auf dem Ring gesehen. Zur Vorstellung kam dann eine an dieser Stelle interessierende, aus 23 jungen Kaltbluthengsten bestehende Körkollektion, die sich im Einzelnen aus 21 Vertretern der Rheinisch-Deutschen Zuchtrichtung sowie einem Nordamerikanischen und einem Original-Belgier zusammensetzte. Die beiden letztgenannten Hengste fielen berechtigterweise später vor der rheinisch-westfälischen Körkomission durch.

Von den 21 Hengsten der Rheinisch-Deutschen Zuchtrichtung – sechs wurden gekört und 15 (!) nicht gekört – sind neun Hengste absolut reinblütig; sechs Hengste, von denen drei gekört wurden, weisen phänotypisch unwirksame und daher unbeachtliche 3,125 Prozent Fremdgene auf und können insoweit den Reinzuchthengsten gleichgestellt werden. Die übrigen sechs Körkandidaten waren genetisch etwas ungünstiger gestaltet. Ein Hengst aus dieser Gruppe konnte jedoch vor der fünfköpfigen Bewertungskommission bestehen.

Der Körungssieger und künftige Warendorfer Landbeschäler, ein *Nerlinger* Ldb.-Sohn mit *Applaus* Ldb. u. Pr.H. und *Haribo* Ldb. auf der Mutterseite, ist das Produkt original belgischer, niedersächsischer, sächsisch-anhaltinischer sowie westfälischer Blutströme und Angehöriger einer alten westfälischen Familie. Der in seinem Gesamtausdruck (Typ) den heutigen Zuchtvorstellungen (Zuchtziel) weitgehendst entsprechende Hengst konnte durch freundlichen Gesichtsausdruck, passende Hals- und Schulterformation, harmonische Tiefe, optimale Rückenlinie, besonders ideal angelegte Kuppe, ebenso ideal gestaltetes Hinterbein und durch herausgehobenes Gangvermögen beeindrucken.

Der 1. Reservesieger, ein 1,64 m messender Fuchs von *Harbeck* Ldb. aus einer *Trumpf* Ldb. – *Nippes III* Ldb.-Mutter, konnte insbesondere durch Typ, Wuchs und überragenden Trab sowohl die Körkommission als auch die anwesende Zuschauerschaft überzeugen.

Ungewohnt für westfälische Verhältnisse war dagegen die Proklamation von gleich zwei Hengsten als 2. Reservesieger. Der elegantere, weil leichtere von beiden hat den vom Stammbuch Kaltblutpferde Niedersachsen e.V. gekörten *C.F. Antigon* Pr.H. zum Vater. Um alle die Abstammung des großen, schnittigen *C.F. Antigon* betreffenden Zweifel auszuräumen, hat der niedersächsische Kaltblutzuchtverband nach Auswertung belgischer und nordamerikanischer Quellen festgestellt, dass der zur Rasse des Nordamerikanischen Belgiers gehörende *C.F. Antigon* Pr.H. nur Vorfahren aufweist, die den in Nordamerika unter Ausnutzung von Inzuchteffekten züchterisch in eine ganz bestimmte Typrichtung fort entwickelten belgischen Linien entstammen. Die Rasse des Nordamerikanischen Belgiers (Nordamerikanisch-Belgisches Kaltblut) ist mit dem Rheinisch-Deutschen Kaltblut aufgrund der gemeinsam genetischen (belgischen) Ausgangsbasis (entfernt) verwandt und gehört zu den nach EU-Recht und nationalem Tierzuchtrecht von der Deutschen Reiterlichen Vereinigung e.V. (FN) für das Rheinisch-Deutsche Kaltblut festgelegten so genannten Veredlungsrassen. Diese im Grunde ungeschickte und irreführende Formulierung betrifft nach züchtungskundlichem Verständnis – soweit es sich um das Rheinisch-Deutsche Kaltblut handelt – die mit dieser Rasse verwandten Auffrischungs- bzw. Verbesserungsrassen. Der sehr zur Freude des niedersächsischen Zuchtleiters Dr. Uwe Clar gekörte *C.F. Antigon* Pr.H.-Sohn, ein trocken fundamentierter, sich elegant bewegender, gefälliger Fuchs entstammt einem von den Schweden-Ardennern *Evoind* Ldb. und *Torol* Ldb. geprägten Mutterstamm. Der Hengst verfügt über einige dem Zuchtfortschritt dienende Merkmale und kann aufgrund seiner mütterlichen und oben dargelegten väterlichen Abstammung ohne weiteres der Rheinisch-Deutschen Zuchtrichtung zugerechnet werden.

Bei dem anderen 2. Reservesieger handelt es sich um einen braunen *Nerlinger* Ldb.-Sohn, der allerdings durch den Vater der 2. Mutter (MMV) ein Dosis Percheron-Blut mitbekommen hat.

Die an die Kaltblutkörungen der 1960er Jahre in der Halle Münsterland der Provinzialhauptstadt Münster erinnernde 1. NRW-Hauptkörung für Kaltbluthengste ist bereits Geschichte. In der Erinnerung haften bleiben bestimmt die engagierte Kaltblutzüchterschaft, die vielen schönen Pferde mit den weitere Zuchtfortschritte versprechenden gekörten Kaltbluthengsten und das notwendige Bekenntnis der Pferdezuchtverbände zum Rheinisch-Deutschen Kaltblut als allein zutreffende Rassebezeichnung.

Westfälische Zentral- und Eliteschauen mit dreijährigen Kaltblutstuten in Münster (1980–2003)

Es ist keine Frage: Die Körungen verdienen als wichtigste Selektionsstufe die besondere Aufmerksamkeit aller Beteiligten, weil die Hengste, sofern sie gekört und zuchtaktiv eingesetzt werden, aufgrund ihrer Vermehrungsrate einen viel größeren Einfluss als die zuchtaktiven Stuten auf die Zuchtpopulation nehmen können. Gleichwohl sind die Stutenschauen (Eliteschauen) ein aufschlussreiches Spiegelbild des erreichten Zuchtfortschritts, der sich in kleineren Populationen allerdings nur verlangsamt bemerkbar machen kann.
Die XV. Westfälische Zentralschau am 5. September 1980 wartete mit zwei Neuerungen in der Weise auf, dass erstmals das Pferdezentrum in Münster-Handorf Schauplatz war und die Kaltblutstuten überhaupt zum ersten Mal auf einer Zentralschau (Verbands-Eliteschau) neben den Warmblutstuten gerichtet und prämiert wurden. In der Kaltblutstutenabteilung wurden allerdings nur drei Dreijährige vorgestellt, die *Angelus* Pr.H., *Nippes I* Ldb. und *Topeck* Pr.H. zum Vater hatten. Aber die Perspektiven auf größere Abteilungen waren nicht schlecht.

In dem Zeitraum von 1980 bis einschließlich 2003 wurden zu den 24 Eliteschauen 241 auf den örtlichen Schauterminen ausgesuchte Kaltblutstuten der Rheinisch-Deutschen Zuchtrichtung zugelassen. Der sich hieraus ergebende Durchschnitt von zehn Stuten je Eliteschau ist für eine relativ kleine Zuchtpopulation beachtlich. Leider führen 67 (27,80 Prozent) der 241 Kaltblutstuten in ihrem Erbgut fremdrassige Gene in sehr unterschiedlicher Dosierung. 174 Kaltblut-Elitestuten (72,20 Prozent) sind dagegen Reinzuchtstuten, die sich insgesamt auf belgische Ur-Ahnen zurückführen lassen.

Der nach wie vor zu hohe Anteil der mit Fremdgenen belasteten Kaltblutstuten erfordert züchterisches Nachdenken und gibt Veranlassung, an die elementaren Grundsätze der Rein- und Rückpaarungszucht zu erinnern. Wobei die Zuchtmethode der Rückpaarung (Verdrängungszucht) die Anpaarung nicht reinblütiger Stuten an Reinzuchthengste des Rheinisch-Deutschen Kaltbluts oder der mit dieser Rasse verwandten Verbesserungsrassen bedeutet, um das eingeflossene

StPrSt. *Quäste* H. 23565, F., geb. 1978 Westf., v. *Quästor* Ldb. u. *Dolli* H. 23442 v. *Dagobert* Ldb. – *Drak* Pr.H. usw.
Z.: Friedrich Teckenbrock, Lienen-Kattenvenne
XVI. Westfälische Verbands-Eliteschau am 4. September 1981

unten links:
StPrSt. *Naomi* DE 412007099, Bschi., geb. 1999 Westf., v. *Nerlinger* Ldb. u. VbPrSt. *Armina* DE 341451167393 v. *Aramis* Pr.H. – *Ampfer* Ldb. usw.
Z.: Anton Ostrup, Lüdinghausen
37. Westfälische Eliteschau am 28. August 2002: Siegerstute der Kaltblutabteilung

unten rechts:
StPrSt. *Donna Klara I* DE 441410836800, F., geb. 2000 Westf., v. *Don Camillo I* Pr.H. u. StPrSt. *Aida* DE 341451489690 v. *Astronaut II* Pr.H. – *Armin* Ldb. usw.
Z.: Dr. Otto Marré, Münster
38. Westfälische Eliteschau am 21. Juli 2003

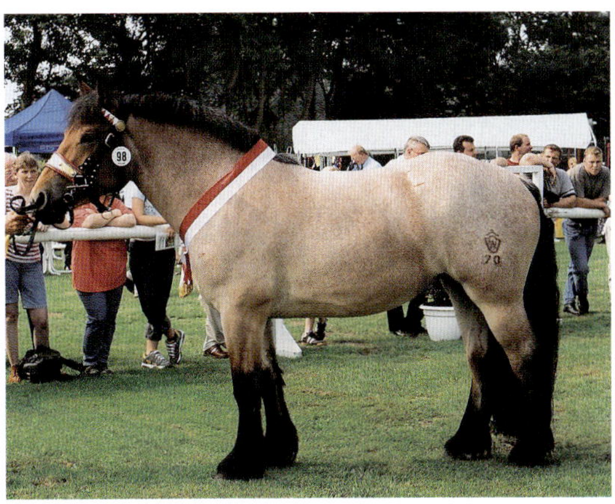

Fremdblut (in der Regel Süddeutsches Kaltblut) in der Generationenfolge jeweils zu »halbieren« und schließlich gänzlich zu verdrängen.

Als Elitestuten-Väter sind *Adonis* Pr.H., *Alf* Ldb., *Allerliebster* Ldb., *Ampfer* Ldb., *Angelus* Pr.H., *Anton* Pr.H., *Aramis* Pr.H., *Araxos II* Pr.H., *Astor* Ldb., *Astronaut II* Pr.H., *Dolch* Pr.H., *Don Camillo I* Pr.H., *Dotsch* Pr.H., *Haribo* Ldb., *Herkules* Ldb., *Herzbube I* Ldb., *Nippes III* Ldb., *Orloff* Pr.H., *Popeye* Ldb., *Silvan* Pr.H., *Tornado II* Ldb., *Tito* Pr.H. und *Trumpf* Ldb. besonders hervorgetreten und dementsprechend an dieser Stelle erwähnenswert.

Blutlinien im Überblick

Der 1863 in Belgien geborene *Orange I* und dessen 1880 geborener Sohn *Jupiter* gelten als die bedeutendsten und wirkungsvollsten Stammväter des Belgischen Zugpferdes und haben umfangreiche Hengstnachkommenschaften (Blutlinien) hinterlassen, die dem Leser auf einfache Weise nicht zu vermitteln sind.

Ardent de Buzet Ldb., *Brasca* Pr.H. u. Ldb., *Diabolo* Ldb., *Macdonald* Ldb. und *Pharaon de Lembecq* Pr.H. sind Nachkommen des *Orange I* und werden als die Urväter des Kaltblutpferdes in Westfalen angesehen. Letzteres gilt auch für die zur *Forton II*-Linie gehörenden *Breydel* Pr.H. und *Marquis de Kleyem* Pr.H. sowie den vom Blutliniengründer *Gerfaut II* abstammenden *Zigeuner* Ldb. Insbesondere *Macdonald, Marquis de Kleyem, Pharaon de Lembecq* und *Zigeuner* sind Gründer und Ausgangspunkt längst erloschener Blutlinien.

Die *Orange I*-Nachkommen *Indigène du Fosteau* und dessen Enkelsohn *Albion d'Hor*, der als Schöpfer des noch heute in Belgien gepflegten Typs gilt, sind als Liniengründer besonders erwähnenswert, weil Angehörige dieser Linien noch heute zuchtaktiv sind. So hat die aktuelle Zweiglinie des Original-Belgiers *Avant*, zu der beispielsweise *Allerliebster* Ldb. mit seiner gekörten Nachkommenschaft gehört, ihren Ursprung bei *Albion d'Hor*. Dieses gilt auch für die original westfälische N-Linie u.a. mit *Nelson* Ldb., der über *Nando* Pr.H. – *Nippes I* Ldb. – *Nahkampf I* Pr.H. – *Neptun II* Ldb. – *Nerveux de Piéton* Ldb. – *Tarzan de Kalloo* – *Avenir du Maieur* – *Royal de Salmonsart* – *Avenir d'Herse* auf *Albion d'Hor* zurückgeführt werden kann.

Wertvolle andere Zweige der *Albion d'Hor*-Stammlinie – wie z.B. die des *Avenir de Salmonsart* Ldb. (einschließlich *Krack de la Sille* Pr.H. mit *Marquis de Breedhout* Pr.H.) und des *Sultan van't Hooghof* Pr.H. – sind in Westfalen nicht mehr existent. Die Namen von Angehörigen dieser Linien finden sich jedoch noch relativ häufig in den Ahnentafeln der zuchtaktiven Hengste und Stuten der westfälischen Zuchtpopulation.

In den Ländern Berlin-Brandenburg, Mecklenburg-Vorpommern, Sachsen, Sachsen-Anhalt und Thüringen sind die *Albion d'Hor*-Söhne *Avenir d'Herse, Gaulois du Monceau* und *Laboureur d'Hor* als Gründer besonderer Linien nach wie vor lebendig. Auf diese drei Stammväter lassen sich 36 der 39 zum Zeitpunkt der Wende zuchtaktiv gewesenen Rheinisch-Deutschen Kaltbluthengste zurückführen. Dank einer im Wesentlichen konsequent staatlich gelenkten Reinzucht in den Bezirken der Pferdezuchtdirektionen Mitte, Nord und Süd der ehemaligen DDR ist eine Genreserve zustande gekommen, die seit Anfang der 1990er Jahre den Rheinisch-Deutschen Zuchtpopulationen in Hessen, Niedersachsen und Nordrhein-Westfalen als Quelle der Regeneration (Auffrischung) und Variabilität dient und zu neuen Blutlinien führen kann.

Orange I B. 1144, Hb., geb. 1863 Belg., v. *Forton I* (v. Jean de Vanderputten gen. Le Gros) Z.: Vanderbecken, Grimmingen (Ostflandern, Belgien) Heliogravur nach Zeichnung von A. Clarys in »Monographie des Belgischen Lastpferdes« von Hynderick de Theulegoet (Hannover 1925).

Indigène du Fosteau B.S. 29718, F., geb. 1902 Belg., v. *Brin d'Or* (v. *Jupiter v. Orange I*) u. *Moutonne du Fosteau* 17533 Z.: Jules Hazard, Leers et Fosteau (Hennegau, Belgien) Heliogravur nach Zeichnung von A. Clarys in »Monographie des Belgischen Lastpferdes« von Hynderick de Theulegoet (Hannover 1925).

Westfalen kann sich dagegen rühmen, mit der original westfälischen H-Linie über ein einmalig wertvolles Kaltbluterbe zu verfügen. Zu dieser Linie, die über *Halbmesser* Pr.H. – *Halbstürmer* Pr.H. – *Halbkreis* Ldb. – *Halali* Pr.H. – *Hussard de Savenne* – *Senateur de Savenne* – *Lambic de Lobbes* auf den 1902 in Belgien geborenen Fuchshengst *Indigène du Fosteau* zurückverfolgt werden kann, gehören alle Rheinisch-Deutschen Kaltbluthengste, deren Namen mit dem Buchstaben »H« beginnen (z.B. *Hallimasch* Pr.H. und *Harbeck* Ldb.).

Andere ebenfalls von *Indigène du Fosteau* ausgehende Linien wie z.B. die des *Cristal de Baele* Ldb., *Espoir de Melsele* Pr.H. und *Tapageur du Jonquoy* Ldb. sind dem radikalen und unkontrollierten Abbau der westfälischen Kaltblutbestände zum Opfer gefallen. Nachkommen dieser Hengste bereichern jedoch die erhalten gebliebenen westfälischen Familien und Stämme.

Besonders hervorgehoben werden muss die Tatsache, dass allein Westfalen über eine Hengstlinie verfügt, die in der Rheinprovinz entstanden ist und großen Einfluss auf die Kaltblutzucht im ehemaligen Deutschen Reich nehmen konnte. Es handelt sich um eine Hochzuchtlinie, die den Namen des 1916 in Belgien geborenen *Lothar III* R. 625 trägt, mit dem 1944 im Rheinland gefohlten *Dornbusch* Ldb., der ein mächtiger Rappe war, nach Westfalen gelangte und über *Dornbusch* Ldb. – *Dorsch* Ldb. – *Dotsch* 4457 Pr.H. – *Dolch* Pr.H. – *Dotsch* 4509 Pr.H. in dem 2003 gekörten *Don Camillo I*-Sohn *Djago* Pr.H. ihren jüngsten Vertreter hat.

Alle vorerwähnten Kaltbluthengste (mit Ausnahme von *Breydel* Pr.H., *Marquis de Kleyem* Pr.H. und *Zigeuner* Ldb.) sind quasi Nachkommen des Ur-Stammvaters *Orange I*. Mit dieser Feststellung endet der Versuch einer möglichst kurzen Darlegung eines geradezu unerschöpflichen genealogischen Themas.

Das Rheinisch-Deutsche Kaltblut – ein Rasseporträt

Beim Kaltblüter liegt der Schwerpunkt der äußeren Erscheinung nach wie vor in der Wucht der Masse, wenn auch nicht mehr wie in dem Maße wie vor 60 Jahren. Bestimmte Mindestanforderungen an das Kaliber – das Verhältnis von Größe und Gewicht – sind jedoch geblieben.

Früher standen beim Rheinisch-Deutschen Kaltblutpferd Typtreue und Rassereinheit im Vordergrund der züchterischen Überlegungen und Bemühungen. Dabei galt ein Mangel an Typtreue gleichzeitig als Mangel an Rassereinheit.

Alexius Pr.H., Bschi., geb. 1949 Westf., v. *Arnim* Pr.H. u. *Eiche von Heeren* H. 12774 v. *Eitel* Ldb. – *Avion de Rebecq* Ldb. usw. Z.: Herbert Krämer, Dortmund-Sölde 42. DLG-Wanderausstellung in Köln 1953: IIa-Preis Kaltbluthengst mit beispielhafter Exterieurharmonie

Die damaligen Zuchtverantwortlichen sahen nämlich den züchterischen Fortschritt und Erfolg vornehmlich in der informativen Stammlinienforschung und einer konsequenten Hochzucht. Wobei dann immer bedacht wurde, dass es sich bei den in den Nachkommenschaften hervortretenden Eigenschaften und Merkmalen nicht um eine gleichmäßige Mischung der genetischen Strukturen aller Vorfahren handeln konnte. Denn die durchschlagende Vererbungskraft einzelner Elterntiere kann eine große Rolle spielen. Ebenso kann ein einzelner typfremder Ahne für das Auftreten typverfälschender Merkmale verantwortlich sein. Darüber hinaus bestand der Grundsatz, in erster Linie hinsichtlich der Größe und Schwere ähnlich gestaltete Hengste und Stuten miteinander anzupaaren.

Und nicht nur früher war die Meinung berechtigt, ein ganz schwerer Hengst auf einer leichten Stute führe innerhalb der Rheinisch-Deutschen Kaltblutzucht zu einer aus mehreren Gründen gefährlichen »Kaliberkreuzung«. Stets wurde berücksichtigt, dass eine Verwandtschaftszucht zu einer Verstärkung erwünschter und unerwünschter Eigenschaften und Merkmale führen kann.

Einer bei genauer Kenntnis der Erbanlagen unbegründeten Inzuchtfurcht wurde regelmäßig mit dem Hinweis auf die belgische Stammzucht begegnet, in der die kontrollierte Verwandtschaftszucht (Blutberührung) zu einer beeindruckenden Typtreue und Ausgeglichenheit geführt hat.

Hinsichtlich des Aussehens des Rheinisch-Deutschen Kaltblutpferdes haben schon früher feste Regeln gegolten, die sich hauptsächlich nach der Verwendung der Pferde als landwirtschaftliche und gewerbliche Zugkraft richteten.

Diesen Umstand berücksichtigte auch die Beurteilung der Zuchtpferde. Heute ist zwar der schwere Zug unter härtesten Bedingungen nicht mehr die Hauptaufgabe des Rheinisch-Deutschen Kaltblüters. Dies ist jedoch kein Grund, bei einem diesen Umstand berücksichtigenden

Porträt des 1954 geborenen *Marquis de Breedhout* Pr.H.-Sohnes *Millionär* Pr.H.

Zuchtziel völlig neue, unter Umständen am Reitpferd orientierte Beurteilungsgrundsätze zu entwickeln.

Es ist kein Geheimnis, dass beim Kaltblutpferd andere Schönheitsideale gelten, die vielen Reitpferdebeurteilern mehr oder weniger verborgen bleiben.

Rasse- und Leistungstyp bedürfen nicht nur der Beurteilung, auch auf den Geschlechtsausdruck kommt es entscheidend an. Beim Hengst wird der Charakter des Vatertieres durch einen kurzen, stark aufgesetzten Hals, eine besonders starke Vorhand und harmonische Geschlossenheit des Gebäudes unterstrichen. Das Gesamtbild wird geprägt durch maskuline Wucht und Muskelfülle.

Die weiblichen Attribute der Stute müssen bereits in deren Gesicht erkennbar sein. Der Hals ist länger, leichter und weniger tief angesetzt als beim Hengst. Das etwas längere Mittelstück schafft die Verbindung zu dem geräumigen Becken. Dabei sollten die Körpermaße der Stute hinter denen des Hengstes zurückbleiben, weil die Harmonie der weiblichen Erscheinung von diesen Maßen abhängig ist.

In allen Zuchtgebieten des Rheinisch-Deutschen Kaltblutpferdes gehörten Wucht und Schwere früher zu den primär typischen Merkmalen. Fehlte es hieran, so mangelte es am Typ. Dabei wurden die aus Erbgut und Umwelteinflüssen resultierenden Abweichungen lediglich als Anpassung an die jeweiligen natürlichen Lebensräume verstanden. Aber auch die Varianten mussten die dem Rheinisch-Deutschen Kaltblutpferd eigene Schwere und Tiefe aufweisen. Und gerade dieser Tiefe muss nach wie vor besondere Aufmerksamkeit zuteil werden, weil sie Ausfluss der normalen Skelettkonstruktion und der Aufzuchtverhältnisse ist. Beim jungen Pferd muss die genetisch verankerte Tiefe bereits im ersten Lebensjahr sichtbar werden.

Und noch etwas bedarf der Erwähnung: Früher mussten die Zuchthengste so schwer sein wie die Scholle, auf der sie gewachsen waren und die sie

StPrSt. *Nora von Vinnum* H. 22951, F., geb. 1961 Westf., v. *Neptun II* Pdb. u. StPrSt. *Halde von Altmengede* H. 21679 v. *Horrido* Pr.H. – *Brutal de Castre* Pr.H. usw.
Z.: Wilhelm Köppler, Vinnum
48. DLG-Wanderausstellung in Hannover 1964: Ia-Preis

bei normaler Haltung auch trug. Denn in den seltensten Fällen erreichte die Nachzucht das Kaliber des Vaters. Größe, Schwere und Röhrbeinstärke sind Merkmale, die in der Zucht am leichtesten zurückgehen.

Da die genetische Konsolidierung der Typmerkmale am einfachsten über die Vatertiere erreicht werden kann, müssen sie sich in hohem Maße durch ein rassetypisches Erscheinungsbild auszeichnen, zu dem auch eine genügende Körperschwere und Röhrbeinstärke gehören.

Der Kopf des Kaltblutpferdes muss bei genügender Breite Kaltblutadel ausstrahlen und den Rasse- und Geschlechtstyp klar erkennen lassen. Es ist erstaunlich, wie die Ende des 19. Jahrhunderts in Belgien überaus vorsichtig betriebene Einmischung arabischer Blutanteile noch heute durch relativ kleine, markante Köpfe mit vertieften Nasenbeinen hier und da in Erscheinung tritt.

Aber auch aus neuerer Zeit (aus den 1950er Jahren) ist ein absolut einmaliger, in der ehemaligen DDR unternommener Versuch bekannt geworden, das dortige Kaltblutpferd durch den versuchsweisen Einsatz des Arabers vielleicht etwas anders zu gestalten. Als Überbleibsel dieses im Versuchsgut Iden bei Osterburg in der Altmark durchgeführten Experimentes ist die Nachkommenschaft der Hengste *Uwe I* und *Uwe II*, deren 2. Mutter eine Arabo-Kaltblutstute ist, anzusehen.

Der Hals des Kaltblutpferdes soll zur Unterstützung der aus der Vorhand kommenden Kraft bei fester Kammformation vergleichsweise kurz und breit sein.

Ein hoch aufgesetzter Hals wirkt naturgemäß äußerst imposant und bewirkt eine Mehrbelastung der Hinterhand bei gleichzeitiger Vorhandentlastung. Dieser Umstand wirkt bei Fahrpferden günstiger als bei Kaltblütern, die als Schritt- und Zugpferde Verwendung finden.

Ausgeprägte Breite, Länge und Tiefe des Brustkorbes sind auch weiterhin unverzichtbare Attribute eines typischen Kaltblutpferdes.
Der durch Brustbein, Rückenwirbel, Rippen und Zwerchfell begrenzte Brustkorb beinhaltet die für das Pferd wichtigsten Organe. Um diesen genügend Platz zu bieten, muss der Brustraum breit, lang und tief sein, wobei sein Volumen auch von der Rippenwölbung und Schulterlagerung abhängig ist.

Zudem ist die Stellung der Vordergliedmaßen von großem Einfluss. Allerdings ist zu bedenken, dass eine reichlich breite Brust besonders beim Kaltblüter einen schwerfälligen, unergiebigen, oftmals stampfenden, mit Vorhandlastigkeit verknüpften Bewegungsablauf zur Folge haben kann.

Auch beim heimischen Kaltblüter ist die sichtbare Ausprägung des Widerristes wichtig, weil dadurch bei guter Schulterschräge eine entsprechende Gangmechanik ausgelöst wird, die sich durch natürlichen Raumgriff auszeichnet.
Der Rücken und seine Bemuskelung verdienen besondere Aufmerksamkeit, weil über diese Brücke die Schubkraft der Hinterhand nach vorn übertragen wird. Eine auffällige Rückenbreite und straffe, plastische Muskulatur sind für das zugwillige Kaltblutpferd wesentliche Leistungsvoraussetzungen. Allerdings besteht heute für einen langen Rücken, wie man ihn früher bei im Fuhrgewerbe eingesetzten Pferden zu schätzen wusste, keine direkte Notwendigkeit mehr.

Ein matter Rücken gilt allerdings nach wie vor als ausgesprochen fehlerhaft. Die Lendenpartie, die häufig nicht nur beim Kaltblüter im Mittelpunkt kontroverser Diskussionen und Betrachtungen steht, bedarf zu ihrer Festigkeit einer leichten Wölbung, viel Breite und Bemuskelung.

Eine lange, breite, mit starker Muskulatur ausgestattete, leicht abschüssige Kruppe ist Grundvoraussetzung für eine dem Kaltblüter von Haus aus zugedachte Arbeitsleistung. Eine durch starke Muskelpakete aufgepolsterte, gespaltene Kruppe ist sicherlich kein Nachteil. Sie ist aber gleichwohl nicht schön und es sollte deswegen angestrebt werden, diesem an sich typischen Merkmal vor allem im Hengstbestand künftig durch entsprechende Selektionsmaßnahmen wirksam zu begegnen. Es hat nämlich in der Blüte der westfälischen Kaltblutzucht einige Hengstlinien und viele Stutenfamilien gegeben, aus denen die tief gespaltene und zu abschüssige Kruppe erfolgreich herausgezüchtet werden konnte. Auf jeden Fall müssen künftige züchterische Kombinationen auch dem Ziele dienen, Spaltung und Abschüssigkeit der Kruppe auf ein vertretbares Maß zu reduzieren. Das Überbautsein, das in Verbindung mit einer abschüssigen Kruppe das Abdrücken bei schwerer Zugarbeit ganz wesentlich erleichtert, stellt allerdings die Modellharmonie in Frage.

Ein tiefer Rumpf ist unbedingt vonnöten und muss in Verbindung mit fülliger Rippenwölbung Magen und Darm viel Raum bieten, um die erwünschte Leichtfuttrigkeit zu sichern und die Voraussetzungen für die Aufnahme billiger, wirtschaftseigener Futtermittel zu schaffen. Als absolut fehlerhaft hat ein aufgezogener, aufgeschürzter Bauch zu gelten, bei dem die Bauchlinie nach hinten ganz deutlich ansteigt. Eine geschlossene Flanke sorgt für eine gute Verbindung zwischen Mittel- und Vorhand und damit für gefällige Modellproportionen.

Schon beim Rheinisch-Deutschen Kaltblutpferd klassischer Zucht standen die Vordergliedmaßen regelmäßig im Vordergrund kritischer Betrachtungen und Wertungen. Dies insbesondere auch deshalb, weil einige berühmte belgische Stammväter gerade in diesem Extremitätenbereich nicht völlig fehlerfrei waren. Die Nachwirkungen sind auch heute noch erkennbar als Folge einer konsolidierten Zucht, in der sich einige Stempelhengste durchschlagend und nachhaltig wirksam vererben konnten. Es kann daher nicht verwundern, wenn eine rückbiegige Stellung der Vordergliedmaßen sowie eine flache, geschliffene Vorderfußwurzel und ein ausgeschnittener Vordermittelfuß nicht völlig auszumerzen sind. Das stabile Erbgefüge und die auf Grund der Kleinheit der Zuchtpopulation insoweit eingeschränkte Selektionsintensität erschweren im Bereich der Vordergliedmaßen den durchschlagenden züchterischen Erfolg.

Von der Länge und Lagerung des Oberarmes hängt bei Schrittpferden der Raumgriff (Vorgriff) der Vordergliedmaßen ab.

Bei diesen Pferden ist dann auch der Unterarm im Verhältnis zur Röhre lang, wodurch dann eine Knieaktion weitgehend verhindert wird. Das am hinteren Teil des Vorderfußwurzelgelenkes angesetzte Erbsbein soll deutlich ausgeprägt sein, weil an ihm die Hebelwirkung der Muskeln und Sehnen des Vorderfußes ansetzt. So muss das Vorderfußwurzelgelenk des hiesigen Kaltblutpferdes breit, groß und lang sein; es ist erwünscht, dass es ohne nennenswerte Einschnürung nach vorn hervortritt.

Die für die Haltbarkeit und Belastbarkeit des Vorderfußwurzelgelenkes mitverantwortliche Röhre muss breit angesetzt (gut eingeschient) und kürzer als der Unterarm und darf keinesfalls bogenförmig ausgeschnitten und insoweit nicht rundlich konstruiert sein. Als besonders verpönt gilt der früher stärker verbreitete stramme, ausdruckslose Vorderfuß. Dagegen ist eine geringe Rückständigkeit (Unterständigkeit) der Vordergliedmaßen, die der besseren Balance und Gewichtsverteilung dient, im Allgemeinen tolerierbar. Auf jeden Fall ist eine breite, große, ausdrucksvolle Vorderfußwurzel ein ins Auge fallendes, Vertrauen erweckendes Konstruktionselement.

Während die Vordergliedmaßen mehr die Aufgabe haben, den ziehenden Körper abzustützen und nachzuziehen, geht die eigentliche Schubkraft von den Hintergliedmaßen aus. Hierzu soll das Oberschenkelbein lang und schräg sein, um eine gute Hebelung bewirken zu können. Ein spitzer Winkel zum Darmbein sichert bei entsprechend kräftiger Oberschenkelbemuskelung den Nachschub aus der Hinterhand.

Das Sprunggelenk hat nicht nur beim Zugpferd einen besonders hohen Stellenwert. Es muss für den wirksamen Ansatz von Bändern und Sehnen groß, markant, breit und lang sein. Die Stellung der Hinterröhre, die breit und kurz gewachsen sein soll, hängt im Wesentlichen von der Sprunggelenkswinkelung ab.

Eine unter Umständen vorhandene zu starke Winkelung, die dem Kaltblüter zurückliegender Epochen häufig eigen war, wird in den Fällen leichter toleriert werden können, in denen eine saubere Einschienung des Hintermittelfußes gegeben ist.

Obwohl der hiesige Kaltblüter im Allgemeinen über relativ flache, breite Hufe verfügt, überraschen immer wieder die bei einigen Exemplaren im Verhältnis zur Gesamterscheinung vergleichsweise kleinen Hufe.

Besondere Aufmerksamkeit verdient schließlich der Fesselbehang, der zwar als Charakteristikum des Kaltblüters anzusehen ist, jedoch nicht so üppig und übertrieben sein darf, dass die Sauberhaltung erschwert und der früher so gefürchteten, auch heute immer wieder auftretenden Mauke Vorschub geleistet wird.

Die vorstehend skizzierten Merkmale werden im Stand beurteilt. Daneben ist die Gangbeurteilung ein ganz wichtiges Informationsinstrument für den Zuchtwert und die Selektionsentscheidung. Im Gang wird nämlich oftmals erst deutlich, ob und inwieweit einzelne Konstruktionsmängel durch dynamische Kräfte wirkungsvoll kompensiert werden können.

Da das Kaltblutpferd auch heute noch, wenn es zur Arbeit im Wald, in Spezialkulturen oder vor dem Wagen herangezogen wird, ein Last- bzw. Schrittpferd ist, kommt dem raumgreifenden Schritt gegenüber dem Trab nach wie vor eine größere Bedeutung zu, wenn auch auf Schauen dem spektakulären Trab viele Sympathien zuteil werden. Im Übrigen besagt eine alte Züchterweisheit, dass ein natürlicher, freier Schritt im Allgemeinen mit einer energischen, schwungvollen Trabbewegung kombiniert ist. Tritt dann noch eine große, Gehlust verratende Galoppade hinzu, rundet sich das Bild guter Grundgangarten erfreulich ab.

links oben:
VbPrSt. *Doris* H. 452359679, F., geb. 1979 Westf., v. *Dolch* Pr.H. u. StPrSt. *Silke* 452353376 v. *Silk* Ldb. – *Leonidas* Ldb. Dillb. usw. mit Hengstfohlen v. *Armin* Ldb.
Z.: Franz Josef Brandenburg, Brilon
Kaltblutschau am 20. Juli 1983 in Lennestadt-Altenhundem

links unten:
Mittelschwere, bedeutende, raumgreifend trabende Rheinisch-Deutsche Kaltblutstute:
StPrSt. *Aida* H. 451489690, F. geb. 1990 Westf., v. *Astronaut II* Pr.H. u. VbPrSt. *Astrid* H. 450881083 v. *Armin* Ldb. – *Silk* Ldb. usw.
Z.: Ulrich und Ursula Kell, Steinhagen

rechts oben:
Warendorfer Hengstparade 1986: Kaltblutkoppel (v.l.n.r.) *Allerliebster*, *Herzensbrecher*, *Trumpf*, *Nippes I*, *Heino*, *Armin* und *Haribo*

Auf dem Zuchthof Volkermann, Laer, 1953: StPrSt. *Elsa von Laer* H. 14021 v. *Eichler* Pr.H mit Fohlen v. *Dragon de Gondregnies* Pr.H. und StPrSt. *Fakta* von *Laer* H. 2115 v. *Favori de Petit* Pr.H. Z.: Anton Volkermann, Laer (Kreis Steinfurt)

Leider führt eine übertriebene Beugung des Vorderfußwurzelgelenkes im Trabe immer wieder zu einer unerwünschten hohen Beinaktion, die in Verbindung mit stampfenden, bügelnden Gängen, bei denen die Vorderfüße spiralig-fuchtelnd nach vorn gependelt werden, das Bewegungsbild selbst bei kraftvoll nachschiebender Hinterhand unschön beeinflusst.

Das reingezogene Rheinisch-Deutsche Kaltblutpferd zeichnet sich durch einen starken Schopf und eine dichte, harte Mähne aus. Es ist schön, wenn die Mähne aufgrund ihrer gewichtigen, fülligen Struktur an beiden Halsseiten gleichmäßig fällt.

Wenn auch unter einem unkupierten, langen Schweif, der wegen seines tiefen Ansatzes nur selten frei und schön getragen werden kann, der rassetypisch gedrungene, muskulöse, massige Körper des Rheinisch-Deutschen Kaltblutpferdes in seinem imponierenden Gesamteindruck etwas leidet, so muss doch insbesondere unter tierschützerischen Aspekten zugegeben werden, dass das 1940 [7] erlassene, zunächst nur sehr zögerlich praktizierte Kupierverbot seine volle Berechtigung hat. Es sei nur an die früher in der Landwirtschaft üblichen Bilder erinnert, als schweifkupierte Kaltblüter bei schweißtreibender hochsommerlicher Schwerstarbeit kaum eine Chance hatten, sich der quälend stechenden und saugenden Insekten erfolgreich zu erwehren.

Die in Westfalen stets angestrebte mittlere, weniger schwere Kaltblutform bietet Gewähr für eine den unterschiedlichen Ansprüchen gerecht werdende Vielfalt. Es ist daher zu begrüßen, dass insbesondere im zuchtaktiven Hengstbestand neben einer größeren, wuchtigeren und einer mittleren auch eine kleinere, leichtere, wendigere Form vertreten ist. Damit wird auf einfachste Art und Weise den unterschiedlichen Vorstellungen Rechnung getragen.

Westfälisches Arbeitspferd: Gemälde von Prof. Julius Paul Junghanns, Düsseldorf (entstanden Erwitte 1946)

Nach getaner Feldarbeit: Heimkehr auf den Bauernhof Schulze Robert in Leuste bei Dülmen (Aufnahme 1941)

Schlussbetrachtung

Der dokumentarische Rückblick auf 100 Jahre Kaltblut in Westfalen berücksichtigt die Verhältnisse in politisch und wirtschaftlich sehr unterschiedlich geprägten, die Kaltblutzucht enorm begünstigenden oder stark beeinträchtigenden Epochen. Er soll sensibilisieren und nachdenklich stimmen, weil gerade die landwirtschaftlichen Strukturen und insbesondere die Verhältnisse in der Tierzucht und -haltung stets ein Spiegelbild ihrer Zeit sind.

Die Verbindung zum Arbeitspferd war in der ländlichen Bevölkerung immer sehr ausgeprägt.

Die von den Jahreszeiten abhängigen Gespannarbeiten bewirkten ein enges, von gegenseitigem Vertrauen getragenes Verhältnis zwischen den Menschen und ihren Pferden. Dabei führte die ausgeprägte Abhängigkeit z.B. der Bauern von ihren Arbeitspferden zu einer entsprechenden Wertschätzung und sorgsamen Pflege der Pferde im Betrieb. Pferde waren regelmäßig der ganze Stolz der bäuerlichen Familien, auch Ausdruck des Wohlstandes und sorgten für das nötige Ansehen. Sorgen um die an sich robuste Gesundheit der Arbeitspferde trübten gelegentlich die bäuerliche Idylle. Die durch verschiedene Ursachen ausgelösten Abgänge waren dann besonders schmerzlich, trafen die ganze Familie und konnten die Funktion eines Betriebes empfindlich stören. Dementsprechend gestaltete sich die Nachfrage nach landwirtschaftlichen Arbeitspferden.

Der früher regelmäßig große Bedarf an Arbeitspferden für alle Zwecke und der hiermit verbundene (gewerbliche) Pferdehandel waren die eigentliche Stütze der hiesigen Kaltblutzucht, die mit der Gründung des Westfälischen Pferdestammbuches im Jahre 1904 in geordnete Bahnen gelenkt wurde.

Das Zuchtziel in Westfalen und in den damals oder später entsprechend züchtenden deutschen Gebieten war – wie eingangs dargelegt – ein Arbeitspferd belgischen bzw. rheinisch-belgischen Typs, das auf Grund seiner belgischen Vorfahren und Gene sowie seines (deutschen) Geburtslandes und der entwickelten Eigenständigkeit seiner Rasse eigentlich ein Deutsch-Belgisches Kaltblutpferd war, das jedoch offiziell als Rheinisch-Deutsches Kaltblut bezeichnet wurde und landläufig früher nur als »Belgier« bekannt war.

Hallimasch Pr.H., B., geb. 1994 Westf., v. *Hanno* Ldb. u. StPrSt. *Angela* H. 450794085 v. *Armin* Ldb. – *Silk* Ldb. usw. Z.: Heinz Kussmann, Olsberg-Bigge

Die Pferde gingen vor den landwirtschaftlichen Maschinen und Geräten, Karren und Wagen und waren je nach Arbeitseinsatz- und Pausendauer sowie der Schwere der verrichteten Arbeiten abends ebenso abgespannt wie die Menschen, die den ganzen Tag mit ihnen gearbeitet hatten. Es fällt nicht leicht, auf einfache, nüchterne Weise zu beschreiben, was Menschen und Pferde insbesondere in der Land- und Forstwirtschaft früher geleistet haben. Die immer wieder gepriesene gute alte Zeit war gerade für die Landwirtschaft eine durch regelmäßige jahreszeitlich bedingte Arbeitsspitzen geprägte körperlich schwere Zeit.

Die in Westfalen in den 1950er Jahren einsetzende Motorisierung nahm den Pferden die schwere Gespannarbeit zwar ab, verdrängte sie jedoch in einem Ausmaß, das in den 1970er Jahren der Fortbestand der Kaltblutzucht in Westfalen akut in Frage stellte.

Es ist jedoch einigen dem Kaltblutpferd unerschütterlich die Treue haltenden Bauern bzw. auf dem Lande Wohnenden allen wirtschaftlichen Überlegungen zum Trotz gelungen, einige alte original westfälische Hengstlinien und Stutenfamilien vor dem Erlöschen zu bewahren. Andere alte Linien, die noch in den 1950er Jahren gepflegt wurden, sind dagegen unwiederbringlich erloschen. Aber es hätte noch viel schlimmer kommen können.

Die Zukunft der Rheinisch-Deutschen Kaltblutzucht in Westfalen ruht insbesondere auf den zuchtaktiven Vertretern der verschiedenen *Albion d'Hor*-Zweig-Linien sowie der von *Indigène du Fosteau* ausgehenden alten original westfälischen H-Linie (z.B. *Hallimasch* Pr.H.). Hierbei spielen Vertreter ostdeutscher bzw. alter provinzialsächsischer Reinzuchtlinien eine wichtige Rolle. So hat z.B. die sehr wertvolle ostdeutsche *Espoir de Lorette*-Linie die Chance, der hiesigen Zucht über den *Erland* Ldb.-Sohn *Erlander* Ldb. starke Impulse zu verleihen und sich dadurch dauerhaft in Westfalen zu etablieren. Stets sollte jedoch die Pflege der erhalten gebliebenen westfälischen Familien und Linien eine der züchterischen Hauptanliegen sein.

StPrSt. *Angie* DE 341450582688, F., geb. 1988 Westf., v. *Allerliebster* Ldb. u. *Senta* DE 341450019785 v. *Silvan* Pr.H. – *Ampfer* Ldb. usw. mit 2003 geborenem Stutfohlen v. *Hallimasch* Pr.H. Züchter des Fohlens: Bernhard Lütke-Brintrup, Münster-Roxel

Da in Westfalen von Anfang an, von einigen Verstärkungsphasen abgesehen, auch über die besonders kritischen 1970er Jahre hinaus regelmäßig das mittelschwere, mittelgroße und gängige Kaltblutpferd propagiert und gezüchtet wurde, weisen noch heute die meisten (kein Fremdblut führenden) westfälischen Kaltblüter eine entsprechend ausgeprägte Ursprungsqualität auf und sind gewissermaßen ein Spiegelbild der kleineren, leichteren, trockeneren und damit schönsten Form des Belgischen Zugpferdes. Westfalen kann sich als Originalzuchtgebiet außerdem rühmen, über die zahlenmäßig größte Zuchtpopulation der Rheinisch-Deutschen Kaltblutrasse zu verfügen und im Bundesgebiet insoweit an der Spitze zu stehen.

Die großen Probleme der Globalisierung, die von vielen Menschen in Deutschland als belastend empfunden werden, bringen unwillkürlich eine Zeit in Erinnerung, in der das Leben in ruhigeren Bahnen verlief und die Natur die Lebensräume und die Jahreszeiten den Tagesrhythmus bestimmten. Je schwieriger die Gegenwart sich gestaltet, umso geschönter erscheint die gute alte Zeit. So ist es nicht verwunderlich, wenn sich viele junge Familien nach einem Landleben auf Resthöfen und in Kotten sehnen und dort Haus- und Nutztiere halten möchten. Das mittelgroße, mittelschwere Kaltblutpferd kann diesen Familien ein treuer, einfach zu haltender Partner sein, mit dem man reiten, fahren, im Walde arbeiten und Nutzflächen auf alte Art und Weise bewirtschaften kann. Das Interesse am heimischen Kaltblüter ist jedenfalls riesengroß, wie beispielsweise jährlich auf der vom

Stutenschau Stünzel bei Bad Berleburg am 8. Juli 2003: Die in der Abteilung der 3-jährigen Kaltbblutstuten zweitplatzierte *Donna Klara I* DE 441410836800, F., geb. 2000 Westf., v. *Don Camillo I* Pr.H.
Z.: Dr. Otto Marré, Münster

Kaltblut geprägten Stuten- und Fohlenschau auf dem Stünzel bei Bad Berleburg besonders eindrucksvoll beobachtet werden kann.

Der wichtigste Faktor für die Zucht und den Erhalt des Rheinisch-Deutschen Kaltbluts ist daher der Mensch, der nach Verwendungsmöglichkeiten für seine Pferde sucht und sich züchterisch um den Erhalt der Rasse bemüht. Es ist zu hoffen, dass das Land Nordrhein-Westfalen diese Bemühungen auch weiterhin durch finanzielle Zuwendungen tatkräftig unterstützt und an seinem Beschluss festhält, über das in legendären Kaltblut-Traditionen verwurzelte Landgestüt Warendorf die Rheinisch-Deutsche Kaltblutzucht auch weiterhin zu fördern.

Am Schluss dieser Arbeit über das Kaltblutpferd in Westfalen ergeht an alle für die Rheinisch-Deutsche Kaltblutzucht Verantwortlichen die eindringliche Mahnung, sich der übernommenen Verpflichtung stets bewusst zu sein, die Rheinisch-Deutsche Rasse als Gruppe von Kaltblutpferden mit ganz bestimmten gleichen oder ähnlichen ererbten gemeinsamen Merkmalen durch geeignete züchterische Maßnahmen unverfälscht zu erhalten und ferner die Empfehlung, bei der Verdrängung der in die (westfälische) Kaltblutpopulation insgesamt unkontrolliert eingesickerten Fremdgene über eine Regelung nachzudenken, die der im Jahre 2003 mit den so genannten Besonderen Bestimmungen zu der Zuchtverbandsordnung der Deutschen Reiterlichen Vereinigung e.V. (FN) zur Eliminierung der in die Haflinger Zucht eingflossenen arabischen Elemente (ox-Anteile) getroffenen Regelung im Wesentlichen entspricht.

Warendorfer Hengstparade 2003: Kaltblutquadrille im Sulky

Warendorfer Hengstparade 2003: Kaltblutkoppel (v.l.n.r.): *Obelix*, *Hoppeditz*, *Erlander*, *Nelson*, *Eberhard* und *Marc*

Anmerkungen

1)

Auf Anordnung des Reichs- und Preußischen Ministers für Ernährung und Landwirtschaft vom 8. Februar 1938 musste der Reichsverband der Kaltblutzüchter Deutschlands e.V. seinen Namen in Reichsverband für Zucht und Prüfung deutschen Kaltbluts e.V. ändern.

2)

Ab 1929 bestand beim Reichsverband der Kaltblutzüchter Deutschlands ein Leistungsbuch, in das geprüfte Kaltblutpferde eingetragen werden konnten. Sofern die Kaltblutpferde an öffentlichen Leistungsprüfungen teilgenommen hatten und bei ihrem zuständigen Zuchtverband eingetragen waren, konnten sie in das später Kaltblutpferdeleistungsbuch (DKLB) genannte Leistungsverzeichnis eingetragen werden. Ab 1936 war es möglich, die Leistungen durch Leistungszeichen in den Zuchtbüchern und auf den Abstammungsnachweisen usw. hervorzuheben.

3)

Am 13. November 1933 wurde die Oberste Behörde für die Prüfungen von Warm- und Kaltblutpferden ins Leben gerufen. Mit Erlass des Reichs- und Preußischen Ministers für Ernährung und Landwirtschaft vom 5. April 1935 wurde später bestimmt, bei jeder Landesbauernschaft (vormals Landwirtschaftskammer) eine Kommission für die Prüfungen von Warm- und Kaltblutpferden zu bilden. Diese Kommission vertrat die Oberste Behörde in dem jeweiligen Bezirk.

Durch Verordnung vom 1. Juli 1938 traten an die Stelle der Obersten Behörde für die Prüfungen von Warm- und Kaltblutpferden je eine Oberste Behörde für die Prüfungen von Warmblutpferden und die Prüfungen von Kaltblutpferden.

Als Körperschaft des öffentlichen Rechts übernahm die neu geschaffene Oberste Behörde für die Prüfungen von Kaltblutpferden das vom Reichsverband geschaffene und weiter ausgebaute Leistungsprüfungswesen und damit auch die Zuständigkeit für die L.P.O.

Der Bildung von zwei Obersten Behörden folgend, kam es durch Erlass des Reichsministers für Ernährung und Landwirtschaft vom 18. März 1939 zu einer Trennung der bei jeder Landesbauernschaft bestehenden Kommission in je eine Kommission für die Prüfungen von Warmblutpferden und die Prüfungen von Kaltblutpferden.

Landstallmeister Konrad Bresges war Vorsitzender der westfälischen Prüfungskommissionen.

4)

Nach der Vierten Durchführungsverordnung zum Tierzuchtgesetz über die Körung von Hengsten vom 17. Juli 1953 (in der Fassung der Verordnung vom 9. Januar 1963) haben die zu prüfenden Zuchtpferde (Warm- und Kaltbluthengste sowie Hengstmütter) die Prüfung bestanden, wenn sie vor einem Zugprüfungsschlitten oder einem entsprechenden Zugprüfungsgerät im Schritt eine Zugleistung von 1500 m in 19 Minuten bei einem Zugwiderstand von 20. v. H. ihres Körpergewichts oder 1000 m in 121/2 Minuten bei einem Zugwiderstand von 25 v. H. ihres Körpergewichts erbracht haben.

Vgl. auch die »Grundsätze für die Durchführung der Leistungsprüfungen...« als Anlage zu der Verordnung über die Körung von Hengsten vom 20. August 1979.

5)

Im Zuchtbuch des Westfälischen Pferdestammbuches e.V. waren am

01.01.1950	26.928
01.01.1951	25.779
01.01.1952	19.872
01.01.1953	16.836
01.01.1954	12.813
31.12.1955	8.902

Rheinisch-Deutsche Kaltblutstuten eingetragen.

6)

Text aus: »Die Preußische Gestütverwaltung, herausgegeben im Auftrage des Ministeriums für Landwirtschaft, Domänen und Forsten von Oberlandstallmeister Groscurth.« Hannover 1927.

7)

Verbot des Kupierens der Pferde in Deutschland: Mit der Vierten Verordnung zur Ausführung des Tierschutzgesetzes vom 12. Juli 1938 hat der Reichsminister des Inneren auf Grund des § 15 des Tierschutzgesetzes vom 24. November 1933 im Einvernehmen mit dem Reichsminister für Ernährung und Landwirtschaft den Zeitpunkt des Inkrafttretens des § 2 Nr. 8 des Tierschutzgesetzes – Verbot, einem Pferd die Schweifrübe zu kürzen (kupieren) – auf den 1. Januar 1940 festgesetzt.

Vom 1. Januar 1940 an war es nicht mehr gestattet, Fohlen und Pferde zu kupieren. Der Reichsverband hatte in wiederholten Eingaben die Wünsche der deutschen Kaltblutzüchter, die insbesondere aus den Gebieten des Rheinisch-Deutschen Kaltbluts kamen, den zuständigen Stellen mitgeteilt und um ihre Berücksichtigung gebeten.

Original-Belgier im Landgestüt Warendorf

Die Auswahl der Hengste erfolgte unter Berücksichtigung der Qualität des zur Verfügung stehenden Bildmaterials.

	Zuchteinsatz
Bloc de Pede	1949–1952
Champagne de Ham-Epine	1949–1959
Emir de Merry	1950–1955
Espoir de Gozin	1957–1965
Farceur de Gistel	1949–1958
Kléber de Rognée	1942–1952
Max de Zuienkerke	1950–1956
Mephisto de Borset	1942–1950
Nerveux de Piéton	1953–1961
Quo Vadis de Houtaing	1950–1952
Sans Peur de Maléves	1953–1958
Tango de Salmonsart	1953–1960
Tartarin de Grandglise	1949–1960

Farceur de Gistel, Bschi., geb. 1946 Belg., v. *Azur de Baudour* u. *Rêveuse de Ghistelles* B.S. 44/12603 v. *Crésus de Machelm – Laboureur de Brucom* usw.
Z.: Charles von Massenhove, Gistel (Belgien)

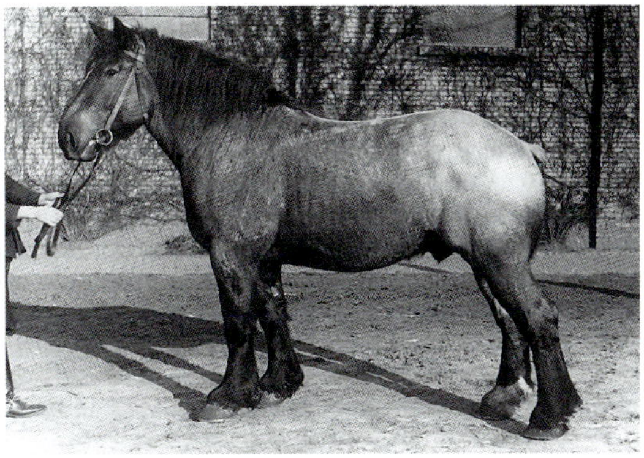

Bloc de Pede, B., geb. 1946 Belg., v. *Krack d'Hondzocht* u. *Carmen de Pede* B.S. 38/2585 v. *Avenir de Salmonsart – Gascon de Montigny* usw.
Z.: Isidor Meyer, Lembeck (Belgien)

Champagne de Ham-Epine, B., geb. 1946 Belg., v. *Champagne de la Mohaille* u. *Carmen de Ham-Epine* B.S. 44/5647 v. Hondzocht – *Robuste de l'Abbaye* usw.
Z.: Georges Ghislain, Bierghes (Belgien)

Emir de Merry, Bschi., geb. 1946 Belg., v. *Douglas de Brucom* u. *Cadole des Aulnes* B.S. 38/5707 v. Viendra – *Tu de la Loge* usw.
Z.: Charles Van der Ecken, Amougies (Belgien)

Espoir de Gozin, B., geb. 1953 Belg., v. *Robuste de Sirieux* u. *Poulette de Gozin* B.S. 51/1907 v. *Joubert II de Hemptinne – Elégant de Genimont* usw.
Z.: François Dawagne de Gozin-Beauring (Belgien)

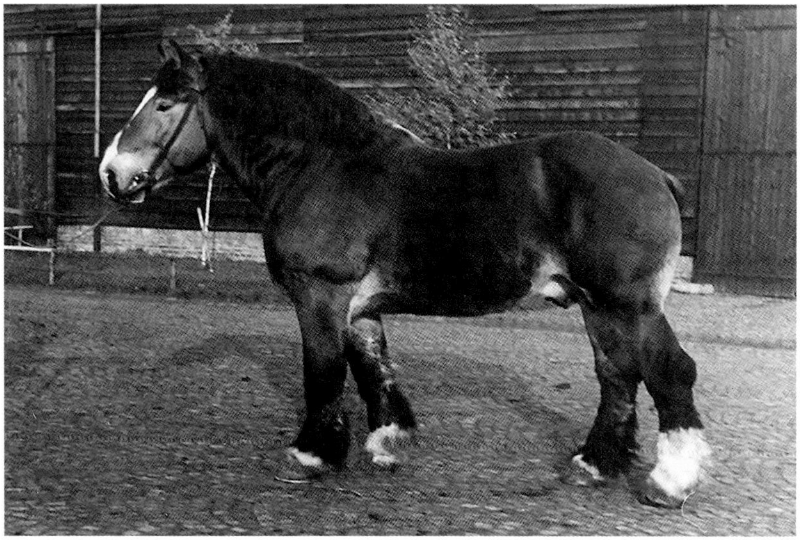

oben links:
Kléber de Rognée, B., geb. 1936 Belg., v. *Espoir de Quaregnon* u. *Titine Sartalard* B.S. 29/427 v. *Armistice – Minos d'Else* usw.
Z.: E. Bédoret, Rognée (Belgien)

mitte rechts:
Nerveux de Piéton, B., geb. 1949 Belg., v. *Tarzan de Kalloo* u. *Dora du Masy* B.S. 45/5433 v. *Ecureuil – Envié du Kat* usw.
Z.: Edgard Draguet, Piéton (Belgien)

mitte links:
Max de Zuienkerke, B., geb. 1947 Belg., v. *Mercure d'Hondzocht* u. *Bella de Zuyenkerke* B.S. 44/12267 v. *Franco de Baudour – Albion de la Loge* usw.
Z.: Richard Vandervelde, Zuienkerke (Belgien)

unten links:
Mephisto de Borset, Bschi., geb. 1938 Belg., v. *Rustique de Monument* u. *Moutonne d'Ohey* B.S. 37/311 v. *Acajou de Melles – Rêve de Chapon* usw.
Z.: Gebrüder Rolands, Vaux et Borset (Belgien)

unten rechts:
Quo Vadis de Houtaing, Bschi., geb. 1943 Belg., v. *Quo Vadis de Nouvelles* u. *Polka d'Ellignies* B.S. 42/12041 v. *Coeur de Flèche – Gaulois de Bonun* usw.
Z.: E. Veuve Deroissart, Houtaing (Belgien)

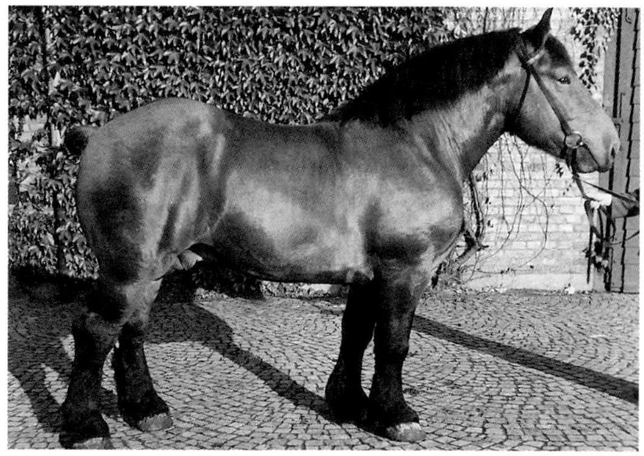

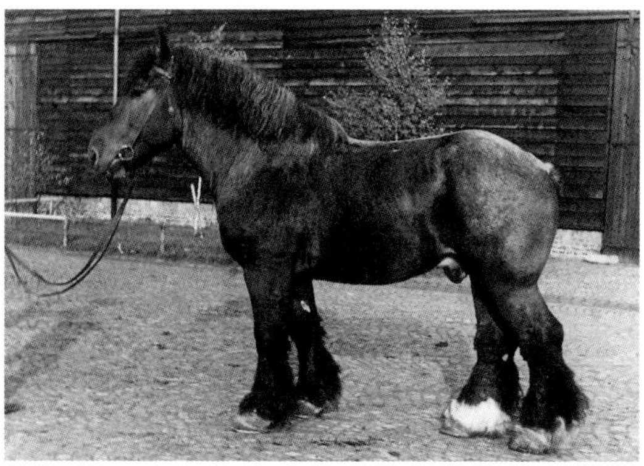

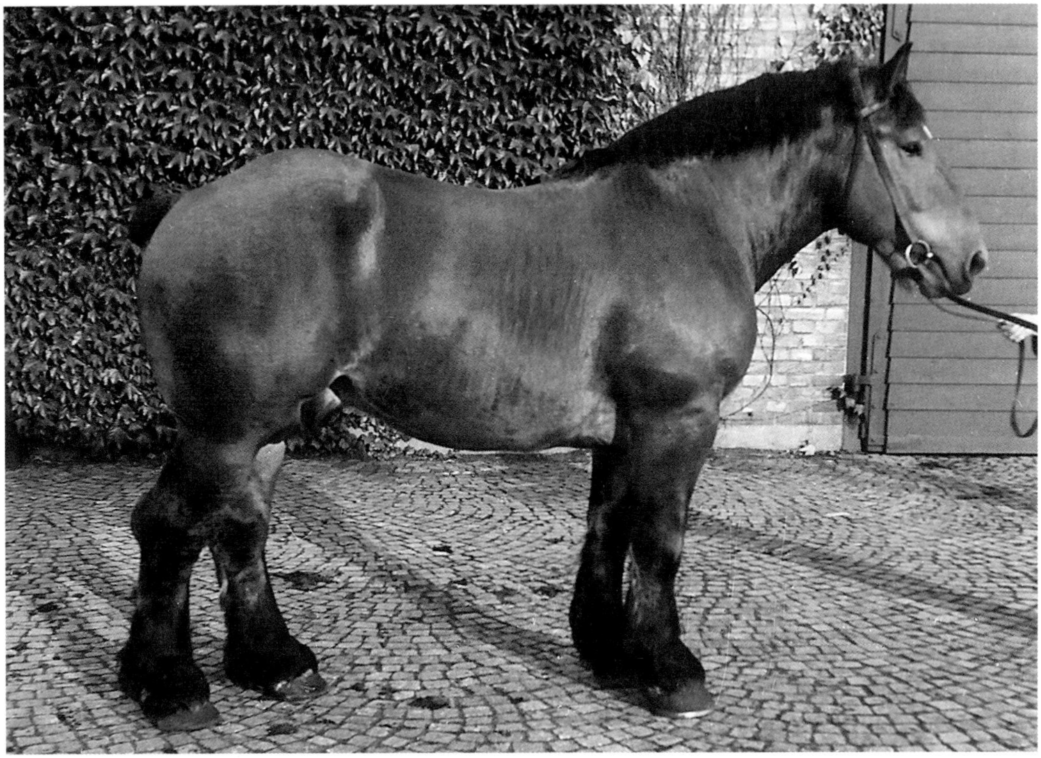

Sans Peur de Maléves, B., geb. 1949 Belg., v. *Réussi d'Enée* u. *Altesse de Dhuy* B.S. 49/9441 v. *Robert d'Horrues – Gaston de Calloo* usw.
Z.: Joseph Laduron, Dhuy-Leuze-Longchamps (Belgien)

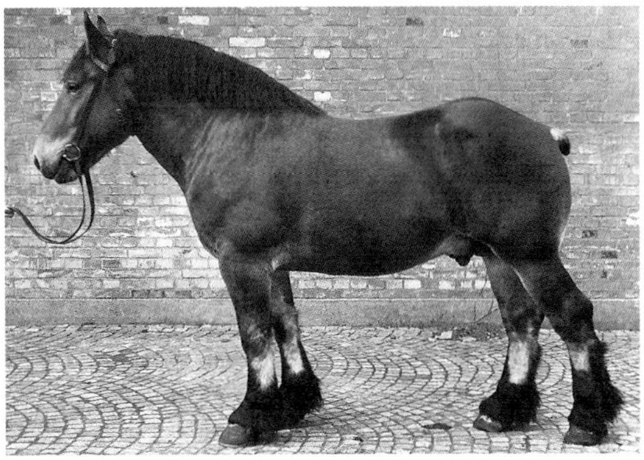

Tango de Salmonsart, B., geb. 1950 Belg., v. *Zéphir d'Enée* u. *Orphée de Neufvilles* B.S. 36/405 v. *Espoir de Quaregnon – Yser de Bierwart* usw.
Z.: Fernand Demeuldre, Braine-le-Comte (Belgien)

Tartarin de Grandglise, B., geb. 1944 Belg., v. *Passe-Partout de Grandglise* u. *Précieuse de Wanze* B.S. 39/6989 v. *Albion de Thoricourt* usw.
Z.: Mme. André Duchâteau, Grandglise (Belgien)

Quellen

Fritz Böllhoff: 50 Jahre Westfälisches Pferdestammbuch 1904–1954, 1954

Gustav Comberg: Die deutsche Tierzucht im 19. und 20. Jahrhundert, 1984

Groskurth: Die Preußische Gestütverwaltung, 1927

Günther Hangen: Hengstlinien des rheinisch-deutschen Kaltblutpferdes, 1939

Martin Heling: Über Zeitfragen der Pferdezucht. »Sankt Georg Almanach«, 1955

Alfred Karnatz: Entwicklung und Stand der Pferdezucht in den Provinzen Nieder- und Oberschlesien, 1929

Paul Kern: Das rheinisch-deutsche Kaltblutpferd, 1936

J. Leyder: Das belgische Pferd, seine Charakterisitk und Zuchtverhältnisse, 1904

Otto Marré: Das Kaltblutpferd in Nordrhein-Westfalen. In: Pferdezucht im Wandel. Festschrift für Gerd Lehmann, 25 Jahre Landstallmeister in Warendorf (Hrsg. »Reiter und Pferde in Westfalen«), 1991

Otto Marré: Auf dem Weg zum reinblütigen Kaltblutpferd. »Reiter und Pferde in Westfalen«, Jg. 25 (2000), H. 4

Otto Marré: Das Rheinisch-Deutsche Kaltblutpferd. »Reiter und Pferde in Westfalen«, Jg. 26 (2001), H. 5

Eduard Meyer: Die deutsche Kaltblutzucht, 1940

Werner Miehler: Die Entwicklung der Kaltblutzucht in der Provinz Sachsen, 1928

Hanns Munkel: Die Rheinische Kaltblutzucht, 1925

Hanns Munkel : Die Beurteilung des rheinisch-deutschen Kaltblutpferdes, 1939

Winfried Paul/Günther Hangen: Kaltblüter, 1989

J. Peters: Das belgische Pferd und seine Zucht, 1901

Josef Pulte: Das rheinisch-deutsche Kaltblut im Wandel der Zeiten. »Sankt Georg Almanach«, 1953

Hermann Rollwege: Stand und Entwicklung der Kaltblutzucht in Braunschweig, 1929

Reinhard Scharnhölz: Kaltblutpferde. Handbuch der Deutschen Kaltblutzucht, 2002

Heinz Schroer: Die wichtigsten Hengstlinien der westfälischen Kaltblutzucht, 1941

Heinrich Schulte Sienbeck: 50 Jahre Provinzialverband westfälischer Reit- und Fahrvereine 1924–1974

Josef Südhoff: Zuchtaufbau, Leistung und Fütterung innerhalb der westfälischen Kaltblutzucht, 1955

Hynderick de Theulegoet: Monographie des belgischen Lastpferdes, 2. Aufl. 1925

4 Westfalens Ponys und Kleinpferde

Dr. Heinz Heupel

Die Anfänge der Zucht

Kleine Pferde gibt es schon lange in Westfalen. Wer kennt sie nicht, die Dülmener im Merfelder Bruch, unweit von Dülmen im Münsterland? Schon 1316 werden sie urkundlich erwähnt. Über Jahrhunderte haben sich die kleinen Pferde in dem weitläufigen Wald-, Moor- und Heidegebiet gehalten und alle Stürme der Zeit gut überstanden. Sie leben das ganze Jahr über im Freien, kennen keinen Stall. Nur wenn tiefer Schnee jeden Halm und Strauch bedeckt, erhalten sie – wie das Wild – Zufutter in Form von Stroh und Heu. Die über Jahrhunderte andauernde natürliche Auslese hat die Wildlinge (von Wildpferden kann im zoologischen Sinne nicht gesprochen werden) außerordentlich hart, widerstandsfähig, genügsam und langlebig gemacht. Fremde Stuten sind nicht in die Herde eingesetzt worden; Hengste wurden in Polen und Russland angekauft. Hier nur zwei Namen: *Nugat XII* aus dem Gestüt Popielno/Polen und *Kurs* aus dem Hauptgestüt Stubno/Polen.

Alljährlich werden am letzten Wochenende im Mai die einjährigen Hengste eingefangen und anschließend verkauft. Für die Freunde der kleinen Pferde ist das immer ein besonderes Erlebnis, wenn an diesem Tag die ganze Herde – etwa 200 Stuten mit ihren Fohlen – in die Arena im Merfelder Bruch hereingaloppiert.

Neben den Dülmenern sind die Nordkirchener zu nennen, eine verhältnismäßig junge Zucht, die Anfang der 20er Jahre des vorigen Jahrhunderts vom Herzog von Arenberg in Nordkirchen bei Lüdinghausen begründet worden ist. Sie beruht, so wird berichtet, auf einer Paarung von Dülmener Hengsten mit Panjestuten, aus der ein gefälliges, etwas größeres

Simona S. 159. Die 1959 in Nordkirchen geborene Stute hat 13 Fohlen gebracht, darunter vier gekörte Söhne. Tochter *My Fair Lady* v. *Merafic* ox war Siegerstute der Eliteschau 1974.

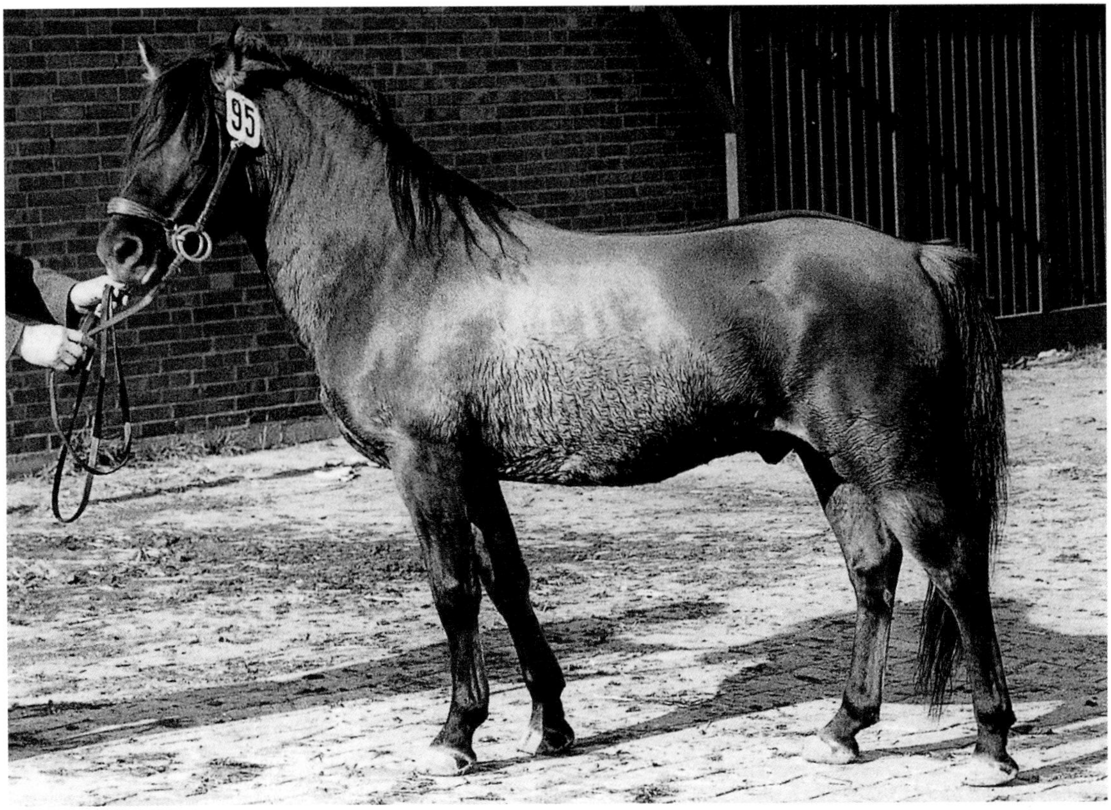

Numir 252 v. *Nugat XII*, 1962 geboren, führt beiderseits Dülmener Wildbahnblut.

Pony entstanden ist. Leider ist die Herde in den 60er Jahren aufgelöst worden. Die Stuten sind seinerzeit zum größten Teil von interessierten Züchtern übernommen worden. Einige Stuten wurden von Manfred Ortmann angekauft, der auf den alten Nordkirchener Weiden die Zucht noch einige Jahre weiterführte.

Außer den Dülmenern und Nordkirchenern gab es Anfang der 50er Jahre nur wenig kleine Pferde in Westfalen, einige Shetlandponys und seit 1953 wenige Haflinger, die aus Bayern und Österreich geholt wurden, um sie im landwirtschaftlichen Betrieb als Zugkraft einzusetzen. Die Ponyzucht war bedeutungslos. 1956 standen im Katalog des Köramtes lediglich 13 Hengste. Das wurde erst anders, als sich Ende der 50er Jahre im Zuge der allgemeinen wirtschaftlichen Entwicklung immer mehr Jugendliche (und auch Erwachsene) für den Reitsport interessierten und eine ständig steigende Nachfrage nach geeigneten Ponys auslösten. Um den Bedarf zu decken, mussten Ponys verschiedener Rassen aus England, Irland, Island, Norwegen und Frankreich importiert werden. Die Pony- und

unten:
Nordkirchener Stuten erregten Aufsehen auf den Westfalenschauen der 60er Jahre:
Aike S. 334 stammt aus Nordkirchen. Die 1964 geborene Stute war Siegerstute der Westfalenschau 1969.

Wildbahnherde
des Herzogs von Croy
im Merfelder Bruch

Kleinpferdezucht nahm in nur wenigen Jahren einen nicht erwarteten Aufschwung. Bei dem Bemühen, den jungen Reitern geeignete Ponys in allen Größen zur Verfügung zu stellen, ist auch eine »neue« Rasse, das Deutsche Reitpony, entstanden.

Über die gesamte Entwicklung der Pony- und Kleinpferdezucht, über die verschiedenen Rassen will der folgende Teil dieses Buches kurz berichten.

Die deutschen Reitponys

Vor 40 Jahren gab es sie noch nicht. Die Entwicklung einer »neuen Rasse« hatte sich zwangsläufig ergeben, weil die Züchter erkennen mussten, dass die Nachfrage nach dem größeren Reitpony um 140 cm Stockmaß mit den Stuten aus den Wildbahnen ebenso wenig zu decken war wie mit den schönen Welshponys der Sektionen A und B aus England. Nach Lage der Dinge bot sich der Einsatz größerer Hengste an.

links:
Der im Hauptgestüt Marbach gezogene *Merafic* ox hat mehrere Jahre auf der Station Schulze zur Hörst in Warendorf-Milte gestanden.

1963 stellte Christian Heyer, Boyenstein, Beckum, mit *Nazim* v. *Salih* den ersten – in England gezogenen – Vollblut führenden Hengst auf.

Christian Heyer aus Beckum, Gut Boyenstein, machte den Anfang; er stellte 1963 den Hengst **Nazim** v. *Salih* auf. Dem aus England stammenden, Vollblut führenden Hengst wurden Stuten unterschiedlicher Blutführung, vornehmlich Wildbahn- und Welshstuten zugeführt.
1966 stellte Bruno Eickelau, Hamm, den ersten *Nazim*-Sohn aus einer Nordkirchener Stute (*Zigeunerin* S. 128 v. *Zigeuner* 130) zur Körung vor.

Der Versuch regte zum Einsatz weiterer Hengste an. Die westfälische Reitponyzucht war »geboren«. Die Zahl der eingesetzten Hengste nahm weiter zu; zu nennen sind **Widukind** v. **Wisznu** ox, **Merafic** ox, **Daikir** ox, **Nijm** ox, **Nalet** ox, **Padischah** ox, **Borys** ox und **Dschinn** ox.

Vertreter anderer Zuchtverbände standen dieser Entwicklung zunächst sehr skeptisch und abwartend gegenüber und bezeichneten die anlässlich einer Tagung der Arbeitsgemeinschaft Deutscher Ponyzuchtverbände auf dem Ponyhof Georgenbruch in Everswinkel vorgestellten An-

Nalet ox, 1967 im Gestüt Tersk/UDSSR gezogen, stand von 1971 bis 1988 auf der Station Hesker-Lengermann in Münster-Hiltrup.

links oben:
Nijm ox v. *Galan* aus der Zucht von Dr. Ledermann in Hamburg hat als Landbeschäler mehrere Jahre auf verschiedenen Stationen im Deckeinsatz gestanden.

links mitte:
Daikr ox v. *Karmin*, der Vater von *Merafic*, war von 1968 bis 1973 Beschäler des Landgestüts Warendorf.

links unten:
Dschinn ox v. *Nabuch*, im Haupt- und Landgestüt Marbach gezogen, hat in den 70er und 80er Jahren auf verschiedenen Stationen des Landgestüts gestanden.

rechts oben:
Sesam v. *Puschki* a.d. *Schneewittchen* v. *Wildbahnhengst*, Z.: Prinzessin Wittgenstein, Horstmar. Der 1961 geborene und 1963 gekörte *Sesam* gehörte Anfang der 60er Jahre zu den bedeutendsten Wildbahnblut führenden Hengsten.

mitte rechts:
Kopf des Hengstes *Rübezahl II* v. *Bubi* a.d. *Rapunzel*, der Begründerin einer großen Stutenfamilie in der Zucht von Prinzessin Wittgenstein in Horstmar.
Der 1963 geborene *Rübezahl II* war Reserve-Siegerhengst der Körung 1965. Sein schöner und ausdrucksvoller Kopf war Modell für die Schaffung einer Medaille, die alljährlich auf den Eliteschauen an die Züchter vergeben wird.

paarungsprodukte als unerwünschte Kreuzungen. Die Vertreter der »reinen« Lehre verkannten dabei den sich abzeichnenden Trend zum größeren Pony, der den Züchtern quasi vorgegeben war, wollten sie nicht am Markt vorbei produzieren.

In Westfalen nahm die Reitponyzucht jedenfalls zahlenmäßig unerwartet zu. 1969 wurden auf der zentralen Hauptkörung bereits 18 Hengste vorgestellt – 1973 waren es 51, 1977 85 und 1981 über 100. Ende 2002 waren in den Zuchtbüchern des Pferdestammbuchs 125 Hengste und 1.456 Stuten eingetragen.

Inzwischen gibt es Deutsche Reitponys in allen Bundesländern. Die kleinen Pferde haben sich als Rasse mehr und mehr konsolidiert. Von unliebsamen Kreuzungen wird nicht mehr gesprochen. Bundesweit sind annähernd 8.000 Reitponystuten eingetragen, das entspricht einem Anteil von mehr als 22 Prozent am Gesamtbestand aller eingetragenen Pony- und Kleinpferdestuten. Westfalen ist größtes und bedeutendstes Zuchtgebiet.

Das Zuchtziel

Wer züchten und verkaufen will, muss das Zuchtziel kennen. Der Verwendungszweck weist den Weg. Richtungweisend war Anfang der 60er Jahre das Britische Riding-Pony, das seinerzeit durch Anpaarung unterschiedlicher, bodenständiger Rassen entstanden ist. Es waren überwiegend Welsh- oder auch New Forest-Stuten,

Natal II v. *Nazim* a.d. *Zigeunerin* v. *Zigeuner* (einer Nordkirchener Stute) war Siegerhengst der Körung 1968. Z.: H. Schulze-Elberg, Bergkamen

die mit Araber- und Vollbluthengsten angepaart worden sind.

In Westfalen war das nicht anders. Auch hier sind zunächst Stuten aus den Wildbahnen Dülmen und Nordkirchen, später importierte Welsh- und New Forest-Stuten mit Araber- oder auch Vollbluthengsten angepaart worden, um ein für den Jugendreitsport geeignetes Pony zu züchten, das sowohl als Freizeit- wie auch als Turnierpony Verwendung finden kann, und zwar in einer Größe um 140 cm Stockmaß (mit einer Obergrenze von maximal 148 cm), denn kleinere Ponys gab es bereits.

Von Anfang an wurde Wert auf gewisse Exterieurmerkmale gelegt. Die Ponys sollten alle Points erkennen lassen, auf die es im Reitsport ankommt: auf gute Halsung, ausgeprägten Widerrist, groß angelegte Sattellage, gut formierte Kruppe, trockene Gelenke, korrekte Beinstellung, raumgreifende, schwungvolle und elastische Bewegungen. Die Ponys sollten rittig und gängig sein, darüber hinaus aber auch gewisse Interieurmerkmale mitbringen, auf die in der Zucht nicht verzichtet werden kann. Sie müssen gutartig, umgänglich und zuverlässig sein; das gilt auch für alle anderen Rassen. An dieser Zielsetzung hat sich bis heute nichts geändert.

Gute Hengste sind gefragt

In der Pferdezucht, und das gilt natürlich auch für die Pony- und Kleinpferdezucht, kommt dem Hengst züchterisch eine besondere Bedeutung zu, weil er – je nach Deckbeanspruchung – in jedem Jahr einer Vielzahl von Nachkommen seine Anlagen mitgibt und somit die züchterische Entwicklung positiv oder negativ beeinflussen kann.

Die alljährlich stattfindenden Körungen der Junghengste sind immer ein besonderes züchterisches Ereignis. Sie geben nicht nur den Züchtern und Besuchern einen Überblick über den jeweiligen Hengstjahrgang, sondern sie lassen auch den züchterischen Fortschritt erkennen.

Ende der 50er, Anfang der 60er Jahre standen im westfälischen Zuchtgebiet nur wenige Hengste. Sieht man von den Haflingern, Isländern und

Night Star I v. *Nalet* ox a.d. *Mona* v. *Meran* (Z.: H. Tenkleve, Vreden) führt mütterlicherseits Welsh-Blut. Der 1981 geborene Hengst war Siegerhengst der Körung 1983.

Playback v. *Principal Boy* a.d. St.Pr.St. *Daria* v. *Durello*, Siegerhengst der Körung 1993, stammt aus der Zucht v. J. Peters, Recklinghausen. *Playback* ist mit Erfolg im Turniersport eingesetzt worden.

Lukas v. *Lucky Strike* a.d. St.Pr.St. *Night Lady* v. *Night Star I* (Z.: Ulrike Hemschenherm, Versmold) war Siegerhengst der Körung 1995. Von seinen Söhnen sind bisher fünf gekört, darunter die Siegerhengste *Langar* (1998) und *Lateran* (1999). Vater und Söhne sind im Sport eingesetzt worden.

Shetlandponys ab, die gesondert gekört wurden, gab es lediglich einige Nordkirchener und Dülmener.

1963 wurde *Sesam* 223 v. *Puschki* 163 a.d. *Schneewittchen* S. 109 v. *Wildbahnhengst* aus der Zucht von Prinzessin Wittgenstein, Horstmar, gekört. Weitere Hengste folgten: *Nuppel* v. *Nugat XII* (1964), *Ataman* v. *Atair* und *Rübezahl II* v. *Bubi* (1965).

Vorstellung der älteren Hengste

In der Zeit von 1969 bis 1985 waren die älteren Hengste im vierjährigen Turnus erneut vorzustellen. Danach wurde auf eine nochmalige Vorstellung verzichtet – eigentlich verständlich, denn letztlich kommt es auf die Vererbung, die Nachzucht an, ob sie dem eigentlichen Verwendungszweck entspricht.

Name des Hengstes		Abstammung	Züchter	Nachzucht Staatsprämien-töchter	Nachzucht gekörte Söhne
Nadler I	1967	*Nazim – Taifun*	Chr. Heyer, Beckum, Gut Boyenstein	11	19
Niklas I	1971	*Nijm* ox – *Upper Ten*	W. Louven, Dorsten	18	5
Rosedale Tiberius	1974	*T Julius Caesar – Tobboganist*	Rosedale Stud (England)	18	10
Navajo II	1974	*Nazim – Star Royal*	R. Brinkmann, Emsdetten	13	2
Nantano	1975	*Nante I – Kristallo*	J. Volle, Lüdinghausen	28	43
Dschingis Khan	1976	*Dschinn* ox – *Hajil*	R. Griemert-Lechtermann, Bad Salzuflen	18	3
Leonardo	1978	*Landmark – Kilbees Gay Jenkin*	W. Potthoff, Osnabrück	19	6
Night Star I	1981	*Nalet* ox – *Meran*	H. Tenkleve, Vreden	17	6
Durello	1982	*Duktus – Maculano* xx	G. Gerberding, Badbergen	37	19
Domingo	1982	*Derby – Valentino*	H.-G. Bönniger, Tönisvorst	15	12
Dressman I	1988	*Domingo – Niklas I*	H. Sondermann, Haltern	15	15

Anschließend sind Stuten aus Nordkirchen und Dülmen sowie importierte Welshstuten mit Araber- und Vollblut führenden Hengsten angepaart worden mit dem Ziel, den jugendlichen Reitern ein größeres Reitpony zur Verfügung zu stellen.

1966 wurde der erste Hengst gekört, **Natal** v. *Nazim* a.d. *Zigeunerin* S. 128 v. *Zigeuner* (einer Nordkirchener Stute) aus der Zucht von Bruno Eickelau, Hamm. Die westfälische Reitponyzucht hatte ihren Anfang genommen.

In den folgenden Jahren sind weitere Araber- und auch Welshhengste in der Zucht eingesetzt worden. Die Fotos lassen den züchterischen Fortschritt erkennen. Die Hengste sind größer, gängiger und rittiger geworden.

Neuerdings haben die Hengsthalter Gelegenheit, ihre Hengste den interessierten Züchtern und Besuchern alljährlich im Rahmen einer zentralen Hengstschau im Pferdezentrum an der Hand, unter dem Sattel oder im Gespann in Schaunummern zu zeigen. Die Veranstaltungen kommen immer gut an.

Einige Althengste haben durch ihre Nachzucht Bedeutung erlangt. Sie sind in der Übersicht mit der Zahl ihrer Staatsprämientöchter und gekörten Söhne aufgeführt.

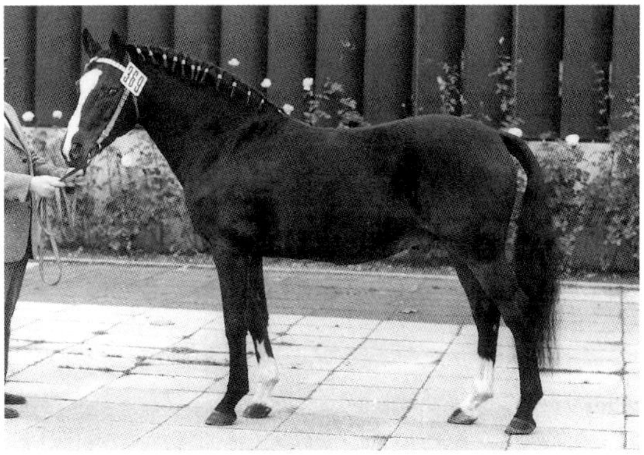

links:
Nadler I v. *Nazim* a.d. *Luna* v. *Taifun*

rechts:
Durello v. *Duktus* a.d. *Wally* v. *Maculano* xx

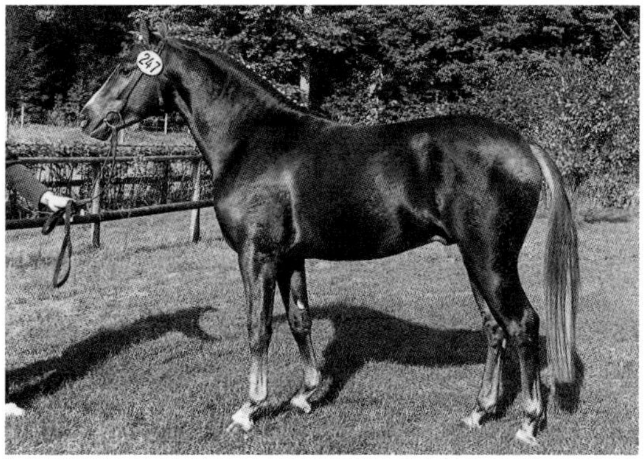

links:
Niklas I v. *Nijm* ox a.d. *Utina* v. *Upper Ten*

rechts:
Domingo v. *Derby* a.d. *Valerina* v. *Valentino*

links:
Navajo II v. *Nazim* a.d. *Liswane Llinos* v. *Star Royal*

rechts:
Leonardo v. *Landmark* a.d. *Regina* v. *Kilbees Gay Jenkin*

links:
Dschingis Khan v. *Dschinn* ox a.d. *Habanna* v. *Hajil*

rechts:
Nantano v. *Nante* a.d. Verb.El.St. *Komtesse* v. *Kristallo* (im Alter von 22 Jahren)

Hengstleistungsprüfungen

Seit 1983 gibt es Leistungsprüfungen, zunächst auf freiwilliger Grundlage, mit dem Ziel, die in der Zucht eingesetzten Hengste zu prüfen, ob sie für den eigentlichen Verwendungszweck geeignet sind, d. h. für den Einsatz im Reisport. Zwar hatten diese Gedanken schon im Tierzuchtgesetz ihren Niederschlag gefunden, die Anforderungen reichten jedoch nicht aus, um die Ergebnisse für eine Selektion heranzuziehen. Aus diesem Grunde haben Vertreter des Westfälischen Pferdestammbuchs und des benachbarten Verbandes Weser-Ems Richtlinien für die Durchführung von Stationsprüfungen erarbeitet mit dem Ziel, Charakter, Temperament, Bewegungsablauf, Rittigkeit und Leistungsbereitschaft zu prüfen.

oben rechts:
Dressman I v. *Domingo* a.d. St.Pr.St. *Nadin* v. *Niklas I*
Z.: H. Sondermann, Haltern.
Der Siegerhengst der Körung 1991 war auch Bester der Hengstleistungsprüfung 1992.

unten rechts:
Going Top v. *Going East* a.d. St.Pr.St *Desiree* v. *Domingo*
Z.: Thea Berensmeyer, Lippstadt.
Der Reserve-Sieger der Körung 2000 war Spitzenhengst im 30-Tage-Test 2002 mit der Gesamtnote 8,47.

Vivaldi v. *Valiant Starlight* a.d. *Nica* v. *Nathan*
Z.: H. Thiemann, Nordwalde. Der 1991 geborene Hengst war Sieger im 30-Tage-Test 1995.

Die erste Prüfung (30-Tage-Test) hat in der Zeit vom 28.10. bis 26.11.1983 im Westfälischen Pferdezentrum in Münster-Handorf stattgefunden. Die Beteiligung war von Anfang an gut.

Leistungsprüfung wird zur Pflicht

1993 ist die Prüfung für alle gekörten Hengste bestimmter Rassen zur Pflicht geworden. Das Westfälische Pferdezentrum hatte sich bereits als zentrale Prüfungsanstalt bewährt. Inzwischen liegen Erfahrungen von zehn Jahren vor.

Nachfolgend die westfälischen Siegerhengste der zurückliegenden Jahre:

1984 *Negro* v. *Nantano* a.d. *Jasmin* v. *Jebor* ox Z.: Willi Wiedau, Lüdinghausen

1985 *Night Star I* v. *Nalet* ox a.d. *Mona* v. *Meran* Z.: Georg Tenkleve, Vreden

1986 *Nobiles* v. *Nadler I* a.d. Verb.El.St. *Sabine* v. *Samir* ox, Z.: Johannes Oesselke, Rheda-Wiedenbrück

1988 *Till The Champ* v. *Rosedale Tiberius* a.d. Verb.El.St. *Konsequenz* v. *Kingsholme Robin* ox, Z.: Hans Jörg Karsten, Münster

1992 *Dressman I* v. *Domingo* a.d. St.Pr.St. *Nadin* v. *Niklas I*, Z.: Heinrich Sondermann, Haltern

1995 *Vivaldi* v. *Valiant Starlight* a.d. *Nica* v. *Nathan*, Z.: Heinrich Thiemann, Nordwalde

1997 *Top Yellow* v. *Till the Champ* a.d. St.Pr.St. *Kaprice* v. *Kirby Cane Bugler*, Z.: Johann Hinnemann, Voerde

2002 *Going Top* v. *Going East* a.d. St.Pr.St. *Desiree* v. *Domingo*, Z.: Thea Berensmeyer, Lippstadt

links oben:
Viscount v. *Vip* a.d. St.Pr.St. *Navarina* v. *Navarino*
Z.: H. Hunke, Vreden
B.: W. Kelle, Porta Westfalica
(im Bild unter Henrike Sommer)

links unten:
Notre Beau v. *Nantano* a.d. *Cindy* v. *Chirk Ceiniad*
Z.: B. Eink-Stodtmann, Rosendahl
B.: M. Terbrack, Nottuln
(im Bild unter Jens Baackmann)

rechts oben:
Nature Boy v. *Nantano* a.d. *Lady* v. *Leonardo*
Z.: L. Beckhoff, Rietberg
B.: H. Bockholt, Steinfurt
(im Bild unter Ulrike Bruns)

rechts unten
Danny Gold v. *Dornick* a.d. *Pamina* v. *Power Boy*
Z.: W. Steinheuer, Marl
B.: H.-D. u. E.-M. Tüpker, Westerkappeln
(im Bild anlässlich der Hengstleistungsprüfung 1999)

Westfälische Hengstchampionate

Die westfälischen Hengstchampionate sollen der weiteren Förderung der Zucht dienen; es gibt sie seit 1996. Zugelassen werden Reitponyhengste mit westfälischem Fohlenbrand, deren Halter ihren Sitz im Verbandsgebiet des Zuchtverbandes haben. Die Hengste müssen in Westfalen gekört sein und die Leistungsprüfung mit Erfolg abgelegt haben. Auf den Stuten- und Fohlenschauen ist Nachzucht vorzustellen (mindestens acht Fohlen).

Die Hengste werden von einer Kommission ausgewählt. Die drei besten werden anlässlich der Hauptkörung unter dem Reiter vorgestellt und prämiert. Bisher haben acht Championate stattgefunden, die von der VTV/R+V und RCG gesponsert werden.

Die Sieger waren:

1996 *Top Nonstop* v. *Nantano* a.d. St.Pr.St. *Lolita* v. *Leonardo*, Z.: H. Friedag, Dülmen
1997 *Lukas* v. *Lucky Strike* a.d. St.Pr.St. *Night Lady* v. *Night Star I*, Z.: Ulrike Hemschenherm, Versmold

Verb.El.St. *Waika* v. *Widukind* a.d. *Leila* v. *Harrar*, Nordkirchen, war 1970 die erste Verbandselitestute.
Z.: J. Czeiszel, Kamen
B.: W. Blümel, Halver

Verb.El.St. *Palette* v. *Rübezahl I* führt beiderseits Wildbahnblut und war Siegerstute der Eliteschau 1973.
Z.: Prinzessin Wittgenstein, Horstmar

St.Pr.St. *Carmen* v. *Croupier* a.d. *Dunja* v. *Dschinn* ox
Z.: A. Grebing, Ostbevern
Eliteschau 1988: Ia-Preis und Siegerstute

St.Pr.St. *Dorina* v. *Domingo* a.d. Verb.El.St. *Comtesse* v. *Chameur*
Z.: Geschwister Boermann, Marl
Eliteschau 1989: Ia-Preis und Siegerstute

1998 *Notre Beau* v. *Nantano* a.d. *Cindy* v. *Chirk Ceiniad*, Z.: B. Eink-Stodtmann, Rosendahl
1998 *Viscount* v. *Vip* a.d. St.Pr.St. *Navarina* v. *Navarino*, Z.: H. Hunke, Vreden
1999 *Danny Gold* v. *Dornick* a.d. *Pamina* v. *Power Boy*, Z.: W. Steinheuer, Marl
2000 *Langar* v. *Lukas* a.d. *Beukenhof's Jul* v. *Downland Folklore*, Z.: Ulrike Hemschenherm, Versmold
2001 *Nature Boy* v. *Nantano* a.d. *Lady* v. *Leonardo*, Z.: L. Beckhoff, Rietberg
2002 *Piccolo* v. *FS Pour l'Amour* a.d. St.Pr.St. *Night Lady* v. *Night Star I*, Z.: H. Bockholt, Steinfurt

Eliteschauen geben züchterische Impulse

Da in der Vererbung nicht nur die Hengste sondern auch die Stuten von Bedeutung sind, beschloss die Zuchtleitung des Verbandes 1970, alljährlich nach Beendigung der Stuten- und Fohlenschauen eine Eliteschau durchzuführen, auf der die besten, auf den Stutenschauen ausgewählten, in Westfalen gezogenen 3-jährigen Stuten vorgestellt und prämiert werden. Die so ausgezeichneten Stuten werden bis einschließlich 1980 als Verbandselitestute geführt.

Seit 1981 wird den besten Stuten (die Zahl ist begrenzt und richtet sich nach der Qualität der vorgestellten Stuten) der Titel »Staatsprämienstute« zuerkannt, den übrigen Stuten der Titel »Verbandsprämienstute«. Die Züchter erhalten eine Medaille für besondere züchterische Leistungen.

In den ersten Jahren sind Stuten vorgestellt worden, die Wildbahn- oder Welshblut führten. Später sind in der Abstammung vermehrt Araberhengste zu finden. Die Fotos lassen die züchterische Entwicklung erkennen.

Zuchtschauen geben Überblick

Die Zuchtschauen stehen unter dem Motto »Sehen, Vergleichen, Lernen« und sollen den Besuchern das angestrebte Zuchtziel vor Augen führen und ihnen einen Überblick über den er-

reichten Leistungsstand vermitteln; sie sollen aber auch den Züchtern die Möglichkeit geben, ihre Stuten oder auch Hengste mit denen anderer Züchter vergleichen zu können, um aus dem Vergleich zu lernen und etwaige Konsequenzen für die weitere züchterische Arbeit zu ziehen. Aus diesem Grunde werden Verbandsschauen, überregionale Schauen und Bundesschauen durchgeführt.

Die erste **Verbandsschau** fand 1977 auf dem Gelände des neu errichteten Pferdezentrums in Münster-Handorf statt. Die Prämierung der über 100 Stuten erfolgte seinerzeit in drei Größenklassen. Es wurden Wilbahnblut führende Stuten, Welsh-, New Forest-, Connemara- und

Reitponystuten vorgestellt, wobei Letztere mehr oder weniger Araberblut führten. Siegerstute war die Verb.El.St. **Nadja** v. *Nazim* a.d. *Anja* v. *Atair* (Z.: J. Heisterkamp, Bocholt) vor der Verb.El.St. **My Fair Lady** v. *Merafic* ox a.d. *Simona* v. *Mandarin* (Z.: P. Schoster, Warendorf). Weitere Schauen folgten im vierjährigen Turnus.

Die erste **überregionale Schau** fand ebenfalls 1977 im Pferdezentrum in Münster-Handorf statt, an der sich vier norddeutsche Verbände

links oben:
Verb.El.St. *Nadja* v. *Nazim* a.d. *Anja* v. *Atair* (Z.: J. Heisterkamp, Bocholt) war Siegerstute der 1. Verbandsschau 1977 im Pferdezentrum in Münster-Handorf.

rechts oben:
St.Pr.St. *Nibelungentreue* v. *Nobel* a.d. St.Pr.St. *Nibelungenlied* v. *Nansen*
Z.: H. Bockholt, Steinfurt
Eliteschau 1990: Ia-Preis und Siegerstute

rechts mitte:
St.Pr.St. *Desiree* v. *Domingo* a.d. Verb.Pr.St. *Tanja* v. *Rosedale Tiberius*
Z.: W. Berensmeyer, Lippstadt
Eliteschau 1996: Ia-Preis und Siegerstute

rechts unten:
St.Pr.St. *Tassja* v. *Top Nonstop* a.d. St.Pr.St. *Namarie* v. *Nalet* ox
Z.: H. Hunke, Vreden
Eliteschau 1999: Ia-Preis und Siegerstute
(Foto anlässlich der Verbandsschau 2000)

links unten:
Verb.El.St. *My Fair Lady* v. *Merafic* ox a.d. *Simona* v. *Mandarin* (Z.: P. Schoster, Warendorf) war Reservestute der 1. Verbandsschau 1977.

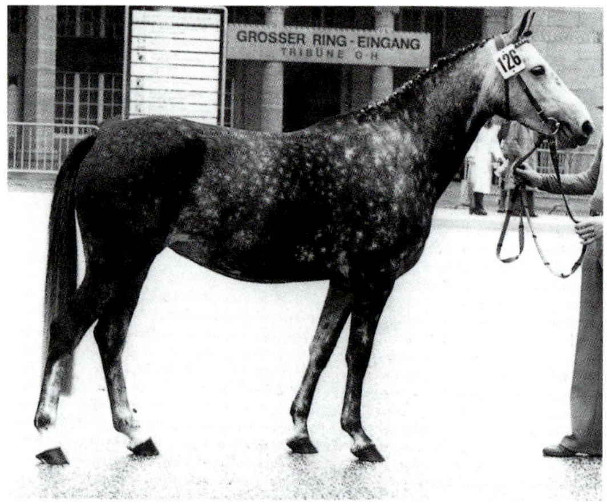

oben:
Verb.El.St. *Nadja* v. *Nazim*
a.d. *Anja* v. *Atair*
Z.: J. Heisterkamp, Bocholt
DLG-Ausstellung München
1976: Ia-Preis und Siegerstute

oben rechts:
Niklas I v. *Nijm* ox
a.d. *Utina* v. *Upper Ten*
Z.: W. Louven, Dorsten
DLG-Ausstellung München
1976: Ia-Preis und Siegerhengst

rechts:
Verb.El.St. *Sabine* v. *Samir* ox
a.d. *Sarnau Susanne* v. *Revel Rinkle*
Z.: Joh. Oesselke, Rheda-Wiedenbrück
DLG-Ausstellung Frankfurt
1978: Ia-Preis und Siegerstute

beteiligten. 1980 folgte das Zuchtchampionat in Söder bei Hildesheim.

1981 gab es die erste Bundesponyschau in Bad Segeberg; es folgten Schauen in Münster-Handorf und Walldorf.

1983 fand die erste Schau für Deutsche Reitponys in Helle bei Bad Zwischenahn statt; es folgten Schauen in Cloppenburg 1987, Aachen 1989, Cloppenburg 1992, Warendorf 1996 und Aachen 2000, wobei z.T. auch andere Rassen vorgestellt wurden.

Die westfälischen Züchter haben sich an allen Schauen beteiligt. Sie stellten wiederholt die Siegerstuten und waren auch in Sammlungswettbewerben erfolgreich.

Nicht zu vergessen sind die **DLG-Ausstellungen**. 1976 waren die westfälischen Züchter in München zum ersten Mal dabei. Die kleine Reitpony-Kollektion erregte Aufsehen. Der sich gut bewegende **Niklas I** v. *Nijm* ox wurde Siegerhengst und die gut herausgebrachte *Nazim*-Tochter **Nadja** Siegerstute. Auch auf den folgenden Ausstellungen war das nicht anders. Die Westfalen-Ponys waren stets in der Spitze zu finden, wie die nachfolgende Übersicht zeigt.

Die Erfolge auf DLG-Schauen

Die westfälischen Züchter haben sieben DLG-Ausstellungen beschickt. Die Erfolgsbilanz kann sich sehen lassen:

1976 München
Westfalen erregte Aufsehen mit den ausgestellten Reitponys.
Niklas I v. *Nijm* ox a.d. *Utina* v. *Upper Ten* war Siegerhengst; *Nadja* v. *Nazim* a.d. *Anja* v. *Atair* Siegerstute.

1978 Frankfurt
Westfalen stellte abermals die Siegerstute mit der Verb.El.St. *Sabine* v. *Samir* ox a.d. *Sarnau Susanne* v. *Revel Rinkle*; Hengste sind nicht prämiert worden.

oben:
Navajo II v. *Nazim* a.d. *Liswane Llinos* v. *Mistral Star Royal*, Z.: R. Brinkmann, Emsdetten, DLG-Ausstellung Hannover 1980: Ia-Preis und Siegerhengst

oben links:
St.Pr.St. *Sina* v. *Sinbad* ox a.d. *Mischa* v. *Uyrnwy Top Secret*, Z.: M. Nicolic, Borghorst, B.: Gebr. Grundmeier, Langenberg, DLG-Ausstellung München 1982: Ia-Preis und Siegerstute

mitte links:
St.Pr.St. *Nesrina* v. *Narwal I* a.d. Verb.El.St. *Sabine* v. *Samir* ox, Z.: J. Oesselke, Rheda-Wiedenbrück, DLG-Ausstellung Hannover 1986: Ia-Preis und Siegerstute

unten links:
St.Pr.St. *Nelly* v. *Niklas I* a.d. Verb.El.St. *Domina* v. *Daikir* ox, Z.: W. Klöpper, Gronau, B.: R. Lembeck, Stadtlohn, DLG-Ausstellung Frankfurt 1989: Ia-Preis und Siegerstute

1980 Hannover
Navajo II v. *Nazim* a.d. *Liswane Llinos* v. *Mistral Star Royal* setzte die Erfolgstradition mit seinem Sieg fort. *Comtesse* v. *Chameur* a.d. *Landley Solo Serene* v. *Revel Solo* war Reserve-Siegerstute.

1982 In München ist nur der Titel »Siegerpferd« vergeben worden. Der Titel ging nach Westfalen. *Sina* v. *Sinbad* ox a.d. *Mischa* v. *Uyrnwy Top Secret* überzeugte durch ihre Bewegungen.

1984 Frankfurt
Der Reserve-Siegerpreis ging an die St.Pr.St. *Nibelungenlied* v. *Nansen* a.d. *Carmen* v. *Downland Chevalier.*

1986 Hannover
Westfalen schnitt abermals erfolgreich ab. Die Bundessiegerschleife ging an die St.Pr.St. *Nesrina* v. *Narwal I,* eine Tochter der Siegerstute von 1978 (*Sabine* v. *Samir* ox). *Night Star I* v. *Nalet* ox a.d. *Mona* v. *Meran* wurde mit dem Ia-Preis ausgezeichnet.

1989 Frankfurt
Westfalen stellte mit *Silvertop's As* v. *Silvertop's Ricco* a.d. St.Pr.St. *Nadin* v. *Niklas I* nicht nur den Siegerhengst, sondern mit der St.Pr.St. *Nelly* v. *Niklas I* a.d. Verb.El.St. *Domina* v. *Daikir* ox auch die Siegerstute.
Die Familie der Verb.El.St. *Nadja* v. *Nadler I* mit den Töchtern, den Staatsprämienstuten *Night Flower* und *Night Lady* (beide von *Night Star I*) war konkurrenzlos und glänzte durch Harmonie und Schönheit.

oben links:
Silvertop's As v. *Silvertop's Ricco* a.d. St.Pr.St. *Nadin* v. *Niklas I*
Z.: H. Sondermann, Haltern
B.: Gestüt Förster, Lüdinghausen-Ermen
DLG-Ausstellung Frankfurt 1989: Ia-Preis und Siegerhengst

Auf Bundesschauen erfolgreich

oben rechts:
Nachzuchtsammlung (Mutter mit zwei Töchtern): (v. l.) Verb.El.St. *Nadja* v. *Nadler I* mit den Töchtern St.Pr.St. *Night Flower* v. *Night Star I* und St.Pr.St. *Night Lady* v. *Night Star I*
B.: H.Bockholt, Steinfurt
Bundesschau Aachen 1989: Ia-Preis und beste Sammlung der Schau

mitte links:
St.Pr.St. *Nadin* v. *Niklas I* a.d. Verb.El.St. *Suleika* v. *Shalom*
Z.: H. Sondermann, Haltern
Bundesstutenschau Cloppenburg 1992: Ia-Preis und Siegerstute

mitte rechts:
St.Pr.St. *Charisma* v. *Chantre B.* a.d. St.Pr.St. *Nibelungenblut* v. *Nobel*
Z.: H. Brockholt, Steinfurt
Bundesschau Aachen 2000: Ia-Preis und Reserve-Siegerstute

unten:
St.Pr.St. *Desiree* v. *Domingo* a.d. Verb.Pr.St. *Tanja* v. *Rosedale Tiberius*
Z.: W. Berensmeyer, Lippstadt
Bundesstutenschau Warendorf 1996: Ia-Preis und Siegerstute

Bedeutende Stuten und Stutenfamilien

Alle Welt spricht von Hengsten, jedoch sind gute Mütter die Grundlage einer jeden Zucht. Wer sich einmal die Mühe macht und die Zuchtunterlagen eingehend überprüft, wird bestimmte Stuten in der Abstammung wiederfinden, die sich nicht nur durch die Zahl ihrer Fohlen, sondern auch durch die Qualität ihrer Söhne und Töchter besonders ausgezeichnet haben. Und wenn sich bei näherer Prüfung auch noch ergibt, dass die Stuten im Laufe ihrer Zuchtverwendung mehreren Hengsten mit gutem Erfolg zugeführt worden sind, wird man diesen Stuten das Prädikat »besonders wertvoll« nicht absprechen können.

Die Reitponyzucht ist relativ jung. Zu den Stuten, die sich in den zurückliegenden Jahren durch ihre Nachzucht besonders ausgezeichnet haben, gehörten zunächst Stuten mit Wildbahn- und Welshblutführung, später Stuten, die aus der Anpaarung mit Araber- und Vollbluthengsten hervorgegangen sind.

Verb.El.St. *Konsequenz* v. *Kingsholme Robin* ox a.d. *Freundin* v. *Bubi*

Till the Champ v. *Rosedale Tiberius* gehört zu den drei gekörten Söhnen der Verb.El.St. *Konsequenz*. *Till the Champ* war Siegerhengst der Körung 1986 und Bundes-Vizechampion 1987 in Vechta und 1988 in Schenefeld (im Bild unter Andrea Karsten).

Verb.El.St. *Nova* v. *Nazim* a.d. *Menai* v. *Menai Shooting Star*.

St.Pr.St. *Darella* v. *Durello* gehört zu den zehn Töchtern der Verb.El.St. *Nova* v. *Nazim*, die Staatsprämienstute geworden sind. Z.: J. Müller, Lüdinghausen

Nur einige wenige können hier kurz vorgestellt werden:

Verb.El.St. *Konsequenz*
v. *Kingsholme Robin* ox a.d. *Freundin* v. *Bubi*,
Z.: Prinzessin Wittgenstein, Horstmar,
B.: Hans Jörg Karsten, Münster

Die 1971 geborene Stute führt mütterlicherseits Nordkirchener Blut. *Konsequenz* gehörte 1976 zur westfälischen DLG-Kollektion in München. Ihre Nachzucht kann sich sehen lassen. Sieben Töchter sind Verbandselite- bzw. Staatsprämienstute, drei Söhne gekört, darunter *Till the Champ*, Siegerhengst der Körung 1986 und Bundes-Vizechampion 1987 und 1988.

Verb.El.St. *Nova*
v. *Nazim* a.d. *Menai* v. *Menai Shooting Star*,
Z.: Manfred Ortmann, Forsthaus Rehbusch, Nordkirchen

oben rechts:
Verb.El.St. *Suleika* v. *Shalom* a.d. *Narzisse* v. *Narwal II*

oben:
Traumfürst v. *Rosedale Tiberius*, ein Sohn der Verb.El.St. *Suleika*, war Siegerhengst der Körung 1988 und kam in Verden 1990 zu Championatsehren unter Andrea Karsten.

mitte:
St.Pr.St. *Nibelungenlied* v. *Nansen* a.d. *Carmen* v. *Downland Chevalier*

unten:
Stutenfamilie – Großmutter, Mutter, Tochter:
(v. l.) St.Pr.St. *Nibelungenlied* v. *Nansen*, St.Pr.St. *Nibelungentreue* v. *Nobel*, St.Pr.St. *New Time* v. *Night Star I*
Z.: H. Bockholt, Steinfurt
Bundesstutenschau Warendorf 1996: Ia-Preis und Reserve-Siegerfamilie der Schau

Die 1973 geborene Stute kam als Fohlen zu Jürgen Müller nach Lüdinghausen und hat dort 16 Fohlen von fünf verschiedenen Hengsten gebracht. Zehn Töchter sind Staatsprämienstute, darunter die Reserve-Siegerstuten *Leonore* v. *Leonardo* (1991) und *Darella* v. *Durello* (1992).

Verb.El.St. *Suleika*
v. Shalom a.d. *Narzisse* v. *Narwal II*,
Z.: Antonius Schulze-Wierling, Münster

Die 1976 geborene *Shalom*-Tochter kam 1982 zu Heinrich Sondermann nach Haltern. *Suleika* hat 20 Fohlen gebracht. Sieben Töchter sind Staatsprämienstute, darunter die bekannte *Nadin* v. *Niklas I*, die Mutter von sechs gekörten Hengsten, darunter *Silvertop's As* v. *Silvertop's Ricco* (Bundeschampion von 1987) und die Vollbrüder *Dressman I, II, III, IV, V*, von denen *Dressman I* vierfacher Bundeschampion in den Jahren 1991 bis 1994 war.

Fünf *Suleika*-Söhne sind gekört, *Traumfürst* v. *Rosedale Tiberius* war Siegerhengst der Körung 1988 und Bundeschampion 1990, *Dublin* v. *Durello* Siegerhengst der Körung 1989.

St.Pr.St. *Nibelungenlied*
v. *Nansen* a.d. *Carmen* v. *Downland Chevalier*,
Z.: Hans Bockholt, Steinfurt

Die Siegerstute der Eliteschau 1983 führt bekanntes Welshblut. *Nibelungenlied* gehörte 1984 zur westfälischen DLG-Kollektion in Frankfurt und war auch auf Verbands- und Bundesschauen wiederholt erfolgreich, insbesondere in Sammlungswettbewerben mit ihren Töchtern. Sechs Töchter (alle von *Nobel*) sind Staatsprämienstute. Besonders zu nennen ist *Nibelungenblut* mit

ihren vier Staatsprämien-Töchtern, von denen *Charisma* Reserve-Siegerstute der Bundesschau 2000 in Aachen war.

Nibelungenlied ist auch Mutter von fünf gekörten Söhnen, den Vollbrüdern *Nibelungenheld I, II, III, IV* und *Charm of Nibelungen*, von denen zwei Reserve-Siegerhengste der Körungen 1987 und 1991 waren (*Nibelungenheld I* und *Nibelungenheld II*).

Vom Spiel zum Leistungssport

Wer kann sich noch erinnern, an die Zeit Ende der 50er, Anfang der 60er Jahre, als der Reitsport auch bei Kindern und Jugendlichen zunehmendes Interesse fand? Die Ponyzucht steckte seinerzeit in den Anfängen. Zur Verfügung standen Shetlandponys, Wildbahnblut führende Ponys aus Dülmen und Nordkirchen; darüber hinaus einige Haflinger und Fjordpferde und – nicht zu vergessen – die ersten Isländer.

Das zunehmende Interesse der Jugendlichen am Reitsport war für den Kreisreiterverband Münster Anlass genug, zum Januar-Turnier 1965 vier englische Ponygruppen in die Halle Münsterland einzuladen. In Schaunummern zeigten die gut ausgebildeten jungen Reiterinnen und Reiter mit ihren Ponys Reiterspiele, die viel Anklang fanden. Noch im gleichen Jahr fuhren interessierte Züchter nach England, um Stuten und Hengste, vornehmlich der Rasse Welsh, anzukaufen.

oben links und oben:
Ende der 50er, Anfang der 60er Jahre fand der Reitsport bei Kindern und Jugendlichen zunehmendes Interesse. Im Bild: Gemeinsamer Ausritt auf dem Ponyhof Georgenbruch in Everswinkel im Münsterland.

mitte:
Schon in den 60er Jahren wurde Ponysport geboten. Im Bild der neunjährige Paul-Wilhelm Schoster, Warendorf, mit *Simona* v. *Mandarin*. Die Stute war in leichten Dressur- und Springprüfungen wiederholt erfolgreich.

unten:
Im Rahmen der Jugendturniere standen außer Mannschaftswettbewerben auch Eignungs-, Dressur- und Springprüfungen auf dem Programm. In Dressurprüfungen überzeugte wiederholt Susanne Möhring, RV Lemgo, mit *Askari* v. *Akif* ox (Z.: R. Dammeyer, Petershagen).

oben:
Top Dusty v. *Duktus – Leopold* stammt aus der Zucht der Familie Schmitz in Ahaus. Mit Julia Dunz, Weißenburg/Bayern, kam der gekörte Hengst 1998 durch 23 Siege und 31 weitere Platzierungen in Dressurprüfungen auf Platz 1 der westfälischen Bestenliste (JGS von 4.740 DM). Der Hengst ist in Bayern ein Aushängeschild der westfälischen Reitponyzucht.

oben rechts:
Condo v. *Candy Man – Nijm* ox; Z.: Andrea und Carolin Jolink, Bocholt. Mit Jennifer Hölscher, Gronau, im Sattel brachte es der 1982 geborene Schimmel in der Turniersaison 2000 auf 3.077 DM in Springprüfungen.

rechts:
Das Siegerpaar der Vielseitigkeits-Europameisterschaft 2000 in Hagen a.T.W. auf der Ehrenrunde: Friederike Dörner, RV Rhede-Krommert, mit *Nelusko* v. *Night Star I – Rustem Pascha* aus der Zucht von Werner Leusmann in Greven.

Der Zulauf der jugendlichen Reiter in den Vereinen hatte zur Folge, dass auf den Turnieren Ponyspiele in das Programm aufgenommen wurden. Erinnert sei an das Provinzial-Turnier in Warendorf 1965 und an das Jugendturnier in Münster 1966; hier wurden Mannschaftswettkämpfe (Ponyspiele), bestehend aus Teilprüfungen wie Flaggenrennen, Sack- und Becherrennen, Slalom u.a. ausgetragen. Die Zuschauer waren begeistert; der Anfang war gemacht.

In den folgenden Jahren wurde das Programm auf den Turnieren erweitert: Jugend-Reiterprüfungen, Material-, Dressur- und Springprüfungen der Klasse A, auch Gebrauchsprüfungen für Ein- und Zweispänner wurden ausgeschrieben, wobei – je nach Größe der Ponys – in den einzelnen Prüfungen Unterteilungen vorgenommen wurden. Das war auch nötig, weil sich die Entwicklung zum größeren Reitpony abzeichnete – und damit stiegen auch die Anforderungen.

Von Wettkämpfen zu Meisterschaften

Aus den Ponyspielen war Leistungssport geworden. 1974 wurde im Rahmen des Jugendturniers in Münster zum ersten Mal ein bundesweit ausgeschriebener Wettkampf um die Goldene Schärpe, Deutschlandpreis der Ponyreiter genannt, ausgetragen, bestehend aus vier Teilprüfungen. Im gleichen Jahr fand in Luhmühlen ein Europa-Championat für Ponyreiter statt. Hieraus entwickelte sich 1978 die Europameisterschaft, seit 1982 mit Einzelwertung. 1978 beschloss der Provinzial-Verband die Durchführung von Meisterschaften in den Disziplinen Dressur, Springen und Vielseitigkeit, nachdem bereits einige Jahre zuvor Mannschaftswettkämpfe, bestehend aus A-Dressur, Geländeritt und A-Springen stattgefunden hatten. 1979 wurden zum ersten Mal Bundeschampionate des Deutschen Reitponys ausgetragen, 1985 folgten Championate des Deutschen Springponys, 1993 Championate des Deutschen Dressurponys. Seit 1983 gibt es deutsche Meisterschaften in den Disziplinen Dressur, Springen und Vielseitigkeit. Die Premiere fand in Lüdinghausen statt.

Bestes westfälisches Turnierpony 1996 mit einer Jahresgewinnsumme von 4.325 DM in Springprüfungen: der 12-jährige *Nahib* v. *Nalet* ox – *Amour* (Z.: Ingrid Essmann, Greven) mit Kira Weigel, Rhede, im Sattel.

Das sind nur einige Etappen, die die Entwicklung im Ponysport erkennen lassen.

Auch der Fahrsport darf nicht vergessen werden, der sich seit Ende der 60er Jahre langsam zu entwickeln begann.

Seit 1976 werden in Nordrhein-Westfalen Meisterschaften für Zweispänner ausgetragen. Seit 1981 gibt es deutsche Meisterschaften der Viererzug-Fahrer.

Die Entwicklung ist nicht stehen geblieben. In relativ kurzer Zeit hat sich sowohl in der Zucht als auch im Reit- und Fahrsport außerordentlich viel getan. Ob regional, national oder international, Westfalens Ponyreiter sind mit ihren rittigen und immer besser gewordenen Ponys auf allen Turnieren, Championaten und Meisterschaften in der Spitze zu finden. Sie haben nicht nur deutsche Meisterschaften und Bundeschampionate gewonnen, sie waren auch bei den Europameisterschaften von Anfang an dabei und haben wesentlich zu den Erfolgen der Deutschen Mannschaft beigetragen.

Deutschlandpreis der Ponyreiter

Es ist ein Mannschaftswettkampf für den reiterlichen Nachwuchs, der Deutschlandpreis der Ponyreiter, auch Goldene Schärpe genannt. Die Premiere fand im März 1974 in Münster in der Halle Münsterland statt. Das vom rührigen Reiterverband Münster durchgeführte 12. Jugendturnier bot sich für die Durchführung an und schuf ideale Voraussetzungen. Die Prüfung war bundesweit ausgeschrieben für Ponyreiter-Mannschaften – bestehend aus vier Reitern und vier Ponys –, die sich in den einzelnen Bundesländern auf Verbandsebene qualifizieren mussten.

Der Wettkampf bestand seinerzeit aus vier Teilprüfungen, aus einem Abteilungsreiten der Mannschaft, einem Slalomrennen, einem Becherrennen und einem Staffetten-Geschicklichkeitsreiten.

Inzwischen sind über 25 Jahre vergangen. Waren es anfänglich mehr Ponyspiele, so haben sich im Laufe der Jahre die Ausschreibungen

Sieger im Deutschlandpreis der Ponyreiter 1976: die Mannschaft des RV Albachten mit ihrem Ausbilder Werner Bußmann.

Der RV St. Georg Saerbeck ist mit seinen Mannschaften beim Deutschlandpreis der Ponyreiter am erfolgreichsten gewesen. Im Bild die siegreiche Mannschaft von 1993 in Feldatal/Hessen mit dem Ausbilder Reinhard Engeler.

geändert; die Anforderungen sind dem Ausbildungsstand der jungen Reiter und den immer besser werdenden Ponys angepasst worden. Neuerdings sehen die Ausschreibungen eine Dressurprüfung, eine Stilspringprüfung Kl. A,

Candy Man II v. *Chirk Ceiniad* gehörte unter verschiedenen Reitern zur deutschen Dressurequipe bei Europameisterschaften, im Bild unter Anke Büdenbender, RV Eiserfeld.

einen Geländeritt mit Wertnoten für Stil sowie das Vormustern der Ponys im Rahmen einer Verfassungsprüfung vor. In einer weiteren Teilprüfung (Theorie) sind mannschaftsweise 20 Fragen aus dem Gebiet der Pferdehaltung und des Reitsports zu beantworten.

Von Anfang an haben Mannschaften aus Westfalen mit großem Erfolg an dem Wettkampf teilgenommen. 14-mal konnte eine westfälische Mannschaft den Deutschlandpreis gewinnen; 14-mal erreichte eine Mannschaft Platz 2, 11-mal Platz 3 – eine stolze Bilanz. In den Siegerlisten sind die Mannschaften der Vereine Albachten, St. Georg Marl, Alt Marl, St. Georg Saerbeck, Rhede und Rhede-Krommert zu finden, wobei die Mannschaften der Vereine St. Georg Saerbeck, Alt Marl und Rhede am erfolgreichsten

Die deutsche Dressurmannschaft mit den westfälischen Reiterinnen Susanne Möhring mit *Askari* v. *Akif* ox (1. v. l.), Birgit Honsel mit *Diane* v. *Daikir* ox (2. v. l.) und Karin Wellmann mit *Zarino* (1. v. r.) brachte aus Rotterdam 1975 die Goldmedaille mit.

Napoli v. *Nadir* mit Uta Erpenstein bei den Europameisterschaften 1982 in Kopenhagen. Die Stute war national und international unter mehreren Reitern wiederholt erfolgreich.

gewesen sind. Zu nennen sind ferner die Vereine Herzebrock-Rheda, Rhede, Ostbevern, Selm-Bork-Olfen. Alle Vereine, die mit dabei waren, haben gewiss gute Aufbauarbeit im Breitensport mit Ponys geleistet; sie können als Vorbild dienen. Hier und da scheinen derartige Wettkämpfe jedoch in Vergessenheit geraten zu sein. Es bleibt zu hoffen, dass sich weitere Vereine um die Förderung des Reiternachwuchses mehr als bisher bemühen.

National und international erfolgreich: Askari, Napoli, Candy Man, Nadir, Don Pedro, Dressman

Sowohl in der Zucht als auch im Sport hat sich in den zurückliegenden Jahrzehnten sehr viel getan. Westfalens Ponyreiter sind heute auf allen nationalen und internationalen Turnieren und Meisterschaften in der Spitze zu finden. Sie haben beachtliche Erfolge erzielt, haben Medaillen errungen, sind Meister geworden, national und international.

Allerdings, gute Reiterinnen und Reiter allein sind noch kein Garant für den Sieg, es gehört auch immer ein gutes Pony dazu. Wer die Berichte in den vergangenen Jahren aufmerksam verfolgt hat, wird festgestellt haben, dass einige (in Westfalen gezogene) Ponys besonders erfolgreich gewesen sind. Wer erinnert sich nicht an *Askari* v. *Akif* ox, an *Zarino*, *Diane* v. *Daikir* ox oder an *Nadir* v. *Nazim*. Susanne Möhring, Lemgo, Karin Wellmann, Burgsteinfurt, sowie Birgit und Hiltrud Honsel, Barlo-Bocholt, gehörten mit ihren Ponys schon Anfang der 70er Jahre zur deutschen Dressurequipe, die bei den Europachampionaten in Luhmühlen (1974), Rotterdam (1975), Söder bei Hildesheim (1976)

Friederike Holtmann mit *Nadir* v. *Nazim*: ein erfolgreiches Paar im Dressurwettbewerb bei der Europameisterschaft in Söder 1984.

und Helsingborg (1977) immer die Goldmedaille gewann. Das waren seinerzeit schon beachtliche Erfolge.

Nachfolgend werden Westfalenponys genannt, die national und international, auf deutschen und Europameisterschaften wiederholt erfolgreich gewesen sind.

Napoli v. *Nadir*
a.d. *Simona* v. *Storm*
Seit 1980 ist die von Theodor Sommer, Oelde, gezogene Stute sowohl national als auch international in Dressurwettbewerben stets in der Spitze zu finden. Ob bei den westfälischen oder deutschen Meisterschaften, bei den Europameisterschaften in Millstreet/Irland, Kopenhagen/Dänemark, Vetlanda/Schweden, Söder bei Hildesheim, Rotterdam/Holland, San Remo/Italien oder Saumur/Frankreich, immer war *Napoli* unter Uta Erpenstein (1980–1982), Martin Dieckhoff-Holsen (1983–1984) und Daniela van Endert (1985–1987) erfolgreich. Die drei Reiter holten mit *Napoli* bei acht Westfalenmeisterschaften sechsmal Gold und zweimal Silber. Siebenmal gehörte *Napoli* zur deutschen Dressurequipe bei den Europameisterschaften. Die Mannschaft gewann vier Gold- und drei Silbermedaillen. Und last, but not least holte *Napoli* auch in der Einzelwertung, die es seit 1982 gibt, unter Uta Erpenstein, Martin Dieckhoff-Holsen und Daniela van Endert zwei Silber- und drei Bronzemedaillen. Nicht zu vergessen ist der Sieg im Dressurderby in Rastede 1986 mit Daniela van Endert im Sattel.

Zwei Reiterinnen und ein Reiter waren mit Napoli überaus erfolgreich. Sie verfügten mit der Stute über ein Ausnahmepony, das sie gewiss nicht vergessen werden.

Candy Man II v. *Chirk Ceiniad*
a.d. *Diane* v. *Daikir* ox
geb. 1981
Züchter: Stall Heidelust, Bocholt
Die Mutter des 1984 gekörten *Candy Man* hat sich nicht nur in der Zucht, sondern auch im Sport einen Namen gemacht. In den Jahren 1975 bis 1977 gehörte *Diane* zur deutschen Dressurequipe, die in Rotterdam, Söder bei Hildesheim und Helsingborg drei Goldmedaillen gewann. Von ihren Söhnen sind fünf gekört.
Der bekannteste und im Sport erfolgreichste ist *Candy Man II*. Der Hengst gehörte unter Karen von Livonius, Hamburg, und Anke Büdenbender von 1987 bis 1991 fünfmal zur deutschen Dressurequipe bei Europameisterschaften; drei

Don Pedro v. *Nadler I* war Spitzenpony der 26. Westfalen-Auktion.
Mit Heiner Rohmann, Marl, im Sattel hat der Schimmelwallach seine Vielseitigkeit bewiesen. Im Bild anlässlich der Europameisterschaft in Vetlanda/Schweden 1983, wo Heiner Rohmann Gold in der Mannschafts- und Einzelwertung in der Dressur gewann.

Gold- und zwei Bronzemedaillen im Mannschaftswettbewerb (und zwei Silbermedaillen im Einzelwettbewerb) sind eine stolze Bilanz. 1990 und 1991 wurde Anke Büdenbender mit *Candy Man* nicht nur Westfälische Meisterin, sondern in München-Riem und Schenefeld auch Deutsche Meisterin.

Nicht minder erfolgreich war der Hengst beim Dressurderby in Rastede, 1989 unter Karen von Livonius, 1991 und 1993 unter Anke Büdenbender. Mit einer Gold- und zwei Silbermedaillen kehrten die Reiterinnen heim.

Nadir v. *Nazim*
a.d. *Bienchen* (Nordkirchen)
geb. 1967
Züchter: Christian Heyer, Beckum
1977 gehörte der gekörte Hengst zur deutschen Mannschaft, die beim Europachampionat in Helsingborg unter Karin Wellmann die Goldmedaille gewann. Danach schlossen sich weitere Erfolge an. Friederike Holtmann, Billerbeck, brachte Anfang der 80er Jahre von den westfälischen, deutschen und Europameisterschaften insgesamt acht Medaillen heim, darunter drei Goldmedaillen von den Europameisterschaften in Vetlanda (1983) und Söder bei Hildesheim (1984), zwei in der Mannschaftswertung und eine auch in der Einzelwertung.

In Dressurprüfugen eine sichere Bank: *Dressman I* v. *Domingo* a.d. St.Pr.St. *Nadin* v. *Niklas I* gehört zu den erfolgreichsten deutschen Reitponys. Im Bild Desiree Schurf, Bedburg, mit *Dressman* beim Internationalen Ponyturnier in Hagen a.T.W. 1998.

Don Pedro v. *Nadler I*
Züchter: Josef Meermeier, Delbrück
war Spitzenpony der 26. Westfalen-Auktion 1977. Bei den westfälischen Meisterschaften 1981 bis 1983 bewies der Schimmelwallach mit Heiner Rohmann im Sattel seine Vielseitigkeit, denn er gewann Gold- und Silbermedaillen in allen Disziplinen. 1982 gehörte *Don Pedro* mit Heiner Rohmann zur deutschen Dressurequipe bei den Europameisterschaften in Kopenhagen, die Gold gewann. Zu seinem wohl größten Erfolg in seiner jungen Ponykarriere kam Heiner Rohmann bei den Europameisterschaften 1983 in Vetlanda/Schweden, denn er holte zwei Goldmedaillen im Mannschafts- und Einzelwettbewerb.

Dressman I v. *Domingo*
a.d. St.Pr.St. *Nadin* v. *Niklas I*
Dressman gehört wohl zu den bedeutendsten Reitponys des letzten Jahrzehnts. Der von Heinrich Sondermann in Haltern gezogene Fuchs war Siegerhengst der Körung 1991. Als Dreijähriger gewann *Dressman* überlegen die Hengstleistungsprüfung. Es folgten vier Siege unter vier verschiedenen Reiterinnen in den Reitpony- und Dressurpony-Bundeschampionaten von 1991 bis 1994. Bei den deutschen Meisterschaften holte sich *Dressman* sieben Gold- und Silbermedaillen, die letzte Goldmedaille in Rieden-Kreuth 2002 mit Katharina Winkelhues im Sattel.

Sechsmal gehörte *Dressman* zur deutschen Dressurequipe, die bei den Europameisterschaften in Hasselt/Belgien (1994), Achselschwang (1995), Barthahus/Dänemark (1996), Hartpury/England (1997), Le Touquet/Frankreich (1998) und Hagen a. T. W. (2002) Mannschafts-Gold gewann, bei der letzten Meisterschaft gab es für ihn unter Katharina Winkelhues zusätzlich eine Goldmedaille in der Einzelwertung.

Nicht unerwähnt sollten die Erfolge im Preis der Besten (Dressur), der in Warendorf ausgetragen wird, und im Dressur-Derby bleiben, denn auch in diesen Prüfungen hat *Dressman* in den letzten Jahren unter verschiedenen Reiterinnen wiederholt Gold-, Silber- und Bronzemedaillen gewonnen.

Dressman hat für Schlagzeilen gesorgt. Durch seine in groben Zügen aufgezeigten Leistungen gehört der Hengst zu den erfolgreichsten deutschen Reitponys.

Aber nicht nur unter dem Sattel hat *Dressman* seine Klasse bewiesen, auch in der Zucht hat sich der Hengst einen Namen gemacht. Von seinen 26 auf Eliteschauen prämierten Töchtern sind 14 Staatsprämienstuten geworden.

Erfolgreiche Turnierponys

oben links:
Die Siegerin im Deutschen Dressur-Derby in Hamburg 1997, die 13-jährige Jennifer Christmann, Havixbeck, mit *Der Kleine Lord* v. *Dublino* (Z.: H. Stratmann, Telgte).

mitte links:
Nicole Rex, Groß Maischeid, gehörte mit *Nadja* v. *Nalet* ox (Z.: Joh. Palus, Schapdetten) zur deutschen Dressurequipe, die bei den Europameisterschaften in Herning/Dänemark 1988 und in Pratoni del Vivaro/ Italien 1990 zwei Goldmedaillen gewann; auch in der Einzelwertung kam das Paar 1990 zur Goldmedaille.

unten links:
Europameister der Vielseitigkeitsreiter in Annelöv/ Schweden 1986: Jochen Lehmkuhl, Westbevern, mit *Karino* v. *Kasimir I* (Z.: B. Kreickmann, Ahlen) in der Mannschafts- und Einzelwertung.

oben rechts:
Bianca Holländer mit *Merano* v. *Merafic* ox (Z.: W. Lohaus, Emsdetten), Deutsche Meisterin der Vielseitigkeitsreiter 1993 in Marbach und 1994 in Wiesbaden-Kloppenheim.

unten rechts:
Oliver Oelrich, Saerbeck, gehörte mit *Nedo I* v. *Nijm* ox (Z.: W. Holkenbrink, Münster) zur deutschen Dressurequipe, die 1988 in Herning/Dänemark die Goldmedaille und 1989 in Millstreet/Irland die Silbermedaille gewann.

oben:
Nantano v. *Nante* a.d. Verb.El.St. *Komtesse* v. *Kristallo*: der erste Reitpony-Bundeschampion 1979 (mit Ruth Gerbracht im Sattel).

oben rechts:
Van Gogh v. *Vivaldi* a.d. Verb.Pr.St. *Pepita* v. *Principal Boy*: Bundeschampion in Warendorf 2001 mit Ulrike Bruns, Nienberge, im Sattel.

rechts:
Don Joshi, Sohn des Multi-Champions *Dressman I*, kam in Warendorf 2002 mit Katharina Winkelhues im Sattel zu Championatsehren.

Zehn seiner Söhne sind bisher gekört, darunter *Don Joshi*, der unter Katharina Winkelhues 2002 das Bundeschampionat der Dressurponys gewonnen hat.

Die Leistungen seiner Töchter und Söhne im Turniersport haben Dressman in der Gewinnsummen-Statistik 2002 bundesweit auf Platz 5 gebracht.

Bundeschampionate

Seit 1979 gibt es sie, zunächst als Bundeschampionate des Deutschen Reitponys, Materialprüfungen für dreijährige, vierjährige und fünfjährige Reitponys, wobei sich die besten aus den drei Altersklassen für das Bundeschampionat qualifizieren konnten.

Seit 1987 gibt es nur noch Prüfungen für drei- und vierjährige Reitponys, seit 1988 getrennt für Dreijährige und Vierjährige, neuerdings erfolgt in beiden Altersklassen eine weitere Unterteilung nach Stuten/Wallachen und Hengsten.

Die Bundeschampionate des Deutschen Springponys gibt es seit 1985, und zwar für Fünf- und Sechsjährige; anfänglich ohne Unterteilung, seit 1991 getrennt nach Altersklassen.

Seit 1993 gibt es Bundeschampionate des Deutschen Dressurponys für fünf- und sechsjährige Ponys, in den letzten Jahren getrennt für Fünf- und Sechsjährige.

Insgesamt werden acht Bundeschampionate ausgetragen und 24 Medaillen vergeben.

Von Anfang an erfolgreich

Erster Champion war 1979 in Münster-Handorf der gekörte Hengst *Nantano* v. *Nante* a.d. Verb.El.St. *Komtesse* v. *Kristallo*, der heute noch, inzwischen 27-jährig, im Stall seines Züchters Josef Volle in Lüdinghausen steht.

In den folgenden Jahren (bis 2003) stellte Westfalen 32 weitere Bundeschampions, von denen einige mehrmals in der Statistik

oben links:
Dressman I v. *Domingo* a.d. St.Pr.St. *Nadin* v. *Niklas I*: Bundeschampion in München 1991, Verden 1992, Mannheim 1993 und Warendorf 1994 (im Bild unter Verena Hepp).

oben rechts:
Ruby Gold v. *Oosteind's Ricky* a.d. Verb.Pr.St. *Hennes Lesly* v. *Landois*, Z.: Klaus Jürgen Henne, Ostbevern
Der gekörte Hengst war Sieger im Bundeschampionat des Deutschen Fahrponys 2003 (Fahrerin: Danica Duen).

unten links:
Silverop's As v. *Silvertop's Ricco* a.d. St.Pr.St. *Nadin* v. *Niklas I*: Bundeschampion in Vechta 1987 und Schenefeld 1988 (im Bild unter Rainer Fallenberg).

unten rechts:
Top Navajo v. *Negro* a.d. St.Pr.St. *Dolly* v. *Dschingis Khan*: Bundeschampion der 5-jährigen Springponys in München-Riem 1991 und der 6-jährigen Springponys in Verden 1992 (im Bild unter Reinhard Lütke Harmann 1991).

erscheinen: *Negro* v. *Nantano*, *Top Navajo* v. *Negro*, *Silvertop's As* v. *Silvertop's Ricco*, *Top Yellow* v. *Till the Champ* und *Dressman I* v. *Domingo*, Letzterer viermal (1991, 1992, 1993, 1994).

Mit mehreren Nachkommen sind folgende Hengste vertreten: *Nantano* (*Nickel, Negro, Nagget*), *Rosedale Tiberius* (*Traumfürst, Top Gun*), *Night Star I* (*Nick, Night Dream*), *Dressman I* (*Daphne, Don Joshi*).

14 gekörte Hengste tragen das Markenzeichen »Bundeschampion«, das ist erfreulich, zumal dieser Titel inzwischen ein Aushängeschild des ausstellenden Verbandes geworden ist mit einer nicht zu unterschätzenden Werbewirkung bis hin zum Züchter.

Westfalen ist mit seinen Ponys von Anfang an sehr erfolgreich gewesen. Wer die Entwicklung aufmerksam verfolgt hat, wird aber auch festgestellt haben, dass die Anforderungen in den letzten Jahren gestiegen sind und die Konkurrenz größer geworden ist. Er wird auch wissen, dass Erfolge nur zu erwarten sind, wenn gut vorbereitete Ponys von guten Reitern vorgestellt werden.

Westfälische Pony-Bundeschampions

Jahr	Ort	Championat	Name
1979	Münster-Handorf	Bundeschampionat des Deutschen Reitponys	*Nantano*
1983	Helle bei Bad Zwischenahn	Bundeschampionat des Deutschen Reitponys	*Nickel*
1985	Münster-Handorf	Bundeschampionat des Deutschen Reitponys	*Negro*
	Münster-Handorf	Bundeschampionat des Deutschen Springponys	*Negro*
1987	Vechta	Bundeschampionat des Deutschen Reitponys	*Silvertop's As*
	Vechta	Bundeschampionat des Deutschen Springponys	*Nagget*
1988	Schenefeld	Bundeschampionat des Deutschen Reitponys – Dreijährige	*Loriot*
	Schenefeld	Bundeschampionat des Deutschen Reitponys – Vierjährige	*Silvertop's As*
	Schenefeld	Bundeschampionat des Deutschen Springponys	*Noby*
1990	Verden	Bundeschampionat des Deutschen Reitponys – Dreijährige	*St.Pr.St. Kaprice*
	Verden	Bundeschampionat des Deutschen Reitponys – Vierjährige	*Traumfürst*
	Verden	Bundeschampionat des Deutschen Springponys	*Nick*
1991	München-Riem	Bundeschampionat des Deutschen Reitponys – Dreijährige	*Dressman I*
	München-Riem	Bundeschampionat des Deutschen Springponys – Fünfjährige	*Top Navajo*
1992	Verden	Bundeschampionat des Deutschen Reitponys – Vierjährige	*Dressman I*
	Verden	Bundeschampionat des Deutschen Springponys – Fünfjährige	*Night-Star III*
	Verden	Bundeschampionat des Deutschen Springponys – Sechsjährige	*Top Navajo*
1993	Mannheim	Bundeschampionat des Deutschen Dressurponys	*Dressman I*
	Mannheim	Bundeschampionat des Deutschen Springponys – Fünfjährige	*Night Dream*
	Mannheim	Bundeschampionat des Deutschen Springponys – Sechsjährige	*Simply the Best*
1994	Warendorf	Bundeschampionat des Deutschen Dressurponys	*Dressman I*
1995	Warendorf	Bundeschampionat des Deutschen Springponys – Fünfjährige	*Playback*
	Warendorf	Bundeschampionat des Deutschen Springponys – Sechsjährige	*Top Gun*
1996	Warendorf	Bundeschampionat des Deutschen Reitponys – Dreijährige	*Top Yellow*
1997	Warendorf	Bundeschampionat des Deutschen Reitponys – Vierjährige Stuten / Wallache	*Daphne*
	Warendorf	Bundeschampionat des Deutschen Reitponys – VierjährigeHengste	*Top Yellow*
1998	Warendorf	Bundeschampionat des Deutschen Springponys – Sechsjährige	*Nobelprinz*
2000	Warendorf	Bundeschampionat des Deutschen Springponys – Sechsjährige	*Tamara*
2001	Warendorf	Bundeschampionat des Deutschen Springponys – Sechsjährige	*Van Gogh*
2002	Warendorf	Bundeschampionat des Deutschen Dressurponys – Sechsjährige	*Don Joshi*
	Warendorf	Bundeschampionat des Deutschen Springponys – Sechsjährige	*Naomi*
2003	Warendorf	Bundeschampionat des Deutschen Reitponys – Vierjährige Stuten / Wallache	*Tessy*
	Warendorf	Bundeschampionat des Deutschen Reitponys – Vierjährige Hengste	*Charm of Nibelungen*
2003	Luhmühlen	Bundeschampionat des Deutschen Fahrponys	*Ruby Gold*

Vater	Mutter	Züchter	Reiter
Nante	Verb.El.St. *Komtesse* v. *Kristallo*	Josef Volle, Lüdinghausen	Ruth Gerbracht
Nantano	*Dolores* v. *Demant*	Oswald Fortmann, Velen	Birgit Jung
Nantano	*Jasmin* v. *Jebor* ox	Willi Wiedau, Lüdinghausen	Thomas Tönnissen
Nantano	*Jasmin* v. *Jebor* ox	Willi Wiedau, Lüdinghausen	Thomas Tönnissen
Silvertop's Ricco	St.Pr.St. *Nadin* v. *Niklas I*	Heinrich Sondermann, Haltern	Reiner Fallenberg
Nantano	*Mücke* v. *Merafic* ox	Jürgen Müller, Lüdinghausen	Sven Wienfort
Little Dream	*Diane* v. *Daikir* ox	Stall Heidelust, Bocholt	Anja Richter
Silvertop's Ricco	St.Pr.St. *Nadin* v. *Niklas I*	Heinrich Sondermann, Haltern	Reiner Fallenberg
Navajo II	*Nada* v. *Narwal I*	Hermann Boehmer, Bielefeld	Heike Wigger
Kirby Cane Bugler	*Gescha* v. *Gromet* ox	Theodor Kneilmann, Drensteinfurt	Bettina Hinnemann
Rosedale Tiberius	Verb.El.St. *Suleika* v. *Shalom*	Heinrich Sondermann, Haltern	Andrea Karsten
Night Star I	*Sandra* v. *Sir*	Wolfgang Stein, Warendorf	Jeanette Brähmer
Domingo	St.Pr.St. *Nadin* v. *Niklas I*	Heinrich Sondermann, Haltern	Eva-Maria Tüpker
Negro	St.Pr.St. *Dolly* v. *Dschingis-Khan*	Wilhelm Brandt, Porta Westfalica	Reinhard Lütke Harmann
Domingo	St.Pr.St. *Nadin* v. *Niklas I*	Heinrich Sondermann, Haltern	Bettina Hinnemann
Nalet ox	*Mona* v. *Meran*	Hubert Tenkleve, Vreden	Diana Staude
Negro	St.Pr.St. *Dolly* v. *Dschingis-Khan*	Wilhelm Brandt, Porta Westfalica	Marco Zimmermann
Domingo	St.Pr.St. *Nadin* v. *Niklas I*	Heinrich Sondermann, Haltern	Verena Hepp
Night Star I	Verb.El.St. *Anja* v. *Amour*	Bernhard Brehe, Ahlen	Reinhard Lütke Harmann
Vulkan	*Sarah*	Dr. Rolf Seelig, Leopoldshöhe	Armin Schäfer
Domingo	St.Pr.St. *Nadin* v. *Niklas I*	Heinrich Sondermann, Haltern	Astrid Buer
Principal Boy	St.Pr.St. *Daria* v. *Durello*	Johannes Peters, Recklinghausen	Christian Hess
Rosedale Tiberius	St.Pr.St. *Chanel* v. *Croupier*	Heinz Kruse, Laer	Armin Schäfer
Till the Champ	St.Pr.St. *Kaprice* v. *Kirby Cane Bugler*	Johann Hinnemann, Voerde	Eva Nolden
Dressman I	St.Pr.St. *Nadin* v. *Niklas I*	Heinrich Sondermann, Haltern	Christina Scheer
Till the Champ	St.Pr.St. *Kaprice* v. *Kirby Cane Bugler*	Johann Hinnemann, Voerde	Bettina Hinnemann
Nibelungenheld I	*Nadine* v. *Nordlicht*	Rolf Grabbe, Lage	Daniela Hilfert
Top Gun I	*Boney*	Heiner Spandern, Rhede	Johanna Kurzen
Vivaldi	Verb.Pr.St. *Pepita* v. *Principal Boy*	Marion Hülsmann, Ostbevern	Ulrike Bruns
Dressman I	*Madonna* v. *Marsvogel* xx	Antonius Sternschulte, Welver	Katharina Winkelhues
Nibelungenheld I	*Tessa* v. *Till the Champ*	Walter Haake, Preuss. Oldendorf	Katrin Eckermann
Top Debino	Verb.Pr.St. *Donata* v. *Derby*	Johannes Peters, Recklinghausen	Henrike Sommer-Böker
Chantre B	St.Pr.St. *Nibelungenlied* v. *Nansen*	Hans Bockholt, Steinfurt	Henrike Sommer-Böker
Oosteind's Ricky	Verb.Pr.St. *Hennes Lesley* v. *Landois*	Klaus Jürgen Henne, Ostbevern	Danica Duen (Fahrerin)

Hengste mit erfolgreichen Nachkommen im Sport

Die Deutsche Reiterliche Vereinigung gibt alljährlich ein Jahrbuch Zucht heraus. Das veröffentlichte Datenmaterial enthält auch eine Zusammenstellung der Reitponyhengste, deren Nachkommen im Turniersport erfolgreich gewesen sind.
Die Rangfolge ergibt sich aus den Jahresgewinnsummen. Dabei ist jedoch zu berücksichtigen, dass ältere Hengste besser abschneiden können als solche, die erst wenige Jahre im Deckeinsatz stehen und deren Nachkommen demzufolge erst mit zunehmendem Alter in den Leistungssport »hineinwachsen«. Des Weiteren sind natürlich Zahl und Qualität der Stuten von Bedeutung, die einem Hengst zugeführt werden. Und nicht zuletzt dürfte wohl auch mitentscheidend sein, in welche Hände die Söhne und Töchter kommen und ob sie reiterlich gefördert werden.

Die Nachkommen westfälischer Hengste sind seit Jahren im Turniersport besonders erfolgreich gewesen.

Merafic ox, erster Spitzenreiter 1983
Der 1966 im Haupt- und Landgestüt Marbach gezogene *Daikir* ox-Sohn hat von 1969 bis 1983 auf der Station Schulze zur Hörst in Warendorf-Milte gestanden und eine große Nachkommenschaft hinterlassen. 23 Töchter sind auf Eliteschauen prämiert worden, 21 Söhne gekört, darunter Mentos, der Reserve-Siegerhengst der Körung 1981, der im Rheinland durch seine Nachzucht bekannt geworden ist.

Merafic ox v. *Daikir* hat im westfälischen Zuchtgebiet einen guten Namen. Die Erfolge seiner Söhne und Töchter im Sport haben ihn von 1983 bis 1990 an die Spitze der Ponyvererber im Bundesgebiet geführt.

36 Söhne und Töchter waren seinerzeit 220-mal im Turniersport erfolgreich; mit einer Jahresgewinnsumme von 9.005 DM machten sie *Merafic* 1983 zum Tabellenführer. Dabei ist zu berücksichtigen, dass im Ponysport nicht das »große« Geld zu verdienen ist.

Merafic hat seine Spitzenposition bis 1990 gehalten. Die Lebensgewinnsumme seiner Nachkommen war inzwischen auf über 144.000 DM gestiegen.

Nantano, Tabellenführer seit 1991
Der 1975 geborene und von Josef Volle, Lüdinghausen, gezogene Hengst geht über *Nante I* auf *Nalet* ox zurück. Seine Mutter *Komtesse* H 963 v. *Kristallo* gehörte 1976 zur westfälischen Kollektion auf der DLG-Ausstellung in München.

Nantano v. *Nante I* a.d. Verb.El.St. *Komtesse* v. *Kristallo* war Sieger beim ersten Bundeschampionat des Deutschen Reitponys 1979. 1991 übernahm *Nantano* durch die Leistung seiner Söhne und Töchter im Sport die Spitze der Ponyvererber im Bundesgebiet.

Nantano hat nicht nur in Westfalen, sondern auch in benachbarten Bundesländern eine starke Verbreitung gefunden; 28 Töchter sind Staatsprämienstute, 43 Söhne gekört.

Auch unter dem Sattel ist *Nantano* erfolgreich gewesen; er war Sieger im ersten Bundeschampionat 1979.

Die Turniererfolge seiner Nachkommen brachten *Nantano* 1991 an die Spitze der Bundesstatistik. 28 Söhne und Töchter erreichten eine Jahresgewinnsumme von über 16.000 DM.

Zu den erfolgreichen Nachkommen gehörten auch *Nickel* und *Negro*, die Bundeschampions von 1983 und 1985.

1993 wurde *Nantano* als Spitzenreiter von seinem Stallgefährten *Durello* abgelöst.

Durello von Duktus a.d. Wally v. Maculano xx: Einst gewann der 1982 geborene Hengst die westfälische Meisterschaft im Dressurwettbewerb; heute sprechen seine Kinder für ihn. Seit 1994 steht *Durello* an der Spitze der Bundesstatistik. Im Bild mit Thomas Tönnissen im Sattel.

Durello übernimmt 1994 die Führung
Der 1982 in Weser-Ems gezogene Hengst führt väterlicherseits westfälisches Blut. Vater *Duktus* ist ein Sohn der DLG-Siegerstute von Frankfurt 1978, der Verb.El.St. *Sabine* v. *Samir* ox. Mutters Vater ist der Vollblüter *Maculano* xx.

Die Leistungen seiner Söhne und Töchter im Sport machten *Durello* 1994 zum Spitzenreiter der Bundesstatistik. Diese Position hat der bei Josef Volle, Lüdinghausen, stationierte Hengst achtmal verteidigt. 2002 brachten es 77 Nachkommen auf eine Jahresgewinnsumme von 13.723 Euro; die Lebensgewinnsumme ist damit auf 127.844 Euro gestiegen.

Auch züchterisch hat sich *Durello* stark verbreiten können. Von seinen Töchtern sind bisher 37 Staatsprämienstute geworden, 19 Söhne sind gekört.

Auf Platz 3 der Bundesstatistik 2002 folgt **Nibelungenheld I** v. *Nobel* a.d. St.Pr.St. *Nibelungenlied* v. *Nansen* aus der Zucht von Hans Bockholt in Steinfurt. 21 Nachkommen brachten es auf eine Jahresgewinnsumme von 10.893 Euro.

Dressman kam mit seinen 41 Nachkommen auf Platz 5 (Jahresgewinnsumme 10.558 Euro). Auch **Nantano**, der Spitzenreiter von 1993, erreichte mit seinem 53 Nachkommen immer noch 9.721 Euro, das ist Platz 6. Nicht zu vergessen ist der in Westfalen gezogene **Mentos** v. *Merafic* ox, dessen 38 Nachkommen es auf 9.620 Euro brachten (Platz 7).

Westfalens Ponys im Fahrsport

Der Fahrsport mit Ponys erfreut sich seit geraumer Zeit zunehmender Beliebtheit. Ob auf Schauen oder Turnieren, Ponygespanne sind immer eine Bereicherung der Veranstaltungen. Die Fahrer sind sehr passioniert; sie bringen ihre Gespanne stets hervorragend heraus – eine Augenweide für jeden Freund und Liebhaber der kleinen Pferde.

Aus dem Hobby der 60er Jahre ist inzwischen längst Leistungssport geworden. Die Fahrer treffen sich auf Turnieren und stellen ihre Gespanne in Gebrauchs-, Eignungs- oder Dressurprüfungen vor; sie zeigen ihre Fahrkünste im Hindernisfahren und demonstrieren die Leistungsbereitschaft ihrer Ponys im Gelände.

Die Fahrer haben natürlich auch ihre Meisterschaften. Seit 1976 gibt es in Nordrhein-Westfalen Meisterschaften für Zweispänner, seit 1998 auch deutsche Meisterschaften. Die Vierspänner haben seit 1981 ihre deutschen Meisterschaften, nachdem schon drei Jahre zuvor so genannte Championate ausgetragen wurden. Auch die Einspänner nehmen am Turniersport voll teil, sie haben auch kombinierte Prüfungen, jedoch noch keine deutschen Meisterschaften.

Der Fahrsport erfreut sich seit Jahren zunehmender Beliebtheit. Schon 1975 war Gerd Finis, Gelsenkirchen, in Lage-Iggenhausen mit seinen Hengsten *Natal II* und *Natal III* in Zweispänner-Prüfungen erfolgreich.

oben:
Dirk Gerkens, Paderborn, gewann mit seinem westfälisch gezogenen Gespann in Sandringham 2002 sowohl Einzel- als auch Mannschaftsgold. In Greven wurde Gerkens 2003 Deutscher Meister, außerdem holte sich der passionierte Fahrer im gleichen Jahr den Weltmeistertitel im österreichischen Karlstetten.

oben rechts:
Tobias Bücker aus Emsdetten gehörte zum deutschen Goldteam in Sandringham und komplettierte mit der Bronzemedaille in der Einzelwertung den deutschen Erfolg.

rechts:
Nekon v. *Nelson*: Star der 24. Westfalen-Auktion 1975

Nachdem im vergangenen Jahr im österreichischen Karlstetten ein Westfale Weltmeister geworden ist, dürfte es nicht mehr lange dauern, bis es auch deutsche Meisterschaften gibt.

Westfalens Ponyfahrer sind sehr erfolgreich. Sie verfügen über gut eingefahrene, leistungsstarke Ponys, ohne die es nicht geht. Allerdings – sie allein garantieren auch noch nicht den Erfolg. Es gehört mehr dazu – nämlich fleißige Trainingsarbeit und fahrerisches Können.

Die westfälischen Fahrer haben national und international unzählige Schleifen, Pokale und Meisterschaften gewonnen. Die großen Erfolge gab es für sie bei den Europameisterschaften der Vierspänner im britischen Sandringham 2002 und bei den Weltmeisterschaften der Ponyfahrer im österreichischen Karlstetten 2003. Dirk Gerkens, Paderborn, Tobias Bücker, Emsdetten, und Martin Thiemann, Saerbeck kehrten mit zwei Goldmedaillen (in der Mannschafts- und Einzelwertung) und einer Bronzemedaille aus Sandringham heim. In Karlstetten gewann Dirk Gerkens mit seinen westfälischen Ponys abermals Gold bei den Vierspännern, Martin Thiemann folgte auf Platz 2 (Silbermedaille).

Westfalens Reitponys sind gefragt

Über Handorf zum Erfolg

Die vom Westfälischen Pferdestammbuch durchgeführten Westfalen-Auktionen sind weltweit bekannt. Alljährlich werden im Frühjahr und Herbst im Pferdezentrum in Münster-Handorf jeweils etwa 50 bis 60 Reitpferde zum Verkauf angeboten. Seit 1964 gehören auch immer Reitponys zum Versteigerungslot. Die großen Erfolge auf Bundesschauen, vor allem aber auch im Sport, auf nationalen und internationalen Turnieren und Meisterschaften haben zur Folge, dass sich immer mehr Käufer aus dem In- und Ausland für Westfalenponys interessieren und als Käufer auftreten.

Anlässlich der 13. Westfalen-Auktion am 11. April 1964 wurden zum ersten Mal zwei Ponys Nordkirchener Blutführung in das Versteigerungslot aufgenommen. Es war ein vielversprechender Anfang. Auf der 24. Auktion 1975 war *Nekon* v. *Nelson* der Star. Ein Interessent aus Holland erhielt den Zuschlag bei 13.500 DM – das war eine kleine Sensation. Von 1964 bis 1990 wurden 152 Reitponys verkauft; davon gingen 43 in andere Bundesländer, 24 wurden von ausländischen Interessenten angekauft. Elf gingen in die Schweiz, vier nach Holland,

je zwei nach Italien und Brasilien und je ein Pony nach Japan, Finnland, Belgien, Luxemburg und England.

Seit 1991 gibt es NRW-Auktionen. In diesem Jahr beschlossen die beiden Zuchtverbände, das Rheinische und das Westfälische Pferdestammbuch, eine engere Zusammenarbeit mit dem Ziel, gemeinsame Auktionen im Pferdezentrum in Münster-Handorf durchzuführen. Die Zahl der zum Verkauf angebotenen Reitponys nahm weiter zu. Von 1991 bis 2002 wurden insgesamt 179 Reitponys verkauft; davon gingen 45 in andere Bundesländer, 20 wurden von ausländischen Interessenten angekauft. Neun gingen in die Schweiz, vier nach Österreich, je zwei nach Belgien und in die USA, je ein Reitpony nach Frankreich, Luxemburg und England.

Für Spitzenponys wurden weit über 30.000 DM gezahlt (*Nelusco* v. *Night Star I – Rustem Pascha* 39.000 DM; *Picasso* v. *Vivaldi-Atlantico* 38.000 DM).

Haben die Auktionsponys die Erwartungen erfüllt? – Was haben sie sportlich geleistet? – Wenn auch diese Fragen nicht vollständig beantwortet werden können, so sollen stellvertretend doch einige Ponys genannt werden.

Don Pedro v. *Nadler I* war Spitzenpony der 26. Westfalen-Auktion 1977. Heiner Rohmann vom RV Alt Marl gehörte mit dem Schimmelwallach zur deutschen Dressurequipe, die 1982 und 1983 Mannschaftsgold (und 1983 auch Einzelsilber) in Kopenhagen und Vetlanda/Schweden gewann.

Nick (Auktionspony 1988): Jeanette Brähmer vom RV Balve gewann mit dem *Night Star I*-Sohn das Bundeschampionat 1990 in Verden.

Simply the Best v. *Vulkan* wurde 1991 versteigert. Armin Schäfer, Buerstadt, gewann mit der *Vulkan*-Tochter 1993 das Bundeschampionat der sechsjährigen Springponys in Mannheim und wurde mit der Stute Deutscher Meister im Springwettbewerb 1995 in Balve.

Dario v. *Derbino* war Spitzenpony der ersten NRW-Auktion 1991 – Inga Groll, Dortmund, gewann mit dem Hengst die Bronzemedaille beim Bundeschampionat 1991 in München.

Mäxchen v. *Mentos* wurde 1991 auf der zweiten NRW-Auktion versteigert; mit Bernhard Karle, Baden Württemberg, Gewinner der Bronzemedaille im Bundeschampionat der 5-jährigen Springponys 1992 in Verden.

oben:
Auch Martin Thiemann, Saerbeck, gehörte mit seinen westfälisch gezogenen Ponys zur deutschen Equipe in Sandringham 2002. Bei den Weltmeisterschaften im österreichischen Karlstetten gewann Thiemann die Silbermedaille.

oben links:
Seit Jahren in Fahrprüfungen erfolgreich: Franz Josef Lehmkuhl, Emsdetten, mit seinem Zweispänner.

Don Pedro v. Nadler I:
1977 Spitzenpony der 26. Westfalen-Auktion, 1982 und 1983 international im Spitzensport erfolgreich.

oben:
Nick v. Night Star I-Sir: 1988 Spitzenpony der 48. Westfalen-Auktion, 1990 in Verden Bundeschampion des Deutschen Springponys mit Jeanette Brähmer im Sattel.

oben rechts:
Simply the Best v. Vulkan: 1991 in Handorf versteigert, 1993 in Mannheim Bundeschampion der 6-jährigen Springponys unter dem 13-jährigen Armin Schäfer, Buerstadt.

mitte:
Das Spitzenpony der 18. Elite-Auktion 1999: *Picasso v. Vivaldi-Atlantico xx* ging für 38.000 DM nach Frankreich.

unten:
Ventspils v. Vivaldi – Croupier wurde auf der 25. NRW-Auktion 2003 versteigert und ging für 9.200 Euro in die USA.

Nashville v. *Nantano* ging 1993 nach der fünften NRW-Auktion nach Österreich und war dort schon in der ersten Turniersaison erfolgreich.

Die Aufzählung der erfolgreichen Auktionsponys konnte nicht vollständig sein. Ihre Erfolge sprechen für sich.

Zusammenfassung

Vor 40 Jahren gab es sie noch nicht, die Deutschen Reitponys. Die westfälischen Züchter hatten Anfang der 60er Jahre den Trend zum größeren Reitpony erkannt. Die Zielsetzung war klar; sie wollten für die jugendlichen Reiter ein Pony züchten, das sowohl im Freizeit- wie auch im Turniersport eingesetzt werden kann, ein Pony mit einer Widerristhöhe von mehr als 140 cm Stockmaß. Im Laufe der Jahre ist ihnen das weitgehend gelungen. Das zeigen die Körungen, Elite-, Verbands- und Bundesschauen. Die »neue« Rasse hat sich mehr und mehr konsolidiert. Auch die Ponyreiter und -fahrer haben bewiesen, zu welchen Leistungen ihre Ponys befähigt sind.

Unzählige Siege auf Bundes- und DLG-Schauen, Titel und Medaillen auf Bundeschampionaten, deutschen, Europa- und Weltmeisterschaften haben Westfalens Reitponys bekannt gemacht.

Trotz aller Erfolge werden die Züchter, die sich dieser Rasse verschrieben haben, darauf achten müssen, dass die im Laufe der Jahre immer besser gewordenen Reitponys nicht nur im Exterieur ansprechen, gängig und rittig sind, sondern auch die notwendigen Interieurmerkmale mitbringen, die Voraussetzung dafür sind, dass die Reitponys verlässliche Partner für jugendliche Reiterinnen und Reiter bleiben.

Haflinger –
Die Füchse mit dem weißen Langhaar

Sie kamen aus den Bergen:
Haflinger – seit 50 Jahren in Westfalen

Der Haflinger ist ein Tiroler Zuchtprodukt, geformt von seiner Umwelt und dem Geschick der Bergbauern, denen er über Jahrzehnte ein treuer und überaus verlässlicher Freund und Helfer geworden ist. Er hat seinen Namen von dem kleinen, bei Meran gelegenen Bergort Hafling. Seine Zucht geht bis in die 60er Jahre des 19. Jahrhunderts zurück, als man begann, die heimischen Bergpferde individuell anzupaaren. Als Stammväter, so ist Berichten zu entnehmen, werden der 1868 geborene Araberhengst *El'Bedavi XXII* und dessen Sohn *Folie* angesehen.

Sie kamen Anfang der 50er Jahre des vorigen Jahrhunderts aus den Bergen, aus Bayern und Tirol.

Seit Anfang der 50er Jahre des vorigen Jahrhunderts gibt es Haflinger in Westfalen. Als seinerzeit der Schlepper immer mehr Eingang in die landwirtschaftlichen Betriebe gefunden hatte, suchten die Landwirte für die verbleibenden Restarbeiten ein wirtschaftliches, kräftiges, kleines Pferd. Bei den einsetzenden Diskussionen bot sich der Haflinger an.

Aller Anfang ist schwer. Im alten Pferdeland Westfalen, wo man außer Warm- und Kaltblütern allenfalls noch die Dülmener im Merfelder Bruch kannte, musste man sich natürlich erst daran gewöhnen, dass es auch kleine Pferde unter 148 cm Stockmaß gibt. Der Durchbruch kam 1956, als das Westfälische Pferdestammbuch beschloss, ein Stutbuch für Haflinger einzurichten und die Zucht zu fördern.

Die ersten 30 Jahre

Und das sind – kurz gefasst – die Marksteine der ersten 30 Jahre:

1953 Ewald Tegelmann stellt in Hopsten/Tecklenburg den ersten Hengst in Westfalen auf: *Stolzer* 138 geb. 27.04.1951 v. *Iiz Stolz* a.d. *Gretchen* v. *Wieland;* Z.: Fr. Lederer, Oberköln/Bayern.

1955 Auf der Stutenschau in Hopsten stellt Heinrich Feldmann, Steinbeck, die beiden ersten Stuten zur Eintragung vor:
1. *Storny* H. 8 geb. 20.03.1951 v. *Steinberg*/B. a.d. *Qual* v. *Urban I;*
Z.: L. Erhard, Wiesen/Bayern
2. *Wally* H. 9 geb. 20.04.1951 v. *Wieland* a.d. *Mirzl* v. *Stuka;* Z.: S. Danner, Blaik/Bayern.

Heinrich Feldmann, Steinbeck, stellte 1955 die beiden ersten Stuten zur Eintragung vor: (v. l.) *Wally* v. *Wieland* und *Storny* v. *Steinberg*.

Beide Stuten haben ein Fohlen von *Stolzer bei Fuß*.

1956 Der große Ausschuss des Westfälischen Pferdestammbuchs sieht den Haflinger als für das westfälische Zuchtgebiet geeignete Kleinpferderasse an und beschließt die Eintragung in ein besonderes Stutbuch. Das Köramt der Landwirtschaftskammer wird gebeten, die Deckerlaubnis A für Haflingerhengste zu erteilen.

1959 Die ersten in Westfalen gezogenen Stuten werden in das Hauptstammbuch eingetragen:
1. *Sigrid* H. 39 v. *Stolzer* a.d. *Storny* v. *Steinberg*
2. *Stolze* H. 40 v. *Stolzer* a.d. *Wally* v. *Wieland*
Z.: Heinrich Feldmann, Steinbeck.

1960 Die Zahl der gekörten Hengste nimmt laufend zu.

1961 Der erste in Westfalen gezogene Hengst wird zur Körung vorgestellt: *Stromer* 191 v. *Stolzer* a.d. *Wally* v. *Wieland*;
Z.: Heinrich Feldmann, Steinbeck/Tecklenburg.

1962 Im Stutbuch des Verbandes werden 44 Stuten geführt.

1963 Auf den Stutenschauen werden 74 Fohlen »gebrannt« und 16 Stuten neu eingetragen.

1964 Aus Förderungsmitteln des Landes Nordrhein-Westfalen werden die ersten Zuchterhaltungsprämien für Hengste vergeben und Fohlenaufzuchtprämien gezahlt.

1965 Die Züchter beteiligen sich an der Westfalenschau in Hamm und erregen Aufsehen mit ihren Pferden. Das Land gewährt die erste Beihilfe für den Ankauf eines Hengstes.

1968 Mit einer imponierenden Sonderschau in Hopsten, Krs. Tecklenburg, treten die Züchter an die Öffentlichkeit. 121 Hengste und Stuten geben einen Überblick über den erreichten Leistungsstand.

1969 In Münster findet zum ersten Mal eine zentrale Hauptkörung statt. 26 Hengste werden vorgestellt.

1970 Das Westfälische Pferdestammbuch beteiligt sich an der DLG-Ausstellung in Köln. Die Züchter stellen einen Hengst und vier Stuten aus.

Seit 1970 gibt es Eliteschauen, auf denen die besten im Verbandsgebiet gezogenen, auf den Stutenschauen ausgewählten 3-jährigen Stuten zentral vorgestellt und prämiert werden.

1972 Im Stutbuch des Verbandes sind 384 Stuten eingetragen. Die Züchter treffen sich auf Einladung des Verbandes in Hamm, um züchterische Fragen zu erörtern. Angestrebt wird ein genügend großes, angenehm gehendes, unkompliziertes Freizeitpferd, das gleichermaßen zum Reiten und Fahren geeignet ist.

1973 Auf der zweiten zentralen Hauptkörung werden 41 Hengste vorgestellt.

1975 Im Stutbuch des Verbandes sind 617 Stuten eingetragen.

1976 In Warendorf-Milte wird ein Hengst aufgestellt, dessen Mutter Araberblut führt. Im rheinischen Waldbröl findet eine überregionale Schau statt. Westfalen stellt die Siegerstute mit der Verb.El.St. *Hanni* v. *Hoferbe* a.d. Verb.El.St. *Marga* v. *Mandl*.

1978 Westfalen ist auf der DLG-Ausstellung in Frankfurt besonders erfolgreich und stellt die Siegerstute.

Auf der Bundesschau im hessischen Merenberg 1979 stellte Hans Wißbrock, Bielefeld, beide Siegerstuten: (v. l.) Verb. El.St. *Marga* v. *Mandl* a.d. *Nelly* v. *Nascher* *Hanka* v. *Hoferbe* a.d. *Ariane* v. *Adlerschild*

1979 Auf einer überregionalen Schau im hessischen Merenberg treffen sich die Haflingerzüchter aus dem ganzen Bundesgebiet. Hans Wißbrock, Bielefeld, kommt zu einem doppelten Erfolg, denn er stellt die Siegerstute in beiden Altersklassen.

1980 Der Zuchtstutenbestand ist auf 890 angestiegen.

1983 Das Westfälische Pferdestammbuch führt im Pferdezentrum in Münster-Handorf die 1. freiwillige Stationsprüfung für Pony- und Kleinpferdehengste durch.

Das waren – kurz gefasst – die Marksteine der ersten 30 Jahre in der Haflingerzucht. Über weitere Einzelheiten über Hengstkörungen und Eliteschauen, über Erfolge auf Bundes- und DLG-Schauen wird gesondert berichtet.

Haflinger auf den Westfalenschauen

1965 fand in Hamm eine landwirtschaftliche Ausstellung, die Westfalenschau, statt. Die Züchter beteiligten sich mit fünf Stuten und einem Hengst. Die Besucher waren gespannt auf die »neue« Rasse. Die Auswahl beschränkte sich auf in Westfalen gezogene Pferde. Bei den Stuten erfolgte eine Prämierung

Mit dem Ia-Preis wurde die von Ernst Bald, Berleburg, gezogene Nero-Tochter *Nicki* a.d. *Micky* v. *Zander*/B. ausgezeichnet. Für die Züchter war die Schau eine gelungene Premiere; das Interesse an ihren Pferden nahm weiter zu. Eine Beteiligung an den folgenden Schauen war deshalb für sie eine Selbstverständlichkeit.

1967 stellten sie wieder fünf Stuten aus. Den Ia-Preis erhielt die von Rudolf Keller, Tecklenburg, gezogene *Annitt* v. *Adlerschild* a.d. *Ikaris* v. *Wardein*. Auf Platz 2 folgte die *Nascher*-Tochter *Nelli* H. 100 a.d. *Winni* v. *Wilfried* (Z.: Hermann Meyer, Hopsten).

1969 waren die Haflingerzüchter wieder dabei. Bei den täglichen Vorführungen wurden einige Stuten im Zweispänner gezeigt. Bei der Prämierung erhielt die von Albrecht Reineke, Fromhausen, gezogene *Nixe* v. *Nordkar* a.d. *Perle* v. *Wieland* den Ia-Preis.

Auf der Schau 1971 ging die von Hans Wißbrock, Brackwede, gezogene Verb.El.St. *Marga* v. *Mandl* an der Spitze, deren Mutter *Nelli* H. 100 v. *Nascher* schon 1965 und 1967 dabei war.

Auf allen vier Schauen hatten die vorgestellten Stuten bei den Besuchern viel Zuspruch gefunden. Die Nachfrage nach den Füchsen mit dem weißen Langhaar nahm zu.

Nicki v. *Nero* a.d. *Micky* v. *Zander* Z.: E. Bald, Berleburg Westfalenschau Hamm 1965: Ia-Preis

Die große Schau in Hopsten

Das Pferdestammbuch hatte zur ersten Sonderschau am 29. Juni 1968 nach Hopsten, in das Tecklenburger Land, eingeladen, wo Ewald Tengelmann 1953 den ersten Hengst aufgestellt hatte. Weit über 1000 Besucher waren gekommen, nicht nur aus Westfalen, sondern auch aus benachbarten Zuchtgebieten. Ihr Interesse galt den »neuen« Pferden, den Füchsen mit dem weißen Behang, die innerhalb weniger Jahre viele Freunde gefunden hatten. Unter den Besuchern befanden sich nicht nur Landwirte, sondern Interessenten aus allen Kreisen der Bevölkerung. Sie bekamen 121 Haflinger aus den Ursprungsländern (Österreich, Bayern) und in Westfalen gezogene Stuten und Hengste zu sehen. Mit Interesse verfolgten sie das Geschehen an den Richtringen.

Nora v. *Nico* a.d. *Christel* v. *Sturmwind*/Obb. Z.: Dr. B. Winkhaus, Vennebeck/Minden 1. Verbandsschau Hopsten 1968: Ia-Preis (3-jährige Stuten)

links: *Alraune* v. *Amor*/Obb. a.d. *Agnes*/Obb. v. *Stolz* Z.: P. Hecker, Wiedenhof B.: H. Stuckwisch, Niewedde 1. Verbandsschau Hopsten 1968: Ia-Preis und Siegerstute

rechts: *Alderschild* v. *Adler*/Tirol a.d. *Ekara*/Tirol v. *Stromer* Z.: A. Schoner, Auffach/Tirol 1. Verbandschau Hopsten 1968: Ia-Preis und Siegerhengst. Der 1959 geborene *Adlerschild* gehörte zu den ersten Hengsten, die Ewald Tegelmann, Hopsten, importiert hat.

Siegerstute wurde die in Bayern gezogene *Alraune* H. 200 v. *Amor*/Obb. aus der Zucht von P. Hecker, Wiedenhof, Bes.: Heinrich Stuckwisch, Niewede; Reserve-Siegerstute die *Stolzer*-Tochter *Stolze* H. 161 a.d. *Mira* v. *Marinus*/Obb.; Z.: Ferdinand Böggemann, Hiltrup, Bes.: Heinrich Husam, Albersloh.

Bei den Hengsten erhielt der sehr muskulöse, aber gängige *Adlerschild* v. *Adler*/T. den Ia-Preis. *Mandl* v. *Maat*/T. schien unterbewertet.

Bei den Stuten-Nachzuchtsammlungen kam die Stute *Nelli* H. 100 v. *Nascher* mit drei Töchtern v. *Adlerschild* (*Ariane* H. 213 und *Anke* H. 262) und *Mandl* (*Marga* H. 327) an die Spitze (Z.: Heinrich Nähring, Hopsten, und Hans Wißbrock, Brackwede). Bei den Hengst-Nachzuchtsammlungen ging *Adlerschild* vorn.

In seiner Berichterstattung demonstrierte Ministerialrat Dr. Gründl, München, anhand einiger Stuten das angestrebte Zuchtziel, das ganz eindeutig den eleganteren Haflinger bevorzugt, der nicht nur als Wirtschaftspferd, sondern auch als Freizeitpferd unter dem Sattel Verwendung finden kann. Das Prämierungsergebnis zeigte, dass die Ausgeglichenheit Wünsche offen ließ, es wurden zu schwere Stuten und Hengste vorgestellt; auch Exterieurmängel waren nicht zu übersehen.

Insgesamt war es eine lehrreiche, beeindruckende Schau. Für die Züchter wurden die Weichen für die weitere züchterische Arbeit gestellt. Die Vorführungen ließen die guten Charaktereigenschaften des Haflingers erkennen.

Vom Wirtschaftspferd zum vielseitig verwendbaren Freizeitpferd

Mitte der 60er Jahre hatte ein großer Aufschwung des Reitsports, speziell des Freizeitreitens, begonnen. Weite Kreise der Bevölkerung interessierten sich für das Pferd, ohne dabei an den Leistungssport oder an eine Turnierteilnahme zu denken. Auf der Suche nach geeigneten Freizeitpferden, die hinsichtlich Exterieur, Farbe, Charakter, Umgänglichkeit, vielseitiger Verwendbarkeit, Futter- und Haltungsansprüchen ihren Wünschen entgegenkamen, schnitt der Haflinger gut ab. Allerdings, für diese Zwecke war der Haflinger von Hause aus nicht gezüchtet. Die Nachfrage richtete sich jetzt nicht mehr auf das Wirtschaftspferd, sondern vielmehr auf das vielseitig verwendbare Freizeitpferd.

Wollte man am Markt bleiben, musste sich das Zuchtziel ändern, denn der Verwendungszweck war ein anderer geworden. Schon in Hopsten hatte sich diese Entwicklung angedeutet. Zu schwere Typen mit z.T. unzureichenden Bewegungen waren nicht mehr gefragt.

Was war zu tun? Über den einzuschlagenden züchterischen Weg gab es in dieser Zeit unterschiedliche Meinungen. Hier die Selektion innerhalb der Rasse und gezielte Anpaarung, dort der überlegte Einsatz von Veredelungshengsten (Arabern). Dabei war man sich einig in der Zielsetzung, dass der Haflinger ein gängiges, rittiges, genügend großes Freizeitpferd sein soll. Mit Hilfe einer überlegten Veredelungskreuzung wollte man einige Eigenschaften des Arabers züchterisch »einfließen« lassen, ohne die wertvollen Gene des Haflingers zu verdrängen. Bei diesen Bemühungen interessierte in keiner Weise die F_1-Generation, sondern vielmehr die Rückkreuzung, d.h. die zweite, besser noch die 3. Generation. In dieser Zeit sind in Züchterkreisen leidenschaftliche, nicht selten äußerst harte und auch unsachliche Diskussionen geführt worden.

Reitstunde im Gestüt der Frhrl. v. Gaugreben'schen Gutsverwaltung Bruchhausen (Kreis Brilon).

Nun, die Entwicklung nahm ihren Lauf. In Westfalen wurden züchterisch beide Wege beschritten. Die Zahl der eingetragenen Stuten und Hengste nahm weiter zu, nicht nur in Westfalen, sondern auch in allen anderen Bundesländern.

Gemeinsamer Ausritt

Hengstkörungen

Als kleine Wirtschaftspferde sind die Haflinger in den 50er Jahren nach Westfalen gekommen. Wer sich erinnern kann, wird festgestellt haben, dass sich im Laufe der folgenden Jahre der Verwendungszweck und damit das Zuchtziel geändert haben. Schon auf der imponierenden Schau in Hopsten 1968 war diese Entwicklung sichtbar, eine Entwicklung, die vom Zug- und Tragtier zum vielseitig verwendbaren Freizeitpferd führte. Das zeigte sich auch auf den alljähr-

lich stattfindenden Körungen, die immer ein bedeutendes züchterisches Ereignis sind.
Im Mittelpunkt stand fortan der genügend große, gängige und leistungsbereite Haflinger mit den Exterieurmerkmalen, die nötig sind, um als Sport- und Freizeitpferd Verwendung zu finden. Für die Züchter war das keine leichte Aufgabe, denn schließlich war der Haflinger über Jahrzehnte ein Tragtier und Wirtschaftspferd der Bergbauern.

In den 50er, Anfang der 60er Jahre sind überwiegend Hengste aus Tirol und Bayern importiert worden. Zu nennen sind hier: *Stolzer* v. *Stolz*/B., *Adlerschild* v. *Adler*/Tirol, *Strolch* v. *Strom*/T., *Nagold* v. *Nelson*/Obb., *Nascher* v. *Nastor*/B., *Winnetou* v. *Wardein*/T., *Mandl* v. *Maat*/T. und andere mehr.

1961 wurde der erste in Westfalen gezogene Hengst gekört: *Stromer* v. *Stolzer* a.d. *Wally* v. *Wieland*, sein Züchter war Heinrich Feldmann, Steinbeck.

1979 sind zwei Hengste gekört worden, deren Vater *Nardus* v. *Nastrol* a.d. *Amiranda* v. *Maralein* ox Araberblut führte (*Norden I* und *Nadur*). In den folgenden Jahren konkurrierten so genannte reingezogene mit Araberblut-führenden Hengsten.

1980 wurden 15 Hengste zur Körung vorgestellt, darunter mehrere Söhne der R1-Hengste *Arras* v. *Adler* a.d. *Wenka* v. *Widukind* (Araber) und *Nardus* v. *Nastrol*. Siegerhengst wurde ein 144 cm großer, sich schwungvoll bewegender *Arras*-Sohn a.d. *Marga* v. *Master* aus der Zucht von Hubert Wältring, Rheine, der anschließend unter dem Namen *Armin* eine Beschälerbox in Bayern bezog.

Die Fotos zeigen den Typwandel, der sich im Laufe der Jahre durch Selektion und gezielte Anpaarung vollziehen musste, weil sich der Verwendungszweck verändert hatte.

oben links:
Nelack v. *Nelusko*
a.d. *Adlerfee* v. *Adlerschild*
Z.: E. Schmidt, Ladbergen
Körung Münster 1975:
Ia-Preis

oben rechts:
Magier v. *Mandl*
a.d. *Adlerfee* v. *Adlerhorst*
Z.: P. Wichtmann, Finnentrop
Körung Münster 1982:
Ia-Preis und Siegerhengst

unten links:
Apollo von *Atlas I* a.d.
Verb.Pr.St. *Hella* v. *Hofgast*
Z.: W. Knebel, Bad Berleburg
Körung Münster 1987:
Ia-Preis und Siegerhengst
(verkauft in das Zuchtgebiet Niedersachsen)

unten rechts:
Herzkönig v. *Hofmarschall*
a.d. St.Pr.St. *Novelle* v. *Nardus*
Z.: B. Bermpohl, Porta Westfalica
Körung Münster 1988:
Ia-Preis und Siegerhengst

Mythos v. *Mithras*
a.d. St.Pr.St. *Herzdame*
v. *Hofmarschall*
Z.: B. Bermpohl, Porta Westfalica
Körung Münster 1989:
Ia-Preis und Siegerhengst

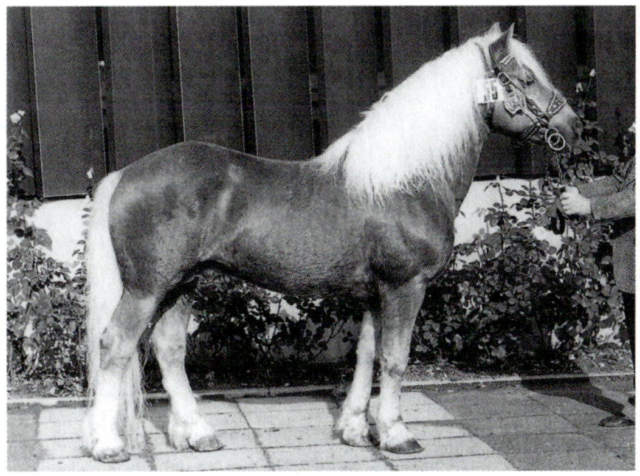

links:
Nebos II v. *Nastral*
a.d. St.Pr.St. *Anika* v. *Atlas I*
Z.: Kl. u. A. Wittenborg, Hövelhof
B.: K.-H. Krämer, Bad Berleburg
Körung Münster 1999:
Ia-Preis und Siegerhengst

rechts:
Hoferbe v. *Hofrichter*
a.d. *Bona* v. *Marinus*
Z.: Frhrl. v. Gaugreben'sche Verwaltung in Bruchhausen/Brilon
Hengstanerkennung
Münster 1977: Ia-Preis
und Siegerhengst

Zentrale Vorstellung der älteren Hengste

In der Zeit von 1969 bis 1985 waren die älteren Hengste im vierjährigen Turnus vorzustellen. Danach wurde auf die nochmalige Vorstellung der älteren Hengste verzichtet; eigentlich verständlich, denn letztlich kommt es auf die Vererbung, die Nachzucht an, ob sie denn dem eigentlichen Verwendungszweck entspricht. Neuerdings haben die Hengsthalter Gelegenheit, ihre älteren Hengste den interessierten Züchtern und Besuchern alljährlich im Rahmen einer zentralen Hengstschau im Pferdezentrum an der Hand, unter dem Reiter oder in Schaunummern zu zeigen. Die Veranstaltungen kommen immer gut an.

Einige Hengste haben zum Aufbau der Zucht durch ihre Söhne und Töchter besonders beigetragen. Hier sind zu nennen:

Hoferbe v. *Hofrichter* a.d. *Bona* v. *Marinus*/Obb. aus der Zucht der Frhrl. v. Gaugreben'schen Verwaltung in Bruchhausen, Brilon (1968 gekört) war Siegerhengst der Zentralen Anerkennung 1977. *Hoferbe* hat 18 Staatsprämientöchter hinterlassen; seine bekanntesten Töchter sind die DLG-Siegerstuten, die Verb.El.St. *Hanni* a.d. Verb.El.St. *Marga* v. *Mandl* und die St.Pr.St. *Holly* a.d. *Maika* v. *Mandl*. Siegerstute der Eliteschau 1981 war *Hellena* a.d. *Viola* v. *Hofmeister*, Reserve-Siegerstute 1980 *Hanka* a.d. *Ariane* v. *Adlerschild*.

14 seiner Söhne sind gekört worden, von denen *Hofmarschall* a.d. *Ariane* v. *Adlerschild* die größte Bedeutung erlangt hat. *Hofmarschall* war Siegerhengst der Körung 1978 und 1982 auch Siegerhengst der DLG-Ausstellung in München.

Hofstaat a.d. *Dofti* v. *Alarich*/T., ein weiterer *Hoferbe*-Sohn, war 2. Reserve-Siegerhengst der Körung 1982.

Der in Tirol gezogene *Mandl* v. *Maat* a.d. *Dorne Spez* v. *Strom* ist in vielen Pedigrees zu finden.
Hengstanerkennung
Münster 1977: I b-Preis
und Reserve-Sieger

Nibelung v. *Nico* a.d. *Conny* v. *Mirko* (Z.: Dr. B. Winkhaus, Vennebeck/Minden) hat bei Waldemar Kuhlmann in Gütersloh gute Nachzucht gebracht.

Mandl v. *Maat* a.d. *Dorne-Spez* v. *Strom*, in Tirol gezogen, gehörte schon 1968 zu den 121 Hengsten und Stuten, die in Hopsten für Aufsehen sorgten. *Mandl* ist in vielen Pedigrees zu finden. Seine bekannteste Tochter ist die Verb.El.St. *Marga* a.d. *Nelli* v. *Nascher*, die im Stall von Hans Wißbrock in Bielefeld bedeutende Nachzucht gebracht hat. Von seinen Söhnen sind *Magier* a.d. *Adlerfee* v. *Adlerhorst* (der Reserve-Siegerhengst der DLG-Ausstellung 1986 in Hannover), die Vollbrüder *Mandler I* und *II* a.d. *Violina* v. *Monaco* und *Mario* a.d. *Nelli* v. *Nascher* zu nennen. *Mandl* ist auch als Voltigierpferd eingesetzt worden.

Hofgast v. *Hofrichter* a.d. *Grille* v. *Stüwer*, 1966 in Hessen gezogen, ist ein Halbbruder zu *Hoferbe*. Der Hengst hat mehrere Jahre im Sauerland gestanden. Sieben seiner Söhne sind gekört, darunter die Hengste *Hofgard*, die Vollbrüder *Holder* und *Hofprinz* (ihre Mutter ist die Siegerstute der Eliteschau 1973 *Nelli* v. *Nandu*) und *Haron*.

Hofgast v. *Hofrichter* a.d. *Grille* v. *Stüwer*, 1966 in Hessen gezogen (ein Halbbruder zu *Hoferbe*) hat im Sauerland gute Nachzucht hinterlassen.

Von seinen Töchtern sind zu nennen die Siegerstuten der Eliteschauen 1979 und 1980, die Verb.El.St. *Heide* a.d. Verb.El.St. *Nelli* v. *Nandu* und die Verb.El.St. *Hanni* a.d. *Marina* v. *Mandler*. Nicht zu vergessen ist Tochter *Hella* a.d. *Sissi* v. *Siegfried*, die mit zwei Töchtern anlässlich der 3. Bundesponyschau in Walldorf 1988 als beste Nachzuchtsammlung mit der Bundessiegerschleife ausgezeichnet worden ist.

Nibelung v. *Nico* a.d. *Conny* v. *Mirko* aus der Zucht von Dr. Bertram Winkhaus in Vennebeck/ Minden. Der 1966 geborene Hengst, der bis 1991 bei Waldemar Kuhlmann in Gütersloh gestanden hat, hat 13 Staatsprämientöchter hinterlassen, darunter mehrere Sieger- und Reserve-Siegerstuten a.d. *Nixe* v. *Nordkar*, die Vollschwestern *Nicole*, *Nina*, *Nadja* und *Nadesha*, die auf vielen Schauen in Sammlungswettbewerben beeindruckten und auch auf DLG-Schauen erfolgreich waren. *Nadesha* war Reserve-Siegerstute der DLG-Ausstellung 1984 in Frankfurt.

Nibelung gehörte zur ersten Westfälischen DLG-Kollektion 1970 in Köln und wurde dort mit einem Ia-Preis ausgezeichnet. Sechs von seinen Söhnen sind gekört worden.

Nardus v. *Nastrol* a.d. *Amiranda* v. *Maralein* ox aus der Zucht von Josef Basenach in Hilbringen führt über seine Mutter Araberblut. Über die Hereinnahme fremder Gene ist viele Jahre leidenschaftlich diskutiert worden.

1979 sind die ersten *Nardus*-Söhne gekört worden, *Norden I* (der nach Hessen ging) und *Nadur*. Es folgten die Reserve-Siegerhengste *Norden II* a. *Lorinna* v. *Steinadler*/T. und *Nordpfeil* a.d. *Ariane* v. *Adlerschild* (Letzterer ging nach Schleswig-Holstein). Von seinen zehn Staatsprämientöchtern ist *Novelle* a.d. Verb.El.St. *Marga* v. *Mandl*, besonders zu nennen. *Novelle* war Reserve-Siegerstute der Eliteschau 1981 und ist die Mutter der Sieger stuten *Herzdame* und *Herzliebchen* sowie der Siegerhengste *Hofbube* und *Herzkönig*.

Arras v. *Adler* a.d. *Wenka* v. *Widukind* (geb. 1974 aus der Zucht von Josef Basenach, Hilbringen) führt mütterlicherseits Araber-Blut.
18 Söhne sind gekört worden, darunter die Siegerhengste von 1980 (*Armin*, der nach Bayern verkauft wurde) und 1981 (*Atlas I* a.d. Verb.El.St. *Anja* v. *Adel*) sowie der Reserve-Sieger der Körung 1985 (*Athlet*, der ins Rheinland ging).

18 seiner Töchter sind Staatsprämienstute, darunter die Siegerstute der Eliteschau 1982 *Anett* a.d. Verb.El.St. *Hanni* v. *Hoferbe*.

Hofmarschall, der bedeutendste *Hoferbe*-Sohn, stammt aus der Zucht von Hans Wißbrock in Bielefeld. Der 1976 geborene Hengst war Siegerhengst der Anerkennung 1981 und Siegerhengst der DLG in München 1982.

Hofmarschall, der bedeutendste *Hoferbe*-Sohn, war Siegerhengst der Körung 1978 und DLG-Siegerhengst von München 1982. Der von Hans Wißbrock in Bielefeld gezogene Hengst (a.d. *Ariane* v. *Adlerschild*) hat sich stark verbreiten können. Von seinen Töchtern sind 26 Staatsprämienstute geworden, darunter mehrere Siegerstuten. Besonders zu nennen sind *Herzdame* (1985), *Herzliebchen* (1988), *Hoffee* (1989), *Hanka* (1986), *Helena* (RS 1983), *Hoflind* (RS 1993); von den *Hofmarschall*-Söhnen die Siegerhengste *Hofbube* und *Herzkönig* a.d. St.Pr.St. *Novelle* v. *Nardus*, die Vollbrüder der Siegerstuten *Herzdame* und *Herzliebchen*, eine besonders erfolgreiche Kombination. *Hofritter*, ein weiterer *Hofmarschall*-Sohn, war Körungsieger 1983.

Mithras v. *Midas-Alexander*, 1983 in Tirol gezogen, hat einige Jahre in Ost-Westfalen gestanden und wurde 1991 nach Baden-Württemberg verkauft. *Mithras* hat eine starke Verbreitung gefunden. Nicht weniger als 35 Töchter werden als Staatsprämienstute geführt, 31 Söhne sind gekört. Sein bedeutendster, in Westfalen gezogener Sohn (Z.: Burkhard Bermpohl in Porta Westfalica) ist

Mythos, Siegerhengst der Körung 1989 und hochprämiert auf Bundesschauen (Ahlsfeld 1993 und Aachen 1997). Seine Mutter ist die schon wiederholt genannte St.Pr.St. *Herzdame* v. *Hofmarschall* a.d. St.Pr.St. *Novelle* v. *Nardus*. Von seinen Töchtern sind 16 Staatsprämienstute geworden, darunter die Siegerstuten *Mercedes* (1995) und *Modena* (1999). Sieben Söhne sind gekört.

Magier v. *Mandl-Adlerhorst*, gezogen von Paul Wichtmann in Finnentrop, war Siegerhengst der Körung 1982 sowie der Hengstanerkennung 1985. *Magier* gehörte 1986 zur westfälischen DLG-Kollektion in Hannover. Von seinen Söhnen sind acht gekört, 19 Töchter sind mit einer Staatsprämie ausgezeichnet worden.

Atlas *I* v. *Arras* a.d. Verb.El.St. *Anja* v. *Adel* (Z.: Heiner Hüser, Bielefeld) war Siegerhengst 1981. Von seinen sieben gekörten Söhnen sind *Apollo* (Siegerhengst 1987) und die Reserve-Siegerhengste *Ascona* und *Aragon* besonders zu nennen. Zehn von seinen Töchtern sind Staatsprämienstute geworden, darunter *Athena*, die Siegerstute von 1993.

Almbube v. *Almwind* (in Padenstedt gezogen) war Siegerhengst 1991. Mutter ist die von Burkhard Bermpohl, Porta Westfalica, gezogene St.Pr.St. *Herzdame* v. *Hofmarschall*. Der Hengst steht noch im Zuchteinsatz. 22 Töchter sind bisher mit der Staatsprämie ausgezeichnet worden; acht Söhne sind gekört, darunter der Siegerhengst von 1997 (Aachen).
Nicht unerwähnt bleiben darf der relativ junge

Steinach v. *Strato* a.d. St.Pr.St. *Helena* v. *Herzbube* aus der Zucht von Reinhard Bickmann in Hörstel-Riesenbeck. *Steinach* war Reserve-Siegerhengst der Körung 1994 und überzeugender Sieger der Hengstleistungsprüfung 1996 (Gesamtindex 143,69). Neun von seinen

Söhnen sind gekört, darunter der Sieger hengst der Körung 2000 (*Step by Step*) a.d. *Gina* v. *Stab*. Acht Töchter sind bisher Staatsprämienstute, darunter die Siegerstute der Eliteschau 2000, *Stella*, eine Vollschwester des Siegerhengstes *Step by Step*, ein besonderer züchterischer Erfolg. Last, but not least ist

Nastral v. *Nasall* zu nennen. Der im Rheinland von Gerhard Kieffer/Ruppichteroth gezogene Hengst hat auch in Westfalen gute Nachzucht gebracht. Von seinen 19 gekörten Söhnen sind die in Westfalen gezogenen Vollbrüder *Nebos I* und *Nebos II* a.d. St.Pr.St. *Anika* v. *Atlas I* zu nennen, von denen *Nebos II* Bundessieger in Aachen 2002 geworden ist.

Hengstleistungsprüfungen

Züchterische Fortschritte sind nur durch Selektion der Hengste und Stuten zu erwarten. Aus diesem Grunde werden seit Jahren Körungen, Prämierungen und Nachzuchtschauen durchgeführt. Um zu prüfen, ob die in der Zucht eingesetzten Hengste dem eigentlichen Verwendungszweck auch entsprechen, sind Leistungsprüfungen (als Ergänzung zu der Exterieurbeurteilung) unverzichtbar. Dabei sollten Charakter, Temperament, Bewegungsablauf, Rittigkeit und Leistungsbereitschaft geprüft werden.

Da der Haflinger ein vielseitig verwendbares, im Reit- und Fahrsport für die ganze Familie einsetzbares Freizeitpferd sein soll, müssen die Anforderungen auf diese Zielsetzung abgestellt sein. Dabei ist nicht zu vergessen, dass die Pferde von Jugendlichen und Erwachsenen geritten werden, von denen die meisten keine Turniererfahrung haben. Die Hengste und Stuten müssen demzufolge unkompliziert und umgänglich sein. Die Anforderungen hinsichtlich Hindernishöhe und Springvermögen sollten dem Verwendungszweck angepasst sein.

Seit 1983 gibt es Leistungsprüfungen (Stationsprüfungen) für Hengste, zunächst auf freiwilliger Basis; seit 1993 sind die Prüfungen für alle gekörten Hengste bestimmter Rassen zur Pflicht geworden. Da Haflinger sowohl im Reit- als auch Fahrsport Verwendung finden, betrug die Prüfungsdauer zunächst 50 Tage, neuerdings 30 Tage.

Inzwischen liegen Erfahrungen von zehn Jahren vor. Es bleibt zu prüfen, ob Änderungen der Prüfungsrichtlinien angebracht sind. Seit 1993 haben einige Hengste den Leistungstest mit besonders gutem Ergebnis bestanden.

1995 *Stanley* v. *Stereo* a.d. St.Pr.St. *Nora* v. *Nibelung*
Z.: Heinrich Wittenbrink, Werne

Steinach v. *Strato* a.d. St.Pr.St. *Helena* v. *Herzbube*
Z.: R. Bickmann, Hörstel-Riesenbeck
Der Reserve-Siegerhengst der Körung 1994 legte 1996 die Hengstleistungsprüfung ab.

1996 *Steinbach* v. *Strato* a.d. St.Pr.St. *Helena* v. *Herzbube*
Z.: Reinhard Bickmann, Hörstel

1999 *Nebos I* v. *Nastral* a.d. St.Pr.St. *Anika* v. *Atlas I*
Z.: Klaus u. Albert Wittenborg, Hövelhof

Nebos I v. *Nastral* a.d. St.Pr.St. *Anika* v. *Atlas I*
Z.: Kl. u. A: Wittenborg, Hövelhof, war überlegener Prüfungssieger 1999 (Gesamtindex 136).

2000 *Nebos II* v. *Nastral* a.d. St.Pr.St. *Anika* v. *Atlas I*
Z.: Klaus u. Albert Wittenborg, Hövelhof

2001 *Wild Passion* v. *Windspiel* a.d. St.Pr.St. *Attention Pleas* v. *Almbube*
Z.: Heinrich Tüting, Minden

2002 *Step by Step* v. *Steinach* a.d. *Gina* v. *Stab*
Z.: Reinhard Bickmann, Hörstel

2003 *Nekoma* v. *Nebos I* a.d. St.Pr.St. *Mona Lisa* v. *Mythos*
Z.: Heinz Stuckenberg, Damme

In den letzten Jahren sind zunehmend auch Stuten auf freiwilliger Basis im Rahmen von Stations- oder Feldprüfungen getestet worden. Das ist besonders zu begrüßen, denn schließlich sollte auch den Müttern Gelegenheit gegeben werden, ihre Eignung für den Reit- und Fahrsport unter Beweis zu stellen.

Hengstchampionate und Hengstschauen

Hengstchampionate sollen der weiteren Förderung der Zucht dienen; es gibt sie seit 1995. Zugelassen werden Hengste mit westfälischem Fohlenbrand, die in Westfalen gekört sind und die Leistungsprüfung mit Erfolg abgelegt haben. Auf den Stuten- und Fohlenschauen ist Nachzucht vorzustellen (mindestens acht Fohlen). Bisher haben sechs Championate stattgefunden. Sieger des ersten Championats 1995 war *Stargard* v. *Stichling* a.d. Verb.Pr.St. *Natascha* v. *Norden* aus der Zucht von Eckart Riemer in Schwelm.

Hengstschauen finden alljährlich im Pferdezentrum in Münster-Handorf statt. Sie bieten den Hengsthaltern eine gute Gelegenheit, ihre Hengste vor Beginn der Decksaison den Züchtern und interessierten Besuchern vorzustellen. Die Veranstaltungen werden immer gern angenommen. Die Art der Vorstellung ist den Hengsthaltern überlassen.

oben:
Nebos II v. *Nastral* a.d. St.Pr.St. *Anika* v. *Atlas I*
Z.: Kl. u. A. Wittenborg, Hövelhof
Der Königssieger von 1999 überzeugte auch in der Hengstleistungsprüfung 2000 und wurde Gesamtsieger (Gesamtindex 136,35).

mitte:
Step by Step v. *Steinach* a.d. *Gina* v. *Stab*
Z.: R. Bickmann, Hörstel-Riesenbeck
Der Körungssieger von 2000 legte die Leistungsprüfung 2002 mit der Gesamtnote 8,19 ab und war damit auch hier Spitzenhengst.

unten:
Stargard v. *Stichling* a.d. Verb.Pr.St. *Natascha* v. *Norden* (Z.: Eckart Riemer, Schwelm) war Sieger des ersten Championats

Noble Dancer v. Nerv vor der Kutsche (Station Friedrich Mählmann, Stemwede-Haldem)

mitte links:
Nebos I v. *Nastral* zeigt sich in vollem Trab (Station Ulrich Böker, Bad Oeynhausen)

mitte rechts:
Zwei Hengste im Pas de deux, *Alondo* v. *Amadeus* und *Mozart* v. *Mithras* (Station Günter Ackerstaff, Bad Bentheim)

unten rechts:
Drei Hengste in Troika-Anspannung (Station Heinrich Bispinghoff, Werne)

Gute Stuten sind die Grundlage der Zucht

In Züchterkreisen wird viel von Hengsten und von Hengstlinien gesprochen. Ohne die Bedeutung des Hengstes auch nur im Entferntesten schmälern zu wollen, dürfte eines zweifelsfrei sein, dass der Genotyp eines jeden Individuums je zur Hälfte vom Vater und von der Mutter geprägt wird. Und wer will im Einzelfall schon sagen, welcher Anteil im Vererbungsgeschehen dem Vater oder der Mutter zuzuschreiben ist.

Moderne Vererbungsforscher wollen sogar das mütterliche Erbe stärker betont wissen, weil sie davon ausgehen, dass das Muttertier außer dem Chromosomensatz, den auch der Vater mitgibt, über das Plasma des Eies Einfluss auf den Erbgang nimmt. Wie dem auch sei, in der Zucht sollte das Augenmerk nicht nur auf den Vater gerichtet sein – auch die Mutter ist immer eines Blickes wert, weil im Vererbungsgeschehen beide »mitspielen«. Gute Hengste sind zwar immer gefragt, aber ohne gute Stuten geht es nicht, sie sind die Grundlage der Zucht. Es ist deshalb schon sehr wichtig, aus welchen Stuten die angehenden Junghengste gezogen werden. Die Mütter zukünftiger Beschäler sollten sehr sorgfältig ausgewählt werden, denn nur dann sind weitere Fortschritte in der Zucht zu erwarten.

Um der züchterischen Entwicklung neue Impulse zu verleihen, finden seit 1970 **Eliteschauen** statt mit dem Ziel, den Aufbau einer guten Stutengrundlage zu fördern. Es sind jährlich stattfindende zentrale Schauen, auf denen

mitte links:
Verb.El.St. *Nina* v. *Nibelung* a.d. *Nixe* v. *Nordkar*
Z.: W. Kuhlmann, Gütersloh
Eliteschau Gütersloh 1977: Ia-Preis und Siegerstute

unten links:
Verb.El.St. *Hanni* v. *Hoferbe* a.d. Verb.El.St. *Marga* v. *Mandl*
Z.: H. Wißbrock, Bielefeld
Eliteschau Warendorf 1975: Ia-Preis und Siegerstute

oben rechts:
St.Pr.St. *Herzdame* v. *Hofmarschall* a.d. St.Pr.St. *Novelle* v. *Nardus*
Z.: B. Bermpohl, Porta Westfalica
Eliteschau Münster-Handorf 1985: Ia-Preis und Siegerstute

mitte rechts:
St.Pr.St. *Hoffee* v. *Hofmarschall* a.d. St.Pr.St. *Martina* v. *Mandler I*
Z.: R. Hanselle, Lage
Eliteschau Münster-Handorf 1989: Ia-Preis und Siegerstute

unten rechts:
St.Pr.St. *Anouschka* v. *Aramis* a.d. *Almi* v. *Almfürst*
Z.: H. Pähler vor der Holte, Schloß Holte
Eliteschau Münster-Handorf 1991: Ia-Preis und Siegerstute

St.Pr.St. *Novella* v. *Nebos I* a.d. *Marina* v. *Mark*
Z.: U. Böker, Bad Oeynhausen
NRW Eliteschau Aachen 2002: 1. Reserve-Siegerstute

dic besten im Verbandsgebiet gezogenen, auf den Stuten- und Fohlenschauen ausgewählten 3-jährigen Stuten vorgestellt und prämiert werden. Die so ausgezeichneten Stuten wurden bis einschließlich 1980 als »Verbandselitestute« geführt. Seit 1981 wird den besten Stuten (die Zahl richtet sich nach der Qualität der vorgestellten Stuten) der Titel »Staatsprämienstute« zuerkannt, den übrigen Stuten der Titel »Verbandsprämienstute«. Bei Staatsprämienstuten sind bis zur Vollendung des 7. Lebensjahres zwei Fohlen nachzuweisen.

Die Schauen haben sich bewährt, denn sie geben den Züchtern und Besuchern alljährlich einen Überblick über den jeweiligen Stand der Zucht.

Schauen geben einen Überblick

Die Züchter sind ausstellungsfreudig. Sie zeigen ihre Pferde gern, um mit anderen Züchtern in Wettbewerb zu treten. Die erste Schau 1968 war ein vielversprechender Anfang. Für die Züchter wurden die Weichen für die weitere züchterische Arbeit gestellt. In den folgenden Jahren fanden weitere Schauen, zunächst in Gütersloh, später im neu errichteten Pferdezentrum in Münster-Handorf statt; daraus haben sich 1990 die Haflinger-Tage entwickelt, eine Wochenend-Veranstaltung mit Eliteschau und Körung der Junghengste, seit 1996 gehört auch alle drei bis vier Jahre die Verbandsschau dazu.

Aber auch national sind seit Ende der 70er Jahre Sonder- und Bundesschauen durchgeführt worden, an denen sich die westfälischen Züchter von Anfang an mit großem Erfolg beteiligt hatten.

Bei Durchsicht der Prämierungsergebnisse sind bestimmte Stuten und deren Nachzucht zu finden, die zum Aufbau der Zucht wesentlich beigetragen haben. Nur einige können hier genannt werden.

Nelli H 100 v. *Nascher*

Die von Hermann Meier in Hopsten gezogene *Nelli* v. *Nascher* a.d. *Winni* v. *Wilfried* ist eine der ältesten, in Westfalen gezogenen Stuten. *Nelli* verkörperte schon auf der Westfalenschau 1965 den mehr trockenen Typ. Anlässlich der

Die 1960 geborene *Nelli* v. *Nascher* a.d. *Winni* v. *Wilfried* (Z.: H. Meier, Hopsten) gehört zu den ältesten, in Westfalen gezogenen Stuten. Schon auf der 1. Sonderschau 1968 stand *Nelli* mit drei Töchtern im Familienwettbewerb an der Spitze.

1. Sonderschau 1968 in Hopsten wurde die Nachzuchtsammlung (Mutter mit drei Töchtern) mit dem Ia-Preis ausgezeichnet. Im Stall von Hans Wißbrock, Bielefeld, haben ihre Töchter *Ariane* v. *Adlerschild* und *Marga* v. *Mandl* besondere Bedeu-

Verb.El.St. *Marga* v. *Mandl* a.d. *Nelli* v. *Nascher* aus der Zucht von Hans Wißbrock, Bielefeld, gehört zu den ersten drei Stuten, die Verbandselitestute geworden sind. *Marga* war Siegerstute der Sonderschauen 1971, 1974 und 1977 sowie der Bundesschau 1979 im hessischen Merenberg. Tochter *Hanni* v. *Hoferbe* war Siegerstute der DLG-Ausstellungen 1978 und 1980.

tung erlangt. *Ariane* ist Mutter des DLG-Siegerhengstes *Hofmarschall* v. *Hoferbe*. Von ihren vier Töchtern gehörte die Verb.El.St. *Hanka* v. *Hoferbe* zur DLG-Kollektion von München 1982; die Töchter *Winzerin* v. *Winnetou* und *Maike* v. *Mandl* haben bei Wilhelm Hesterkamp, Marl, bzw. Georg Struck, Attendorn, für weitere Verbreitung gesorgt.

Marga v. *Mandl*
gehörte 1970 zu den ersten drei Stuten, die Verbandselitestute geworden sind. Sie war Siegerstute der Sonderschauen 1971, 1974 und 1977 sowie der Bundesschau 1979 in Merenberg.

Marga hat fünf Töchter hinterlassen, die Verbandselite- bzw. Staatsprämienstute geworden sind, sowie drei gekörte Söhne. Tochter *Hanni* v. *Hoferbe* war Siegerstute der Eliteschau 1975, der Sonderschau 1980 und auch der DLG-Schauen 1978 und 1980. Tochter *Novelle* hat im Stall von Burkhard Bermpohl, Porta Westfalica, gute Nachzucht gebracht. Die *Nardus*-Tochter gehörte 1982 und 1986 zur westfälischen DLG-Kollektion in München und Hannover. Ihre Nachzucht ist überzeugend. Die Töchter *Herzdame* und *Herliebchen*, beide von *Hofmarschall*, waren Siegerstuten der Eliteschauen 1985 bzw. 1988. *Herzdame* stand anlässlich der DLG-Ausstellung 1986 in Hannover in ihrer Altersklasse an der Spitze und war im gleichen Jahr Reserve-Siegerstute der Sonderschau in Münster-Handorf. Zwei Söhne der *Novelle* von *Hofmarschall* (Vollbrüder zu *Herzdame* und *Herzliebchen*) – *Herzober* und *Herzkönig* – waren Siegerhengste der Körung 1986 bzw. 1988. *Mythos*, ein Sohn der *Herzdame* von *Mithras* war Siegerhengst der Körung 1989.

Nixe H 100 v. *Nordkar*
Die von Albrecht Reineke in Fromhausen/Lippe 1965 gezogene *Nixe* v. *Nordkar* a.d. *Perle* v. *Wieland* ist (wie auch die bereits genannte *Nelli* v. *Nascher*) Begründerin einer großen Stutenfamilie. Sie kam als Absatzfohlen zu Waldemar Kuhlmann nach Gütersloh.

Die 1965 geborene *Nixe* v. *Nordkar* a.d. *Perle* v. *Wieland* ist bei Waldemar Kuhlmann, Gütersloh, zur Begründerin einer großen Stutenfamilie geworden. Von ihren acht auf Eliteschauen prämierten Töchtern waren drei Siegerstuten der Schauen 1976, 1977 und 1978.

Nixe gehörte zu den Stuten, die auf den Westfalenschauen 1969 und 1971 für Aufsehen sorgten. 1970 gehörte *Nixe* zur ersten westfälischen DLG-Kollektion in Köln. Im Stall von Waldemar Kuhlmann hat die *Nordkar*-Tochter zwölf Fohlen gebracht. Aus der Anpaarung mit *Nibelung* (v. *Niko*) gingen acht [!] Stutfohlen hervor, die auf den Eliteschauen Verbandselite- bzw. Staatsprämienstute geworden sind. Dreimal stellte Kuhlmann die Siegerstute auf den Schauen 1976, 1977 und 1978. 1978 gehörte *Nicole* mit ihrer Vollschwester *Nina* zur DLG-Kollektion in Frankfurt. *Nadesha*, die letzte *Nixe*-Tochter, wurde 1984 Staatsprämienstute. Noch im gleichen Jahr gehörte *Nadesha* zur westfälischen DLG-Kollektion in Frankfurt und wurde Reserve-Siegerstute. Weitere Erfolge schlossen sich an.

Auf vielen Schauen beeindruckten die Nachzuchtsammlungen. Die größten Erfolge stellten sich auf der 2. und 3. Bundes-Haflingerschau in Nürnberg 1982 und Aachen 1987 ein. Auf beiden Schauen stellte Kuhlmann die Siegersammlung.

Nicht zu vergessen sind die Erfolge auf internationalen Schauen 1990 und 2000 in Ebbs/Tirol. Dort stellte Kuhlmann Nachzuchtsammlungen der Staatsprämienstuten *Nadesha* und ihrer Tochter *Mercy* (v. *Markant*) vor, die bei starker Konkurrenz ganz beachtliche Platzierungen erreichten.

Die 1980 geborene, von Günther Barth in Havixbeck gezogene St.Pr.St. *Holly* v. *Hoferbe* a.d. *Maika* v. *Mandl* hat im Stall der Taprogge GmbH in Wetter/Ruhr gute Nachzucht gebracht. Sie war u.a. Siegerstute der 2. Bundesschau 1985 und der DLG-Ausstellung 1986.

St.Pr.St. *Holly* v. *Hoferbe*
Die von Günther Barth in Havixbeck gezogene *Hoferbe*-Tochter war als 3-Jährige nicht nur Siegerstute der Eliteschau 1983, sondern auch der Sonderschau. Anfang 1985 kam *Holly* in den Stall der Taprogge GmbH in Wetter/Ruhr.
Hier setzte die sich stets gut bewegende Stute die Erfolgsserie fort. *Holly* wurde 1985 Siegerstute der 2. Bundesponyschau in Münster-Handorf. Anlässlich der DLG-Ausstellung 1986 in Hannover behauptete sich *Holly* gegen beachtliche Konkurrenz und wurde ebenfalls Siegerstute. Auch von der internationalen Schau 1986 in Libramont/Belgien, an der sich Züchter aus Belgien, Luxemburg, den Niederlanden und Deutschland beteiligt hatten, kehrte *Holly* mit der Siegerschleife heim. Nicht zu vergessen ist der Erfolg auf der Bundesstutenschau 1995 im thüringischen Meura. Dort wurde die inzwischen 15-jährige *Holly* Siegerstute der älteren Klassen. Mit ihren Töchtern *Nakiska* und *Nana* (beide von *Nibelung*) stellte *Holly* die beste Sammlung der Schau.

Von ihren Fohlen sind vier Töchter Staatsprämienstute und drei Söhne (*Nibelung San, Adonis* und *Master*) gekört. Anlässlich der Bundes-Haflingerschau 1999 in Hamburg präsentierte sich *Adonis* v. *Alhi Vital* unter dem Reiter und gewann die Reitpferdeprüfung, die für 3- und 4-jährige Haflinger ausgeschrieben war. *Master* v. *Maestro*, 1. Reserve-Siegerhengst der Körung 2000, steht in Belgien im Zuchteinsatz.

Auf Schauen erfolgreich: Stuten mit ihren Töchtern

rechts, von oben nach unten:

Die Siegersammlung der 2. Bundesponyschau in Münster Handorf 1985 von Hans-Hermann Müller, Erndtebrück, die Verb.El.St. *Hanni* v. *Hofgast* mit den Töchtern *Asta* v. *Alster* und *Alexa* v. *Atlas I*.

Die Siegerfamilie der 3. Bundesponyschau in Walldorf 1988, vorgestellt von Walter Knebel, Bad Berleburg: (v. l.) Die Verb.Pr.St. *Hella* v. *Hofgast* mit den Töchtern und Vollschwestern *Anika* und *Angie* v. *Atlas I*.

Die von Hans Wißbrock gezogene St.Pr.St. *Novelle* v. *Nardus* a.d. Verb.El.St. *Marga* v. *Mandl* ist im Stall von Burkhard Bermpohl, Porta Westfalica, durch ihre Nachzucht bekannt geworden. Ihre Töchter und Vollschwestern *Herzdame* (l.) und *Herzliebchen* (r.) v. *Hofmarschall* waren Siegerstuten der Eliteschauen 1985 und 1988.

Stutenfamilie Großmutter – Mutter – Tochter, bedeutende Stuten von Hans Wißbrock, Bielefeld: (v. l.) Verb.El.St. *Marga* v. *Mandl*, Verb.El.St. *Hanni* v. *Hoferbe* und St.Pr.St. *Aurora* v. *Afghan*.

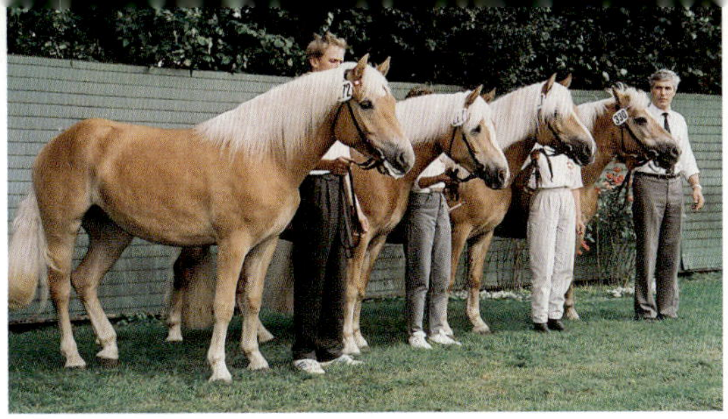

oben:
Auf der 2. Bundes-Haflingerschau in Nürnberg 1982 stellte Waldemar Kuhlmann, Gütersloh, die beste Nachzuchtsammlung vor, die Stute *Nixe* v. *Nordkar* mit fünf Töchtern von *Nibelung*; eine wohl einmalige züchterische Leistung.

links, von oben nach unten:
Die beste Stutenfamilie in Aachen 1991 stellte Waldemar Kuhlmann, Gütersloh, mit den Stuten (v. r.) *Nixe* v. *Nordkar* (Großmutter), St.Pr.St. *Nadesha* v. *Nibelung* (Mutter) und den Töchtern St.Pr.St. *Merci* und St.Pr.St. *Memory* (beide v. *Markant*).

Auf der Bundes-Haflingerschau in Meura 1995 stellte die Taprogge GmbH in Wetter/Ruhr die beste Familie der Schau mit der St.Pr.St. *Holly* v. *Hoferbe* und den Töchtern *Nakiska* und *Nana* v. *Nibelung*.

Die Siegerfamilie auf der Verbandsschau 1996 stellte Ernst Braun, Erndtebrück, vor mit der St.Pr.St. *Asta* v. *Alster* (Z.: H.-H. Müller/Erndtebrück) und den Töchtern *Anabell* v. *Angelo* und den Vollschwestern *Athena* und *Amica* v. *Atlas I*.

Auch international erfolgreich: In Ebbs/Tirol 2000 erreichte die Sammlung von Waldemar Kuhlmann, Gütersloh, einen beachtlichen 4. Platz (unter 25 Familien) mit den Stuten St.Pr.St. *Merci* v. *Markant* a.d. St.Pr.St. *Nadesha* v. *Nibelung* und den Töchtern *Aloe* v. *Amadeus*, *Meredith* und *Mon Cherie* v. *Maestro*.

Die Reserve-Siegerfamilie der Bundesschau in Aachen 2002 von Egbert Bisping-hoff, Werne, die Familie der St.Pr.St. *Hethy* v. *Hegemeister* mit Tochter *Angie* v. *Atif* und Enkelin *Amy* v. *Alban*.

Die Erfolge auf DLG-Ausstellungen

Köln 1970

Zum ersten Mal sind Westfalens Züchter auf einer DLG-Ausstellung, sie stellen vier Stuten und einen Hengst aus, von denen man in den folgenden Jahren noch hören wird.
Es sind:
Nixe v. *Nordkar* a.d. *Perle* v. *Wieland*,
Marga v. *Mandl* a.d. *Nelli* v. *Nascher*,
Ariane v. *Adlerschild* a.d. *Nelli* v. *Nascher*,
Noris v. *Nico* a.d. *Pauline* v. *Wieland*,
Nibelung v. *Nico* a.d. *Conny* v. *Mirko*.
Die Züchter müssen mit den Bayern konkurrieren, das ist keine leichte Aufgabe. Mit zwei I a-, zwei I b- und einem IIa-Preis können sie zufrieden sein.

Die Siegerstute der DLG-Ausstellungen in Frankfurt 1978 und Hannover 1980: Verb.El.St. *Hanni* v. *Hoferbe* a.d. Verb.El.St. *Marga* v. *Mandl*
Z.: H. Wißbrock, Bielefeld

Frankfurt 1978

Die Züchter stellen einen Hengst und drei Stuten aus, deren Mütter schon 1970 in Köln dabei waren. Siegerstute wird die typische Verb.El.St. *Hanni* v. *Hoferbe* a.d. Verb.El.St. *Marga* v. *Mandl*, ein großer Erfolg. Die gut herausgebrachten Vollschwestern, die Verbandselitestuten *Nicole* und *Nina* v. *Nibelung* a.d. *Nixe* v. *Nordkar* erhalten ebenfalls I. Preise.

Hannover 1980

Die sich gut präsentierende *Hanni* v. *Hoferbe* wiederholt ihren Sieg von Frankfurt; *Nina* v. *Nibelung* wird Klassen-Siegerin.

Hofmarschall v. *Hoferbe* a.d. *Ariane* v. *Adlerschild*, Siegerhengst der DLG-Ausstellung in München 1982 (Z.: H. Wißbrock, Bielefeld) begeisterte die Zuschauer bei der Vorstellung im großen Ring.

München 1982

Sechs Verbände haben ausgestellt. *Hofmarschall* v. *Hoferbe* a.d. *Ariane* v. *Adlerschild* begeistert die vielen Besucher und wird Siegerhengst.

Frankfurt 1984

Ein weiterer *Hoferbe*-Sohn, *Hegemeister* a.d. *Steffi* v. *Strolch*, setzt mit seinem Sieg die Erfolgsserie fort. Die 3-jährige St.Pr.St. *Nadesha* v. *Nibelung* a.d. *Nixe* v. *Nordkar* wird Reserve-Siegerstute.

Hannover 1986

Die westfälischen Züchter sind wiederum sehr erfolgreich. Die 6-jährige St.Pr.St. *Holly* v. *Hoferbe* a.d. *Maika* v. *Mandl* behauptet sich gegen die Konkurrenz aus Bayern und dem Rheinland, überzeugt durch ihre lockeren Bewegungen und wird Siegerstute.

Die 4-jährige St.Pr.St. *Herzdame* v. *Hofmarschall* a.d. St.Pr.St. *Novelle* v. *Nardus*, steht in ihrer Altersklasse an der Spitze. Der

St.Pr.St. *Holly* v. *Hoferbe* a.d. *Maika* v. *Mandl* (Z.: G. Barth, Havixbeck; B.: Taprogge GmbH, Wetter/Ruhr), die Siegerstute der DLG-Ausstellung Hannover 1986.

links:
Aga Khan v. *Arpad* a.d. Verb.El.St. *Nancy* v. *Nebel* (Z.: F. Keller, Bielefeld): Siegerhengst der DLG-Ausstellung Frankfurt 1989.

Siegerhengst der Körung 1982, *Magier* v. *Mandl* a.d. *Adlerfee* v. *Adlerhorst*, der seine Altersklasse anführt, wird Reserve-Sieger der Schau.

Frankfurt 1989

Aga Khan v. *Arpad* a.d. Verb.El.St. *Nancy* v. *Nebel*, 1984 Spitzenhengst der westfälischen Körung, wird auch in Frankfurt Siegerhengst.

Die 8-jährige St.Pr.St. *Anja* v. *Aarden* a.d. Verb.Pr.St. *Andrea* v. *Amor*/T. wird Reserve-Siegerstute. Die Vollschwestern *Anika* und *Angie* v. *Atlas I* a.d. *Hella* v. *Hofgast* stehen in ihrer Altersklasse an der Spitze. Beide Stuten werden mit ihrer Mutter in einer Sammlung vorgestellt und erhalten die Siegerschleife.

Westfalens Haflinger im Sport

Der Reit- und Fahrsport mit kleinen Pferden erfreut sich seit Jahren zunehmender Beliebtheit. Auch der Haflinger hat seit den 70er Jahren zunehmend unter dem Reiter und im Fahrsport Verwendung gefunden.

Der Westfälische Haflingerverein, der 1964 in Gütersloh seinen Anfang nahm, und der 1986 gegründete Haflinger-Sportverein haben mit dazu beigetragen, den Haflinger als geeignetes, vielseitig verwendbares Freizeitpferd bekannt zu machen. Neben dem Westfälischen Pferdestammbuch, das für die züchterische Betreuung zuständig und verantwortlich ist, hat sich die

rechts, von oben nach unten:
Hans Wißbrock, Bielefeld, mit seinen Stuten, den *Nelli*-Töchtern *Ariane* v. *Adlerschild* und der Verb.El.St. *Marga* v. *Mandl*, vor der Hochzeitskutsche.

Zweispänner von Astrid Riemer, Schwelm, mit den Stuten *Alme* v. *Adel* und Tochter *Noris* v. *Nardus*.

In den 90er Jahren in Fahrprüfungen erfolgreich: das Gespann von Detlef Randzio, Schwelm, mit den Vollbrüdern Nordstern und *Nero* v. *Nardus* (Z.: H. Torspecken, Kölkebeck).

Im Turniersport erfolgreich: Elke Hillebrandt, Coesfeld, brachte es mit *Scarlett* v. *Stichling* a.d. *Nixe* v. *Nardus* (Z.: Maria Nagel, Coesfeld) im Turnierjahr 2002 in Fahrprüfungen auf fünf Siege und 16 Platzierungen mit einer Jahresgewinnsumme von 1.300 Euro.

oben:
Der Anfang mit einem einfachen Reiterwettbewerb

oben rechts:
Adonis v. *Alhi Vital* a.d. St.Pr.St. *Holly* v. *Hoferbe* aus der Zucht der Taprogge GmbH in Wetter mit Anja Krüger, Beckum, im Sattel. Der 1997 gekörte Hengst war Sieger in der Reitpferdeprüfung für 3- und 4-jährige Hengste anlässlich der Bundesschau 1999 in Hamburg.

links:
Matthisa v. *Maestro – Nibelung* (Z.: Taprogge GmbH in Wetter): Siegerin in der Dressurprüfung Kl. A beim 1. Europachampionat in Stadl-Paura/Österreich mit Anja Kruse im Sattel.

rechts:
Nebos I v. *Nastral* a.d. St.Pr.St. *Anika* v. *Atlas I* Z.: Kl. u. A. Wittenborg, Hövelhof. Markus Tschischke erreichte mit dem Körungssieger 1999 Platz 2 in der Dressurprüfung Klasse L beim bundesweit offenen Haflingerturnier in Beckum 2003.

Haflinger-Sportgemeinschaft dafür eingesetzt, den Haflinger unter dem Reiter und im Gespann zu fördern. Er hat Reit- und Fahrlehrgänge angeboten und durchgeführt, gemeinsame Ausritte organisiert, dazu gehörten später auch Fuchsjagden, Geländeritte und Geländefahrten. Im Laufe der Jahre sind die Füchse mit dem weißen Langhaar immer gängiger und rittiger geworden, sodass auch kleine Eignungs- und Dressurprüfungen durchgeführt werden konnten.

Natürlich ist der Haflinger bei entsprechender Vorbereitung auch in der Lage bei Distanzritten, Reit- und Fahrprüfungen beachtliche Leistungen zu bringen – allerdings darf in diesem Zusammenhang nicht vergessen werden, dass diese Pferde in der Regel Araberblut führen.

Im Mai 2003 fand in Beckum zum zweiten Mal ein bundesweit offenes Haflingerturnier statt. Ausgeschrieben waren Einsteiger-, Dressur- und Springwettbewerbe der Klassen E und A, in der Dressur auch der Kl. L.

Die Beteiligung war recht gut, besonders in den Dressurwettbewerben. Die Westfalen haben gut abgeschnitten.

50 Jahre Haflinger in Westfalen

1953 sind die ersten Haflinger aus Österreich und Bayern geholt worden, um als Wirtschaftspferd im bäuerlichen Betrieb eingesetzt zu werden. Das sollte jedoch bald anders werden, als immer mehr Menschen die Verbindung zum Pferd suchten und reiten wollten.

Die Füchse mit dem weißen Langhaar erfreuten sich zwar zunehmender Beliebtheit, doch das Zuchtziel musste sich ändern, für die Züchter keine leichte Aufgabe, denn schließlich war der Haflinger über Jahrzehnte das Wirtschaftspferd der Bergbauern. Die Pferde mussten größer, gängiger und rittiger werden. Über den züchterisch einzuschlagenden Weg ist seinerzeit viel und leidenschaftlich diskutiert worden. Hier die »Reitzucht«, d.h. eine Selektion innerhalb der Rasse, dort die überlegte und dosierte Zufuhr von Fremdblut.

In Westfalen waren beide Wege möglich. Den Züchtern ist es gelungen, den Haflinger von einst zu einem beliebten Freizeitpferd für die ganze Familie zu machen, zu einem Kleinpferd bis zur Größe von 148 cm Stockmaß (wobei über die obere Grenze diskutiert wird), das heute auch in Reitställen und Betrieben zu finden ist, die Urlaub auf dem Bauernhof mit Reitgelegenheit anbieten.

Was der moderne Haflinger nach entsprechender Ausbildung in leichten Prüfungen leisten kann, ist bekannt und in Berichten nachzulesen. Auch in Gespannprüfungen wird er mit Erfolg eingesetzt, dabei ist jedoch festzustellen, dass die erfolgreichen Pferde in der Regel Fremdblut führen. – Darf aber diese Veredelung sein? Was sagt das Ursprungszuchtgebiet?

Verwendungszweck und Käuferwünsche

Der Kunde ist König, so heißt es im Geschäftsleben. Auch in der Pferdezucht sind Nachfrageentwicklung und Absatzmöglichkeiten für den Züchter richtungweisend. Wer verkaufen will, muss die Wünsche der Käufer kennen, und die sind nicht immer einheitlich. Der eine sucht einen im Exterieur ansprechenden, umgänglichen und zuverlässigen Partner, mit dem er seine Freizeit problemlos verbringen kann. Die Pferde sollen rittig und gängig sein, d.h. gute Bewegungen in allen Grundgangarten zeigen. Der Kaufinteressent will aber nicht nur die Pferde sehen, er wünscht sich auch eine Vorstellung unter dem Reiter und/oder im Geschirr, und wenn er möchte, sollte ihm auch die Gelegenheit gegeben werden, die angebotenen Pferde selbst auszuprobieren, um zu prüfen, ob sie seinen Vorstellungen entsprechen, ob sie umgänglich sind.

Der andere erwartet mehr von einem Haflinger: Er will auf Turnieren in leichten Eignungs-, Dressur- oder Springprüfungen oder aber als Fahrer mit den Pferden in Gespannprüfungen starten und konkurrieren können – die Pferde müssen deshalb die notwendige Veranlagung mitbringen.

Die Haflinger Quadrille des RV Hubertus Wennetal präsentierte sich auf der Auktionsparade zur 20. NRW-Auktion 2000 in Münster-Handorf vor vollem Haus und bekam viel Beifall.

Eine Fahrschule vom Sattel mit drei Hengsten, eine gekonnte Vorstellung der Station Kuhlmann, Gütersloh, anlässlich der Hengstschau 1998 im Pferdezentrum.

Nebos II
Bundessieger Aachen 2002

Die Einigung mit dem Ursprungszuchtgebiet

Lange genug ist über den ox-Anteil in der Haflingerzucht diskutiert worden. Mitte 2002 sind die zwischen Italien, dem Land, das das Ursprungszuchtbuch für die Rasse Haflinger führt, und Deutschland bestehenden offenen Fragen bereinigt worden. Folgende Regelungen wurden getroffen:

Ab 1. Januar 2008 sind in den Zuchtbüchern nur noch Hengste mit 1,56 % ox-Blutanteil als Haflinger eintragungsfähig – für Stuten gilt der 1. Januar 2013. Für den Übergang sind einige Sonderregelungen vorgesehen. Somit können alle Züchter, die auf eine Veredelung des Haflingers nicht verzichten wollen, ihre züchterische Arbeit fortsetzen., das heißt, sie sind nicht gezwungen, den Grundsätzen des Ursprungszuchtgebietes folgen zu müssen. Ihre Pferde werden in einem neuen Zuchtbuch Aufnahme finden. Trotz getrennter Zuchtbuchführung werden beide Zuchtrichtungen im Rasseparlament der FN vertreten sein – und das ist gut so!

In diesem Zusammenhang ist es für die Züchter wichtig zu wissen, dass sich Italien, Frankreich und Deutschland (das sind die Länder mit den größten Haflinger-Zuchtpopulationen) im September 2003 zu einem Europäischen Verband der Haflinger-Züchter zusammengeschlossen haben.

Der Markt ist richtungsweisend

Wer verkaufen will, muss den Markt beobachten. Der Züchter muss die Freiheit haben, sich mit seinen Planungen auf die Wünsche der Kaufinteressenten einzustellen. Man kann ihm nicht vorschreiben, was er zu züchten hat, denn er muss seine Pferde verkaufen können – das ist ohnehin schwierig genug in einer Zeit des Überangebots.

Der Haflinger steht in Konkurrenz mit Pferden anderer Rassen, deren Zahl in den zurückliegenden Jahren immer größer geworden ist. Die Statistik zeigt, dass die »fetten Jahre« vorbei sind, Bedeckungen und Eintragungen sind rückläufig. Der Verkauf ist schleppend und der Züchter hat längst erkannt, dass »rohe« Pferde, die weder Sattel noch Geschirr kennen, in Zeiten des Überangebots nicht oder nur ganz schwer abzusetzen sind.

Die Nachfrage hat sich beruhigt

Die Füchse mit dem weißen Langhaar haben in den zurückliegenden 50 Jahren eine stürmische Aufwärtsentwicklung erlebt. Die Nachfrage konnte zeitweise nicht gedeckt werden, so dass Ponys und Kleinpferde anderer Rassen und Größen importiert werden mussten. Diese Entwicklung hielt bis Mitte der 90er Jahre an.

Der Haflinger hatte sich bis zu diesem Zeitpunkt zur größten Rassegruppe in der Bundesrepublik entwickelt. Beim Westfälischen Pferdestammbuch waren 1996 2059 Stuten eingetragen. Danach hat sich die Nachfrage beruhigt, der Bedarf war gedeckt. Die Bedeckungen gingen zurück, es wurden weniger Fohlen geboren und weniger Stuten eingetragen. Ende 2002 war der Stutenbestand bis auf 1461 zurückgegangen.

Die Konsequenzen für den Züchter

Wenn der Absatz stockt und nicht mehr »alles« abgesetzt werden kann, stellt sich für den Züchter die Frage, was er tun kann. Natürlich kann er zunächst einen Teil seiner Stuten, die ohnehin nicht mehr den heute zu stellenden Anforderungen entsprechen, »leer« lassen oder evtl. verkaufen, so hierzu die Möglichkeit besteht. Er muss sich aber auch fragen, ob er züchterisch alles getan hat, was der Markt heute von einem Haflinger erwartet. Er muss wissen, dass der Kaufinteressent mehr erwartet als noch vor 20 oder 30 Jahren. Ein ansprechendes Exterieur, Pokale und Prämierungen auf Schauen allein genügen nicht, der Käufer erwartet mehr; er will sehen, was der angebotene Haflinger unter dem Reiter oder im Geschirr kann. Er muss zwar kein fertiges Turnierpferd sein, doch er sollte die nötige Veranlagung mitbringen und erkennen lassen und er sollte zumindest angeritten oder auch eingefahren sein. Diesen Aufwand wird der Züchter/Verkäufer wohl auf sich nehmen müssen, wenn er verkaufen will. Die goldenen 70er und 80er Jahre sind vorbei; am Markt werden Ponys und Kleinpferde vieler Rassen und Größen in genügender Zahl angeboten. Jeder Züchter/Verkäufer muss sich wohl oder übel auf die derzeitige Marktsituation einstellen.
Der Haflinger ist ein liebenswertes Pferd – das wird er wohl auch künftig sein. Allerdings, werden die Züchter sich mehr als bisher auf die Wünsche der Käufer einstellen und sich am Markt der Konkurrenz stellen müssen. Die Pferde müssen für den Reit- und Fahrsport, für den Breiten- und – bei entsprechender Förderung – auch begrenzt für den Leistungssport geeignet sein. Ein Araber-Blutanteil von 1,56 Prozent oder auch mehr dürfte dabei gewiss nicht entscheidend sein, denn letztlich trifft der Käufer die Entscheidung und der Züchter muss das züchten, was er verkaufen kann.

Die Entwicklung der Haflinger-Zucht 1990 bis 2002

Der Haflinger hat sich in den zurückliegenden 50 Jahren verändert. Durch Selektion, gezielte Anpaarung und teilweise Zufuhr von Fremdblut sind die Füchse mit dem weißen Langhaar größer, gängiger und rittiger geworden. Auf den Bildern (siehe folgende Seite) sind drei Spitzenstuten der vergangenen Jahre zu sehen, die diese Entwicklung erkennen lassen.

Jahr	Bedeckungen	Registrierte Fohlen	Stutbuchaufnahmen	Bestand an eingetragenen Stuten
1990		640	193	1381
1992	1463	819	215	1604
1994	1448	887	333	1898
1996	1172	**901**	**344**	**2059**
1998	708	576	288	1848
2000	533	450	195	1645
2002	526	431	151	1461

Spitzenstuten der Jahre 1968 – 1988 – 2002

1968

1988

2002

Weitere Ponyrassen

Welshponys

Im Südwesten von England, im Bergland von Wales, leben sie seit Jahrhunderten, die Welshponys. Es gibt sie heute in mehreren Sektionen, die sich nicht nur in der Größe, sondern auch im Exterieur voneinander unterscheiden.

Die Kleinsten, die Welsh-Mountain-Ponys der Sektion A (bis 122 cm Stockmaß), fanden einst Verwendung in den Bergwerken. Vor etwa 200 Jahren setzte dann eine Veredelung ein. Mehrere Hengste (u.a. Vollblut- und Araberhengste), so wird berichtet, haben die Entwicklung zum modernen Mountain-Pony eingeleitet. Die Ponys sind für den reiterlichen Nachwuchs ein verlässlicher Partner, umgänglich und gutartig – ein Anfangspony, darüber hinaus auch ein beliebtes Fahrpony.
Das Welshpony der Sektion B hat eine Größe bis 137 cm Stockmaß. 1931 legte die Welsh Pony and Cob Society (WPCS) den Grundstein für diese Sektion. Zuchtgrundlage waren die Mountain-Ponys sowie ausgesuchte Stuten und Hengste anderer Herkünfte mit dem Ziel, ein größeres Kinderreitpony mit verbesserter Reiteignung zu züchten.

Der Welsh-Cob der Sektion D verkörpert einen ganz anderen Typ. Sein Ursprung verliert sich im Dunkel der Vergangenheit, seine Zucht ist alt. Über Generationen waren die Cobs ein wesentlicher Bestandteil des ländlichen Lebens in Wales. Sie verrichteten die meiste Arbeit auf den Farmen, sowohl im Geschirr als auch unter dem Sattel. Mit fortschreitender Mechanisierung und Motorisierung verloren diese Ponys ihren traditionellen Einsatzbereich. Heute ist der Cob ein

Ein junger Ponyreiter auf einem A-Pony. Durch die Führzügelklasse wird das Kind schon frühzeitig mit dem Pony vertraut gemacht. Spielerisch erlernt es die nötigen reiterlichen Grundlagen.

unten:
Reiterinnen im Alter von 9 bis 12 Jahren mit A-Ponys in einer »First Ridden« Klasse.

links unten:
Welsh A-Ponys sind auch im Fahrsport beliebt. Im Bild: Drei Ponys in Troika-Anspannung von D. Renzel, Kirchhellen, mit den gekörten Hengsten *Combi Edel Boy* v. *Revel Solo* und *Agget Shalimar* v. *Marsh Crusader.*

rechts oben:
Chameur v. *Combi Edel Boy* aus der Zucht von Joh. Renzel, Kirchhellen, war Siegerhengst der Körung 1972 und bester B-Hengst der Anerkennung 1981.

rechts unten:
St.Pr.St. *Bouncerline* v. *Bouncer-Cui Goldflake* (Z.: H.J. Karsten, Münster) Die bewegungsstarke A-Stute war Reserve-Siegerstute der Eliteschau 1986.

vielseitig verwendbares Freizeitpferd für die ganze Familie: kraftvoll, gut bemuskelt, mit starkem Fundament, in einer Größe von mehr als 137 cm Stockmaß, nicht selten das obere Ponymaß (148 cm) übersteigend.

Das Welshpony im Cob-Typ der Sektion C hat eine Größe bis 137 cm. Es sind Kreuzungen von A-und B-Ponys mit Cobs, kraftvoll und ausdauernd, die besonders für Geländeritte und Jagden, so wird berichtet, geeignet sein sollen.

1960 ist im Mutterland England das Zuchtbuch für die Sektionen A, B, C und D geschlossen worden. Da der Bedarf an größeren Reitponys weiter bestand, entwickelte sich seit dieser Zeit die Welsh-Partbred-Zucht. Hierunter sind Kreuzungen von Welshponys verschiedener Sektionen mit anderen Rassen zu verstehen, sofern sich ein rechnerischer Welsh-Blutanteil von mindestens 25 Prozent ergibt.

Seit den 60er Jahren in Westfalen

Als Anfang der 60er Jahre die Begeisterung der Jugendlichen (und auch Erwachsenen) für den Reitsport eine ständig steigende Nachfrage nach geeigneten Ponys auslöste, stießen Züchter und Liebhaber auf das Welshpony, das im Südwesten der britischen Insel, in Wales beheimatet ist. Es waren zunächst überwiegend Welsh-Mountain-Ponys (Sektion A), die nach Westfalen kamen. Sie fanden schnell viele Freunde. Einer der ersten Hengste war **Combi Edel Boy** v. *Revel Solo* a.d. *Gurnos Buttercup* v. *Revel Springlight.* Aus der Anpaarung mit Welsh- und Wildbahnstuten hat der schicke Palomino-Hengst sechs gekörte Söhne hinterlassen, von denen *Chameur* die größte Bedeutung erlangt hat. *Chameur* war nicht nur Siegerhengst der Körung 1972, sondern auch bester Welsh-B-Hengst der Anerkennung 1981. Über seine zehn Söhne hat sich *Chameur* stark verbreiten können, darunter *Chaval* und *Calypso,* die Reserve-Siegerhengste der Körungen 1978 und 1980.

Weitere A-Hengste folgten, u.a. **Bouncer** v. *Moorfields Sandgrouse – Pendock Pippin.* Trotz nicht gerade hoher Bedeckungsziffern hat

Bouncer immerhin fünf gekörte Söhne hinterlassen, darunter die Vollbrüder *Bastian I* und *II*. Besonders hervorzuheben ist die 1983 geborene *Bouncerline*, die auf der Eliteschau 1986 durch hervorragende Bewegungen auffiel und 1. Reserve-Siegerstute der Schau wurde.

Zu nennen ist ferner der A-Hengst **Revel Fayre Jack** v. *Revel Springlight*, von dessen vier gekörten Söhnen *Rabbiner* besonders durch seine gute Hengstleistungsprüfung aufgefallen ist, und auch **Agget Shalimar** v. *Marsh Crusader*.

St.Pr.St. H.S. *Bambi* v. *Bowdler Brat* a.d. *Blue Berry* v. *Bouncer* zeigte gute Bewegungen und wurde A-Siegerstute der Eliteschau 1991 (Z.: H. Spiekermann, Bochum).

1965 fuhr eine Kommission des Westfälischen Pferdestammbuchs zum Ankauf auf die britische Insel. Dabei konzentrierte sich das Interesse bereits mehr auf Hengste und Stuten der Sektion B, da der Bedarf an größeren Ponys weiter zugenommen hatte. Zu nennen ist der im Downland-Gestüt von Mrs. Cuff gezogene **Downland Fleetfood** v. *Shawbury Bittermint* a.d. *Downland Love in the Mist*. Der Hengst wurde 1970 von Werner Hinkelmann in Hamm importiert. Während seines Zuchteinsatzes in Westfalen sind acht Söhne gekört worden, darunter **Shalom** a.d. *Downland Fleur* v. *Downland Dauphin*, Siegerhengst der Körung 1974, und die Vollbrüder *Saphir* und *Sedur* (Letzterer war Siegerhengst der Körung 1977). Größere Bedeutung hat ferner **Downland Dragoon** v. *Downland Chevalier* erlangt, der vier Söhne hinterlassen hat, von denen **Downland Donner**, anlässlich der Hengstanerkennung 1985 2. Reserve-Siegerhengst wurde.

Weitere Hengste, die mehr oder weniger Welshblut führen, dürfen nicht vergessen werden, weil sie züchterisch bedeutend sind; hierzu gehören **Rosedale Tiberius** v. *Talan Julius Caesar* mit den Söhnen *Merlin*, *Till the Champ*, *Traumfürst* und *Top Gun I* und *II*; ferner **Valentino** v. *Bwlch Valentino* mit den Söhnen *Vento*, *Valento* und *Valiant Starlight*; **Burstye Orpheus** v. *Oakley Bubbling Spring*; **Principal Boy** v. *Tetworth Crimson Lake* u.a.m. Sie alle haben wesentlich zum Aufbau der Reitponyzucht beigetragen.

Auch Stuten wurden importiert

So z.B. **Landley Solo Serene** v. *Revel Solo*; ihre Töchter *Cover Girl*, *Charmante* und *Comtesse* (alle von *Chameur*) waren Siegerstuten der Eliteschauen 1978, 1979 und 1980. *Charmante* und *Comtesse* gehörten 1980 zur westfälischen DLG-Kollektion in Hannover.

Sarnau Susanne v. *Revel Rinkle* wurde bekannt durch ihre Tochter *Sabine* (v. *Samir* ox), Siegerstute der DLG-Ausstellung 1978 in Frankfurt. *Sabine* hat besonders über ihre Tochter *Nesrina* (v. *Narwal I*) und ihren Sohn *Duktus* (v. *Dulcor*) eine starke Verbreitung gefunden.

links:
B-Hengst *Shalom* v. *Downland Fleetfood* a.d. *Downland Fleur* v. *Downland Dauphin* (Z.: W. Hinkelmann, Hamm) gefiel auf der Körung 1974 und wurde Siegerhengst.

rechts:
Verb.El.St. *Comtesse* v. *Chameur – Revel Solo* (Z.: Joh. Renzel, Kirchhellen). Die Siegerstute der Eliteschau 1980 hat gute Nachzucht gebracht; sie gehörte zur westfälischen DLG-Kollektion in Hannover 1980 und war Reserve-Siegerstute.

Verb.El.St. *Charmante* v. *Chameur – Revel Solo* (eine Vollschwester von *Comtesse*) war Siegerstute der Eliteschau 1979 und wurde auf weiteren Schauen prämiert.

Liswane Llinos v. *Mistral Star Royal* ist durch ihre Söhne *Navajo I, II* und *III* (v. *Nazim*) bekannt geworden, von denen *Navajo II* Siegerhengst der DLG-Ausstellung 1980 war.

Downland Fleur v. *Downland Dauphin* hat sich mit ihren Töchtern *Sandra, Serena* und *Simona* (alle von *Downland Fleetfood*) und den Söhnen *Shalom* und *Downland Donner* züchterisch hervorgetan.

Sarnau Saphire v. *Weston Cuff Link* hat sich durch ihren Sohn *Mentos* (v. *Merafic* ox) einen Namen gemacht, dessen Nachkommen in Bundeschampionaten besonders erfolgreich sind.

Carmen v. *Downland Chevalier* hat über ihre Tochter *Nibelungenlied* (v. *Nansen*) hervorragende Nachzucht gebracht. Sechs Töchter der *Nibelungenlied* sind Staatsprämienstute geworden, fünf Söhne gekört – elf bedeutende Nachkommen, alle von *Nobel*.

Auch **Diane** v. *Daikir* ox, die mütterlicherseits Welsblut führt, ist zu nennen mit ihren Söhnen *Candy Man I* und *II* (v. *Chirk Ceiniad*), *Loriot* (v. *Little Dream*), *Dario* (v. *Derbino*) und *Donato* (v. *Durello*), die im Sport sehr erfolgreich gewesen sind.

Nicht zu vergessen ist **Suleika** v. *Shalom*, die Mutter von sieben Staatsprämientöchtern und vier gekörten Söhnen, von denen *Dressman I* besonders zu nennen ist.

Nova v. *Nazim* a.d. *Menai* v. *Menai Shooting Star* ist ebenfalls durch ihre Nachzucht bekannt geworden; zehn Töchter sind Staatsprämienstuten.

Mona v. *Meran* a.d. *Veronika* v. *Vaynor Rocket* brachte von *Nalet* ox die Söhne *Night Star I, II* und *III*. *Night Star I* war Siegerhengst der Körung 1983 und Reserve-Siegerhengst der DLG 1986.

Auch **Habanne** v. *Hajil* führt mütterlicherseits Welshblut. Von ihren drei gekörten Söhnen ist *Dschingis Khan* v. *Dschinn* ox zu nennen, der Siegerhengst der Körung 1978.

Utina v. *Upper Ten* ist Mutter von fünf gekörten Söhnen – *Niklas I, II* und *III* (v. *Nijm* ox) und *Kasimir I* u. *II* (v. *Kilimandscharo* ox).

Auch **Kaprice** v. *Kirby Cane Bugler*, die Bundeschampionesse von 1990, hat bisher vier gekörte Söhne, von denen *Top Yellow* (v. *Till the Champ*) 1996 und 1997 Bundeschampion geworden ist.

Seit über 40 Jahren gibt es Welshponys in Westfalen. Es kann kein Zweifel darüber bestehen, dass die aus England stammenden Hengste und Stuten die Pony- und Kleinpferdezucht nicht nur in Westfalen, sondern im gesamten Bundesgebiet bereichert haben. Es kann auch keine Diskussionen darüber geben, dass gute Hengste und Stuten die Reitponyzucht in nicht zu unterschätzendem Maße mitgeprägt und ihren »Stempel« aufgedrückt haben.

Die Zuchtgrundlage ist nach einem Hoch Anfang der 70er Jahre merklich kleiner geworden. Es wird Aufgabe der Züchter sein, dafür zu sorgen, dass kein weiterer Rückgang erfolgt. A-Ponys bringen die für Kinder so wichtigen Interieureigenschaften mit, sind umgänglich, ruhig, lassen sich gern anfassen und führen: Sie sind als Anfangspony für den reiterlichen Nachwuchs unverzichtbar. Kinder finden schnell Kontakt und Vertrauen zu ihren kleinen Partnern, mit denen sie die ersten reiterlichen Erfahrungen sammeln können. Darüber hinaus sind die A-Ponys auch als Fahrponys beliebt. Derzeit stehen 20 Hengste und 72 Stuten im westfälischen Zuchtgebiet.

B-Stuten und Hengste wurden in den 60er Jahren in größerer Zahl importiert, da die Nachfrage nach größeren Ponys angestiegen war. Einige Hengste und Stuten wurden bereits genannt; sie haben gute Nachzucht gebracht. Erinnert sei an die Siegerstuten der Eliteschau *Cover Girl* v. *Chameur* (1978), an ihre Vollschwestern *Charmante* (1979) und *Comtesse* (1980), an *Diana*

v. *Downland Dragoon* (1976), an die ebenfalls Welshblut führende *Sina* v. *Sinbad* ox (1981), *Nibelungenlied* v. *Nansen* a.d. *Carmen* v. *Downland Chevalier* (1983), *Dorina* v. *Domingo* a.d. *Comtesse* v. *Chameur* (1989), *Desiree* v. *Domingo* a.d. *Tanja* v. *Rosedale Tiberius* (1996), *Tracey* v. *Till the Champ* a.d. *Kaprice* v. *Kirby Cane Bugler* (1997) und viele andere mehr.

In den letzten Jahren sind auf den Eliteschauen immer weniger B-Stuten vorgestellt worden. Auch auf den Körungen ist die Zahl der B-Hengste merklich zurückgegangen. Die Entwicklung ist aus züchterischer Sicht bedauerlich, weil gute B-Stuten und auch Hengste (die das obere Maß erreichen) gebraucht werden, um hier und da in der Reitponyzucht eingesetzt zu werden. B-Ponys werden gezüchtet, um Kindern und Jugendlichen Partner zu sein, auf denen sie gefahrlos reiten können. Im Mittelpunkt der züchterischen Bemühungen steht ein umgängliches, gutartiges, zutrauliches Pony mit einem ausgeglichenen Interieur. Letzteres scheint hier und da in der Reitponyzucht »verloren« gegangen zu sein. Im westfälischen Zuchtgebiet stehen zwölf gekörte Hengste und 59 eingetragene Stuten.

C-Ponys gibt es nur wenige in Westfalen. Da es sich um Kreuzungsprodukte handelt, muss in der Zucht wegen der z.T. sehr unterschiedlichen Ausgangstypen mit einer mehr oder weniger starken Streuung gerechnet werden.

Bei den Cobs (Sektion D) kann eigentlich nicht mehr von Ponys die Rede sein. Die kräftigen, muskulösen Pferde mit dem energischen Antritt und den z.T. beachtlichen Bewegungen haben auch in Westfalen einen Freundeskreis gefunden. Sie sind als Reitpferd für die ganze Familie geschätzt und werden auch im Fahrsport gern eingesetzt.

oben links:
St.Pr.St. *Melissa* v. *Rondeels Maseru-Bounty* (Welsh B)
Z.: W. Diederich, Dortmund
Eliteschau Münster-Handorf 1998: Ia-Preis und Siegerstute Welsh

oben rechts:
Verb.Pr.St. *Chery Crissa* v. *Bimberg Boyo*, eine typische Cob-Stute aus der Zucht der Eheleute Rosenthal, Siegen, war als Fohlen 1986 bestes deutsches Stutfohlen auf der Internationalen Welshschau in Aachen.

unten links:
St.Pr.St. *Wonderful Girl* v. *Wortley Magic-Comet* (Welsh B)
Z.: W. Baumhus jun., Rheda-Wiedenbrück
Verbandsschau Münster-Handorf 2000: Ia-Preis und Siegerstute Welsh

unten rechts:
Der Cob-Hengst *Bi-Boyo* v. *Bucklesham Brenin Bach* (Z.: Eheleute Hüggenberg, Unna-Lünern) war Reserve-Siegerhengst der Welsh-Bundesschau 1999 und dreifacher Gewinner der Welsh-Trophy 1994, 1997 und 1999.

unten links:
Cob-Hengst *Bimberg Boyo* im Einspänner anlässlich der Hengstschau 1987.

oben rechts:
Cob-Viererzug mit den Vorderpferden, der St.Pr.St. *Chery Cyra* und Tochter *Chery Crissa* aus der Zucht der Eheleute Rosenthal, Siegen (Fahrer: Werner Kaes, Siegen).

mitte:
Welsh Cobs im Zweispänner: Fahrer, Züchter und Besitzer: Uwe Rosenthal, Siegen.

unten rechts:
In Fahrprüfungen erfolgreich: Bernhard Bücker aus Emsdetten mit *Kurbaum's Flop* v. *Rhystyd Flyer* (Welsh C) im Einspänner. Deutscher Meister der Fahrer mit Behinderung bei den Wettkämpfen im Brandenburgischen Haupt- und Landgebiet in Neustadt a.d. Dosse 2002.

Seit Anfang der 70er Jahre gibt es sie in Westfalen. *Teify Royal* v. *Nebo Black Magic* war einer der ersten Hengste.

Bucklesham Brenin Bach v. *Derwen Black Magic*, 1975 in England gezogen, und sein 1980 geborener Sohn *Bimberg Boyo* (dreifacher Welsh-Trophy-Gewinner) haben sich durch ihre Nachzucht einen Namen gemacht. Nicht zu vergessen ist der 1988 geborene, 150 cm große *Menai Sparkling Magic* v. *Brynymor Welsh Magic*, der auf Bundesschauen der JG Welsh wiederholt erfolgreich gewesen ist.

Auch die Stutengrundlage ist in den letzten Jahren weiter verbessert worden, sodass sich die westfälischen Cobs auch national sehen lassen können. Die Ergebnisse auf Bundesschauen beweisen das.

Im westfälischen Zuchtgebiet stehen derzeit acht Hengste, 50 Stuten sind in den Zuchtbüchern des Westfälischen Pferdestammbuchs eingetragen. Die Züchter sind sehr passioniert, sodass auch zukünftig Erfolge nicht ausbleiben werden.

Isländer

Sie stammen aus Island – die Insel im hohen Nordatlantik gab ihnen den Namen. Baumlose Ebenen, karges Hochland, grüne Täler, steile Schluchten, reißende Wasserfälle und kristallene Flüsse prägen die Insel, die auch »das Land aus Feuer und Eis« genannt wird, mit seinen heißen Quellen, Geysiren und aktiven Vulkanen. Das Klima ist durch den Golfstrom beeinflusst. Die Sommer sind kühl, die Winter mild, es stürmt und regnet viel.

Einst bedeutendes Transportmittel

Vor rund 1000 Jahren brachten die Wikinger ihre genügsamen Pferde mit auf die Insel. Seit dieser Zeit haben die dort lebenden Menschen Freud und Leid mit den Pferden geteilt. In zerklüfteter und gebirgiger Landschaft ohne Straßen und Brücken wurde das Pferd zum alleinigen Transportmittel. Es trug die Menschen von einem Landesteil zum anderen, transportierte Waren und Lasten von den abgelegenen Höfen zu den Handelsniederlassungen an der Küste. Mit seiner Hilfe wurden im Herbst die Schafe von den Bergen zusammengetrieben, die Hebamme zu einer werdenden Mutter, Kranke zum Arzt und Tote zu ihrer letzten Ruhestätte gebracht.

Nach der Besiedelung erließen die Landesherren ein striktes Einfuhrverbot für weitere Tiere, um die Einschleppung von Seuchen und Krankheiten zu verhindern. Das Islandpferd ist somit die einzige Rasse der Welt, die seit 1000 Jahren rein gezüchtet wird. Ein Pferd, das die Insel einmal verlassen hat, darf nicht mehr zurückkehren.

Seit über 50 Jahren in Deutschland

Reiten in der Freizeit, sportlicher Einsatz in kameradschaftlicher Verbundenheit mit dem uralten Weggefährten des Menschen, dem Pferd – einsames Streifen durch die Landschaft, vergnügliches Miteinander auf gemeinsamen Ritten, so steht es im Vorwort eines kleinen Buches über Islandpferde. In der Tat ist diese Form reiterlicher Betätigung beliebter geworden und hat immer mehr Menschen begeistert, die bisher dem hergebrachten Reitsport ferngestanden haben. Im Zuge dieser Entwicklung ist der Isländer Ende der 40er Jahre des vorigen Jahrhunderts auf das europäische Festland gekommen. Er brachte die in Vergessenheit geratenen Gangarten Tölt und Pass zurück. Als robustes Freizeitpferd für die ganze Familie hat er seit dieser Zeit einen Freundeskreis gefunden, wobei seine Genügsamkeit, Gesundheit und Härte sowie sein freundlicher Charakter die Entwicklung sicherlich begünstigt haben.

Das Zuchtziel

Über das Zuchtziel haben die Züchter klare Vorstellungen. Sie streben – wie im Herkunftsland – ein kräftiges, ausdauerndes Pferd an, das nicht nur von Erwachsenen, sondern auch von Jugendlichen und Kindern geritten werden kann, in einer Größe von 135 bis 145 cm Stockmaß.

Die Zucht basiert in erster Linie auf der Qualität der Reiteigenschaften und Gangarten. Mit Tölt und Pass haben die Isländer dem Reiter zwei Gangarten mehr zu bieten als viele andere Pferderassen. Er kann sich vom frischen Viertakt im Tölt oder vom Geschwindigkeitsrausch im rasanten Rennpass faszinieren lassen.

Die Auswahl der Hengste und Stuten erfolgt nach verschiedenen Kriterien, wobei Charakter, Gehwille und Reiteigenschaften im Vordergrund stehen. Zucht und Sport sind vom Islandpferde Reiter- und Züchterverband e. V. (IPZV) geregelt. Danach ist jedes Zuchtpferd 5- bis 6-jährig von einem Richter zu reiten, bevor eine Entscheidung über seinen Zuchtwert getroffen wird – das ist beachtlich. Der Verwendungszweck steht also im Vordergrund aller züchterischen Bemühungen.

Robust, unkompliziert, ausdauernd

Von Hause aus sind die Isländer hart und genügsam. Sie haben sich in ihrer Heimat den Umweltbedingungen angepasst. Ideal ist die Haltung in der Gruppe, in einem Laufstall mit offenem Zugang zu einem befestigten Auslauf. Bei Weidehaltung sollte eine witterungsgeschützte, nach drei Seiten geschlossene Hütte vorhanden sein, wo die Pferde Schutz vor großer Hitze, im Winter vor Dauerregen und eisigem Wind finden.

oben links:
Für Isländer ist die Haltung in der Gruppe, in einem Laufstall mit offenem Zugang zu einem befestigten Auslauf ideal.

oben rechts:
Freizeitsport mit Isländern im Gelände, ein Erlebnis für Jung und Alt.

mitte links:
Blakkur v. *Soerli* – *Hrafn* v. *Leifsstadir.* Der 1962 geborene Hengst hat mehrere Jahre bei Anne Trappe in Havixbeck gestanden und gute Nachzucht gebracht. Im Bild ist er anlässlich der Hengstanerkennung 1977 zu sehen: Ib-Preis.

mitte rechts:
Sörli v. *Stigandi* a.d. StPrSt. *Bjoert* v. *Hjalti.* Z.: B. Rittmann, Horn-Bad Meinberg Hengstkörung Münster-Handorf 1987: Ia-Preis und Siegerhengst.

unten links:
Thor v. *Sporz* v. *Stigandi* – *Hoerdur f. Kolkuos* geb. 1976 mit Andreas Trappe im Sattel: ein erfolgreiches Paar bei den Europameisterschaften 1983 in Roderath im Tölt und Viergang.

unten rechts:
Tyr vom Rappenhof v. *Thor* v. *Sporz* – *Hoerdur f. Kolkuos* ist in Altenberge auf dem Lindenhof aufgezogen und ausgebildet worden. Andreas Trappe wurde mit *Tyr* 1991 Weltmeister im Tölt und Viergang.

Sie benötigen keine geschlossenen, warmen Ställe, wenn man im Winter das dicke Fell und das Langhaar unangetastet lässt. Die Fohlen kommen auf der Weide und meist völlig komplikationslos ohne menschliche Hilfe zur Welt.

Leistungsprüfungen sind besonders wichtig
Die Föderation Europäischer Islandpferdefreunde (FEIF) hat für die Zucht- und Reitpferde Richtlinien erarbeitet. Danach erfolgt im Alter von fünf Jahren eine Beurteilung des Gebäudes und der Reiteigenschaften, wobei Noten vergeben werden für die Gangarten Schritt, Trab, Galopp, Tölt und Pass, für den Gehwillen, den Charakter und die Form unter dem Reiter. Zusätzlich wird in Deutschland eine Note für Leichtrittigkeit vergeben.

Im Sport werden Wettbewerbe für Kinder, Jugendliche und Erwachsene, für Freizeitreiter und Sportreiter unterschieden. Es gibt Turniere mit Gang- und Dressurprüfungen, Geschicklichkeitswettbewerbe und Rennen in unterschiedlichen Schwierigkeitsgraden, vom Jugend- und Freizeitturnier bis zu Sportturnieren und der Weltmeisterschaft.

Die Züchter in Westfalen haben sich dem Westfälischen Pferdestammbuch, dem Zuchtverband, angeschlossen, der verschiedene Pony- und Kleinpferderassen betreut.

Ende 2002 waren beim Verband 404 Stuten und 82 Hengste eingetragen. Alljährlich finden Ende April die »Handorfer Islandpferdetage« statt. Hier haben die Züchter die Möglichkeit, ihre Pferde in Zucht- und Sportprüfungen vorzustellen. Im Rahmen dieser Veranstaltung findet auch die Körung der Hengste und die Auswahl der 3-jährigen Stuten für die Eliteschau statt.

Im Laufe des Jahres werden an mehreren Orten des Zuchtgebietes Stutenschauen durchgeführt, auf denen die Fohlen registriert und »gebrannt« und die 3-jährigen Stuten eingetragen werden. Auch werden die besten Stuten für die Eliteschau ausgewählt.

Ögri f. Ulfsstoedum v. *Ofeigur f. Flugumyri – Randur f. Kolkuos*, geb. 1988. Der in Island gezogene Hengst war Siegerhengst der Körung 1992.

St.Pr.St. *Jona* v. *Svada-Kol-Kir*
Z.: H. Quick, Wadersloh
Eliteschau Münster-Handorf 1995: Ia-Preis und Siegerstute

Thjaldur vom Lindenhof v. *Thor* v. *Sporz – Globesi* war Siegerhengst der Körung 1995. Der von Andreas Trappe, Altenberge – Gestüt Lindenhof, gezogene Hengst wurde nach der Ausbildung (6-jährig) nach Amerika verkauft.

Ofeigur von der Wegwarte v. *Hrappson*
Z.: Erna Klöpping, Schlangen
Mit Jolly Schrenk, Berlar, im Sattel: national und international ein erfolgreiches Paar (Weltmeister 1993 und 1995 im Tölt und Viergang).

links:
Auf der Hengstschau 1998 im Pferdezentrum stellte die Station Ehrhardt, Legden, den Hengst *Fengur Fra Fuglsang* im Einspänner vor.

rechts:
Körungssieger 2002 wurde der Scheckhengst *Lenox* v. *Svada-Kol-Kir*
Z.: H. Quick, Wadersloh

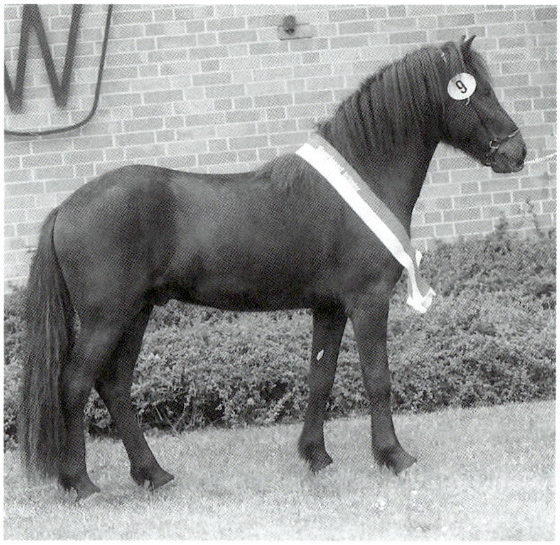

links:
Hafeti vom Lindenhof v. *Galsi Fra Sandarkroki*
Z.: Andreas Trappe, Altenberge
Hengstkörung Münster-Handorf 1998: Ia-Preis und Siegerhengst mit der FEIF-Note 8.28

rechts:
Im Rahmen des Deutschen Islandpferde-Zuchtchampionats in Kreuth/Bayern sind 2003 zum ersten Mal Bundesprämien vergeben worden. Sieger der 5-jährigen Hengste wurde mit der Wertnote 8.32 der von Andreas Trappe, Altenberge, gezogene *Vaskur vom Lindenhof* v. *Glitnir Fra Stora-Hof* mit Lena Trappe im Sattel (links im Bild).
Rechts im Bild: Die Siegerstute *Tyra vom Lindenhof*, eine Halbschwester von *Vaskur* mit Andreas Trappe im Sattel.

Shetlandponys – die Kleinsten

Ihre Heimat sind die Shetlandinseln, eine aus rund 100 Inseln bestehende Inselgruppe (nordöstlich von Schottland gelegen), von denen jedoch nicht alle bewohnt sind. Hauptbeschäftigung der Bewohner ist die Fischerei. Auf dem sehr dürftigen, teils felsigen und hügeligen Gelände wird aber auch die Zucht von Ponys, Schafen und Rindern betrieben. Das Klima ist extrem maritim; es wird durch den Golfstrom beeinflusst. Die Sommer sind mild und feucht, die Winter nebelig und stürmisch.

Seit 1890 gibt es ein Stutbuch. Shetlandponys werden in einer Größe um 100 cm Stockmaß gezüchtet. Die obere Grenze ist auf 10,2 hands = 106,68 cm festgelegt.

In Deutschland begann die Zucht der kleinen Ponys um 1900. Sie fanden Verwendung in Gärtnereien und machten sich dort als Arbeitskräfte nützlich; sie wurden eingesetzt im Handel und Gewerbe zur Bewältigung kleiner Transporte und waren im Zirkus geschätzt. Nicht zuletzt aber haben die kleinen Ponys vielen Menschen, die sich keine größeren Pferde leisten konnten, Freude bereitet. Sie dienten Kleinkindern als Anfangspony, zu dem sie schnell Kontakt fanden und Vertrauen hatten – daran hat sich bis heute nichts geändert.

Wechselvolle Vergangenheit

Bis Mitte der 50er Jahre des vorigen Jahrhunderts hatte die Pony- und Kleinpferdezucht in Westfalen noch keine große Bedeutung. Im Zuchtgebiet standen nur wenige Stuten und Hengste der Rassen Shetland, Haflinger und Fjord sowie einige Hengste in den Wildbahnen Dülmen und Nordkirchen.

Das sollte sich jedoch bald ändern. Im Zuge der allgemeinen wirtschaftlichen Entwicklung interessierten sich immer mehr Jugendliche für kleine Pferde; sie suchten Partner und Freizeitgestalter und wollten reiten. Es setzte eine Nachfrage nach geeigneten Ponys ein, die im Zuchtgebiet nicht gedeckt werden konnte. Es wurden Ponys verschiedener Rassen importiert (Haflinger, Welsh, Isländer).

Während sich in den 60er Jahren diese Rassen laufend verbreiten konnten, ging der Bestand bei den Shetlandponys zurück. 1983 waren beim Verband nur noch 95 Stuten eingetragen. In den folgenden Jahren nahmen die Bestandszahlen dann wieder zu. Bis 1995 hatte sich die Zahl der eingetragenen Stuten mehr als vervielfacht. 1996 wurde dieser Aufwärtstrend allerdings gestoppt. Bei fast allen Rassen stagnierten die Bedeckungen, gingen z.T. sogar zurück, die Nachfrage hatte nachgelassen, der Bedarf war gedeckt.

Es gibt mehrere Typen

Aber nicht nur zahlenmäßig war die Vergangenheit wechselvoll, auch züchterisch hat sich in den zurückliegenden Jahren einiges verändert. Neben den Typen des Ursprungslandes haben sich durch den Import von Stuten und Hengsten aus den USA Ponys entwickelt, die edler, trockener und gängiger geworden sind. Man sprach von sportlichen Typen, die vor allem auch im Fahrsport Verwendung fanden. Über diese Ponys, ihre Einteilung und Bezeichnung sind leidenschaftliche Diskussionen geführt worden mit dem Ergebnis, dass das zuständige Gremium der Deutschen Reiterlichen Vereinigung (FN) beschlossen hat, eine neue Rasse unter dem Namen »Deutsches Classic-Pony« in die Zuchtverbandsordnung (ZVO) aufzunehmen, als Nachfolgerasse für die sportlichen Typen, die in wenigen Jahren einen zunehmenden Freundeskreis gefunden hatten. Diese Einteilung und Abgrenzung entspricht den Wünschen der Züchter, die sich jetzt für die eine oder andere Zuchtrichtung entscheiden können.

Ende 2002 waren in den Zuchtbüchern des Westfälischen Pferdestammbuchs insgesamt 406 Stuten eingetragen, die sich wie folgt verteilen:

a) Shetlandponys im Originaltyp	217 Stuten
b) Deutsche Partbred Shetlandponys	147 Stuten
c) Deutsche Classic-Ponys	42 Stuten

Im gesamten Zuchtgebiet stehen 107 gekörte Hengste.

St.Pr.St. *Elke* v. *Georg* a.d. *Ela* v. *El Primo*
Z.: W. Schlieper, Dülmen
B.: H. Wetehof, Bielefeld
Auf Schauen hochprämiert.
Verbandsschau Münster-Handorf 1988: Ia-Preis
DLG-Ausstellung Frankfurt 1989: Ia-Preis und Reserve-Siegerstute

St.Pr.St. *Peggy* v. *Picobello* a.d. Verb.Pr.St. *Jenny* v. *Juwel*
Z.: u. B.: R. Cramer, Herscheid
Verbandsschau Münster-Handorf 1997: Ia-Preis und Siegerstute

St.Pr.St. *Berolina* v. *Billy* a.d. Verb.Pr.St. *Pamina* v. *El Primissimo*
Z.: W. Bussmann, Hagen
B.: H. Wetehof, Bielefeld
Bundesschau Aachen 1991: Ia-Preis und Siegerstute der Schau (sportlicher Typ)

oben links:
St.Pr.St. *Bianca* v. *Benny* a.d. *Harmonie* v. *Holder*
Z.: u. B.: R. Lückel, Herdecke
Eliteschau Münster-Handorf 1993: Ia-Preis und Siegerstute.

oben rechts:
Reni v. *Raufbold* a.d. Verb.El.St. *Mona* v. *Melis van Lieden*/Holl
Z.: M. Waldhecker, Halle
B.: A Kienemund, Lippstadt
Bundesschau Aachen 1991: Ia-Preis und Siegerstute (Original-Typ)

mitte:
Die Siegersammlung im Familienwettbewerb anlässlich der Verbandsschau 2000.:
St.Pr.St. *Romy* v. *Rocky* mit zwei Töchtern, den St.Pr.St. *Wendy* und *Winni* v. *Willibald*
Z.: u. B.: K.-H. und Ute Feldmann, Hille

unten links:
Der 1977 geborene *El Primissimo* v. *El Primo*/B. W. hat bis Ende 1994 auf der Station von Alfons Büscher in Coesfeld gestanden. Der Siegerhengst der Anerkennung 1981 hat sich stark verbreiten können. 38 Töchter sind eingetragen; zehn sind Staatsprämienstute geworden, darunter die Siegerstuten der Eliteschauen 1984, 1988 und 1992. Neun Söhne, darunter mehrere Siegerhengste, sind gekört.

unten rechts:
Wo immer Shetlandponys gezeigt werden, da finden sich auch Kinder ein.

oben links:
St.Pr.St. *Tamsin* v. *Thunderbird* a.d. *Heidi* v. *Romeo* (Mini-Typ)
Z.: u. B.: Petra Frohwerk, Hattingen
Bundesschau Aachen 1991: Ia-Preis und Siegerstute der Schau

oben rechts:
Shetlandponys kommen auf Veranstaltungen immer gut an. Im Bild drei Hengste des Gestüts Soestblick von Julius und Sigrid Kroll vor einem römischen Kampfwagen.

Ponys finden vermehrt auch im Fahrsport Verwendung. Wo immer sie auf Veranstaltungen gezeigt werden, erobern sie sich schnell die Herzen der Zuschauer.

mitte:
Classic-Ponys des Gestüts Lückel in Herdecke.

unten:
Classic-Ponys, ein Passgespann von Reinhard Cramer in Herscheid.

Fjordpferde

St.Pr.St. *Dorina* v. *Douglas II* a.d. *Verb.Pr.St. Vicky* v. *Venito*
Z.: Fr. Hensel, Bad Salzuflen
Eliteschau Münster-Handorf 1995: Ia-Preis und Siegerstute

Der Name verrät schon ihre Herkunft: Sie stammen aus dem Land der Fjorde, aus Norwegen. Hier wird das Kleinpferd seit undenklichen Zeiten gehalten. Anfang der 50er Jahre kamen die ersten Fjordpferde in die Bundesrepublik, als es darum ging, ein geschicktes, anspruchsloses, leicht zu handhabendes Kleinpferd für die Landwirtschaft und für Spezialbetriebe des Obst- und Gartenbaues zu finden.

Interessenten – vornehmlich aus Schleswig-Holstein, Niedersachsen, dem Rheinland und Hessen – führten Hengste und Stuten aus dem Mutterland ein und begannen mit der Zucht.

Die bewegungsstarke *Hellen* v. *Haavard* a.d. St.Pr.St. *Draba* v. *Draustein* (Z.: H. Kriese, Breckerfeld) war Siegerstute der Eliteschau 1994.

Züchterische Umstellung bot sich an
War zunächst fast ausschließlich seine Zugkraft geschätzt, so bot sich im Laufe der Jahre auch der Einsatz unter dem Reiter und vor dem Wagen an. Das hatte allerdings – wie auch in der Haflingerzucht – eine züchterische Umstellung zur Folge. Zwar sollte das Fjordpferd kein Reitpony werden, seine Verwendung als Familienpferd zur Freizeitgestaltung erforderte jedoch mehr Rittigkeit und Gängigkeit, d.h. die leichteren, trockeneren Typen waren fortan gefragt.

Haavaniko v. *Haavard* a.d. Verb.Pr.St. *Hannika* v. *Hilmar*
Z.: G. Diez, Dorsten
B.: K. Brünen, Rheine
Hengstkörung Münster-Handorf 1993: Ia-Preis

Seit Ende der 50er Jahre gibt es Fjordpferde in Westfalen. Die Population ist nicht sehr groß. Will man zwei Züchter herausheben, dann sind Heinz Kriese in Breckerfeld und Heinz Klaus in Lippstadt zu nennen. Beide befassen sich seit Jahren mit der Zucht. Die 1965 geborene *Iris* v. *Olaf* hat im Stall von Heinz Kriese zwölf Fohlen gebrach, davon acht von *Draustein*. Sie ist Mutter von vier bedeutenden Töchtern und zwei gekörten Söhnen, den Vollbrüdern *Douglas I* und *Douglas II*, von denen *Douglas II* wiederholt in den Pedigrees von Elitestuten und gekörten Hengsten zu finden ist. Vier Enkel-Töchter der *Iris* sind inzwischen Staatsprämienstuten geworden: *Dorwe* v. *Draustein*, *Dorina* v. *Douglas II*, *Hellen* v. *Haavard* und *Iris* v. *Illiano*.

Pepita v. *Prill* hat zunächst im Stall von Josef Hahne in Breitenbruch und anschließend bei Heinz Klaus in Lippstadt gute Nachzucht gebracht. Drei Söhne sind gekört, die Vollbrüder *Venito* und *Vicky* v. *Vico* und *Mirco* v. *Malte*. *Venito* war Siegerhengst der Anerkennung 1991 und hat bereits 1983 mit Erfolg die Hengstleistungsprüfung in Münster-Handorf bestanden. Drei Töchter der *Pepita* sind auf Eliteschauen prämiert worden, eine Enkeltochter ist Staatsprämienstute.

Auch Karl Brünen in Rheine ist nicht zu vergessen. Mutter von vier bedeutenden Nachkommen ist die Verb.Pr.St. *Hannika* v. *Hilmar*. Zwei Töchter – *Doni* und *Diana* v. *Douglas II* – sind 1995 und 1996 Staatsprämienstuten geworden, zwei Söhne – *Haavaniko* v. *Haavard* und *Don* v. *Douglas II* – wurden 1993 und 1997 gekört. Drei Vollgeschwister aus der Anpaarung mit *Douglas II*, gewiss ein Erfolg.

Die passionierten Züchter werden den vor Jahren eingeschlagenen Weg weiter fortsetzen. Es wird Aufgabe der Hengsthalter sein, moderne Hengste bereitzuhalten, die den heute zu stellenden Anforderungen hinsichtlich Größe, Trockenheit, Rittigkeit, Gängigkeit und Fahreignung entsprechen.

Ende 2002 waren beim Westfälischen Pferdestammbuch fünf Hengste und 64 Stuten eingetragen.

Connemaras

Die Heimat der Connemaras ist Irland, genauer gesagt ein Landstrich der grünen Insel, den man Connaught nennt.

Die kleinen Pferde werden in einer dünn besiedelten, von Bergen, Mooren und grünen

Der Ende der 60er Jahre aus Irland importierte Hengst *Jimmy* v. *Carna Dun* (Stockmaß 148 cm) war auf vielen Turnieren in Eignungs- und Dressurprüfungen erfolgreich.

Tälern geprägten, kargen Landschaft gehalten und sind den dort lebenden, von der Natur keineswegs gesegneten Menschen wertvolle und zuverlässige Helfer. Mit einer planmäßigen Zucht wurde verhältnismäßig spät begonnen. Seit 1923 gibt es einen Zuchtverband. Die Connemaras sind zu beschreiben als kompakte, muskulöse, kleine Pferde mit ausgeprägter Gurtentiefe und kräftigem Fundament.
Ihre Größe erreicht nicht selten das obere Ponymaß (148 cm). Sie sind als Reit-, Gelände- und Jagdpferde geeignet, die nicht nur für Erwachsene, sondern wegen ihrer Umgänglichkeit auch für Jugendliche Verwendung finden können.

Greenwoods Killroy v. *Killadreenan Bobby*, gezogen von Sybille Mißmal, Wenden, war 1993 Sieger in der Gruppe 1 (verschiedene Rassen) bei der Hengstleistungsprüfung in Münster-Handorf.

Ende der 60er Jahre des vorigen Jahrhunderts sind Stuten und Hengste in Irland angekauft worden. Hierzu gehörten die Hengste *Jimmy*, *Flashy Lad*, *Inselritter* u.a. Mit dem rahmigen *Jimmy* v. *Carna Dun* ist Edith Pollmeier / RV St. Georg, Münster, in Material-, Eignungs- und Dressurprüfung sehr erfolgreich gewesen.

Bunette v. *Billy Boy* gehörte mit Wilhelm Holkenbrink im Sattel wiederholt zur Mannschaft des RV Albachten, die in den 70er Jahren auf vielen Turnieren »gefürchtet« war. *Bunette* ist Mutter der beiden Schimmelhengste *Nedo I* und *Nedo II* (v. *Nijm* ox).

1993 wurde der 4-jährige Greenwoods *Killroy* v. *Killadreenan Bobby*, gezogen von Sibylle Mißmal, Wenden, Sieger in der Gruppe 1 bei der Hengstleistungsprüfung in Münster-Handorf.

Die Zuchtgrundlage in Westfalen ist nicht sehr groß. Ende 2002 waren beim Westfälischen Pferdestammbuch drei Hengste und 19 Stuten eingetragen.

Die weißen Pferde aus der Camargue

Die weißen Pferde stammen aus der Camargue, einer Landschaft im Süden Frankreichs, die ihnen den Namen gegeben hat. Sie leben halb wild auf den Salzebenen und in den Sümpfen des Rhône-Deltas, sind hart und fürchten weder Hitze noch Kälte, weder den sumpfigen Boden noch das Durchwaten von Flüssen und Teichen.

Die kleinen Schimmel in der Größe um 140 cm Stockmaß kümmern sich auch nicht um Fliegen und Stechmücken, sie sind robust und äußerst genügsam, brauchen keinen Hafer, so wird berichtet, denn sie fressen das, was die Natur hergibt: harte Rietgräser, junges Schilf, zarte Wasserpflanzen. Sie kennen keine sichere Behausung, leben Sommer wie Winter unter freiem Himmel in einem der letzten Paradiese unserer Erde, wie sie die Natur geschaffen hat. Die kleinen Pferde haben sich der kargen Umwelt angepasst, sind robust und widerstandsfähig, kein Tierarzt greift helfend ein. Unwillkürlich denkt man an die Dülmener Herde, die im Merfelder Bruch, unweit von Dülmen, lebt.

Kopf, Hals, Rumpf und Kruppenformation deuten darauf hin, dass es sich um eine sehr alte Rasse handelt; gefundene Höhlen-Zeichnungen scheinen das zu bestätigen. Die weißen Pferde sind Zeugen vergangener Zeiten geblieben, haben von jeher in der Camargue gelebt und dort Jahrtausende überdauert.

Für die Gardians, die Hirten der Camargue, waren sie über Jahrzehnte unentbehrliche Helfer beim Treiben der Rinder und sind es auch heute noch. Die weißen Pferde sind, so ist nachzulesen, ausdauernd, wendig, trittsicher, mutig und verlässlich, sie sind auf Wander- und Distanzritten vielseitig verwendbar.

In Westfalen gibt es seit 1973 Camargue-Pferde. Dr. Peter Horstmann brachte von einer Reise in den Süden Frankreichs weiße Pferde mit nach Westfalen. Von da an galoppierten die Schimmel über die Weiden in Rhedebrügge in der Nähe von Borken. Sie gewöhnten sich an die neue Umwelt, und der erste Deckhengst *Gitan* sorgte dafür, dass die Herde größer geworden ist. Inzwischen haben die weißen Pferde auch einige Freunde in anderen Bundesländern gefunden. Sohn Tobias Horstmann betreibt mit seiner Frau ein Gestüt in der Nähe von Bad Essen weiter und wird vom Westfälischen Pferdestammbuch betreut.

New Forest – eine Ponyrasse aus England

Der New Forest, eine Landschaft im Süden Englands, westlich von Southampton, hat den Ponys den Namen gegeben. Seit Jahrhunderten, so wird berichtet, gibt es die New Forest-Ponys – frei lebend – in diesem Moor-, Heide- und Waldgebiet. Die Rasse ist durch Einkreuzung anderer Rassen (u.a. Dartmoor, Exmoor und

links:
Camargue-Herde im Gestüt der Familie Horstmann in Bad Essen

rechts:
Nashe des *Palus* v. *Droulas-Sultan*, in Frankreich gezogen, ist von Dr. Horstmann, Camargue-Gestüt Rhedebrügge, importiert und 1982 in Münster gekört worden.

Welsh-Ponys) beeinflusst worden, darüber hinaus haben auch Vollblut- und Araberhengste zu ihrer Entwicklung beigetragen. 1891 und 1906 sind die ersten Vereine gegründet worden. Die Bemühungen um eine Konsolidierung der Rasse haben dazu geführt, dass seit 1930 keine Fremdbluteinkreuzung mehr zugelassen worden ist.

Seit 1959 gibt es die »New Forest Pony Breeding and Cattle Society«, die 1960 das erste Stutbuch veröffentlichte. Der Schwerpunkt der Zucht liegt heute nicht mehr auf den im New Forest halb wild lebenden Herden, sondern in den Zuchtställen und Gestüten, die im New Forest oder am Rande dieses Gebietes angesiedelt sind.

Die Ponys gibt es in unterschiedlicher Größe bis zur Obergrenze von 148 cm Stockmaß, wobei in den Gestüten die Ponys von 132 bis 148 cm mit ausgeprägten Reiteigenschaften bevorzugt werden.

Die Ponys bieten sich als Reitponys für Jugendliche unterschiedlichen Alters und Größe an, die nicht nur ein treuer Partner im Freizeit- und Breitensport sind, sondern darüber hinaus auch im Turniersport, im Reit- und Fahrsport mit Erfolg eingesetzt werden können.

Im westfälischen Zuchtgebiet standen Ende der 70er Jahre sechs New Forest-Hengste in der Größe von 140 bis 146 cm Stockmaß. Bekanntester Vertreter war seinerzeit der in Holland gezogene *Dulcor* v. *Dwight*. *Dulcor* war Spitzenhengst seiner Rasse anlässlich der Anerkennung 1977. Eine seiner Töchter (*Daria*) war Siegerstute der Eliteschau 1982 und Reserve-Siegerstute der Verbandsschau 1983. Zwei seiner Söhne sind gekört worden, von denen *Duktus* (seine Mutter ist die DLG-Siegerstute *Sabine* v. *Samir* ox) mehrere Jahre in Lüdinghausen gestanden hat.

In den letzten Jahren ist es ruhig um die New Forest-Ponys geworden. Im westfälischen Zuchtgebiet stehen derzeit zwei gekörte Hengste, nur wenige Stuten sind eingetragen. Anscheinend ist diese Rasse in Vergessenheit geraten. Die Züchter in der Bundesrepublik halten Kontakt in einer Interessengemeinschaft.

Die Dülmener aus dem Merfelder Bruch

In den 50er Jahren des vorigen Jahrhunderts kannte man in Westfalen außer Shetlandponys und wenigen Haflingern nur kleine Pferde aus den Wildbahnen Nordkirchen und Dülmen; sie bildeten eine sehr schmale Grundlage für die beginnende Reitponyzucht.

Inzwischen ist es um die Stuten und Hengste aus Nordkirchen und Dülmen ruhiger geworden. Die Nordkirchener Herde gibt es nicht mehr.

links:
Im westfälischen Zuchtgebiet stehen zurzeit zwei gekörte Hengste.
Im Bild: *Top Viorello* v. *Valentino – Molenaar's Golden King*.

rechts:
Seit Jahrhunderten leben die »Dülmener« im Merfelder Bruch. Ende der 50er Jahre haben Stuten und Hengste aus der Wildbahn zum Aufbau der Reitponyzucht beigetragen. Im Bild ein Zweispänner des Herzogs von Croy.

Die Wildbahnherde im Merfelder Bruch besteht weiter. Der Stutenbestand dürfte sich um 200 bewegen.

Darüber hinaus haben engagierte Freunde und Züchter 1988 eine »Interessengemeinschaft des Dülmener Wildpferdes« gegründet, um die bodenständige Kleinpferderasse zu erhalten. Im Februar 1994 sind die Dülmener in die »Rote Liste« der bedrohten Haustierrassen aufgenommen worden.

Nach einer Statistik der Deutschen Reiterlichen Vereinigung (FN) 2002 befinden sich derzeit bundesweit 51 Stuten und 24 Hengste in Privathand. Davon sind 31 Stuten und elf Hengste beim Westfälischen Pferdestammbuch eingetragen.

Schlusswort

Ponys sind Freizeitpartner geworden

Die Jugendlichen – und auch Erwachsene – haben Ende der 50er Jahre des vorigen Jahrhunderts das Pferd als Freizeitpartner entdeckt. Sie suchten die Verbindung zu kleinen und großen Pferden, wollten sie hegen und pflegen und natürlich reiten. Daran hat sich bis heute nichts geändert. Die Jugendlichen sind immer noch reitsportlich interessiert, das zeigt die Statistik der Deutschen Reiterlichen Vereinigung. Danach entfielen Ende 2002 auf die Altersgruppe bis 14 Jahre 26,3 Prozent der Vereinsmitglieder; rechnet man die 15- bis 18-Jährigen (11,2 Prozent) hinzu, so ergibt sich ein Anteil von 37,5 Prozent. Diese Zahlen lassen erkennen, welche Bedeutung der Jugendarbeit in den Vereinen zukommt.

Den Züchtern fiel seinerzeit die Aufgabe zu, für die Jugendlichen geeignete Freizeitpartner in unterschiedlicher Größe zu züchten. Da anfänglich der Bedarf nicht gedeckt werden konnte, mussten Ponys und Kleinpferde verschiedener Rassen importiert werden. Das hat sich in den letzten Jahren geändert. Die Nachfrage hat sich beruhigt; die Bedeckungen sind rückläufig, es werden weniger Fohlen geboren und weniger Stuten eingetragen.

Ende 2002 waren beim Pferdestammbuch 4064 Stuten registriert, die sich auf die einzelnen Rassen wie folgt aufteilen:

Deutsche Reitponys	1456
Haflinger	1461
Shetland	406
Isländer	404
Welsh	184
Fjord	64
Dülmener	31
Connemara	19
Camargue	13
New Forest	6
Sonstige Rassen	40

Einige der vorgenannten Rassen, die sich nicht nur in der Größe, sondern auch im Exterieur voneinander unterscheiden, haben sich stark verbreiten können, von anderen stehen relativ wenige Stuten und Hengste im westfälischen Zuchtgebiet. Die Kleinsten haben ein Stockmaß um 70 cm, die Größten überschreiten das obere Ponymaß (148 cm).

Außer den vorgenannten Rassen sind in den letzten Jahren Ponys weiterer Rassen importiert worden, die jedoch zahlenmäßig keine große Bedeutung haben.

Nicht unerwähnt bleiben sollten die so genannten Spezialrassen, die nicht mehr als Ponys oder Kleinpferde bezeichnet werden können, da sie das obere Ponymaß überschreiten. Hierzu gehören die Andalusier, Lusitanos, Appaloosas, Quarter Horses, die Paints und andere.

Unabhängig von Rasse, Größe, Gangart und Reitweise gibt es Gemeinsamkeiten. Alle Züchter und Pferdefreunde hegen und pflegen ihre Pferde, sie reiten mit ihnen in der freien Natur, nehmen an Schauveranstaltungen und Turnieren ganz unterschiedlicher Art teil, sie sind stolz auf ihre schönen Gespanne, die – wo immer sie auch gezeigt werden – die Zuschauer begeistern, und sie schätzen ihre Pferde – unabhängig von der Größe – als Freizeitpartner und wollen sie nicht missen.

Alle – ganz gleich ob Freizeit- oder Leistungssportler – verdienen Beachtung, Anerkennung und – wo immer möglich – auch Förderung. Die Züchter aller Rassen werden vom Pferdestammbuch aufgenommen und betreut.

Quellen

Heinz Heupel: Westfalens Haflinger in Wort und Bild, 1989

Heinz Heupel: Westfalens Reitponys in Zucht und Sport, 1995

Heinz Heupel: Beiträge in »Westfalens Ross und Reiter« und »Reiter und Pferde in Westfalen«

Kataloge und Ergebnisse der Hengstkörungen, der Elite-, Sonder-, Verbands-, DLG- und überregionalen Schauen sowie der Auktionen des Westfälischen Pferdestammbuchs

Satzung und Zuchtbuchordnung des Westfälischen Pferdestammbuchs

Provinzial-Verband westfälischer Reit- und Fahrvereine: Ergebnisse von Turnieren, von westfälischen, deutschen und Europameisterschaften sowie von den Bundeschampionaten